中国国家标准汇编

590

GB 30081～30103

（2013 年制定）

中国标准出版社　编

中国标准出版社

北　京

图书在版编目(CIP)数据

中国国家标准汇编:2013年制定.590:
GB 30081~30103/中国标准出版社编.—北京:
中国标准出版社,2014.9
ISBN 978-7-5066-7671-7

Ⅰ.①中… Ⅱ.①中… Ⅲ.①国家标准-
汇编-中国-2013 Ⅳ.①T-652.1

中国版本图书馆CIP数据核字(2014)第187887号

中国标准出版社出版发行
北京市朝阳区和平里西街甲2号(100029)
北京市西城区三里河北街16号(100045)

网址 www.spc.net.cn
总编室:(010)64275323 发行中心:(010)51780235
读者服务部:(010)68523946
中国标准出版社秦皇岛印刷厂印刷
各地新华书店经销

*

开本 880×1230 1/16 印张 35.25 字数 1 088 千字
2014年9月第一版 2014年9月第一次印刷

*

定价 220.00 元

出 版 说 明

1.《中国国家标准汇编》是一部大型综合性国家标准全集。自1983年起,按国家标准顺序号以精装本、平装本两种装帧形式陆续分册汇编出版。它在一定程度上反映了我国建国以来标准化事业发展的基本情况和主要成就,是各级标准化管理机构,工矿企事业单位,农林牧副渔系统,科研、设计、教学等部门必不可少的工具书。

2.《中国国家标准汇编》收入我国每年正式发布的全部国家标准,分为"制定"卷和"修订"卷两种编辑版本。

"制定"卷收入上一年度我国发布的、新制定的国家标准,顺延前年度标准编号分成若干分册,封面和书脊上注明"20××年制定"字样及分册号,分册号一直连续。各分册中的标准是按照标准编号顺序连续排列的,如有标准顺序号缺号的,除特殊情况注明外,暂为空号。

"修订"卷收入上一年度我国发布的、被修订的国家标准,视篇幅分设若干分册,但与"制定"卷分册号无关联,仅在封面和书脊上注明"20××年修订-1,-2,-3,……"字样。"修订"卷各分册中的标准,仍按标准编号顺序排列(但不连续);如有遗漏的,均在当年最后一分册中补齐。需提请读者注意的是,个别非顺延前年度标准编号的新制定的国家标准没有收入在"制定"卷中,而是收入在"修订"卷中。

读者配套购买《中国国家标准汇编》"制定"卷和"修订"卷则可收齐由我社出版的上一年度我国制定和修订的全部国家标准。

3.由于读者需求的变化,自1996年起,《中国国家标准汇编》仅出版精装本。

4.2013年我国制修订国家标准共1 979项。本分册为"2013年制定"卷第590分册,收入国家标准GB 30081～30103的最新版本。

中国标准出版社

2014年8月

目　　录

GB/T 30081—2013　反射炉精炼安全生产规范 …… 1
GB/T 30082—2013　硫化铜、硫化铅和硫化锌精矿　批料中金属质量的测定 …… 11
GB/T 30083—2013　铜、铅和锌矿及精矿　计量方法的精密度和偏差 …… 19
GB/T 30084—2013　便携式燃料电池发电系统　安全 …… 60
GB/T 30085—2013　工业系统、装置和设备及工业产品　电缆和电线的标记 …… 111
GB/T 30086—2013　给水塑料管道轴向线膨胀系数试验方法 …… 131
GB/T 30087—2013　化妆品中保泰松含量的测定方法　高效液相色谱法 …… 137
GB/T 30088—2013　化妆品中甲基丁香酚的测定　气相色谱/质谱法 …… 147
GB/T 30089—2013　化妆品中氯磺丙脲、氨磺丁脲、甲苯磺丁脲的测定　液相色谱/串联质谱法 …… 155
GB/T 30090—2013　无字母代号热电偶分度表 …… 163
GB/T 30091—2013　薄膜键盘技术条件 …… 213
GB/T 30092—2013　高压组合电器用金属波纹管补偿器 …… 231
GB/T 30093—2013　自动化控制系统可靠性技术评审程序 …… 255
GB/T 30094—2013　工业以太网交换机技术规范 …… 267
GB/T 30095—2013　网络化制造环境中业务互操作协议与模型 …… 339
GB/T 30096—2013　实验室仪器和设备常用文字符号 …… 361
GB/T 30097—2013　炉前铁液热分析仪 …… 435
GB/T 30098—2013　实验室用磁力驱动反应釜 …… 449
GB/T 30099—2013　实验室离心机通用技术条件 …… 461
GB/T 30100—2013　建筑墙板试验方法 …… 473
GB/T 30101—2013　聚乙烯醇水溶短纤维 …… 497
GB/T 30102—2013　塑料　塑料废弃物的回收和再循环指南 …… 508
GB/T 30103.1—2013　冷库热工性能试验方法　第1部分：温度和湿度检测 …… 523
GB/T 30103.2—2013　冷库热工性能试验方法　第2部分：风速检测 …… 533
GB/T 30103.3—2013　冷库热工性能试验方法　第3部分：围护结构热流量检测 …… 543

ICS 13.100
H 09

中华人民共和国国家标准

GB/T 30081—2013

反射炉精炼安全生产规范

Safe-production specification for reverberatory refining

2013-12-17 发布　　　　2014-09-01 实施

中华人民共和国国家质量监督检验检疫总局
中国国家标准化管理委员会　发布

前　言

本标准按照 GB/T 1.1—2009 给出的规则起草。

本标准由全国有色金属标准化技术委员会(SAC/TC 243)归口。

本标准主要起草单位:大冶有色金属有限责任公司。

本标准参加起草单位:云南铜业股份有限公司、江西铜业股份有限公司。

本标准主要起草人:张泽林、袁辅平、张永红、徐嵩、颜虹、马庆、田雪北、姜桂平、武江华、徐革雄、卢俊堂。

反射炉精炼安全生产规范

1 范围

本标准规定了有色金属精炼反射炉的安全生产的基本要求。

本标准适用于精炼反射炉的施工、验收、生产、维护、检修和管理。

2 规范性引用文件

下列文件对于本文件的应用是必不可少的。凡是注日期的引用文件，仅注日期的版本适用于本文件。凡是不注日期的引用文件，其最新版本(包括所有的修改单)适用于本文件。

GB 935 高温作业允许接触时间限值

GB 2894 安全标志及其使用导则

GB 3095 环境空气质量标准

GB 3096 声环境质量标准

GB 4387 工业企业厂内铁路、道路运输安全规程

GB 5083 生产设备安全卫生设计总则

GB 6067 起重机械安全规程

GB 6222 工业企业煤气安全规程

GB 7231 工业管道的基本识别色、识别符号和安全标识

GB/T 8196 机械安全 防护装置 固定式和活动式防护装置设计和制造一般要求

GB 8958 缺氧危险作业安全规程

GB/T 11651 个体防护装备选用规范

GB 12265(所有部分) 机械安全

GB 12348 工业企业厂界环境噪声排放标准

GB/T 13869 用电安全导则

GB 15603 常用化学危险品贮存通则

GB 16912 深度冷冻法生产氧气及相关气体安全技术规程

GB 17914 易燃易爆性商品储藏养护技术条件

GB 17916 毒害性商品储藏养护技术条件

GB 18218 危险化学品重大危险源辨识

GB 23821 机械安全 防止上下肢触及危险区的安全距离

GB 50016 建筑设计防火规范

GB 50033 建筑采光设计标准

GB 50034 建筑照明设计标准

GB 50057 建筑物防雷设计规范

GB 50058 爆炸和火灾危险环境电力装置设计规范

GB 50140 建筑灭火器配置设计规范

GB 50187 工业企业总平面设计规范

GB 50211　工业炉砌筑工程施工及验收规范

GB 50309　工业炉砌筑工程质量验收规范

GBJ 87　工业企业噪声控制设计规范

GBZ 1　工业企业设计卫生标准

GBZ 2(所有部分)　工作场所有害因素职业接触限值

GBZ 158　工业场所职业病危害警示标识

JB/T 7688.15　冶金起重机技术条件　铸造起重机

AQ/T 9002　生产经营单位安全生产事故应急预案编制导则

3　术语和定义

下列术语和定义适用于本文件。

3.1

精炼　refining

是指原料通过氧化、造渣、脱渣、还原等工艺操作，脱除杂质，提高纯度；并使产出品满足铸造温度或其他特定要求的一种工艺过程。

3.2

反射炉　reverberating furnace

属于表面加热的膛式炉，炉内传热主要通过炉顶、炉壁和炽热气体的辐射传热实现。反射炉在有色金属冶炼中，用于干燥、焙烧、精炼、熔化、保温和渣处理等工艺过程。

3.3

精炼反射炉　refining reverberatory furnace

反射炉的一种，用于有色金属冶炼的精炼工序，完成有色金属原料的精炼作业。

4　总则

4.1　安全生产管理规定

4.1.1　企业应贯彻执行国家安全生产方针、政策及相关的法律法规和制度，建立健全安全生产责任制和安全管理制度，完善安全生产条件，确保安全生产。

4.1.2　企业应采取有效措施控制职业危害，保证作业场所的职业健康安全条件符合法律、法规和国家标准或行业标准的有关规定。

4.1.3　企业应根据生产工艺、技术、设备、设施的具体情况，对从业人员进行针对性的安全生产教育和培训，保证从业人员掌握必要的安全生产知识、岗位安全操作技能。未经安全生产教育和培训合格的从业人员，不得上岗作业。特种作业人员应按照国家有关规定经专门的安全技术培训并考核合格，取得《中华人民共和国特种作业操作证》后，方可上岗作业，并按规定进行管理。

4.1.4　新建、改建、扩建工程项目的安全设施、职业危害防护设施必须符合有关法律、法规和国家标准或行业标准的规定，并与主体工程同时设计、同时施工、同时投入生产和使用。

4.2　厂区及车间布置

4.2.1　企业的总图运输方案设计应符合 GB 4387、GB 50187 的有关规定。

4.2.2　精炼生产区域内应避免设置非必需的生活设施。生产区域内值班室、休息室、更衣室等人员密集场所应设在安全地点。

4.2.3 生产区域内的生产设备、设施的布置应使作业人员和生产车辆、机械等有安全、充足的作业空间。应使物品搬运路线短捷,使生产线不产生交叉,储运方式合理。

4.2.4 各种工业气体的放散管,其管口应设置在厂房外的安全区域,宜高于建筑 2 m。

4.3 厂房建筑

4.3.1 厂房的消防设计应符合国家相关的法律、法规和 GB 50016 的有关规定,灭火器配备应符合 GB 50140 的有关规定,防雷设计应符合 GB 50057 的有关规定,安全标志的设置应符合 GB 2894 的有关规定,职业病危害警示标识的设置应符合 GBZ 158 的有关规定。

4.3.2 厂房内应具有良好的通风,通风口不应设置在精炼反射炉、盛放高温熔体的容器、高温工具的存放区域及熔体转运路线的上方。

4.3.3 工作照明应能满足正常作业的照明需要,重要设备、重要部位、安全通道、安全设施处应设置应急照明,并符合 GB 50033 和 GB 50034 的规定。

4.4 生产设备、设施一般要求

4.4.1 生产设备、设施在生产区域的配置和选型,应考虑区域内烟气、粉尘、高温、振动、噪音、腐蚀性工作环境的长期影响,应便于操作和检修,同时符合国家的有关规定。

4.4.2 生产设备、设施的设计、制造应符合 GB 3095、GB 3096、GB 5083、GB 6222、GB 12265、GB 12348、GB 23821、GB 50058、GBJ 87、GBZ 1、GBZ 2、JB/T 7688.15 的有关规定。

4.4.3 对现有设备、设施进行维修或改造的,不得降低其安全技术性能。

4.4.4 输送燃料、燃气、蒸汽、压缩空气及其他有毒有害、易燃易爆物质的管道、设施,应定期进行检测及维护,管道标识应符合 GB 7231 的有关规定。

4.4.5 机械设备外露的运转部分和有危及人身安全的部位,应按 GB/T 8196 的相关要求配备防护罩。

4.4.6 接地保护装置的配置应考虑环境温度的影响。移动电气设备应具备漏电保护器或保护接地,并定期检测。

4.4.7 燃烧设备宜配置与燃烧风机关联的保护性联锁,联锁动作应灵敏可靠。

4.4.8 联锁、报警、自控保护装置、仪表应投入使用,工作状态正常,处于规定的检定周期内,工作环境符合制造厂家的要求。

4.4.9 精炼反射炉的砌筑施工应符合 GB 50211 的有关规定,由具备相应资质的单位设计、施工。砌筑质量验收应符合 GB 50309 的有关规定。

4.4.10 安全设施的管理应符合国家的有关规定、国家标准、行业标准、制造厂家的要求,确保安全技术性能满足安全生产的要求。

4.5 精炼反射炉生产现场作业要求

4.5.1 进入生产区域的人员,应按 GB/T 11651 的有关规定,正确使用劳动防护用品,反射炉炉前、浇铸区域作业人员还应佩戴高温防护面罩。

4.5.2 使用氧气作业应符合 GB 16912 的有关规定,使用煤气、天然气作业应符合 GB 6222 的有关规定。

4.5.3 高处作业时,应采取可靠的安全防护措施。

4.5.4 生产区域的安全通道应保持畅通,严禁占用安全通道。在生产区域内临时存放物品或使用车辆、设备时,不得妨碍安全设施的运行操作。

4.5.5 人员、车辆等进出生产区域应遵守交通规则和操作规程，要注意周围人员作业情况、设备及设施运行情况。禁止无关人员、非生产车辆进入生产区域。

4.5.6 生产车辆用于转运高温熔体、物品时应与人员、设备、设施等保持足够的安全防护距离。

4.5.7 操作人员应确认岗位设备、设施处于完好状态，作业环境安全。

4.5.8 集体作业的操作人员应互相配合、互相沟通、互相监护、统一指挥，交叉作业时应指定专人负责工作的协调和安全监护。

4.5.9 禁止跨越存储高温熔体的容器、设施。用于高温作业的工具如渣耙、梅花枪、堵棍等应定点储存，设置明确警示标识。

4.5.10 电气作业应符合 GB/T 13869 的有关规定。

4.5.11 需要使用行灯照明的场所，行灯电压不应超过 36 V；在潮湿的地点和金属容器内，行灯电压不应超过 12 V。

4.5.12 燃气、氧气等易燃、易爆气体放散时，应严格按照 GB 6222、GB 16912 的有关规定执行。

4.5.13 燃烧器发生粘结，应立即清理；若发生堵塞，应停止使用。

4.5.14 反射炉炉体水套发生泄漏时，应停止水套供水，并采取可靠措施避免水进入反射炉炉膛或与高温物品接触，漏水及时导入厂房排水系统。

4.5.15 设备设施检维修前应制定方案。危险性较大的检修作业前应进行作业行为危险因素分析和辨识，并制定控制措施。

4.5.16 处于高温作业环境的人员的作业时间的上限、脱离热环境后的休息时间应符合 GB 935 的有关规定。宜配备防治中暑药品。

4.5.17 使用一次性热电偶测量熔体温度时，热电偶应始终保持干燥，插入熔体时应防止熔体溅出。

5 反射炉精炼的安全操作要求

5.1 原材料

5.1.1 易燃、易爆、有毒、有害的物品及危险化学品的储存应符合 GB 15603、GB 17914、GB 17916 的有关规定，由专人管理，制定并执行领料发放制度。

5.1.2 使用起重机械实施吊装作业时应符合 GB 6067 的有关规定。

5.1.3 原料、材料应平稳码放，料堆的高度、料堆间通道的宽度应能满足起重机械、车辆、人员等安全作业的需要。

5.1.4 再生生产的原料为废物时，应执行国家检验检疫的有关规定。

5.2 进料熔化作业

5.2.1 新砌筑、检修、停炉后的反射炉投入使用前，应按设计规定的烘炉曲线进行烘炉，使砌体充分干燥。烘炉过程中，应根据反射炉砌体的膨胀量，相应调节炉体拉杆的松紧度。

5.2.2 作业前，应对反射炉的炉体全面检查，确认正常，炉内应无异物。溜槽、事故溜槽、扒渣口处砌体及填料应完好、干燥。安全坑内应干燥，容积足以存储事故熔体。放料口砖的放料口形状应圆整，砖体应无缺损，否则应更换。放料口堵泥应牢固，否则应重砌。应备有堵泥及堵放料口用工具。

5.2.3 生产区域地面、作业用工具应保持干燥。

5.2.4 反射炉燃烧器启动前，应对燃烧系统、排烟装置、控制系统及安全装置等全面检查，确认正常后，启动排烟风机 3 min～5 min，将炉内积蓄的可燃、有毒、有害气体排净。

5.2.5 反射炉燃烧器的点火若不成功，应立即进行放散作业，用排烟机运行 3 min～5 min 排净反射炉内的可燃气体,然后重新点火。未进行放散作业,不应再次点火。

5.2.6 作业期间应使排烟机处于工作状态,炉膛内为负压。

5.2.7 潮湿物料不得加入反射炉。室外存放或经室外转运的物料应确认干燥后,加入反射炉。首批加入的物料,宜为细碎料或熔体。

5.2.8 进料作业时,加入反射炉的物料总量不应超过反射炉的设计容量。加入物料不得堵住放料口、扒渣口、工作门、烟道入口,形成的料堆的高度不应阻碍燃烧器火焰到达炉尾。

5.2.9 加料设备只限于进料作业使用,禁止挪作他用。加料设备正前方应配置阻挡火焰、熔体喷溅的固定式防护装置。

5.2.10 进料作业时,应规定加料设备的本体与炉体保持安全距离。加料车辆除驾驶员外不得载人。

5.2.11 进料作业时应指定专人指挥,驾驶员应服从指挥人员的指示。加料设备应低速作业,禁止撞击炉体。加料设备回转区域内应无人员、设备、设施。

5.2.12 进料时,工作门、扒渣口处砌体、填料层若发生破损,应立即停止进料并修补。

5.2.13 进料结束后,将加料设备停放至安全地点,停机并切断动力。

5.2.14 进料作业中断或结束后,应清理作业现场,不得妨碍人员、车辆等的安全作业及通行。

5.3 扒渣作业

5.3.1 作业前,暂时停止反射炉的其他作业,开启扒渣口工作门,确认炉压基本稳定。检查扒渣口,清除粘结物;若使用镁粉砌筑渣坝,应配以卤水。应确认渣包放置平稳,渣包完整无破损,包内干燥。渣耙等工具表面应干燥。

5.3.2 扒渣作业时,宜关闭燃烧器,操作工应将渣耙低速伸入炉内,扒动渣层使炉渣低速流出。作业时,严禁用渣耙撞击渣坝。

5.3.3 扒渣时应监控炉压变化,防止火焰灼伤。扒渣口处生成的粘结物应及时清理。渣耙用水冷却后,再次使用前应干燥。

5.3.4 吊运渣包前,应检查吊具、渣包吊耳。低速起吊渣包并保持平衡,避免熔渣溢出。

5.3.5 渣包内炉渣凝固后,转运至渣场。渣包转运路线应安全通畅。渣包转运时炉渣不应溢出。

5.3.6 作业完成后,修补扒渣口渣坝,关闭扒渣口工作门。

5.4 氧化作业

5.4.1 作业前,排除压缩风管道、风包内积水。将压缩风管与氧化/还原管连接,接口处应无泄漏。

5.4.2 插管作业前,确认氧化/还原管耐火泥层完好、干燥,无油污。通知反射炉工作门周边区域人员停止作业,移动到安全区域。

5.4.3 缓速开启压缩风管阀门后,两名以上操作工配合,将氧化/还原管插入炉内熔体中。

5.4.4 氧化/还原管插入熔体的角度、深度应能防止熔体外溢、溅出。插管过程中,应不断移动氧化/还原管的插入位置,氧化/还原管的管口与炉底反拱或炉墙保持安全距离。

5.4.5 氧化/还原管发生堵塞、断裂时,应立即关闭压缩风管阀门,从熔体中抽出氧化/还原管。抽出氧化/还原管时,应由两名以上操作工配合进行,氧化/还原管口始终朝向炉内。使用过的氧化/还原管集中放置于指定区域,冷却至常温前应防止人员、车辆接触。

5.4.6 氧化/还原管从熔体中抽出后,断开压缩风管与氧化/还原管的连接;氧化/还原管若发生堵塞,应先缓速卸除管内压力。

5.4.7 取样前,样勺、样模应保持干燥。取样时,停止插管作业,控制炉压稳定,非取样人员离开工作门周边区域。取样后,样模内试样凝固前,不能用水冷却。

5.4.8 向炉内添加的造渣熔剂应干燥。

5.5 还原作业

5.5.1 作业前,对还原剂输送设备、管路全面检查,排除管道、风包内积水。将还原剂管与氧化/还原管连接,接口处应无泄漏。

5.5.2 插管作业准备,应符合5.4.2的规定。

5.5.3 缓速开启还原剂管阀门后,两名以上操作工配合,将氧化/还原管插入炉内熔体中。

5.5.4 插管作业应符合5.4.4的规定。

5.5.5 从熔体中抽出氧化/还原管时,应符合5.4.5的规定。

5.5.6 氧化/还原管从熔体中抽出后,断开还原剂管与氧化/还原管的连接;氧化/还原管若发生堵塞,应先缓速卸除管内压力。

5.5.7 取样作业应符合5.4.7的规定。

5.5.8 还原作业时,应监测烟道、锅炉、收尘器的温度,不允许超过其上限。

5.5.9 还原剂存储装置、输送管路应有阻火、防爆装置,气态还原剂的输送管应有放散装置。

5.5.10 还原作业时,应确认放料口、放料口砖、堵泥始终处于完好状态。

5.6 浇铸作业

5.6.1 浇铸设备启动前,应通知浇铸设备及周边区域人员停止作业并离开设备运转区域。

5.6.2 作业前,溜槽、中间包、浇铸包应按照设计要求砌筑并烘烤干燥。铸模水平安装,表面应干燥,无异物。浇铸系统应全面试车,发现的设备故障未处理前不允许浇铸。

5.6.3 操作工打开放料口堵泥时,宜先在堵泥中部钻孔,利用炉内熔体的压力使孔径缓速扩大,避免熔体溅出溜槽。作业时,操作工应避开放料口正面方向,避免撞击放料口砖/放料口。

5.6.4 操作工烧氧作业时,氧气瓶的储存、运输、使用以及作业场地应符合GB 16912的有关规定。

5.6.5 浇铸作业时,放料口处应有操作工监护,根据浇铸工指令使用堵棍调节熔体的流速,避免溜槽、浇铸包、中间包中熔体溢出。使用堵棍时禁止撞击放料口,使用碳质堵棍时应防止折断。

5.6.6 浇铸作业时,料口砖、溜槽、浇铸包、中间包发生破损时,应停止浇铸。

5.6.7 吊运铸件、物品时,起重设备、吊物行进路线避开人员、设备、设施,并开启警铃。

5.6.8 浇铸工应根据浇铸熔体温度、铸件的凝结速度,调节冷却水量、脱模剂喷涂量。铸件脱模后,铸模到达浇铸位时表面应干燥。

5.6.9 浇铸过程中浇铸工不得离岗。

5.6.10 浇铸工与放料口操作工应有可靠的联络方式,使沟通信息及时、准确、真实、全面地传递。

5.6.11 停止浇铸后,操作工使用专用工具用堵泥堵住放料口,确认堵泥烧结牢固后撤出专用工具。

5.6.12 放料口砖缺损或放料口形状不圆整,确认堵泥烧结牢固后立即更换料口砖。

5.6.13 浇铸结束后,应在溜槽、中间包、浇铸包内熔体凝固前放入吊钩,熔体完全凝固后方可吊运。

5.7 停炉

5.7.1 先关闭燃烧器燃料管路阀门,后关闭燃烧风阀,最后停止燃烧风机运行。排烟风机继续运转3 min~5 min,排净炉膛内可燃、有毒、有害气体后停机。提起烟道闸门,使反射炉内为负压。

5.7.2 停炉后应检查炉体降温情况,根据反射炉砌体的收缩量,相应调节炉体拉杆的松紧度。

5.7.3 炉体降温后,人员首次进入反射炉、烟道等密闭受限空间之前,应执行GB 8958的有关规定。

6 事故应急预案

6.1 基本要求

6.1.1 企业应按照《中华人民共和国安全生产法》《中华人民共和国消防法》《中华人民共和国职业病防治法》、GB 18218、AQ/T 9002 等国家法律、法规及标准，结合企业具体情况，建立健全应急救援体系，辨识危险源，制定应急预案，并报主管部门备案。应急预案至少应包括：

a) 《安全生产事故综合应急救援预案》；

b) 《重特大事故应急救援预案》；

c) 《火灾事故应急预案》；

d) 《熔体泄漏事故应急预案》；

e) 《铸造过程中断电应急处理》。

6.2 事故应急措施

6.2.1 企业应建立专职或兼职应急救援组织，并定期对全体职工进行避灾及事故抢救演习。配备必要的事故救援人员和装备、设施。

6.2.2 企业发生事故时，安全生产主管应立即到现场组织指挥抢救，并采取有效措施，防止事故扩大；同时维持现场秩序，保护事故现场。参加事故救援的专职、兼职人员，均应按照救援预案的规定进行事故处理，并接受事故救援最高指挥员的统一指挥。

6.2.3 事故处理后，应及时调查、分析事故原因，制定防止同类事故再次发生的措施，予以实施。

6.2.4 企业应定期进行应急预案演练。

ICS 77.120.01
D 42

中华人民共和国国家标准

GB/T 30082—2013/ISO 13543:1996

硫化铜、硫化铅和硫化锌精矿批料中金属质量的测定

Copper, lead and zinc sulfide concentrates—Determination of mass of contained metal in a lot

(ISO 13543:1996, IDT)

2013-12-17 发布 2014-09-01 实施

中华人民共和国国家质量监督检验检疫总局
中国国家标准化管理委员会 发布

前　言

本标准按照 GB/T 1.1—2009 给出的规则起草。

本标准使用翻译法等同采用 ISO 13543:1996《硫化铜、硫化铅和硫化锌精矿　批料中金属质量的测定》。本标准与 ISO 13543:1996 的主要差异如下：

——用小数点“.”代替在国际标准中作为小数点的逗号“,”；

——用“本标准”代替“本国际标准”；

——按中文习惯改动了标准名称；

——删除了国际标准中封面、目次、前言和引言。

本标准由全国有色金属标准化技术委员会(SAC/TC 243)归口。

本标准负责起草单位：南通出入境检验检疫局、中国有色金属工业标准计量质量研究所、中条山有色金属集团有限公司。

本标准参加起草单位：宁波出入境检验检疫局检科院、铜陵有色集团股份有限公司。

本标准主要起草人：侯晋、赵军锋、窦怀智、张光华、曹国洲、张晓冬、马丽君、彭康、张爱平。

硫化铜、硫化铅和硫化锌精矿批料中金属质量的测定

警告:本标准涉及的材料、操作和设备可能具有危险性。本标准适用者在使用前有责任建立适应的健康和安全条件并确定可行的限制规范。

1 范围

本标准规定了根据批的湿量、含水量和干基金属含量确定批料中金属质量的计算方法,并规定了估算金属质量方差和置信区间的程序。

2 规范性引用文件

下列文件对于本文件的应用是必不可少的。凡是注日期的引用文件,仅注日期的版本适用于本文件。凡是不注日期的引用文件,其最新版本(包括所有的修改单)适用于本文件。

GB/T 14260—2010 散装重有色金属浮选精矿取样、制样通则(ISO 12743,NEQ)

GB/T 27679—2011 铜、铅、锌和镍精矿 检查取样精密度的实验方法(ISO 12744,IDT)

3 定义

下列术语和定义适用于本文件。

3.1

批 lot

划定的取样单元。

3.2

批的湿量 wet mass of the lot

称量和取样时批的精矿质量加水分。

3.3

水分测定 moisture determination

按规定的方法采取、制备水分试样,经过称量、干燥、恒量后,计算得到水分含量。具体步骤按GB/T 14260—2010执行。

3.4

化学分析 chemical analysis

对成分样待测化学组成的定量检测。

3.5

精密度 precision

衡量一系列测量的随机波动。

3.6

批的干量 dry mass of the lot

在扣除批的水分质量后,该批的精矿质量。

3.7

水尺测量 draft survey

基于将货轮不同载荷条件下排水量的差转换成质量的一种计重方法，该方法必须建立考虑到水的密度、温度和压舱物以及压舱物和补给变化所带来影响的水尺表。

注：水尺测量是以阿基米德原理为基础，即漂浮物所受浮力等于其重力。船运货物质量可以通过将水尺、视差、压舱物和消耗补给物的变化根据船的水尺表转换为质量来测量。

4 测定金属质量

批的金属质量通过湿量、水分和干基金属含量确定。

4.1 批的湿量

批的湿量可以用静态秤、皮带秤或水尺测量得到。但推荐使用静态秤，因为其精密度较高。

4.2 批的水分含量

水分样应根据 GB/T 14260—2010 采集，并根据该标准测定批的水分。

4.3 批的金属含量

成分样应根据 GB/T 14260—2010 采集，并且根据相关的精矿化学分析国家标准进行分析。

4.4 批的干量

用式(1)计算批的干量：

$$m_D = m_W(1 - \frac{M}{100}) \quad \cdots\cdots (1)$$

式中：

m_D ——批的干量，单位为吨(t)；

m_W ——批的湿量，单位为吨(t)；

M ——批的水分含量，以湿重百分比计(%)。

4.5 金属质量

4.5.1 主元素

对主元素铜、铅和锌，由式(2)、式(3)、式(4)分别计算批的金属含量：

$$m_M = \frac{m_D \alpha_L}{100} \quad \cdots\cdots (2)$$

式中：

m_M ——批的金属质量，单位为吨(t)；

m_D ——批的干量，单位为吨(t)；

α_L ——批的干基金属含量，以百分比计(%)。

或者，式(2)可以写成：

$$m_M = \frac{m_W F \alpha_L}{100} \quad \cdots\cdots (3)$$

其中 F 是水分因子：

$$F = 1 - \frac{M}{100} \quad \cdots\cdots (4)$$

式中：

M——批的水分含量，以湿重百分比计(%)。

4.5.2 贵金属

对于贵金属金、银，批的金属质量由式(5)得：

$$m_{\mathrm{M}}=\frac{m_{\mathrm{W}}F\alpha_{\mathrm{L}}}{1\,000} \qquad \cdots\cdots(5)$$

式中：

m_{M} ——批的金属质量，单位为千克(kg)；

m_{W} ——批的湿量，单位为千克(kg)；

F ——水分因子；

α_{L} ——批的干基贵金属含量，单位为克/吨(g/t)。

5 确定金属质量的波动

通过求式(3)的金属质量对批的湿量、水分因子和金属含量的偏微分，得到式(6)，确定所含金属质量的方差 s_{M}^2：

$$s_{\mathrm{M}}^2=\left[\frac{\partial m_{\mathrm{M}}}{\partial m_{\mathrm{W}}}\right]^2 s_{\mathrm{W}}^2+\left[\frac{\partial m_{\mathrm{M}}}{\partial F}\right]^2 s_{\mathrm{F}}^2+\left[\frac{\partial m_{\mathrm{M}}}{\partial \alpha_{\mathrm{L}}}\right]^2 s_{\mathrm{T}}^2 \qquad \cdots\cdots(6)$$

式中：

s_{M}^2 ——批金属质量的方差；

s_{W}^2 ——批湿量的方差；

s_{F}^2 ——水分因子 factor=$(S_{\mathrm{H}}/100)^2$ 的总体方差，S_{H} 是水分鉴定的总精密度(1倍标准偏差)；

s_{T}^2 ——批金属含量的总体方差。

注：水分因子和金属含量的总体方差包含了取样、样品制备和分析的影响。

求偏导并代入式(6)得到：

$$s_{\mathrm{M}}^2=\left[\frac{F\alpha_{\mathrm{L}}}{100}\right]^2 s_{\mathrm{W}}^2+\left[\frac{m_{\mathrm{W}}\alpha_{\mathrm{L}}}{100}\right]^2 s_{\mathrm{F}}^2+\left[\frac{m_{\mathrm{W}}F}{100}\right]^2 s_{\mathrm{T}}^2 \qquad \cdots\cdots(7)$$

式(7)可如下简化：

$$s_{\mathrm{M}}^2=m_{\mathrm{M}}^2\left[\frac{s_{\mathrm{W}}^2}{m_{\mathrm{W}}^2}+\frac{s_{\mathrm{F}}^2}{F^2}+\frac{s_{\mathrm{T}}^2}{\alpha_{\mathrm{L}}^2}\right] \qquad \cdots\cdots(8)$$

式(8)对主元素和贵金属都适用。

为测算计重方法的精密度，应根据 ISO 12745 中所列程序确定批湿量的方差。水分因子和金属含量的方差应该根据 GB/T 27679—2011 所列程序确定。成分分析应根据相关国家标准规定方法执行。

6 计算批的金属含量及其方差的例子

6.1 静态秤测量

假设有含 30%铜、10 g/t 金和 8%水分的 500 t 货批，用最大量程 25 t 的静态料斗秤称量，即 20 料斗的货。料斗秤精密度(1倍标准偏差)为 0.2%。该批划分为 10 个副批并且对每个副样单独做水分测定，制备一份批样用于化学分析。铜、金和水分测定的总精密度(1倍标准偏差)分别为 0.05%、0.5 g/t 和 0.1%。

6.1.1 铜的质量(计量单位:t)

$$m_W = 500\ \text{t}$$

$$s_W^2 = \left(\frac{25 \times 0.2}{100}\right)^2 \times 20 = 0.05$$

$$F = 1 - (\frac{8}{100}) = 0.92$$

$$s_F^2 = \frac{(0.1/100)^2}{10} = 0.000\ 000\ 1$$

$$\alpha_L = 30\%$$

$$s_T^2 = (0.05)^2 = 0.002\ 5$$

由式(3)和式(8)得:

$$m_M = \frac{500 \times 0.92 \times 30}{100} = 138\ \text{t}$$

$$\begin{aligned} s_M^2 &= 138^2(\frac{0.05}{500^2} + \frac{0.000\ 000\ 1}{0.92^2} + \frac{0.002\ 5}{30^2}) \\ &= 138^2(0.000\ 000\ 2 + 0.000\ 000\ 12 + 0.000\ 002\ 78) \\ &= 0.003\ 8 + 0.002\ 3 + 0.052\ 9 \\ &= 0.059 \end{aligned}$$

标准偏差 s_M 计算得到:

$$s_M = 0.24\ \text{t}$$

因此,在 95%置信度(即两倍标准偏差),铜的质量为:

$$m_M = 138\ \text{t} \pm 0.5\ \text{t}(\text{即相对偏差} \pm 0.4\%)$$

所以 95%置信范围是 137.5 t~138.5 t 铜。

在这种情况下,金属质量不确定度主要受批的铜含量精密度影响。可以通过对批样做追加分析,或之后对每个副样分别做分析来降低这种影响。

6.1.2 金的质量(计量单位:g/t)

$$m_W = 500\ \text{t}$$

$$s_W^2 = \left(\frac{25 \times 0.2}{100}\right)^2 \times 20 = 0.05$$

$$F = 1 - (\frac{8}{100}) = 0.92$$

$$s_F^2 = \frac{(0.1/100)^2}{10} = 0.000\ 000\ 1$$

$$\alpha_L = 10\ \text{g/t}$$

$$s_T^2 = (0.5)^2 = 0.25$$

由式(5)和式(8)得到:

$$m_M = \frac{500 \times 0.92 \times 10}{10^3} = 4.6\ \text{kg}$$

$$\begin{aligned} s_M^2 &= 4.6^2(\frac{0.05}{500^2} + \frac{0.000\ 000\ 1}{0.92^2} + \frac{0.25}{10^2}) \\ &= 4.6^2(0.000\ 000\ 2 + 0.000\ 000\ 12 + 0.002\ 5) \\ &= 0.000\ 004\ 2 + 0.000\ 002\ 5 + 0.052\ 9 \end{aligned}$$

$$=0.053$$

标准偏差 s_M 计算得：

$$s_M=0.23\ \text{kg}$$

因此，在95%的置信度，金的质量为：

$$m_M=4.6\ \text{kg}\pm0.5\ \text{kg}(\text{即相对偏差}\pm11\%)$$

所以95%置信范围是4.1 kg～5.1 kg。

测量批中金量的精密度是金属量不确定度的主要来源。同样通过对批样做追加分析，或之后对每个副样分别做分析可以降低这种影响。

6.2 水尺测量

假设含铜30%和水分8%的货批湿量为25 000 t。如果水尺测量批的湿量时，相对精密度(1倍标准偏差)为0.5%，测定批的铜含量和水分含量时，总体精密度(1倍标准偏差)分别为0.05%和0.1%，则：

$$m_W=25\ 000\ \text{t}$$

$$s_W^2=\left(\frac{25\ 000\times0.5}{100}\right)^2=15\ 625$$

$$F=1-(\frac{8}{100})=0.92$$

$$s_F^2=(0.1/100)^2=0.000\ 001$$

$$\alpha_L=30\%$$

$$s_T^2=(0.05)^2=0.002\ 5$$

因此，由式(3)和式(8)得到：

$$m_M=\frac{25\ 000\times0.92\times30}{100}=6\ 900\ \text{t}$$

$$s_M^2=6\ 900^2(\frac{15\ 625}{25\ 000^2}+\frac{0.000\ 001}{0.92^2}+\frac{0.002\ 5}{30^2})$$

$$=6\ 900^2(0.000\ 025+0.000\ 001\ 2+0.000\ 002\ 8)$$

$$=1\ 190+57+133=1\ 380$$

计算标准偏差 s_M 得到：

$$s_M=37\ \text{t}$$

因此，在95%置信度，铜的质量为：

$$m_M=6\ 900\ \text{t}\pm74\ \text{t}(\text{即相对偏差}\pm1.1\%)$$

所以95%的置信范围是6 826 t～6 974 t铜。

可见质量测定的低精密度是产生金属质量不确定度的主要因素，尤其是通过水尺测量得到批湿量的情况下。

ICS 77.120.01
D 42

中华人民共和国国家标准

GB/T 30083—2013/ISO 12745:2008

铜、铅和锌矿及精矿 计量方法的精密度和偏差

Copper, lead and zinc ores and concentrates—Precision and bias of mass measurement techniques

(ISO 12745:2008, IDT)

2013-12-17 发布

2014-09-01 实施

中华人民共和国国家质量监督检验检疫总局
中国国家标准化管理委员会 发布

前　言

本标准按照GB/T 1.1—2009给出的规则起草。

本标准使用翻译法等同采用ISO 12745:2008《铜、铅和锌矿及精矿　计量方法的精密度和偏差》。本标准与ISO 12745:2008的主要差异如下：

——用小数点“.”代替在国际标准中作为小数点的逗号“,”；

——用“本标准”代替“本国际标准”；

——按中文习惯改动了标准名称；

——删除了国际标准中封面、目次、前言和引言。

本标准由全国有色金属标准化技术委员会(SAC/TC 243)归口。

本标准负责起草单位：南通出入境检验检疫局、中国有色金属工业标准计量质量研究所、中条山有色金属集团有限公司。

本标准参加起草单位：宁波出入境检验检疫局、铜陵有色金属集团股份有限公司。

本标准主要起草人：侯晋、窦怀智、赵军锋、马丽君、曹国洲、张晓冬、廉惠萍、彭康、张爱平。

铜、铅和锌矿及精矿
计量方法的精密度和偏差

警告——本标准涉及的材料，操作和装置可能具有危险性。本标准适用者在使用前有责任建立适应的健康和安全条件并确定可行的限制规范。

1 范围

本标准规定了各种计量方法的偏差、精密度和某一计量方法所得质量的精密度的计算方法。

本标准是以通过数据统计确认计量方法无偏差，计算方差衡量其精密度并且考查在其工作范围内计量的线性程度为基础的。根据适用条款采用的校准方法和性能检测结果可以用来定量计量方法的精密度和偏差并确定计量装置的线性。

本标准用于计算车载或船运精矿湿重计量方法的偏差，作为贸易双方运输、保险、预付费和最终结算的依据。

静态秤的应用要求货物质量至少不低于 1t 以便于校核，并且该质量应符合秤的量程。用一系列覆盖称重装置整个工作范围的标准质量物作为外加载荷来估算其精密度和检测其整个工作范围线性，确认其校准状态的过程。

2 规范性引用文件

下列文件对于本文件的应用是必不可少的。凡是注日期的引用文件，仅注日期的版本适用于本文件。凡是不注日期的引用文件，其最新版本(包括所有的修改单)适用于本文件。

GB/T 3358.1—2009 统计学词汇及符号 第1部分：一般统计术语与用于概率的术语(ISO 3534.1，IDT)

GB/T 3358.2—2009 统计学词汇及符号 第2部分：应用统计(ISO 3534.2，IDT)

GB/T 6379.1—2004 测量方法与结果的准确度(正确度与精密度) 第1部分 总则与定义(ISO 5725.1，IDT)

3 术语和定义

下列术语和定义适用于本文件。

注1：在应用统计的权威书本中，σ^2 仅用于只作估算的测量过程的未知总体方差。相反，符号 s^2 用于样品方差，并因此限制测量的调整。散货取样的标准方法经常采用 σ^2 或 σ 以区别。

注2：以下对计量技术最常用概念和术语的定义，用来阐明对商业运输的货损风险和增益可能性定量的标准方法和期望采用的非标方法间的差异。

3.1

准确度 accuracy

质量测量结果与真值间的一致程度。

注：准确度是无法实测的抽象概念，但是通过对偏差或系统偏差的定量可以对准确度的偏离进行衡量。

3.2

偏差　bias

测试结果的期望与接受参照值之差。

注：此定义仅在接受参照值是已知并具有绝对确定度（质量和长度的国际单位）时有效。假设接受参照值在有限的置信限内是已知的，测试结果期望值落在接受参照值的置信限以外，测试结果的期望与接受参照值之差别就是偏差。比如，通常仅通过一次测量得到的批质量，其值不是测量结果的期望。本标准中规定偏差是批湿重独立估计值之间的统计学显著性差异（装货与卸货，静态称与动态称），并且质量测量应当能够尽可能通过最直接的量值传递追溯到国家千克原器和质量国际单位。

3.3

皮带秤　belt scale

在皮带上的货物通过输送器内悬挂的秤段，连续累加并记录以累计质量的计量装置。

注：皮带秤是连续计量装置，校准方法有：在秤段部分的皮带上外加载荷如校准过的链条（动态），或用标准质量物悬挂在秤架上经过一定的累加期（静态），或用皮带秤测量已经由静态秤称量质量的材料（物料称量法）。

3.4

偏差检测限（BDL）　bias detection limit

考查 T 检验检测外加载荷和测量载荷之间的偏差或系统偏差的能力和灵敏度。

3.5

变异系数（CV）　coefficient of variation

测量计量方法的随机波动，数值上等于标准差占测量质量的百分比。

3.6

置信区间（CI）　confidence interval

在一定置信水平，包括所有可能测量值和他们均值之差的区间。

3.7

置信范围（CR）　confidence range

在一定置信水平，包括所有可能测量值在内的范围。

注：科学与工程领域通常使用 95％置信区间和范围。

3.8

相关系数（r）　correlation coefficient

测量一系列标准质量物和测量载荷间的相关性或独立性。

3.9

水尺测量　draft survey

基于将货轮不同载荷条件下排水量的差转换成质量的一种计量方法，该方法必须建立考虑到水的密度、温度和压舱物以及压舱物和补给变化所带来影响的水尺表。

注：水尺测量是以阿基米德原理为基础，即漂浮物所受浮力等于其重力。船运货物质量可以通过将水尺、视差、压舱物和消耗补给物的变化根据船的水尺表转换为质量来测量。

3.10

精密度　precision

计量方法随机波动的累积效果。

注：精密度是一个专用词，诸如“高精密度”、“低精密度”和“高的精密度品质”，尽管没有定量信息但都是有效的描述。

3.11

可能的偏差范围（PBR）　probable bias range

针对仅Ⅰ类风险或Ⅰ类和Ⅱ类风险在预定概率条件下被测量偏差所处的界限。

3.12

相对标准差(s_r)　relative standard deviation

测量计量方法的随机波动,数值上等于标准差除以测量质量。

3.13

标准差(s)　standard deviation

测量计量方法的随机波动,数值上等于方差的平方根。

3.14

静态秤　static scale

将地磅或台秤上的、漏斗里或悬吊在龙门吊中的静态载荷转换成质量的计量装置。

注:静态秤是间歇式计量装置,采用单个标重物或用校正液压装置进行校准。静态秤可以自动校零,从而通过皮重和毛重之差的和来累计质量。双料斗秤可以在装卸操作时达到近似的连续质量流而不牺牲静态秤的准确性和精密度品质。

3.15

T 检验(t)　Student's t-value

一系列外加载荷均值和测量载荷均值的差与均值差的标准差之比。

3.16

Ⅰ类风险(α)　type Ⅰ risk

当均值差统计上等同为零时,假设一系列外加载荷与测量载荷均值相一致,α 为拒绝该假设的风险。

3.17

Ⅱ类风险(β)　type Ⅱ risk

当均值差统计上不为零时,假设一系列外加载荷与测量载荷均值相一致,β 为拒绝该假设的风险。

3.18

方差 (s^2)　variance

测量计量方法的随机波动,数值上等于各测量数据与均值的差的平方和除以测量次数减一(自由度 $n-1$)。

注:应用统计教材中术语"从均值得到的均方差"通常用来表示方差。

4　总论

关于计量装置的国际或各国手册定义了计量技术的不确定度。在一些手册中,"偏差"被定义为"误差"或"系统误差",而另一些则提及"最大允许风险"与"容许偏差"同义,作为计量方法中测定随机方差的方法。

除非"最大允许偏差"或"容许偏差"恰好等于 95%或 99%的置信区间,否则都不能转化为作为测量计量过程精密度的最基本手段的方差。尽管如此,作为对贸易双方所面临风险的测量,只有给出精矿湿重方差的准确值,才能计算得到在 95%置信区间和范围条件下其干重和金属含量的精密度。

4.1　水尺测量

装卸前后轮船排水量分布的变化被转化为以水尺表为基础的湿重。对压舱物和诸如燃料、淡水、补给等消耗品的变化需要进行修正。要将不同装载条件下轮船排水量的差别转化为质量,还需要测量计算压舱水和船周围水的平均密度。

外部因素如风速和盐度的分层限制了水尺测量的精密度。当船不完全载货时船体变形增加了又一个不确定度从而可能形成偏差。单货舱水尺测量通常没有满舱测量精确。当船无压舱物且完全满载或完全空载时水尺测量可以得到最高的精密度。

如果舱底水通过舱底阀排出则水量会发生漂移使得货重不符。这种情况下，卸货时测得的湿重会明显低于装货时，而干重在装卸前后基本一致。氧化反应通常会少量增加质量，但水尺测量精密度的高波动性使之可以忽略不计。

通常，评价精密度的变异系数范围从低的0.5%到高的2.5%。通过比较装卸的水尺可以发现最低的变异系数。如果卸货时的水尺检验员知道了装货单，港口卸货和装货的水尺测量结果就不再具有统计上的独立性。

装载时水尺测量是以船上官员和代表运输方的水尺检验员，有时还有代表买家的水尺检验员之间达成一致为基础的。在此情况下，装货时的水尺测量精密度是无法估计的。只有在两个或以上具有资质的水尺检验员同时但独立地完成水尺测量时，才能准确估算其精密度。

假设货物无水分和机械损失不引起偏差，水尺测量的精密度也可以由已知精密度特性的静态秤测量货物湿重来估计。由于不同运输条件下货船的形变差异，水尺测量无法像静态计量装置一样具有线性关系。

附录C提供了一个通过水尺测量计算排水量的例子。

4.2 皮带秤测量

皮带秤是一种将一段较长时期内悬挂的皮带段上的变化载荷累加的连续(动态)的计量装置。皮带秤测量的精密度和偏差取决于大量因素，而不仅仅是其操作环境。皮带秤的校正可以通过在计量机构的皮带上上牵引链条在称架上形成静态的重量，或者利用一定质量由静态秤测量过湿重的材料进行。虽然相对时间较短，但是利用材料试重是动态秤校准最可靠的方法。

一个皮带秤和料斗秤串联整合在皮带输送系统中，可以通过比较湿重对(静态和动态)来进行校正和估计精密度。以一对皮带秤串联可以有以下优点：货物锲入传送机构和皮带称悬挂机构之间会导致两次测量结果不一致。确定反常差异后可以进行校正，定期去除皮带秤中的溢出可以减少漂移和偏差发生的可能性。

在最优条件下以变异系数的形式测得的精密度为0.4%，但在风险条件下变异系数可能超过3.5%。在常规条件下，可以通过在每次校准前测量和控制测量间隔的方差来获得真实可靠的皮带秤精密度。频繁的校正可以确保皮带秤得到湿重的无偏估计值。中心极限定理说明动态秤连续称重湿重的精密度要显著低于用静态秤按批称量。

在通常情况下皮带秤的线性是难以测量的。载荷单元的制造商对反应的线性在4 mA～20 mA范围进行测试。尽管如此，测试条件下的线性并不能确保通常情况下的载荷线性。除非线性偏差不会比诸如皮带张力、硬度、湿料的厚度或风力等影响因素增加更多的不确定度。

4.3 地磅测量

精矿货物的湿重常通过称量汽车、货车在矿、港、炉装卸前后质量来确定。通过诸如地磅等静态秤称量湿重的精密度能够准确算得。湿重测量对金属含量方差的贡献要显著低于水分和金属成分的测量。秤梁和支撑结构的悬挂质量仅仅是毛重的一小部分。结果皮重的方差要显著小于毛重，这说明一单位的净湿重的方差取决于其毛重方差。在每次循环后，地磅自动或手动调零以消除漂移。

检测机构会用一辆或多辆确定质量的货车来校正地磅。每个货车仅给出一个校正点，这样线性偏差就无法测出。用两辆货车可以得到3个校正点，提供有用但有限的线性信息。对线性的最有效测试是增加或删减一系列覆盖工作范围的标准质量物。同样有效但是耗费时间的方法是每次在定量基础加上1 t～2 t质量的标准质量物，直到测出在其工作范围中增加5 t～10 t的量。

地磅的精密度参数可以通过卡车或货车来回重复测量来检测和控制。用通常方法测量随机选择的卡车或货车毛重后移走车辆。按要求调零后，用地磅再次称量车辆。4组或更多数据对的绝对差可以用来计算单次毛重测量结果的方差。代表地磅载荷毛重精密度的变异系数范围通常在0.1%～0.5%。

精密度还可以通过在地磅上给毛重载荷增加地磅最小测量值5倍～10倍的质量来估计。记录加或不加测试质量的毛重测量结果，根据6～12个数据点计算得到毛重载荷的方差。这样估计的精密度低于但不显著低于通过重复测量装载的卡车或货车质量所得到的精密度。

在秤上不加载荷这个过程也可以重复。将一个测试质量放在秤上并记录。然后，除去测试质量，如果需要则调零。这个过程重复不少于6次，可以计算出近零载荷的方差。

4.4 料斗秤测量

货物湿重可以由单个或平行的一对料斗秤测定。通常料斗秤一次卸货完会自动清零以便消除潮湿货物沉积造成的随机偏差。否则，每次称量后的皮重必须记录以解决累积质量的变化。

在框架上悬挂1 t～2 t的标准质量物覆盖其工作范围可以对料斗秤进行校正。另一种可行但耗时的方法是称一定质量材料同时记录加1 t～2 t标准质量物或不加的结果。

精密度还可以通过在料斗秤上增加最小测量值5倍～10倍的质量来估计。记录加或不加测试质量的毛重测量结果，并根据6～12个数据点计算得到单个称量过程的方差。在卸货过程后可以重复这种检查来确定精密度是否是载荷的函数。由变异系数表示的毛重精密度一般为0.1%～0.25%。

尽管料斗秤悬挂质量在负载条件下对净湿重的方差贡献最大，在空载条件下足以增加每次称量过程中净湿重的方差。

4.5 吊勾秤测量

散货湿重可以利用吊勾秤进行称量。这个计量装置在每次卸货后也要手工或自动调零。抓斗里的湿重通常与其悬挂质量和支撑结构是同一数量级，所以皮重和毛重都会影响每次测量的净湿重方差。

维持吊勾秤处于一种合适的校正状态仅需要装载一个标准质量物。吊勾秤精密度可以通过给抓斗增加最小测量值5倍～10倍的质量来估计。记录加和不加测量质量的毛重测量结果，并根据6～12个数据点计算单次称量过程的方差。不完全装满的抓斗是可以估计精密度的。尽管如此，只有在装载最底层货物时才会遇到部分装载的情况，所以不用在意部分装载的精密度和吊勾秤的线性。

代表吊勾秤毛重精密度的变异系数一般为0.15%～0.4 %。一抓斗货净湿重的方差等于毛重和皮重方差的总和。

4.6 台秤测量

精矿的湿重可以货包或其他容器形式在台秤上称量，或者在矿、交货地用台秤称量装卸前后质量。台秤通常用来称量贵重的精矿，所以良好的校正状态极为重要。

秤梁的悬挂质量和支撑结构仅仅是毛重的一小部分，所以皮重的方差显著低于毛重的方差。容器净湿重的方差等于毛重高方差和皮重低方差的和，说明货物湿重的方差主要取决于容器的毛重。除非毛重和校准台秤所需标准质量差距较大，否则不需要考虑这种计量装置的线性。

精密度可以通过在台秤上增加最小测量质量5倍～10倍的质量来估计。记录加和不加测量质量的毛重测量结果，并根据6～12个数据点计算单次称量过程的方差。由变异系数表示的毛重精密度一般为0.05%～0.2 %。净湿重的方差等于毛重和皮重方差的和。

5 标准质量物

通过国家千克原器与准确的量值传递保证标准质量物对质量国际单位的溯源性是非常重要的。为保证标准质量物的完整性，应该将其存放在洁净干燥的环境中，最好是在平台或托板上，有效覆盖以避免腐蚀和积灰，并且小心取放避免机械损伤。

根据可追溯质量与水尺测量或皮带秤测量如何比较，或者标准质量物如何与静态计量装置测试结果比较可以将校准方法分为四类：

——采用单一合适的标准质量物；

——采用一套覆盖工作范围的标准质量物；

——采用一车，最好是两货车的标准质量物；

——采用的质量可追溯至具有良好校准状态的静态秤。

地磅(包括运动和耦合运动计量装置)可以由液压计量器校准。采用液压计量器进行校准与以上方法相比是一种完全不同的技术。

6 操作方法

6.1 概述

计量装置或方法的精密度和偏差可以作为时间函数来估计和控制。静态和动态秤校准数据不但产生偏差信息还有可靠的计量精密度估计。校准需要比用测试质量做简化精密度检测更多时间，因此可以规律地间隔估计精密度，并根据参考表对精密度进行控制。精密度的突变可能是机械或电子故障引起，需要根据制造商的说明书来进行符合性测试。

测试偏差、估计精密度和线性测试以应用统计，尤其是 T 检验，F 检验(方差分析)以及回归分析为基础。

附录 B 给出了计算相关参数的试验和方程。

6.2 水尺测量

水尺测量的精密度和偏差可以通过比较装卸货时的湿重，由装卸港水尺测量的湿重和临近装卸货港的处于良好校正状态的静态称量装置来估计和监控。在完成水尺测量前，不应该向卸货港水尺测量员出示依据装货港水尺测量数据的船上提单。否则，装货和卸货的水尺测量精密度的估计就不准确。

6.2.1 装卸货时的水尺测量

附录 A 的表 A.1 是一个装卸货时的水尺测量例子。表 A.1 列出了 10 对装货和卸货水尺测量的湿重数据。每个货物都是装入单独的船舱，这样水尺测量结果就可以代表未满载的船。表 1 列出了这套数据的统计参数。

表 1 水尺测量的精密度和偏差

参数	符号	数值
装货均值 Mean-load/t	$\overline{x}$ (L)	4 111.2
卸货均值 Mean-discharge/t	$\overline{x}$ (D)	4 106.9
均值差 Mean difference/t	$\Delta\overline{x}$	−4.3
均值差 Mean difference/%	$\Delta\overline{x}$	−0.1
方差 Variance of differences/t^2	s^2 (Δx)	1 410.92
变异系数 Coefficient of Variation/%	CV	0.91
T-检验 Student's t-value	t	0.361
偏差检测限 Bias Detection Limits		
仅Ⅰ类风险 Type Ⅰ risk only/%	BDL(Ⅰ)	±0.7
Ⅰ类与Ⅱ类风险 Type Ⅰ & Ⅱ risks/%	BDL(Ⅰ&Ⅱ)	±1.2

方差 1 410.92 t^2 是装货和卸货时水尺测量精密度最基本的衡量方法，而变异系数 0.91%是衡量精密度更加直观的方法。问题是水尺测量精密度的估计是否准确，并且装货卸货时水尺测量是否具有独立性。

如果卸货港口的水尺测量员提前知道了提单数，卸货后的水尺测量就不再具有数据的独立性，从而0.91%变异系数就不再是装货和卸货水尺测量之间精密度的准确估计了。所以，提单应该在卸货水尺测量完成前保密来确保卸货港的湿重测量值是未知真实质量的准确估计结果。

如果装货和卸货时的水尺测量精密度一致，那么单次水尺测量的方差是：

$$\frac{1\ 410.92}{2}=705.46\ \mathrm{t}^2$$

标准差：

$$\sqrt{705.46}=26.56\ \mathrm{t}$$

变异系数：

$$\frac{26.56\times 100}{[(4\ 111.2+4\ 106.9)/2]}=0.65\%$$

4 111.2 t 和 4 106.9 t 的均值用来计算变异系数。在此，均值统计上是一致的，但统计上不一致的均值间的均值仍然可以用来计算变异系数。但这不是最可靠的精密度估计数据。

计量中存在如此众多的变化因素，装货卸货时水尺测量几乎不可能达到精密度一致。6.2.2 的实例显示 1 410.92 t^2 的方差不能准确估计装货和卸货时水尺测量的精密度。

均值差 4.3t 计算所得的 t 值 0.361 没有超过列表的 $t_{0.95;9}=2.262$ 说明装货时的 4 111.2t 和卸货时的 4 106.9t 在统计特性上一致。因此，每次水尺测量看上去都是对目标船只未知真实湿重进行的准确估计。随机变化造成 t 值 0.361 的概率在 20%～30%，因此一致程度是可信的。

仅对Ⅰ类风险的偏差检测限±0.7% 或 ±27 t，和Ⅰ类Ⅱ类风险的检测限±1.2%或±49 t，是衡量 T 检验检测偏差的灵敏度和能力的不同方法。如果交易双方的合同是以船运水尺测量的湿重为基础的，偏差检测限是衡量灭失损失和增益概率的手段。

以单次水尺测量的标准差 26.56 t^2 和列表 t 值 $t_{0.95;9}=2.262$ 为基础，湿重 4 109t 的一车或船货 95%的置信区间(95%CI)为：

$$2.262\times 26.56=\pm 60\ \mathrm{t}$$

从 4 109－60＝4 049 t 到 4 109＋60＝4 169 t 的 95%置信范围为 95%CR。表 2 列出了根据均值的均值 4 109 t 和方差 705.46 t^2 估计的精密度。

表 2　水尺测量湿重的精密度

参数	符号	数值
均值/t	M_W	4 109
方差/t^2	$s^2(M_W)$	705.46
标准差/t	$s(M_W)$	26.56
变异系数/%	CV	0.65
95%置信区间/t[a]	95 % CI	±60.1
95%置信区间/%	95% CI	±1.5
95%置信范围：		
下限/t	95% CRL	4 049
上限/t	95% CRU	4 169

[a] 基于 $t_{0.95;9}\times s(M_W)$。

如果长期的变异系数是 0.8%，湿重 4 109 t 的 95%的置信区间是：

$$\frac{1.96\times 4\ 109\times 0.8}{100}=\pm 64.4\ \mathrm{t}$$

从 4 109－64.4≈4 045 t 到 4 109＋64.4≈4 173 t 的 95%置信范围为 95%CR。正常或高斯分布的

z 值 1.96 经常在 2 左右，会将 95%置信区间从±64 t 改到 ±66 t，差值正好在计量方法的精密度范围内。

表 2 中精密度的估计只有当方差是准确时才有效，并且装卸货时的水尺测量精密度要相当。装卸货时的水尺测量精密度是否一致的问题可以通过估计独立的装卸货水尺测量精密度来解决。换句话说就是要在特定港口、可比条件下，对相似船只由两个或以上的海运测量员独立完成空载和负载条件下的水尺测量来估计精密度。

方差是否是对装卸货水尺测量的精密度的准确估计可以通过湿重水尺测量结果和静态称量比较来解决。卸货时的水尺测量可以在卸货时用地磅来测量湿重进行比较。

6.2.2 水尺测量对比地磅测量

水尺和地磅测量湿重的对比数据列于附录 A 的表 A.2。表 A.2 列出了和表 A.1 一样的 10 对船运湿重。这个例子是在卸货港做水尺测量和交货地时用地磅做车辆衡作对比。

通过计算均值差的 t 值、差的方差和所得数据对的个数来测试计量数据对的偏差，见表 3。在这个例子中，采用差的方差和所得数据对的个数，差的方差是用来衡量不同计量技术之间的精密度特性。在此前提下，差的方差实际等同于精密度最低的计量方法(卸货时的水尺测量)的方差。

表 3 不同方法的精密度和偏差

参数	符号	数值
水尺测量均值/t	$\overline{x}$ (D)	4 106.9
地磅均值/t	$\overline{x}$ (W)	4 134.3
均值差/t	$\Delta\overline{x}$	+ 27.4
均值差/%	$\Delta\overline{x}$	+ 0.7
差的方差/t^2	s^2 (Δx)	13 243
变异系数/%	CV	2.8
T 检验	t	0.753
偏差检测限：		
仅Ⅰ类风险/%	BDL(Ⅰ)	±2.0
Ⅰ类和Ⅱ类风险/%	BDL(Ⅰ&Ⅱ)	±3.6

变异系数 2.8%是衡量卸货时的水尺测量结果和交货地地磅称得的湿重之间的精密度。在 6.2.1 中，装卸时的水尺测量精密度以变异系数 0.91%表示。变异系数 2.8%和 0.91%是否一致可以通过 F 检验来判断：

$$\frac{13\ 243}{1\ 410.92}=9.39$$

(卸货时的水尺测量结果和交货地地磅称得湿重的方差除以装卸时水尺测量的方差)。查表 $F_{0.95;9,9}=3.18$与 $F_{0.99;9,9}=5.35$。计算结果 9.39 超过 95%和 99%概率水平时的列表值。因此，变异系数 2.8%和 0.91%统计一致的概率远远低于 1%。

因此在卸货完成前知道了货船提单会造成装卸货水尺测量数据统计上的非独立性。所以变异系数 0.91%是水尺测量精密度不准确估计，而变异系数 2.8%是不完全装载船只单次水尺测量精密度较好的估计。

期望地磅测量的精密度对差的方差 13 243 t^2 增加显著小于：

$$\frac{1\ 410.92}{2}=705.46t^2$$

这样，方差 13 243－705.46≈12 500 t^2 相比 705.46 t^2 是单次水尺测量精密度更好的估计。单货舱水尺测量的精密度以变异系数表示：

$$\frac{\sqrt{12\ 500} \times 100}{[(4\ 106.9+4\ 134.3)/2]}=2.7\%$$

计算得到均值差 27.4 的 t 值 0.753 没有超过列表值 $T_{0.95;9}=2.262$，显示装货时的均值 4 106.9 t 和卸货时 4 134.3 t 统计上一致。因此，卸货时的水尺测量和地磅测量显然对每船未知的真实湿重进行了准确的估计。尽管如此，与水尺测量的精密度相比，静态秤例如地磅的精密度对累计的湿重 4 134.4 t 具有更高的可信度。

仅对Ⅰ类风险的偏差检测限±2.0%或±82 t，以及对Ⅰ类和Ⅱ类风险的偏差检测限±3.6%或±149 t可以衡量检测偏差的能力和灵敏度。通常，偏差检测限也是对交易一方损失风险和另一方增益的相应概率的估计。对此，解决方案是采用磅秤测量湿重，这样风险要远远低于偏差检测限±2.0%和±3.6%对应的风险。

单货舱或者满载的湿重和一系列的累积质量的精密度用同样方法计算。例如，卸货时水尺测量 12 500 t^2 的方差和单次湿重 4 107 t 等同于 95% 的置信区间：

$$2\times\sqrt{12\ 500}=\pm 224\ \mathrm{t}$$

范围从 4 107－224＝3 883 t 到 4 107＋224＝4 331 t。

表 4 列出了基于单次湿重 4 107 t、累计湿重 41 343 t、单次湿重的方差 12 500 t^2 和累计湿重方差和 125 000 t^2 的精密度估计。

表 4 水尺测量湿重的精密度

参数	符号	单次	累计
均值/t	M_W	4 107	41 343
方差/t^2	$s^2(M_W)$	12 500	125 000
标准差/t	$s(M_W)$	111.8	353.6
变异系数/%	CV	2.7	0.9
95% 置信区间/t[a]	95% CI	±224	±707
95% 置信区间/%	95% CI	±5.4	±1.7
95% 可信范围：			
下限/t	95% CRL	3 883	40 636
上限/t	95% CRU	4 331	42 050

[a] 基于 $z_{0.95}\times s(M_W)$ 或 $z_{0.95}\times s(\sum M_W)$。

变异系数 2.7% 除以 $\sqrt{10}$ 后变成：

$$\frac{2.7}{3.16}=0.9\%$$

这个关系是建立在中心极限定理的基础上的。

6.3 皮带秤

附录 A 表 A.3 中是如何计算皮带秤称量湿重精密度的例子。表中列出了校准前每周记录一次的 12 个链间隔和在校准后立即获得的一套类似的间隔。表 5 列出了两个动态数据库的基本统计参数。

表 5　皮带秤的精密度

参数	符号	前	后
均值(测量单位)	$\overline{x}$	115.12	115.36
方差 (测量单位)^2	$s^2(x)$	0.197 6	0.015 2
标准差 (测量单位)	$s(x)$	0.444 6	0.123 4
变异系数/%	CV	0.39	0.11

变异系数 0.39%和 0.11%都是对皮带秤精密度的衡量。尽管如此，计算校准前后方差的 F 值：

$$\frac{0.197\ 6}{0.015\ 2}=13.00$$

超过了列表值 $F_{0.95:11:11}=2.82$ 和 $F_{0.99:11:11}=4.64$，显示这些方差具有显著性差异。校准前作为时间函数链间隔的长期方差 0.197 6 更加真实地反应了采用皮带秤计量的随机波动大小。因此，变异系数 0.39%是对通常情况下精密度的更可靠估计。

皮带秤是否对湿重进行准确估计可以通过对规定间隔(此皮带秤为 115.25)和一套构成动态数据库的测量间隔均值的差做 T 检验来判定。表 6 列出了这个测试的结果。

表 6　皮带秤偏差的测试

参数	符号	数值
均值-规定间隔	$\overline{x}$ (R)	115.25
均值-测量间隔	$\overline{x}$ (O)	115.12
均值差(间隔单位)	$\Delta\overline{x}$	−0.13
T 检验	t	1.013
显著性	—	ns[a]
偏差检测限:		
仅Ⅰ类风险(间隔单位)	BDL(Ⅰ)	±0.28
Ⅰ类和Ⅱ类风险(间隔单位)	BDL(Ⅰ&Ⅱ)	±0.51

[a] ns 无显著性。

规定间隔 115.25 和所有测试数据的均值 115.12 之间的差为−0.13，则测量单位结果 t 值计算为 1.013，低于列表值 $t_{0.95;11}=2.201$。因此皮带秤处于良好的校准水平。Ⅰ类风险的偏差检测限±0.28 及Ⅰ类和Ⅱ类风险的检测限±0.51 显示均值的差 0.13 间隔单位最可能是随机方差造成的。

如果规定间隔和执行数据库的动态平均数的差不超过Ⅰ类和Ⅱ类风险的检测限，皮带秤就不需要调整。完成测试链后测量间隔被加入数据库，同时执行数据库中的首次测量间隔被删除。保留在动态数据库中的测试数据个数依赖于规定偏差检测限，范围为 8～16。

湿重 25 000 t 的变异系数 0.39%的方差为：

$$\left(\frac{0.39\times25\ 000}{100}\right)^2=9\ 506\ \text{t}^2$$

标准差为：

$$\frac{0.39\times25\ 000}{100}=97.5\ \text{t}$$

95%的置信区间为 2×97.5=±195 t 和 95%的可信范围从 25 000−195=24 805 t 到 25 000+195=25 195 t。

表 7 列出基于变异系数 0.39%的湿重 25 000 t 的精密度参数。

表 7 皮带秤测量湿重精密度

参数	符号	值
均值/t	M_W	25 000
变异系数/%	CV	0.39
标准差/t	$s(M_W)$	97.5
95%置信区间/t	95% CI	±195
95%置信区间/%	95% CI	±0.8
95%可信范围:		
下限/t	95% CRL	24805
上限/t	95% CRU	25195

虽然皮带秤在矿开采处理的过程中广泛应用,皮带秤测量的湿重对精矿中金属含量的方差有较大影响。因此,从矿到交货地的船运精矿湿重不应该用皮带秤来测量。

6.4 地磅测量

附录 A 中表 A.4 给出了如何检查地磅的校准水平和如何估计其精密度的例子。表 A.4 给出用质量分别为 31 890 kg 和 70 810 kg 两辆货车对磅秤进行校正得到的成对数据。每四对数据组成一个子集,其中两个子集通过对每辆车分别计量得到,而第三个则对两车共同计量得到。

表 8 概括了这套校正数据最重要的统计参数:

表 8 地磅测量的精密度和偏差

参数	符号	值
均值-外加载荷/kg	$\bar{x}$(A)	68 467
均值-测量载荷/kg	$\bar{x}$(O)	68 451
均值差/kg	$\Delta\bar{x}$	−16
测试数据个数	n	12
差的方差/kg^2	$s^2(\Delta x)$	445
变异系数/%	CV	0.03
T 检验	t	2.601
显著性	—	[a]

[a] 95%概率时的显著性。

均值的差−16 kg 使 T 检验 2.601 超过列表值 $t_{0.95:11}=2.201$,但仍然低于 $t_{0.99:11}=3.106$。这个均值的差在仅对Ⅰ类风险偏差检测限±13 kg 和对Ⅰ类及Ⅱ类风险的偏差检测限±24 kg 之间。因此如果同时考虑Ⅰ类和Ⅱ类风险,这个地磅处于良好的校准状态。

地磅变异系数 0.03%是相当低的,所以 T 检验具有高的偏差检测能力和灵敏度。所以地磅的校准水平和精密度完全符合商业用途。精密度是否是载荷的函数可以采用相关性-回归分析外加载荷和标准质量与测量质量之差来考察。相关系数−0.170 统计上等于 0。所以地磅的精密度不是外加载荷的函数。

一辆货车货湿重的方差等于总重和空重方差的总和。例如,如果毛重 120 000 kg 和皮重20 000 kg 用地磅计量,方差的和,即湿重的方差就是:

$$\left(\frac{120\ 000\times0.03}{100}\right)^2+\left(\frac{20\ 000\times0.03}{100}\right)^2=1\ 296+36=1\ 332\ \text{kg}^2$$

显然,毛重的称量相当程度上决定了湿重的方差。

表9列出单货车湿重100 t和250辆货车累计湿重25 000 t的精密度。

表9 地磅测量湿重的精密度

参数	单车	250车
湿重/t	100	25 000
方差/t^2	0.000 9	0.225
标准差/t	0.03	0.47
95%置信区间/t[a]	±0.06	±0.95
95% 置信区间/%	±0.06	±0.004
95% 可信范围：		
下限/t	99.94	24 999
上限/t	100.06	25 001

[a] 基于 $2\times s(M_W)$，或者 $2\times s(\sum M_W)$。

地磅的线性可以通过相关性-回归分析成对校准数据来考查。附录A中表A.5概括了完整的数据对和各子集均值的结果。均值对的测试只有一个自由度，因此远没有十个自由度数据对的测试结果可靠。

表10概括了所有数据和均值的相关性-回归参数。

T 检验可以用于回归曲线的斜率和截距。斜率范围通常从最小0.999 8到最大1.000 2，并且截距应不具有统计学显著性。

表10 地磅测量的线性

参数	符号	所有数据	Means only
相关系数	r	1 000	1 000
显著性	—	—[a]	—[a]
斜率	m	0.999 9	0.999 9
显著性	—	—[a]	—[a]
截距/kg	a	−7.7	−8.4
显著性	—	ns[b]	ns[b]

[a] 99.9% 时的显著性。

[b] ns 无显著性。

6.5 料斗秤测量

附录A中的表A.6给出了如何利用料斗秤外加载荷和测量载荷差别来考查其校准水平和估计其精密度。表A.6给出了用质量2 000 kg的标准质量物校准的料斗秤的测试数据和校准数据的统计参数。在秤调零以后，将第一个标准质量放在漏斗下面的框架上记录测量质量。添加的重量物放在秤上直到全部12个标准质量物全部放上秤。表11列出了这些校准数据的最相关统计参数。

表 11　料斗秤测量的精密度和偏差

参数	符号	值
均值-外加载荷/kg	$\overline{x}$ (A)	13 000
均值-测量载荷/kg	$\overline{x}$ (O)	13 003
均值差/kg	$\Delta\overline{x}$	+3
测试数据个数	n	12
差的方差/kg²	s^2 (Δx)	46
变异系数/%	CV	0.05
T 检验	t	1.410
显著性	—	ns[a]

[a] ns 无显著性。

3 kg 的均值差导致计算 t 值 1.410 低于列表值 $t_{0.95:11}$ =2.201 并且低于仅Ⅰ类风险的偏差检测限 ±4 kg。因此，即使只考虑仅Ⅰ类风险，这个料斗秤处于良好的校准状态。

料斗秤的单次测量变异系数为0.05%是很好的。所以料斗秤的校准水平和精密度是适合商业用途的。精密度是否是载荷的函数，可以通过对外加载荷和标准质量及测量质量差值的相关性-回归分析来考查。相关系数-0.114 统计上等同于 0。所以此料斗秤的精密度不是外加载荷的函数。

料斗秤载荷湿重的方差等于空载和负载条件下方差的和。例如，如果漏斗装 24 000 kg，负载条件下的方差就是：

$$\left(\frac{24\ 000\times0.05}{100}\right)^2=144\ \text{kg}^2$$

每次卸货后自动调零，具有较大悬挂质量的空料斗其方差不会显著低于 144 kg²，净湿重 24 000 kg 的方差为 288 kg²。表 12 列出了单次料斗载荷湿重 24 t 和由 1 000 个料斗载荷累积湿重 24 000 t 的精密度参数。

表 12　料斗秤测量湿重精密度

参数	单循环	1 000 次
湿重/t	24	24 000
方差/t²	0.000 3	0.288 0
标准差/t	0.017	0.54
变异系数	0.07	0.002
95% 置信区间/t[a]	±0.034	±1.07
95% 置信区间/%	±0.14	±0.004
95% 可信范围：		
下限/t	23.97	23 998.9
上限/t	24.03	24 001.1

[a] 基于 $2\times s(M_W)$，或 $2\times s(\sum M_W)$。

秤的线性可以通过对校验数据对集的相关性-回归分析来考查。表 A.7 列出了数据对集的结果，

表 13总结了均值对集的相关性-回归参数。

表 13 料斗秤测量的线性

参数	符号	值
相关系数	r	1.000
显著性	—	—[a]
斜率	m	0.999 9
显著性	—	—[a]
截距/kg	a	+4.1
显著性	—	ns[b]

a 99.9%概率时的显著性。

b ns 无显著性。

T 检验可以用于计算回归曲线的斜率和截距。斜率范围通常从最小 0.999 8 到最大 1.000 2,并且截距不应具有统计学显著性。

6.6 吊勾秤测量

附录 A 中表 A.8 给出了根据一系列成对实验数据得出吊勾秤精密度和偏差的例子。第一对数据通过抓斗空载调零,在抓斗上悬挂质量 2 000 kg 标准质量物并记录测量质量(1 994 kg)获得。下一对数据通过记录部分装载的抓斗质量(2 102 kg),在抓斗上悬挂标准质量物并记录测量质量(4 105 kg)获得。给抓斗加入约 2 t 材料,记录测量质量并且添加 2 000 kg 标准质量物的过程不断重复直到达到抓斗的负荷上限。表 14 列出了校准数据集最重要的统计参数。

表 14 吊勾秤测量的精密度和偏差

参数	符号	值
均值-外加载荷/kg	$\overline{x}$ (A)	9 027
均值-测量载荷/kg	$\overline{x}$ (O)	9 026
均值差/kg	$\Delta \overline{x}$	−1
变异系数/%	CV	0.11
T 检验	t	0.280
显著性	—	ns[a]

a ns 无显著性。

均值差−1 kg 使得计算 t 值为 0.28 低于列表值 $t_{0.95;7}=2.365$。事实上,均值差−1 kg 低于仅对Ⅰ类风险偏差检测限±8 kg 和对Ⅰ类及Ⅱ类风险偏差检测限,因此该吊勾秤处于良好的校准状态。

对于吊勾秤,变异系数 0.11%是可接受的,t 检验有高的检测偏差能力和灵敏度。因此吊勾秤的校准状态和精密度适合商业用途。精密度是否是载荷的函数,可以通过对外加载荷和测量载荷的均值及差值作相关性回归分析判断。相关系数 0.085 统计上等同为零,因此说明吊勾秤的精密度不是外加载荷的函数。

抓斗装载货物湿重的方差等于毛重和空重方差的和。根据变异系数 0.11%,毛重 10 000 kg 的方差为:

$$\left(\frac{0.11\times 10\ 000}{100}\right)^2=121\ \mathrm{kg}^2$$

因为秤是线性的，空抓斗的方差期望是 121 kg^2，这样净湿重 10 000 kg 的方差是 242 kg^2。

表 15 列出了适用于净湿重 10 000 kg 的单抓斗载荷和由 2 500 个负荷累计湿重 25 000 t 的精密度参数。

表 15 吊钩秤测量湿重的精密度

参数	符号	值
湿重/t	10	25 000
方差/t^2	0.000 242	0.605
标准差/t	0.015 6	0.778
变异系数	0.16	0.03
95% 置信区间/t[a]	±0.03	±1.56
95% 置信区间/%	±0.3	±0.01
95% 可信范围：		
下限/t	9.97	23 998.5
上限/t	10.03	25 001.6

a 基于 $2\times s(M_W)$，或 $2\times s(\sum M_W)$。

吊勾秤的线性可以通过对校正数据对集做相关性-回归分析来考查。附录 A 中表 A.9 列出校正数据集的结果。

表 16 总结了集的相关性-回归参数。

表 16 吊勾秤测量的线性

参数	符号	值
相关系数	r	1.000
显著性	—	—[a]
斜率	m	1.000 2
显著性	—	—[a]
截距/kg	a	−2.6
显著性	—	ns[b]

a 99.9%概率时的显著性。

b ns 无显著性。

T 检验可以用于获得回归曲线的斜率和截距。斜率范围通常从最小 0.999 8 到最大 1.000 2，并且截距不具有统计显著性。

6.7 台秤测量

如何检查台秤的精密度和估计其精密度。

附录 A 中表 A.10 列出了一台秤的两套校准数据和各自最重要的统计参数。这种静态秤可以用来确定每包约 2 000 kg 的散装船运精矿的湿重。

表 17 列出了每套校准数据的统计参数。

表 17 台秤测量的精密度和偏差

参数	符号	第一	第二
标准质量 /kg	$\overline{x}$ (C)	2 000	2 000
均值-测量载荷/kg	$\overline{x}$ (O)	2 005	2 000.3
均值差/kg	$\Delta\overline{x}$	+5	+0.3
变异系数/%	CV	0.10	0.09
T 检验	t	6.124	0.420
显著性	—	—[a]	ns[b]
偏差检测限/kg:			
Ⅰ类风险	BDL(Ⅰ)	±2.1	±1.8
Ⅰ&Ⅱ类风险	BDL(Ⅰ&Ⅱ)	±3.7	±3.3
可能的偏差范围			
仅Ⅰ类风险:			
下限/kg	PBL(Ⅰ)	2.9	na[c]
上限/kg	PBU(Ⅰ)	7.1	na
Ⅰ&Ⅱ类风险:			
下限/kg	PBL(Ⅰ&Ⅱ)	1.3	na
上限/kg	PBU(Ⅰ&Ⅱ)	8.7	na

[a] 99.9%概率时的显著性。

[b] ns 无显著性。

[c] na 不适用。

第一套校准数据的均值差 5 kg,其 t 值 6.124 较大地超过列表值 $t_{0.99:5}=4.032$,但仍低于 $t_{0.999:5}=6.859$。这个均值差超过仅Ⅰ类风险的偏差检测限±2.1 和对Ⅰ类及Ⅱ类风险的偏差检测限±3.7 kg,因此第一套数据说明台秤不处于良好的校准状态。

PBRs 的上下限为:仅Ⅰ类风险从 PBL(Ⅰ)=2.9 kg 到 PBU(Ⅰ)=7.1 kg,Ⅰ类及Ⅱ类风险从 PBL(Ⅰ&Ⅱ)=1.3 kg 到 PBU(Ⅰ&Ⅱ)=8.7 kg。当仅Ⅰ类风险或Ⅰ类及Ⅱ类风险被考虑时,期望测量偏差5 kg在由这些上下限估计的范围内。

第二套校准数据的均值差 0.3 kg 使计算 t 值为 0.42,远远低于列表值 $t_{0.95;5}=2.571$。这个均值差没有超过仅Ⅰ类风险的偏差检测限±1.8 kg。所以第二套校准数据显示秤处于良好的校准状态。

第一套数据的方差 4 kg^2 和第二套的方差 3.07 kg^2 间的 F 比值:

$$\frac{4}{3.07}=1.30$$

没有超过列表值 $F_{0.95:5:5}=5.05$。因此,4 kg^2 和 3.07 kg^2 的方差统计上一致,说明台秤的精密度在校准过程中保持恒定。

对于毛重和皮重接近的散货包,这种秤的线性无需考虑。单包货物的净湿重方差是毛重和空重方差的和。例如毛重 2 050 kg 的方差:

$$\left(\frac{0.09\times2\ 050}{100}\right)^2=3.404\ \text{kg}^2$$

和皮重 50 kg 的方差：

$$\left(\frac{0.09\times 50}{100}\right)^2=0.002\ \text{kg}^2$$

的和使得单包净重 2 000 kg 的方差为 3.406 kg^2。

表 18 列出了适用于单包净重 2 000 kg 和由 500 个货包累积的湿重 1 000 000 kg 的精密度参数。

表 18　台秤测量湿重的精密度

参数	单包	500 包
湿重/kg	2 000	1 000 000
方差/kg^2	3 406	1 703
标准差/kg	1.85	41.3
95%置信区间/kg[a]	±3.7	±82.5
95%置信区间/%	±0.18	±0.01
95% 可信范围：		
下限/t	1 996	999 917
上限/t	2 004	1 000 083

[a] 基于 $2\times s(M_W)$，或者 $2\times s(\sum M_W)$。

附 录 A
（资料性附录）
表格

装货和卸货时水尺测量的精密度和偏差见表 A.1。

表 A.1 装货和卸货时水尺测量的精密度和偏差

船	装载 t	卸货 t	差值 t
1	3 675.4	3 727	+51.6
2	3 307.2	3 283.1	−24.1
3	4 086.7	4 093.3	+6.6
4	3 867.9	3 808.7	−59.2
5	4 002.8	4 014.6	+11.8
6	5 465.8	5 424.1	−41.7
7	4 100.9	4 087.7	−13.2
8	4 688.3	4 666	−22.3
9	4 003.7	4 062.2	+58.5
10	3 913.2	3 902.3	−10.9
参数		符号	值
和-装载/t		$M_W(L)$	41 111.9
和-卸货/t		$M_W(D)$	41 069
差值/t		Δx	42.9
均值-装载/t		$\overline{x}$ (L)	4 111.2
均值-卸货/t		$\overline{x}$ (D)	4 106.9
均值差/t		$\Delta \overline{x}$	−4.3
均值差/%		$\Delta \overline{x}$	−0.1
差的方差/t^2		$s^2(\Delta x)$	1 410.92
标准差/t		$s(\Delta x)$	37.56
变异系数/%		CV	0.91
数据对数		n	10
均值差的方差		$s^2(\Delta \overline{x})$	141.09
标准差		$s(\Delta \overline{x})$	11.88
T 检验		t	0.361
显著性		—	ns[a]
偏差检测限：			
仅Ⅰ类风险/t		BDL(Ⅰ)	±27
Ⅰ类和Ⅱ类风险/t		BDL(Ⅰ&Ⅱ)	±49
查表 T 值		$t_{0.90:9}$	1.833
		$t_{0.95:9}$	2.262
		$t_{0.99:9}$	3.25
		$t_{0.999:9}$	4.781

[a] ns 无显著性。

卸货时水尺测量和地磅测量的精密度和偏差见表 A.2。

表 A.2 卸货时水尺测量和地磅测量的精密度和偏差

批	水尺测量 t	地磅测量 t	差 t
1	3 727	3 668.9	−58.1
2	3 283.1	3 289	+5.9
3	4 093.3	3 991.8	−101.5
4	3 808.7	3 835.1	+26.4
5	4 014.6	4 036.5	+21.9
6	5 424.1	5 722.4	+298.3
7	4 087.7	4 061.7	−26
8	4 666	4 609.4	−56.6
9	4 062.2	4 091.3	+29.1
10	3 902.3	4 036.8	+134.5
参数		符号	值
和-水尺/t		M_W(D)	41 069
和-地磅/t		M_W(W)	41 342.9
差/t		Δx	+273.9
均值-水尺/t		$\overline{x}$ (D)	4 106.9
均值-地磅/t		$\overline{x}$ (W)	4 134.3
均值差/t		$\Delta \overline{x}$	+27.4
均值差/%		$\Delta \overline{x}$	+0.7
差的方差/t^2		s^2 (Δx)	13 243
标准差/t		s (Δx)	115.1
变异系数/%		CV	2.8
数据对个数		n	10
均值差的方差		s^2 ($\Delta \overline{x}$)	1 324.3
标准差		s ($\Delta \overline{x}$)	36.4
T 检验		t	0.753
显著性		—	ns[a]
偏差检测限：			
仅Ⅰ类风险/t		BDL(Ⅰ)	±82
Ⅰ类和Ⅱ类风险/t		BDL(Ⅰ&Ⅱ)	±149
查表 T 值		$t_{0.90:9}$	1.833
		$t_{0.95:9}$	2.262
		$t_{0.99:9}$	3.25
		$t_{0.999:9}$	4.781

[a] ns 无显著性。

皮带秤测量的精密度和偏差——校准前后规定范围和测量范围见表 A.3。

表 A.3　皮带秤测量的精密度和偏差——校准前后规定范围和测量范围

测试组		前	后
1		115.02	115.19
2		114.83	115.31
3		115.61	115.33
4		115.35	115.34
5		115.87	115.42
6		114.48	115.51
7		114.44	115.45
8		114.71	115.58
9		115.46	115.14
10		115.12	115.36
11		115.29	115.30
12		115.32	115.34
参数	符号	前	后
均值(测量单位)	$\overline{x}$	115.12	115.36
方差(测量单位)^2	$s^2(x)$	0.197 6	0.015 2
标准差(测量单位)	$s(x)$	0.444 6	0.123 4
变异系数/%	CV	0.39	0.11
规定的链间隔	$\overline{x}$ (R)	115.25	115.25
测量的链间隔	$\overline{x}$ (O)	115.12	115.36
均值的差	$\Delta\overline{x}$	−0.13	+0.11
测试数据数量	n	12	12
均值方差	$s^2(\overline{x})$	0.016 5	0.001 3
标准差	$s(\overline{x})$	0.128 3	0.035 6
T 检验	t	1.013 1	3.091
显著性	—	ns[a]	—[b]
偏差检测限:			
仅Ⅰ类风险/t	BDL(Ⅰ)	±0.28	±0.08
Ⅰ类和Ⅱ类风险/t	BDL(Ⅰ&Ⅱ)	±0.51	±0.14
查表 T 值	$t_{0.90:11}$	1.796	
	$t_{0.95:11}$	2.201	
	$t_{0.99:11}$	3.106	
	$t_{0.999:11}$	4.437	

a　ns 无显著性。

b　99.9%概率时的显著性。

地磅测量精密度和偏差——外加载荷和测量载荷见表 A.4。

表 A.4 地磅测量精密度和偏差——外加载荷和测量载荷

测试组	外加载荷 kg	测量载荷 kg	差 kg
1	31 890	31 890	0
2	31 890	31 870	−20
3	31 890	31 890	+10
4	31 890	31 870	−20
5	70 810	70 770	−40
6	70 810	70 780	−30
7	70 810	70 770	−40
8	70 810	70 820	+10
9	102 700	102 710	+10
10	102 700	102 690	−10
11	102 700	102 650	−50
12	102 700	102 690	−10
参数		符号	值
均值-装货/kg		$\bar{x}$ (A)	68 467
均值-卸货/kg		$\bar{x}$ (O)	68 451
均值差/kg		$\Delta\bar{x}$	−16
差的方差/kg²		$s^2(\Delta x)$	445
标准差/kg		$s(\Delta x)$	21.1
变异系数/%		CV	0.03
数据对数量		n	12
均值差的方差		$s^2(\Delta\bar{x})$	37
标准差		$s(\Delta\bar{x})$	6.1
T 检验		t	2.601
显著性		—	—[a]
偏差检测限：			
仅Ⅰ类风险/kg		BDL(Ⅰ)	±13
Ⅰ类和Ⅱ类风险/kg		BDL(Ⅰ&Ⅱ)	±24
查表 T 值		$t_{0.90;9}$	1.796
		$t_{0.95;9}$	2.201
		$t_{0.99;9}$	3.106
		$t_{0.999;9}$	4.437

[a] 99.9%概率时的显著性。

地磅测量的线性见表 A.5。

表 A.5 地磅测量的线性

测试组	外加载荷 kg	测量载荷 kg	差 kg
1	31 890	31 890	0
2	31 890	31 870	−20
3	31 890	31 890	+10
4	31 890	31 870	−20
均值	31 890	31 882	−8
5	70 810	70 770	−40
6	70 810	70 780	−30
7	70 810	70 770	−40
8	70 810	70 820	+10
均值	70 810	70 785	−25
9	102 700	102 710	+10
10	102 700	102 690	−10
11	102 700	102 650	−50
12	102 700	102 690	−10
均值	102 700	102 685	−15
参数		符号	值
相关系数：			
所有数据点		r	1.000 0
显著性		—	—[a]
斜率		m	0.999 9
显著性		—	—[a]
截距		a	−7.7
显著性		—	ns[b]
查表 r 值		$r_{0.95:10}$	0.576
		$r_{0.99:10}$	0.708
		$r_{0.999:10}$	0.823
相关系数：			
所有数据点		r	1.000 0
显著性		—	—[a]
斜率		m	0.999 9
显著性		—	—[a]
截距		a	−8.4
显著性		—	ns[b]
查表 r 值		$r_{0.95:1}$	0.997
		$r_{0.99:1}$	1.0
		$r_{0.999:1}$	1.0

[a] 99.9%概率时的显著性。

[b] ns 无显著性。

料斗秤测量的精密度和偏差——外加载荷与测量载荷见表 A.6。

表 A.6 料斗秤测量的精密度和偏差——外加载荷与测量载荷

测试组	外加载荷 kg	测量载荷 kg	差 kg
1	2 000	2 004	+4
2	4 000	4 005	+5
3	6 000	6 009	+9
4	8 000	7 993	−7
5	10 000	1 007	+7
6	12 000	12 008	+8
7	14 000	13 991	−9
8	16 000	16 007	+7
9	18 000	18 005	+5
10	20 000	20 003	+3
11	22 000	21 992	−8
12	24 000	24 009	+9
参数		符号	值
均值-装货/kg		$\overline{x}$ (A)	13 000
均值-卸货/kg		$\overline{x}$ (O)	13 003
均值差 /kg		$\Delta \overline{x}$	+3
差的方差/kg²		s^2 (Δx)	46
标准差/kg		s (Δx)	6.8
变异系数/%		CV	0.05
数据对数量		n	12
均值差的方差		s^2 ($\Delta \overline{x}$)	4
标准差		s ($\Delta \overline{x}$)	2
T 检验		t	1.410
显著性		—	ns[a]
偏差检测限：			
仅Ⅰ类风险/kg		BDL(Ⅰ)	±4
Ⅰ类和Ⅱ类风险/kg		BDL(Ⅰ&Ⅱ)	±8
查表 T 值		$t_{0.90:11}$	1.796
		$t_{0.95:11}$	2.201
		$t_{0.99:11}$	3.106
		$t_{0.999:11}$	4.437

[a] ns 无显著性。

料斗秤测量的精密度和偏差——外加载荷与测量载荷见表A.7。

表 A.7 料斗秤测量的精密度和偏差——外加载荷与测量载荷

测试组	外加载荷 kg	测量载荷 kg	差 kg
1	2 000	2 004	+4
2	4 000	4 005	+5
3	6 000	6 009	+9
4	8 000	7 993	−7
5	10 000	1 007	+7
6	12 000	12 008	+8
7	14 000	13 991	−9
8	16 000	16 007	+7
9	18 000	18 005	+5
10	20 000	20 003	+3
11	22 000	21 992	−8
12	24 000	24 009	+9
参数		符号	值
相关系数		r	1.000 0
显著性		—	—[a]
斜率		m	0.999 9
显著性		—	—[a]
截距		a	4.1
显著性		—	ns[b]
查表 r 值		$r_{0.95:10}$	0.576
		$r_{0.99:10}$	0.708
		$r_{0.999:10}$	0.823

[a] 99.9%概率时的显著性。

[b] ns 无显著性。

吊勾秤测量的精密度和偏差——外加载荷与测量载荷见表 A.8。

表 A.8 吊勾秤测量的精密度和偏差——外加载荷与测量载荷

测试组	初始 kg	加入 kg	测量 kg	差 kg
1	0	2 000	1 994	−6
2	2 102	2 000	4 105	+3
3	4 234	2 000	6 229	−5
4	5 975	2 000	7 983	+8
5	8 125	2 000	10 107	−18
6	9 996	2 000	12 004	+8
7	11 880	2 000	13 891	+11
8	13 905	2 000	15 896	−9
参数		符号		值
均值-装货/kg		$\overline{x}$ (A)		9 027
均值-卸货/kg		$\overline{x}$ (O)		9 026
均值差/kg		$\Delta\overline{x}$		−1
差的方差/kg^2		$s^2(\Delta x)$		102
标准差/kg		$s(\Delta x)$		10.1
变异系数/%		CV		0.11
数据对数量		n		8
均值差的方差		$s^2(\Delta\overline{x})$		13
标准差		$s(\Delta\overline{x})$		3.6
T 检验		t		0.280
显著性		—		ns[a]
偏差检测限：				
仅Ⅰ类风险/kg		BDL(Ⅰ)		±8
Ⅰ类和Ⅱ类风险/kg		BDL(Ⅰ&Ⅱ)		±15
查表 T 值		$t_{0.90:7}$		1.895
		$t_{0.95:7}$		2.365
		$t_{0.99:7}$		3.499
		$t_{0.999:7}$		5.405

[a] ns 无显著性。

吊勾秤测量的线性——外加载荷与测量载荷见表 A.9。

表 A.9 吊勾秤测量的线性——外加载荷与测量载荷

测试组	初始 kg	加入 kg	测量 kg	差 kg
1	0	2 000	1 994	−6
2	2 102	2 000	4 105	+3
3	4 234	2 000	6 229	−5
4	5 975	2 000	7 983	+8
5	8 125	2 000	10 107	−18
6	9 996	2 000	12 004	+8
7	11 880	2 000	13 891	+11
8	13 905	2 000	15 896	−9

参数	符号	值
相关系数	r	1.000 0
显著性	—	—[a]
斜率	m	1.000 2
显著性	—	—[a]
截距	a	−2.6
显著性	—	ns[b]
查表 r 值	$r_{0.95:6}$	0.707
	$r_{0.99:6}$	0.834
	$r_{0.999:6}$	0.925

[a] 99.9%概率时的显著性。

[b] ns 无显著性。

台秤测量的精密度和偏差——外加载荷与测量载荷见表 A.10。

表 A.10 台秤测量的精密度和偏差——外加载荷与测量载荷

测试组	标准质量 kg	测量 kg	差 kg
1	2 000	2 006	1 998
2	2 000	2 002	2 001
3	2 000	2 005	2 003
4	2 000	2 008	2 000
5	2 000	2 005	1 999
6	2 000	2 004	2 001
参数	符号	第一	第二
标准质量 /kg	$\overline{x}$ (A)	2 000	2 000
均值-测量载荷/kg	$\overline{x}$ (O)	2 005	2 000.3
均值差/kg	$\Delta \overline{x}$	+5	+0.3
差的方差/kg²	s^2 (Δx)	4	3.07
标准差/kg	s (Δx)	2	1.75
变异系数/%	CV	0.10	0.09
数据对数量	n	6	6
均值差的方差	s^2 ($\Delta \overline{x}$)	0.667	0.511
标准差	s ($\Delta \overline{x}$)	0.816	0.715
T 检验	t	6.124	0.420
显著性	—	—[a]	ns[b]
偏差检测限：			
仅Ⅰ类风险/kg	BDL(Ⅰ)	±2.1	±1.8
Ⅰ类和Ⅱ类风险/kg	BDL(Ⅰ&Ⅱ)	±71	±3.3
可能的偏差范围			
仅Ⅰ类风险：			
低限/kg	PBL(Ⅰ)	±2.9	na[c]
上限/kg	PBU(Ⅰ)	±7.1	na
Ⅰ类和Ⅱ类风险：			
低限/kg	PBL(Ⅰ&Ⅱ)	±1.3	na
上限/kg	PBU(Ⅰ&Ⅱ)	±8.7	na
查表 t 值	$t_{0.90:5}$	2.015	
	$t_{0.95:5}$	2.571	
	$t_{0.99:5}$	4.032	
	$t_{0.999:5}$	6.859	

[a] 99.9% 概率时的显著性。

[b] ns 无显著性。

[c] na 不适用。

附 录 B
（资料性附录）
统计

B.1 术语和符号

此附录中介绍了检查偏差，估计计量方法精密度以及确认外加载荷和测量载荷因果度的符号和测试方法。在表B.1中列出了用于不同章节的统计术语和符号。

表 B.1 统计数据和符号的清单

参数	符号	参数	符号
均值	$\overline{x}$	差	Δx
方差	$s^2(\overline{x})$	均值差	$\Delta \overline{x}$
标准差	$s(\overline{x})$	差的方差	$s^2(\Delta x)$
变异系数	CV	差的标准差	$s(\Delta x)$
T 检验	t	均值差的方差	$s^2(\Delta \overline{x})$
校准系数	r	均值差的标准差	$s(\Delta \overline{x})$
95% 置信区间	95% CI	95% 置信范围	95% CR
偏差检测限	BDL	仅Ⅰ类风险	BDL(Ⅰ)
		Ⅰ类和Ⅱ类风险	BDL(Ⅰ&Ⅱ)
可能偏差范围	PBR	仅Ⅰ类风险:低限	PBL(Ⅰ)
		仅Ⅰ类风险:高限	PBU(Ⅰ)
		Ⅰ类和Ⅱ类风险:低限	PBL(Ⅰ&Ⅱ)
		Ⅰ类风险和Ⅱ类风险:高限	PBU(Ⅰ&Ⅱ)
注：衍生符号如 $s^2(M_w)$ 和 $s(\sum M_d)$ 等应用于本标准的不同部分。			

B.2 衡量集中趋势

仅使用算术均值衡量集中趋势，从而用其作为一定质量精矿未知真实值估计的最可能结果。这说明尽管每次计量都希望是对未知真实湿重无偏差的估计，但湿重估计总是有一定的精密度。

算术均值在计量领域是对集中趋势和一定质量精矿未知湿重真实值的有效估计。见式(B.1)：

$$\overline{x} = \sum x_i / n \qquad \cdots\cdots\cdots\cdots (B.1)$$

式中：

$\overline{x}$——n 次测量的均值；

x_i——第 i 次测量；

n——测量次数。

实际应用中，一定质量精矿的湿重只能得到一个单独的估计。系统校准产生成对的外加载荷和测量载荷，这样均值差可以用来测试统计上的显著性。

B.3 波动性的衡量

方差是对波动性最基本的衡量方式。方差可以用式(B.2)：

$$s^2(x)=\frac{\sum(x_i-\bar{x})^2}{n-1} \quad \cdots\cdots(B.2)$$

式中：

$\bar{x}$ ——n 次测量的均值；

x_i ——第 i 次测量；

n ——测量次数；

$n-1$——自由度。

此公式要求均值在差平方和相加前计算，这给出了对由舍入引起的不确定度的测量方法。式(B.3)等同于基本公式，但应用于计算机更精确并且更快捷方便。

$$s^2(x)=\frac{\sum x_i^2-(\sum x_i)^2/n}{n-1} \quad \cdots\cdots(B.3)$$

式中：

$\sum x_i^2$——测量值平方的和；

x_i ——所有测量值的和；

n ——测量次数；

$n-1$——自由度。

式(B.4)用来计算不同测试对如外加载荷和测量载荷之差的方差：

$$s^2(\Delta x)=\frac{\sum \Delta x_i^2-(\sum \Delta x_i)^2/n}{n-1} \quad \cdots\cdots(B.4)$$

式中：

$s^2(\Delta x)$ ——差的方差；

$\sum \Delta x_i^2$ ——差的平方和；

$(\sum \Delta x_i)^2$——所有差和的平方；

n ——测试对的个数；

$n-1$ ——自由度。

不同测试对如静态秤校准数据差的方差和数据对个数决定了 T 检验检测偏差和系统偏差的能力和灵敏度。因此，差的方差和外加载荷及测量载荷个数是估计计量方法偏差和精密度最重要的统计数据。

式(B.5)对一系列重复测量中由静态秤单次测量的方差进行估计：

$$s^2(x)=(\pi/4)[(\sum|x_{i1}-x_{i2}|)/n]^2 \quad \cdots\cdots(B.5)$$

式中：

$s^2(x)$——单次测量的方差；

x_{i1} ——第 i 对的第一次测量；

x_{i2} ——第 i 对的第二次测量；

n ——成对测量的次数。

同时双组实验的绝对差仅是对精密度的衡量。相反，不同数据对(标准重和测量质量)的相对差和它们被记入的信号对计量方法的绝对准确性进行了衡量。

由于平方的维度，方差对检查和比较一次简单测量的波动性和精密度不是很有用。标准差是方差的平方根并且与积的变量有同样的维度，是精密度更容易理解的参数。衍生参数诸如变异系数(CVs)，置信区间(CIs)和可信范围(CRs)作为均值的精密度和偏差检测限(BDLs)及可能偏差范围(PBRs)的衡量方法是比方差更容易理解的精密度衡量方法。

在科研和工程中，95%的置信区间(95%CIs)和95%可信范围(95%CRs)使用最频繁。T 检验检测外加载荷和测量载荷间偏差的能力和灵敏度通常在95%、99%和99.9%的概率水平。

B.4 精密度的衡量

变异系数(CV)是衡量计量方法精密度最有效的手段。变异系数可以设置在精密度控制表中，在数值上等于标准差占测量载荷均值的多少，可以用式(B.6)计算：

$$\mathrm{CV}=\left(\frac{100\%}{\overline{x}}\right)\times\sqrt{s^2(x)}=\left(\frac{100\%}{\overline{x}}\right)\times s(x) \qquad \text{(B.6)}$$

式中：

$s^2(x)$——方差；

$s(x)$——标准差；

$\overline{x}$——测量载荷的均值。

变异系数的维度可以用百分比表示，这样可以简单地直接比较不同计量方法的精密度。

置信区间和可信范围是确定精密度的有用方法。在矿业和冶金业95%置信区间和95%可信范围最常用，而99%和99.9%概率水平常用在统计测试。在作为方差估计基础的数据点数未知但期望较大的情况下，95%的置信区间是均值的标准差和高斯分布95%对称概率所得 z 值，因子1.96的乘积。这说明 $95\ \%\ \mathrm{CI}=s(\overline{x})\times z0.96\approx -s(\overline{x})\times 2$。在数据点数已知但较小的情况下，$n-1$ 自由度的列表 t 值用来计算95%置信区间和范围，见式(B.7)～式(B.9)：

$$95\%\mathrm{CI}=s(\overline{x})\times t_{0.95;n-1} \qquad \text{(B.7)}$$

一般，最可能值的95%可信范围是估计值减去或加上其95%置信区间：

$$95\%\ \mathrm{CR}：较低限值(\text{lower limit})=\overline{x}-95\%\mathrm{CI}=\overline{x}-s(\overline{x})\times t_{0.95;n-1}\approx\overline{x}-s(\overline{x})\times z_{0.95} \qquad \text{(B.8)}$$

$$95\%\mathrm{CR}：较高限值(\text{upper limit})=\overline{x}+95\%\mathrm{CI}=\overline{x}+s(\overline{x})\times t_{0.95;n-1}\approx\overline{x}+s(\overline{x})\times z_{0.95} \qquad \text{(B.9)}$$

式中：

$\overline{x}$——均值；

$s(\overline{x})$——均值的标准差；

$t_{0.95;n-1}$——95%对称概率的 t 值；

$z_{0.95}$——95%对称概率的 z 值。

注：需要注意许多文献统计表格中对 t 值的用法和本标准不一样。许多统计参考书和本标准一样采用 $t_{0.95;n-1}$ 书写 t 值，另一种形式 $t_{0.05;n-1}$ 表示的是 $|t|>t_{0.05;n-1}$ 的5%概率。

$t_{0.95;n-1}$ 常常写成 $t_{0.025;n-1}$ 表明对称 t-分布的概率为2.5%，即 $t>t_{0.025;n-1}$ 或 $t<t_{0.025;n-1}$。通过将此标准中的列表 t 值与参考的统计表格对比，表格适用于何种规范的概率就清楚了。

通过均值的方差可以计算置信区间和范围。不同概率水平的置信区间和范围是精密度和偏差的控制图表的有效控制和行动限制。一批测量数据的方差和该批均值方差之间的关系也是以中心极限定理为基础的。

偏差检测限(BDLs)是衡量 T 检验检测偏差能力和灵敏度的手段。可能偏差范围(PBRs)是衡量当考虑预选统计风险时测量偏差可能所处范围的指标。PBRs可以仅针对Ⅰ类风险也可以同时针对Ⅰ类和Ⅱ类风险。只有在外加载荷和测量载荷之间的均值差超过了BDLs，PBRs才有意义。

B.5 中心极限定理

中心极限定理是应用统计学中最重要的定理之一，在很多应用场合处于基础的地位，诸如估计一批测量结果均值的精密度，测试成对实验结果的一致性，计算偏差检测限和偏差检测程序可能的偏差范围并且规划控制图表的偏差检测限。

出于这种用途中心限定理定义如下：n 对测量结果均值差的方差比测量值之间差的方差小 n 倍。

T 检验可以有力而灵敏地检测不同成对数据的一致性，过去通常用来测试标准载荷与测量载荷间均值差偏差和估计计量方法的精密度。

B.6 *T* 检验

T 检验用来检查不同数据对间一致性(比如标准质量和测量载荷间)。它给出了质量测量绝对精密度和不同测量对间差的方差的信息。T 检验是用来检查一系列数据对间的均值差和零在统计上有显著性差异从而来衡量偏差，或和零在统计上无显著性差异从而衡量一种计量方法所有随机波动的累积效果。

如果一系列标准质量和测量质量的均值差显著非零(排除零假设)，计量系统不处于良好的校准状态。如果外加载荷与测量载荷的均值差统计上等于零(接受零假设)，秤处于良好的校准状态。否则，在秤用于商业用途前还需要调节并再次校正。

T 检验 t 值是均值差和其标准差的比，见式(B.10)：

$$t=\frac{\overline{x}_1-\overline{x}_2}{s(\Delta\overline{x})}=\frac{\Delta\overline{x}}{s(\Delta\overline{x})} \qquad \text{(B.10)}$$

式中：

t ——计算所得 t 值；

$\overline{x}_1$ ——第一个数据集均值；

$\overline{x}_2$ ——第二个数据集的均值；

$\Delta\overline{x}$ ——均值差；

$s(\Delta\overline{x})$——均值差的标准差。

公式说明 $s(\Delta\overline{x})$，均值差的标准差与 $s(\Delta x)$，数据对差的标准差之间的关系建立在中心限定理上，见式(B.11)：

$$s(\Delta\overline{x})=\sqrt{[s^2(\Delta x)/n]}=\frac{s(\Delta x)}{\sqrt{n}} \qquad \text{(B.11)}$$

因此，三变量作用并产生了 t 值。

数据对集的均值差要么统计上为零要么是对偏差的衡量。偏差，同样要么是正(高于标准质量)要么是负(低于标准质量)。差的方差和集中数据对数决定了 T 检验对偏差的检测能力及灵敏度。差的方差是测试对间波动性的函数，也就是用于获得该集的计量方法精密度的函数。

将地磅校准数据做 T 检验。表 A.4 列出了完整的数据集和其统计参数，表 B.2 总结了该数据对集的统计参数。

表 B.2 校准数据的 *T* 检验

参数	符号	值
均值-外加载荷/kg	$\overline{x}(A)$	68 467
均值-测量载荷/kg	$\overline{x}(O)$	68 451
均值差/kg	$\Delta\overline{x}$	−16
差的方差/kg²	$s^2(\Delta x)$	445
标准差/kg	$s(\Delta x)$	21.1
变异系数/%	CV	0.03
数据对数	n	12
均值差的方差	$s^2(\Delta\overline{x})$	37
标准差	$s(\Delta\overline{x})$	6.1
T 检验	t	2.601
显著性[a]	—	[a]

[a] 95% 概率时的显著性。

计算 t 值：

$$\frac{16}{6.1}=2.601$$

超过了在 95%概率时的列表值 $t_{0.95;11}=2.201$，但仍低于 99%概率时的列表值 $t_{0.99;11}=3.106$。问题是−16 kg 的均值差统计上是否等于零。仅Ⅰ类风险，Ⅰ类及Ⅱ类风险偏差检测限的概念使得评估−16 kg 的均值差是偏差的衡量还是仅仅是随机波动引起变得简单。

集的数据对数决定了偏差检测限。理论上，如果集的数据对数足够大，即使是小的或商业上忽略的差也可以证明是偏差。

B.7 偏差检测限

偏差检测限(BDLs)是衡量 *T* 检验检测标准质量物和测量载荷间偏差能力和灵敏度的手段。BDLs 被定义为仅对Ⅰ类风险或者对Ⅰ类和Ⅱ类风险。意识到每个 BDL 是均值差的标准差和 BDL(Ⅰ)的单一列表 t 值或者 BDL(Ⅰ&Ⅱ)的两值和的乘积，集数据对数对 *T* 检验灵敏度的影响就显而易见了。列表 t 值也是集数据对数的函数。

在科研和工程中过去常用Ⅰ类风险 5%的对称双边概率(当均值差统计上为零排除零假设)和Ⅰ类及Ⅱ类风险 5%的对称单边概率用来量化 *T* 检验检测偏差的能力。根据这个习惯偏差检测限计算见式(B.12)和式(B.13)：

$$\mathrm{BDL}(\text{Ⅰ})=s(\Delta\overline{x})\times t_{0.95;n-1} \quad\cdots\cdots(\text{B.12})$$

$$\mathrm{BDL}(\text{Ⅰ}\&\text{Ⅱ})=s(\Delta\overline{x})\times[t_{0.90;n-1}+t_{0.95;n-1}] \quad\cdots\cdots(\text{B.13})$$

式中：

BDL(Ⅰ) ——仅Ⅰ类风险的偏差检测限；

BDL(Ⅰ&Ⅱ)——Ⅰ和Ⅱ类风险的偏差检测限；

$s(\Delta\overline{x})$ ——均值差的标准差；

$t_{0.90;n-1}$ ——90%概率的列表 t 值；

$t_{0.95;n-1}$ ——95%概率的列表 t 值。

表 A.4 中 12 对实际和测量载荷数据的偏差检测限为：

$$\sqrt{(445/12)} \times 2.201 = \pm 13 \text{ kg}$$

上式仅对Ⅰ类风险；

$$\sqrt{(445/12)} \times (1.793 + 2.201) = \pm 24 \text{ kg}$$

上式对Ⅰ类和Ⅱ类风险。

尽管如此，如果数据集含 50 对测试数据，偏差检测限将为：

$$\sqrt{(445/50)} \times 2.010 = \pm 6 \text{ kg}$$

上式仅对Ⅰ类检测限；

$$\sqrt{(445/50)} \times (1.681 + 2.010) = \pm 11 \text{ kg}$$

对Ⅰ类和Ⅱ类检测限。

Ⅰ类风险和Ⅰ类及Ⅱ类风险的偏差检测限是对作为时间函数计量方法精密度和偏差的监控图表非常有效的控制和行动限制。

B.8 可能偏差范围

如果测试数据对间的均值差具有统计学显著性，那么Ⅰ类风险和Ⅰ类及Ⅱ类风险的偏差检测限可以加入或从偏差中扣除。得到的范围，被称为可能偏差范围(PBRs)，由式(B.14)～式(B.17)得：

$$\text{PBL}(\text{Ⅰ}) = \Delta\bar{x} - \text{BDL}(\text{Ⅰ}) \quad \cdots\cdots(\text{B.14})$$

$$\text{PBU}(\text{Ⅰ}) = \Delta\bar{x} + \text{BDL}(\text{Ⅰ}) \quad \cdots\cdots(\text{B.15})$$

$$\text{PBL}(\text{Ⅰ}\&\text{Ⅱ}) = \Delta\bar{x} - \text{BDL}(\text{Ⅰ}\&\text{Ⅱ}) \quad \cdots\cdots(\text{B.16})$$

$$\text{PBU}(\text{Ⅰ}\&\text{Ⅱ}) = \Delta\bar{x} + \text{BDL}(\text{Ⅰ}\&\text{Ⅱ}) \quad \cdots\cdots(\text{B.17})$$

例如，外加载荷均值 68 467 kg 和测量载荷 68 451 kg 的均值差－16 kg 在 95%的概率水平具有统计显著性，同时 T 检验的灵敏度以 BDL 为形式，对Ⅰ类风险为±13 kg，对Ⅰ类和Ⅱ类风险为±24 kg。所以均值差－16 kg 的 PBRs 低限和高限为：

$$\text{PBL}(\text{Ⅰ}) = -16 - 13 = -29$$

$$\text{PBU}(\text{Ⅰ}) = -16 + 13 = -3$$

$$\text{PBL}(\text{Ⅰ}\&\text{Ⅱ}) = -16 - 24 = -40(\text{na})$$

$$\text{PBU}(\text{Ⅰ}\&\text{Ⅱ}) = -16 + 24 = +8(\text{na})$$

因为零均值差仍然处于此列校正数据 PBR(Ⅰ&Ⅱ)的上下限范围内，如果同时考虑Ⅰ类和Ⅱ类风险则均值差－16 kg 不是偏差，但如果仅考虑Ⅰ类风险则是偏差。考虑到Ⅰ类和Ⅱ类风险的概率，以上结果需要采用更可靠的测试。

Ⅰ类风险的概率范围从－29 kg 的低限到－3 kg 的高限，同时Ⅰ类和Ⅱ类风险的概率范围从－40 kg的低限到＋8 kg 的高限。表示良好校准状态的零均值差在 PBR(Ⅰ&Ⅱ)的高低限之间。所以，PBL(Ⅰ&Ⅱ)和 PBU(Ⅰ&Ⅱ)被标记为 na(不适用)。结论是如果同时考虑Ⅰ类和Ⅱ类风险则秤处于良好的校准状态，但如果仅考虑Ⅰ类风险则相反。

B.9 相关性-回归分析

相关性是对外加载荷和测量载荷联系程度的衡量，而回归分析是对这种关系的确认。相关系数或者 r 值是对外加载荷和测量载荷之间因果联系的定量衡量。相关系数 $r \approx 0$ 显示完全缺乏因果联系，而 $r \approx \pm 1$ 显示了相当高的联系程度。计算所得相关系数同相对应自由度而处于不同概率水平的列表 r

值比较，来确定统计上的显著性。

对极端情况(超过99.9%概率水平)标准质量和测量重量间的相关系数常常具有统计学显著性。尽管如此，标准质量与标准质量和测量载荷之差的相关系数只有在秤的精密度是载荷的函数时才有显著性。只有地磅和台秤由于悬挂质量低，外加载荷和测量载荷均值以及他们的差之间可出现显著性联系。

式(B.18)是通过 $x(\mathrm{A}i)$ 和 $x(\mathrm{O}i)$ 的和及乘积还有 $x(\mathrm{A}i)$ 及 $x(\mathrm{O}i)$ 平方和来计算实际与测量载荷对相关系数或 r 值的公式：

$$r=\frac{\sum x(\mathrm{A}i)x(\mathrm{O}i)-\frac{\sum x(\mathrm{A}i)x(\mathrm{O}i)}{n}}{\sqrt{\left[\sum x^2(\mathrm{A}i)-\frac{(\sum x(\mathrm{A}i))^2}{n}\right]\left[\sum x^2(\mathrm{O}i)-\frac{(\sum x(\mathrm{O}i))^2}{n}\right]}} \qquad \cdots\cdots\cdots(\mathrm{B}.18)$$

式中：

r ——相关系数；

$x(\mathrm{A}i)$ ——第 i 个外加载荷；

$x(\mathrm{O}i)$ ——第 i 个测量载荷；

n ——数据对个数。

表A.5展示了一个地磅三个外加载荷和测量载荷的均值。表B.3总结了用来计算数据对集相关系数的术语。

回归曲线的斜率和截距可以用来对统计学显著性作测试。在这个例子中，截距−8.4 kg不重要而斜率0.999 89对极限具有统计上的显著重要性。利用 T 检验可以由斜率0.999 89与理论斜率单位的差作统计学显著性测试。

表 B.3　外加载荷和测量载荷间的相关性

测试组	$x(\mathrm{A}i)$	$x(\mathrm{A}i)^2$	$x(\mathrm{O}i)$	$x(\mathrm{O}i)^2$	$x(\mathrm{A}i)\ x(\mathrm{O}i)$
1～4	31 890	1 016 972 100	31 882	1 016 461 924	1 016 716 980
5～8	70 810	5 014 056 100	70 785	5 010 516 225	5 012 285 850
9～12	102 700	10 547 290 000	102 685	10 544 209 000	10 545 749 000
和	205 400	16 578 318 200	205 352	16 571 187 149	16 574 751 830

分子(Numerator)：$16\ 574\ 751\ 830-\frac{(205\ 400\times 205\ 352)}{3}=2\ 514\ 985\ 400$

分母(Denominator)：

第一量纲(first Term)：$16\ 578\ 318\ 200-\frac{205\ 400^2}{3}=2\ 515\ 264\ 870$

第二量纲(second Term)：$16\ 571\ 187\ 149-\frac{205\ 352^2}{3}=2\ 514\ 706\ 080$

r 值：$\frac{2\ 514\ 985\ 400}{\sqrt{2\ 515\ 264\ 870\times 2\ 514\ 706\ 080}}=1.000$

斜率：$\frac{2\ 514\ 985\ 400}{2\ 515\ 264\ 870}=0.999\ 89$

截距：$\left(\frac{205\ 352}{3}\right)-\left(0.999\ 9\times\frac{205\ 400}{3}\right)=-8.4\ \mathrm{kg}$

附 录 C
（资料性附录）
水尺测量

排水量计算举例见表 C.1。

表 C.1 排水量计算样例

水尺和密度 Draft and densities		前尺 m		后尺 m
校正后艏吃水 Forward draft corrected		4.82		7.37
校正后艉吃水 After draft corrected		6.41		7.88
艏艉吃水均值 Mean forward and after draft		5.615		7.625
左舯舷吃水 Port midships draft		5.6		7.66
右舯舷吃水 Starboard midships draft		5.62		7.62
舯吃水均值 Mean midships draft		5.61		7.64
吃水均值的均值 Mean of mean drafts		5.612 5		7.632 5
两次校正 Double mean of drafts[a]		5.611 25		7.636 25
水密度 Density of water/(t/m^3)		1.023		1.022 5
排水量 Displacements	代号	前尺 t	代号	后尺 t
两次校正排水量		47 327		65 712
吃水差校正排水量	I	46 780	F	65 557
密度校正		−91		−160
密度校正排水量		46 689		65 397
压舱物与消耗品 Ballast and consumables	代号	前尺 t	代号	后尺 t
压舱水 Ballast water		10 225		6 750
储藏油 Bunker oils		865		860
引用水 Potable water	i	285	f	275
杂物 Miscellaneous supplies		—		—
压舱物与消耗品质量		11 375		7 885
运货质量 Mass of cargo transferred		代号		质量 t
最终船货重 Final mass of vessel and cargo		(F−f)		57 512
初始船重 Initial mass of vessel		(I−i)		35 314
载货重 Mass of cargo loaded		(F−f)−(I−i)		22 198
前尺		(I−i)		na[b]
后尺		(F−f)		na
卸货质量		(I−i)−(F−f)		na

[a] 吃水均值和舯吃水均值的均值 Mean of mean drafts and mean midships draft。

[b] 不适用于本例 na=not applicable in this example。

容量或水尺表样例见表 C.2。

表 C.2 容量或水尺表样例

水尺 m	质量 t	水尺 m	质量 t	水尺 m	质量 t
5.18	7 498	3.66	4 760	2.13	2 094
5.21	7 451	3.68	4 714	2.16	2 053
5.23	7 405	3.71	4 669	2.18	2 010
5.26	7 358	3.73	4 623	2.21	1 969
5.28	7 311	3.76	4 579	2.24	1 927
5.31	7 265	3.78	4 533	2.26	1 885
5.33	7 218	3.81	4 488	2.29	1 842
5.36	7 171	3.84	4 442	2.31	1 800
5.38	7 124	3.86	4 396	2.34	1 758
5.41	7 077	3.89	4 351	2.36	1 716
5.44	7 030	3.91	4 306	2.39	1 674
5.46	6 984	3.94	4 261	2.41	1 632
4.88	6 937	3.35	4 215	1.83	1 590
4.9	6 888	3.38	4 171	1.85	1 549
4.93	6 848	3.4	4 127	1.88	1 508
4.95	6 803	3.43	4 083	1.91	1 467
4.98	6 759	3.45	4 040	1.93	1 426
5	6 715	3.48	3 997	1.96	1 384
5.03	6 670	3.51	3 953	1.98	1 343
5.05	6 625	3.53	3 909	2.01	1 302
5.08	6 581	3.56	3 865	2.03	1 260
5.11	6 536	3.58	3 821	2.06	1 219
5.13	6 491	3.61	3 778	2.08	1 178
5.16	6 448	3.63	3 734	2.11	1 136
4.57	6 403	3.05	3 690	1.52	1 095
4.6	6 358	3.07	3 645	1.55	1 055
4.62	6 313	3.1	3 599	1.57	1 015
4.65	6 268	3.12	3 554	1.6	975
4.67	6 223	3.15	3 508	1.63	935
4.7	6 178	3.18	3 462	1.65	895
4.72	6 134	3.2	3 416	1.68	855
4.75	6 089	3.23	3 371	1.7	815

表 C.2（续）

水尺 m	质量 t	水尺 m	质量 t	水尺 m	质量 t
4.78	6 044	3.25	3 325	1.73	775
4.8	5 999	3.28	3 280	1.75	735
4.83	5 954	3.3	3 234	1.78	695
4.85	5 909	3.33	3 188	1.8	655
4.27	5 865	2.74	3 142	1.22	615
4.29	5 818	2.77	3 100	1.24	575
4.32	5 771	2.79	3 057	1.27	535
4.34	5 724	2.82	3 013	1.3	495
4.37	5 677	2.84	2 970	1.32	455
4.39	5 631	2.87	2 927	1.35	415
4.42	5 584	2.9	2 884	1.37	375
4.45	5 538	2.92	2 841	1.4	335
4.47	5 491	2.95	2 798	1.42	295
4.5	5 444	2.97	2 754	1.45	254
4.52	5 398	3	2 712	1.47	214
4.55	5 351	3.02	2 669	1.5	174
3.96	5 304	2.44	2 626	0.91	134
3.99	5 258	2.46	2 582	0.94	94
4.01	5 213	2.49	2 537	0.97	53
4.04	5 167	2.51	2 493	0.99	13
4.06	5 122	2.54	2 448	1.02	
4.09	5 077	2.57	2 404		
4.11	5 032	2.59	2 361		
4.14	4 986	2.62	2 316		
4.17	4 941	2.64	2 272		
4.19	4 895	2.67	2 227		
4.22	4 851	2.69	2 183		
4.24	4 805	2.72	2 138		

附　录　D
（资料性附录）
统计范围测试过程

D.1　范围

此附录介绍了测试静态秤精密度和偏差的详细步骤。

D.2　概述

本标准第6章对计量方法进行了分类讨论，概括了测试地磅测量(6.4)、料斗秤测量(6.5)、吊钩秤测量(6.6)及台秤测量(6.7)精密度和偏差的原则和步骤。此附录提供了一个执行该类测试的程序。

地磅测量、料斗秤测量和台秤测量是精矿质量测定时最常见的计量方法。尽管测试这些方法精密度和偏差的原则基本类似，但是依据标准质量物的可利用性和数量以及自动化程度(例如料斗秤内建参照质量物)，具体步骤上还是存在差异。

D.3　测试频率

实际应用中，室内和日常计量状态测试(对权威机构强制校准的补充)频率可以每轮计量，委托进行三次，也可以几轮才做，例如在使用某些全自动称量料斗装置时。这种差异反映了不同风险假设、可利用资源以及明确操作指南的缺乏。许多操作人都认为每轮委托中在货物装卸前对日常计量状态进行一次检查是最佳选择，但实际上这是无法做到的，因为这样的测试会导致装卸货延迟并且代价高昂。使用前提高计量装置稳定性可以弥补测试频率的降低。因此建议相关方可以基于计量装置的风险和可靠性协议决定测试的频率。

D.4　精密度测试步骤

D.4.1　通则

需要强调的是标准质量物并不提供与潜在偏差或线性问题相关的信息，尽管精密度测试不要求使用标准质量物。

D.4.2　通过重复测试确定地磅测量的精密度(一)

a)　检查并将秤调零。

b)　随机选择一辆卡车或者火车皮用地磅测量，并记录毛重 W_1。

c)　移走卡车或者车皮，并将地磅再次调零。

d)　将b)中同一卡车或车皮再次用地磅测量，并记录毛重 W_2。

根据本标准规定，为计算计量方法的精密度建议至少要进行4轮重复测试(4对 W_1 和 W_2)。

D.4.3　通过重复测试确定地磅测量的精密度(二)

a)　检查并将秤调零。

b) 采用秤灵敏度5～10倍的测试质量(例如灵敏度5 kg可用25 kg),通过加和不加该质量产生测量结果对,记录相应毛重 W_1 和 W_2。

根据本标准规定,为计算计量方法的精密度建议每轮测量至少要获得6个数据对(W_1,W_2)。

D.5 校准(偏差和线性测试)步骤

D.5.1 通则

偏差和线性测试要求使用至少一个质量合适的标准质量物(1 t或2 t)。在使用料斗秤时,质量物通常悬挂在称重框架上。

也可以使用多个较小质量的标准质量物(例如100个20 kg满足国家质量测量权威机构要求的标准质量物),尤其是当整个测试过程完全采用人工进行。

D.5.2 使用单独一个标准质量物的校准程序

本程序适用情况为:仅能获得一个覆盖小部分测量范围的标准质量物(或者一套总质量相当的较小质量物)。通过在给定载荷 W_0 上添加标准质量物 W_{cert} 得到初始载荷不断增大的校准点,比较期望的测量读数 $W_1 = W_{cert} - W_0$ 和测量值 W_2,通过 $W_2 - W_1$ 得到给定点的测量偏离。

建议至少进行3次测定并且在初始载荷为:零、半量程、最大量程减标准质量时分别进行测试。

a) 检查并将秤调零。

b) 秤上放置标准质量物并记录第一个校准点(数据对) W_1 和 W_2。

c) 移走标准质量物,加上质量约半量程的材料并记录准确质量。

d) 加上标准质量物并记录第二个校准点 W_1 和 W_2。

e) 移走标准质量物,加上更多质量的材料接近最大量程并记录准确质量。

f) 加上标准质量物并记录第三个校准点 W_1 和 W_2。

D.5.3 使用一套标准质量物的校准程序

本程序适用情况为:可以获得一套覆盖整个量程的标准质量物。通过增加或减少标准质量物的数量得到整个量程上的独立校准点。比较每个步骤的期望(标准)质量 W_1 和相应读数 W_2,和D.5.2一样通过 $W_2 - W_1$ 得到给定点的测量偏离。

a) 检查并将秤调零。

b) 秤上放置第一个标准质量物并记录第一个校准点(数据对) W_1 和 W_2。

c) 加上第二个标准质量物并记录第二个校准点 W_1 和 W_2。

d) 对第三个以及之后的标准质量物重复步骤c)。

e) 移走独立的标准质量物,每次一个,并记录数据对 W_1 和 W_2,直到零载荷时的最终读数。

ICS 27.070
K 82

中华人民共和国国家标准

GB/T 30084—2013/IEC 62282-5-1:2012

便携式燃料电池发电系统　安全

Portable fuel cell power system—Safety

(IEC 62282-5-1:2012, IDT)

2013-12-17 发布　　2014-04-09 实施

中华人民共和国国家质量监督检验检疫总局
中国国家标准化管理委员会　发布

前　言

本标准按照 GB/T 1.1—2009 给出的规则起草。

本标准使用翻译法等同采用 IEC 62282-5-1:2012《燃料电池技术 第 5-1 部分:便携式燃料电池发电系统 安全》。

本部分"规范性引用文件"中的引用标准,凡是有与 IEC(或 ISO)对应国家标准的均用国家标准代替,从技术内容及编写格式上不影响本部分等同采用 IEC 62282-5-1:2012。

本标准中规范引用的国际文件有一致性对应关系的我国文件如下:

GB 2099.1—2008　家用和类似用途插头插座　第 1 部分:通用要求(IEC 60884-1:2006,IDT)

GB/T 2423.55—2006　电工电子产品环境试验　第 2 部分:试验方法　试验 Eh:锤击试验(IEC 60068-2-75:1997,IDT)

GB 3836.1—2010　爆炸性环境　第 1 部分:设备　通用要求(IEC 60079-0:2007,MOD)

GB 3836.5—2004　爆炸性气体环境用电气设备　第 5 部分:正压外壳型"p"(IEC 60079-2:2001,MOD)

GB 3836.8—2003　爆炸性气体环境用电气设备　第 8 部分:"n"型电气设备(IEC 60079-15:2001,IDT)

GB 3836.14—2000　爆炸性气体环境用电气设备　第 14 部分:危险场所分类(IEC 60079-10:1995,IDT)

GB 4208—2008　外壳防护等级(IP 代码)(IEC 60529:2001,IDT)

GB 4706.1—2005　家用和类似用途电器的安全　第 1 部分:通用要求(IEC 60335-1:2001,IDT)

GB/T 5169.11—2006　电工电子产品着火危险试验　第 11 部分:灼热丝/热丝基本试验方法　成品的灼热丝可燃性试验方法(IEC 60695-2-11:2000,IDT)

GB/T 5169.5—2008　电工电子产品着火危险试验　第 5 部分:试验火焰　针焰试验方法　装置、确认试验方法和导则(IEC 60695-11-5:2004,IDT)

GB/T 5169.13—2006　电工电子产品着火危险试验　第 13 部分:灼热丝/热丝基本试验方法-材料的灼热丝起燃性试验方法(IEC 60695-2-13:2000,IDT)

GB/T 5169.16—2008　电工电子产品着火危险试验　第 16 部分:试验火焰 50 W 水平与垂直火焰试验方法(IEC 60695-11-10:2003,IDT)

GB/T 5169.17—2008　电工电子产品着火危险试验　第 17 部分:试验火焰 500 W 火焰试验方法(IEC 60695-11-20:2003,IDT)

GB/T 7826—1987　系统可靠性分析技术　失效模式和效应分析(FMEA)程序(IEC 60812:1985,IDT)

GB 8897.4—2008　原电池　第 4 部分:锂电池的安全要求(IEC 60086-4:2007,IDT)

GB/T 11026.4—1999　确定电气绝缘材料耐热性的导则　第 4 部分:老化烘箱-单室烘箱(IEC 60216-4-1:1990,IDT)

GB 14536.1—2008　家用和类似用途电自动控制器　第 1 部分:通用要求(IEC 60730-1:2003,IDT)

GB 14536.6—2008　家用和类似用途电自动控制器　燃烧器电自动控制系统的特殊要求(IEC 60730-2-5:2004,IDT)

GB 14536.19—2006　家用和类似用途电自动控制器　电动燃气阀的特殊要求,包括机械要求

(IEC 60730-2-17:2001,IDT)

GB/T 16273.2—1996 设备用图形符号 索引和大纲(ISO 7000:1989,IDT)

GB/T 16842—2008 外壳对人和设备的防护 检验用试具(IEC 61032:1997,IDT)

GB 16895.21—2011 低压电气装置 第4-41部分:安全防护 电击防护(IEC 60364-4-41:2005,IDT)

GB/T 16935.1—2008 低压系统内设备的绝缘配合 第1部分:原理、要求和试验(IEC 60664-1:2007,IDT)

GB/T 17045—2008 电击防护 装置和设备的通用部分(IEC 61140:2001,IDT)

GB 17625.1—2003 电磁兼容 限值 谐波电流发射限值(设备每相输入电流≤16A)(IEC 61000-3-2:2001,IDT)

GB 17625.2—2007 电磁兼容 限值 对每相额定电流≤16A且无条件接入的设备在公用低压供电系统中产生的电压变化、电压波动和闪烁的限制(IEC 61000-3-3:2005,IDT)

GB 17701—2008 设备用断路器(IEC 60934:2007,IDT)

GB/T 17799.1—1999 电磁兼容 通用标准-居住、商业和轻工业环境中的抗扰度试验(IEC 61000-6-1:1997,IDT)

GB/T 17799.2—2003 电磁兼容 通用标准 工业环境中的抗扰度试验(IEC 61000-6-2:1999,IDT)

GB 17799.3—2001 电磁兼容 通用标准 居住、商业和轻工业环境中的发射标准(IEC 61000-6-3:1996,IDT)

GB 17799.4—2001 电磁兼容 通用标准 工业环境中的发射标准(IEC 61000-6-4:1997,IDT)

GB/T 18422—2001 橡胶和塑料软管及软管组件 气体渗透性的测定(ISO 4080:1991,EQV)

GB/T 20438.1—2006 电气/电子/可编程电子安全相关系统的功能安全 第1部分:一般要求(IEC 61508-1:1998,IDT)

GB/T 20801(1－6)压力管道规范 工业管道(ISO 15649:2001,NEQ)

GB/T 21109.1—2007 过程工业领域安全仪表系统的功能安全 第1部分:框架、定义、系统、硬件和软件要求(IEC 61511-1:2003,IDT)

GB/T 21109.3—2007 过程工业领域安全仪表系统的功能安全 第3部分:确定要求的安全完整性等级的指南(IEC 61511-3:2003,IDT)

GB/T 28164—2011 含碱性或其他非酸性电解质的蓄电池和蓄电池组 便携式密封蓄电池和蓄电池组的安全性要求(IEC 62133:2002,IDT)

本标准由中国电器工业协会提出。

本标准由全国燃料电池及液流电池标准化技术委员会(SAC/TC 342)归口。

本标准起草单位:机械工业北京电工技术经济研究所、深圳市标准技术研究院、上海神力科技有限公司、中国科学院大连化学物理研究所、南京大学昆山创新研究院、上海攀业氢能源科技有限公司、UL美华认证有限公司、清华大学、同济大学、新源动力股份有限公司、北京久安通氢能科技有限公司、武汉银泰科技燃料电池有限公司、武汉理工大学等。

本标准主要起草人:卢琛钰、王益群、张若谷、孙公权、顾军、陈晨、倪易洲、杨启明、田超贺、董辉、季良俊、裴普成、侯永平、侯中军、张立芳、温利峰、齐志刚、潘牧等。

便携式燃料电池发电系统　安全

1　范围

本标准规定了便携式燃料电池发电系统的构造、标志和试验要求。此类燃料电池系统是可移动、不固定的。便携式燃料电池发电系统的作用是产生电能。

本标准适用于在室内或户外使用、额定输出电压不超过600 V(交流)或850 V(直流)的交流型和直流型便携式燃料电池发电系统。此类便携式燃料电池发电系统不应使用于IEV 426-03-01规定的危险位置,除非根据IEC 60079-0:2007对系统加装了额外的保护措施。

本标准不适用于以下情况的便携式燃料电池发电系统:

a)　固定连接(硬接线)于配电系统;

b)　固定连接于公共燃料分配系统;

c)　对电网供电;

d)　为道路车辆提供动力;

e)　在民航客机上使用。

为混合动力车辆(由蓄电池提供车辆动力和能量)的蓄电池充电的燃料电池不属于本标准范围。

以下燃料和燃料原料属于本标准的范围:

——天然气;

——液化石油气,例如丙烷和丁烷;

——液态醇,例如甲醇和乙醇;

——汽油;

——柴油;

——煤油;

——氢气;

——在空气或氧气环境中,浸渍在电解液(例如盐的水溶液或碱的水溶液)中的金属(例如Mg、Al或Zn)或者合金;

——氢化物。

本标准不排除类似燃料或非空气来源氧化剂的使用,前提是通过附加要求列明其特定的危险。

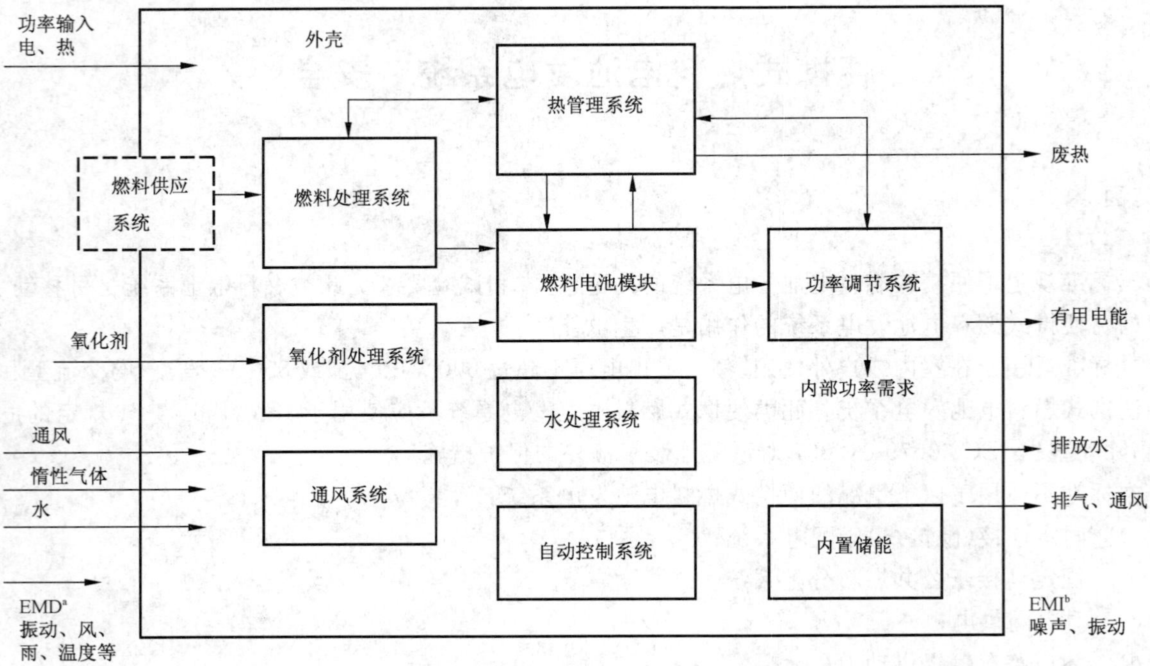

说明：

a——EMD：电磁骚扰；

b——EMI：电磁干扰。

图 1 便携式燃料电池发电系统框图

本标准设定的便携式燃料电池发电系统的总体设计应由以下部分系统或所有系统组合而成(见图1)，根据需要集成，以执行设计的功能，如下：

燃料处理系统——用以将输入的燃料转化为适用于燃料电池堆成分的化学处理设备，包括任何相关的热交换和控制。

氧化剂处理系统——可对输入的氧化剂进行计量、调控、处理并可进行加压以便供燃料电池发电系统使用的子系统。

热管理系统——用来冷却和排热以保持燃料电池发电系统内部热平衡的子系统，且必要时，可进行过剩热的回收利用，以及在启动阶段帮助加热燃料电池发电系统。

功率调节系统——用来改变电压等级或波形，或用其他方法改变或调节电源输出的装置。

自动控制系统——由传感器、致动器、阀门、开关和逻辑元件(包括过程控制器)组成的系统，用以使燃料电池发电系统在无需人工干预时，参数能保持在制造商给定的限值范围内。

燃料电池模块——集成于发电系统内部、由一个或多个燃料电池堆组成的设备，通过电化学反应将化学能转化为电能和热能。

燃料供应系统——内置于便携式燃料电池发电系统，或通过可组装的，可拆卸、重复灌装的容器提供。

内置储能系统——内置能源，用以帮助或补充燃料电池模块对内部或外部负载供电。

通风系统——燃料电池发电系统的子系统，通过机械方法供应空气。

水处理系统——用以处理和净化便携式燃料电池发电系统内部使用的回收水或补充水。

这些要求的目的并不是要阻止本标准未作特别阐述的便携式燃料电池发电系统的开发，前提是这些替代的设计和结构经过研究，并且通过等效的测试表明与本标准所阐述的安全性等效。考虑替代的设计和结构时，本标准可用于对替代材料和方法进行评估，以确保其能提供的性能与本标准所阐述的系统等效。

本标准不包括装置上游不与便携式燃料电池发电系统连接的加压式或非加压式燃料供应容器以及气体或液体燃料供应连接器的要求。

除非另有规定，本标准所述压力值均被认为是表压。

2 规范性引用文件

下列文件对于本文件的应用是必不可少的。凡是注日期的引用文件，仅注日期的版本适用于本文件。凡是不注日期的引用文件，其最新版本(包括所有的修改单)适用于本文件。

GB 4943.1—2011 信息技术设备 安全 第1部分：通用要求(GB 4943.1—2011，IEC 60950-1:2005，IDT)

GB 5226.1—2008 机械电气安全 机械电气设备 第1部分：通用技术条件(GB 5226.1—2008，IEC 60204-1:2005，IDT)

GB/T 12113—2003 接触电流和保护导体电流的测量方法(GB/T 12113—2003，IEC 60990:1999，IDT)

IEC 60034(全部) 旋转电机(Rotating electrical machines(all parts))

IEC 60068-2-75 电工电子产品环境试验 第2-75部分：试验方法 试验Eh：锤击试验(Environmental testing—Part 2-75: Tests—Test Eh: Hammer tests)

IEC 60079-0 爆炸性环境 第0部分：设备 通用要求(Explosive atmospheres—Part 0: Equipment—General requirements)

IEC 60079-2 爆炸性气体环境用电气设备 第2部分：正压外壳型"p"(Explosive atmospheres—Part 2: Equipment protection by pressurized enclosures "p")

IEC 60079-10 爆炸性气体环境用电气设备 第10部分(全部)：危险场所分类(Explosive atmospheres (all Parts 10)—Part 10: Classification of areas)

IEC 60079-15 爆炸性气体环境用电气设备 第15部分："n"型电气设备(Explosive atmospheres—Part 15: Equipment protection by type of protection "n")

IEC 60079—20-1 爆炸性气体环境 第20-1部分：气体和蒸汽分类用材料特性 试验方法和数据(Explosive atmospheres—Part 20-1: Material characteristics for gas and vapour classification—Test methods and data)

IEC 60079-29-1 爆炸性气体环境 第29-1部分：气体探测器 易燃气体探测器的性能要求(Explosive atmospheres—Part 29-1: Gas detectors—Performance requirements of detectors for flammable gases)

IEC 60086-4 原电池 第4部分：锂电池的安全要求(Primary batteries—Part 4: Safety of lithium batteries)

IEC 60216-4-1 电气绝缘材料 耐热性能 第4-1部分：老化烘箱 单室烘箱(Electrical insulating materials—Thermal endurance properties—Part 4-1: Ageing ovens—Single-chamber ovens)

IEC 60335-1:2010 家用和类似用途电器的安全 第1部分：通用要求(Household and similar electrical appliances—Safety—Part 1: General requirements)

IEC 60364-4-41 低压电气装置 第4-41部分：安全防护 电击防护(Low-voltage electrical installations—Part 4-41: Protection for safety—Protection against electric shock)

IEC 60529 外壳防护等级(IP代码)(Degrees of protection provided by enclosures (IP Code))

IEC 60664-1 低压系统内设备的绝缘配合 第1部分：原理、要求和试验(Insulation coordination for equipment within low-voltage systems—Part 1:Principles,requirements and tests)

IEC 60695-2-11 着火危险试验 第2-11部分:灼热丝/热丝基本试验方法 成品的灼热丝可燃性试验方法(Fire hazard testing—Part 2-11: Glowing/hot-wire based test methods—Glow-wire flammability test method for end-products)

IEC 60695-2-13 着火危险试验 第2-13部分:灼热丝/热丝基本试验方法-材料的灼热丝起燃性试验方法(Fire hazard testing—Part 2-13: Glowing/hot-wire based test methods—Glow-wire ignition temperature (GWIT) test method for materials)

IEC 60695-11-5 着火危险试验 第11-5部分:试验火焰 针焰试验方法 装置、确认试验方法和导则(Fire hazard testing—Part 11-5: Test flames—Needle-flame test method—Apparatus,confirmatory test arrangement and guidance)

IEC 60695-11-10 着火危险试验 第11-10部分: 试验火焰 50 W 水平与垂直火焰试验方法(Fire hazard testing—Part 11-10: Test flames—50 W horizontal and vertical flame test methods)

IEC 60695-11-20 着火危险试验 第11-20部分: 试验火焰 500 W 火焰试验方法(Fire hazard testing—Part 11-20: Test flames—500 W flame test methods)

IEC 60730-1:2010 家用和类似用途电自动控制器 第1部分:通用要求(Automatic electrical controls for household and similar use—Part 1:General requirements)

IEC 60730-2-5 家用和类似用途电自动控制器 第2-5部分:燃烧器电自动控制系统的特殊要求(Automatic electrical controls for household and similar use—Part 2-5: Particular requirements for automatic electrical burner control)

IEC 60730-2-17 家用和类似用途电自动控制器 第2-17部分:电动燃气阀的特殊要求,包括机械要求(Automatic electrical controls for household and similar use—Part 2-17: Particular requirements for electrically operated gas valves,including mechanical requirements)

IEC 60812 系统可靠性分析技术 失效模式和效应分析(FMEA)程序(Analysis techniques for system reliability—Procedure for failure mode and effects analysis (FMEA))

IEC 60884-1 家用和类似用途插头插座 第1部分:通用要求(Plugs and socket-outlets for household and similar purposes—Part 1: General requirements)

IEC 60934 设备用断路器(CBE)(Circuit-breakers for equipment (CBE))

IEC 61000-3-2 电磁兼容(EMC) 第3-2部分:限值 谐波电流发射限值(设备每相输入电流≤16 A)(Electromagnetic compatibility (EMC)—Part 3-2: Limits—Limits for harmonic currents emissions (equipment input current ≤ 16 A per phase))

IEC 61000-3-3 电磁兼容(EMC) 第3-3部分:限值 对每相额定电流≤16 A且无条件接入的设备在公用低压供电系统中产生的电压变化、电压波动和闪烁的限制(Electromagnetic compatibility (EMC)—Part 3-3: Limits—Limitation of voltage changes,voltage fluctuations and flicker in public low-voltage supply systems,for equipment with rated current ≤16 A per phase and not subject to conditional connection)

IEC 61000-6-1 电磁兼容 第6-1部分:通用标准-居住、商业和轻工业环境中的抗扰度试验(Electromagnetic compatibility (EMC)—Part 6-1: Generic standards—Immunity for residential, commercial and light-industrial environments)

IEC 61000-6-2 电磁兼容 第6-2部分:通用标准-工业环境中的抗扰度试验(Electromagnetic compatibility (EMC)—Part 6-2: Generic standards—Immunity standards—Immunity for industrial environments)

IEC 61000-6-3 电磁兼容(EMC) 第6-3部分:通用标准 居住、商业和轻工业环境中的发射标准(Electromagnetic compatibility (EMC)—Part 6-3: Generic standards—Emission standard for residential,commercial and light-industrial environments)

IEC 61000-6-4 电磁兼容(EMC) 第6-4部分:通用标准 工业环境中的发射标准(Electromagnetic compatibility (EMC)—Part 6-4: Generic standards—Emission standard for industrial environments)

IEC 61025 故障树型分析法(Fault tree analysis (FTA))

IEC 61032 外壳对人和设备的防护 检验用试具(Protection of persons and equipment by enclosures—Probes for verification)

IEC 61140 电击防护-装置和设备的通用部分(Protection against electric shock—Common aspects for installation and equipment)

IEC 61439-1 低压开关设备和控制设备总成 第1部分:一般规则(Low-voltage switchgear and controlgear assemblies—Part 1: General rules)

IEC 61508-1 电气/电子/可编程电子安全相关系统的功能安全 第1部分:一般要求(Functional safety of electrical/electronic/programmable electronic safety-related systems—Part 1: General requirements)

IEC 61511-1 过程工业领域安全仪表系统的功能安全 第1部分:框架、定义、系统、硬件和软件要求(Functional safety—Safety instrumented systems for the process industry sector—Part 1: Framework,definitions,system,hardware and software requirements)

IEC 61511-3 过程工业领域安全仪表系统的功能安全 第3部分:确定要求的安全完整性等级的指南(Functional safety—Safety instrumented systems for the process industry sector—Part 3: Guidance for the determination of the required safety integrity levels)

IEC 61882 危害和可操作研究-应用指南(Hazard and operability studies (HAZOP studies)—Application guide)

IEC 62040-1 不间断电源设备 第1部分:UPS的一般规定和安全要求(Uninterruptible power systems (UPS)—Part 1: General and safety requirements for UPS)

IEC 62040-2 不间断电源设备 第2部分:电磁兼容(EMC)要求(Uninterruptible power systems (UPS)—Part 2: Electromagnetic compatibility (EMC) requirements)

IEC 62133 含碱性或其他非酸性电解质的蓄电池和蓄电池组 便携式密封蓄电池和蓄电池组的安全性要求(Secondary cells and batteries containing alkaline or other non-acid electrolytes—Safety requirements for portable sealed secondary cells,and for batteries made from them,for use in portable applications)

IEC 62282-2 燃料电池技术 第2部分:燃料电池模块(Fuel cell technologies—Part 2: Fuel cell modules)

ISO 3864(全部) 图形符号 安全色和安全标志((all parts),Graphical symbols—Safety colours and safety signs)

ISO 4080 橡胶和塑料软管及软管组件 气体渗透性的测定(Rubber and plastics hoses and hose assemblies—Determination of permeability to gas)

ISO 7000 设备用图形符号 索引和大纲(Graphical symbols for use on equipment—Index and synopsis)

ISO 7010 图形符号 安全颜色和安全标志 注册安全标志(Graphical symbols—Safety colours and safety signs—Registered safety signs)

ISO 15649 石油和天然气工业 管道 (Petroleum and natural gas industries—Piping)

ISO 16000-3 室内空气 第3部分:甲醛和其他碳基化合物的测定 主动抽样法(Indoor air—Part 3: Determination of formaldehyde and other carbonyl compounds—Active sampling method)

ISO 16000-6 室内空气 第6部分:通过对 Tenax TA 吸附剂的活性抽样、热解吸和 MS/FID 气相色谱法测定室内和试验室中的挥发性成分(Indoor air—Part 6: Determination of volatile organic compounds in indoor andtest chamber air by active sampling on Tenax TA sorbent, thermal desorption and gas chromatography using MS or MS-FID)

ISO 16017-1 室内空气、环境空气和工作场所空气 挥发性有机化合物分析和取样:吸附管/热解吸/毛细管气相色谱法 第1部分:抽吸式取样(Indoor, ambient and workplace air—Sampling and analysis of volatile organic compounds by sorbent tube/thermal desorption/capillary gas chromatography—Part 1: Pumped sampling)

ISO 16110-1:2007 使用燃料加工技术的氢气发生器 第1部分:安全性(Hydrogen generators using fuel processing technologies—Part 1: Safety)

ISO 16111 传输天然气的存储设备 吸收可逆金属氢化物的氢气(Transportable gas storage devices—Hydrogen absorbed in reversible metal hydride)

ISO 16528 锅炉和压力容器(Boilers and pressure vessels—Registration of Codes and Standards to promote international recognition)

3 术语和定义

下列术语和定义适用于本文件。

3.1

基本绝缘 basic insulation

能够提供基本防护的危险带电部件上的绝缘。

注:改写 IEC 60050-195:1998,定义 195-06-06。

3.2

双重绝缘 double insulation

既有基本绝缘,又有附加绝缘构成的绝缘。

[IEC 60050-195:1998,定义 195-06-08]

3.3

电磁干扰 electromagnetic interference; EMI

电磁骚扰引起的设备、传输通道或系统性能的下降。

注:改写 IEC 60050-161:1990,定义 161-01-06。

3.4

电磁骚扰 electromagnetic disturbance; EMD

任何可能降低装置、设备或系统性能或者对生物或非生物产生不良影响的电磁现象。

注:改写 IEC 60050-161:1990,定义 161-01-05。

3.5

外壳 enclosure

能提供与预期应用的防护类型和防护等级相适应的外罩。

[IEC 60050-195:1998,定义 195-02-35]

注:一种外壳可置于另一种外壳之内(例如,电气外壳置于防火外壳之内,或防火外壳置于电气外壳之内)。同样,单一外壳也可以提供多种防护功能(例如,既是电气外壳又是防火外壳)。外壳可以是电气的、机械的、防火的或其他类型的外壳,用于防护上述危害或由于风、天气及其他因素引起的危害。

3.6

电气外壳 electrical enclosure

为防止可预见到的电气危险而提供的外壳。

[IEC 60050-195:1998,定义 195-06-13]

3.7

防火外壳　fire enclosure

旨在将内部的火或火焰蔓延减小到最低限度的部件。

3.8

机械外壳　mechanical enclosure

旨在减少由于机械及其他物理危害引起的受伤风险的部件。

3.9

危险位置　hazardous location

当有足够数量的可燃粉尘、易燃纤维或者易燃物、挥发性液体、气体、蒸汽或其混合物暴露在空气中即能产生爆炸性环境或易燃混合物的任何区域或空间。

3.10

爆炸性环境　explosive atmosphere

在大气条件下,气体、蒸汽、粉尘、纤维或飞絮状的可燃性物质与空气形成的混合物,被点燃后,能够保持燃烧自行传播的环境。

[IEC 60050-426:2008,定义 426-01-06]

3.11

危险能量水平　hazardous energy level

在大于或等于 60 s 的持续时间内可利用的功率水平大于或等于 240 VA,或在电压大于或等于 2 V 时,储存的能量水平大于或等于 20 J(例如,来自一个或多个电容器)。

[GB 4943.1—2011,定义 1.2.8.10]

3.12

危险电压　hazardous voltage

存在于既不符合限流电路要求,也不符合 TNV 电路要求的电路中,其交流峰值超过 42.4V 或直流值超过 60V 的电压。

[GB 4943.1—2011,定义 1.2.8.6]

3.13

热变形温度　heat deflection temperature;HDT

在规定负荷和温升下,测量聚合物的抗形变能力。

注:变形温度是指在规定的弯曲压力下测试棒变形 0.25mm 时的温度。

3.14

限流电路　limited current circuit

作了适当的设计和保护的电路,在正常工作条件下和单一故障条件下,流出该电路的电流为非危险电流。

注:正常工作条件下和单一故障条件(见 GB 4943.1—2011,1.4.14)下的电流限值在 GB 4943.1—2011 中的 2.4 作出规定。

[GB 4943.1—2011,定义 1.2.8.9]

3.15

带电部件　live part

在正常运行中带电的导体或可导电部分,包括中性导体,但按惯例不包括 PEN 导体、PEM 导体或 PEL 导体。

注:本概念并不一定意味着有电击危险。

[IEC 60050-195:1998,定义 195-02-19]

3.16

最大允许工作压力　maximum allowable working pressure;MAWP

燃料电池或燃料电池发电系统可以运行的最大压力。

注 1:最大允许工作压力以 Pa 为单位。

注 2:最大允许工作压力是用来确定压力极限值/减压设备的压力设定值,安装泄压装置是为了在意外过度施压时保护组件或系统。

注 3:对于本标准,所有给出及使用的压力值均指表压,除非特别指明绝对压力。

3.17

最大运行压力　maximum operating pressure

由部件或系统制造商规定的最大压力,系统或部件被设计成在该压力下可以连续运行。

注 1:最大运行压力以 Pa 为单位。

注 2:包括所有正常运行、稳态和瞬变状态。

3.18

操作者接触区　operator access area

正常运行条件下的区域:

a) 无需使用工具即可接触;或

b) 接触方法慎重提供给操作者;或

c) 操作者被指示无论是否需要工具均可接触。

注:本标准中,术语"接触"和"可接触",除非特别说明,均与上述定义的操作者接触有关。

3.19

便携式燃料电池发电系统　portable fuel cell system(s)

不被永久紧固或其他形式固定在一个特定位置的燃料电池发电系统。

3.20

独立的便携式燃料电池发电系统　portable stand-alone fuel cell power system

不与输电干线相连接的便携式燃料电池发电系统。

3.21

加强绝缘　reinforced insulation

危险带电部件具有相当于双重绝缘的电击防护等级的绝缘。

注:加强绝缘可以由几个不能像基本绝缘或附加绝缘那样单独测试的绝缘层组成。

[IEC 60050-195:1998,定义 195-06-09]

3.22

二次电路　secondary circuit

不与一次电路直接连接,而是由位于设备内部的变压器、变换器或等效的隔离装置供电或由电池供电的一种电路。

注:互连电缆的导电零部件可以是二次电路的一部分,如 GB 4943.1—2011 中 1.2.11.6 所述。

[GB 4943.1—2011,定义 1.2.8.5]

3.23

安全特低电压　safety extra low voltage;SELV

导线之间以及导线与地之间不超过 42 V 的电压,其空载电压不超过 50 V。

注 1:当安全特低电压是从电网获得时,需要通过一个安全隔离变压器或一个带分离绕组的转换器,此时安全隔离变压器和转换器的绝缘符合双重绝缘或加强绝缘的要求。

注 2:指定的电压限值是假定该安全隔离变压器输入电压为额定电压。

注 3:安全特低电压缩写为 SELV。

注 4:改写 IEC 60335-1:2010,定义 3.4.2。

3.24

SELV(安全特低电压)电路　SELV (safety extra low voltage) circuit

作了适当的设计和保护的二次电路,使得在正常工作条件下和单一故障条件下,它的电压值均不会超过安全值。

注1:GB 4943.1—2011 中给定的 SELV 电压限值适用于商业、工业及电信设备。IEC 60335-1:2010 中给定的 SELV 电压限值适用于家用电器。

注2:GB 4943.1—2011 中的 2.2 给出了正常工作条件和单一故障条件(见 GB 4943.1—2011 的 1.4.14)下的电压限值。见 GB 4943.1—2011 中的表 1A。

注3:SELV 电路的定义与 IEC 61140 中定义的"SELV 系统"不同。

注4:改写 GB 4943.1—2011,定义 1.2.8.8。

3.25

维修人员　service personnel

经过培训,对系统构造和操作以及风险都非常熟悉和有经验的人员。

3.26

附加绝缘　supplementary insulation

除基本绝缘之外的单独绝缘,用以在基本绝缘失效时减少触电风险。

3.27

热稳定状态　thermal stability

稳定的温度条件,准稳态。间隔 15 min 读取两次温度,温度变化不超过 3 ℃或不超过绝对运行温度的 1%的任意状态,温度以读数较高的那次为准。

3.28

工具　tool

可以用来旋动螺钉、门闩或类似固定装置的螺丝刀、硬币、钥匙或任何其他物件。

3.29

接触电压　touch voltage

被人或动物同时接触的不同导电部分之间的电压。

注:有效接触电压值有可能明显受到人体或动物与这些导电部分电接触时的阻抗影响。

3.30

不间断电源系统　uninterruptible power system;UPS

由变流器、开关和储能装置(如蓄电池)组合构成的电源系统,如果输入电源失效,为负载提供持续电力供应。

3.31

湿式蓄电池　wet battery

所用电解质为可流动形态液体的蓄电池。

3.32

可携带式设备　transportable equipment

预定可由使用人员经常携带的可移动式设备。

注:示例包括膝上型或笔记本型个人计算机,手写输入计算机以及他们的便携式附件,如打印机和 CD-ROM 驱动器。

[GB 4943.1—2011,定义 1.2.3.3]

3.33

支撑式设备　hand-supported equipment

在实现其预定功能时,需使用者身体的任意部位提供物理支撑。

3.34

手持式设备　hand-held equipment

在正常使用时能实现便携和手持操作的设备。

[IEC 60050-151:2001,151-16-48]

3.35

强通风区域　highly ventilated area

提供最低流量为 140 m^3/h(14 m^3 的空间,每小时换气接近 10 次)的清洁、新鲜空气的区域。

注:可使用不同的通风率。见 4.14。

3.36

保护接地中性导体　PEN conductor

PEN　导体

兼有保护接地导体和中性导体功能的导体。

[IEC 60050-195:1998,定义 195-02-12]

3.37

保护接地中间导体　PEM conductor

PEM　导体

兼有保护接地导体和中间导体功能的导体。

[IEC 60050-195:1998,定义 195-02-13]

3.38

保护接地线导体　PEL conductor

PEL　导体

兼有保护接地导体和线导体功能的导体。

[IEC 60050-195:1998,定义 195-02-14]

4　设计和结构要求

4.1　物理环境和运行条件

4.1.1　一般要求

便携式燃料电池发电系统及其保护系统的设计和结构,应能在其预定的物理环境和运行条件下实现其预定功能。

4.1.2　电功率输入

燃料电池系统输入限值的设计应使其能在 GB 5226.1—2008 中 4.3 的条件或者由制造商规定的其他条件下正常运行。

4.1.3　装卸、运输和贮存

便携式燃料电池发电系统的设计,应能承受或应采取适当的预防措施防范运输和存储温度的影响。燃料电池系统或其每个部件应包装好或预先设计好,从而使其可以安全存储且不受损(如足够的稳定性、特殊的支撑物等)。

如需要,制造商应规定装卸、运输和贮存的特殊方法。

4.2 材料的相容性

4.2.1 材料相容性的一般要求

所有部件及材料均应适应便携式燃料电池发电系统预期使用时的温度和压力范围，还应能承受预期使用时面临的反应、过程、环境的和其他条件的作用。下列条款适用：

a) 应使用适当的泄压装置或方法保护各部分，防止过压引起的损害，依据4.11的安全和可靠性分析实施。应使用适当的泄压装置或方法防止系统或系统的某些部分承受超出系统或该部分的最大允许工作压力。

b) 直接接触液体燃料、湿气、冷凝物等物质的任何部件以及维修时需要调整或更换的、用以连接这些部件的紧固件，都应耐腐蚀并满足使用要求。

c) 用于制造外壳和载流部件单一外壳的铁质材料，应做好防腐处理。

d) 便携式燃料电池发电系统的结构件中不应使用石棉或含石棉的材料。

4.2.2 聚合物零部件和橡胶零部件

聚合物和橡胶管路、零部件，应符合以下条件：

a) 在制造商规定的产品寿命内，所用材料应能满足运行时的最高温度和最高压力的综合要求，并能与在正常使用、维护和维修将接触到的其他材料和化学品相容。ISO 4080中有相应的指导。

b) 外壳内的聚合物零部件或橡胶零部件应防止被机械损伤。可根据情况采用隔离措施，防止便携式燃料电池发电系统内部旋转设备或其他机械装置失效。

c) 任何封闭空间内用以输送易燃气体的聚合物或橡胶部件，都应防止可能发生的过热。在温度达到比燃料传输部件材料的最低热变形温度(HDT)还低10 ℃之前，控制系统应能切断燃料供应。

d) 若通过测试证明，测试电压达到1 000 V，末端电阻小于1 MΩ，则可用非金属管材。测量条件：在两个金属配件之间测量，并且管路至少一个末端与金属配件连接，金属配件与设备框架导电连接，其他相关金属部件连接在一起，从而保证不会通过空气放电(参见将来的IEC/TR 60079-32)。半导体管壁与其他金属部件之间的空气间隙应不小于1 cm。按7.29电导率试验检测是否符合要求。

另外，可通过7.30静电累积试验来检测正常和非正常操作条件下(包括再次加注燃料)，管材材料上不会因为流体流过管材而产生引燃的静电荷。

e) 应使用适当的泄压装置或方法保护聚合物零部件和橡胶零部件，防止过压引起的损害，如依据4.11所做的安全和可靠性分析实施。

4.2.3 燃料连接装置

燃料连接装置应能防止应力腐蚀破裂。

注：ISO 15156-1中有相应的指导。

4.3 机械危险的防护

应采取适当保护措施，防止人体意外触及运动部件。在正常使用、调整或维修时人体可能触及的所有部件均不应带尖角或锐边。

便携式燃料电池发电系统应能承受正常可预见的外部碰撞，正常运行和操作情况下不易倾倒。符合7.16、7.17和7.18规定的型式试验要求。

4.4 燃料和燃料原料毒性的防护

由于燃料的易燃、腐蚀性、误服、吸入或被皮肤吸收可能会对人体造成伤害，在设计便携式燃料电池发电系统及加注燃料时应采取预防措施，以防止燃料溢出、避免人员与燃料产生不必要的接触。

在产品附带的使用、储存说明书中，应当详细说明燃料使用中可能造成的危险，以及处置燃料时应采取的防范措施，包括连续使用时的最大耐受暴露水平、燃料溢出或人体被污染时的处理方法。

4.5 爆炸危险的防护

4.5.1 爆炸危险防护的一般要求

应通过设计和构建，使便携式燃料电池发电系统发生燃烧或爆炸的危险降到最低。这些危险可能是源于便携式燃料电池发电系统本身，也可能是源于气体、液体、粉尘、蒸汽或便携式燃料电池发电系统产生或使用的其他物质。

4.5.2 便携式燃料电池发电系统内易燃气体环境

在便携式燃料电池发电系统内，含有可燃气体源或蒸汽源的舱室，应进行分类并确定区域的危险程度。稀释界限应低于 LFL 的 25%。其检测方法可用计算流体动力学分析、示踪气体，以及 IEC 60079-10或 IEC 60079-2 等标准中给出的类似方法。

在被列为危险的区域内，制造商应采取如下措施确保排除火源：

——安装的电气设备符合区域分类；

——易燃气体或蒸汽的表面温度(以摄氏度表示)不超过自燃温度的 80%。请参见 IEC 60079-20-1 关于各种易燃液体自燃温度的指导；

——适当的搭接和接地以消除潜在的静电放电；

——若设备中含有材料能够对易燃液体与空气反应起催化作用，应具备抑制反应从设备向周围易燃气体的扩散。

4.5.3 正常运行

在正常工作的条件下，系统外壳内的燃料蒸汽浓度应小于低可燃极限(LFL)的 25%。机械通风应符合安全限值或维持 LFL 限值，通风系统故障时，便携式燃料电池发电系统应能通过可控方式安全关闭。按 7.4 的要求检验是否符合要求。

4.5.4 非正常运行

如发生可燃气体内部泄漏，便携式燃料电池发电系统内的安全装置应在通风出口的浓度达到 LFL 的 25%之前关闭系统。

4.5.5 吹扫

出于安全的考虑，制造商应说明便携式燃料电池发电系统关机之后或启动之前应处于钝态，并提供吹扫便携式燃料电池发电系统的方法。一个适当的吹扫系统，使用制造商指定的介质，以符合本规定的意图。此介质不限于氮气，也可为在正常用途范围内非危险情况下的空气或蒸汽。

注：如有比吹扫更好的方法也能确保安全，可不用吹扫。

4.5.6 静电放电

对可能积聚易燃性气体的地方应进行防静电放电保护，可通过选择非金属管的材料、接地以及搭接隔离的金属部件进行搭接来实现。应使用静电测试仪确认在设备运行过程中或再次加注燃料时不会形成能产生火花的电荷(见7.29非金属管材电导率测试和7.30非金属管材静电积累试验)。

运输流体(如氢气)的非金属管材会在其内外表面积累静电荷,并且部分电荷可转移至管材两端连接的金属配件上。管材外表面或配件的放电有可能足以点燃周围环境中的易燃性气体或蒸汽混合物。通过选用电阻小于1 MΩ(测试电压达到1 000 V,测量与管材两端连接的金属配件,见将来的IEC/TR 60079-32)的管材材料可减轻电荷积累现象。另一种方法是,将气流速率限定在特定值之内,使静电荷不会在这种特定的材料上产生积累。非金属管材金属编织包层或内导线可减少电荷积累,但是若这些导体与其相搭接的导体断开连接时,也可能增加静电放电的可能性。有绝缘活接头的金属软管是聚合物管材的有效替代品。

4.6 电击防护

4.6.1 防电击保护的一般要求

除非由于功能原因的特别许可,在通常情况下,便携式燃料电池发电系统上易触及的导电部件(以下称"导电部分")不应存在带电危险;在任何可预见的的单一故障发生时,这些导电部分也不能变成危险的带电部件(以下称"带电部件")。为防止意外接触带电部件,应对便携式燃料电池发电系统采用合适的结构和外壳。

应提供防止人员触电的保护措施,避免:

a) 直接接触;

b) 间接接触。

4.6.2 与带电部件直接接触的防护

4.6.2.1 与带电部件直接接触的防护的一般要求及可替代方法

对于电气设备每个电路或部件,均应采取加装外壳或带电部件绝缘等保护措施。若这些措施不适用,可以采取替代保护措施,如屏障,置于可触及范围之外,以及使用障碍物(见IEC 60364-4-41)。

4.6.2.2 外壳防护

只有满足下述条件之一时才可打开外壳(如打开门、盖、罩或类似部件):

a) 使用钥匙或工具;

b) 在打开外壳之前断开机箱内的带电部件,即将门连锁;

c) 当所有防直接接触的带电部件均处于至少IP2X或IPXXB防护之下时,打开外壳时方可不要求a)或b)所述的保护措施(见IEC 60529)。

4.6.2.3 带电部件的绝缘防护

应不可触及带电部件或使用IEC 61032中的测试探针B对只通过漆、瓷釉、普通纸、棉花、氧化膜、珠子、或除自硬树脂以外的密封化合物进行防护的带电部件进行测试。

带电部件的绝缘保护,应采用只能通过破坏才能拆除的完全覆盖的绝缘材料。这种绝缘材料应能承受正常使用条件下的机械、化学、电和热的应力。裸露和带电部件的支撑,以及用于获取所需间距(4.7.10所规定的)的屏障,应采用能经受使用过程中有可能出现的最严酷条件的耐热、防潮绝缘材料,如酚类、瓷、冷成型化合物,这些绝缘材料应按7.13规定的测试检验是否符合要求。

4.6.3 与带电部件间接接触的防护

4.6.3.1 与带电部件间接接触的防护的一般要求及可替代方法

间接接触保护的目的在于防止带电部件与裸露的导电部件间出现绝缘失效时发生危险。间接接触保护应通过防止产生危险接触电压的措施，或在触及危险的接触电压之前自动断开供电的方式实现。

4.6.3.2 防止出现危险接触电压的措施

防止出现危险接触电压的措施，包括使用II类设备或采用等效绝缘（见 IEC 61140）、电隔离（见 IEC 60364-4-41）和在外加供电系统设计中使该系统的中性点或对地绝缘，或对地有非常高的阻抗，以保证发生接地故障时不会产生危险的接触电压。

4.6.3.3 自动断开供电

自动断开所有与绝缘失效相关电路的供电，以防止接触电压产生的危险（见 IEC 60364-4-41）。

4.6.4 SELV 防护

安全特低电压（SELV），可用于保护人员避免因直接接触或间接接触而受电击。所有等于或低于 SELV 值的可触及部件均被认为无电击危险。

若可触及部件电压在 SELV 值被供电，则该部分被认为不带电，且需满足以下条件：

a) 交流电压峰值不超过 42.4 V；
b) 直流电压不超过 60 V；
c) 该部件与带电部件通过保护阻抗隔离开来。若使用保护阻抗，则该部件和电源之间的直流电流不得超过 2 mA，或交流峰值不得超过 0.7 mA，如 IEC 60335-1:2010 中 8.1.4 和 GB/T 12113—2003中图 4 所述。

4.7 电气零部件和设备的选择

4.7.1 区域划分和适用性

基于 IEC 60079-10 的规定，电气部件和设备应在其划分的区域内使用（见 4.5.2）。

4.7.2 转矩

在正常运作或维修状态下，如开关等承受转矩的电气部件应被安全固定，避免除了表面摩擦力造成转动，转动可能导致 4.7.10 或 4.7.11 所规定的间距减少或违反本标准的其他要求。锁紧垫圈应被视为不适合于运行需要转矩的设备。

4.7.3 熔断器

如通过熔断器保护的电路延伸到便携式燃料电池发电系统的壳体之外，应采用必须用工具才能更换的熔断器（例如焊接型）。如没有电路延伸到壳体之外，就可用易更换型熔断器。对在外部可触及的熔断器，应采用完全防触摸的熔断器固定器具加以固定。

4.7.4 电容器放电

若操作者接触区内的电容器中储存的电荷是可触及的，并且操作者的安全可以通过门或盖的连锁或通过断开连接器（或插栓配件）得以保证，则按以下式（1）确定的储存能量经过连锁操作或断开连接器后，应放电至交流不超过峰值 42.4 V 或直流在 1 s 内不得超过 20 J 的安全水平。

$$J = 5 \times 10^{-7} CV^2 \qquad \cdots\cdots (1)$$

式中：

J——能量，单位为焦耳(J)；

C——电容，单位为微法拉(μF)；

V——电压，单位为伏特(V)。

4.7.5 部件保护

螺丝、螺母、垫圈、弹簧或类似部件应安全可靠，能承受正常使用中产生的机械应力。若松动会造成危险，或若间隙距离和爬电距离超过附加绝缘或加强绝缘，将会低于4.7.10的规定值。

外露带电部件(包括导线)应固定在其基座或安装板上，防止因转动或移动导致低于4.7.10所规定的间距要求。表面摩擦力不可作为防止带电部件转动的可行方法，但合理使用合适的锁紧垫圈是可行的。

应通过目测、测量和手动测试进行检验是否符合要求。

以上评估检验均假设：

——两个独立的固定件将不会在同一时间松动；

——由螺丝或螺母通过自锁垫圈或其他锁定方式固定的部件不会松动。

4.7.6 载流部件

载流部件应在维修时具有足够的机械强度和载流能力，并应是有色金属或不锈钢。但是SELV电路中的载流部件除外，其所用材料没有规定。

应确保接触器各触点稳定可靠地接触。

插头和插孔连接器的错误匹配、多芯插头插入非对应插孔连接器而非其对应接收器，以及其他不使用工具就可触及部件的操作，不应导致危险情况。

4.7.7 内部布线

设备外壳内应为电线和电缆布线提供充足的空间，以便对设备恰当地布线，防止过热和绝缘损坏。应对电线接头和设备部件之间的电线进行保护或封装。线缆通道应光滑且不得有会导致导线绝缘磨损的突起物、毛刺和锐边。

印刷电路以外的布线应由一种或多种适合特定应用的电线构成，且应考虑以下相关方面：

a) 导线大小(小于1.5 mm^{2}的电线应考虑到振动、冲击以及搬运影响)；

b) 电线可承受的温度和电压；

c) 暴露于油、油脂或其他可对绝缘造成有害影响的物质；

d) 暴露于潮湿环境；

e) 电线可能承受的其他维修条件的影响。

所有线路接头应具备与导线本身相当的绝缘，除非它们可以安全、稳固地固定，能维持4.7.10所规定的间距。

单个或成束的电线和绝缘导线、或者电缆，通过金属器壁开口位置时，应用合适的套管或完全环绕的承载表面进行有效保护，使电线和导体不受损伤。

绿色/黄色组合的导线应仅用于接地或搭接连接。

若维修控制装置需要切断电路连接，应在不破坏任何焊接接头和不破坏或剪断任何电线的前提下，断开和重新连接电路。

4.7.8 电线连接的便携式燃料电池发电系统

用于经电线连接在输入端的便携式燃料电池发电系统，应提供适当长度的电线并配有一个额外的导体，使非载流的导电部件接地。该电线的载流量应大于或等于标定输入(以安培计)，并应标明耐用型，耐潮型，按本标准其他条款的要求除外。

电源线的终端应有一个符合 IEC 60884-1 要求的合适插头，并符合：

——额定电压符合便携式燃料电池发电系统上的标注电压；

——额定电流不低于标注输入电流的 125%。

4.7.9 应变消除

应提供应变消除，从而使电源线应力(按 7.26 规定的试验测试)或电源线扭转不会传输到便携式燃料电池发电系统内部的连接件。若便携式燃料电池发电系统提供电源线，或计划通过导线连接固定布线，则应当有电线锚位。该电线锚位应使连接器避免终端的应力(包括扭转)，并避免导体的绝缘磨损。电线锚位至少有一部份应牢固固定在便携式燃料电池发电系统上，除非它是特别准备的电线的一部分。

当电源线通过墙壁、屏障或整体外壳的孔洞时，应当有固定的套管或者等效的物件，并有光滑的承载表面完全环绕，使电线不受损伤。

若可能出现以下情况，则导线不可穿入电源线输入孔：

a) 导致电源线机械损伤；

b) 电线将处于高于经认证的电线温度环境；

c) 间距(如从裸露带电部件到金属应变消除夹)减少到低于 4.7.10 规定的数值。

4.7.10 爬电及间隙

便携式燃料电池发电系统的构造，应使间隙、爬电距离和固体绝缘体足以承受该便携式燃料电池发电系统的电应力。见 IEC 60664-1 关于确定合适的爬电距离和间隙距离的规定。

豁免：同一电池的阳极和阴极不受这些间隙和爬电的要求。

在 IEC 60079-10 所规定的爆炸性气体环境下，不同电势下的导电部件之间的间隙、爬电距离和分离也应符合 IEC 60079-15。

4.7.11 电路分离

在不同电压运行下的绝缘导线(内部布线，包括在接线盒或箱室内的电线)至少应符合以下条件之一：

a) 通过内部屏障隔离；

b) 导线之间彼此隔离；

c) 通过接地屏蔽隔离；

d) 所有导线对最高电压绝缘；

e) 导线(或该电压导线组)对最高电压的两倍电压绝缘。

绝缘导线应通过内部屏障隔离，或与电压高于其绝缘电压的外露带电部件隔离开来。

绝缘导线隔离或分离，可通过夹紧、路径选择或等同手段实现，确保其永久分离。

若通过内部屏障实现不同电路电线之间的隔离，屏障应有足够的机械强度并确保位置固定。屏障应牢固地固定于原位并具有足够的稳定性和耐久性，确保在正常工作条件下与带电部件适当的隔离，需考虑相关的外部影响(见 IEC 61439-1)。

绝缘材料的屏障厚度不得小于 0.70 mm，若该屏障是电子级纸板且位于导体和不同电路的外露带电部件之间，应符合 4.6.2.3 的要求。

4.7.12 插座防护

输出插座应由额定过流装置或设定不高于该插座额定电流保护，除非：

a) 在任何载荷条件下,该电路不会提供超出插座的额定电流;或

b) 具有单一故障情况下不会失效的电子保护。

4.7.13 接地和搭接

4.7.13.1 接地和搭接的一般要求

若适用,接地端之间或接地连接和接地金属部件之间的连接,应具有较低的电阻。按 7.14 规定检验是否符合要求。

4.7.13.2 独立便携式燃料电池发电系统

不应要求便携式燃料电池发电系统的框架接地,并应允许在以下情况下作为接地电极:

a) 发电机设备只安装在便携式燃料电池发电系统上,或电线和插头连接的设备通过插座安装在便携式燃料电池发电系统上,或两者同时存在;

b) 设备的非载流金属部件和设备的插头接地导线终端搭接在便携式燃料电池发电系统的框架上。

4.7.13.3 不间断电源系统(UPS)

不间断电源系统(UPS),应满足 IEC 62040-1 和 IEC 62040-2 中关于接地的规定。

I 类设备的可触及导电部件,由于可能承受单一绝缘失效时的危险电压,应可靠地连接到设备内的保护接地终端。

4.8 着火危险的防护

4.8.1 着火危险防护的一般意图和目的

本条所提出的要求,旨在通过正确地选用材料和零部件以及适当的结构设计,减少便携式燃料电池发电系统内外发生着火及火焰蔓延的危险。

4.8.2 可燃性

便携式燃料电池发电系统外壳内的部件构造和材料,其结构或材料应使着火和火势蔓延降至最低。材料选择可根据 IEC 60695-11-10 或 IEC 60695-11-20 进行检测,符合 FV0、FV1 或者 FV2。

豁免:

——单一便携式燃料电池发电系统或电堆中的质量小于系统总质量 10%的隔膜或其他材料,数量有限,没有可燃性等级;

——若电池堆的总质量少于 200 g,电池堆材料数量有限,允许没有可燃性等级。

零部件应有故障情况下的过热保护。若故障情况下零部件未能过热保护,该部件应安装在可燃性等级为 V-1 或者更高等级的材料上。此外,这些部件应该跟可燃性等级低于 V-1 的材料至少有 13 mm 的空隙,或由可燃性等级为 V-1 的材料做固体屏障。

支撑载流联结点的绝缘材料部件,和与这些联结点距离为 3 mm 之内的绝缘材料部件,应承受 IEC 60695-2-11的灼热丝试验。然而,根据 IEC 60695-2-13,属于灼热丝燃点至少为以下温度的材料部件不进行灼热丝试验:

a) 775 ℃,在正常运行中负载电流超过 0.2A 的联结点;

b) 675 ℃其他联接点,若测试样品厚度不超过相关的部件。

当进行 IEC 60695-2-11 灼热丝测试时,温度为:

a) 750 ℃,在正常运行中负载电流超过 0.2A 的联结点;

b) 650 ℃,其他的联结点。

能经受住 IEC 60695-2-11 中的灼热丝试验,但是在试验中产生了持续时间超过 2 s 火焰的部件,需进行以下试验:

联结点之上的部件置于直径 20 mm、高 50 mm 的立式汽缸包层中进行 IEC 60695-11-5 针焰试验。但若满足 IEC 60695-11-5 针焰试验要求的部件被屏蔽,无需试验。根据 IEC 60695-11-10,材料为 V-0 或 V-1 类别的材料构件,测试样品厚度不超过相关构件,无需执行针焰试验。

4.8.3 设备中的开口

应采取措施尽量减少小金属物件(比如回形针或钉书针)进入设备内,导致按照 4.6.4 没有电压限制的裸露导电部件的桥接可能性,从而降低着火风险。

可采用的措施包括:

a) 开口不管长度多少,宽度不超过 1 mm;

b) 提供正常网线之间不超过 2 mm 交织网屏,或线径不低于 0.45 mm 的网屏;

c) 提供内部的隔离物。

另外,当电路的有效功率大于 15 W,隔离物或外壳的金属部分距离其 13 mm 以内,应符合下面的要求之一:

a) 尽管有效功率符合 4.6.4 的限值,仍应采取上述措施限制外部金属物品进入;

b) 裸露的导电部件和外壳之间应有隔离物;

c) 应在裸露的导电部件与距离最近的隔离物或外壳的金属部件之间(间隔 13 mm 之内)沿直接通路进行模拟桥接的故障试验。

注:镀金属塑料隔离物或外壳包括由导电复合材料、电镀、真空-沉积、涂覆或铝箔衬制成。通过目测和测量,以及试验(若适用)来检查其是否合格。若进行模拟故障试验,金属隔离物或外壳应不发生着火。

在便携式燃料电池发电系统外壳的垂直面上的开口不得允许会造成人员伤害或者设备故障的物件进入,这类物件的进入将会造成能量的波动或释放,从而达到或者超过危险能量水平。

在外壳底部具有开口的便携式燃料电池发电系统应符合 GB 4943.1—2011 中 4.6.2 的适用要求。

4.9 过热危险的防护

4.9.1 过热危险防护的一般要求

在高温下工作的零部件应与其邻近零部件有效地分隔或分开,以免这些相邻材料和零部件过热。

4.9.2 表面温度

便携式燃料电池发电系统运行时,人们在正常操作及例行保养时可能触及的任何表面的最高温度应不超过 IEC 60335-1:2010 第 11 章规定的限值。

按 7.5 所规定条件检查下不同部件的温度上升是否符合要求。

4.9.3 零部件温度

任何组件的最高温度不应超过 IEC 60335-1:2010 第 11 章中给出的限值。

按 7.6 规定条件检查不同部分的温度上升。

4.9.4 墙、地板和天花板温度

在 7.7 测试条件下,便携式燃料电池发电系统周边邻近的墙、地板和天花板的温度不应比环境温度高 50 ℃以上。

4.10 电磁骚扰的防护

便携式燃料电池发电系统应有足够的抗电磁骚扰水平，从而能在预设的环境中正常运行。另外，在预设的使用场所中，设备不应产生高于合适水平的电磁骚扰。

在住宅、商业和轻工业环境中，便携式燃料电池发电系统应满足 IEC 61000-6-1 以及 IEC 61000-6-3 的规定。若将便携式燃料电池发电系统用于其他工业环境中，应参照以下标准的相关部分：IEC 61000-6-2、IEC 61000-6-4、IEC 61000-3-2 和 IEC 61000-3-3。

4.11 危险和风险评估

4.11.1 危险和风险评估的一般要求和方法

制造商应保证：

a) 已识别便携式燃料电池发电系统的整个预期寿命中所有可预期的危险、危险境遇及关联的事件；

b) 已根据 IEC 61882、IEC 61511-3 或等效的方法，就每种危险的发生概率及其可预见的严重程度进行了评估；

c) 通过优化设计（特有的安全设计和结构）排除或尽可能减少了每次风险评估的两个决定性因素（概率和严重程度）；

d) 对未消除的风险采取了必要保护措施（提出警告及提供安全装置）；

e) 告知用户他们需要采取的全部附加安全措施。

4.11.2 安全及可靠性分析

制造商应证明：已对便携式燃料电池发电系统的性能和/或安全有重要影响的无法消除的故障风险进行了安全及可靠性分析，采取了必要的防护措施。

安全和可靠性分析应根据 IEC 60812、IEC 61025 或等效的标准进行。

4.12 安全控制电路

设计、安装适当的电气和电子的自动控制装置，应符合 IEC 60730-1、IEC 61508-1 或 IEC 61511-1 的安全性和可靠性要求。

手动控制器应设置明显标志，并设计成可预防无意中调节和误动作。

保护装置，如继电器、开关和变压器符合相关产品标准，该产品可不做故障分析，例如自动电子燃烧器控制系统应符合 IEC 60730-2-5。催化氧化反应应符合 IEC 60730-2-5。

当一个单独功能部件电气故障时，安全控制电路的设计应能：

a) 控制中断预定功能；或

b) 允许完成一个运行周期，但不能再启动或不能进到下一个运行周期。

4.13 缺氧保护

用于室内的便携式燃料电池发电系统应按照 7.21 进行缺氧试验。

用于户外的便携式燃料电池发电系统不要求进行 7.21 的试验。

氧气消耗率为 0.21 m^3/h 或更小的便携式燃料电池发电系统不需要安装氧气探测器，并且不受 7.21的限制。

上述速率是基于 14 m^3 的室内，换气率为每小时室内空间容量的一半。

对于未配备氧气探测器的室内便携式燃料电池发电系统，应标明以下警告或与之等效的警告：

警告:本装置的运行需要消耗氧气,会导致气密构造或通风不良区域缺氧。为防止窒息,在室内不得同时运行一台以上的系统,并保证室内每小时至少换 7 m^3 新鲜空气。

4.14 废弃物的排放

由于有毒物质的危害,需要限制废弃物的排放量以提供保护。通风可以起到稀释废弃物的作用,给出的限值是基于一个小房间(14 m^3),每小时空气交换量为房间容量的一半。制造商也可以选择指定在强通风区域使用便携式燃料电池发电系统,此时二氧化碳的限值更高。7.22.3 和表 1 提供了新鲜空气通风率 140 m^3/h 下的限值。低于 140 m^3/h 的通风率可由制造商指定。若使用不同的通风率,则应通过计算确定所允许的二氧化碳比率限值,并且用户手册、标志和警告应与所用的通风率保持一致。

用于室内的便携式燃料电池发电系统-未标明"仅供户外使用",应符合 7.22.3 及 7.22.2。二氧化碳的排放量也可以通过 7.23 来评估。

仅用于强通风区域的便携式燃料电池发电系统-标明"仅供强通风区域使用-要求新鲜空气流通量至少为 140 m^3/h。见使用说明书",二氧化碳排放速率限值可使用 1 130 g/h。

将用于户外,并标明"仅供户外使用"的便携式燃料电池发电系统应符合 7.22.2,排放处的废弃物排放。对于将用于户外并标明"仅供户外使用"的便携式燃料电池发电系统没有其他排放试验要求。

4.15 燃料供应

如需要,应提供灌充燃料时允许的接地方法。非标准燃料罐上的补给端口与标准燃料罐的接续器必须是不相配的。

使用金属氢化物进行储氢的燃料储存系统应符合 ISO 16111 的规定。

在便携式燃料电池发电系统内部如有机载的或可更换并可再充装的容器组合(加压或不加压),这些燃料罐应符合国家相关规定。

便携式燃料电池发电系统上的燃料容器在使用或存放时应有防止其移动的防护措施。横向移动幅度不应引起危险,合格检查见 7.27。任何完整的压缩气体燃料容器应包括一个连接固定装置,在气密封完成前不允许气体流动。连接燃料供应和系统的燃料连接装置应与其用途相适应。

4.16 燃料处理系统

燃料处理系统和燃料处理部件在正常使用条件下,应能承受由于预期的冲击、振动和温度产生的应力。参见附录 B。

注:ISO 16110-1 规定了使用燃料处理器的固定式氢发电机的要求。该标准的某些方面在引导设计便携式燃料处理系统时很有用。

4.17 外壳

4.17.1 所有外壳的一般要求

电气设备外壳的制造和装配应保证它们具有必要的强度和刚度,避免构件的局部塌陷、间距缩小、结构松动、零部件移动或其他严重缺陷等情况下,防止增大着火和意外事故的危险。

在正常应用可能暴露于湿气、灰尘或其他有害物质中的设备,其外壳部件防护等级(IP)应符合 IEC 60529的规定。

由于故障或其他原因,运动机件上有的零件可能松动或被甩出,因此外壳应足以容纳这些零件并能防止它们被甩出。

4.17.2 户外用外壳的要求

户外使用的外壳应符合 IEC 60529 中的 IP 等级规定。在风速达到 16 km/h 时,包含燃料处理系统的户外用便携式燃料电池发电系统不应发生危险或不安全状态。应根据 IEC 60529 及 7.24 风力试验的规定进行检验其是否符合要求。

4.18 蓄电池供电

4.18.1 蓄电池的一般要求

蓄电池应可靠安装和固定,以防止由于蓄电池移动导致相邻蓄电池的端子之间、或端子与邻近金属零件之间发生接触。

若在便携式燃料电池发电系统的交流输入电路和蓄电池电路之间没有采用变压器隔离,则应对蓄电池端子采取防护措施,以减少人体与蓄电池端子无意接触的可能性。

需要加水的蓄电池应有确定液面高度的方法。根据 GB 4943.1—2011 的 4.3.8,蓄电池应有防过充、反充和快速放电的保护。

一次锂电池应符合 IEC 60086-4 的规定。二次锂电池应符合 IEC 62133 的规定。

4.18.2 蓄电池箱

蓄电池箱应满足应用并能防止可能的泄漏。

湿式蓄电池的聚合物外壳或隔舱(如铅酸蓄电池)应耐酸腐蚀或耐碱腐蚀。

湿式蓄电池的聚合物外壳或隔舱(如铅酸蓄电池),当电解液从其中一个蓄电池容器中溢出或泄漏时仍能留在外壳里,从而防止:

a) 到达便携式燃料电池发电系统外表面,可能与使用者接触;

b) 污染了邻近的电气部件或材料;

c) 搭接了所需的电气间距。

蓄电池的金属外壳或容器,例如一个碱性蓄电池,应该绝缘或彼此保持一定的间距,防止接触到便携式燃料电池发电系统非绝缘的带电部件,导致短路。

一些蓄电池的金属外壳或容器与电池电极连接可导电,应对这类蓄电池组绝缘或使其彼此间隔,或物理摆放,防止蓄电池在装入便携式燃料电池发电系统后部分或全部短路。

4.18.3 开口式湿式蓄电池

在满足以下所有条件的前提下,开口式湿式蓄电池可认为是便携式燃料电池发电系统整体的一部分:

a) 蓄电池组的外壳或隔舱是通风的;

b) 接触开关、断路器和继电器等电弧部件不在蓄电池隔舱内;

c) 蓄电池隔舱与包含电弧部件的隔舱不相通;

d) 便携式燃料电池发电系统的朝向或位置可能发生危险,应标示并说明。

注:4.18.3 的要求不适用于密封电池或阀控电池。

4.18.4 蓄电池隔舱的通风

若湿式蓄电池的通风口包在外壳或隔舱内,最小的通风等级应符合附录 A 的要求。

4.19 压力容器和管路

4.19.1 压力容器和管路的一般要求

高压下承载或输送流体的刚性与柔性管路和配件都应按 ISO 16528 中的要求进行设计、安装和试验。

使用金属氢化物进行储氢的燃料储存系统应符合 ISO 16111 的规定。

内部压力超过 100 kPa 的管路系统的设计、安装和测试应符合 ISO 15649 规定。

工作压力在 100 kPa 以下的管路,或者依照不同地区或者国家规范与标准设计的但不属于压力管道的情况(如低压水管、塑料管或者其他与大气、低压储罐及类似容器的连接器),应采用合适的材料制造,设计和安装应满足强度的要求并避免泄露。

和氢气直接接触的材料(管道、配件、接头或容器),参见 ISO 16110-1:2007 的附录 B,给出了防止不相容性问题信息。

4.19.2 管路系统

所有管路用材料、螺纹部件及其密封填料,不应由于系统各部分的相互影响而降低功效。当在气路管线中使用接头时,应考虑合适的结构。如需使用填料,填料应能耐受各种相关气体的作用。

对输送液体燃料的管路,在燃料控制器的上游应安装一个过滤器。

应特别考虑以下几个方面:

a) 由于不能容许的自由运动或过度的挤压和张紧,会在法兰、连接管线、鼓风机或软管等承压部件上产生过应力,可采用支撑、锚定、位置调整及预拉紧等方法来消除;

b) 破裂事件(突发动作、高压喷射等);

c) 外壳内部的气流冷凝物在启动和/或使用时会引起水击作用、真空塌陷、腐蚀及不受控的化学反应等损害。为此,应预留检查、清洗和维护的通道,应采取排水和从低处取出沉积物的措施;

d) 对载有易燃易爆或有毒流体的管路系统,设计上要采取适当的预防措施,应在采样点和取出点做出标记;

e) 易燃、易爆和有毒流体的管路应与其用途相适应。

4.20 软管

用于液态燃料的软管应与其用途相适应。相容性包括软管材料的抗腐蚀性和使用时物理属性无故障。

用于液态燃料的软管,在便携式燃料电池发电系统正常、非正常、紧急情况、故障运行和停车条件下,都应能在最大允许工作压力和最大允许工作温度下使用。

4.21 自动截流阀

向便携式燃料电池发电系统供给易燃气体,至少应通过两个串接的自动阀,分别作为操作阀和安全截流阀。另外:

a) 电控安全截流阀应为电流故障控制型;

b) 安全截流阀的关断时间应不超过 1 s;

c) 自动阀应符合 IEC 60730-2-17 的规定。

4.22 调节器

气体压力调节器应配备一个通风限制装置或通风管线。

4.23 过程控制装置

过程控制和监测装置(如传感器、指示器及变送器)应符合 IEC 60079 系列标准相关部分的规定,例如 IEC 60079-29-1 以及 IEC 60730 系列标准相关部分的规定,例如 IEC 60730-1 或国家认可的其他相关标准。

4.24 过滤器

4.24.1 空气过滤器

空气过滤器的类型应符合应用要求，并应便于检查和更换。空气通过过滤器的速度应不大于其制造商推荐的空气流速。

4.24.2 液态燃料过滤器

制造商应将液态燃料过滤器设计为一个压力部件，适用于相邻燃料系统的最高工作压力。

液态燃料过滤器和其过滤器媒介应和所使用的燃料相容。

4.25 电动机

便携式燃料电池发电系统所用电动机应按连续工作制设计，应带有过载保护，并符合 IEC 60034 系列标准相应条款的规定。

4.26 燃料泵

燃料泵的设计应满足规定燃料和正常运行条件下可能承受的压力和温度的要求。燃料泵应包括：

a) 卸压装置，可限制进口和出口管道压力低于设计的管道压力。若关闭端低于管道的压力等级，不需要安全阀。安全阀排放物应排放到燃料槽回收利用或排放到一个安全的地方；
b) 在排放高压下自动关闭；
c) 严格防止进出管路由于振动而导致损坏；
d) 在正常和非正常运行以及正常和紧急关闭的情况下，轴上的密封件与所输送的流体、预期的温度和压力相适应；
e) 确保电动机、轴承和密封可以满足预期的占空比。

5 说明书

5.1 运行和维护手册

运行及维护手册形式的说明书，应随便携式燃料电池发电系统一起提供给用户。与产品安全有关的使用说明应是印刷形式。该手册的说明应详尽、明确、清晰、完整，至少应包括：

a) 应说明便携式燃料电池发电系统周围环境必须保持清洁，不允许存在汽油或其他可燃性气体或液体。
b) 应说明在需要空气助燃或通风冷却的地方，不允许堵塞或阻碍便携式燃料电池发电系统的空气进出口，在便携式燃料电池发电系统的周围应留有必要的安全距离和空气排放空间。
c) 仅用于强通风区域的便携式燃料电池发电系统—标明“仅供强通风区域使用—要求新鲜空气流通量至少为 140 m^3/h。见使用说明书”，应包括如何实现最低通风的说明和表明通风不足危害的警告。低于 140 m^3/h 的通风率可以由制造商来指定。若使用不同的通风率，则应通过计算确定所允许的二氧化碳比率限值，并且说明、标志和警告应与所用的通风率保持一致。应为用户提供指导和警告，以便用户判定是否提供了所需的通风。该指导能指明在敞开的棚屋、大房间或在有两面对开窗户的室内运行可以提供这样的通风条件。或者，也可通过机械通风提供已知量的新鲜空气。
d) 应说明便携式燃料电池发电系统电气连接(接地，若适用)、起动和关机的操作程序与注意事项，应以图解的形式标明用户界面上的所有零部件的位置关系并加以说明。

e) 应该声明:“若便携式燃料电池发电系统的任何零部件遭受水浸,不可使用本系统。遇到这种情况,应与便携式燃料电池发电系统的制造商或其代理商取得联系,以便检查受浸的便携式燃料电池发电系统,更换所有功能受到影响的零部件”。

f) 详细说明过滤器的清洗或更换频次、过滤器的外形尺寸和替代品的型号。这些说明应包括过滤器的拆卸与更换指导,也可用图解的方法说明有关的各元器件的图形和位置关系。

g) 对必须定期清洗的零部件说明清洗的推荐方法。

h) 当采用了抑制冷凝物形成的手段时,如有必要,应提供对抑制冷凝物手段的说明和维修指导。

i) 说明运动部件的润滑,包括润滑油的种类、等级及用量。

j) 说明对便携式燃料电池发电系统进行检查,以确定:

 1) 各引入口和排放出口清洁、无障碍物;

 2) 便携式燃料电池发电系统没有明显退化的迹象。

k) 可替换部件的清单以及可获得这些部件的来源。

l) 如有必要,说明由用户或专业人员进行必要的及定期检验的最低频次。

m) 系统定向或定位可能发生的危险,应给出说明并在便携式燃料电池发电系统上标记。

n) 提供便携式燃料电池发电系统内所有危险化学品的资料,并对危险部位加以说明,说明一旦使用者或维修人员受污染的补救措施。

o) 列举便携式燃料电池发电系统定期和例行的保养项目。

p) 制造商或经销商的名称、地址和电话号码。

q) 对预期只适用于室内的便携式燃料电池发电系统的声明:“警告:仅供室内使用”。

r) 对预期只适用于户外的便携式燃料电池发电系统的声明:“警告:仅供户外使用,预防窒息或一氧化碳中毒。请勿在室内使用”。

s) 对于强通风区域所使用的便携式燃料电池发电系统的使用声明:“仅供强通风区域使用—要求新鲜空气流通量至少为 140 m^3/h。见使用说明书”。

 低于 140 m^3/h 的通风率可由制造商指定。若使用不同的通风率,则应通过计算确定所允许的二氧化碳比率限值,并且说明、标志和警告应与所用的通风率保持一致。

t) 如有必要,适当的接地连接。

u) 燃料电池系统使用的燃料成分限制及供应特征。

v) 妥善添加燃料和处置空的燃料容器。

w) 定期检查加油连接点。

x) 便携式燃料电池发电系统应用海拔范围。

y) 燃料电池发电系统能正常运转的空气温度范围。

z) 燃料电池发电系统应存放的温度范围。

aa) 对于户外便携式燃料电池发电系统,设计燃料电池发电系统时,考虑可能放置处的环境因素包括:风速、降雨强度和方向、悬浮颗粒、空气浮尘(保护指标)、空气质量(污染成分)。

bb) 使用时的最大倾斜限度。

cc) 如有必要进行特定的说明以避免爆炸危险,应将该说明列入运行和维护手册。

5.2 用户手册

5.2.1 用户手册一般要求

应提供适用于便携式燃料电池发电系统的用户手册。用户手册应采用预期使用者所在国家的官方语言,内容应通俗易懂、便于实行。有关便携式燃料电池发电系统安全、操作/环境的说明应采用印刷版本,产品的结构、尺寸、间距、部件装配关系及为使指令通畅所必需的联结点等均宜用图表说明。图形还可用来表明操作部件的位置及进行维修的正确方法。

用户手册应准确地表明引号中所出现的文字。

用户手册应分章、条叙述，应有目录及页码。

用户手册应包括以下安全信息。

5.2.2 用户手册封面

封面应仅提供给用户最重要的安全说明。在封面或没有封面手册的第一页，应用警告栏的形式给出合适安全标志，这些标志应符合 ISO 7010 的规定。

对于仅用于室内的便携式燃料电池发电系统，警告栏里应附加说明："仅供室内使用"；

对于仅用于户外的便携式燃料电池发电系统，警告栏里应附加说明："警告：仅供户外使用。预防窒息或一氧化碳中毒。请勿在室内使用"。

对于在强通风区域使用的便携式燃料电池发电系统，在警告栏里应包含以下声明：

"仅供强通风区域使用—通风条件为至少有 140 m^3/h 的新鲜空气流通量。见说明书"。

低于 140 m^3/h 的通风率可以由制造商来指定。若使用不同的通风率，则应通过计算确定所允许的二氧化碳比率限值，并且说明、标志和警告应与所用的通风率保持一致。

封面应提醒使用者须阅读手册中的说明，并妥善保存以备将来参考。

5.2.3 用户手册安全性条款

封面之后手册应包括安全部分，给便携式燃料电池发电系统使用者列出潜在危险和特定便携式燃料电池发电系统的相关安全说明。以下声明应包括在安全部分里，参阅详细部分或手册页码获取更多信息：

a) 应说明便携式燃料电池发电系统周围环境必须保持清洁，不允许存在汽油或其他可燃性气体或液体。

b) 应说明在需要空气助燃或通风冷却的地方，给出不允许堵塞或阻碍便携式燃料电池发电系统的空气进出口，在便携式燃料电池发电系统的周围应留有必要的安全距离和空气进入及排放空间。

c) 应说明便携式燃料电池发电系统电气连接（接地，若适用）、起动和关机的操作程序与注意事项，应以图解的形式表明用户界面上的所有零部件的位置关系并加以说明。

d) 仅供户外使用的应包括以下指示声明："警告：仅供户外使用。预防窒息或一氧化碳中毒。请勿在室内使用。"。

e) 对于仅用于强通风区域的便携式燃料电池发电系统—标明"仅供强通风区域使用—通风条件为至少有 140 m^3/h 的新鲜空气流通量。见说明书"—应包括如何实现最低通风的说明和表明通风不足危害的警告。

   低于 140 m^3/h 的通风率可以由制造商来指定。若使用不同的通风率，则应通过计算确定所允许的二氧化碳比率限值，并且说明、标志和警告应与所用的通风率保持一致。

f) 应该声明："若便携式燃料电池发电系统的任何零部件遭受水浸，不可使用本系统。被水浸的便携式燃料电池发电系统是极其危险的，冒然使用该系统可能引发火灾或爆炸。遇到这种情况，应与便携式燃料电池发电系统的制造商或其代理商取得联系，以便检查受浸的便携式燃料电池发电系统，更换所有浸湿燃料控制、控制系统部件、电气部件"。

g) 详细说明过滤器的清洗或更换频次、过滤器的外形尺寸和替代品的型号。这些说明应包括过滤器的拆卸与更换指导，也可用图解的方法说明有关的各元器件的图形和位置关系。

h) 系统定向或定位可能发生的危险，应给出说明并在便携式燃料电池发电系统上标记。

i) 提供便携式燃料电池发电系统内所有危险化学品的资料，并对危险部位加以说明，说明一旦使用者或维修人员受污染的补救措施。

j） 对必须定期清洗的零部件说明清洗的推荐方法。

k） 说明对便携式燃料电池发电系统进行检查，以确定：

1） 各引入口和排放出口清洁、无障碍物；

2） 便携式燃料电池发电系统没有明显退化的迹象。

l） 便携式燃料电池发电系统填充的安全指示。

m） 如有必要，废弃产品的安全处置指示。

n） 对于未配备氧气探测器的室内系统，应标明以下警告或等效的警告：

“本装置的运行需要氧气，会导致气密构造或通风不良区域缺氧。为防止窒息，在大约 14 m^3 的室内不得同时运行一台以上的系统，并保证室内每小时至少换 7 m^3 新鲜空气（14 m^3 的室内每 2 h 换气 1 次）。”

o） 如有必要进行特定的说明以避免爆炸危险，应将该说明列入运行和维护手册。

6 标志

6.1 标志一般要求

应针对标记的位置，选用合适的标记材料，每个便携式燃料电池发电系统应携带一个在运行时可见且不可擦除的数据牌。

6.2 铭牌标志

应在设备安装后能够清晰看到的位置，用一种永久的方式，安装铭牌标志，内容如下：

a） 制造商或经销商的名称和地点、商标、商品名称或其他公认的识别符号。

b） 系列、式样、模型或其他指定的类型。

c） 额定输入电压（若有的话）。

d） 说明设备是交流还是直流或两用的，必要时，给出输入和输出频率。

e） 相数，明显只适用于单相的设备除外。

f） 额定输出电压。

g） 输出的电流值，伏安值或功率值。

h） 出品的年、月（日期代码、序列号或类似的数据）。

i） 便携式燃料电池发电系统运行的环境温度范围（最高和最低）。

j） 燃料的类型和品质。

k） 燃料的供给便携式燃料电池发电系统的压力（最大和最小值）。

l） 合适的朝向（如有必要）。

m） 输出端的极性应明确标示清楚，单极化终端的便携式燃料电池发电系统除外。

n） 客户更换保险丝的额定电压和电流以及其他符合标准的保险丝的限制电流，应在保险丝附近标识。

o） 户外使用的便携式燃料电池发电系统应标明“警告：仅供户外使用，预防窒息或一氧化碳中毒。请勿在室内使用”。

p） 室内使用的便携式燃料电池发电系统应标明“警告：仅供室内使用，请勿在户外使用。”

q） 可在室内及户外使用的便携式燃料电池发电系统应标明“可供室内或户外使用”。

r） 仅供强通风区域使用的便携式燃料电池发电系统应标明：

“仅供强通风区域使用—通风条件为至少有 140 m^3/h 的新鲜空气流通量。见说明书”。

低于 140 m^3/h 的通风率可以由制造商来指定。若使用不同的通风率，则标志应与所用的通风率保持一致。

6.3 警告标志

警告标志应固定在靠近有电气危险的部位、排水的排放口、高温部件和有机械危险的机件上。应优先采用 ISO 3864 系列标准中规定的安全颜色和安全标志。

用于人机界面的调控装置、视觉标志和那些有关安全的显示装置，应该在其上边或邻近处以醒目的标志表明它们的功能。所用标志应优先采用 ISO 3864 系列标准和 ISO 7000 规定的符号。

7 型式试验

7.1 型式试验的一般要求

本章所述的检验都应在额定功率、额定电压、额定电流和额定频率下进行。对多挡电压的便携式燃料电池发电系统，试验应选在工作温度最高的电压档进行。除非另有规定，测量的最大不确定度按附录 C 的规定。制造商应规定测试用燃料的品质要求。

7.2 试验顺序

对于气体燃料系统，同一样品应依次进行 7.4 易燃燃料气体浓度试验；7.11 非正常运行试验；7.17 冲击试验；7.18 自由落体试验；然后该同一样品应按照 7.22 进行排放试验，及其他适用的试验条款。若一个样品在某一试验后不运行，则可使用另一个样品重新从 7.4 开始依次试验，并用于后续试验。

对于液体燃料系统，同一样品应依次进行 7.3 液体燃料加注系统泄漏试验；7.11 非正常运行试验；7.17 冲击试验；7.18 自由落体试验；然后该同一样品应按照 7.22 及其他适用的试验条款进行排放试验。若一个样品在某一试验后不运行，则可使用另一个样品重新从 7.3 开始依次试验，并用于后续试验。

7.3 液体燃料加注系统的泄漏试验

7.3.1 液体燃料加注系统泄漏试验的一般要求

如有必要，应按本条的程序执行，按 4.5.5 要求进行吹扫。

便携式燃料电池发电系统应满足 7.3.2 的要求，即在最高运行温度范围内累计运行时间应不超过 720 h 和其设计运行寿命的 10％中的较小值。

7.3.2 试验方法

液体燃料加注系统必须采用制造商指定的、适合于最终泄漏试验用的燃料进行泄漏试验。

试验前，把在正常运行期间，内部压力相同的流体输送部件互相连接，使这些部件构成一个独立的被测试部分，然后单独加压。应采用任一方便的方法把系统的被测试部分与暂不试验部分加以隔离。系统隔离的泄漏应予以消除。

应选用适宜的加压系统与测试部分连接，该加压系统可在最大运行压力的 1.5 倍条件下安全提供燃料。测试在室温(20 ℃±5 ℃)下进行。

应采用任一简便的方法把系统的测试部分隔离开来。避免测试过程中系统隔离泄漏。为了排出被测试部件中的空气、蒸汽等各种气体，被测试部分应有高点排气口。若无法设置高点排气口，被测试部分可以采用适当的真空泵来抽真空，使得在注入试验液体之前，系统内总的气体体积小于0.001 L。

因为假设所有的功能零部件都是处于打开状态,所以被测试部分的所有的零部件都处于给定的试验压力之下。为达到测试目的,应停用会导致试验中断的泄压装置。

用加注系统逐步将试验液体注入被测试部件之中,再采用一个适当的加压系统逐渐加压。除非预先选择真空操作,否则就应从被测试部件的高点把其中的气体或蒸汽排出。

对被测试部件加压到最大运行压力的 1.5 倍,加压后保压时间应不少于 1 h,同时检查被测试部分外表面是否有可见的液体渗漏迹象。所有输送液体部件外表面都应可见,以便检查泄漏或采取适当的措施把泄漏的液体收集和输送到指定的容器内。

不允许存在可见泄漏。

7.4 易燃燃料气体浓度试验

7.4.1 易燃气体浓度试验的一般要求

本项试验是在正常的运行条件下测定便携式燃料电池发电系统外壳内易燃气体的最大浓度。按7.4.2规定的方法,便携式燃料电池发电系统在稳定运行的最高温度范围内累计运行时间应不超过720 h或其设计运行寿命的 10%中的较小值。

7.4.2 试验方法

便携式燃料电池系统应在正常温度范围内运行,直至达到热稳定状态。试验应在试验站所处的大气压力,同时没有可感知气流的条件下进行。

应在外壳内距吹扫点或排放口一定距离的多个测量点进行测量,这样测得的易燃气体浓度才是壳内的浓度,而不是气源的。

试验至少应测取四个浓度值,每个取值的时间间隔应不少于 5 min。试验应连续进行,直到最终的测得值小于或等于最近四个连续测得值的平均值。

试验结束后,应将最高测得值与低可燃极限相比。在测量期间,若测得的易燃气体最高浓度低于被测燃料的低可燃极限的 25%,那么试验满足要求。

7.5 表面温度

便携式燃料电池发电系统表面最高温度的测定方法应符合 IEC 60335-1:2010 第 11 章规定。表面温度测定应按 4.9.2 要求进行。

7.6 零部件温度

便携式燃料电池发电系统零部件温度的测定方法应符合 IEC 60335-1:2010 第 11 章规定。零部件温度测定应按 4.9.3 要求进行。

若相关零部件没有可供参考的标准,当零部件没有标志或不按其标志使用时,则应根据便携式燃料电池发电系统的工作条件进行试验。

注:对于自动控制器,术语"标志"包括 IEC 60730-1:2010 第 7 章规定的文件和声明。

7.7 墙、地板和天花板温度

便携式燃料电池发电系统与试验腔直接接触(零间隙)放置,试验腔由单层厚度约 20 mm 的哑光黑漆胶合板制成。测试区域的墙壁、地板和天花板表面温度上升采用细丝(直径不超过 0.3 mm)热电偶方法测定,热电偶背后附着直径约 15 mm、厚度约 1 mm 的紫铜或黄铜涂黑金箔接收盘。接收盘的前面应与板的表面齐平。

尽可能确定便携式燃料电池发电系统的位置以使得热电偶检测到最高温度。该燃料电池系统须在最大功率输出条件下工作。当系统达到均衡温度后,应测量和检查试验板温度是否符合4.9.4的要求。

7.8 介电强度

7.8.1 介电强度和测试的一般要求

非接地载流部位和那些可接触的外表面之间应填充足够的介质。为了测试该项要求,应将便携式燃料电池发电系统以额定电压和频率的电路方式连接,便携式燃料电池发电系统应运行直到达到热稳定状态。在达到热稳定状态所规定的运行期结束时,耐压试验应进行下述测试。

若便携式燃料电池发电系统使用的元器件(例如固体电路装置)能被本条款中规定的测试电压损坏,为达到试验目的,应断开元器件地面连接点,从而避免元件被损坏,此时电路仍应保持规定的绝缘介电强度。

7.8.2所规定的测试也可以采用直流试验电压,此时直流电压值就应等于交流电压有效值的150%。

7.8.2 试验方法

介电强度试验应按照GB 4943.1—2011中5.2的规定进行。

7.9 湿度试验

湿度试验是将便携式燃料电池发电系统置于空气相对湿度为(93±3)%的加湿箱内,历时48 h。加湿箱内空气温度保持在20 ℃~30 ℃之间的某一温度T,温度波动在±1 ℃以内。在被测试便携式燃料电池发电系统放入加湿箱之前,该系统的温度应达到T^{+4}_{-0}℃。

注1:在多数情况下,在进行湿度试验前,装置在指定的温度至少应放置4 h。

注2:在加湿箱内放入饱和Na_2SO_4或KNO_3溶液,容器与空气的接触面足够大,可以得到(93 ±3)%的相对湿度。

注3:规定的条件可通过确保保温箱内空气不断循环来实现。

便携式燃料电池发电系统从加湿箱(室)中取出,在将已被拆下的零部件又尽快重新组装以后,在规定的加湿箱的温度下,该系统应能够承受7.8规定的介电强度试验。

7.10 运行温度下的泄漏电流

7.10.1 泄漏电流测试的要求和周期

下列测试应在与交流电源或交流输出相连接的系统中进行。便携式燃料电池发电系统应持续运行直至达到热稳定状态。

7.10.2 试验方法

便携式燃料电池发电系统的泄漏电流测试应按GB 4943.1—2011的5.1的规定进行。

7.11 非正常运行试验

7.11.1 非正常运行试验——一般要求

便携式燃料电池发电系统在下列非正常试验条件下运行时,应不会由于电气故障而导致电击或着火危险。

a) 使便携式燃料电池发电系统输出短路并保持7 h*；

b) 在对便携式燃料电池发电系统内部进行强制通风，其输出额定负荷的情况下，每次一台**鼓风机停止工作，运行7 h*；

c) 当蓄电池极性颠倒(未标明极性或经用户更换而使得蓄电池极性接反)时，运行7 h*；

d) 在输出最大有效功率条件下运行7 h*，除非熔断器断开；

e) 若熔断器在d)项规定的试验条件下断开，则带有旁路的熔断器在其额定电流的135%下运行1 h。

7.11.2 非正常运行试验—结果及进一步的试验要求

若保护装置在进行上述a) ～ d)的试验期间发生保护动作，则所做的试验：

a) 若没有自动保护("一次性")功能、未能复位，即应终止；

b) 若有自动复位保护功能，即继续进行7 h；

c) 若保护装置是一种功能不同于塑料外壳断路器的手动复位保护装置，即应尽快复位(但不快于每分钟10次)，连续进行10个循环；

d) 若手动复位保护装置是一种符合IEC 60934的规定的塑料外壳断路器，则继续进行3个循环。

若保护装置以外的某一个元器件开路或某一个元器件短路而结束了非正常运行试验，那么为了继续试验，就应重新启动便携式燃料电池发电系统。

示例：由于三极管、二极管或电容器(特别是电解电容器)的开路或短路故障在本应断续通电的电阻器上引起连续通电的损耗，或集成电路的内部故障引起的额外损耗。

7.11.3 非正常运行的试验方法

应采用下列试验规程进行试验以确定是否符合要求：

a) 每次只引入一个故障；

b) 设备应在常温下试验，除非：

- 系统外壳已通过3A的熔断器接地；
- 除非制造商另有说明，否则，供电电路中应装上熔断器，该熔断器载流量应不小于电路载流导线载流量的400 %；

c) 试验应持续到出现规定的稳定状态，或持续到其中的一个部件故障导致电路中断或其他模拟故障条件的结果出现，取三者之中时间较短的。

若该便携式燃料电池发电系统满足以下情况，则认为符合上述要求：

1) 3 A的接地熔断器没有烧断；

2) 外壳内没有跳火或熔化的金属；

3) 外壳没有裂开，没有暴露出带电部件或载流零部件；

4) 当试验一结束，立即进行7.8规定的介电强度试验而没有发生击穿。

7.12 应变消除试验

按4.7.9的要求，应变消除试验方法是对每根导线施加156 N的恒定拉力与45 N的恒定推力，每一种力都应保持1 min，此时，不应有任何应力作用于接线端子、接头或内部配线上。

---

* 若便携式燃料电池发电系统的某个部分影响该系统不能运行7 h，则该一部分(如燃料供应)形成的时限就可被视为试验期间的时间限值。运行应不考虑便携式燃料电池发电系统任何零部件所达到的温度。

** 由制造商决定，便携式燃料电池发电系统上全部鼓风机电机可以同时有一台以上被停止工作。

7.13 绝缘材料

按 4.6.2.3 的要求，当在相对湿度为(90±5)%和温度为 35 ℃±2 ℃的空气中放置 96 h 后，接触裸露带电部件的绝缘材料放置于两个直径为 6.35 mm 的探针之间，应能承受 3 000 V 交流电压 1 min。

7.14 接地试验

应根据 GB 4943.1—2011 中 2.6.3 规定进行接地试验。

7.15 储罐压力试验

除压力容器外，所有燃料容器和储罐都应能承受静水压力试验。试验条件为：在 22 ℃温度下，静水压力为内表压 95 kPa 加上正常工作压力；或者，在 55 ℃温度下，静水压力为储罐最大设计压力的 1.5 倍，取二者中的较大值，应满足 4.19 规定的要求。

被测试部分应充满液体介质并与一台能维持所需试验压力的液压系统(包括压力测量装置)相联。应注意从被测试部分排出空气。在被测试部分的入口连接一台能供给试验压力的加压系统和一台能够指示试验压力的合适的压力测量装置。压力测量装置应位于加压系统和被加压部分之间。被测试部分的出口则应采用任何方便的方法加以密封。

试验压力应逐渐施加使得在大约 1 min 内达到稳定的表压，保持压力 1 min，在此期间应不发生破碎、裂缝、变形或其他物理损坏。

7.16 稳定性

应通过以下试验来检验 4.3 规定的便携式燃料电池发电系统的稳定性，每项试验都应分别进行。试验时，要求被测试便携式燃料电池发电系统的配置，包括燃料、备用容器内的容积以及方位都应处于最不利的情况。所有脚轮和支撑物，若正常运行时要使用，都应处于最不利的位置，对于轮子或类似部件，应予以锁定或塞住。

应满足以下试验和要求：

a) 当便携式燃料电池发电系统在与正常竖直位置倾斜 15°放置时，不应失去平衡。试验时，门、抽屉等应是关闭的；

   质量为 25 kg 或以上的便携式燃料电池发电系统在承受 F_{st}(F_{st}[N]=0.2×mass[kg]×9.81[m/s^2])力时不得翻倒，但 F_{st} 不超过 250 N，作用方向除向上的方向外均可，作用高度不超过地面高度 2 m。门、抽屉等维修时可移动的部件，应置于既符合使用说明书要求但又是最不利的位置。

b) 当 800 N 稳定向下的力瞬间作用于便携式燃料电池发电系统的任何水平表面时，该系统不应失去平衡。这个水平表面的尺寸至少为 12.5 cm×20 cm，其高度离地面为不超过 1 m。试验过程中门、抽屉等应是关闭的。800 N 的力通过一个大约 12.5 cm×20 cm 的平板试验工具来施加。这个试验工具的平板应与便携式燃料电池发电系统完全接触(但对不平的表面，例如带起伏的或弯曲的表面不必完全接触)。

c) 便携式燃料电池发电系统置于水平方向最多倾斜 4°的地面上运行时应具有 a)、b)、c)中所述的稳定性。判别是否稳定的方法为：将该系统放置在水平方向倾斜 4°的粗糙混凝土地面上，并在其支撑面上顺时针旋转 90°，旋转 4 次(共 360°)。

   每个位置分别空载运行 30 min，再满载运行 30 min 后，系统总位移应不超过 10 mm。

7.17 冲击试验

完成以下规定的试验后，便携式燃料电池发电系统不应有任何可能影响其机械和电气安全的损坏。应根据 IEC 60068-2-75 使用弹簧型冲击试验设备进行冲击。应调试弹簧，使试验锤打到试验目标上的冲击能量为 1.0 J± 0.05 J。

应调试释放弹性装置，从而通过握住释放钳在啮合位置精确地产生足够的压力。

便携式燃料电池发电系统应保持倾斜，直到释放钳与锤柄啮合。应给一个冲击力，并使得释放锥垂直打到试验样品的靶面。

应缓慢增加压力，使释放锥接触到释放板；释放板的移动激活释放装置，并且锥体后退直到试验锤能够打到试验目标。

试验目标应由完整的外壳构成，支撑于其正常位置，并处于非运行状态。试验目标应固定良好，并且外壳的每个薄弱位置都应进行三次冲击。

还应对防护设备、手柄、杠杆、把手或其他类似零部件，以及信号灯及灯罩进行冲击。但是突起的长度小于 10 mm 和占用面积小于 4 cm^2 的信号灯和灯罩除外。灯和灯罩只有在容易受损的情况下才需要进行该试验。

试验后若满足 7.8 和 4.6.2.3 的要求，则证明通过本部分的测试。

如果系统仍可运行，则进行 7.22 要求的排放试验。

7.18 自由落体试验

完成以下规定的试验后，便携式燃料电池发电系统不应有任何可能影响其机械和电气安全的损坏。满足 7.8 和 4.6.2.3 的要求则证明通过本部分的测试。

待测便携式燃料电池发电系统应装配上所有在实际应用中有可能安装的附件。

按照以下条件确定的高度进行跌落试验：

a) 质量不超过 5 kg 的便携式燃料电池发电系统应以其最薄弱的角度从 1 m 的高度跌落至混凝土地面，重复三次。

b) 质量超过 5 kg 但不超过 15 kg 的便携式燃料电池发电系统应以其最薄弱的角度从 20 cm 的高度跌落至混凝土地面，重复 3 次。

c) 质量超过 15 kg 但不超过 150 kg 的便携式燃料电池发电系统，应在其正常水平面的垂直方向将其笔直提起，从 3 cm 的高度垂直跌落在混凝土地面。

测试后若符合以下检测要求，则认为测试结果可接受：

1) 具有人身伤害危险性的未绝缘且带电部件或易活动部分不得被探针接触到（见图 2 铰接探针）；

2) 以带电部件与可接触不带电金属部分之间的电压作为测试电压，样品应符合 7.8 介电强度规定的试验要求；

3) 符合 7.4 易燃燃料气体浓度试验要求，或 7.3 液体燃料加注系统泄露试验要求，二者其中之一的便携式燃料电池发电系统均适用；

4) 若便携式燃料电池发电系统仍能运行，便携式燃料电池发电系统应符合 7.22 废弃物排放相关试验的要求。

单位为毫米

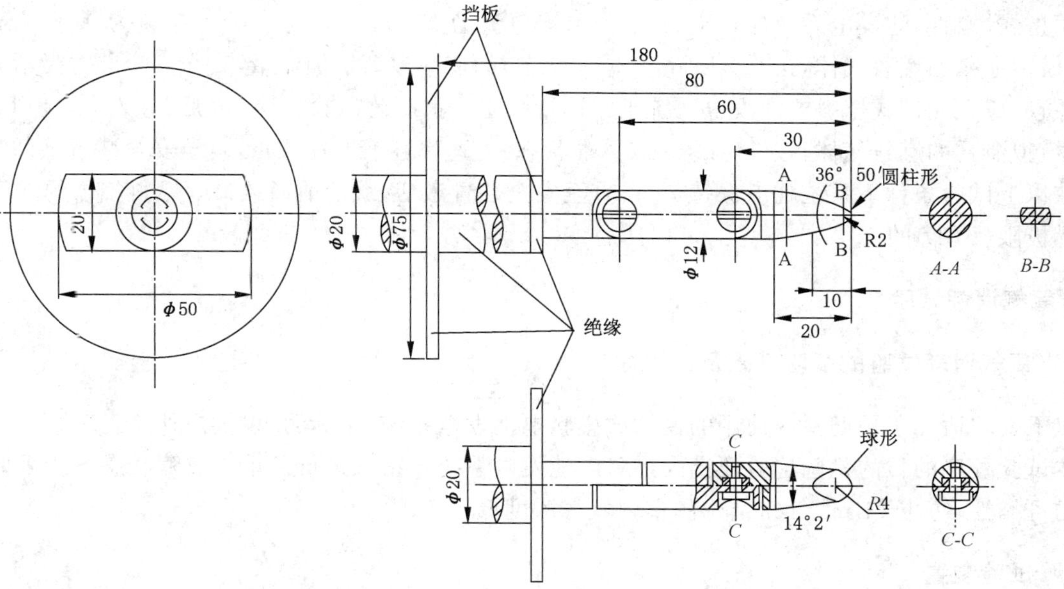

图2　铰接探针

7.19　标志材料的粘附性和易读性

本标准的标志要求是清晰易读、耐久。检查方法是目视以及手持一块以水浸湿的布对其进行擦拭15 s，再用一块以汽油浸湿的布对其擦拭15 s。

本标准的所有试验完成后，标志应清晰易读，标志牌不应出现翘曲，且固定应是可靠的。

注1：在考虑标志牌的耐久性时，要考虑正常使用要求。例如，在需要经常清洁而不需要考虑耐久性的容器上作标志，使用油漆或者磁漆，而不是用搪瓷。

注2：用于试验的汽油是脂溶性己烷为主的汽油，其中芳香烃含量最大为0.1%(体积分数)、贝壳松脂丁醇值为29、起始沸点约65 ℃、干点约为69 ℃、密度约为0.66 kg/L。

7.20　易燃气体积聚

7.20.1　易燃气体积聚的试验基础及适用性

本试验程序的目的是检验所采取的防止燃料气体积聚手段的可靠性。本试验适用于预期室内使用的便携式燃料电池发电系统，不适用于注明“仅供户外使用”的便携式燃料电池发电系统。

应提供可靠的手段，使系统在模拟泄漏的情况下，能防止在系统通风出风口处可燃气体的积聚达到低可燃极限的25%。

注1：形成泄漏的几个例子：装配或连接不紧密、密封垫失效、泄压阀误动作、管路裂纹等。

注2：对于IEC 62282这部分的目的，已认可的燃料容器破裂，本标准不予考虑。

7.20.2　试验装置

在试验期间，除防止泄漏的燃料气体积聚的主要手段外，能够中断试验的其他辅助安全系统(例如缺氧传感器或过热断路器等能中断试验的器具)都应被旁路或令其不起作用。燃料气体浓度应由位于通风出口处独立的易燃气体分析仪实行测定。

7.20.3　试验方法

通过用密封管路对便携式燃料电池发电系统的空气进气口通入燃料，模拟便携式燃料电池发电系统内燃料输送部件(如气体管路,燃料电池堆)的泄露。

便携式燃料电池发电系统应在空载下运行(净电流为0 A),1 min后,导入流速为0.5 L/min(标准状态)模拟泄露的燃料气体,按0.5 L/min(标准状态)的速率逐渐增加流量,直至安全装置激活。

并且,应在便携式燃料电池发电系统正常运行状态下重复此试验。1 min后,导入0.5 L/min(标准状态)模拟泄露的燃料气体,按0.5 L/min(标准状态)的速率逐渐增加流量,直至安全装置激活。

在以上试验条件下系统均应保持运行,直至安全装置激活,激活前通风口处燃料气体的浓度应低于低可燃极限(LFL)的25%。

7.21 氧气消耗试验

7.21.1 氧气消耗试验的试验基础及适用性

以下要求适用于预期室内使用的便携式燃料电池发电系统(未标明“仅供户外使用”)。

本试验程序的目的是验检验便携式燃料电池发电系统在正常运行和单一故障状态下所采取的预防手段的可靠性,防止14 m^3 气密结构的室内氧气浓度低于18%。

7.21.2 试验装置

无论气密结构是密封装置还是封闭建筑物,其外壁都应以气封膜、石膏墙板(干墙面)、胶合板或类似的材料来封闭接缝以防止过多的空气进入。

除防止氧气过量消耗的主要手段外,其他辅助安全系统,如系统的气体检测传感器、过热断路器等能中断试验的器具,在试验期间,都应被旁路或使其不起作用。

氧气浓度应采用位于此结构内的独立氧气分析仪进行检验。

7.21.3 试验方法

便携式燃料电池发电系统应在满额定功率下运行,直到氧气浓度达到稳定状态,或者在氧含量达到18%之前安全装置被激活。

7.22 废弃物排放试验

7.22.1 废弃物排放试验顺序

对于气体燃料系统,同一样品应依次进行7.4易燃燃料气体浓度试验;7.11非正常运行试验;7.17冲击试验;7.18自由落体试验。然后该同一样品应按照7.22及其适用的条款进行排放试验。若一个样品在某一实验后不运行,则可使用另一个样品按照7.4经历一个积累运行期,并用于后续试验。

对于液体燃料系统,同一样品应依次进行7.3液体燃料加注系统泄漏试验;7.11非正常运行试验;7.17冲击试验;7.18自由落体试验。然后该同一样品应按照7.22及其适用的条款进行排放试验。若一个样品在某一实验后不运行,则可使用另一个样品按照7.3经历一个积累运行期,并用于后续试验。

7.22.2 排放处的废弃物排放

能够产生表1中所列任意排放物质的便携式燃料电池发电系统在排气处的浓度应不超过表1中相应的浓度限值。

便携式燃料电池系统应在开放空间或户外中运行。在运行周期中,应确保有足够的废弃物样品进行本条符合性检验。

每次废弃物取样应固定在便携式燃料电池发电系统排放处的某一点,从而获得一致的样品,并应根据表1分析便携式燃料电池发电系统可能产生的废弃物。便携式燃料电池发电系统的气体排放浓度的样品应在距离便携式燃料电池发电系统排放处0.20 m处取样。分析结果应与表1中的浓度限值进行比对。若测得的浓度小于浓度限值，那么便携式燃料电池发电系统就通过测试。若一个特定的样品在之前连续的测试中受到损坏而不能运行，并且这个不能运行的样本所排放的浓度低于浓度限值，那么该样品通过试验，但该样品不能用于后续试验。

7.22.3 废弃物排放-封闭空间

本试验仅适用于会产生一氧化碳及其他排放气体的用于室内（未标明仅供户外使用）的便携式燃料电池发电系统。

便携式燃料电池发电系统安装在车辆内或车体表面，或者以任何方法装配了户外永久性排放口，则不需要按本条进行试验。

二氧化碳的排放可以选择使用 7.23 进行评估，替代二氧化碳排放试验。

a) 试验样品：按生产商规定加注燃料的便携式燃料电池发电系统。

b) 目的：在便携式燃料电池发电系统的运行条件（或尝试运行条件）下，一氧化碳（CO）、二氧化碳（CO_2）和有机化合物，如甲醇、甲醛、甲酸和甲酸甲酯、丁烷、汽油、柴油、氮氧化物（NO 和 NO_2）、挥发性有机碳化合物的排放量应满足表 1 中所规定的限值要求。

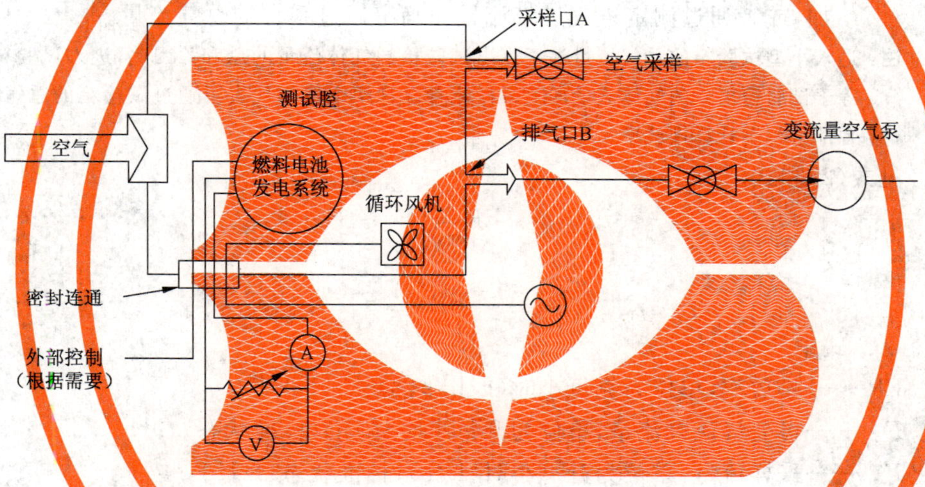

图 3 运行状态下的排放率试验装置

c) 试验装置：运行状态下的排放率试验装置的示意图如图 3 所示。图 3 所示的配置可用于所有便携式燃料电池发电系统的排放率测定。

便携式燃料电池发电系统的排放气体可能的成分包括一氧化碳（CO）、二氧化碳（CO_2）和甲醇、甲醛、甲酸和甲酸甲酯、丁烷、汽油、柴油、氮氧化物（NO 和 NO_2）等有机物以及挥发性有机碳化合物。

为了分析这些有机物，应使用带火焰离子化检测器的气相色谱仪（GC/FID），或气相色谱质谱联用仪（GC/MS），或高效液相色谱（HPLC）系统，通过将排放气体吸附至安装在测试腔采样口 A 的吸附柱或直接通过采样口 A 进入分析仪（如图 3 所示）。也可使用能实现上述试验功能的其他仪器。

CO 和 CO_2 的浓度可采用非色散红外吸附分析仪测定。这些分析仪器应符合 ISO 16000-3、ISO 16000-6 和 ISO 16017-1 的要求。也可使用能实现上述试验功能的其他仪器。

d) 试验步骤：

1) 排放率采样试验都应在便携式燃料电池发电系统处于“运行”（“设备开机”）状态下进行，步骤如下：

i) 在图 3 所示的小型试验箱内，在额定功率下运行便携式燃料电池发电系统。若由于型式试验导致便携式燃料电池发电系统不再运行，则应在便携式燃料电池发电系统加满燃料并且电源开关拨至“ON”位置后再进行排放试验。

ii) 应对小型试验箱供给清洁空气。应从已知的纯净空气源为测试腔供给测试用量的空气。若不使用瓶装空气，应考虑使用空白样来确定背景浓度水平以避免错误的不合格结果。

iii) 应在小型测试箱中的排气出口(图 3 所示的空气采样口 A)中抽取便携式燃料电池发电系统中的气体排放试样。

iv) 让试验箱的可变气流泵气流、循环风机流量和采样流量稳定。

v) 通过图 3 所示的空气采样口 A 进行采样，并记录试验箱中的气体含量，同时测定和记录通过试验箱的流量。将通过可变气流泵的流量和通过空气采样口 A 的采样流量相加，或者测定试验箱进气口的气流量，可计算出通过试验箱的流量。

vi) 记录目标化合物的浓度。见表 1。

vii) 用每一种成分的最大稳定浓度与同时通过系统的总气流量相乘计算得到目标化合物的排放率。可通过将系统稳定状态下的可变气流泵流量与同步采样流量进行相加，或者通过测定进气口气流量而确定通过系统的总气流量。

注：进入小型试验箱的总气流量等于流出试验箱的气体流量的总和。因此，进入试验箱的气体流量就等于试验箱出口的气体流量加上采样流量。这两个值都代表了通过试验箱的总气体流量，而且两者都可用于计算排放率。

见式(2)和式(3)：

$$\mathrm{ER}=(F_{\mathrm{p}}+F_{\mathrm{s}})\times C \qquad \cdots\cdots(2)$$

或

$$\mathrm{ER}=(F_{\mathrm{i}})\times C \qquad \cdots\cdots(3)$$

式中：

ER ——排放率，单位为克每小时(g/h)；

F_{p} ——可变气流泵流量，单位为升每小时(L/h)(标准状态))；

F_{s} ——采样流量，单位为升每小时(L/h)(标准状态))；

F_{i} ——试验箱入口处的气体流量，单位为升每小时(L/h)(标准状态))；

C ——浓度，单位为克每升(g/L)(标准状态))。

viii) 比较最大测定排放率与表 1 中的值。若排放率不低于表 1 中的排放率限值，那么便携式燃料电池发电系统未通过测试，且不需要进行下一步测试。见合格标准。

ix) 应平均每隔一段时间进行一次排放测定，测定周期对于正常运行的便携式燃料电池发电系统及其提供动力的设备(例如：能够带动其运行的燃料箱)应具有代表性。此试验不需连续不断地测量，只要对最初的启动阶段，至少 3 h 的运行，和燃料供给结束时的排放进行测量即可。若燃料的供给没有持续 3 h，整个运行期间都应持续不断的测量。

2) 下面的排放率采样测试应在便携式燃料电池发电系统关闭的状态(“设备关机”)下进行，步骤如下：

i) 在图 3 所示的小型试验箱内在额定功率下运行便携式燃料电池发电系统 10 min 或供给的燃料用掉 10%，以时间较少者为准。

ii) 把便携式燃料电池发电系统关掉(“设备关机”)，在便携式燃料电池发电系统断开的状态下(“设备关机”)，于图 3 所示的小型试验箱内测定排放率。

iii) 应对小型试验箱供给清洁空气。应从已知的纯净空气源为测试腔供给测试用量的空气。若不使用瓶装空气，应考虑使用空白样来确定背景浓度水平以避免错误的不合格结果。

iv) 应在小型试验箱中的排气出口(图 3 所示的空气采样口 A)中抽取便携式燃料电池发电系统中的气体排放试样。

v) 让试验箱的可变气流泵气流、循环风机流量和采样流量稳定。

vi) 通过图 3 所示的空气采样口 A 进行采样,并记录试验箱中的气体含量,同时测定和记录通过试验箱的流量。将通过可变气流泵的流量和通过空气采样口 A 的采样流量相加,或者测定试验箱进气口的气流量,可计算出通过试验箱的流量。

vii) 记录目标化合物的浓度。见表 1。

viii) 用每一种成分的最大稳定浓度与同时通过系统的总气流量相乘计算得到目标化合物的排放率。可通过将系统稳定状态下的可变气流泵流量与同步采样流量进行相加,或者通过测定进气口气流量而确定通过系统的总气流量。

注:进入小型试验箱的总气流量等于流出试验箱的气体流量的总和。因此,进入试验箱的气体流量就等于试验箱出口的气体流量加上采样流量。这两个值都代表了通过试验箱的总气体流量,而且两者都可用于计算排放率。

见式(4)和式(5):

$$\mathrm{ER}=(F_p+F_s)\times C \tag{4}$$

或

$$\mathrm{ER}=(F_i)\times C \tag{5}$$

式中:

ER ——排放率,单位为克每小时(g/h);

F_p ——可变气流泵流量,单位为升每小时(L/h)(标准状态);

F_s ——采样流量,单位为升每小时(L/h)(标准状态);

F_i ——试验箱入口处的气体流量,单位为升每小时(L/h)(标准状态);

C ——浓度,单位为克每升(g/L)(标准状态)。

ix) 比较“设备关机”最大测定排放率与表 1 中的值。若排放率高于表 1 中的排放率限值,便携式燃料电池发电系统或单元未通过测试,且不需进一步的测试。见合格标准。

x) 试验应在“设备关机”状态下至少历时 3 h。

e) 合格标准:

1) 设备开机时试验的合格标准:

i) 当测试是按照“设备开机”的步骤进行时,表 1 中每一个目标成分的最大排放率应低于表 1 中的排放率限值。若便携式燃料电池发电系统没有运行,或者在超过限值前安全关闭,则此试验是可接受的。

ii) 当测试是按照“设备开机”的步骤进行时,每一个目标成分的最大排放浓度应低于表 1 中的排放浓度限值。若便携式燃料电池发电系统没有运行,或者在超过限值前安全关闭,则此试验是可接受的。

2) 设备关机时试验的合格标准:

i) 当测试是按照“设备关机”的步骤进行时,表 1 中每一个目标成分的最大排放率应低于表 1 中的排放率限值。

ii) 当测试是按照“设备关机”的步骤进行时,每一个目标成分的最大排放浓度应低于表 1中的排放浓度限值。

表 1 排放限值

目标成分	浓度限值[d]	排放率限值[a]
水	无限值	无限值
甲醇	0.33 g/m³	1.8 g/h
甲醛	2.5 mg/m³ [b]	0.5 mg/h
CO	0.23 g/m³	0.20 g/h
CO_2(未严格限定仅用于强通风区域的便携式燃料电池发电系统)	54 g/m³	28 g/h[c]
CO_2(严格限定仅用于强通风区域的便携式燃料电池发电系统)	54 g/m³	1 130 g/h[c]
甲酸	0.019 g/m³	0.07 g/h
丁烷[e]	2.37 g/m³	0.9 g/h[e]
挥发性有机碳化合物(基于甲苯)	0.75 g/m³	1.3 g/h
汽油	2.33 g/m³	9.8 g/h
柴油	0.1 g/m³	0.7 g/h
NO	0.03 g/m³	0.21 g/h
NO_2	0.009 4 g/m³	0.039 g/h
甲酸甲酯	0.368 g/m³	1.7 g/h

[a] 排放率限值是基于换气次数为每小时0.5次,体积为14 m³ 的室内而限定,以避免超过所考虑物质的时间加权平均值(TWA)8 h暴露限值(有时称为PEL,可允许暴露限值)。这些数值基于US 29 CFR(OSHA)、美国国家职业安全卫生研究所美国国家职业安全卫生研究院(NIOSH)或美国政府工业卫生学家会议(ACGIH)的数据。见表2中这些物质的TWA限值。

[b] WHO指导性限值是0.000 1 g/m³。背景水平是0.000 03 g/m³。排放限值不能使背景水平高于指导性限值。

[c] 一个保持坐姿的成年人的 CO_2 排放率为30 g/h。对燃料电池与成年人的 CO_2 排放率之和加以限制,使 CO_2 浓度不达到WHO规定的9 g/m³ 的8 h浓度限值。在换气次数为每小时0.5次,体积为14 m³ 的室内,便携式燃料电池发电系统的排放率限值为28 g/h。仅限于在强通风区域使用的便携式燃料电池发电系统(标明"仅供强通风区域使用—通风条件为至少有140 m³/h的新鲜空气流通量。见说明书"的燃料电池发电系统)可使用的二氧化碳排放率限值为1 130 g/h。二氧化碳排放量也可通过7.23二氧化碳排放替代试验进行估算评估。

[d] 基于短期暴露限值(STEL)的浓度限值,在设备外短时间(15 min)暴露不会对健康造成危害。

[e] 丁烷0.9 g/h的排放率等于不产生火焰的最高渗漏率。

表 2 职业暴露限值

目标成分	TWA暴露限值(TWA—运行超过8 h的时间加权平均值)	STEL暴露限值(STEL—短期暴露限值—15 min暴露限值)
甲醇	<200 ppmv*	<250 ppmv
甲醛	<0.08 ppmv	<2.0 ppmv
一氧化碳	<25 ppmv	<200 ppmv
二氧化碳	<5 000 ppmv	<30 000 ppmv

表 2（续）

目标成分	TWA 暴露限值（TWA—运行超过 8 h 的时间加权平均值）	STEL 暴露限值（STEL—短期暴露限值—15 min 暴露限值）
甲酸	<5 ppmv	<10 ppmv
丁烷	<800 ppmv	<1000 ppmv(TLV)
挥发性有机碳化合物（基于甲苯）	<50 ppmv	<200 ppmv
汽油	<300 ppmv	<500 ppmv
柴油	<100 mg/m^3	<100 mg/m^3
一氧化氮	<25 ppmv	<25 ppmv
二氧化氮	<3 ppmv	<5 ppmv
甲酸甲酯	<100 ppmv	<150 ppmv
氢气	不适用	不适用
甲醇	<0.262 g/m^3	<0.33 g/m^3
甲醛	<0.098 mg/m^3	<2.5 mg/m^3
一氧化碳	0.029 g/m^3	0.23 g/m^3
二氧化碳	9 g/m^3	54 g/m^3
甲酸	0.009 g/m^3	0.019 g/m^3
丁烷	1.90 g/m^3	2.38 g/m^3
挥发性有机碳化合物（基于甲苯）	0.188 g/m^3	0.75 g/m^3
汽油	1.40 g/m^3	2.33 g/m^3
柴油	0.1 g/m^3	0.1 g/m^3
一氧化氮	<25 ppmv	0.03 g/m^3
二氧化氮	0.0056 g/m^3	0.0094 g/m^3
甲酸甲酯	0.245 g/m^3	0.368 g/m^3
氢气	不适用	不适用

注：这些数值基于 US 29 CFR(OSHA)、美国国家职业安全卫生研究所(NIOSH)或美国政府工业卫生学家会议(ACGIH)的数据。

[a] ppmv = parts per million by volume，按体积计算百万分之一。

7.23 二氧化碳排放替代试验

7.23.1 二氧化碳排放替代试验的适用性

本二氧化碳排放替代试验可用于替代 7.22.3 中的二氧化碳排放试验方法。本替代试验方法仅适用于二氧化碳。

本替代试验仅适用于二氧化碳，除非燃料电池发电系统预期户外使用，且标明“仅供户外使用”或装有一个永久的室外排气口，其余所有排放率限值应采用 7.22.3 评估。排放浓度限值试验仍应根据 7.22.2排放处的废弃物排放进行。

本替代试验程序是检验便携式燃料电池发电系统在正常运行条件下，在体积为 14 m^3 的结构内，每

2 h 换气一次(每小时 0.5 次),防止二氧化碳浓度超过 5 000 ppmv 的措施的有效性。

7.23.2 试验装置

无论 14 m^3 的结构是密封装置还是封闭建筑物,其外壁都应以气封膜、石膏墙板(干墙面)、胶合板或类似的材料来封闭接缝以防止过多的空气进入。应以 7 $m^3/h \pm 2$ m^3/h(约为每小时 0.5 次)的换气速度对试验结构供给清洁、新鲜空气。

试验期间,除防止区域中二氧化碳浓度超过 5 000 ppmv 的基本方法外,其他能中断试验的辅助安全系统(如过热断路器)都应被旁路或使其不起作用。可使用二氧化碳检测器、氧气检测器或其他合适的方法作为防止区域中二氧化碳浓度超过 5 000 ppmv 的主要方法。

试验期间,二氧化碳浓度应采用位于此结构内的独立的高精度分析仪(不属于燃料电池发电系统的一部分)进行检验。分析仪应放置于室内,以测定室内总的二氧化碳浓度。该分析仪应位于室内空气流通和混合充分的区域,以更好地显示室内的二氧化碳浓度。

7.23.3 试验方法

便携式燃料电池发电系统应在满额定功率下运行,直到室内的二氧化碳浓度达到稳定状态,或试验结构内二氧化碳浓度达到 5 000 ppmv 之前安全装置被激活。

7.23.4 合格标准

试验期间,室内的二氧化碳浓度应一直低于 5 000 ppmv,为成功完成试验,便携式燃料电池发电系统应在超过限值前关闭,或便携式燃料电池发电系统在满额定功率运行时二氧化碳浓度应稳定在限值之下的某一水平。

若一个特定样品由于以前的试验导致的损坏而未能运行,且该未能运行的样品的排放不会引起室内二氧化碳浓度的升高,使得室内的二氧化碳浓度在 8 h 内一直低于 5 000 ppmv,则该样品通过测试,但该样品不应用于后续测试。

7.24 风力试验

7.24.1 风力试验的适用性

若便携式燃料电池发电系统用于户外并且其排放会被风力影响,则应进行本试验。

7.24.2 试验方法

选用合适的风扇/风机吹风,足以产生速率达到 16 km/h 及以上的气流,正面吹向便携式燃料电池发电系统外表面最薄弱的部位。应将风扇/风机固定,从而能均匀地吹到外表面的整个投影面,按规定的风速从距离便携式燃料电池发电系统迎风垂直面 45.7 cm 的位置,水平吹向该便携式燃料电池发电系统。

便携式燃料电池发电系统应在户外运行,并承受如上所述达 16 km/h 速率的气流。在运行周期中,应确保排放足量的废气样品以进行本条符合性检验。

每次废弃物取样应在便携式燃料电池发电系统排放处的同一点,从而获得均衡的样品,并应根据便携式燃料电池发电系统可能产生的废气物质,对样品进行分析,如表 1 所示。便携式燃料电池发电系统的气体排放浓度的样品应在距离便携式燃料电池发电系统排放处 0.20 m 处取样。分析结果应与表 1 中的浓度限值进行比对。若测得的浓度小于浓度限值,则便携式燃料电池发电系统就通过测试。

7.25 强度试验

7.25.1 强度试验顺序和符合规定的替代方法

本强度试验应在最后进行，或经研究确定可行，在不用于本标准其他性能试验的部件上进行。

任何额定压力不低于便携式燃料电池发电系统最大允许工作压力的部件被认为符合本强度试验。

燃料电池模块必须符合 IEC 62282-2 的允许工作压力试验要求。

燃料电池堆的氧化剂侧和燃料侧可以通过内部互联并在相同的压力下同步试验。

7.25.2 试验方法(液体)

在进行本试验之前，应确定在便携式燃料电池发电系统正常运行期间哪些液体传输部件通过(互相)连接，承受相同的内部静压力。这些部件应组成一个独立的被测试部分，然后进行单独加压，并且在有必要时，通过任何简便的方法使其与便携式燃料电池发电系统的其他部分隔离。应使用任何无危险的液体(例如水)作为试验介质。

被测试部分应充满液体介质并连接至合适的可以保持试验所需压力的液压系统，包括压力测量装置。应注意从被测试部分释放的任何空气。

应逐步增大试验压力，经过约 1 min 的时间使表压均匀地达到不小于最大允许工作压力的 1.5 倍。维持该压力 30 min，在此期间，不应发生破裂、折断、变形或其他机械损坏。

7.25.3 试验方法(气体)

在进行本试验之前，应确定在便携式燃料电池发电系统正常运行期间哪些气体传输部件通过(互相)连接，承受相同的内部压力。这些部件应组成一个独立的被测试部分，然后进行单独加压，并且在有必要时，通过任何便捷的方法使其与便携式燃料电池发电系统的其他部分隔离。

一个可以在试验所需压力下供应气体介质的合适的增压系统，以及一个能够指示试验所需压力的合适的压力检测装置应该与被测试部分的入口相连。压力检测装置应位于增压系统和待增压的被测试部分之间。通过任何便捷的方法将被测试部分的出口处密封。

应逐步增大试验压力，使表压经过约 1 min 的时间均匀达到不小于最大允许工作压力的 1.5 倍。维持该压力 30 min，在此期间，不应发生破裂、折断、变形或其他机械损坏。

7.25.4 合格标准

所有的部件，包括传输加压流体的接头和连接点，能抵抗的内部静压力应不低于其最大允许工作压力的 1.5 倍。在此期间，不应发生破裂、折断、变形或其他机械损坏。

7.26 应力消除试验

模压成型或热塑成型的材料所制成的外壳应保证任何由模压或成型操作引起的内部应力消除造成的材料收缩或扭曲不会导致危险部件的暴露、爬电距离或电气间隙减小至低于最低要求。

符合性检查通过以下试验程序进行，或通过目测结构及合适的有效数据。

由完整设备或完整外壳及任何支撑框架组成的样品放置于循环空气烘箱(根据 IEC 60216-4-1)，温度不低于 70 ℃，历时不少于 7 h，然后允许降至室温。

对于完整外壳不能放入试验条件中的大型设备，可根据完整外壳的厚度、形状，使用部分外壳(包括任何机械支撑部分)代替整个组合进行试验。

注： 试验期间无需将相对湿度维持在特定值。

7.27 燃料供应稳定性试验

当向燃料容器(如气罐)垂直高度中心任意方向施加与其自身重量相等的的侧向力时,燃料容器或其任意部分不应从原位置松脱。

7.28 关机试验

符合本条款应通过模拟试验程序或制造商提供的依据验证每一个异常,或核实必然出现的现象。

应针对4.11中描述的可靠性分析导致的任何重大异常,为便携式燃料电池发电系统提供适当的自动关机方法。

7.29 非金属管材电导率试验

7.29.1 合格标准

当按照7.29.2所述的方法进行测试时,测得的非金属管材电阻值应不超过1 MΩ。

7.29.2 试验方法

准备三个管材样品,不同位置放有导电垫片。垫片分布于:

a) 尽量远离管材安装接地金属的位置;

b) 中间点;

c) 因被测管材结构原因,形成对地电阻高的位置。

导电垫片应为面积约2 cm^2 的金属箔通过一层矿脂薄膜或类似材料贴在样品上。

在样品安装接地金属的部位上的一个或多个点位有接地电极;例如,非金属管材上的接地点电极由安装在管材末端的金属配件作为接地部件,如4.2.2所述。

应使样品在相对湿度为50% ± 10%的环境中至少放置48 h以后再测量接地点电极(例如金属管配件)与导电垫片之间的电阻。

电阻通过一个有效内阻为(100 000 ± 10 000)Ω的欧姆计测量。开路电压应为1 000 V(直流),短路电流应为5 mA。

7.30 非金属管材的静电积累试验

7.30.1 合格标准

在接地金属球与静电积累后的非金属管材逐渐接触的过程中,应观测不到火花。

7.30.2 试验方法

使三个带有7.29.2中所述接地点电极(如金属配件)的管材样品应在相对湿度为25%±10%的环境中至少放置48 h。

把样品从低湿度环境中移出后,立即放入相对湿度不超过35%的室内,用绝缘体支撑样品,除电火花外,关闭所有光源。接地点电极应接地。用上限为5 000 V的静电起电机将静电荷喷射在产品的非导电部位。

一个9.5 mm直径的接地金属球逐渐与样品接触。若没有出现火花,则样品通过测试。

8 例行试验

8.1 例行试验要求

所有产品均应进行例行试验。

8.2 气体泄漏试验

对于气体燃料系统,按照7.4所述的方法进行气体泄漏试验(将在收货状态而不是720 h状态下测试的样品除外)。

替代方法:通过适当的气体或流体评估压力降来测定气体输送零部件的气密性是检查泄漏的等效方法。

8.3 液体泄露试验

对于液体燃料系统,按照7.3所述的方法进行液体泄漏试验(将在收货状态而不是720 h状态下测试的样品除外)。

替代方法:通过适当的气体或流体评估压力降来测定液体输送零部件的气密性是检查泄漏的等效方法。

8.4 绝缘强度试验

本试验是针对直流输出电压超过60 V、交流输出峰值电压超过42.4 V的便携式燃料电池发电系统。试验应按照7.8所述的方法进行。

8.5 例行试验记录

每台设备均应有例行试验的记录。

附 录 A
（规范性附录）
蓄电池的通风率

A.1 阀控式铅酸电池的通风率

根据方程(A.1)计算阀控式铅酸电池的通风率：

$$Q = 11 \times I \times n \qquad \cdots\cdots (A.1)$$

式中：

Q——空气置换率(通风率)，单位为升每小时(L/h)；

I——电池产生气体时充电设备输送的最大电流，单位为安培(A)，但不低于充电设备最大额定输出电流的25%，单位为安培(A)。

n——电池组串联的电池数量。

A.2 开口式湿式蓄电池的通风率

根据方程(A.2)计算开口式湿式蓄电池的通风率：

$$Q = 110 \times I \times n \qquad \cdots\cdots (A.2)$$

式中：

Q——空气置换率(通风率)，单位为升每小时(L/h)；

I——电池产生气体时充电设备输送的最大电流，单位为安培(A)，但不低于充电设备最大额定输出电流的25%，单位为安培(A)。

n——电池组串联的电池数量。

其他类型的电池通风应符合电池制造商的规定。

附 录 B
（资料性附录）
强振动环境中的冲击及振动限值

注：本附录不是强制性部分，但以强制性语言表述，便于采纳本附录者使用。

B.1 应用范围

所建议的下述限值适用于在强冲击环境（例如特种车辆）使用的便携式燃料电池发电系统。

注：本附录的这部分已获准按 UL 2267“工业卡车用燃料电池电力系统”重印。

B.2 垂直轴试验

以下测试在相对于车辆方向的垂直轴上进行：

a) 在车辆制造商建议的共振频率下，5 *g* 的峰值加速度（*g* 为重力加速度），进行 2 000 个正弦曲线循环。若制造商没有推荐共振频率，则试验频率应以 1 Hz 为增量，在 10 Hz～30 Hz 之间反复进行；

b) 然后，以 1 Hz/s 的扫描速率，在 10 Hz—190 Hz—10Hz 之间往复，进行 60 次正弦扫描，历时 6 h，采用表 B.1 中所列的参数分布，或根据车辆制造商的规定。

表 B.1 垂直轴振动条件

频率范围/Hz	峰值加速度
10～20	3.0 *g*
20～40	2.0 *g*
40～90	1.5 *g*
90～140	1.0 *g*
140～190	0.75 *g*

B.3 纵轴和横轴试验

以下测试同时在相对于车辆方向的纵轴和横轴方向进行：

a) 在车辆制造商推荐的共振频率下，以 3.5 *g* 的峰值加速度，进行 2 000 个正弦周期测试。若制造商没有提供共振频率，则试验频率应以 1 Hz 为增量，在 10 Hz～30 Hz 之间反复进行；

b) 然后，以扫描速率为 1 Hz/s，在 10 Hz—190 Hz—10Hz 之间往复，进行 60 次正弦扫描，历时 6 h，采用表 B.2 中所列的参数分布，或根据车辆制造商的说明。

表 B.2　纵轴和横轴振动条件

频率范围/Hz	峰值加速度
10～15	2.5 g
15～30	1.7 g
30～60	1.25 g
60～110	1.0 g
110～190	0.75 g

附　录　C
（规范性附录）
测量的不确定度

除个别条款另有规定外，测试应按表 C.1 所示的最大不确定度进行。

表 C.1　测量及其最大不确定度

1	大气压	±500 Pa
2	燃烧室和试验烟道压力	满量程的±5%或 5 Pa
3	气体压力	满量程的±2%
4	水侧压力损失	±5%
5	水流量	±1%
6	气体流量	±1%
7	空气流量	±2%
8	时间　-　1 h 及以下	±0.2s
	超过 1 h	±0.1%
9	辅助电能	±2%
10	温度	
	-周围环境	±1 K
	-水	±2 K
	-燃烧产物	±5 K
	-气体	±0.5 K
	-表面	±5 K
11	计算排放损失时的 CO、CO_2 和 O_2	满量程的±6%
12	气体热值	±1%
13	气体密度	±0.5%
14	质量	±0.05%
15	扭矩	±10%
16	力	±10%
17	电流	±1%
18	电压	±1%
19	电功率	±2%
注：测量设备的量程按预计的最大量值选择。		

参 考 文 献

[1] GB/T 2009.35—2008 电工术语 爆炸性环境用设备(IEC 60050-161:2008,IDT)

[2] IEC 60050-195:1998 International Electrotechnical Vocabulary—Part 195: Earthing and protection against electric shock

[3] IEC 60050-161:1990 International Electrotechnical Vocabulary—Chapter 161: Electromagnetic compatibility

[4] IEC/TR 60079-32 Explosive atmospheres—Electrostatics

[5] ISO 15156-1 Petroleum and natural gas industries—Materials for use in H2S-containing environments in oil and gas production—Part 1: General principles for selection of cracking-resistant materials

其他没有在文中引用的参考文献:

[6] IEC 60439-1 Low-voltage switchgear and controlgear assemblies—Part 1: Type-tested and partially type-tested assemblies

[7] IEC 62282-6-100 Fuel cell technologies—Part 6-100: Micro fuel cell power systems—Safety

ICS 29.060.01
K 13

中华人民共和国国家标准

GB/T 30085—2013/IEC 62491:2008

工业系统、装置和设备及工业产品电缆和电线的标记

Industrial systems, installations and equipment and industrial products—Labelling of cables and cores

(IEC 62491:2008, IDT)

2013-12-17 发布　　2014-04-09 实施

中华人民共和国国家质量监督检验检疫总局
中国国家标准化管理委员会　发布

前　言

本标准按照 GB/T 1.1—2009 给出的规则起草。

本标准使用翻译法等同采用 IEC 62491:2008《工业系统、装置和设备及工业产品　电缆和电线的标记》。

与本标准中规范性引用的国际文件有一致性对应关系的我国文件如下：

——GB/T 1988　信息技术　信息交换用七位编码字符集(ISO/IEC 646，EQV)

——GB/T 5094.1　工业系统、装置与设备以及产品　结构原则与参照代号 第 1 部分：基本规则(IEC 81346-1，IDT)

本标准对 IEC 62491:2008 还进行了编辑性修改。

本标准由全国电气信息结构文件编制和图形符号标准化技术委员会(SAC/TC 27)提出并归口。

本标准负责起草单位：中机生产力促进中心、中国建筑标准设计研究院、中航工业规划建设、中国电子科技集团公司第十四研究所、中国航天科工集团二院二十三所。

本标准主要起草人：高永梅、徐玲献、陈泽毅、刁兆勇、李萍。

工业系统、装置和设备及工业产品
电缆和电线的标记

1 范围

本标准规定了用于工业装置、设备及产品用电缆、绝缘线芯/导体的标记规则和方法，标记是为了给出技术文件和实际设备之间的明确对应关系及其他目的。规定并描述了以下方法：

a) 带颜色的电缆及带标志的绝缘线芯的使用；

b) 附加标识标记；

c) 附加连接标记；

d) 附加信号标记。

本标准适用于工业装置、设备及产品用电缆、绝缘线芯/导体的标记。

本标准不包括标记的物理设计、使用材料、电缆生产厂商关于电缆和导体外包装的规定。

2 规范性引用文件

下列文件对于本文件的应用是必不可少的。凡是注日期的引用文件，仅注日期的版本适用于本文件。凡是不注日期的引用文件，其最新版本(包括所有的修改单)适用于本文件。

GB/T 4026 人机界面标志标识的基本和安全规则 设备端子和导体终端的标识(IEC 60445，IDT)

GB/T 6988.1—2008 电气技术用文件的编制 第1部分：规则(IEC 61082-1:2006，IDT)

GB/T 13534 颜色标志的代码(IEC 60757，IDT)

GB/T 16679 工业系统、装置与设备以及工业产品 信号代号(IEC 61175，IDT)

GB/T 18656 工业系统、装置与设备以及工业产品 系统内端子的标识(IEC 61666，IDT)

IEC 81346-1 工业系统、装置与设备以及产品 结构原则与参照代号 第1部分：基本规则(Industrial systems，installations and equipment and industrial products—Structuring principles and reference designations—Part 1：Basic rules)

ISO/IEC 646 信息技术 信息交换用七位编码字符集(Information technology—ISO 7-bit coded character set for information interchange)

3 术语和定义

下列术语和定义适用于本文件。

3.1

[电缆]导体 conductor (of a cable)

电缆中具有专导电流特定功能的一个部件。

[GB/T 2900.10,01-01]

3.2

电缆/光缆 cable

具有外保护层并且可能有填充、绝缘和保护材料的一个或多个导体和/或光纤的组合体。

[GB/T 2900.83,12-38]

3.3

绝缘线芯　core

由导体及其绝缘和屏蔽(如有的话)组成的组件。

[GB/T 2900.10,04-04]

3.4

端子　terminal

引出端

器件、电路或电网络的导电部分,用以使该器件、电路或电网络与一个或多个外部导体连接。

[GB/T 2900.83,12-12,修改]

3.5

接线板　terminal block

端子板

在绝缘壳体或绝缘板上有多个接线端的组装件,以便于多根导体之间的互连。

[GB/T 4210,06-36]

3.6

端子代号　terminal designation

根据项目的一个方面确定的项目端子的标识符。

[GB/T 18656,3.8]

3.7

信号代号　signal designation

系统内信号的唯一标识符。

[GB/T 16679,3.2]

3.8

参照代号　reference designation

作为系统组成部分的特定项目按该系统的一方面或多方面相对于系统的标识符。

3.9

标记(电缆或绝缘线芯的)　labelling (of a cable or core)

附着在电线或绝缘线芯上的一个或多个标记,用于指示某种特性。

3.10

标识标记　identification labelling

对装备、系统、设备或产品中特定项目要素进行标记的标识符。

3.11

连接标记　connection labelling

说明连接的端子、接线板或设备的标识符,对电缆或绝缘线芯的标识。

3.12

近端连接标记　local-end connection labelling

电缆和绝缘线芯的一种标记方法。指连接的端子,接线板或者设备。

3.13

远端连接标记　remote-end connection labeling

电缆和绝缘线芯的一种标记方法。指连接到另一端的端子,接线板或者设备。

3.14

两端连接标记　both-end connection labelling

电缆和绝缘线芯的一种标记方法。每一端都有近端连接标记和远端连接标记。

3.15

信号标记　signal labelling

基于电缆和绝缘线芯承载信号的标记，它是对电缆和绝缘线芯附加标记的方法。

3.16

复合标记　composite labelling

同时使用标识标记、连接标记和信号标记中两种或两种以上标记。

4　规则

4.1　一般要求

电缆和绝缘线芯的每端都需要识别，而且电缆和绝缘线芯与技术文件关联时可以由以下方式实现：

a)　由电缆厂商提供的标志，见 4.2；

b)　附加标记，见 4.3。

在同色多电缆或多绝缘线芯的大型系统或者装置内，仅用电缆和绝缘线芯厂家提供的标志容易混淆，应使用附加标记。

附加标记将基于以下一个或几个方面：

a)　电缆或绝缘线芯的标识符，见第 5 章。

b)　电缆或绝缘线芯的连接，见第 6 章。

c)　电缆或绝缘线芯承载的信号，见第 7 章。

4.2　电缆绝缘线芯标志的使用

厂商通常以下述的方式对电缆绝缘线芯进行标志：

a)　单芯线用带颜色绝缘材料；

b)　电缆中绝缘线芯用不同颜色的绝缘材料；

c)　电缆绝缘线芯的不同编号。

应尽可能地使用这些绝缘线芯标识，而不采用附加标记。

在设备的文件中，应依照 GB/T 6988.1—2008 中 7.5 和 9.3 对这些标记的使用给出的描述。

在文件中，对于绝缘线芯颜色的说明应依照 GB/T 13534 的颜色代码规定。

注：绝缘线芯颜色不能提供绝缘线芯连接到何处的任何信息，这些连接信息可以在相关的接线表或接线图中找到。

表 1 一个接线表的示例，该表中绝缘线芯的颜色(应与 GB/T 13534 中表述一致)用于标识。

表 1　采用绝缘线芯的颜色代码进行标识的接线表示例

绝缘线芯颜色	近端	远端
GNYE(黄绿色)	A4X1：PE	B4X1：PE
BK(黑色)	A4X1：11	B4X1：33
BN(棕色)	A4X1：17	B4X1：34
RD(红色)	A4X1：18	B4X1：35

4.3　使用附加标记

必要时，可以使用以下附加标记：

a)　电缆或绝缘线芯的标识标记，见第 5 章；

b)　电缆或绝缘线芯的连接标记，见第 6 章；

——近端连接标记;

——远端连接标记;

——两端连接标记;

c) 电缆或绝缘线芯的信号标记,见第7章;

d) 复合标记,见第8章。

在说明文件中要对使用方法给出说明,见第11章。

某些附加信息,例如电路图中的页码参考信息,要在标记上注明。这些附加信息的使用也要在技术文件中给出说明,具体示例参见A.5。

5 标识标记

5.1 概述

在电缆和绝缘线芯作为组成部分的系统中,标识标记的目的是给出电缆或绝缘线芯的标识符。敷设电缆和绝缘线芯即使有交叉连接点,也要使用同一标记。

标识标记不提供任何连接信息,连接信息在相关的文件中给出。

注1:关于相关文件类型的准备工作信息,参见GB/T 6988.1。

根据IEC 81346-1,电缆或绝缘线芯的首选标识符是参照代号。关于系统、装置或设备中如何构造唯一的参照代号,IEC 81346-1提供了进一步的说明。

根据绝缘线芯标识的结构和连接项目的不同,参照代号可以有不同的形式。

注2:“电缆编号”是一种参照代号,更多信息参见IEC 81346-1。

通常情况下,参照代号具有相关的前缀符号,但在不产生混淆的情况下,也可省略。

注3:本标准的示例中,为了不给使用者留下电缆和连接标记需要前缀符号的印象,有意省略了参照代号中(即使命名为“完整”)的第一个前缀符号。

示例1:针对同一物体上两端之间弧线的电缆,电缆或绝缘线芯的标识见图1和表2,这里不仅给出了每一端点的标记,而且给出了中间点的标记。

W23是具有中间标记和终端接线标记的单绝缘线芯电缆。

W24是具有中间标记和终端接线标记的电缆。在示例中该电缆的每个绝缘线芯都有标记。如果电缆厂商按4.2执行,对电缆的绝缘线芯给出了唯一的编号或颜色标志,电缆绝缘线芯的附加标记可以省略。

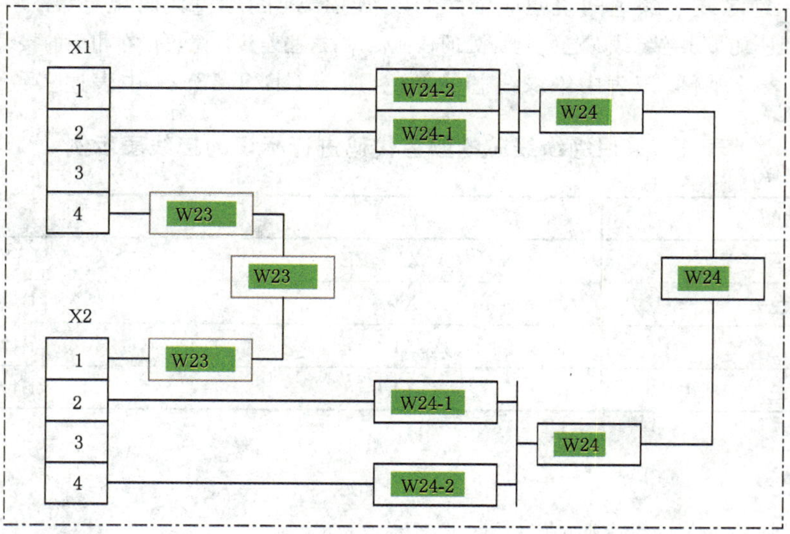

图1 单芯电缆(W23)和不同绝缘线芯标记的多芯电缆(W24)标识标记的示例

表 2　与图 1 标记对应的接线表

电缆参照代号	绝缘线芯参照代号	端子	端子	标记
W23		X1：4	X2：1	W23
W24	—1	X1：2	X2：2	W24-1
	—2	X1：1	X2：4	W24-2

在不会引起混淆的情况下，用于区分标识物体唯一的参照代号的前端部分可以省略，这就要求，在被标识物体的标记上要有明显的标识物体的参照代号。

注 4：电缆或绝缘线芯的完整参照代号是由物体、电缆和绝缘线芯的参照代号连接后组成。

示例 2(见图 2 和表 3)

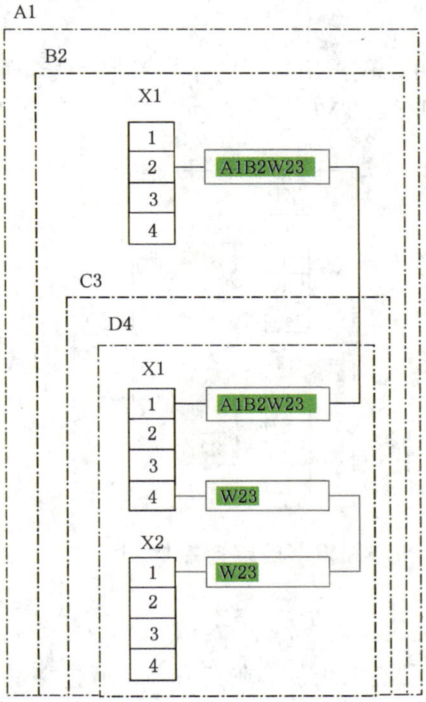

图 2　省略了参照代号前端部分的绝缘线芯标识标记示例

表 3　与图 2 对应标记的接线表

参照代号	端子	端子	标记
A1B2C3D4W23	A1B2C3D4X1：4	A1B2C3D4X2：1	W23
A1B2W23	A1B2X1：2	A1B2C3D4X1：1	A1B2W23

如果包括绝缘线芯的物体具有参照代号 A1B2C3D4，而且绝缘线芯连接的两个接线端都在该物体内，那么该绝缘线芯的标记可以简化为 W23，该绝缘线芯的完整的参照代号是 A1B2C3D4W23。

示例 3(见图 2 和表 3)

如果绝缘线芯穿过物体间的边界线，在标记上要注明完整的参照代号。例如，连接 A1B2C3D4 中接线板 X1 和 A1B2 中接线板 X1 的绝缘线芯要用绝缘线芯所在的物体(即 A1B2)加以标识，即 A1B2W23。

6 连接标记

6.1 概述

连接标记是以端子代号的方式表示电缆和绝缘线芯所连接的端子的标识符。

对于多芯电缆，只能表示电缆所连接的接线板或设备的标识符。

对于端子而言，首选的标识符应该是符合 GB/T 18656 的端子代号。该标准还对装置与系统内如何产生唯一的端子代号给出了更进一步的说明。

如不产生混淆，物体内标记唯一的端子代号的前端部分可以省略。

6.2 近端连接标记

在近端连接标记时，对绝缘线芯端采用它所连接的端子进行标记，在不参考接线表或接线图的情况下，仍然可以连接到端子。

在单元内的电缆或绝缘线芯可以仅采用端子的单层参照代号，而省略其所在单元的参照代号。见图 3(该示例中，完整的端子代号是 A1S1X1：2)。

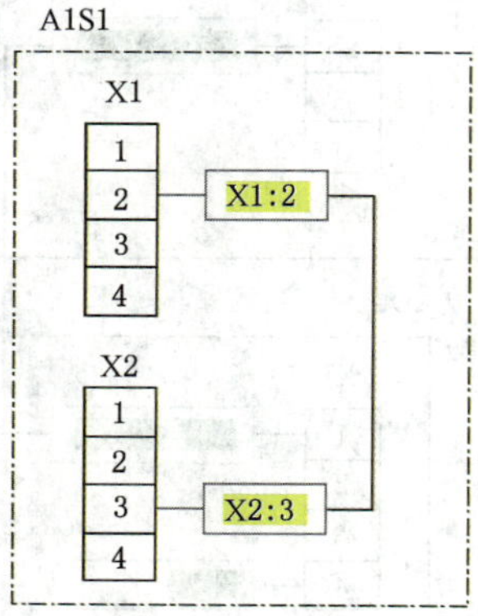

图 3 近端连接标记示例

6.3 远端连接标记

在远端连接标记中，每根电缆或绝缘线芯都在其另一端所连接的端子作为本身的标记。对于故障定位和维护工作，这种标记很方便，但是对于正常替换断掉的连接，需要参考接线表或接线图。

在单元内的电缆或绝缘线芯可以仅采用端子的单层参照代号标识，而省略其所在单元的参照代号。见图 4(该示例中，完整的端子代号是 A1S1X2：3)。

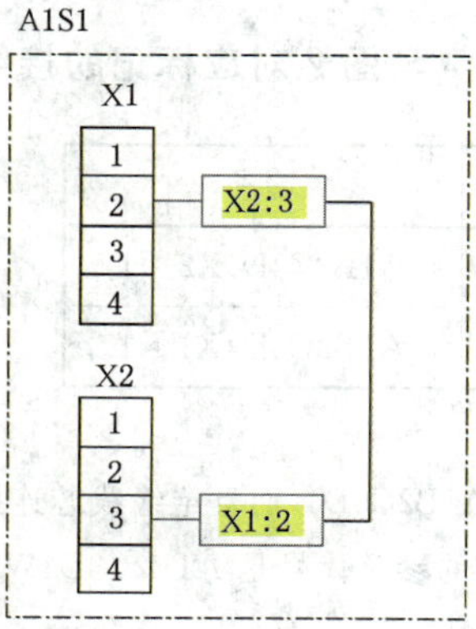

图 4 单元内远端连接标记示例

如果绝缘线芯连接到不同的单元，需要表示出远端端子的完整参照代号，见图 5。

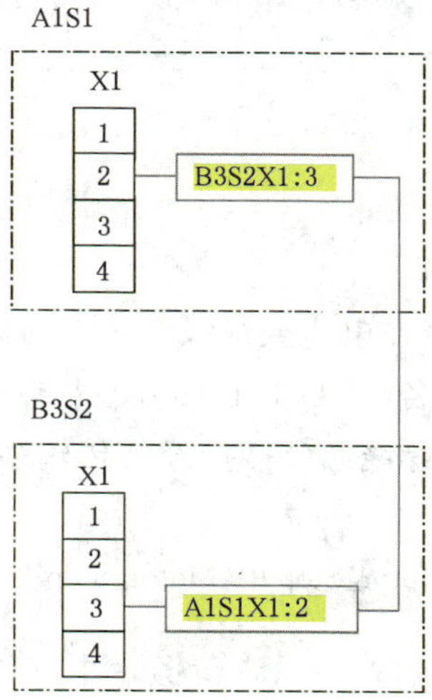

图 5　连接不同单元电缆的远端连接标记

6.4　两端连接标记

在两端连接标记中，每根电线或绝缘线芯都要以近端连接以及所连接的远端连接的端子代号进行标记见图 6。

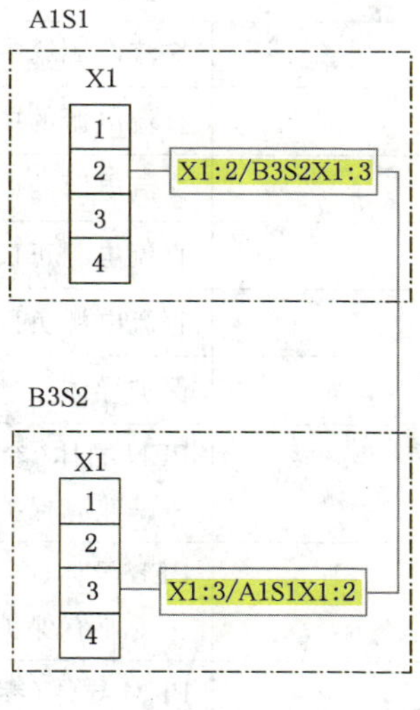

图 6　两端连接标记示例

7　信号标记

7.1　概述

信号标记是为了示出所承载的信号的标识符。除非用于 7.3 所描述的某些特定绝缘线芯的标记，信号标记一般作为附加标记。

首选信号标识符应符合 GB/T 16679 规定的信号代号，对于设备和系统内如何产生唯一的信号代号，该标准给出了进一步的说明。

根据 GB/T 16679 的规定，恒定电源被视为特种信号类型。根据 GB/T 4026 的规定，在某种意义下，绝缘线芯标记的终端是信号标记。

7.2 信号代号的标记

根据 GB/T 16679，信号代号有如下结构：

信号代号；信号名：变量（附加信息）。

完整的信号代号会很长，因此，附属在电缆或绝缘线芯上的标记呈现的信息要限定为特定目的最小值。在很多情况下，信号名或基本信号名（见 GB/T 16679）足以表达信息，与标识标记共同表示信息时更是如此。要考虑到如下事实，一条绝缘线芯（一对）经常传输多个信号（例如，通断电路），特别是对于数字电路。

示例：在完整的信号代号 A5W1M1：C_Motor_Stop 中，Motor_Stop 是基本信号名，对于标记它给出了足够的信息。

7.3 电缆特定导体的标记

GB/T 4026 对表 4 中的字母代码给出了说明，以描述特定导体终端。这些代码可以作为电源侧信号代号的部分，在需要的情况下，可以用于对应电缆或绝缘线芯的信号标记。

表 4 关于特定导体的标记

标记	导体
L1	交流电源第一相
L2	交流电源第二相
L3	交流电源第三相
M	直流电源的中间导体
N	交流电源的中性导体
L＋	直流电源正极
L－	直流电源负极
PE	保护导体
PEN	PEN 导体（参见 GB/T 2900.73 中的定义） ——兼有保护接地导体和中性导体功能的导体
PEL	PEL 导体（参见 GB/T 2900.73 中的定义） ——兼有保护接地导体和线导体功能的导体
PEM	PEM 导体（参见 GB/T 2900.73 中的定义） ——兼有保护接地导体和中间导体功能的导体
PB	保护联结导体（参见 GB/T 2900.73 中的定义） ——用于保护等电位联结的保护导体
PBE	接地的保护联结导体 ——与大地有导电通路的保护联结导体
PBU	不接地的保护联结导体 ——与大地没有导电通路的保护联结导体
FE	功能接地导体
FB	功能联结导体

图 7 给出的示例中，混合使用了近端连接标记和信号标记，导体用于接地功能。

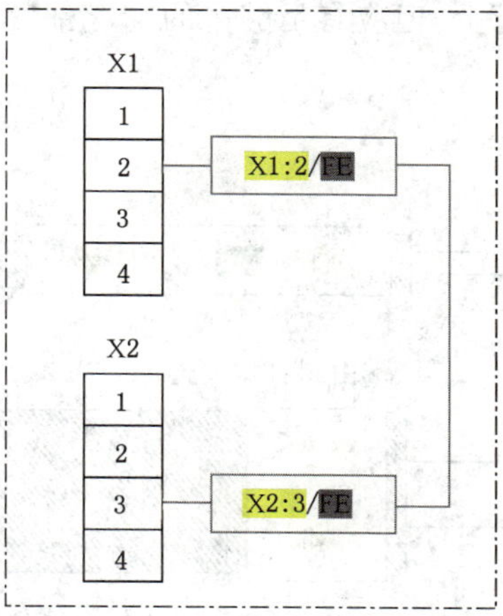

图 7　混合使用近端连接标记与信号标记示例

8　复合标记

复合标记由两个或两个以上的标记组成，如标识标记和连接标记。其中的连接标记可以是近端、远端或两端标记。

在近端、远端以及信号标记过程中的中间标记可以省略。见图 8。

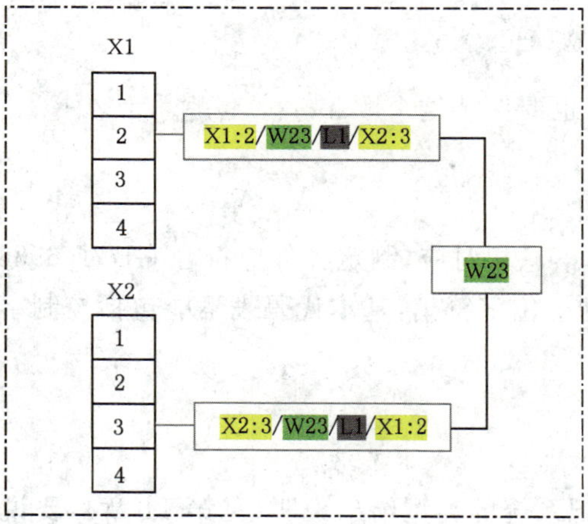

图 8　使用两端连接标记、标识标记以及信号标记的复合标记

9　附加标记的排列

9.1　概述

为便于识别，沿着电缆和导体方向，在电缆或绝缘线芯的末端可见位置上排列附加标记。

如标记中有多种标识符内容，可以采用以下示例方式区分这些元素(见图 9)：

a) 每一个元素排列在一行上;

b) 不同元素间可用特定的符号分隔,如斜杠(/);

c) 不同元素间排列可不在一行上,但应有足够多的空(空白符号);

d) 使用易于区分的印刷体字。

注:图 9 与图 8 使用了同样标记。

由斜杠(/)分隔

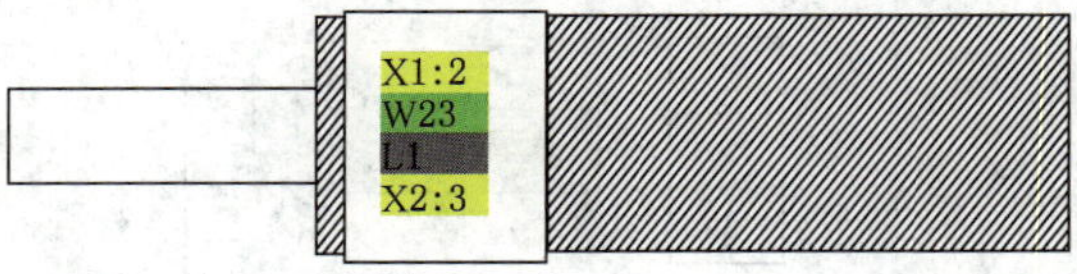

排列在不同的行内

图 9 电缆和导体上标记的排列示例

9.2 标记的相对位置

始于近端连接标记不同的标记应该以下述的顺序排列:

近端连接 /标识/ 信号/ 远端连接

或

近端连接

标识

信号

远端连接

即使省略一个或多个标记也要保持这个顺序。

9.3 可用字符

标记信息应与相关文件的信息相对应,制定文件应符合 GB/T 6988.1 的要求。包括文件中的字符不能超出 ISO/IEC 646 规定的 7 位字符集,基本代码表不能包括控制字符以及国际替代字符。

10 标记与文件的对应

在文件中,要对使用的标记系统的类型给出说明(见第 11 章),要说明不同种类的标记如何间隔或如何识别不同种类的标记(见第 9 章)。

根据 GB/T 6988.1 所有标识符(即参照代号、端子代号、信号代号)都要包括在文件中,因此,对标记不需要做进一步的陈述。

11 一致性

为了实现对本标准的一致性,需要根据表 5 描述的方法标记。

表 5　本标准定义的标记方法

方法	章/节	描述	说明
0		无标记	所有电缆都在可见范围内
A	4.2	使用指定的电缆或绝缘线芯	无附加标记。以电缆绝缘体颜色或编号作标记
R	5	参照代号(包括电缆编号)意义下的标识标记	附加标记
CL	6.2	近端连接标记	附加标记
CR	6.3	远端连接标记	附加标记
CB	6.4	两端连接标记	附加标记
S	7	信号标记	附加标记
以上述的两个或两个以上方法给予说明	8	复合标记	附加标记

附　录　A
（资料性附录）
标记示例

A.1　概述

本附录给出了装配单元内一束电缆，应用不同标记方法的示例。

标记示例将以图 A.1 的电路图为基础上，为表明出现在图表中标识的不同，采用不同的背景颜色，说明如下：

a)　黄色：表示进行连接的参照代号；

b)　绿色：电缆的参照代号；

c)　灰色：信号代号。

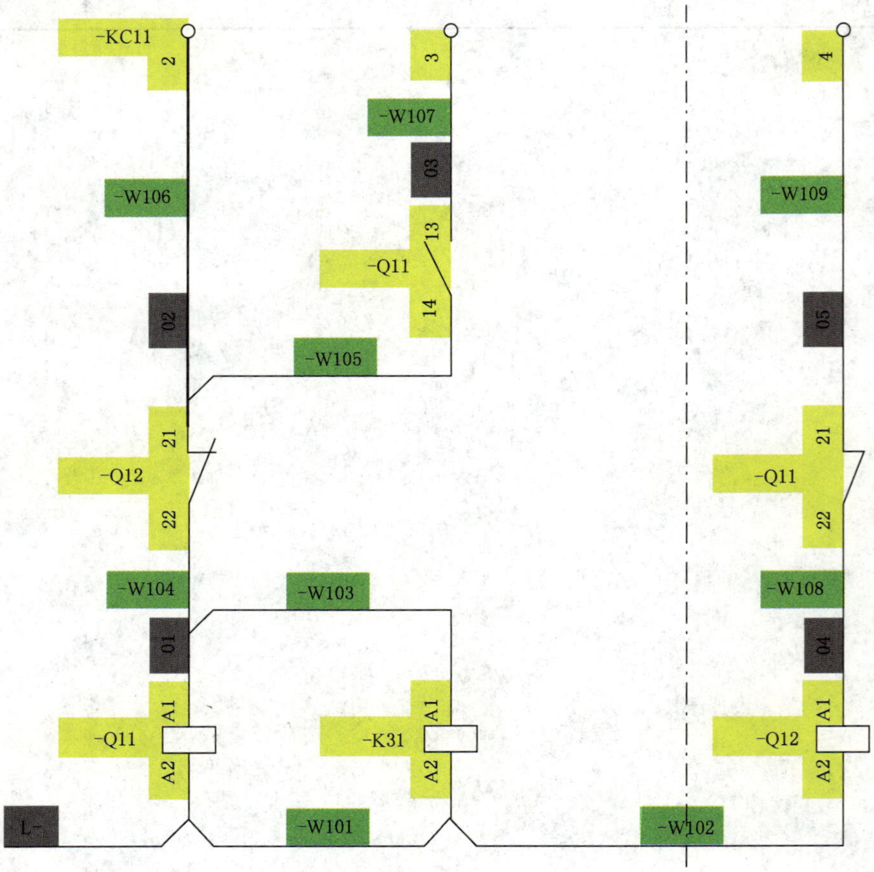

图 A.1　用于示例的电路图

A.2　标识标记（R 方法）

根据第 5 章，标识标记的原则是电缆或绝缘线芯的参照代号。在本例中，参照代号是产品面结构组成的，对于电缆，参照代号由 3 个数字组成。

在下述的示例中,因所有的参照代号都是相对于产品面结构的,在标记上省略了参照代号的前缀符号和字母符号。

见图 A.2。

注:在“标记图解”中,电缆右端的标记(端点 2)以倒置的方式显示,这样可以更明显的给出 9.2 所描述的标记排列特点。这种情况只会在直线段电缆上示出两端的情况下适用,没有其他具体意义。

电缆	信号	端点 1			端点 2			标识图解
		物体	接线端	标记	物体	接线端	标记	
−W101	L−	−Q11	:A2	101	−K31	:A2	101	101 … 101
−W102	L−	−K31	:A2	102	−Q12	:A2	102	102 … 102
−W103	01	−Q11	:A1	103	−K31	:A1	103	103 … 103
−W104	01	−Q11	:A1	104	−Q12	:22	104	104 … 104
−W105	02	−Q12	:21	105−	−Q11	:14	105	105 … 105
−W106	02	−Q12	:21	106	−XC11	:2	106	106 … 106
−W107	03	−Q12	:13	107	−XC11	:3	107	107 … 107
−W108	04	−Q12	:A1	108	−Q11	:22	108	108 … 108
−W109	05	−Q11	:21	109	−XC11	:4	109	109 … 109

图 A.2 标识标记的示例

A.3 近端连接标记(CL 方法)

根据 6.2,近端连接标记原则是标识电缆所连接到接线端的参照代号。该标记可应用于电缆的两端。

在图 A.3 中,所有的参照代号都是相对于产品面结构的,在标记上省略了参照代号的前缀符号。

电缆	信号	端点 1			端点 2			标识图解
		物体	接线端	标记	物体	接线端	标记	
−W101	L−	−Q11	:A2	Q11:A2	−K31	:A2	K31:A2	Q11:A2 … K31:A2
−W102	L−	−K31	:A2	K31:A2	−Q12	:A2	Q12:A2	K31:A2 … Q12:A2
−W103	01	−Q11	:A1	Q11:A1	−K31	:A1	K31:A1	Q11:A1 … K31:A1
−W104	01	−Q11	:A1	Q11:A1	−Q12	:22	Q12:A22	Q11:A1 … Q12:A22
−W105	02	−Q12	:21	Q12:21	−Q11	:14	Q11:14	Q12:21 … Q11:14
−W106	02	−Q12	:21	Q12:21	−XC11	:2	XC11:2	Q11:21 … XC11:2
−W107	03	−Q12	:13	Q11:13	−XC11	:3	XC11:3	Q11:13 … XC11:3
−W108	04	−Q12	:A1	Q12:A1	−Q11	:22	Q11:22	Q12:A1 … Q11:22
−W109	05	−Q11	:21	Q11:21	−XC11	:4	XC11:4	Q11:21 … XC11:4

图 A.3 近端标记示例

A.4 两端连接标记(CB 方法)

根据 6.4,两端连接标记原则是标识电缆近端连接及所连接到远端连接的参照代号。该标记可以应用于电缆的两端。

在图 A.4 中，所有的参照代号都是相对于产品面结构的，在标记上省略了参照代号的前缀符号。

注：标记中的两部分的顺序在电缆的两端是不一样的。

端点 1			端点 2			标识图解
物体	接线端	标记	物体	接线端	标记	
—Q11	:A2	Q11:A2/K31:A2	—K31	:A2	K31:A2/A11:A2	Q11:A2/K31:A2 ｜ K31:A2/Q11:A2
—K31	:A2	K31:A2/Q12:A2	—Q12	:A2	Q12:A2/K31:A2	K31:A2/Q12:A2 ｜ Q12:A2/K31:A2
—Q11	:A1	Q11:A1/K31:A1	—K31	:A1	K31:A1/Q11:A1	Q11:A1/K31:A1 ｜ K31:A1/Q11:A1
—Q11	:A1	Q11:A1/Q12:A22	—Q12	:22	Q12:A22/Q11:A1	Q11:A1/Q12:A22 ｜ Q12:A22/Q11:A1
—Q12	:21	Q12:21/Q11:14	—Q11	:14	Q11:14/Q12:21	Q12:21/Q11:14 ｜ Q11:14/Q12:21
—Q12	:21	Q12:21/XC11:2	—XC11	:2	XC11:2/Q12:21	Q11:21/XC11:2 ｜ XC11:2/Q11:21
—Q12	:13	Q11:13/XC11:3	—XC11	:3	XC11:3/ Q11:13	Q11:13/XC11:3 ｜ XC11:3/Q11:13
—Q12	:A1	Q12:A1/ Q11:22	—Q11	:22	Q11:22/ Q12:A1	Q12:A1/Q11:22 ｜ Q11:22/Q12:A1
—Q11	:21	Q11:21/ XC11:4	—XC11	:4	XC11:4/ Q11:21	Q11:21/XC11:4 ｜ XC11:4/Q11:21

图 A.4　两端连接标记示例

A.5　补充附加信息

本示例说明了如何在近端连接标记(CL)上补充附加信息。

本示例中的附加信息是连接点所在电路图的页码。

为了区分附加信息与已标准化的表示法，附加信息放在方括号内。

注：在标记上填写特定文件的页码作为附加信息时，只有其文件中页码是固定不变的情况下才有效。如果使用具有动态设置页码功能的 CAE 系统，使用的文件应该是最终版本的。

见图 A.5。

页码	端点 1			端点 2			标识图解
	物体	接线端	标记	物体	接线端	标记	
323	—Q11	:A2	Q11:A2[323]	—K31	:A2	K31:A2[323]	Q11:A2[323] ｜ K31:A2[323]
323* 324*	—K31	:A2	K31:A2[323]	—Q12	:A2	Q12:A2[324]	K31:A2[323] ｜ Q12:A2[324]
323	—Q11	:A1	Q11:A1[323]	—K31	:A1	K31:A1[323]	Q11:A1[323] ｜ K31:A1[323]
323	—Q11	:A1	Q11:A1[323]	—Q12	:22	Q12:A22[323]	Q11:A1[323] ｜ Q12:A22[323]
323	—Q12	:21	Q12:21[323]	—Q11	:14	Q11:14[323]	Q12:21[323] ｜ Q11:14[323]
323	—Q11	:21	Q12:21[323]	—XC11	:2	XC11:2[323]	Q11:21[323] ｜ XC11:2[323]
323	—Q11	:13	Q11:13[324]	—Q11	:3	XC11:3[323]	Q11:13[323] ｜ XC11:3[323]
324	—Q12	:A1	Q12:A1[324]	—XC11	:22	Q11:22[324]	Q12:A1[324] ｜ Q11:22[324]
324	—Q11	:21	Q11:21[324]	—XC11	:4	XC11:4[324]	Q11:21[324] ｜ XC11:4[324]

* 在本连接中，电缆的一端在某一页上，而另一端在另一页上。

图 A.5　具有附加信息的近端连接标记示例

A.6 信号标记(S 方法)

根据第 7 章,信号标记的原则是通过电缆所承载的信号进行标记。

不同电缆承载相同的信号,具有相同的标记。从信号的角度看,一组承载同样电子信号的电缆(电缆段)将会有相同的标记。

在图 A.6 中,一组电缆将采用 2 个字符数进行标记。承载供电电压的电缆标记应符合 7.3 方法。

电缆	信号	端点 1			端点 2			标识图解
		物体	接线端	标记	物体	接线端	标记	
—W101	L—	—Q11	:A2	L—	—K31	:A2	L—	L- / L-
—W102	L—	—K31	:A2	L—	—Q12	:A2	L—	L- / L-
—W103	01	—Q11	:A1	01	—K31	:A1	01	01 / 01
—W104	01	—Q11	:A1	01	—Q12	:22	01	01 / 01
—W105	02	—Q12	:21	02	—Q11	:14	02	02 / 02
—W106	02	—Q12	:21	02	—XC11	:2	02	02 / 02
—W107	03	—Q11	:13	03	—XC11	:3	03	03 / 03
—W108	04	—Q12	:A1	04	—Q11	:22	04	04 / 04
—W109	05	—Q11	:21	05	—XC11	:4	05	05 / 05

图 A.6 信号标记示例

A.7 复合标记(R + S 方法)

这类标记的原则见第 8 章。

本示例展示了标识标记(参见 A.2)和信号标记(参见 A.6)的组合情况。这只是组合的一种可能。见图 A.7。

电缆	信号	端点 1			端点 2			标识图解
		物体	接线端	标记	物体	接线端	标记	
—W101	L—	—Q11	:A2	101/L—	—K31	:A2	101/L—	101/L- / 101/L-
—W102	L—	—K31	:A2	102/L—	—Q12	:A2	102L—	102/L- / 102/L-
—W103	01	—Q11	:A1	103/01	—K31	:A1	103/01	103/01 / 103/01
—W104	01	—Q11	:A1	104/01	—Q12	:22	10401	104/01 / 104/01
—W105	02	—Q12	:21	105/102	—Q11	:14	105/02	105/02 / 105/02
—W106	02	—Q12	:21	106/02	—XC11	:2	10602	106/02 / 106/02
—W107	03	—Q11	:13	107/03	—XC11	:3	107/03	107/03 / 107/03
—W108	04	—Q12	:A1	108/04	—Q11	:22	108/04	108/04 / 108/04
—W109	05	—Q11	:21	109/05	—XC11	:4	109/05	109/05 / 109/05

图 A.7 复合标记示例

A.8 使用电缆颜色(方法 A)

这类标记的原则见 4.2。

在下述的示例中,颜色用于标记电缆。在示例中,承载相同的信号或供电的电缆采用相同的颜色。见图 A.8。

电缆	信号	端点 1			端点 2			标识图解
		物体	接线端	标记	物体	接线端	标记	
—W101	L—	—Q11	:A2	蓝	—K31	:A2	蓝	
—W102	L—	—K31	:A2	蓝	—Q12	:A2	蓝	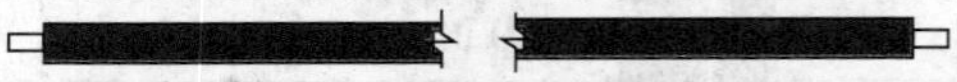
—W103	01	—Q11	:A1	黑	—K31	:A1	黑	
—W104	01	—Q11	:A1	黑	—Q12	:22	黑	
—W105	02	—Q12	:21	褐	—Q11	:14	褐	
—W106	02	—Q12	:21	褐	—XC11	:2	褐	
—W107	03	—Q11	:13	绿	—XC11	:3	绿	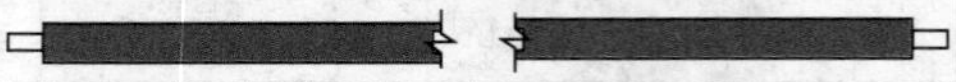
—W108	04	—Q12	:A1	灰	—Q11	:22	灰	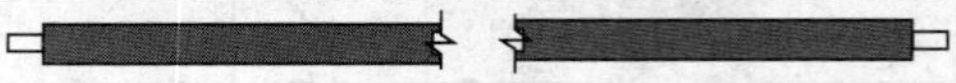
—W109	05	—Q11	:21	白	—XC11	:4	白	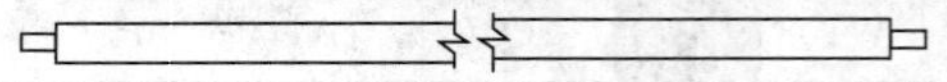

图 A.8 使用电缆颜色的示例

参 考 文 献

[1] GB/T 2900.83—2008 电工术语 电的和磁的器件(IEC 60050-151, International Electrotechnical Vocabulary—Part 151: Electrical and magnetic devices, IDT)

[2] GB/T 2900.73—2008 电工术语 接地与电击防护(IEC 60050-195, International Electrotechnical Vocabulary—Part 195: Earthing and protection against shock, MOD)

[3] GB/T 2900.10—2001 电工术语 电缆(IEC 60050-461, International Electrotechnical Vocabulary—Chapter 461: Electric cables, IDT)

[4] GB/T 4210—2001 电工术语 电子设备用机电元件(IEC 60050-581, Advance edition of the International Electrotechnical Vocabulary—Chapter581: Electromechanical components for electronic equipment, IDT)

[5] GB 7947—2010 人机界面标志标识的基本和安全规则 导体颜色或字母数字标识(IEC 60446, Basic and safety principles for man-machine interface, marking and identification—Identification of conductors by colours or alphanumerics, IDT)

ICS 83.140.30
G 33

中华人民共和国国家标准

GB/T 30086—2013

给水塑料管道轴向线膨胀系数试验方法

Determination of axial coefficient of linear expansion of plastics pipes for water supply

2013-12-17 发布

2014-03-01 实施

中华人民共和国国家质量监督检验检疫总局
中国国家标准化管理委员会
发布

前　言

本标准按照 GB/T 1.1—2009 给出的规则起草。

本标准由全国质量监管重点产品检验方法标准化技术委员会(SAC/TC 374)提出并归口。

本标准负责起草单位:上海市建筑科学研究院(集团)有限公司、上海建科检验有限公司。

本标准参加起草单位:浙江伟星新型建材股份有限公司、上海瑞河企业集团有限公司、永高股份有限公司、上海白蝶管业科技股份有限公司、爱康企业集团(上海)有限公司、上海天力实业(集团)有限公司、上海上塑控股(集团)有限公司、上海久通塑胶制品有限公司。

本标准主要起草人:赵敏、王静、戚锦秀、胥巍然、陈晓光、苏宇、王怡筠、毕麟波、赫赫。

给水塑料管道轴向线膨胀系数试验方法

1 范围

本标准规定了给水塑料管道轴向线膨胀系数试验的术语和定义、原理、设备、试样、试验步骤、结果计算与评定和试验记录与报告。

本标准适用于用顶杆示差法测量各类给水塑料管道直管的轴向线膨胀系数。

2 规范性引用文件

下列文件对于本文件的应用是必不可少的。凡是注日期的引用文件，仅注日期的版本适用于本文件。凡是不注日期的引用文件，其最新版本(包括所有的修改单)适用于本文件。

GB/T 8806 塑料管道系统 塑料部件 尺寸的测定

QB/T 2803 硬质塑料管材弯曲度测定方法

3 术语和定义

下列术语和定义适用于本文件。

3.1

轴向线膨胀系数 axial coefficient of linear expansion

温度每变化1 ℃时，塑料管材在轴向长度上的相对变化值。

4 原理

塑料管材的自由段在环境温度和(或)管材内流体温度发生变化时，在轴向长度上会发生尺寸的膨胀或收缩。

本方法是用顶杆示差法线膨胀系数试验仪对试样进行均匀加热，并控制温度上升速率，测量两温度点间试样轴向长度变化量，计算线膨胀系数。

5 设备

顶杆示差法线膨胀系数试验仪包括恒温水槽、温度控制系统、形变测量系统，并应符合以下要求：

a) 恒温水槽及温度控制系统可提供温度范围为20 ℃～95 ℃的温度环境，保持恒定的温度后，其平均温差不大于±0.5 ℃，最大温差不大于±1.0 ℃，能获得稳定的升温速率，升温速率为4 ℃/10 min±1 ℃/10 min，温度示值的最大允许误差为±0.1 ℃；

b) 固定管材试样后，应保证在试验过程中试样仅在轴向发生滑动，径向不应有位移，且滑动摩擦力应小于5 N；

c) 形变测量装置示值的最大允许误差为±0.01 mm，且测长计的接触力不应超过1 N。

6 试样

管材试样长 1 000 mm±20 mm，弯曲度不大于 0.5%，其端面应平整，且与轴线垂直。

每组管材试样数量为 3 个。

7 试验步骤

7.1 状态调节

试样在 23 ℃±1 ℃条件下状态调节 24 h 后进行试验。

7.2 试验过程

在状态调节结束后，记录环境温度 t_0，按照 GB/T 8806 的规定测量的试样长度 L_0，按照 QB/T 2803的规定测量试样弯曲度。

将恒温水槽的水温调节至起始温度，待水温稳定后将试样水平安放于水槽中，使试样的中心轴与轴向线膨胀系数试验仪形变测量装置顶杆的轴线保持一致，试样应完全浸没于水中。放置 30 min 后，记录水槽温度 t_1，并将测量仪指针调至零点，使其稳定。

启动加热装置，以 4 ℃/10 min±1 ℃/10 min 的升温速率对恒温水槽加热，直至所需的试验温度，稳定30 min后记录温度 t_2 及试样长度变化量 ΔL，t_2 与 t_1 之间的温差宜不小于 30 ℃。

8 结果计算与评定

8.1 计算

轴向线膨胀系数按式(1)计算：

$$\alpha = \frac{\Delta L}{L_0 \Delta t} + \alpha_1 \qquad \cdots\cdots(1)$$

式中：

α ——轴向线膨胀系数，单位为毫米每米每摄氏度[mm/(m·℃)]；

ΔL ——温度 t_1 和 t_2 间试样轴向长度的变化量，单位为毫米(mm)；

L_0 ——温度 t_0 时试样的长度，单位为米(m)；

Δt ——t_1 和 t_2 间的温度差($t_1 < t_2$)，单位为摄氏度(℃)；

α_1 ——测试装置中顶杆及其载体的膨胀系数，单位为毫米每米每摄氏度[mm/(m·℃)]。

8.2 评定

计算 3 个试样测试值的算术平均值作为该组试样的轴向线膨胀系数，结果保留 2 位有效数字。

3 个试样的测试值如有 1 个或 1 个以上与平均值的差值超过平均值的 10%，则该组试样的测试结果无效，重新取样试验。

9 试验记录与报告

试验报告应包括以下内容：

a） 注明本标准号及相关引用标准；

b） 试样的名称、规格尺寸和试样弯曲度；

c） 基准温度 t_0；

d） 试验温度 t_1、t_2 和测试装置中顶杆及其载体的膨胀系数 α_1；

e） 试验结果；

f） 任何可能影响结果的因素；

g） 试验日期或试验开始和终止时间。

ICS 71.100.70
Y 42

中华人民共和国国家标准

GB/T 30087—2013

化妆品中保泰松含量的测定方法 高效液相色谱法

Determination of pheylbutazone in cosmetics by high performance liquid chromatography method

2013-12-17 发布　　2014-03-01 实施

中华人民共和国国家质量监督检验检疫总局
中国国家标准化管理委员会　发布

前　言

本标准按照 GB/T 1.1—2009 和 GB/T 20001.4—2001 给出的规则起草。

本标准由全国质量监管重点产品检验方法标准化技术委员会(SAC/TC 374)归口。

本标准起草单位:国家化妆品质量监督检验中心(北京)、北京市海淀区产品质量监督检验所、中检联盟(北京)质检技术研究院。

本标准主要起草人:王浩、刘艳琴、史海良、杨红梅、穆同娜、田艳玲。

化妆品中保泰松含量的测定方法 高效液相色谱法

1 范围

本标准规定了化妆品中保泰松含量的高效液相色谱测定方法。

本标准适用于水剂类、膏霜乳液类、唇膏类等化妆品中保泰松的测定。

2 规范性引用文件

下列文件对于本文件的应用是必不可少的。凡是注日期的引用文件，仅注日期的版本适用于本文件。凡是不注日期的引用文件，其最新版本(包括所有的修改单)适用于本文件。

GB/T 6682 分析实验室用水规格和试验方法

3 原理

样品经含2%氨水的甲醇溶液超声提取，富集提取液后，用高效液相色谱仪测定，外标法定量，液相色谱/质谱确证。

4 试剂和材料

除另有说明外，所用试剂均为分析纯，水为GB/T 6682规定的一级水。

4.1 氨水。

4.2 乙酸铵。

4.3 氯化钠。

4.4 四氢呋喃：色谱纯。

4.5 甲醇：色谱纯。

4.6 乙腈：色谱纯。

4.7 2%氨水的甲醇溶液：移取10 mL氨水(4.1)至500 mL容量瓶中，甲醇(4.5)定容。

4.8 乙腈+甲醇(1+2，V/V)：量取250 mL乙腈(4.6)与500 mL甲醇(4.5)混合。

4.9 20 mmoL/L乙酸铵溶液：称取1.54 g乙酸铵(4.2)置于烧杯中，加水溶解并定容至1 000 mL。

4.10 保泰松标准样品：具体信息见表1。

表1 保泰松标准样品信息

中文名称	英文名称	CAS登录号	分子式	相对分子质量	纯度
保泰松	Phenylbutazone	50-33-9	$C_{19}H_{20}N_2O_2$	308.38	≥99%

4.11 标准储备液：准确称取0.1 g标准样品(4.10)，精确至0.000 1 g，于50 mL烧杯中，加适量甲醇(4.5)溶解后移入100 mL棕色容量瓶中，用甲醇(4.5)定容。该溶液于−18 ℃以下保存，可保存六个月。

4.12 标准工作溶液：取适量的标准储备液(4.11)，用含2%氨水的甲醇溶液(4.7)配制成系列标准工作溶液，质量浓度分别为：0.200 μg/mL、1.00 μg/mL、2.50 μg/mL、5.00 μg/mL、10.0 μg/mL、20.0 μg/mL。

4.13 滤膜：0.45 μm，有机相。

5 仪器与设备

5.1 高效液相色谱仪：配二极管阵列或紫外检测器。

5.2 液相色谱/质谱仪：配有电喷雾离子源。

5.3 分析天平：感量分别为 0.000 1 g 和 0.001 g。

5.4 超声波清洗器。

5.5 旋转蒸发仪。

5.6 涡旋混合器。

6 分析步骤

6.1 样品制备

6.1.1 水剂类样品

称取 1.0 g 样品，精确至 0.001 g，置于 10 mL 比色管中，用含 2%氨水的甲醇溶液(4.7)定容。超声提取 10 min，经滤纸过滤，过 0.45 μm 有机相滤膜(4.13)，滤液用液相色谱仪测定。

6.1.2 膏霜乳液类样品

称取 0.5 g 样品，精确至 0.001 g，置于 25 mL 比色管中，用含 2%氨水的甲醇溶液(4.7)定容。超声提取 20 min，经滤纸过滤[如有浑浊或乳化现象，加入约 0.2 g 的氯化钠(4.3)]，吸取 15 mL 滤液至 100 mL 蒸发瓶内，于 45 ℃水浴中减压蒸馏至近干，用 3 mL 含 2%氨水的甲醇溶液(4.7)溶解，过 0.45 μm 有机相滤膜(4.13)，滤液用液相色谱仪测定。

6.1.3 唇膏类样品

称取 0.5 g 样品，精确至 0.001 g，置于 25 mL 比色管中，先加入 1 mL 四氢呋喃(4.4)，涡旋混匀，再用含 2%氨水的甲醇溶液(4.7)定容。超声提取 20 min，经滤纸过滤[如有浑浊或乳化现象，加入约 0.2 g 的氯化钠(4.3)]，吸取 15 mL 滤液至 100 mL 蒸发瓶内，于 45 ℃水浴中减压蒸馏至近干，用 3 mL 含 2%氨水的甲醇溶液(4.7)溶解，过 0.45 μm 有机相滤膜(4.13)，滤液用液相色谱仪测定。

6.2 测定

6.2.1 液相色谱条件

a) 色谱柱：ODS C_{18} 色谱柱，250 mm×4.6 mm(i.d.)，5 μm，或性能相当者；

b) 柱温：25 ℃；

c) 检测波长：270 nm；

d) 进样量：10 μL；

e) 流速：1.0 mL/min；

f) 流动相：流动相及液相色谱梯度洗脱条件见表 2。

表 2 色谱梯度洗脱条件

时间 min	乙腈+甲醇(4.8) %	20 mmol/L 乙酸铵(4.9) %
0	45	55
18	45	55
20	100	0
25	100	0
25.1	45	55

6.2.2 标准二作曲线绘制

分别移取 10 μL 浓度为 0.200 μg/mL、1.00 μg/mL、2.50 μg/mL、5.00 μg/mL、10.0 μg/mL、20.0 μg/mL 的标准工作溶液(4.12),按液相色谱条件(6.2.1)进行测定,以色谱峰的峰面积为纵坐标,对应的溶液浓度为横坐标作图,绘制标准工作曲线。

标准样品色谱图参见图 A.1。

6.2.3 定量分析

用微量注射器准确吸取 10 μL 处理后的样品溶液(6.1)注入液相色谱仪,按液相色谱条件(6.2.1)进行测定,记录色谱峰的保留时间和峰面积,由色谱峰的峰面积可从标准工作曲线上求出相应的色谱峰浓度。样品溶液中被测物的响应值应在仪器测定的线性范围之内,含量高的样品可取适量样品溶液用含 2%氨水的甲醇溶液(4.7)稀释后进行测定。

6.2.4 定性确证

进行样品测定时,如果检出样品的色谱峰的保留时间与标准样品相一致,并且在扣除背景后的样品色谱图中,该物质的紫外吸收图谱与标准样品的紫外吸收图谱相一致,则样品中可能存在保泰松。阳性样品需用液相色谱/质谱进行确证试验(参见附录 B)。

6.3 空白试验

除不称取样品外,均按上述测定条件和步骤进行。

6.4 平行试验

按以上步骤,对同一样品进行平行试验测定。

7 结果计算

样品中保泰松的含量按式(1)计算:

$$X=\frac{c\times V\times k\times 1\,000}{m\times 1\,000} \qquad \cdots\cdots(1)$$

式中:

X ——样品中保泰松的含量,单位为毫克每千克(mg/kg);

c ——样品中保泰松面积对应的浓度,单位为微克每毫升(μg/mL);

V ——样品定容体积，单位为毫升(mL)；

m ——样品的质量，单位为克(g)；

k ——乘积因子，对于水剂类化妆品，$k=1$；对于膏霜乳液类、唇膏类化妆品，$k=0.2$。

注：计算结果需扣除空白值。测定结果用平行测定的算术平均值表示，保留至小数点后两位。

8 检出限与定量限

水剂类、膏霜乳液类、唇膏类化妆品中保泰松的检出限为 2 mg/kg，定量限为 8 mg/kg。

9 允许差

在重复条件下获得的两次独立测定结果的绝对差值不得超过算术平均值的 10%。

附 录 A
（资料性附录）
标准样品色谱图

标准样品色谱图见图 A.1。

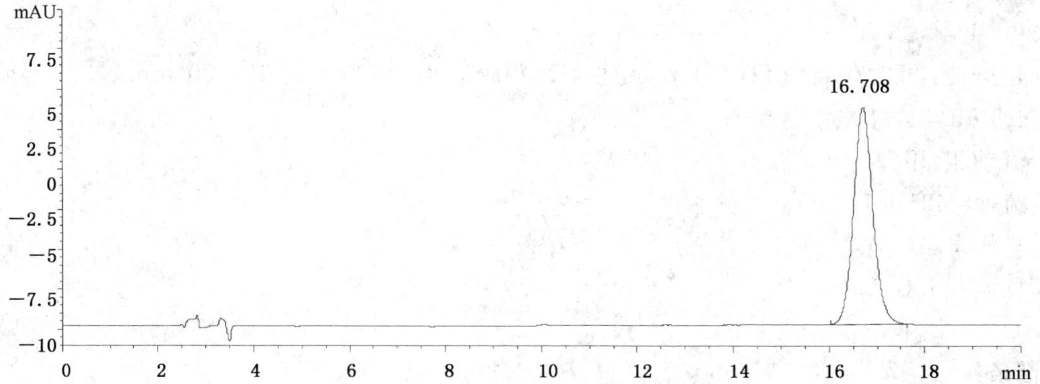

图 A.1 保泰松标准样品色谱图

附 录 B
（资料性附录）
确 证 试 验

B.1 色谱条件

a) 色谱柱：ODS C_{18} 色谱柱（硅氧烷键合到硅胶表面，填料不封端），50 mm×2.1 mm(i.d.)，1.8 μm，或性能相当者。

b) 流动相：甲醇＋水溶液(60＋40，V/V)。

c) 流速：0.25 mL/min。

d) 进样量：10 μL。

e) 柱温：25 ℃。

B.2 质谱条件

a) 电离方式：电喷雾电离，负离子模式。

b) 监测方式：多反应监测(MRM)。

c) 雾化气压力：275.8 kPa。

d) 干燥气温度：340 ℃。

e) 干燥气流速：8 L/min。

f) 定性离子对、定量离子、碎裂电压和碰撞能量见表 B.1。

表 B.1 保泰松的定性离子对、定量离子、碎裂电压和碰撞能量

中文名称	定性离子对(m/z)	定量离子(m/z)	碎裂电压 V	碰撞能量 eV
保泰松	307.1/279.2 307.1/131.3	307.1/279.2	135	10/15

B.3 定性确证

被测组分选择 1 个母离子，2 个以上子离子，在相同试验条件下，样品中待测物质的保留时间与标准溶液中对应的保留时间偏差在±2.5%之内；且样品中被测组分定性离子的相对丰度与浓度接近的标准溶液中对应的定性离子的相对丰度进行比较，偏差不超过表 B.2 规定的范围，则可判定为样品中存在对应的待测物。保泰松的选择离子质量色谱图见图 B.1。

表 B.2 定性确证时相对离子丰度的最大允许偏差

相对离子丰度/%	＞50	＞20～50	＞10～20	≤10
允许的最大偏差/%	±20	±25	±30	±50

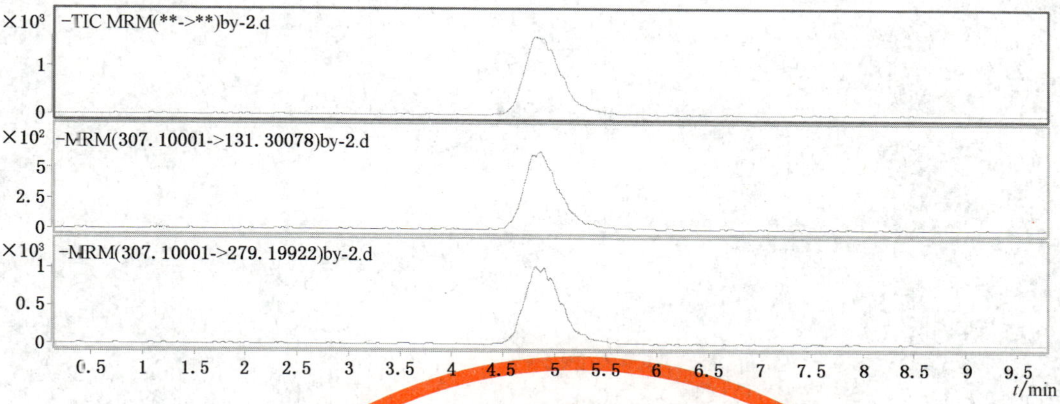

图 B.1 保泰松标准溶液 LC-MS/MS 多反应监测质量色谱图

ICS 71.100.70
Y 42

中华人民共和国国家标准

GB/T 30088—2013

化妆品中甲基丁香酚的测定 气相色谱/质谱法

Determination of methyl eugenol in cosmetics by gas chromatography/mass spectrometry method

2013-12-17 发布　　　　2014-03-01 实施

中华人民共和国国家质量监督检验检疫总局
中国国家标准化管理委员会　发布

前　言

本标准按照 GB/T 1.1—2009 和 GB/T 20001.4—2001 给出的规则起草。

本标准由全国质量监管重点产品检验方法标准化技术委员会(SAC/TC 374)归口。

本标准起草单位:国家化妆品质量监督检验中心(北京)、北京市海淀区产品质量监督检验所、中检联盟(北京)质检技术研究院。

本标准主要起草人:周相娟、赵玉琪、许华、刘艳琴、吴燕涛、曹红。

化妆品中甲基丁香酚的测定 气相色谱/质谱法

1 范围

本标准规定了化妆品中甲基丁香酚的气相色谱/质谱测定方法。

本标准适用于水剂类、膏霜乳液类、唇膏类等化妆品中甲基丁香酚的测定。

2 原理

样品经溶剂提取,离心分离后,上层清液经微孔滤膜过滤,滤液采用气相色谱/质谱法测定,选择离子和色谱保留时间定性,外标法定量。

3 试剂与材料

除非另有说明,所有试剂均为分析纯。

3.1 无水乙醇。

3.2 无水硫酸钠。

3.3 氯化钠。

3.4 正己烷:色谱纯。

3.5 甲基丁香酚标准样品,具体信息见表1。

表1 甲基丁香酚标准样品信息

中文名称	INCI 名称	CAS 登录号	分子式	相对分子质量	纯度
甲基丁香酚	Methyl Eugenol	93-15-2	$C_{11}H_{14}O_2$	178.23	≥98%

3.6 甲基丁香酚标准储备液:准确称取标准样品 0.100 0 g,用无水乙醇(3.1)配成 1 000 μg/mL 的标准储备液,4 ℃冰箱保存。

3.7 标准工作溶液:取适量甲基丁香酚标准储备液(3.6),用无水乙醇(3.1)配制成质量浓度分别为 0.01 μg/mL、0.05 μg/mL、0.1 μg/mL、0.2 μg/mL、0.5 μg/mL、1 μg/mL、2 μg/mL 的系列标准工作溶液。此系列标准工作液应现用现配。

3.8 微孔滤膜:0.22 μm,有机相。

4 仪器和设备

4.1 气相色谱/质谱联用仪(GC-MS):配有电子轰击离子源(EI)。

4.2 分析天平:感量为 0.000 1 g。

4.3 离心机:离心力不低于 6 000 g。

4.4 超声波清洗器。

5 分析步骤

5.1 样品制备

5.1.1 水剂类样品

准确称取样品 0.2 g(精确至 0.000 1 g),用无水乙醇(3.1)定容至 10 mL,混匀后,超声提取 20 min,取上清液,加入约 2 g 的无水硫酸钠(3.2)脱水,经滤膜(3.8)过滤,滤液用气相色谱/质谱测定。

5.1.2 膏霜乳液类样品

准确称取样品 0.2 g(精确至 0.000 1 g),用无水乙醇(3.1)定容至 10 mL,混匀后,超声提取 20 min,加入氯化钠(3.3)0.2 g,混匀,提取液移入离心管中以 6 000 *g* 离心 5 min,取上清液,加入约 2 g 的无水硫酸钠(3.2)脱水,经滤膜(3.8)过滤,滤液用气相色谱/质谱测定。

5.1.3 唇膏类样品

准确称取样品 0.2 g(精确至 0.000 1 g),加入 2 mL 正己烷(3.4)溶解样品,用无水乙醇(3.1)定容至 10 mL,混匀后,超声提取 20 min,提取液移入离心管中以 6 000 *g* 离心 5 min,取上清液,加入约 2 g 的无水硫酸钠(3.2)脱水,经滤膜(3.8)过滤,滤液用气相色谱/质谱测定。

5.2 测定

5.2.1 气相色谱/质谱分析条件

5.2.1.1 色谱柱:HP-INNOWAX 石英毛细管柱,30 m × 0.25 mm (i.d.)×0.25 μm,或性能相当者。
5.2.1.2 色谱柱升温程序:初温 60 ℃,保持 1 min,然后以 20 ℃/min 升至 160 ℃,保持 5 min,再以 40 ℃/min 升至 220 ℃,保持 13 min。
5.2.1.3 进样口温度:220 ℃。
5.2.1.4 色谱/质谱接口温度:260 ℃。
5.2.1.5 载气:氦气,纯度≥99.999%。
5.2.1.6 流速:1.0 mL/min。
5.2.1.7 进样量:1 μL。
5.2.1.8 进样方式:分流进样。
5.2.1.9 分流比:10∶1。
5.2.1.10 电离方式:EI。
5.2.1.11 电离能量:70 eV。
5.2.1.12 溶剂延迟:8 min。
5.2.1.13 监测方式:选择离子监测(SIM)。

选择离子:如表 2 所示。

表 2 甲基丁香酚的分子式、相对分子质量、定量离子、定性离子和丰度比

化学名称	分子式	相对分子质量	定量离子	定性离子和丰度比
甲基丁香酚	$C_{11}H_{14}O_2$	178.23	178(100)	103∶147∶163 (14∶24∶28)

5.2.2 标准工作曲线的绘制

将浓度为 0.01 μg/mL、0.05 μg/mL、0.1 μg/mL、0.2 μg/mL、0.5 μg/mL、1 μg/mL、2 μg/mL 的系列标准工作溶液(3.7)按色谱条件(5.2.1)进行测定,以峰面积为纵坐标,浓度为横坐标作图,绘制标准工作曲线。

甲基丁香酚标准样品的选择离子监测色谱图参见图 A.1。

甲基丁香酚标准样品的质谱图参见图 A.2。

5.2.3 定量分析

样品溶液(5.1)按色谱条件(5.2.1)进行测定,记录色谱峰的保留时间和峰面积,由色谱峰的峰面积可从标准工作曲线上求出相应的甲基丁香酚的浓度。待测样品中甲基丁香酚的响应值应在标准工作曲线的线性范围内,超过线性范围则应稀释后再进样分析。

5.2.4 定性确证

进行样品测定时如果检出的色谱峰的保留时间与标准样品一致,并且在扣除背景后的样品质谱图中所选择的离子均出现,丰度比与标准样品的离子丰度比一致(偏差不超过表 3 规定的范围),则可判断样品中存在甲基丁香酚。

表 3 定性确证时相对离子丰度的最大允许偏差

相对离子丰度/%	>50	>20~50	>10~20	≤10
允许的最大偏差/%	±20	±25	±30	±50

5.3 空白试验

除不称取样品外,均按上述样品处理步骤和测定条件进行。

5.4 平行试验

按以上步骤,对同一样品进行平行试验测定。

6 结果计算

样品中甲基丁香酚的含量按式(1)计算:

$$X = \frac{c \times V \times k \times 1\ 000}{m \times 1\ 000} \qquad \cdots\cdots(1)$$

式中:

X ——样品中甲基丁香酚的含量,单位为毫克每千克(mg/kg);

c ——样品测定液中甲基丁香酚的浓度,单位为微克每毫升(μg/mL);

V ——样液最终定容体积,单位为毫升(mL);

k ——稀释倍数;

m ——样品的质量,单位为克(g)。

注:计算结果需扣除空白值。测定结果用平行测定的算术平均值表示,保留至小数点后两位。

7 检出限与定量限

水剂和膏霜乳液类化妆品的检出限为 0.15 mg/kg,定量限为 0.5 mg/kg;唇膏类化妆品的检出限为 0.6 mg/kg,定量限为 2.0 mg/kg。

8 允许差

在重复性条件下获得的两次独立测定结果的绝对差值不得超过算术平均值的 10%。

附 录 A
（资料性附录）
标准样品色谱图

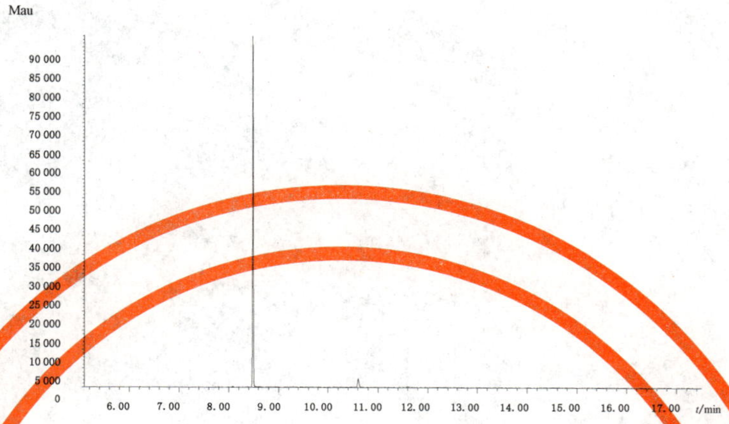

图 A.1 甲基丁香酚标准样品的选择离子监测色谱图

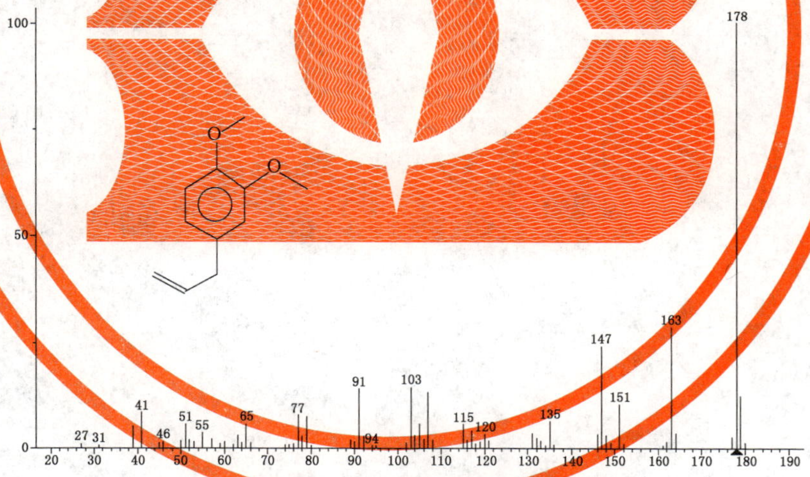

图 A.2 甲基丁香酚标准样品的质谱图

ICS 71.100.70
Y 42

中华人民共和国国家标准

GB/T 30089—2013

化妆品中氯磺丙脲、氨磺丁脲、甲苯磺丁脲的测定　液相色谱/串联质谱法

Determination of chlorporpamide, carbutamide and tolbutamide in cosmetics by LC-MS/MS method

2013-12-17 发布　　2014-03-01 实施

中华人民共和国国家质量监督检验检疫总局
中国国家标准化管理委员会　发布

前　言

本标准按照 GB/T 1.1—2009 和 GB/T 20001.4—2001 给出的规则起草。

本标准由全国质量监管重点产品检验方法标准化技术委员会(SAC/TC 374)归口。

本标准起草单位:国家化妆品质量监督检验中心(北京)、北京市海淀区产品质量监督检验所、中检联盟(北京)质检技术研究院。

本标准主要起草人:郭启雷、杨红梅、史海良、赵丽、刘艳琴、田艳玲。

化妆品中氯磺丙脲、氨磺丁脲、甲苯磺丁脲的测定 液相色谱/串联质谱法

1 范围

本标准规定了化妆品中氯磺丙脲、氨磺丁脲、甲苯磺丁脲的液相色谱/串联质谱测定方法。

本标准适用于水剂类、膏霜类、凝胶类、粉类及唇膏类化妆品中氯磺丙脲、氨磺丁脲、甲苯磺丁脲的测定。

2 规范性引用文件

下列文件对于本文件的应用是必不可少的。凡是注日期的引用文件，仅注日期的版本适用于本文件。凡是不注日期的引用文件，其最新版本(包括所有的修改单)适用于本文件。

GB/T 6682 分析实验室用水规格和试验方法

3 原理

水剂类、膏霜类、凝胶类、粉类化妆品用甲醇提取；唇膏类化妆品经四氢呋喃分散，甲醇提取，固相萃取小柱净化，采用高效液相色谱/串联质谱仪测定，外标法定量。

4 试剂与材料

除另有说明外，所用试剂均为分析纯，水为 GB/T 6682 规定的一级水。

4.1 乙腈：色谱纯。

4.2 甲醇：色谱纯。

4.3 甲酸：色谱纯。

4.4 四氢呋喃。

4.5 氨水。

4.6 氯化钠。

4.7 0.1%甲酸水溶液：准确移取 1 mL 甲酸(4.3)至 1 000 mL 容量瓶中，用水定容。

4.8 2%甲酸甲醇溶液：准确移取 10 mL 甲酸(4.3)至 500 mL 容量瓶中，用甲醇(4.2)定容。

4.9 5%氨水甲醇溶液：准确移取 25 mL 氨水(4.5)至 500 mL 容量瓶中，用甲醇(4.2)定容。

4.10 标准样品：氯磺丙脲、氨磺丁脲、甲苯磺丁脲标准样品，具体信息见表 1。

表 1 标准样品信息

中文名称	英文名称	CAS 登录号	分子式	相对分子质量
氯磺丙脲	Chlorpropamide	94-20-2	$C_{10}H_{13}ClN_2O_3S$	276.74
氨磺丁脲	Carbutamide	339-43-5	$C_{11}H_{17}N_3O_3S$	271.34
甲苯磺丁脲	Tolbutamide	64-77-7	$C_{12}H_{18}N_2O_3S$	270.35

4.11 标准溶液。

4.11.1 标准储备溶液:准确称取 0.1 g 氯磺丙脲、氨磺丁脲、甲苯磺丁脲标准样品(4.10)(精确至 0.000 1 g),分别用甲醇(4.2)配制成浓度为 1 mg/mL 的标准储备液,4 ℃冰箱保存,有效期 6 个月。

4.11.2 混合标准储备溶液:分别准确量取 1.00 mL 氯磺丙脲、氨磺丁脲、甲苯磺丁脲标准储备溶液(4.11.1)至 100 mL 容量瓶中,用甲醇(4.2)稀释定容,配制成 0.01 mg/mL 的混合标准储备溶液,4 ℃冰箱保存,有效期 1 个月。

4.11.3 混合标准工作溶液:准确量取 1.00 mL 混合标准储备溶液(4.11.2)至 100 mL 容量瓶中,用甲醇(4.2)稀释定容,配制成 100 ng/mL 的混合标准工作溶液,4 ℃冰箱保存,临用前配制。

4.12 PAX 固相萃取小柱:Cleanert PAX 阴离子交换柱或性能相当者,60 mg/3 mL,预先用 3 mL 甲醇(4.2)、3 mL 5%氨水甲醇溶液(4.9)活化。

4.13 微孔滤膜:0.22 μm,有机相。

5 仪器和设备

5.1 高效液相色谱/串联质谱仪(LC-MS/MS):配有电喷雾离子源。

5.2 分析天平:感量分别为 0.000 1 g 和 0.000 01 g。

5.3 高速离心机:离心力不低于 6 000 *g*。

5.4 超声波清洗器。

5.5 涡旋混合器。

5.6 氮吹仪。

6 分析步骤

6.1 样品制备

6.1.1 水剂类样品

称取样品 1.0 g(精确至 0.001 g),加入甲醇(4.2)定容至 5.0 mL,涡旋 30 s,必要时 6 000 *g* 离心 10 min,经 0.22 μm 微孔滤膜(4.13)过滤,滤液用液相色谱/串联质谱仪测定。

6.1.2 膏霜类、凝胶类、粉类样品

称取样品 0.5 g(精确至 0.001 g),加入甲醇(4.2)定容至 5.0 mL,加入氯化钠(4.6)2 g,剧烈振荡使样品分散,涡旋 1 min,超声 15 min,6 000 *g* 离心 10 min,取上清液经 0.22 μm 微孔滤膜(4.13)过滤,滤液用液相色谱/串联质谱仪测定。

6.1.3 唇膏类样品

称取样品 0.4 g(精确至 0.001 g),加入 2 mL 四氢呋喃(4.4),剧烈振荡使样品分散,涡旋 1 min,超声 10 min,加入 5%氨水甲醇溶液(4.9)定容至 10.0 mL,加入氯化钠(4.6)2 g,超声 10 min,6 000 *g* 离心 10 min,取 5 mL 上清液流经已预先活化的 PAX 固相萃取小柱(4.12),待上清液自然流尽后,用3 mL 甲醇(4.2)淋洗,用吸球吹出小柱中残留液体,弃去。再加入 3 mL 2%甲酸甲醇溶液(4.8)洗脱,待甲酸甲醇溶液自然流尽后,用吸球吹出小柱中残留液体,收集洗脱液,缓慢氮气流下吹干,准确吸取 1 mL 甲醇(4.2)溶解,经 0.22 μm 微孔滤膜(4.13)过滤,滤液用液相色谱/串联质谱仪测定。

6.2 标准工作曲线的制备

取相应的空白样品,按照步骤 6.1 进行处理,用得到的空白样品提取液稀释混合标准工作溶液

(4.11.3),配制所需浓度系列的标准溶液,按浓度从低到高依次经液相色谱/串联质谱仪测定,以定量离子的峰面积为纵坐标,以标准溶液浓度为横坐标,得标准工作曲线。

氯磺丙脲、氨磺丁脲、甲苯磺丁脲的 LC-MS/MS 多反应监测质量色谱图参见图 A.1。

6.3 测定

6.3.1 液相色谱参考条件

a) 色谱柱:C_{18} 色谱柱,150 mm×2.1 mm(i.d.),3.5 μm,或性能相当者;
b) 流动相:流动相及梯度洗脱程序见表 2;
c) 流速:0.3 mL/min;
d) 柱温:40 ℃;
e) 进样量:5 μL。

表 2 液相色谱梯度洗脱程序

时间 min	A 相:乙腈/%	B 相:0.1%甲酸水溶液/%
0	20	80
5	40	60
12	40	60
12.1	20	80

6.3.2 质谱参考条件

a) 离子源:电喷雾离子源(ESI);
b) 扫描方式:正离子扫描;
c) 监测方式:多反应监测(MRM);
d) 干燥气:氮气,温度 350 ℃,流速 10 L/min;
e) 雾化器:氮气,压力 40 psi[a];
f) 毛细管电压:4 000V。
g) 保留时间、定性离子对、定量离子对、碎裂电压及碰撞能量见表 3。

表 3 氯磺丙脲、氨磺丁脲、甲苯磺丁脲的质谱参数

化合物	保留时间 min	定性离子对(m/z)	定量离子对(m/z)	碎裂电压 V	碰撞能量 eV
氨磺丁脲	6.8	272.2/92.1	272.2/74.2	80	30
		272.2/74.2			10
氯磺丙脲	10.0	277.1/175.0	277.1/111.0	80	15
		277.1/111.0			35
甲苯磺丁脲	11.1	271.1/155.0	271.1/91.1	90	15
		271.1/91.1			35

[a] 1 psi=0.006 895 MPa

6.3.3 定性确证

每种被测组分选择1个母离子，2个子离子，在相同试验条件下，样品中待测物质的保留时间与标准溶液中对应的保留时间偏差在±2.5%之内；且样品中各组分定性离子的相对丰度与浓度接近的标准溶液中对应的定性离子的相对丰度进行比较，若偏差不超过表4规定的范围，可判定为样品中含有对应的待测物。

表4 定性确证时相对离子丰度的最大允许偏差

相对离子丰度/%	>50	>20～50	>10～20	≤10
允许的最大偏差/%	±20	±25	±30	±50

6.3.4 定量分析

本方法采用外标标准工作曲线法定量测定。标准工作曲线线性回归方程由6.2得到，以样品的峰面积与标准工作曲线比较定量。待测物的响应值均应在线性范围内。

6.4 空白实验

除不称取样品外，均按上述测定条件和步骤进行。

6.5 平行试验

按以上步骤，对同一样品进行平行试验测定。

7 结果计算

样品中氯磺丙脲、氨磺丁脲、甲苯磺丁脲的含量由色谱数据处理软件获得或按式(1)计算：

$$X=\frac{c\times V\times k\times 1\,000}{m\times 1\,000} \qquad \cdots\cdots (1)$$

式中：

X ——样品中氯磺丙脲、氨磺丁脲、甲苯磺丁脲的含量，单位为微克每千克(μg/kg)；

c ——样品中氯磺丙脲、氨磺丁脲、甲苯磺丁脲峰面积对应的浓度，单位为纳克每毫升(ng/mL)；

V ——样品定容体积，单位为毫升(mL)；

m ——样品的质量，单位为克(g)；

k ——乘积因子，对于水剂类化妆品、膏霜、凝胶、粉类化妆品，$k=1$；对于唇膏类化妆品，$k=2$。

注：计算结果需扣除空白值。测定结果用平行测定的算术平均值表示，保留至小数点后一位。

8 检出限与定量限

水剂类化妆品、唇膏类化妆品中氯磺丙脲、氨磺丁脲、甲苯磺丁脲的检出限为3.0 μg/kg，定量限为10.0 μg/kg；膏霜类、凝胶类、粉类化妆品中氯磺丙脲、氨磺丁脲、甲苯磺丁脲的检出限为6.0 μg/kg，定量限为20.0 μg/kg。

9 允许差

在重复性条件下获得的两次独立测定结果的绝对差值不得超过算术平均值的15%。

附 录 A
（资料性附录）
氯磺丙脲、氨磺丁脲、甲苯磺丁脲标准溶液 LC-MS/MS 多反应监测质量色谱图

氯磺丙脲、氨磺丁脲、甲苯磺丁脲标准溶液 LC-MS/MS 多反应监测质量色谱图见图 A.1。

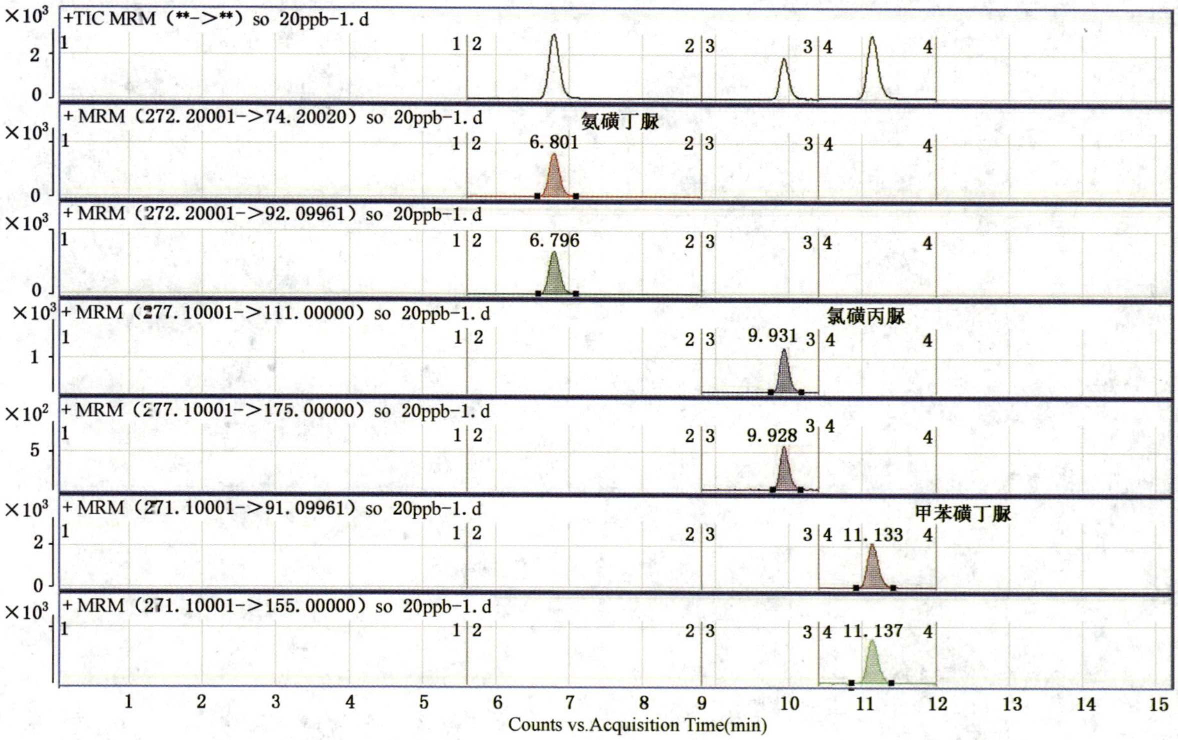

图 A.1 氯磺丙脲、氨磺丁脲、甲苯磺丁脲标准溶液 LC-MS/MS 多反应监测质量色谱图

ICS 17.200.20
N 11

中华人民共和国国家标准

GB/T 30090—2013

无字母代号热电偶分度表

Standard guide for temperature electromotive force (emf) tables for non-letter designated thermocouple combinations

2013-12-17 发布 2014-05-01 实施

中华人民共和国国家质量监督检验检疫总局
中国国家标准化管理委员会 发布

前 言

本标准按照 GB/T 1.1—2009 给出的规则起草。

本标准使用翻译法修改采用 ASTM E1751:2000 无字母代号热电偶组合温度　热电动势表(Standard guide for temperature electromotive force(EMF) tables for non-letter designated thermocouple combinations)。

本标准在制定时对文本结构进行了编辑性修改。

本标准与 ASTM E1751 的技术差异是:

——删除了金-铂和铂-钯两种热电偶,其余 7 种热电偶在技术特征上与原标准无差异;

——增加了"2　规范性引用文件""附录 A""附录 B";

——重写了"3　术语和定义";

——删除了原文的"4　意义和用途""8 关键词";

——将原标准"3　数据来源""5　热电偶类型""6　热电动势-温度初始值的允差"的内容移入本标准的"4　分度表信息"中。同时删除了各热电偶的华氏温度分度表和分度公式系数。详细修改内容见附录 B。

本标准由中国机械工业联合会提出。

本标准由全国工业过程测量和控制标准化技术委员会(SAC/TC 124)归口。

本标准起草单位:上海工业自动化仪表研究院、重庆仪表材料研究所、上海计量测试技术研究院、上海自动化仪表股份有限公司、浙江伦特机电有限公司、肇庆自动化仪表有限公司、西仪集团有限责任公司仪表制造厂、浙江乐清市华东仪表厂、重庆川仪十七厂有限公司、安徽蓝德(集团)股份有限公司。

本标准主要起草人:夏建锋、李明华、谌立新、吕红、宋平、吴加伦、吴珏、宋普、吴兴华、曹红、王方高。

无字母代号热电偶分度表

1 范围

本标准规定了特殊用途的无字母代号热电偶的温度-热电动势(emf)关系。

本标准适用于特殊用途的无字母代号热电偶。

本标准不适用于延长导线或补偿导线。

2 规范性引用文件

下列文件对于本文件的应用是必不可少的。凡是注日期的引用文件,仅注日期的版本适用于本文件。凡是不注日期的引用文件,其最新版本(包括所有的修改单)适用于本文件。

GB/T 25475 工业自动化仪表 术语 温度仪表

3 术语和定义

GB/T 25475 界定的以及下列术语和定义适用于本文件。

3.1

匹配对 matched pairs

一对经过挑选的正、负热电极,由其构成的热电偶在首次使用时能符合规定的温度-热电动势关系及规定的允差。

4 分度表信息

4.1 热电偶类型

本标准包括下列分度表:

表号	热电偶类型	温度范围
表 1	钨-钨铼 26	0 ℃～2 315 ℃
表 2	Platinel[1] Ⅱ	0 ℃～1 395 ℃
表 3	KP[2]-金铁 0.07[3]	−273 ℃～7 ℃
表 4	铂钼 5-铂钼 0.1	0 ℃～1 600 ℃
表 5	铂铑 40-铂铑 20	0 ℃～1 888 ℃
表 6	镍钼 18-镍钴 0.8	−50 ℃～1 410 ℃
表 7	铱铑 40-铱	0 ℃～2 110 ℃
表 8	计算温度(℃)与热电偶电动势函数关系的多项式系数	

1) Platinel 为原 Engelhard Corp. Specialty Metals Div.的商标。

2) KP 为 K 型热电偶的正热电极。

3) 合金的成分用质量百分比表示,但金 0.07 铁除外,它以原子百分比表示。

这些热电偶尚无字母代号，采用热电极材料的合金成分作标识，列于首位的为正极。

分度表中的数据基于 SI(国际单位制)伏特和 1990 年国际温标。

表 1 至表 7 以 1 ℃的间隔给出以毫伏为单位的电动势值，保留小数点后三位(1 μV)。如果需要更高的精度，可按列出的各热电偶的分度公式及系数计算。

4.2 分度公式

表 1～表 7 由式(1)导出：

$$E = c_0 + c_1 \cdot T + c_2 \cdot T^2 + \cdots + c_n \cdot T^n \quad \cdots\cdots(1)$$

式中：

E ——电动势，单位为毫伏(mV)；

T ——温度，单位为摄氏度(℃)。

用以计算分度表的系数在表后列出。

4.3 逆分度公式

表 8 给出的逆分度公式系数可用以计算每种热电偶的近似温度值(℃)。逆分度公式形式如式(2)所示：

$$T = b_0 + b_1 \cdot E + b_2 \cdot E^2 + \cdots + b_n \cdot E^n \quad \cdots\cdots(2)$$

式中热电偶的电动势(E)值的单位为毫伏(mV)。

表 8 也给出了温度范围、电动势范围和每个逆方程的误差范围。

4.4 允差

本标准没有规定热电动势-温度初始值的允差。如果需要，热电动势-温度初始值的允差可由用户与制造商协商确定。这些热电偶通常以匹配对形式供应。

表 1 钨-钨铼 26 热电偶电动势-温度关系(参比端为 0 ℃)

温度/℃	0	1	2	3	4	5	6	7	8	9	10	温度/℃
电动势/mV												
0	0.000	0.001	0.003	0.004	0.005	0.007	0.008	0.010	0.012	0.013	0.015	0
10	0.015	0.017	0.018	0.020	0.022	0.024	0.026	0.028	0.030	0.032	0.034	10
20	0.034	0.036	0.038	0.041	0.043	0.045	0.048	0.050	0.053	0.055	0.058	20
30	0.058	0.060	0.063	0.065	0.068	0.071	0.074	0.076	0.079	0.082	0.085	30
40	0.085	0.088	0.091	0.094	0.097	0.100	0.104	0.107	0.110	0.113	0.117	40
50	0.117	0.120	0.123	0.127	0.130	0.134	0.138	0.141	0.145	0.148	0.152	50
60	0.152	0.156	0.160	0.164	0.168	0.172	0.175	0.179	0.184	0.188	0.192	60
70	0.192	0.196	0.200	0.204	0.209	0.213	0.217	0.222	0.226	0.231	0.235	70
80	0.235	0.240	0.244	0.249	0.254	0.258	0.263	0.268	0.273	0.277	0.282	80
90	0.282	0.287	0.292	0.297	0.302	0.307	0.312	0.318	0.323	0.328	0.333	90
温度/℃	0	1	2	3	4	5	6	7	8	9	10	温度/℃

表 1（续）

温度/℃	0	1	2	3	4	5	6	7	8	9	10	温度/℃
电动势/mV												
100	0.333	0.339	0.344	0.349	0.355	0.360	0.366	0.371	0.377	0.382	0.388	100
110	0.388	0.394	0.399	0.405	0.411	0.417	0.422	0.428	0.434	0.440	0.446	110
120	0.446	0.452	0.458	0.464	0.471	0.477	0.483	0.489	0.495	0.502	0.508	120
130	0.508	0.514	0.521	0.527	0.534	0.540	0.547	0.553	0.560	0.567	0.573	130
140	0.573	0.580	0.587	0.594	0.601	0.607	0.614	0.621	0.628	0.635	0.642	140
150	0.642	0.649	0.656	0.664	0.671	0.678	0.685	0.693	0.700	0.707	0.715	150
160	0.715	0.722	0.729	0.737	0.744	0.752	0.760	0.767	0.775	0.782	0.790	160
170	0.790	0.798	0.806	0.813	0.821	0.829	0.837	0.845	0.853	0.861	0.869	170
180	0.869	0.877	0.885	0.893	0.902	0.910	0.918	0.926	0.935	0.943	0.951	180
190	0.951	0.960	0.968	0.976	0.985	0.993	1.002	1.011	1.019	1.028	1.037	190
200	1.037	1.045	1.054	1.063	1.072	1.080	1.089	1.098	1.107	1.116	1.125	200
210	1.125	1.134	1.143	1.152	1.161	1.170	1.180	1.189	1.198	1.207	1.217	210
220	1.217	1.226	1.235	1.245	1.254	1.264	1.273	1.283	1.292	1.302	1.311	220
230	1.311	1.321	1.331	1.340	1.350	1.360	1.369	1.379	1.389	1.399	1.409	230
240	1.409	1.419	1.429	1.439	1.449	1.459	1.469	1.479	1.489	1.499	1.509	240
250	1.509	1.520	1.530	1.540	1.550	1.561	1.571	1.582	1.592	1.602	1.613	250
260	1.613	1.623	1.634	1.644	1.655	1.666	1.676	1.687	1.698	1.708	1.719	260
270	1.719	1.730	1.741	1.752	1.762	1.773	1.784	1.795	1.806	1.817	1.828	270
280	1.828	1.839	1.850	1.862	1.873	1.884	1.895	1.906	1.918	1.929	1.940	280
290	1.940	1.951	1.963	1.974	1.986	1.997	2.009	2.020	2.032	2.043	2.055	290
300	2.055	2.066	2.078	2.090	2.101	2.113	2.125	2.136	2.148	2.160	2.172	300
310	2.172	2.184	2.196	2.208	2.219	2.231	2.243	2.255	2.267	2.280	2.292	310
320	2.292	2.304	2.316	2.328	2.340	2.353	2.365	2.377	2.389	2.402	2.414	320
330	2.414	2.426	2.439	2.451	2.464	2.476	2.489	2.501	2.514	2.526	2.539	330
340	2.539	2.552	2.564	2.577	2.590	2.602	2.615	2.628	2.641	2.653	2.666	340
350	2.666	2.679	2.692	2.705	2.718	2.731	2.744	2.757	2.770	2.783	2.796	350
360	2.796	2.809	2.822	2.836	2.849	2.862	2.875	2.888	2.902	2.915	2.928	360
370	2.928	2.942	2.955	2.968	2.982	2.995	3.009	3.022	3.036	3.049	3.063	370
380	3.063	3.076	3.090	3.104	3.117	3.131	3.145	3.158	3.172	3.186	3.200	380
390	3.200	3.214	3.227	3.241	3.255	3.269	3.283	3.297	3.311	3.325	3.339	390
温度/℃	0	1	2	3	4	5	6	7	8	9	10	温度/℃

表 1（续）

温度/℃	0	1	2	3	4	5	6	7	8	9	10	温度/℃
	电动势/mV											
400	3.339	3.353	3.367	3.381	3.395	3.409	3.423	3.438	3.452	3.466	3.480	400
410	3.480	3.494	3.509	3.523	3.537	3.552	3.566	3.580	3.595	3.609	3.624	410
420	3.624	3.638	3.653	3.667	3.682	3.696	3.711	3.725	3.740	3.755	3.769	420
430	3.769	3.784	3.799	3.813	3.828	3.843	3.858	3.872	3.887	3.902	3.917	430
440	3.917	3.932	3.947	3.962	3.977	3.992	4.007	4.022	4.037	4.052	4.067	440
450	4.067	4.082	4.097	4.112	4.127	4.142	4.158	4.173	4.188	4.203	4.219	450
460	4.219	4.234	4.249	4.264	4.280	4.295	4.311	4.326	4.341	4.357	4.372	460
470	4.372	4.388	4.403	4.419	4.434	4.450	4.465	4.481	4.497	4.512	4.528	470
480	4.528	4.544	4.559	4.575	4.591	4.606	4.622	4.638	4.654	4.670	4.685	480
490	4.685	4.701	4.717	4.733	4.749	4.765	4.781	4.797	4.813	4.829	4.845	490
500	4.845	4.861	4.877	4.893	4.909	4.925	4.941	4.957	4.974	4.990	5.006	500
510	5.006	5.022	5.038	5.055	5.071	5.087	5.104	5.120	5.136	5.153	5.169	510
520	5.169	5.185	5.202	5.218	5.235	5.251	5.267	5.284	5.300	5.317	5.334	520
530	5.334	5.350	5.367	5.383	5.400	5.416	5.433	5.450	5.466	5.483	5.500	530
540	5.500	5.517	5.533	5.550	5.567	5.584	5.600	5.617	5.634	5.651	5.668	540
550	5.668	5.685	5.702	5.718	5.735	5.752	5.769	5.786	5.803	5.820	5.837	550
560	5.837	5.854	5.871	5.888	5.906	5.923	5.940	5.957	5.974	5.991	6.008	560
570	6.008	6.026	6.043	6.060	6.077	6.095	6.112	6.129	6.146	6.164	6.181	570
580	6.181	6.198	6.216	6.233	6.250	6.268	6.285	6.303	6.320	6.338	6.355	580
590	6.355	6.373	6.390	6.408	6.425	6.443	6.460	6.478	6.495	6.513	6.531	590
600	6.531	6.548	6.566	6.583	6.601	6.619	6.636	6.654	6.672	6.690	6.707	600
610	6.707	6.725	6.743	6.761	6.778	6.796	6.814	6.832	6.850	6.868	6.886	610
620	6.886	6.903	6.921	6.939	6.957	6.975	6.993	7.011	7.029	7.047	7.065	620
630	7.065	7.083	7.101	7.119	7.137	7.155	7.173	7.191	7.210	7.228	7.246	630
640	7.246	7.264	7.282	7.300	7.319	7.337	7.355	7.373	7.391	7.410	7.428	640
650	7.428	7.446	7.465	7.483	7.501	7.519	7.538	7.556	7.575	7.593	7.611	650
660	7.611	7.630	7.648	7.667	7.685	7.703	7.722	7.740	7.759	7.777	7.796	660
670	7.796	7.814	7.833	7.852	7.870	7.889	7.907	7.926	7.944	7.963	7.982	670
680	7.982	8.000	8.019	8.038	8.056	8.075	8.094	8.113	8.131	8.150	8.169	680
690	8.169	8.187	8.206	8.225	8.244	8.263	8.281	8.300	8.319	8.338	8.357	690
温度/℃	0	1	2	3	4	5	6	7	8	9	10	温度/℃

表 1（续）

温度/℃	0	1	2	3	4	5	6	7	8	9	10	温度/℃
	电动势/mV											
700	8.357	8.376	8.395	8.414	8.432	8.451	8.470	8.489	8.508	8.527	8.546	700
710	8.546	8.565	8.584	8.603	8.622	8.641	8.660	8.679	8.698	8.717	8.737	710
720	8.737	8.756	8.775	8.794	8.813	8.832	8.851	8.870	8.890	8.909	8.928	720
730	8.928	8.947	8.966	8.986	9.005	9.024	9.043	9.063	9.082	9.101	9.120	730
740	9.120	9.140	9.159	9.178	9.198	9.217	9.236	9.256	9.275	9.295	9.314	740
750	9.314	9.333	9.353	9.372	9.392	9.411	9.430	9.450	9.469	9.489	9.508	750
760	9.508	9.528	9.547	9.567	9.586	9.606	9.625	9.645	9.665	9.684	9.704	760
770	9.704	9.723	9.743	9.763	9.782	9.802	9.821	9.841	9.861	9.880	9.900	770
780	9.900	9.920	9.939	9.959	9.979	9.998	10.018	10.038	10.058	10.077	10.097	780
790	10.097	10.117	10.137	10.156	10.176	10.196	10.216	10.236	10.256	10.275	10.295	790
800	10.295	10.315	10.335	10.355	10.375	10.395	10.414	10.434	10.454	10.474	10.494	800
810	10.494	10.514	10.534	10.554	10.574	10.594	10.614	10.634	10.654	10.674	10.694	810
820	10.694	10.714	10.734	10.754	10.774	10.794	10.814	10.834	10.854	10.874	10.894	820
830	10.894	10.914	10.934	10.954	10.974	10.995	11.015	11.035	11.055	11.075	11.095	830
840	11.095	11.115	11.136	11.156	11.176	11.196	11.216	11.236	11.257	11.277	11.297	840
850	11.297	11.317	11.338	11.358	11.378	11.398	11.419	11.439	11.459	11.479	11.500	850
860	11.500	11.520	11.540	11.561	11.581	11.601	11.622	11.642	11.662	11.683	11.703	860
870	11.703	11.723	11.744	11.764	11.784	11.805	11.825	11.845	11.866	11.886	11.907	870
880	11.907	11.927	11.948	11.968	11.988	12.009	12.029	12.050	12.070	12.091	12.111	880
890	12.111	12.132	12.152	12.173	12.193	12.214	12.234	12.255	12.275	12.296	12.316	890
900	12.316	12.337	12.357	12.378	12.398	12.419	12.439	12.460	12.481	12.501	12.522	900
910	12.522	12.542	12.563	12.583	12.604	12.625	12.645	12.666	12.686	12.707	12.728	910
920	12.728	12.748	12.769	12.790	12.810	12.831	12.852	12.872	12.893	12.914	12.934	920
930	12.934	12.955	12.976	12.996	13.017	13.038	13.058	13.079	13.100	13.121	13.141	930
940	13.141	13.162	13.183	13.204	13.224	13.245	13.266	13.287	13.307	13.328	13.349	940
950	13.349	13.370	13.390	13.411	13.432	13.453	13.474	13.494	13.515	13.536	13.557	950
960	13.557	13.578	13.598	13.619	13.640	13.661	13.682	13.702	13.723	13.744	13.765	960
970	13.765	13.786	13.807	13.828	13.848	13.869	13.890	13.911	13.932	13.953	13.974	970
980	13.974	13.995	14.015	14.036	14.057	14.078	14.099	14.120	14.141	14.162	14.183	980
990	14.183	14.204	14.225	14.245	14.266	14.287	14.308	14.329	14.350	14.371	14.392	990
温度/℃	0	1	2	3	4	5	6	7	8	9	10	温度/℃

表 1（续）

温度/℃	0	1	2	3	4	5	6	7	8	9	10	温度/℃
电动势/mV												
1 000	14.392	14.413	14.434	14.455	14.476	14.497	14.518	14.539	14.560	14.581	14.602	1 000
1 010	14.602	14.623	14.644	14.665	14.686	14.707	14.728	14.749	14.770	14.791	14.812	1 010
1 020	14.812	14.833	14.854	14.875	14.896	14.917	14.938	14.959	14.980	15.001	15.022	1 020
1 030	15.022	15.043	15.064	15.085	15.106	15.127	15.148	15.169	15.190	15.211	15.232	1 030
1 040	15.232	15.253	15.274	15.295	15.316	15.337	15.359	15.380	15.401	15.422	15.443	1 040
1 050	15.443	15.464	15.485	15.506	15.527	15.548	15.569	15.590	15.611	15.633	15.654	1 050
1 060	15.654	15.675	15.696	15.717	15.738	15.759	15.780	15.801	15.822	15.844	15.865	1 060
1 070	15.865	15.886	15.907	15.928	15.949	15.970	15.991	16.012	16.034	16.055	16.076	1 070
1 080	16.076	16.097	16.118	16.139	16.160	16.181	16.202	16.224	16.245	16.266	16.287	1 080
1 090	16.287	16.308	16.329	16.350	16.372	16.393	16.414	16.435	16.456	16.477	16.498	1 090
1 100	16.498	16.520	16.541	16.562	16.583	16.604	16.625	16.646	16.668	16.689	16.710	1 100
1 110	16.710	16.731	16.752	16.773	16.794	16.816	16.837	16.858	16.879	16.900	16.921	1 110
1 120	16.921	16.943	16.964	16.985	17.006	17.027	17.048	17.069	17.091	17.112	17.133	1 120
1 130	17.133	17.154	17.175	17.196	17.218	17.239	17.260	17.281	17.302	17.323	17.345	1 130
1 140	17.345	17.366	17.387	17.408	17.429	17.450	17.471	17.493	17.514	17.535	17.556	1 140
1 150	17.556	17.577	17.598	17.620	17.641	17.662	17.683	17.704	17.725	17.747	17.768	1 150
1 160	17.768	17.789	17.810	17.831	17.852	17.874	17.895	17.916	17.937	17.958	17.979	1 160
1 170	17.979	18.000	18.022	18.043	18.064	18.085	18.106	18.127	18.149	18.170	18.191	1 170
1 180	18.191	18.212	18.233	18.254	18.275	18.297	18.318	18.339	18.360	18.381	18.402	1 180
1 190	18.402	18.423	18.445	18.466	18.487	18.508	18.529	18.550	18.571	18.593	18.614	1 190
1 200	18.614	18.635	18.656	18.677	18.698	18.719	18.741	18.762	18.783	18.804	18.825	1 200
1 210	18.825	18.846	18.867	18.888	18.910	18.931	18.952	18.973	18.994	19.015	19.036	1 210
1 220	19.036	19.057	19.078	19.100	19.121	19.142	19.163	19.184	19.205	19.226	19.247	1 220
1 230	19.247	19.268	19.289	19.311	19.332	19.353	19.374	19.395	19.416	19.437	19.458	1 230
1 240	19.458	19.479	19.500	19.521	19.543	19.564	19.585	19.606	19.627	19.648	19.669	1 240
1 250	19.669	19.690	19.711	19.732	19.753	19.774	19.795	19.816	19.837	19.858	19.880	1 250
1 260	19.880	19.901	19.922	19.943	19.964	19.985	20.006	20.027	20.048	20.069	20.090	1 260
1 270	20.090	20.111	20.132	20.153	20.174	20.195	20.216	20.237	20.258	20.279	20.300	1 270
1 280	20.300	20.321	20.342	20.363	20.384	20.405	20.426	20.447	20.468	20.489	20.510	1 280
1 290	20.510	20.531	20.552	20.573	20.594	20.615	20.636	20.657	20.678	20.699	20.720	1 290
温度/℃	0	1	2	3	4	5	6	7	8	9	10	温度/℃

表 1（续）

温度/℃	0	1	2	3	4	5	6	7	8	9	10	温度/℃
电动势/mV												
1 300	20.720	20.741	20.762	20.783	20.804	20.824	20.845	20.866	20.887	20.908	20.929	1 300
1 310	20.929	20.950	20.971	20.992	21.013	21.034	21.055	21.076	21.097	21.117	21.138	1 310
1 320	21.138	21.159	21.180	21.201	21.222	21.243	21.264	21.285	21.305	21.326	21.347	1 320
1 330	21.347	21.368	21.389	21.410	21.431	21.452	21.472	21.493	21.514	21.535	21.556	1 330
1 340	21.556	21.577	21.597	21.618	21.639	21.660	21.681	21.702	21.722	21.743	21.764	1 340
1 350	21.764	21.785	21.806	21.826	21.847	21.868	21.889	21.910	21.930	21.951	21.972	1 350
1 360	21.972	21.993	22.014	22.034	22.055	22.076	22.097	22.117	22.138	22.159	22.180	1 360
1 370	22.180	22.200	22.221	22.242	22.263	22.283	22.304	22.325	22.345	22.366	22.387	1 370
1 380	22.387	22.408	22.428	22.449	22.470	22.490	22.511	22.532	22.552	22.573	22.594	1 380
1 390	22.594	22.614	22.635	22.656	22.676	22.697	22.718	22.738	22.759	22.780	22.800	1 390
1 400	22.800	22.821	22.841	22.862	22.883	22.903	22.924	22.945	22.965	22.986	23.006	1 400
1 410	23.006	23.027	23.047	23.068	23.089	23.109	23.130	23.150	23.171	23.191	23.212	1 410
1 420	23.212	23.233	23.253	23.274	23.294	23.315	23.335	23.356	23.376	23.397	23.417	1 420
1 430	23.417	23.438	23.458	23.479	23.499	23.520	23.540	23.561	23.581	23.602	23.622	1 430
1 440	23.622	23.643	23.663	23.683	23.704	23.724	23.745	23.765	23.786	23.806	23.826	1 440
1 450	23.826	23.847	23.867	23.888	23.908	23.928	23.949	23.969	23.990	24.010	24.030	1 450
1 460	24.030	24.051	24.071	24.091	24.112	24.132	24.152	24.173	24.193	24.213	24.234	1 460
1 470	24.234	24.254	24.274	24.295	24.315	24.335	24.356	24.376	24.396	24.416	24.437	1 470
1 480	24.437	24.457	24.477	24.498	24.518	24.538	24.558	24.578	24.599	24.619	24.639	1 480
1 490	24.639	24.659	24.680	24.700	24.720	24.740	24.760	24.781	24.801	24.821	24.841	1 490
1 500	24.841	24.861	24.881	24.902	24.922	24.942	24.962	24.982	25.002	25.022	25.042	1 500
1 510	25.042	25.063	25.083	25.103	25.123	25.143	25.163	25.183	25.203	25.223	25.243	1 510
1 520	25.243	25.263	25.283	25.303	25.324	25.344	25.364	25.384	25.404	25.424	25.444	1 520
1 530	25.444	25.464	25.484	25.504	25.524	25.544	25.564	25.584	25.603	25.623	25.643	1 530
1 540	25.643	25.663	25.683	25.703	25.723	25.743	25.763	25.783	25.803	25.823	25.843	1 540
1 550	25.843	25.862	25.882	25.902	25.922	25.942	25.962	25.982	26.001	26.021	26.041	1 550
1 560	26.041	26.061	26.081	26.101	26.120	26.140	26.160	26.180	26.200	26.219	26.239	1 560
1 570	26.239	26.259	26.279	26.298	26.318	26.338	26.358	26.377	26.397	26.417	26.437	1 570
1 580	26.437	26.456	26.476	26.496	26.515	26.535	26.555	26.574	26.594	26.614	26.633	1 580
1 590	26.633	26.653	26.673	26.692	26.712	26.731	26.751	26.771	26.790	26.810	26.829	1 590
温度/℃	0	1	2	3	4	5	6	7	8	9	10	温度/℃

表 1（续）

温度/℃	0	1	2	3	4	5	6	7	8	9	10	温度/℃
电动势/mV												
1 600	26.829	26.849	26.869	26.888	26.908	26.927	26.947	26.966	26.986	27.005	27.025	1 600
1 610	27.025	27.044	27.064	27.083	27.103	27.122	27.142	27.161	27.181	27.200	27.220	1 610
1 620	27.220	27.239	27.259	27.278	27.297	27.317	27.336	27.356	27.375	27.394	27.414	1 620
1 630	27.414	27.433	27.453	27.472	27.491	27.511	27.530	27.549	27.569	27.588	27.607	1 630
1 640	27.607	27.627	27.646	27.665	27.685	27.704	27.723	27.742	27.762	27.781	27.800	1 640
1 650	27.800	27.819	27.839	27.858	27.877	27.896	27.915	27.935	27.954	27.973	27.992	1 650
1 660	27.992	28.011	28.031	28.050	28.069	28.088	28.107	28.126	28.145	28.164	28.184	1 660
1 670	28.184	28.203	28.222	28.241	28.260	28.279	28.298	28.317	28.336	28.355	28.374	1 670
1 680	28.374	28.393	28.412	28.431	28.450	28.469	28.488	28.507	28.526	28.545	28.564	1 680
1 690	28.564	28.583	28.602	28.621	28.640	28.659	28.678	28.697	28.716	28.734	28.753	1 690
1 700	28.753	28.772	28.791	28.810	28.829	28.848	28.866	28.885	28.904	28.923	28.942	1 700
1 710	28.942	28.961	28.979	28.998	29.017	29.036	29.054	29.073	29.092	29.111	29.129	1 710
1 720	29.129	29.148	29.167	29.186	29.204	29.223	29.242	29.260	29.279	29.298	29.316	1 720
1 730	29.316	29.335	29.354	29.372	29.391	29.409	29.428	29.447	29.465	29.484	29.502	1 730
1 740	29.502	29.521	29.539	29.558	29.577	29.595	29.614	29.632	29.651	29.669	29.688	1 740
1 750	29.688	29.706	29.725	29.743	29.762	29.780	29.798	29.817	29.835	29.854	29.872	1 750
1 760	29.872	29.891	29.909	29.927	29.946	29.964	29.982	30.001	30.019	30.038	30.056	1 760
1 770	30.056	30.074	30.092	30.111	30.129	30.147	30.166	30.184	30.202	30.220	30.239	1 770
1 780	30.239	30.257	30.275	30.293	30.312	30.330	30.348	30.366	30.384	30.403	30.421	1 780
1 790	30.421	30.439	30.457	30.475	30.493	30.511	30.530	30.548	30.566	30.584	30.602	1 790
1 800	30.602	30.620	30.638	30.656	30.674	30.692	30.710	30.728	30.746	30.764	30.782	1 800
1 810	30.782	30.800	30.818	30.836	30.854	30.872	30.890	30.908	30.926	30.944	30.962	1 810
1 820	30.962	30.980	30.997	31.015	31.033	31.051	31.069	31.087	31.105	31.122	31.140	1 820
1 830	31.140	31.158	31.176	31.194	31.211	31.229	31.247	31.265	31.282	31.300	31.318	1 830
1 840	31.318	31.336	31.353	31.371	31.389	31.406	31.424	31.442	31.459	31.477	31.495	1 840
1 850	31.495	31.512	31.530	31.548	31.565	31.583	31.600	31.618	31.636	31.653	31.671	1 850
1 860	31.671	31.688	31.706	31.723	31.741	31.758	31.776	31.793	31.811	31.828	31.846	1 860
1 870	31.846	31.863	31.881	31.898	31.915	31.933	31.950	31.968	31.985	32.002	32.020	1 870
1 880	32.020	32.037	32.054	32.072	32.089	32.106	32.124	32.141	32.158	32.176	32.193	1 880
1 890	32.193	32.210	32.227	32.245	32.262	32.279	32.296	32.313	32.331	32.348	32.365	1 890
温度/℃	0	1	2	3	4	5	6	7	8	9	10	温度/℃

表 1（续）

温度/℃	0	1	2	3	4	5	6	7	8	9	10	温度/℃
电动势/mV												
1 900	32.365	32.382	32.399	32.417	32.434	32.451	32.468	32.485	32.502	32.519	32.536	1 900
1 910	32.536	32.553	32.570	32.587	32.605	32.622	32.639	32.656	32.673	32.690	32.707	1 910
1 920	32.707	32.724	32.741	32.757	32.774	32.791	32.808	32.825	32.842	32.859	32.876	1 920
1 930	32.876	32.893	32.910	32.927	32.943	32.960	32.977	32.994	33.011	33.027	33.044	1 930
1 940	33.044	33.061	33.078	33.095	33.111	33.128	33.145	33.162	33.178	33.195	33.212	1 940
1 950	33.212	33.228	33.245	33.262	33.278	33.295	33.312	33.328	33.345	33.361	33.378	1 950
1 960	33.378	33.395	33.411	33.428	33.444	33.461	33.477	33.494	33.510	33.527	33.543	1 960
1 970	33.543	33.560	33.576	33.593	33.609	33.626	33.642	33.659	33.675	33.691	33.708	1 970
1 980	33.708	33.724	33.741	33.757	33.773	33.790	33.806	33.822	33.839	33.855	33.871	1 980
1 990	33.871	33.887	33.904	33.920	33.936	33.952	33.969	33.985	34.001	34.017	34.033	1 990
2 000	34.033	34.050	34.066	34.082	34.098	34.114	34.130	34.146	34.163	34.179	34.195	2 000
2 010	34.195	34.211	34.227	34.243	34.259	34.275	34.291	34.307	34.323	34.339	34.355	2 010
2 020	34.355	34.371	34.387	34.403	34.419	34.435	34.451	34.467	34.482	34.498	34.514	2 020
2 030	34.514	34.530	34.546	34.562	34.578	34.593	34.609	34.625	34.641	34.657	34.672	2 030
2 040	34.672	34.688	34.704	34.720	34.735	34.751	34.767	34.782	34.798	34.814	34.829	2 040
2 050	34.829	34.845	34.861	34.876	34.892	34.908	34.923	34.939	34.954	34.970	34.985	2 050
2 060	34.985	35.001	35.016	35.032	35.047	35.063	35.078	35.094	35.109	35.125	35.140	2 060
2 070	35.140	35.156	35.171	35.187	35.202	35.217	35.233	35.248	35.263	35.279	35.294	2 070
2 080	35.294	35.309	35.325	35.340	35.355	35.371	35.386	35.401	35.416	35.432	35.447	2 080
2 090	35.447	35.462	35.477	35.492	35.508	35.523	35.538	35.553	35.568	35.583	35.598	2 090
2 100	35.598	35.613	35.629	35.644	35.659	35.674	35.689	35.704	35.719	35.734	35.749	2 100
2 110	35.749	35.764	35.779	35.794	35.809	35.824	35.839	35.853	35.868	35.883	35.898	2 110
2 120	35.898	35.913	35.928	35.943	35.958	35.972	35.987	36.002	36.017	36.032	36.046	2 120
2 130	36.046	36.061	36.076	36.091	36.105	36.120	36.135	36.149	36.164	36.179	36.193	2 130
2 140	36.193	36.208	36.223	36.237	36.252	36.266	36.281	36.296	36.310	36.325	36.339	2 140
2 150	36.339	36.354	36.368	36.383	36.397	36.412	36.426	36.441	36.455	36.469	36.484	2 150
2 160	36.484	36.498	36.513	36.527	36.541	36.556	36.570	36.584	36.599	36.613	36.627	2 160
2 170	36.627	36.642	36.656	36.670	36.684	36.699	36.713	36.727	36.741	36.756	36.770	2 170
2 180	36.770	36.784	36.798	36.812	36.826	36.840	36.855	36.869	36.883	36.897	36.911	2 180
2 190	36.911	36.925	36.939	36.953	36.967	36.981	36.995	37.009	37.023	37.037	37.051	2 190
温度/℃	0	1	2	3	4	5	6	7	8	9	10	温度/℃

表 1（续）

温度/℃	0	1	2	3	4	5	6	7	8	9	10	温度/℃
电动势/mV												
2 200	37.051	37.065	37.079	37.092	37.106	37.120	37.134	37.148	37.162	37.176	37.189	2 200
2 210	37.189	37.203	37.217	37.231	37.245	37.258	37.272	37.286	37.299	37.313	37.327	2 210
2 220	37.327	37.341	37.354	37.368	37.381	37.395	37.409	37.422	37.436	37.449	37.463	2 220
2 230	37.463	37.477	37.490	37.504	37.517	37.531	37.544	37.558	37.571	37.585	37.598	2 230
2 240	37.598	37.611	37.625	37.638	37.652	37.665	37.678	37.692	37.705	37.718	37.732	2 240
2 250	37.732	37.745	37.758	37.771	37.785	37.798	37.811	37.824	37.838	37.851	37.864	2 250
2 260	37.864	37.877	37.890	37.903	37.917	37.930	37.943	37.956	37.969	37.982	37.995	2 260
2 270	37.995	38.008	38.021	38.034	38.047	38.060	38.073	38.086	38.099	38.112	38.125	2 270
2 280	38.125	38.138	38.150	38.163	38.176	38.189	38.202	38.215	38.228	38.240	38.253	2 280
2 290	38.253	38.266	38.279	38.291	38.304	38.317	38.329	38.342	38.355	38.367	38.380	2 290
2 300	38.380	38.393	38.405	38.418	38.431	38.443	38.456	38.468	38.481	38.493	38.506	2 300
2 310	38.506	38.518	38.531	38.543	38.556	38.568						2 310
温度/℃	0	1	2	3	4	5	6	7	8	9	10	温度/℃

计算如上基于 ITS-90 钨-钨铼 26 热电偶分度表公式的系数和温度范围

	0 ℃～630.615 ℃		630.615 ℃～2 315 ℃
c_0	0.000 000 0	c_0	−1.106 441 2
c_1	$1.279\,220\,1\times10^{-3}$	c_1	$9.496\,245\,5\times10^{-3}$
c_2	$2.163\,475\,4\times10^{-5}$	c_2	$-3.646\,751\,6\times10^{-6}$
c_3	$-1.139\,323\,4\times10^{-8}$	c_3	$3.114\,133\,0\times10^{-8}$
c_4	$4.385\,002\,2\times10^{-12}$	c_4	$-3.861\,522\,2\times10^{-11}$
c_5	$-1.708\,920\,2\times10^{-15}$	c_5	$2.445\,501\,2\times10^{-14}$
		c_6	$-8.988\,805\,3\times10^{-18}$
		c_7	$1.812\,023\,7\times10^{-21}$
		c_8	$-1.553\,459\,1\times10^{-25}$

表 2 Platinel Ⅱ热电偶电动势-温度关系(参比端为 0 ℃)

温度/℃	0	1	2	3	4	5	6	7	8	9	10	温度/℃
电动势/mV												
0	0.000	0.030	0.060	0.090	0.120	0.150	0.180	0.210	0.241	0.271	0.302	0
10	0.302	0.332	0.363	0.394	0.424	0.455	0.486	0.517	0.548	0.579	0.610	10
20	0.610	0.641	0.673	0.704	0.735	0.767	0.798	0.830	0.862	0.894	0.925	20
30	0.925	0.957	0.989	1.021	1.053	1.085	1.117	1.150	1.182	1.214	1.247	30
40	1.247	1.279	1.312	1.345	1.377	1.410	1.443	1.476	1.509	1.542	1.575	40
50	1.575	1.608	1.641	1.674	1.707	1.741	1.774	1.808	1.841	1.875	1.908	50
60	1.908	1.942	1.976	2.010	2.044	2.078	2.112	2.146	2.180	2.214	2.248	60
70	2.248	2.282	2.317	2.351	2.386	2.420	2.455	2.489	2.524	2.559	2.593	70
80	2.593	2.628	2.663	2.698	2.733	2.768	2.803	2.838	2.874	2.909	2.944	80
90	2.944	2.980	3.015	3.050	3.086	3.122	3.157	3.193	3.229	3.264	3.300	90
100	3.300	3.336	3.372	3.408	3.444	3.480	3.516	3.553	3.589	3.625	3.661	100
110	3.661	3.698	3.734	3.771	3.807	3.844	3.881	3.917	3.954	3.991	4.028	110
120	4.028	4.064	4.101	4.138	4.175	4.212	4.250	4.287	4.324	4.361	4.399	120
130	4.399	4.436	4.473	4.511	4.548	4.586	4.623	4.661	4.699	4.736	4.774	130
140	4.774	4.812	4.850	4.888	4.925	4.963	5.001	5.039	5.078	5.116	5.154	140
150	5.154	5.192	5.230	5.269	5.307	5.346	5.384	5.422	5.461	5.500	5.538	150
160	5.538	5.577	5.615	5.654	5.693	5.732	5.771	5.810	5.848	5.887	5.926	160
170	5.926	5.965	6.005	6.044	6.083	6.122	6.161	6.201	6.240	6.279	6.319	170
180	6.319	6.358	6.398	6.437	6.477	6.516	6.556	6.596	6.635	6.675	6.715	180
190	6.715	6.755	6.794	6.834	6.874	6.914	6.954	6.994	7.034	7.074	7.115	190
200	7.115	7.155	7.195	7.235	7.275	7.316	7.356	7.396	7.437	7.477	7.518	200
210	7.518	7.558	7.599	7.639	7.680	7.721	7.761	7.802	7.843	7.884	7.924	210
220	7.924	7.965	8.006	8.047	8.088	8.129	8.170	8.211	8.252	8.293	8.334	220
230	8.334	8.375	8.416	8.458	8.499	8.540	8.582	8.623	8.664	8.706	8.747	230
240	8.747	8.788	8.830	8.871	8.913	8.955	8.996	9.038	9.079	9.121	9.163	240
250	9.163	9.205	9.246	9.288	9.330	9.372	9.414	9.456	9.498	9.540	9.581	250
260	9.581	9.624	9.666	9.708	9.750	9.792	9.834	9.876	9.918	9.961	10.003	260
270	10.003	10.045	10.087	10.130	10.172	10.214	10.257	10.299	10.342	10.384	10.427	270
280	10.427	10.469	10.512	10.554	10.597	10.639	10.682	10.725	10.767	10.810	10.853	280
290	10.853	10.896	10.938	10.981	11.024	11.067	11.110	11.153	11.196	11.238	11.281	290
温度/℃	0	1	2	3	4	5	6	7	8	9	10	温度/℃

表 2（续）

温度/℃	0	1	2	3	4	5	6	7	8	9	10	温度/℃
电动势/mV												
300	11.281	11.324	11.367	11.410	11.453	11.497	11.540	11.583	11.626	11.669	11.712	300
310	11.712	11.755	11.799	11.842	11.885	11.928	11.972	12.015	12.058	12.102	12.145	310
320	12.145	12.188	12.232	12.275	12.319	12.362	12.405	12.449	12.492	12.536	12.580	320
330	12.580	12.623	12.667	12.710	12.754	12.798	12.841	12.885	12.929	12.972	13.016	330
340	13.016	13.060	13.104	13.147	13.191	13.235	13.279	13.323	13.366	13.410	13.454	340
350	13.454	13.498	13.542	13.586	13.630	13.674	13.718	13.762	13.806	13.850	13.894	350
360	13.894	13.938	13.982	14.026	14.070	14.114	14.159	14.203	14.247	14.291	14.335	360
370	14.335	14.379	14.424	14.468	14.512	14.556	14.601	14.645	14.689	14.733	14.778	370
380	14.778	14.822	14.866	14.911	14.955	15.000	15.044	15.088	15.133	15.177	15.222	380
390	15.222	15.266	15.311	15.355	15.400	15.444	15.489	15.533	15.578	15.622	15.667	390
400	15.667	15.711	15.756	15.800	15.845	15.890	15.934	15.979	16.023	16.068	16.113	400
410	16.113	16.157	16.202	16.247	16.291	16.336	16.381	16.425	16.470	16.515	16.560	410
420	16.560	16.604	16.649	16.694	16.739	16.784	16.828	16.873	16.918	16.963	17.008	420
430	17.008	17.052	17.097	17.142	17.187	17.232	17.277	17.321	17.366	17.411	17.456	430
440	17.456	17.501	17.546	17.591	17.636	17.681	17.726	17.771	17.816	17.860	17.905	440
450	17.905	17.950	17.995	18.040	18.085	18.130	18.175	18.220	18.265	18.310	18.355	450
460	18.355	18.400	18.445	18.490	18.535	18.580	18.625	18.670	18.715	18.760	18.806	460
470	18.806	18.851	18.896	18.941	18.986	19.031	19.076	19.121	19.166	19.211	19.256	470
480	19.256	19.301	19.346	19.391	19.437	19.482	19.527	19.572	19.617	19.662	19.707	480
490	19.707	19.752	19.797	19.843	19.888	19.933	19.978	20.023	20.068	20.113	20.158	490
500	20.158	20.204	20.249	20.294	20.339	20.384	20.429	20.474	20.519	20.565	20.610	500
510	20.610	20.655	20.700	20.745	20.790	20.835	20.880	20.926	20.971	21.016	21.061	510
520	21.061	21.106	21.151	21.196	21.242	21.287	21.332	21.377	21.422	21.467	21.512	520
530	21.512	21.557	21.603	21.648	21.693	21.738	21.783	21.828	21.873	21.918	21.963	530
540	21.963	22.009	22.054	22.099	22.144	22.189	22.234	22.279	22.324	22.369	22.414	540
550	22.414	22.459	22.504	22.550	22.595	22.640	22.685	22.730	22.775	22.820	22.865	550
560	22.865	22.910	22.955	23.000	23.045	23.090	23.135	23.180	23.225	23.270	23.315	560
570	23.315	23.360	23.405	23.450	23.495	23.540	23.585	23.630	23.675	23.720	23.765	570
580	23.765	23.810	23.855	23.900	23.945	23.990	24.035	24.080	24.125	24.169	24.214	580
590	24.214	24.259	24.304	24.349	24.394	24.439	24.484	24.528	24.573	24.618	24.663	590
温度/℃	0	1	2	3	4	5	6	7	8	9	10	温度/℃

表 2（续）

温度/℃	0	1	2	3	4	5	6	7	8	9	10	温度/℃
	电动势/mV											
600	24.663	24.708	24.753	24.797	24.842	24.887	24.932	24.977	25.021	25.066	25.111	600
610	25.111	25.156	25.201	25.245	25.290	25.335	25.379	25.424	25.469	25.514	25.558	610
620	25.558	25.603	25.648	25.692	25.737	25.782	25.826	25.871	25.915	25.960	26.005	620
630	26.005	26.049	26.094	26.138	26.183	26.228	26.272	26.317	26.361	26.406	26.450	630
640	26.450	26.495	26.539	26.584	26.628	26.673	26.717	26.762	26.806	26.850	26.895	640
650	26.895	26.939	26.984	27.028	27.072	27.117	27.161	27.205	27.250	27.294	27.338	650
660	27.338	27.383	27.427	27.471	27.515	27.560	27.604	27.648	27.692	27.737	27.781	660
670	27.781	27.825	27.869	27.913	27.957	28.002	28.046	28.090	28.134	28.178	28.222	670
680	28.222	28.266	28.310	28.354	28.398	28.442	28.486	28.530	28.574	28.618	28.662	680
690	28.662	28.706	28.750	28.794	28.838	28.882	28.925	28.969	29.013	29.057	29.101	690
700	29.101	29.145	29.188	29.232	29.276	29.320	29.363	29.407	29.451	29.494	29.538	700
710	29.538	29.582	29.625	29.669	29.713	29.756	29.800	29.843	29.887	29.930	29.974	710
720	29.974	30.017	30.061	30.104	30.148	30.191	30.235	30.278	30.322	30.365	30.408	720
730	30.408	30.452	30.495	30.538	30.582	30.625	30.668	30.711	30.755	30.798	30.841	730
740	30.841	30.884	30.928	30.971	31.014	31.057	31.100	31.143	31.186	31.229	31.272	740
750	31.272	31.315	31.358	31.401	31.444	31.487	31.530	31.573	31.616	31.659	31.702	750
760	31.702	31.745	31.788	31.831	31.874	31.916	31.959	32.002	32.045	32.088	32.130	760
770	32.130	32.173	32.216	32.258	32.301	32.344	32.387	32.429	32.472	32.514	32.557	770
780	32.557	32.600	32.642	32.685	32.727	32.770	32.812	32.855	32.897	32.940	32.982	780
790	32.982	33.025	33.067	33.110	33.152	33.195	33.237	33.279	33.322	33.364	33.406	790
800	33.406	33.449	33.491	33.533	33.575	33.618	33.660	33.702	33.744	33.786	33.828	800
810	33.828	33.871	33.913	33.955	33.997	34.039	34.081	34.123	34.165	34.207	34.249	810
820	34.249	34.291	34.333	34.375	34.417	34.459	34.501	34.543	34.585	34.626	34.668	820
830	34.668	34.710	34.752	34.794	34.836	34.877	34.919	34.961	35.002	35.044	35.086	830
840	35.086	35.127	35.169	35.211	35.252	35.294	35.336	35.377	35.419	35.460	35.502	840
850	35.502	35.543	35.585	35.626	35.668	35.709	35.750	35.792	35.833	35.875	35.916	850
860	35.916	35.957	35.999	36.040	36.081	36.122	36.164	36.205	36.246	36.287	36.328	860
870	36.328	36.370	36.411	36.452	36.493	36.534	36.575	36.616	36.657	36.698	36.739	870
880	36.739	36.780	36.821	36.862	36.903	36.944	36.985	37.026	37.067	37.108	37.148	880
890	37.148	37.189	37.230	37.271	37.312	37.352	37.393	37.434	37.474	37.515	37.556	890
温度/℃	0	1	2	3	4	5	6	7	8	9	10	温度/℃

表 2（续）

温度/℃	0	1	2	3	4	5	6	7	8	9	10	温度/℃
电动势/mV												
900	37.556	37.596	37.637	37.678	37.718	37.759	37.799	37.840	37.880	37.921	37.961	900
910	37.961	38.002	38.042	38.083	38.123	38.163	38.204	38.244	38.284	38.325	38.365	910
920	38.365	38.405	38.446	38.486	38.526	38.566	38.606	38.647	38.687	38.727	38.767	920
930	38.767	38.807	38.847	38.887	38.927	38.967	39.007	39.047	39.087	39.127	39.167	930
940	39.167	39.207	39.247	39.287	39.327	39.367	39.406	39.446	39.486	39.526	39.565	940
950	39.565	39.605	39.645	39.685	39.724	39.764	39.804	39.843	39.883	39.922	39.962	950
960	39.962	40.001	40.041	40.080	40.120	40.159	40.199	40.238	40.278	40.317	40.356	960
970	40.356	40.396	40.435	40.474	40.514	40.553	40.592	40.631	40.671	40.710	40.749	970
980	40.749	40.788	40.827	40.866	40.906	40.945	40.984	41.023	41.062	41.101	41.140	980
990	41.140	41.179	41.218	41.257	41.295	41.334	41.373	41.412	41.451	41.490	41.529	990
1 000	41.529	41.567	41.606	41.645	41.684	41.722	41.761	41.800	41.838	41.877	41.915	1 000
1 010	41.915	41.954	41.993	42.031	42.070	42.108	42.147	42.185	42.223	42.262	42.300	1 010
1 020	42.300	42.339	42.377	42.415	42.454	42.492	42.530	42.569	42.607	42.645	42.683	1 020
1 030	42.683	42.721	42.760	42.798	42.836	42.874	42.912	42.950	42.988	43.026	43.064	1 030
1 040	43.064	43.102	43.140	43.178	43.216	43.254	43.292	43.330	43.368	43.405	43.443	1 040
1 050	43.443	43.481	43.519	43.557	43.594	43.632	43.670	43.707	43.745	43.783	43.820	1 050
1 060	43.820	43.858	43.895	43.933	43.971	44.008	44.046	44.083	44.120	44.158	44.195	1 060
1 070	44.195	44.233	44.270	44.307	44.345	44.382	44.419	44.457	44.494	44.531	44.568	1 070
1 080	44.568	44.605	44.643	44.680	44.717	44.754	44.791	44.828	44.865	44.902	44.939	1 080
1 090	44.939	44.976	45.013	45.050	45.087	45.124	45.161	45.198	45.235	45.272	45.308	1 090
1 100	45.308	45.345	45.382	45.419	45.455	45.492	45.529	45.565	45.602	45.639	45.675	1 100
1 110	45.675	45.712	45.748	45.785	45.822	45.858	45.895	45.931	45.967	46.004	46.040	1 110
1 120	46.040	46.077	46.113	46.149	46.186	46.222	46.258	46.295	46.331	46.367	46.403	1 120
1 130	46.403	46.439	46.476	46.512	46.548	46.584	46.620	46.656	46.692	46.728	46.764	1 130
1 140	46.764	46.800	46.836	46.872	46.908	46.944	46.980	47.016	47.051	47.087	47.123	1 140
1 150	47.123	47.159	47.194	47.230	47.266	47.302	47.337	47.373	47.409	47.444	47.480	1 150
1 160	47.480	47.515	47.551	47.586	47.622	47.657	47.693	47.728	47.764	47.799	47.835	1 160
1 170	47.835	47.870	47.905	47.941	47.976	48.011	48.046	48.082	48.117	48.152	48.187	1 170
1 180	48.187	48.222	48.258	48.293	48.328	48.363	48.398	48.433	48.468	48.503	48.538	1 180
1 190	48.538	48.573	48.608	48.643	48.678	48.713	48.747	48.782	48.817	48.852	48.887	1 190
温度/℃	0	1	2	3	4	5	6	7	8	9	10	温度/℃

表 2（续）

温度/℃	0	1	2	3	4	5	6	7	8	9	10	温度/℃
电动势/mV												
1 200	48.887	48.921	48.956	48.991	49.026	49.060	49.095	49.129	49.164	49.199	49.233	1 200
1 210	49.233	49.268	49.302	49.337	49.371	49.406	49.440	49.475	49.509	49.543	49.578	1 210
1 220	49.578	49.612	49.646	49.681	49.715	49.749	49.783	49.818	49.852	49.886	49.920	1 220
1 230	49.920	49.954	49.988	50.023	50.057	50.091	50.125	50.159	50.193	50.227	50.261	1 230
1 240	50.261	50.294	50.328	50.362	50.396	50.430	50.464	50.498	50.531	50.565	50.599	1 240
1 250	50.599	50.632	50.666	50.700	50.733	50.767	50.801	50.834	50.868	50.901	50.935	1 250
1 260	50.935	50.968	51.002	51.035	51.069	51.102	51.136	51.169	51.202	51.236	51.269	1 260
1 270	51.269	51.302	51.336	51.369	51.402	51.435	51.468	51.502	51.535	51.568	51.601	1 270
1 280	51.601	51.634	51.667	51.700	51.733	51.766	51.799	51.832	51.865	51.898	51.931	1 280
1 290	51.931	51.963	51.996	52.029	52.062	52.095	52.127	52.160	52.193	52.226	52.258	1 290
1 300	52.258	52.291	52.323	52.356	52.389	52.421	52.454	52.486	52.519	52.551	52.584	1 300
1 310	52.584	52.616	52.648	52.681	52.713	52.745	52.778	52.810	52.842	52.875	52.907	1 310
1 320	52.907	52.939	52.971	53.003	53.035	53.067	53.100	53.132	53.164	53.196	53.228	1 320
1 330	53.228	53.260	53.292	53.323	53.355	53.387	53.419	53.451	53.483	53.515	53.546	1 330
1 340	53.546	53.578	53.610	53.641	53.673	53.705	53.736	53.768	53.800	53.831	53.863	1 340
1 350	53.863	53.894	53.926	53.957	53.989	54.020	54.051	54.083	54.114	54.145	54.177	1 350
1 360	54.177	54.208	54.239	54.270	54.302	54.333	54.364	54.395	54.426	54.457	54.488	1 360
1 370	54.488	54.519	54.550	54.581	54.612	54.643	54.674	54.705	54.736	54.767	54.798	1 370
1 380	54.798	54.828	54.859	54.890	54.921	54.951	54.982	55.013	55.043	55.074	55.104	1 380
1 390	55.104	55.135	55.165	55.196	55.226	55.257						1 390
温度/℃	0	1	2	3	4	5	6	7	8	9	10	温度/℃

计算如上基于 ITS-90Platinel Ⅱ热电偶分度表公式的系数和温度范围

	0 ℃～746.6 ℃		746.6～1 395 ℃
c_0	$0.000\,000\,0$	c_0	$-8.962\,183\,8$
c_1	$2.981\,971\,6\times10^{-2}$	c_1	$8.537\,720\,0\times10^{-2}$
c_2	$3.517\,515\,2\times10^{-5}$	c_2	$-1.057\,023\,3\times10^{-4}$
c_3	$-3.487\,842\,8\times10^{-8}$	c_3	$1.542\,493\,7\times10^{-7}$
c_4	$1.485\,132\,7\times10^{-11}$	c_4	$-1.285\,511\,5\times10^{-10}$
c_5	$-3.637\,546\,7\times10^{-15}$	c_5	$5.443\,876\,0\times10^{-14}$
		c_6	$-9.321\,126\,9\times10^{-18}$

表 3 KP-金铁0.07热电偶电动势-温度关系(参比端为 0 ℃)

温度/℃	0	−1	−2	−3	−4	−5	−6	−7	−8	−9	−10	温度/℃
电动势/mV												
−270	−5.279	−5.290	−5.300	−5.308								−270
−260	−5.130	−5.147	−5.163	−5.179	−5.195	−5.211	−5.226	−5.241	−5.254	−5.267	−5.279	−260
−250	−4.961	−4.978	−4.995	−5.011	−5.028	−5.045	−5.062	−5.079	−5.096	−5.113	−5.130	−250
−240	−4.794	−4.811	−4.827	−4.844	−4.860	−4.877	−4.894	−4.910	−4.927	−4.944	−4.961	−240
−230	−4.630	−4.646	−4.663	−4.679	−4.696	−4.712	−4.728	−4.745	−4.761	−4.778	−4.794	−230
−220	−4.463	−4.480	−4.497	−4.513	−4.530	−4.547	−4.563	−4.580	−4.596	−4.613	−4.630	−220
−210	−4.292	−4.310	−4.327	−4.344	−4.361	−4.378	−4.395	−4.412	−4.429	−4.446	−4.463	−210
−200	−4.117	−4.135	−4.153	−4.170	−4.188	−4.205	−4.223	−4.240	−4.258	−4.275	−4.292	−200
−190	−3.938	−3.956	−3.974	−3.992	−4.010	−4.028	−4.046	−4.064	−4.082	−4.100	−4.117	−190
−180	−3.755	−3.773	−3.792	−3.810	−3.829	−3.847	−3.865	−3.884	−3.902	−3.920	−3.938	−180
−170	−3.568	−3.586	−3.605	−3.624	−3.643	−3.662	−3.680	−3.699	−3.718	−3.736	−3.755	−170
−160	−3.377	−3.396	−3.415	−3.434	−3.453	−3.472	−3.492	−3.511	−3.530	−3.549	−3.568	−160
−150	−3.182	−3.202	−3.221	−3.241	−3.260	−3.280	−3.299	−3.318	−3.338	−3.357	−3.377	−150
−140	−2.984	−3.004	−3.024	−3.044	−3.064	−3.084	−3.103	−3.123	−3.143	−3.162	−3.182	−140
−130	−2.784	−2.804	−2.824	−2.844	−2.864	−2.885	−2.905	−2.925	−2.945	−2.964	−2.984	−130
−120	−2.581	−2.601	−2.622	−2.642	−2.662	−2.683	−2.703	−2.723	−2.744	−2.764	−2.784	−120
−110	−2.375	−2.396	−2.417	−2.437	−2.458	−2.478	−2.499	−2.520	−2.540	−2.560	−2.581	−110
−100	−2.168	−2.189	−2.209	−2.230	−2.251	−2.272	−2.293	−2.313	−2.334	−2.355	−2.375	−100
−90	−1.958	−1.979	−2.000	−2.021	−2.042	−2.063	−2.084	−2.105	−2.126	−2.147	−2.168	−90
−80	−1.746	−1.767	−1.789	−1.810	−1.831	−1.852	−1.873	−1.895	−1.916	−1.937	−1.958	−80
−70	−1.533	−1.554	−1.575	−1.597	−1.618	−1.640	−1.661	−1.682	−1.704	−1.725	−1.746	−70
−60	−1.317	−1.339	−1.361	−1.382	−1.404	−1.425	−1.447	−1.468	−1.490	−1.511	−1.533	−60
−50	−1.101	−1.122	−1.144	−1.166	−1.188	−1.209	−1.231	−1.253	−1.274	−1.296	−1.317	−50
−40	−0.883	−0.904	−0.926	−0.948	−0.970	−0.992	−1.014	−1.035	−1.057	−1.079	−1.101	−40
−30	−0.663	−0.685	−0.707	−0.729	−0.751	−0.773	−0.795	−0.817	−0.839	−0.861	−0.883	−30
−20	−0.443	−0.465	−0.487	−0.510	−0.532	−0.554	−0.576	−0.598	−0.620	−0.642	−0.663	−20
−10	−0.222	−0.244	−0.267	−0.289	−0.311	−0.333	−0.355	−0.377	−0.399	−0.421	−0.443	−10
0	0.000	−0.022	−0.045	−0.067	−0.089	−0.111	−0.133	−0.156	−0.178	−0.200	−0.222	0
温度/℃	0	−1	−2	−3	−4	−5	−6	−7	−8	−9	−10	温度/℃

温度/℃	0	1	2	3	4	5	6	7	8	9	10	温度/℃
电动势/mV												
0	0.000	0.022	0.045	0.067	0.089	0.111	0.134	0.156				0
温度/℃	0	1	2	3	4	5	6	7	8	9	10	温度/℃

计算如上基于 ITS-90 KP-金铁 0.07 热电偶分度表的公式系数和温度范围

−273 ℃～7 ℃

c_0	0.000 000 000	c_8	$1.682\ 977\ 369\ 7 \times 10^{-15}$
c_1	$2.227\ 236\ 746\ 6 \times 10^{-2}$	c_9	$1.463\ 645\ 014\ 9 \times 10^{-17}$
c_2	$3.640\ 617\ 966\ 4 \times 10^{-6}$	c_{10}	$8.428\ 790\ 974\ 7 \times 10^{-20}$
c_3	$-1.596\ 792\ 820\ 2 \times 10^{-7}$	c_{11}	$3.214\ 663\ 938\ 7 \times 10^{-22}$
c_4	$-4.526\ 016\ 988\ 8 \times 10^{-9}$	c_{12}	$7.822\ 543\ 048\ 3 \times 10^{-25}$
c_5	$4.043\ 255\ 576\ 9 \times 10^{-11}$	c_{13}	$1.101\ 093\ 059\ 6 \times 10^{-27}$
c_6	$4.906\ 303\ 576\ 5 \times 10^{-12}$	c_{14}	$6.826\ 366\ 158\ 0 \times 10^{-31}$
c_7	$1.227\ 234\ 848\ 4 \times 10^{-13}$		

表 4 铂钼 5-铂钼0.1热电偶电动势-温度关系(参比端为 0 ℃)

温度/℃	0	1	2	3	4	5	6	7	8	9	10	温度/℃
	电动势/mV											
0	0.000	0.011	0.021	0.032	0.042	0.053	0.064	0.075	0.086	0.097	0.108	0
10	0.108	0.119	0.130	0.141	0.152	0.164	0.175	0.187	0.198	0.209	0.221	10
20	0.221	0.233	0.244	0.256	0.268	0.280	0.292	0.303	0.315	0.327	0.340	20
30	0.340	0.352	0.364	0.376	0.388	0.401	0.413	0.425	0.438	0.450	0.463	30
40	0.463	0.476	0.488	0.501	0.514	0.527	0.539	0.552	0.565	0.578	0.591	40
50	0.591	0.604	0.617	0.631	0.644	0.657	0.670	0.684	0.697	0.711	0.724	50
60	0.724	0.738	0.751	0.765	0.779	0.792	0.806	0.820	0.834	0.848	0.862	60
70	0.862	0.876	0.890	0.904	0.918	0.932	0.946	0.960	0.975	0.989	1.003	70
80	1.003	1.018	1.032	1.047	1.061	1.076	1.090	1.105	1.120	1.135	1.149	80
90	1.149	1.164	1.179	1.194	1.209	1.224	1.239	1.254	1.269	1.284	1.299	90
100	1.299	1.315	1.330	1.345	1.361	1.376	1.391	1.407	1.422	1.438	1.453	100
110	1.453	1.469	1.485	1.500	1.516	1.532	1.548	1.564	1.579	1.595	1.611	110
120	1.611	1.627	1.643	1.659	1.676	1.692	1.708	1.724	1.740	1.757	1.773	120
130	1.773	1.789	1.806	1.822	1.839	1.855	1.872	1.888	1.905	1.922	1.938	130
140	1.938	1.955	1.972	1.988	2.005	2.022	2.039	2.056	2.073	2.090	2.107	140
150	2.107	2.124	2.141	2.158	2.176	2.193	2.210	2.227	2.245	2.262	2.279	150
160	2.279	2.297	2.314	2.332	2.349	2.367	2.384	2.402	2.420	2.437	2.455	160
170	2.455	2.473	2.491	2.508	2.526	2.544	2.562	2.580	2.598	2.616	2.634	170
180	2.634	2.652	2.670	2.688	2.707	2.725	2.743	2.761	2.780	2.798	2.816	180
190	2.816	2.835	2.853	2.872	2.890	2.909	2.927	2.946	2.964	2.983	3.002	190
温度/℃	0	1	2	3	4	5	6	7	8	9	10	温度/℃

表 4（续）

温度/℃	0	1	2	3	4	5	6	7	8	9	10	温度/℃
	电动势/mV											
200	3.002	3.020	3.039	3.058	3.077	3.096	3.114	3.133	3.152	3.171	3.190	200
210	3.190	3.209	3.228	3.247	3.266	3.286	3.305	3.324	3.343	3.362	3.382	210
220	3.382	3.401	3.420	3.440	3.459	3.479	3.498	3.518	3.537	3.557	3.576	220
230	3.576	3.596	3.615	3.635	3.655	3.674	3.694	3.714	3.734	3.754	3.774	230
240	3.774	3.793	3.813	3.833	3.853	3.873	3.893	3.913	3.933	3.954	3.974	240
250	3.974	3.994	4.014	4.034	4.055	4.075	4.095	4.115	4.136	4.156	4.177	250
260	4.177	4.197	4.218	4.238	4.259	4.279	4.300	4.320	4.341	4.362	4.382	260
270	4.382	4.403	4.424	4.444	4.465	4.486	4.507	4.528	4.549	4.570	4.591	270
280	4.591	4.612	4.633	4.654	4.675	4.696	4.717	4.738	4.759	4.780	4.801	280
290	4.801	4.823	4.844	4.865	4.887	4.908	4.929	4.951	4.972	4.994	5.015	290
300	5.015	5.036	5.058	5.080	5.101	5.123	5.144	5.166	5.188	5.209	5.231	300
310	5.231	5.253	5.275	5.296	5.318	5.340	5.362	5.384	5.406	5.428	5.450	310
320	5.450	5.472	5.494	5.516	5.538	5.560	5.582	5.604	5.626	5.648	5.671	320
330	5.671	5.693	5.715	5.737	5.760	5.782	5.804	5.827	5.849	5.871	5.894	330
340	5.894	5.916	5.939	5.961	5.984	6.006	6.029	6.052	6.074	6.097	6.120	340
350	6.120	6.142	6.165	6.188	6.211	6.233	6.256	6.279	6.302	6.325	6.348	350
360	6.348	6.371	6.394	6.417	6.440	6.463	6.486	6.509	6.532	6.555	6.578	360
370	6.578	6.601	6.625	6.648	6.671	6.694	6.718	6.741	6.764	6.788	6.811	370
380	6.811	6.834	6.858	6.881	6.905	6.928	6.952	6.975	6.999	7.022	7.046	380
390	7.046	7.069	7.093	7.117	7.140	7.164	7.188	7.212	7.235	7.259	7.283	390
400	7.283	7.307	7.331	7.355	7.379	7.402	7.426	7.450	7.474	7.498	7.522	400
410	7.522	7.546	7.571	7.595	7.619	7.643	7.667	7.691	7.715	7.740	7.764	410
420	7.764	7.788	7.812	7.837	7.861	7.885	7.910	7.934	7.959	7.983	8.007	420
430	8.007	8.032	8.056	8.081	8.105	8.130	8.155	8.179	8.204	8.228	8.253	430
440	8.253	8.278	8.302	8.327	8.352	8.377	8.401	8.426	8.451	8.476	8.501	440
450	8.501	8.525	8.550	8.575	8.600	8.625	8.650	8.675	8.700	8.725	8.750	450
460	8.750	8.775	8.800	8.825	8.850	8.875	8.901	8.926	8.951	8.976	9.001	460
470	9.001	9.026	9.052	9.077	9.102	9.127	9.153	9.178	9.203	9.229	9.254	470
480	9.254	9.280	9.305	9.330	9.356	9.381	9.407	9.432	9.458	9.483	9.509	480
490	9.509	9.534	9.560	9.585	9.611	9.637	9.662	9.688	9.714	9.739	9.765	490
温度/℃	0	1	2	3	4	5	6	7	8	9	10	温度/℃

表 4（续）

温度/℃	0	1	2	3	4	5	6	7	8	9	10	温度/℃
电动势/mV												
500	9.765	9.791	9.817	9.842	9.868	9.894	9.920	9.946	9.972	9.998	10.024	500
510	10.024	10.050	10.076	10.102	10.128	10.154	10.180	10.206	10.232	10.259	10.285	510
520	10.285	10.311	10.337	10.363	10.390	10.416	10.442	10.469	10.495	10.522	10.548	520
530	10.548	10.574	10.601	10.627	10.654	10.680	10.707	10.734	10.760	10.787	10.813	530
540	10.813	10.840	10.867	10.893	10.920	10.947	10.974	11.000	11.027	11.054	11.081	540
550	11.081	11.108	11.135	11.162	11.188	11.215	11.242	11.269	11.296	11.323	11.350	550
560	11.350	11.377	11.405	11.432	11.459	11.486	11.513	11.540	11.567	11.595	11.622	560
570	11.622	11.649	11.676	11.704	11.731	11.758	11.786	11.813	11.841	11.868	11.895	570
580	11.895	11.923	11.950	11.978	12.005	12.033	12.060	12.088	12.116	12.143	12.171	580
590	12.171	12.198	12.226	12.254	12.282	12.309	12.337	12.365	12.393	12.420	12.448	590
600	12.448	12.476	12.504	12.532	12.560	12.588	12.615	12.643	12.671	12.699	12.727	600
610	12.727	12.755	12.783	12.811	12.839	12.868	12.896	12.924	12.952	12.980	13.008	610
620	13.008	13.036	13.065	13.093	13.121	13.149	13.178	13.206	13.234	13.263	13.291	620
630	13.291	13.319	13.348	13.376	13.405	13.433	13.462	13.490	13.519	13.547	13.576	630
640	13.576	13.604	13.633	13.661	13.690	13.719	13.747	13.776	13.805	13.833	13.862	640
650	13.862	13.891	13.919	13.948	13.977	14.006	14.035	14.063	14.092	14.121	14.150	650
660	14.150	14.179	14.208	14.237	14.266	14.295	14.324	14.353	14.382	14.411	14.440	660
670	14.440	14.469	14.498	14.527	14.556	14.585	14.614	14.643	14.673	14.702	14.731	670
680	14.731	14.760	14.790	14.819	14.848	14.877	14.907	14.936	14.965	14.995	15.024	680
690	15.024	15.054	15.083	15.112	15.142	15.171	15.201	15.230	15.260	15.289	15.319	690
700	15.319	15.348	15.378	15.408	15.437	15.467	15.496	15.526	15.556	15.585	15.615	700
710	15.615	15.645	15.675	15.704	15.734	15.764	15.794	15.824	15.853	15.883	15.913	710
720	15.913	15.943	15.973	16.003	16.033	16.063	16.093	16.123	16.153	16.183	16.213	720
730	16.213	16.243	16.273	16.303	16.333	16.363	16.393	16.423	16.453	16.483	16.514	730
740	16.514	16.544	16.574	16.604	16.635	16.665	16.695	16.725	16.756	16.786	16.816	740
750	16.816	16.847	16.877	16.907	16.938	16.968	16.999	17.029	17.059	17.090	17.120	750
760	17.120	17.151	17.181	17.212	17.243	17.273	17.304	17.334	17.365	17.395	17.426	760
770	17.426	17.457	17.487	17.518	17.549	17.580	17.610	17.641	17.672	17.703	17.733	770
780	17.733	17.764	17.795	17.826	17.857	17.887	17.918	17.949	17.980	18.011	18.042	780
790	18.042	18.073	18.104	18.135	18.166	18.197	18.228	18.259	18.290	18.321	18.352	790
温度/℃	0	1	2	3	4	5	6	7	8	9	10	温度/℃

表 4（续）

温度/℃	0	1	2	3	4	5	6	7	8	9	10	温度/℃
	电动势/mV											
800	18.352	18.383	18.414	18.445	18.476	18.508	18.539	18.570	18.601	18.632	18.664	800
810	18.664	18.695	18.726	18.757	18.789	18.820	18.851	18.882	18.914	18.945	18.977	810
820	18.977	19.008	19.039	19.071	19.102	19.134	19.165	19.196	19.228	19.259	19.291	820
830	19.291	19.322	19.354	19.385	19.417	19.449	19.480	19.512	19.543	19.575	19.607	830
840	19.607	19.638	19.670	19.702	19.733	19.765	19.797	19.828	19.860	19.892	19.924	840
850	19.924	19.956	19.987	20.019	20.051	20.083	20.115	20.147	20.178	20.210	20.242	850
860	20.242	20.274	20.306	20.338	20.370	20.402	20.434	20.466	20.498	20.530	20.562	860
870	20.562	20.594	20.626	20.658	20.690	20.722	20.754	20.787	20.819	20.851	20.883	870
880	20.883	20.915	20.947	20.980	21.012	21.044	21.076	21.109	21.141	21.173	21.205	880
890	21.205	21.238	21.270	21.302	21.335	21.367	21.399	21.432	21.464	21.497	21.529	890
900	21.529	21.561	21.594	21.626	21.659	21.691	21.724	21.756	21.789	21.821	21.854	900
910	21.854	21.886	21.919	21.951	21.984	22.017	22.049	22.082	22.115	22.147	22.180	910
920	22.180	22.212	22.245	22.278	22.311	22.343	22.376	22.409	22.442	22.474	22.507	920
930	22.507	22.540	22.573	22.605	22.638	22.671	22.704	22.737	22.770	22.803	22.835	930
940	22.835	22.868	22.901	22.934	22.967	23.000	23.033	23.066	23.099	23.132	23.165	940
950	23.165	23.198	23.231	23.264	23.297	23.330	23.363	23.396	23.429	23.463	23.496	950
960	23.496	23.529	23.562	23.595	23.628	23.661	23.695	23.728	23.761	23.794	23.828	960
970	23.828	23.861	23.894	23.927	23.961	23.994	24.027	24.060	24.094	24.127	24.160	970
980	24.160	24.194	24.227	24.260	24.294	24.327	24.361	24.394	24.427	24.461	24.494	980
990	24.494	24.528	24.561	24.595	24.628	24.662	24.695	24.729	24.762	24.796	24.829	990
1 000	24.829	24.863	24.896	24.930	24.964	24.997	25.031	25.064	25.098	25.132	25.165	1 000
1 010	25.165	25.199	25.233	25.266	25.300	25.334	25.367	25.401	25.435	25.469	25.502	1 010
1 020	25.502	25.536	25.570	25.604	25.637	25.671	25.705	25.739	25.773	25.807	25.840	1 020
1 030	25.840	25.874	25.908	25.942	25.976	26.010	26.044	26.078	26.111	26.145	26.179	1 030
1 040	26.179	26.213	26.247	26.281	26.315	26.349	26.383	26.417	26.451	26.485	26.519	1 040
1 050	26.519	26.553	26.587	26.621	26.655	26.689	26.724	26.758	26.792	26.826	26.860	1 050
1 060	26.860	26.894	26.928	26.962	26.997	27.031	27.065	27.099	27.133	27.167	27.202	1 060
1 070	27.202	27.236	27.270	27.304	27.339	27.373	27.407	27.441	27.476	27.510	27.544	1 070
1 080	27.544	27.579	27.613	27.647	27.681	27.716	27.750	27.785	27.819	27.853	27.888	1 080
1 090	27.888	27.922	27.956	27.991	28.025	28.060	28.094	28.128	28.163	28.197	28.232	1 090
温度/℃	0	1	2	3	4	5	6	7	8	9	10	温度/℃

表 4（续）

温度/℃	0	1	2	3	4	5	6	7	8	9	10	温度/℃
电动势/mV												
1 100	28.232	28.266	28.301	28.335	28.370	28.404	28.439	28.473	28.508	28.542	28.577	1 100
1 110	28.577	28.611	28.646	28.681	28.715	28.750	28.784	28.819	28.853	28.888	28.923	1 110
1 120	28.923	28.957	28.992	29.027	29.061	29.096	29.130	29.165	29.200	29.235	29.269	1 120
1 130	29.269	29.304	29.339	29.373	29.408	29.443	29.477	29.512	29.547	29.582	29.617	1 130
1 140	29.617	29.651	29.686	29.721	29.756	29.790	29.825	29.860	29.895	29.930	29.965	1 140
1 150	29.965	29.999	30.034	30.069	30.104	30.139	30.174	30.209	30.243	30.278	30.313	1 150
1 160	30.313	30.348	30.383	30.418	30.453	30.488	30.523	30.558	30.593	30.628	30.663	1 160
1 170	30.663	30.698	30.733	30.767	30.802	30.837	30.872	30.908	30.943	30.978	31.013	1 170
1 180	31.013	31.048	31.083	31.118	31.153	31.188	31.223	31.258	31.293	31.328	31.363	1 180
1 190	31.363	31.398	31.433	31.469	31.504	31.539	31.574	31.609	31.644	31.679	31.714	1 190
1 200	31.714	31.750	31.785	31.820	31.855	31.890	31.925	31.961	31.996	32.031	32.066	1 200
1 210	32.066	32.101	32.137	32.172	32.207	32.242	32.278	32.313	32.348	32.383	32.419	1 210
1 220	32.419	32.454	32.489	32.524	32.560	32.595	32.630	32.666	32.701	32.736	32.771	1 220
1 230	32.771	32.807	32.842	32.877	32.913	32.948	32.983	33.019	33.054	33.089	33.125	1 230
1 240	33.125	33.160	33.196	33.231	33.266	33.302	33.337	33.372	33.408	33.443	33.479	1 240
1 250	33.479	33.514	33.550	33.585	33.620	33.656	33.691	33.727	33.762	33.798	33.833	1 250
1 260	33.833	33.868	33.904	33.939	33.975	34.010	34.046	34.081	34.117	34.152	34.188	1 260
1 270	34.188	34.223	34.259	34.294	34.330	34.365	34.401	34.436	34.472	34.507	34.543	1 270
1 280	34.543	34.578	34.614	34.649	34.685	34.721	34.756	34.792	34.827	34.863	34.898	1 280
1 290	34.898	34.934	34.970	35.005	35.041	35.076	35.112	35.147	35.183	35.219	35.254	1 290
1 300	35.254	35.290	35.325	35.361	35.397	35.432	35.468	35.504	35.539	35.575	35.610	1 300
1 310	35.610	35.646	35.682	35.717	35.753	35.789	35.824	35.860	35.896	35.931	35.967	1 310
1 320	35.967	36.003	36.038	36.074	36.110	36.145	36.181	36.217	36.252	36.288	36.324	1 320
1 330	36.324	36.359	36.395	36.431	36.466	36.502	36.538	36.574	36.609	36.645	36.681	1 330
1 340	36.681	36.716	36.752	36.788	36.824	36.859	36.895	36.931	36.967	37.002	37.038	1 340
1 350	37.038	37.074	37.109	37.145	37.181	37.217	37.252	37.288	37.324	37.360	37.395	1 350
1 360	37.395	37.431	37.467	37.503	37.538	37.574	37.610	37.646	37.682	37.717	37.753	1 360
1 370	37.753	37.789	37.825	37.860	37.896	37.932	37.968	38.004	38.039	38.075	38.111	1 370
1 380	38.111	38.147	38.182	38.218	38.254	38.290	38.326	38.361	38.397	38.433	38.469	1 380
1 390	38.469	38.505	38.540	38.576	38.612	38.648	38.684	38.719	38.755	38.791	38.827	1 390
温度/℃	0	1	2	3	4	5	6	7	8	9	10	温度/℃

表 4（续）

温度/℃	0	1	2	3	4	5	6	7	8	9	10	温度/℃
电动势/mV												
1 400	38.827	38.863	38.899	38.934	38.970	39.006	39.042	39.078	39.113	39.149	39.185	1 400
1 410	39.185	39.221	39.257	39.293	39.328	39.364	39.400	39.436	39.472	39.507	39.543	1 410
1 420	39.543	39.579	39.615	39.651	39.687	39.722	39.758	39.794	39.830	39.866	39.902	1 420
1 430	39.902	39.937	39.973	40.009	40.045	40.081	40.117	40.152	40.188	40.224	40.260	1 430
1 440	40.260	40.296	40.332	40.368	40.403	40.439	40.475	40.511	40.547	40.583	40.618	1 440
1 450	40.618	40.654	40.690	40.726	40.762	40.798	40.834	40.869	40.905	40.941	40.977	1 450
1 460	40.977	41.013	41.049	41.084	41.120	41.156	41.192	41.228	41.264	41.300	41.335	1 460
1 470	41.335	41.371	41.407	41.443	41.479	41.515	41.551	41.586	41.622	41.658	41.694	1 470
1 480	41.694	41.730	41.766	41.802	41.837	41.873	41.909	41.945	41.981	42.017	42.053	1 480
1 490	42.053	42.088	42.124	42.160	42.196	42.232	42.268	42.304	42.339	42.375	42.411	1 490
1 500	42.411	42.447	42.483	42.519	42.555	42.591	42.626	42.662	42.698	42.734	42.770	1 500
1 510	42.770	42.806	42.842	42.878	42.913	42.949	42.985	43.021	43.057	43.093	43.129	1 510
1 520	43.129	43.165	43.201	43.236	43.272	43.308	43.344	43.380	43.416	43.452	43.488	1 520
1 530	43.488	43.524	43.560	43.595	43.631	43.667	43.703	43.739	43.775	43.811	43.847	1 530
1 540	43.847	43.883	43.919	43.955	43.991	44.027	44.062	44.098	44.134	44.170	44.206	1 540
1 550	44.206	44.242	44.278	44.314	44.350	44.386	44.422	44.458	44.494	44.530	44.566	1 550
1 560	44.566	44.602	44.638	44.674	44.710	44.746	44.782	44.818	44.854	44.890	44.926	1 560
1 570	44.926	44.962	44.998	45.034	45.070	45.106	45.142	45.178	45.214	45.250	45.286	1 570
1 580	45.286	45.322	45.358	45.394	45.430	45.466	45.503	45.539	45.575	45.611	45.647	1 580
1 590	45.647	45.683	45.719	45.755	45.791	45.828	45.864	45.900	45.936	45.972	46.008	1 590
1 600	46.008											1 600
温度/℃	0	1	2	3	4	5	6	7	8	9	10	温度/℃

计算如上基于 ITS-90 铂钼 5-铂钼 0.1 热电偶分度表的公式系数和温度范围

	0 ℃～491 ℃		491 ℃～1 600 ℃
c_0	0.000 000 0	c_0	6.835 408 6
c_1	$1.050\ 145\ 6\times10^{-2}$	c_1	$-4.877\ 647\ 9\times10^{-2}$
c_2	$2.841\ 093\ 7\times10^{-5}$	c_2	$2.491\ 335\ 3\times10^{-4}$
c_3	$-4.336\ 859\ 4\times10^{-8}$	c_3	$-4.992\ 047\ 2\times10^{-7}$
c_4	$1.058\ 577\ 0\times10^{-10}$	c_4	$6.461\ 521\ 9\times10^{-10}$
c_5	$-2.384\ 895\ 0\times10^{-13}$	c_5	$-5.307\ 121\ 2\times10^{-13}$
c_6	$3.357\ 425\ 2\times10^{-16}$	c_6	$2.686\ 517\ 3\times10^{-16}$
c_7	$-2.018\ 647\ 6\times10^{-19}$	c_7	$-7.671\ 726\ 8\times10^{-20}$
		c_8	$9.467\ 086\ 2\times10^{-24}$

表 5　铂铑 40-铂铑 20 热电偶电动势-温度关系(参比端为 0 ℃)

温度/℃	0	1	2	3	4	5	6	7	8	9	10	温度/℃
	电动势/mV											
0	0.000	0.000	0.001	0.001	0.001	0.002	0.002	0.003	0.003	0.003	0.004	0
10	0.004	0.004	0.004	0.005	0.005	0.006	0.006	0.006	0.007	0.007	0.007	10
20	0.007	0.008	0.008	0.009	0.009	0.009	0.010	0.010	0.010	0.011	0.011	20
30	0.011	0.012	0.012	0.012	0.013	0.013	0.014	0.014	0.014	0.015	0.015	30
40	0.015	0.016	0.016	0.016	0.017	0.017	0.018	0.018	0.018	0.019	0.019	40
50	0.019	0.020	0.020	0.020	0.021	0.021	0.022	0.022	0.022	0.023	0.023	50
60	0.023	0.024	0.024	0.025	0.025	0.025	0.026	0.026	0.027	0.027	0.027	60
70	0.027	0.028	0.028	0.029	0.029	0.030	0.030	0.030	0.031	0.031	0.032	70
80	0.032	0.032	0.033	0.033	0.034	0.034	0.034	0.035	0.035	0.036	0.036	80
90	0.036	0.037	0.037	0.038	0.038	0.038	0.039	0.039	0.040	0.040	0.041	90
100	0.041	0.041	0.042	0.042	0.043	0.043	0.043	0.044	0.044	0.045	0.045	100
110	0.045	0.046	0.046	0.047	0.047	0.048	0.048	0.049	0.049	0.050	0.050	110
120	0.050	0.051	0.051	0.052	0.052	0.052	0.053	0.053	0.054	0.054	0.055	120
130	0.055	0.055	0.056	0.056	0.057	0.057	0.058	0.058	0.059	0.059	0.060	130
140	0.060	0.060	0.061	0.061	0.062	0.063	0.063	0.064	0.064	0.065	0.065	140
150	0.065	0.066	0.066	0.067	0.067	0.068	0.068	0.069	0.069	0.070	0.070	150
160	0.070	0.071	0.071	0.072	0.072	0.073	0.074	0.074	0.075	0.075	0.076	160
170	0.076	0.076	0.077	0.077	0.078	0.079	0.079	0.080	0.080	0.081	0.081	170
180	0.081	0.082	0.082	0.083	0.084	0.084	0.085	0.085	0.086	0.086	0.087	180
190	0.087	0.088	0.088	0.089	0.089	0.090	0.091	0.091	0.092	0.092	0.093	190
200	0.093	0.093	0.094	0.095	0.095	0.096	0.096	0.097	0.098	0.098	0.099	200
210	0.099	0.100	0.100	0.101	0.101	0.102	0.103	0.103	0.104	0.104	0.105	210
220	0.105	0.106	0.106	0.107	0.108	0.108	0.109	0.110	0.110	0.111	0.111	220
230	0.111	0.112	0.113	0.113	0.114	0.115	0.115	0.116	0.117	0.117	0.118	230
240	0.118	0.119	0.119	0.120	0.121	0.121	0.122	0.123	0.123	0.124	0.125	240
250	0.125	0.125	0.126	0.127	0.127	0.128	0.129	0.129	0.130	0.131	0.132	250
260	0.132	0.132	0.133	0.134	0.134	0.135	0.136	0.136	0.137	0.138	0.139	260
270	0.139	0.139	0.140	0.141	0.141	0.142	0.143	0.144	0.144	0.145	0.146	270
280	0.146	0.147	0.147	0.148	0.149	0.150	0.150	0.151	0.152	0.153	0.153	280
290	0.153	0.154	0.155	0.156	0.156	0.157	0.158	0.159	0.159	0.160	0.161	290
温度/℃	0	1	2	3	4	5	6	7	8	9	10	温度/℃

表 5（续）

温度/℃	0	1	2	3	4	5	6	7	8	9	10	温度/℃
电动势/mV												
300	0.161	0.162	0.163	0.163	0.164	0.165	0.166	0.166	0.167	0.168	0.169	300
310	0.169	0.170	0.170	0.171	0.172	0.173	0.174	0.175	0.175	0.176	0.177	310
320	0.177	0.178	0.179	0.179	0.180	0.181	0.182	0.183	0.184	0.184	0.185	320
330	0.185	0.186	0.187	0.188	0.189	0.189	0.190	0.191	0.192	0.193	0.194	330
340	0.194	0.195	0.195	0.196	0.197	0.198	0.199	0.200	0.201	0.202	0.202	340
350	0.202	0.203	0.204	0.205	0.206	0.207	0.208	0.209	0.210	0.211	0.211	350
360	0.211	0.212	0.213	0.214	0.215	0.216	0.217	0.218	0.219	0.220	0.221	360
370	0.221	0.222	0.223	0.223	0.224	0.225	0.226	0.227	0.228	0.229	0.230	370
380	0.230	0.231	0.232	0.233	0.234	0.235	0.236	0.237	0.238	0.239	0.240	380
390	0.240	0.241	0.242	0.243	0.244	0.245	0.246	0.247	0.248	0.249	0.250	390
400	0.250	0.251	0.252	0.253	0.254	0.255	0.256	0.257	0.258	0.259	0.260	400
410	0.260	0.261	0.262	0.263	0.264	0.265	0.266	0.267	0.268	0.269	0.270	410
420	0.270	0.271	0.272	0.273	0.274	0.276	0.277	0.278	0.279	0.280	0.281	420
430	0.281	0.282	0.283	0.284	0.285	0.286	0.287	0.289	0.290	0.291	0.292	430
440	0.292	0.293	0.294	0.295	0.296	0.297	0.299	0.300	0.301	0.302	0.303	440
450	0.303	0.304	0.305	0.306	0.308	0.309	0.310	0.311	0.312	0.313	0.315	450
460	0.315	0.316	0.317	0.318	0.319	0.320	0.322	0.323	0.324	0.325	0.326	460
470	0.326	0.327	0.329	0.330	0.331	0.332	0.333	0.335	0.336	0.337	0.338	470
480	0.338	0.339	0.341	0.342	0.343	0.344	0.346	0.347	0.348	0.349	0.351	480
490	0.351	0.352	0.353	0.354	0.356	0.357	0.358	0.359	0.361	0.362	0.363	490
500	0.363	0.364	0.366	0.367	0.368	0.369	0.371	0.372	0.373	0.375	0.376	500
510	0.376	0.377	0.379	0.380	0.381	0.382	0.384	0.385	0.386	0.388	0.389	510
520	0.389	0.390	0.392	0.393	0.394	0.396	0.397	0.398	0.400	0.401	0.402	520
530	0.402	0.404	0.405	0.407	0.408	0.409	0.411	0.412	0.413	0.415	0.416	530
540	0.416	0.418	0.419	0.420	0.422	0.423	0.425	0.426	0.427	0.429	0.430	540
550	0.430	0.432	0.433	0.434	0.436	0.437	0.439	0.440	0.442	0.443	0.444	550
560	0.444	0.446	0.447	0.449	0.450	0.452	0.453	0.455	0.456	0.458	0.459	560
570	0.459	0.461	0.462	0.464	0.465	0.467	0.468	0.470	0.471	0.473	0.474	570
580	0.474	0.476	0.477	0.479	0.480	0.482	0.483	0.485	0.486	0.488	0.489	580
590	0.489	0.491	0.492	0.494	0.495	0.497	0.499	0.500	0.502	0.503	0.505	590
温度/℃	0	1	2	3	4	5	6	7	8	9	10	温度/℃

表 5（续）

温度/℃	0	1	2	3	4	5	6	7	8	9	10	温度/℃
	电动势/mV											
600	0.505	0.506	0.508	0.509	0.511	0.513	0.514	0.516	0.517	0.519	0.521	600
610	0.521	0.522	0.524	0.525	0.527	0.529	0.530	0.532	0.534	0.535	0.537	610
620	0.537	0.538	0.540	0.542	0.543	0.545	0.547	0.548	0.550	0.552	0.553	620
630	0.553	0.555	0.557	0.558	0.560	0.562	0.563	0.565	0.567	0.568	0.570	630
640	0.570	0.572	0.573	0.575	0.577	0.579	0.580	0.582	0.584	0.585	0.587	640
650	0.587	0.589	0.591	0.592	0.594	0.596	0.598	0.599	0.601	0.603	0.605	650
660	0.605	0.606	0.608	0.610	0.612	0.613	0.615	0.617	0.619	0.621	0.622	660
670	0.622	0.624	0.626	0.628	0.630	0.631	0.633	0.635	0.637	0.639	0.640	670
680	0.640	0.642	0.644	0.646	0.648	0.650	0.651	0.653	0.655	0.657	0.659	680
690	0.659	0.661	0.663	0.664	0.666	0.668	0.670	0.672	0.674	0.676	0.678	690
700	0.678	0.680	0.681	0.683	0.685	0.687	0.689	0.691	0.693	0.695	0.697	700
710	0.697	0.699	0.701	0.702	0.704	0.706	0.708	0.710	0.712	0.714	0.716	710
720	0.716	0.718	0.720	0.722	0.724	0.726	0.728	0.730	0.732	0.734	0.736	720
730	0.736	0.738	0.740	0.742	0.744	0.746	0.748	0.750	0.752	0.754	0.756	730
740	0.756	0.758	0.760	0.762	0.764	0.766	0.768	0.770	0.772	0.774	0.776	740
750	0.776	0.778	0.781	0.783	0.785	0.787	0.789	0.791	0.793	0.795	0.797	750
760	0.797	0.799	0.801	0.803	0.806	0.808	0.810	0.812	0.814	0.816	0.818	760
770	0.818	0.820	0.823	0.825	0.827	0.829	0.831	0.833	0.835	0.838	0.840	770
780	0.840	0.842	0.844	0.846	0.848	0.851	0.853	0.855	0.857	0.859	0.862	780
790	0.862	0.864	0.866	0.868	0.870	0.873	0.875	0.877	0.879	0.881	0.884	790
800	0.884	0.886	0.888	0.890	0.893	0.895	0.897	0.899	0.902	0.904	0.906	800
810	0.906	0.908	0.911	0.913	0.915	0.918	0.920	0.922	0.924	0.927	0.929	810
820	0.929	0.931	0.934	0.936	0.938	0.941	0.943	0.945	0.947	0.950	0.952	820
830	0.952	0.954	0.957	0.959	0.962	0.964	0.966	0.969	0.971	0.973	0.976	830
840	0.976	0.978	0.980	0.983	0.985	0.988	0.990	0.992	0.995	0.997	1.000	840
850	1.000	1.002	1.004	1.007	1.009	1.012	1.014	1.016	1.019	1.021	1.024	850
860	1.024	1.026	1.029	1.031	1.033	1.036	1.038	1.041	1.043	1.046	1.048	860
870	1.048	1.051	1.053	1.056	1.058	1.061	1.063	1.066	1.068	1.071	1.073	870
880	1.073	1.076	1.078	1.081	1.083	1.086	1.088	1.091	1.093	1.096	1.098	880
890	1.098	1.101	1.103	1.106	1.109	1.111	1.114	1.116	1.119	1.121	1.124	890
温度/℃	0	1	2	3	4	5	6	7	8	9	10	温度/℃

表 5（续）

温度/℃	0	1	2	3	4	5	6	7	8	9	10	温度/℃
电动势/mV												
900	1.124	1.127	1.129	1.132	1.134	1.137	1.139	1.142	1.145	1.147	1.150	900
910	1.150	1.152	1.155	1.158	1.160	1.163	1.166	1.168	1.171	1.173	1.176	910
920	1.176	1.179	1.181	1.184	1.187	1.189	1.192	1.195	1.197	1.200	1.203	920
930	1.203	1.205	1.208	1.211	1.213	1.216	1.219	1.222	1.224	1.227	1.230	930
940	1.230	1.232	1.235	1.238	1.240	1.243	1.246	1.249	1.251	1.254	1.257	940
950	1.257	1.260	1.262	1.265	1.268	1.271	1.273	1.276	1.279	1.282	1.284	950
960	1.284	1.287	1.290	1.293	1.296	1.298	1.301	1.304	1.307	1.310	1.312	960
970	1.312	1.315	1.318	1.321	1.324	1.326	1.329	1.332	1.335	1.338	1.341	970
980	1.341	1.343	1.346	1.349	1.352	1.355	1.358	1.360	1.363	1.366	1.369	980
990	1.369	1.372	1.375	1.378	1.381	1.383	1.386	1.389	1.392	1.395	1.398	990
1 000	1.398	1.401	1.404	1.407	1.409	1.412	1.415	1.418	1.421	1.424	1.427	1 000
1 010	1.427	1.430	1.433	1.436	1.439	1.442	1.445	1.448	1.451	1.454	1.456	1 010
1 020	1.456	1.459	1.462	1.465	1.468	1.471	1.474	1.477	1.480	1.483	1.486	1 020
1 030	1.486	1.489	1.492	1.495	1.498	1.501	1.504	1.507	1.510	1.513	1.516	1 030
1 040	1.516	1.519	1.522	1.525	1.528	1.531	1.535	1.538	1.541	1.544	1.547	1 040
1 050	1.547	1.550	1.553	1.556	1.559	1.562	1.565	1.568	1.571	1.574	1.577	1 050
1 060	1.577	1.581	1.584	1.587	1.590	1.593	1.596	1.599	1.602	1.605	1.609	1 060
1 070	1.609	1.612	1.615	1.618	1.621	1.624	1.627	1.630	1.634	1.637	1.640	1 070
1 080	1.640	1.643	1.646	1.649	1.653	1.656	1.659	1.662	1.665	1.668	1.672	1 080
1 090	1.672	1.675	1.678	1.681	1.684	1.688	1.691	1.694	1.697	1.700	1.704	1 090
1 100	1.704	1.707	1.710	1.713	1.717	1.720	1.723	1.726	1.729	1.733	1.736	1 100
1 110	1.736	1.739	1.742	1.746	1.749	1.752	1.756	1.759	1.762	1.765	1.769	1 110
1 120	1.769	1.772	1.775	1.779	1.782	1.785	1.788	1.792	1.795	1.798	1.802	1 120
1 130	1.802	1.805	1.808	1.812	1.815	1.818	1.822	1.825	1.828	1.832	1.835	1 130
1 140	1.835	1.838	1.842	1.845	1.848	1.852	1.855	1.858	1.862	1.865	1.869	1 140
1 150	1.869	1.872	1.875	1.879	1.882	1.885	1.889	1.892	1.896	1.899	1.903	1 150
1 160	1.903	1.906	1.909	1.913	1.916	1.920	1.923	1.926	1.930	1.933	1.937	1 160
1 170	1.937	1.940	1.944	1.947	1.951	1.954	1.957	1.961	1.964	1.968	1.971	1 170
1 180	1.971	1.975	1.978	1.982	1.985	1.989	1.992	1.996	1.999	2.003	2.006	1 180
1 190	2.006	2.010	2.013	2.017	2.020	2.024	2.027	2.031	2.034	2.038	2.041	1 190
温度/℃	0	1	2	3	4	5	6	7	8	9	10	温度/℃

表 5（续）

温度/℃	0	1	2	3	4	5	6	7	8	9	10	温度/℃
电动势/mV												
1 200	2.041	2.045	2.049	2.052	2.056	2.059	2.063	2.066	2.070	2.073	2.077	1 200
1 210	2.077	2.081	2.084	2.088	2.091	2.095	2.098	2.102	2.106	2.109	2.113	1 210
1 220	2.113	2.116	2.120	2.124	2.127	2.131	2.134	2.138	2.142	2.145	2.149	1 220
1 230	2.149	2.153	2.156	2.160	2.163	2.167	2.171	2.174	2.178	2.182	2.185	1 230
1 240	2.185	2.189	2.193	2.196	2.200	2.204	2.207	2.211	2.215	2.218	2.222	1 240
1 250	2.222	2.226	2.230	2.233	2.237	2.241	2.244	2.248	2.252	2.255	2.259	1 250
1 260	2.259	2.263	2.267	2.270	2.274	2.278	2.282	2.285	2.289	2.293	2.297	1 260
1 270	2.297	2.300	2.304	2.308	2.312	2.315	2.319	2.323	2.327	2.330	2.334	1 270
1 280	2.334	2.338	2.342	2.346	2.349	2.353	2.357	2.361	2.364	2.368	2.372	1 280
1 290	2.372	2.376	2.380	2.384	2.387	2.391	2.395	2.399	2.403	2.406	2.410	1 290
1 300	2.410	2.414	2.418	2.422	2.426	2.430	2.433	2.437	2.441	2.445	2.449	1 300
1 310	2.449	2.453	2.457	2.460	2.464	2.468	2.472	2.476	2.480	2.484	2.488	1 310
1 320	2.488	2.492	2.495	2.499	2.503	2.507	2.511	2.515	2.519	2.523	2.527	1 320
1 330	2.527	2.531	2.535	2.538	2.542	2.546	2.550	2.554	2.558	2.562	2.566	1 330
1 340	2.566	2.570	2.574	2.578	2.582	2.586	2.590	2.594	2.598	2.602	2.606	1 340
1 350	2.606	2.610	2.614	2.618	2.622	2.626	2.630	2.634	2.638	2.642	2.646	1 350
1 360	2.646	2.650	2.654	2.658	2.662	2.666	2.670	2.674	2.678	2.682	2.686	1 360
1 370	2.686	2.690	2.694	2.698	2.702	2.706	2.710	2.714	2.718	2.722	2.726	1 370
1 380	2.726	2.730	2.734	2.738	2.742	2.746	2.750	2.755	2.759	2.763	2.767	1 380
1 390	2.767	2.771	2.775	2.779	2.783	2.787	2.791	2.795	2.799	2.804	2.808	1 390
1 400	2.808	2.812	2.816	2.820	2.824	2.828	2.832	2.836	2.841	2.845	2.849	1 400
1 410	2.849	2.853	2.857	2.861	2.865	2.869	2.874	2.878	2.882	2.886	2.890	1 410
1 420	2.890	2.894	2.899	2.903	2.907	2.911	2.915	2.919	2.923	2.928	2.932	1 420
1 430	2.932	2.936	2.940	2.944	2.949	2.953	2.957	2.961	2.965	2.969	2.974	1 430
1 440	2.974	2.978	2.982	2.986	2.990	2.995	2.999	3.003	3.007	3.012	3.016	1 440
1 450	3.016	3.020	3.024	3.028	3.033	3.037	3.041	3.045	3.050	3.054	3.058	1 450
1 460	3.058	3.062	3.067	3.071	3.075	3.079	3.084	3.088	3.092	3.096	3.101	1 460
1 470	3.101	3.105	3.109	3.113	3.118	3.122	3.126	3.130	3.135	3.139	3.143	1 470
1 480	3.143	3.148	3.152	3.156	3.160	3.165	3.169	3.173	3.178	3.182	3.186	1 480
1 490	3.186	3.190	3.195	3.199	3.203	3.208	3.212	3.216	3.221	3.225	3.229	1 490
温度/℃	0	1	2	3	4	5	6	7	8	9	10	温度/℃

表 5（续）

温度/℃	0	1	2	3	4	5	6	7	8	9	10	温度/℃
电动势/mV												
1 500	3.229	3.234	3.238	3.242	3.247	3.251	3.255	3.260	3.264	3.268	3.273	1 500
1 510	3.273	3.277	3.281	3.286	3.290	3.294	3.299	3.303	3.307	3.312	3.316	1 510
1 520	3.316	3.320	3.325	3.329	3.333	3.338	3.342	3.347	3.351	3.355	3.360	1 520
1 530	3.360	3.364	3.368	3.373	3.377	3.382	3.386	3.390	3.395	3.399	3.404	1 530
1 540	3.404	3.408	3.412	3.417	3.421	3.425	3.430	3.434	3.439	3.443	3.447	1 540
1 550	3.447	3.452	3.456	3.461	3.465	3.470	3.474	3.478	3.483	3.487	3.492	1 550
1 560	3.492	3.496	3.500	3.505	3.509	3.514	3.518	3.523	3.527	3.531	3.536	1 560
1 570	3.536	3.540	3.545	3.549	3.554	3.558	3.563	3.567	3.571	3.576	3.580	1 570
1 580	3.580	3.585	3.589	3.594	3.598	3.603	3.607	3.611	3.616	3.620	3.625	1 580
1 590	3.625	3.629	3.634	3.638	3.643	3.647	3.652	3.656	3.661	3.665	3.670	1 590
1 600	3.670	3.674	3.678	3.683	3.687	3.692	3.696	3.701	3.705	3.710	3.714	1 600
1 610	3.714	3.719	3.723	3.728	3.732	3.737	3.741	3.746	3.750	3.755	3.759	1 610
1 620	3.759	3.764	3.768	3.773	3.777	3.782	3.786	3.791	3.795	3.800	3.804	1 620
1 630	3.804	3.809	3.813	3.818	3.822	3.827	3.831	3.836	3.840	3.845	3.849	1 630
1 640	3.849	3.854	3.858	3.863	3.867	3.872	3.876	3.881	3.885	3.890	3.894	1 640
1 650	3.894	3.899	3.903	3.908	3.912	3.917	3.921	3.926	3.931	3.935	3.940	1 650
1 660	3.940	3.944	3.949	3.953	3.958	3.962	3.967	3.971	3.976	3.980	3.985	1 660
1 670	3.985	3.989	3.994	3.998	4.003	4.008	4.012	4.017	4.021	4.026	4.030	1 670
1 680	4.030	4.035	4.039	4.044	4.048	4.053	4.057	4.062	4.067	4.071	4.076	1 680
1 690	4.076	4.080	4.085	4.089	4.094	4.098	4.103	4.107	4.112	4.116	4.121	1 690
1 700	4.121	4.126	4.130	4.135	4.139	4.144	4.148	4.153	4.157	4.162	4.166	1 700
1 710	4.166	4.171	4.176	4.180	4.185	4.189	4.194	4.198	4.203	4.207	4.212	1 710
1 720	4.212	4.216	4.221	4.226	4.230	4.235	4.239	4.244	4.248	4.253	4.257	1 720
1 730	4.257	4.262	4.266	4.271	4.276	4.280	4.285	4.289	4.294	4.298	4.303	1 730
1 740	4.303	4.307	4.312	4.317	4.321	4.326	4.330	4.335	4.339	4.344	4.348	1 740
1 750	4.348	4.353	4.357	4.362	4.366	4.371	4.376	4.380	4.385	4.389	4.394	1 750
1 760	4.394	4.398	4.403	4.407	4.412	4.416	4.421	4.426	4.430	4.435	4.439	1 760
1 770	4.439	4.444	4.448	4.453	4.457	4.462	4.466	4.471	4.475	4.480	4.484	1 770
1 780	4.484	4.489	4.494	4.498	4.503	4.507	4.512	4.516	4.521	4.525	4.530	1 780
1 790	4.530	4.534	4.539	4.543	4.548	4.552	4.557	4.561	4.566	4.571	4.575	1 790
温度/℃	0	1	2	3	4	5	6	7	8	9	10	温度/℃

表 5（续）

温度/℃	0	1	2	3	4	5	6	7	8	9	10	温度/℃
	电动势/mV											
1 800	4.575	4.580	4.584	4.589	4.593	4.598	4.602	4.607	4.611	4.616	4.620	1 800
1 810	4.620	4.625	4.629	4.634	4.638	4.643	4.647	4.652	4.656	4.661	4.665	1 810
1 820	4.665	4.670	4.674	4.679	4.683	4.688	4.692	4.697	4.701	4.706	4.710	1 820
1 830	4.710	4.715	4.719	4.724	4.728	4.733	4.737	4.742	4.746	4.751	4.755	1 830
1 840	4.755	4.760	4.764	4.768	4.773	4.777	4.782	4.786	4.791	4.795	4.800	1 840
1 850	4.800	4.804	4.809	4.813	4.818	4.822	4.827	4.831	4.835	4.840	4.844	1 850
1 860	4.844	4.849	4.853	4.858	4.862	4.867	4.871	4.875	4.880	4.884	4.889	1 860
1 870	4.889	4.893	4.898	4.902	4.907	4.911	4.915	4.920	4.924	4.929	4.933	1 870
1 880	4.933	4.938	4.942	4.946	4.951	4.955	4.960	4.964	4.968			1 880
温度/℃	0	1	2	3	4	5	6	7	8	9	10	温度/℃

计算如上基于 ITS-90 铂铑 40-铂铑 20 热电偶分度表的公式系数和温度范围

0 ℃～951.7 ℃		951.7 ℃～1 888 ℃	
c_0	0.000 000 0	c_0	$-9.120\ 187\ 7\times10^{-1}$
c_1	$3.624\ 628\ 9\times10^{-4}$	c_1	$3.524\ 693\ 1\times10^{-3}$
c_2	$3.936\ 032\ 0\times10^{-7}$	c_2	$-3.907\ 744\ 2\times10^{-6}$
c_3	$4.259\ 413\ 7\times10^{-10}$	c_3	$3.672\ 869\ 7\times10^{-9}$
c_4	$1.038\ 298\ 5\times10^{-12}$	c_4	$-1.082\ 471\ 0\times10^{-12}$
c_5	$-1.540\ 693\ 9\times10^{-15}$	c_5	$1.151\ 628\ 0\times10^{-16}$
c_6	$1.003\ 397\ 4\times10^{-18}$	c_6	$-1.261\ 964\ 0\times10^{-20}$
c_7	$-2.849\ 716\ 0\times10^{-22}$		

表 6　镍钼 18-镍钴0.8热电偶电动势-温度关系（参比端为 0 ℃）

温度/℃	0	−1	−2	−3	−4	−5	−6	−7	−8	−9	−10	温度/℃
	电动势/mV											
−50	−1.732											−50
−40	−1.404	−1.437	−1.470	−1.503	−1.536	−1.569	−1.602	−1.634	−1.667	−1.699	−1.732	−40
−30	−1.067	−1.101	−1.135	−1.169	−1.203	−1.236	−1.270	−1.304	−1.337	−1.370	−1.404	−30
−20	−0.720	−0.755	−0.790	−0.825	−0.860	−0.895	−0.929	−0.964	−0.998	−1.032	−1.067	−20
−10	−0.365	−0.401	−0.436	−0.472	−0.508	−0.543	−0.579	−0.614	−0.650	−0.685	−0.720	−10
0	0.000	−0.037	−0.074	−0.110	−0.147	−0.183	−0.220	−0.256	−0.292	−0.329	−0.365	0
温度/℃	0	−1	−2	−3	−4	−5	−6	−7	−8	−9	−10	温度/℃

表 6（续）

温度/℃	0	1	2	3	4	5	6	7	8	9	10	温度/℃
电动势/mV												
0	0.000	0.037	0.074	0.111	0.148	0.186	0.223	0.260	0.298	0.336	0.373	0
10	0.373	0.411	0.449	0.487	0.525	0.563	0.602	0.640	0.678	0.717	0.755	10
20	0.755	0.794	0.833	0.872	0.911	0.950	0.989	1.028	1.067	1.106	1.146	20
30	1.146	1.185	1.225	1.264	1.304	1.344	1.384	1.424	1.464	1.504	1.544	30
40	1.544	1.585	1.625	1.665	1.706	1.747	1.787	1.828	1.869	1.910	1.951	40
50	1.951	1.992	2.033	2.074	2.115	2.157	2.198	2.240	2.281	2.323	2.365	50
60	2.365	2.407	2.448	2.490	2.532	2.575	2.617	2.659	2.701	2.744	2.786	60
70	2.786	2.829	2.871	2.914	2.957	2.999	3.042	3.085	3.128	3.171	3.215	70
80	3.215	3.258	3.301	3.344	3.388	3.431	3.475	3.518	3.562	3.606	3.650	80
90	3.650	3.693	3.737	3.781	3.825	3.869	3.914	3.958	4.002	4.047	4.091	90
100	4.091	4.135	4.180	4.225	4.269	4.314	4.359	4.404	4.448	4.493	4.538	100
110	4.538	4.583	4.629	4.674	4.719	4.764	4.810	4.855	4.900	4.946	4.992	110
120	4.992	5.037	5.083	5.129	5.174	5.220	5.266	5.312	5.358	5.404	5.450	120
130	5.450	5.496	5.542	5.589	5.635	5.681	5.727	5.774	5.820	5.867	5.913	130
140	5.913	5.960	6.007	6.053	6.100	6.147	6.194	6.241	6.287	6.334	6.381	140
150	6.381	6.428	6.476	6.523	6.570	6.617	6.664	6.712	6.759	6.806	6.854	150
160	6.854	6.901	6.949	6.996	7.044	7.091	7.139	7.186	7.234	7.282	7.330	160
170	7.330	7.377	7.425	7.473	7.521	7.569	7.617	7.665	7.713	7.761	7.809	170
180	7.809	7.857	7.905	7.954	8.002	8.050	8.098	8.147	8.195	8.243	8.292	180
190	8.292	8.340	8.388	8.437	8.485	8.534	8.582	8.631	8.679	8.728	8.777	190
200	8.777	8.825	8.874	8.923	8.971	9.020	9.069	9.118	9.166	9.215	9.264	200
210	9.264	9.313	9.362	9.410	9.459	9.508	9.557	9.606	9.655	9.704	9.753	210
220	9.753	9.802	9.851	9.900	9.949	9.998	10.047	10.096	10.145	10.194	10.243	220
230	10.243	10.292	10.341	10.390	10.439	10.488	10.537	10.586	10.636	10.685	10.734	230
240	10.734	10.783	10.832	10.881	10.930	10.979	11.028	11.078	11.127	11.176	11.225	240
250	11.225	11.274	11.323	11.372	11.421	11.470	11.519	11.568	11.618	11.667	11.716	250
260	11.716	11.765	11.814	11.863	11.912	11.961	12.010	12.059	12.108	12.156	12.205	260
270	12.205	12.254	12.303	12.352	12.401	12.450	12.499	12.547	12.596	12.645	12.694	270
280	12.694	12.742	12.791	12.840	12.888	12.937	12.985	13.034	13.083	13.131	13.180	280
290	13.180	13.228	13.276	13.325	13.373	13.421	13.470	13.518	13.566	13.614	13.663	290
温度/℃	0	1	2	3	4	5	6	7	8	9	10	温度/℃

表 6（续）

温度/℃	0	1	2	3	4	5	6	7	8	9	10	温度/℃
	电动势/mV											
300	13.663	13.711	13.759	13.807	13.855	13.903	13.951	13.998	14.046	14.094	14.142	300
310	14.142	14.189	14.237	14.285	14.332	14.380	14.427	14.474	14.522	14.569	14.616	310
320	14.616	14.663	14.711	14.758	14.805	14.852	14.898	14.945	14.992	15.039	15.085	320
330	15.085	15.132	15.178	15.225	15.271	15.317	15.364	15.410	15.456	15.502	15.548	330
340	15.548	15.594	15.639	15.685	15.731	15.776	15.822	15.867	15.912	15.957	16.002	340
350	16.002	16.047	16.092	16.137	16.182	16.227	16.271	16.316	16.360	16.404	16.448	350
360	16.448	16.492	16.536	16.580	16.624	16.667	16.711	16.754	16.798	16.841	16.884	360
370	16.884	16.927	16.970	17.013	17.056	17.099	17.142	17.185	17.228	17.271	17.314	370
380	17.314	17.357	17.400	17.443	17.487	17.530	17.573	17.616	17.659	17.703	17.746	380
390	17.746	17.789	17.833	17.876	17.920	17.963	18.007	18.050	18.094	18.137	18.181	390
400	18.181	18.225	18.268	18.312	18.356	18.399	18.443	18.487	18.531	18.575	18.618	400
410	18.618	18.662	18.706	18.750	18.794	18.838	18.882	18.926	18.971	19.015	19.059	410
420	19.059	19.103	19.147	19.192	19.236	19.280	19.325	19.369	19.413	19.458	19.502	420
430	19.502	19.547	19.592	19.636	19.681	19.725	19.770	19.815	19.860	19.904	19.949	430
440	19.949	19.994	20.039	20.084	20.129	20.174	20.219	20.264	20.309	20.354	20.399	440
450	20.399	20.445	20.490	20.535	20.580	20.626	20.671	20.717	20.762	20.808	20.853	450
460	20.853	20.899	20.944	20.990	21.035	21.081	21.127	21.173	21.218	21.264	21.310	460
470	21.310	21.356	21.402	21.448	21.494	21.540	21.586	21.632	21.678	21.725	21.771	470
480	21.771	21.817	21.863	21.910	21.956	22.002	22.049	22.095	22.142	22.188	22.235	480
490	22.235	22.282	22.328	22.375	22.422	22.468	22.515	22.562	22.609	22.656	22.703	490
500	22.703	22.750	22.797	22.844	22.891	22.938	22.985	23.032	23.080	23.127	23.174	500
510	23.174	23.221	23.269	23.316	23.364	23.411	23.459	23.506	23.554	23.601	23.649	510
520	23.649	23.697	23.744	23.792	23.840	23.888	23.936	23.984	24.032	24.079	24.127	520
530	24.127	24.176	24.224	24.272	24.320	24.368	24.416	24.465	24.513	24.561	24.610	530
540	24.610	24.658	24.706	24.755	24.803	24.852	24.900	24.949	24.998	25.046	25.095	540
550	25.095	25.144	25.193	25.241	25.290	25.339	25.388	25.437	25.486	25.535	25.584	550
560	25.584	25.633	25.682	25.732	25.781	25.830	25.879	25.929	25.978	26.027	26.077	560
570	26.077	26.126	26.176	26.225	26.275	26.324	26.374	26.423	26.473	26.523	26.573	570
580	26.573	26.622	26.672	26.722	26.772	26.822	26.872	26.922	26.972	27.022	27.072	580
590	27.072	27.122	27.172	27.222	27.272	27.323	27.373	27.423	27.474	27.524	27.574	590
温度/℃	0	1	2	3	4	5	6	7	8	9	10	温度/℃

表 6（续）

温度/℃	0	1	2	3	4	5	6	7	8	9	10	温度/℃
电动势/mV												
600	27.574	27.625	27.675	27.726	27.776	27.827	27.877	27.928	27.979	28.029	28.080	600
610	28.080	28.131	28.182	28.232	28.283	28.334	28.385	28.436	28.487	28.538	28.589	610
620	28.589	28.640	28.691	28.742	28.794	28.845	28.896	28.947	28.999	29.050	29.101	620
630	29.101	29.153	29.204	29.256	29.307	29.358	29.410	29.462	29.513	29.565	29.616	630
640	29.616	29.668	29.720	29.772	29.823	29.875	29.927	29.979	30.031	30.083	30.135	640
650	30.135	30.187	30.239	30.291	30.343	30.395	30.447	30.499	30.552	30.604	30.656	650
660	30.656	30.708	30.761	30.813	30.865	30.918	30.970	31.023	31.075	31.128	31.180	660
670	31.180	31.233	31.285	31.338	31.391	31.443	31.496	31.549	31.601	31.654	31.707	670
680	31.707	31.760	31.813	31.866	31.919	31.972	32.025	32.078	32.131	32.184	32.237	680
690	32.237	32.290	32.343	32.396	32.450	32.503	32.556	32.609	32.663	32.716	32.769	690
700	32.769	32.823	32.876	32.930	32.983	33.037	33.090	33.144	33.197	33.251	33.304	700
710	33.304	33.358	33.412	33.465	33.519	33.573	33.627	33.681	33.734	33.788	33.842	710
720	33.842	33.896	33.950	34.004	34.058	34.112	34.166	34.220	34.274	34.328	34.382	720
730	34.382	34.436	34.491	34.545	34.599	34.653	34.708	34.762	34.816	34.871	34.925	730
740	34.925	34.979	35.034	35.088	35.143	35.197	35.252	35.306	35.361	35.415	35.470	740
750	35.470	35.525	35.579	35.634	35.689	35.743	35.798	35.853	35.908	35.962	36.017	750
760	36.017	36.072	36.127	36.182	36.237	36.292	36.347	36.402	36.457	36.512	36.567	760
770	36.567	36.622	36.677	36.732	36.787	36.842	36.898	36.953	37.008	37.063	37.119	770
780	37.119	37.174	37.229	37.284	37.340	37.395	37.451	37.506	37.561	37.617	37.672	780
790	37.672	37.728	37.783	37.839	37.894	37.950	38.006	38.061	38.117	38.173	38.228	790
800	38.228	38.284	38.340	38.395	38.451	38.507	38.563	38.618	38.674	38.730	38.786	800
810	38.786	38.842	38.898	38.954	39.010	39.066	39.122	39.178	39.234	39.290	39.346	810
820	39.346	39.402	39.458	39.514	39.570	39.626	39.682	39.739	39.795	39.851	39.907	820
830	39.907	39.964	40.020	40.076	40.132	40.189	40.245	40.301	40.358	40.414	40.471	830
840	40.471	40.527	40.583	40.640	40.696	40.753	40.809	40.866	40.923	40.979	41.036	840
850	41.036	41.092	41.149	41.205	41.262	41.319	41.375	41.432	41.489	41.546	41.602	850
860	41.602	41.659	41.716	41.773	41.829	41.886	41.943	42.000	42.057	42.114	42.171	860
870	42.171	42.228	42.284	42.341	42.398	42.455	42.512	42.569	42.626	42.683	42.740	870
880	42.740	42.797	42.855	42.912	42.969	43.026	43.083	43.140	43.197	43.255	43.312	880
890	43.312	43.369	43.426	43.483	43.541	43.598	43.655	43.712	43.770	43.827	43.884	890
温度/℃	0	1	2	3	4	5	6	7	8	9	10	温度/℃

表 6（续）

温度/℃	0	1	2	3	4	5	6	7	8	9	10	温度/℃
电动势/mV												
900	43.884	43.942	43.999	44.057	44.114	44.171	44.229	44.286	44.344	44.401	44.459	900
910	44.459	44.516	44.574	44.631	44.689	44.746	44.804	44.861	44.919	44.976	45.034	910
920	45.034	45.092	45.149	45.207	45.264	45.322	45.380	45.438	45.495	45.553	45.611	920
930	45.611	45.668	45.726	45.784	45.842	45.899	45.957	46.015	46.073	46.131	46.189	930
940	46.189	46.246	46.304	46.362	46.420	46.478	46.536	46.594	46.652	46.710	46.768	940
950	46.768	46.826	46.884	46.942	47.000	47.058	47.116	47.174	47.232	47.290	47.348	950
960	47.348	47.406	47.464	47.522	47.580	47.639	47.697	47.755	47.813	47.871	47.929	960
970	47.929	47.988	48.046	48.104	48.162	48.220	48.279	48.337	48.395	48.454	48.512	970
980	48.512	48.570	48.628	48.687	48.745	48.803	48.862	48.920	48.979	49.037	49.095	980
990	49.095	49.154	49.212	49.271	49.329	49.387	49.446	49.504	49.563	49.621	49.680	990
1 000	49.680	49.738	49.797	49.855	49.914	49.972	50.031	50.090	50.148	50.207	50.265	1 000
1 010	50.265	50.324	50.383	50.441	50.500	50.558	50.617	50.676	50.734	50.793	50.852	1 010
1 020	50.852	50.911	50.969	51.028	51.087	51.145	51.204	51.263	51.322	51.380	51.439	1 020
1 030	51.439	51.498	51.557	51.616	51.674	51.733	51.792	51.851	51.910	51.969	52.027	1 030
1 040	52.027	52.086	52.145	52.204	52.263	52.322	52.381	52.440	52.499	52.558	52.617	1 040
1 050	52.617	52.676	52.735	52.793	52.852	52.911	52.970	53.029	53.089	53.148	53.207	1 050
1 060	53.207	53.266	53.325	53.384	53.443	53.502	53.561	53.620	53.679	53.738	53.797	1 060
1 070	53.797	53.856	53.916	53.975	54.034	54.093	54.152	54.211	54.271	54.330	54.389	1 070
1 080	54.389	54.448	54.507	54.567	54.626	54.685	54.744	54.803	54.863	54.922	54.981	1 080
1 090	54.981	55.041	55.100	55.159	55.218	55.278	55.337	55.396	55.456	55.515	55.574	1 090
1 100	55.574	55.634	55.693	55.752	55.812	55.871	55.930	55.990	56.049	56.109	56.168	1 100
1 110	56.168	56.227	56.287	56.346	56.406	56.465	56.525	56.584	56.644	56.703	56.762	1 110
1 120	56.762	56.822	56.881	56.941	57.000	57.060	57.119	57.179	57.238	57.298	57.357	1 120
1 130	57.357	57.417	57.477	57.536	57.596	57.655	57.715	57.774	57.834	57.894	57.953	1 130
1 140	57.953	58.013	58.072	58.132	58.191	58.251	58.311	58.370	58.430	58.490	58.549	1 140
1 150	58.549	58.609	58.669	58.728	58.788	58.848	58.907	58.967	59.027	59.086	59.146	1 150
1 160	59.146	59.206	59.265	59.325	59.385	59.444	59.504	59.564	59.624	59.683	59.743	1 160
1 170	59.743	59.803	59.863	59.922	59.982	60.042	60.102	60.161	60.221	60.281	60.341	1 170
1 180	60.341	60.400	60.460	60.520	60.580	60.640	60.699	60.759	60.819	60.879	60.939	1 180
1 190	60.939	60.998	61.058	61.118	61.178	61.238	61.297	61.357	61.417	61.477	61.537	1 190
温度/℃	0	1	2	3	4	5	6	7	8	9	10	温度/℃

表 6（续）

温度/℃	0	1	2	3	4	5	6	7	8	9	10	温度/℃
	电动势/mV											
1 200	61.537	61.597	61.656	61.716	61.776	61.836	61.896	61.956	62.015	62.075	62.135	1 200
1 210	62.135	62.195	62.255	62.315	62.375	62.434	62.494	62.554	62.614	62.674	62.734	1 210
1 220	62.734	62.794	62.854	62.913	62.973	63.033	63.093	63.153	63.213	63.273	63.333	1 220
1 230	63.333	63.392	63.452	63.512	63.572	63.632	63.692	63.752	63.812	63.872	63.931	1 230
1 240	63.931	63.991	64.051	64.111	64.171	64.231	64.291	64.351	64.411	64.470	64.530	1 240
1 250	64.530	64.590	64.650	64.710	64.770	64.830	64.890	64.950	65.009	65.069	65.129	1 250
1 260	65.129	65.189	65.249	65.309	65.369	65.429	65.488	65.548	65.608	65.668	65.728	1 260
1 270	65.728	65.788	65.848	65.907	65.967	66.027	66.087	66.147	66.207	66.267	66.326	1 270
1 280	66.326	66.386	66.446	66.506	66.566	66.626	66.686	66.745	66.805	66.865	66.925	1 280
1 290	66.925	66.985	67.045	67.104	67.164	67.224	67.284	67.344	67.404	67.463	67.523	1 290
1 300	67.523	67.583	67.643	67.703	67.762	67.822	67.882	67.942	68.002	68.061	68.121	1 300
1 310	68.121	68.181	68.241	68.301	68.360	68.420	68.480	68.540	68.599	68.659	68.719	1 310
1 320	68.719	68.779	68.839	68.898	68.958	69.018	69.078	69.137	69.197	69.257	69.317	1 320
1 330	69.317	69.376	69.436	69.496	69.556	69.615	69.675	69.735	69.795	69.854	69.914	1 330
1 340	69.914	69.974	70.034	70.093	70.153	70.213	70.272	70.332	70.392	70.452	70.511	1 340
1 350	70.511	70.571	70.631	70.691	70.750	70.810	70.870	70.930	70.989	71.049	71.109	1 350
1 360	71.109	71.169	71.228	71.288	71.348	71.408	71.467	71.527	71.587	71.647	71.707	1 360
1 370	71.707	71.766	71.826	71.886	71.946	72.005	72.065	72.125	72.185	72.245	72.305	1 370
1 380	72.305	72.364	72.424	72.484	72.544	72.604	72.664	72.724	72.783	72.843	72.903	1 380
1 390	72.903	72.963	73.023	73.083	73.143	73.203	73.263	73.323	73.383	73.443	73.503	1 390
1 400	73.503	73.563	73.623	73.683	73.743	73.803	73.863	73.923	73.984	74.044	74.104	1 400
1 410	74.104											1 410
温度/℃	0	1	2	3	4	5	6	7	8	9	10	温度/℃

计算如上基于 ITS-90 镍钼 18-镍钴 0.8 热电偶分度表的公式系数和温度范围

	−50 ℃～370.8 ℃		370.8 ℃～1 410 ℃
c_0	0.000 000 000	c_0	$-1.145\ 582\ 129\times10^{1}$
c_1	$3.690\ 092\ 195\times10^{-2}$	c_1	$2.059\ 913\ 943\times10^{-1}$
c_2	$4.408\ 522\ 682\times10^{-5}$	c_2	$-8.846\ 963\ 426\times10^{-4}$
c_3	$-3.142\ 898\ 226\times10^{-8}$	c_3	$2.650\ 568\ 429\times10^{-6}$
c_4	$-1.025\ 216\ 130\times10^{-10}$	c_4	$-4.958\ 763\ 813\times10^{-9}$
c_5	$1.846\ 977\ 453\times10^{-13}$	c_5	$6.145\ 877\ 457\times10^{-12}$
c_6	$-9.738\ 054\ 601\times10^{-17}$	c_6	$-5.041\ 679\ 909\times10^{-15}$
c_7	$-3.394\ 387\ 900\times10^{-19}$	c_7	$2.627\ 522\ 669\times10^{-18}$
		c_8	$-7.864\ 442\ 961\times10^{-22}$
		c_9	$1.027\ 600\ 874\times10^{-25}$

表 7　铱铑 40-铱热电偶电动势-温度关系(参比端为 0 ℃)

温度/℃	0	1	2	3	4	5	6	7	8	9	10	温度/℃
电动势/mV												
0	0.000	0.003	0.006	0.009	0.012	0.016	0.019	0.022	0.025	0.028	0.032	0
10	0.032	0.035	0.038	0.041	0.045	0.048	0.051	0.054	0.058	0.061	0.064	10
20	0.064	0.068	0.071	0.075	0.078	0.081	0.085	0.088	0.092	0.095	0.099	20
30	0.099	0.102	0.106	0.109	0.113	0.116	0.120	0.123	0.127	0.131	0.134	30
40	0.134	0.138	0.141	0.145	0.149	0.152	0.156	0.160	0.163	0.167	0.171	40
50	0.171	0.175	0.178	0.182	0.186	0.190	0.193	0.197	0.201	0.205	0.209	50
60	0.209	0.212	0.216	0.220	0.224	0.228	0.232	0.236	0.240	0.244	0.248	60
70	0.248	0.252	0.256	0.260	0.264	0.268	0.272	0.276	0.280	0.284	0.288	70
80	0.288	0.292	0.296	0.300	0.304	0.308	0.312	0.316	0.320	0.325	0.329	80
90	0.329	0.333	0.337	0.341	0.346	0.350	0.354	0.358	0.362	0.367	0.371	90
100	0.371	0.375	0.379	0.384	0.388	0.392	0.397	0.401	0.405	0.410	0.414	100
110	0.414	0.418	0.423	0.427	0.432	0.436	0.440	0.445	0.449	0.454	0.458	110
120	0.458	0.463	0.467	0.471	0.476	0.480	0.485	0.489	0.494	0.499	0.503	120
130	0.503	0.508	0.512	0.517	0.521	0.526	0.530	0.535	0.540	0.544	0.549	130
140	0.549	0.554	0.558	0.563	0.567	0.572	0.577	0.582	0.586	0.591	0.596	140
150	0.596	0.600	0.605	0.610	0.615	0.619	0.624	0.629	0.634	0.638	0.643	150
160	0.643	0.648	0.653	0.658	0.662	0.667	0.672	0.677	0.682	0.687	0.691	160
170	0.691	0.696	0.701	0.706	0.711	0.716	0.721	0.726	0.731	0.736	0.741	170
180	0.741	0.746	0.750	0.755	0.760	0.765	0.770	0.775	0.780	0.785	0.790	180
190	0.790	0.795	0.800	0.806	0.811	0.816	0.821	0.826	0.831	0.836	0.841	190
200	0.841	0.846	0.851	0.856	0.861	0.866	0.872	0.877	0.882	0.887	0.892	200
210	0.892	0.897	0.903	0.908	0.913	0.918	0.923	0.928	0.934	0.939	0.944	210
220	0.944	0.949	0.955	0.960	0.965	0.970	0.976	0.981	0.986	0.991	0.997	220
230	0.997	1.002	1.007	1.012	1.018	1.023	1.028	1.034	1.039	1.044	1.050	230
240	1.050	1.055	1.060	1.066	1.071	1.077	1.082	1.087	1.093	1.098	1.103	240
250	1.103	1.109	1.114	1.120	1.125	1.130	1.136	1.141	1.147	1.152	1.158	250
260	1.158	1.163	1.169	1.174	1.180	1.185	1.190	1.196	1.201	1.207	1.212	260
270	1.212	1.218	1.223	1.229	1.234	1.240	1.246	1.251	1.257	1.262	1.268	270
280	1.268	1.273	1.279	1.284	1.290	1.296	1.301	1.307	1.312	1.318	1.323	280
290	1.323	1.329	1.335	1.340	1.346	1.351	1.357	1.363	1.368	1.374	1.380	290
温度/℃	0	1	2	3	4	5	6	7	8	9	10	温度/℃

表 7(续)

温度/℃	0	1	2	3	4	5	6	7	8	9	10	温度/℃
	电动势/mV											
300	1.380	1.385	1.391	1.397	1.402	1.408	1.414	1.419	1.425	1.431	1.436	300
310	1.436	1.442	1.448	1.453	1.459	1.465	1.470	1.476	1.482	1.488	1.493	310
320	1.493	1.499	1.505	1.510	1.516	1.522	1.528	1.533	1.539	1.545	1.551	320
330	1.551	1.556	1.562	1.568	1.574	1.579	1.585	1.591	1.597	1.603	1.608	330
340	1.608	1.614	1.620	1.626	1.631	1.637	1.643	1.649	1.655	1.661	1.666	340
350	1.666	1.672	1.678	1.684	1.690	1.695	1.701	1.707	1.713	1.719	1.725	350
360	1.725	1.731	1.736	1.742	1.748	1.754	1.760	1.766	1.772	1.777	1.783	360
370	1.783	1.789	1.795	1.801	1.807	1.813	1.819	1.824	1.830	1.836	1.842	370
380	1.842	1.848	1.854	1.860	1.866	1.872	1.878	1.883	1.889	1.895	1.901	380
390	1.901	1.907	1.913	1.919	1.925	1.931	1.937	1.943	1.949	1.955	1.961	390
400	1.961	1.966	1.972	1.978	1.984	1.990	1.996	2.002	2.008	2.014	2.020	400
410	2.020	2.026	2.032	2.038	2.044	2.050	2.056	2.062	2.068	2.074	2.080	410
420	2.080	2.086	2.092	2.098	2.104	2.110	2.116	2.122	2.128	2.134	2.140	420
430	2.140	2.146	2.152	2.158	2.164	2.170	2.176	2.182	2.188	2.194	2.200	430
440	2.200	2.206	2.212	2.218	2.224	2.230	2.236	2.242	2.248	2.254	2.260	440
450	2.260	2.266	2.272	2.278	2.284	2.290	2.296	2.302	2.308	2.314	2.320	450
460	2.320	2.326	2.332	2.338	2.344	2.350	2.356	2.362	2.368	2.374	2.380	460
470	2.380	2.386	2.392	2.399	2.405	2.411	2.417	2.423	2.429	2.435	2.441	470
480	2.441	2.447	2.453	2.459	2.465	2.471	2.477	2.483	2.489	2.495	2.502	480
490	2.502	2.508	2.514	2.520	2.526	2.532	2.538	2.544	2.550	2.556	2.562	490
500	2.562	2.568	2.574	2.580	2.587	2.593	2.599	2.605	2.611	2.617	2.623	500
510	2.623	2.629	2.635	2.641	2.647	2.653	2.660	2.666	2.672	2.678	2.684	510
520	2.684	2.690	2.696	2.702	2.708	2.714	2.720	2.727	2.733	2.739	2.745	520
530	2.745	2.751	2.757	2.763	2.769	2.775	2.781	2.788	2.794	2.800	2.806	530
540	2.806	2.812	2.818	2.824	2.830	2.836	2.842	2.849	2.855	2.861	2.867	540
550	2.867	2.873	2.879	2.885	2.891	2.897	2.904	2.910	2.916	2.922	2.928	550
560	2.928	2.934	2.940	2.946	2.952	2.959	2.965	2.971	2.977	2.983	2.989	560
570	2.989	2.995	3.001	3.007	3.014	3.020	3.026	3.032	3.038	3.044	3.050	570
580	3.050	3.056	3.062	3.069	3.075	3.081	3.087	3.093	3.099	3.105	3.111	580
590	3.111	3.117	3.123	3.130	3.136	3.142	3.148	3.154	3.160	3.166	3.172	590
温度/℃	0	1	2	3	4	5	6	7	8	9	10	温度/℃

表 7（续）

温度/℃	0	1	2	3	4	5	6	7	8	9	10	温度/℃
	电动势/mV											
600	3.172	3.178	3.184	3.191	3.197	3.203	3.209	3.215	3.221	3.227	3.233	600
610	3.233	3.239	3.245	3.251	3.257	3.264	3.270	3.276	3.282	3.288	3.294	610
620	3.294	3.300	3.306	3.312	3.318	3.324	3.330	3.336	3.342	3.348	3.354	620
630	3.354	3.360	3.366	3.372	3.378	3.384	3.390	3.396	3.402	3.408	3.414	630
640	3.414	3.420	3.426	3.432	3.438	3.444	3.450	3.456	3.462	3.468	3.474	640
650	3.474	3.481	3.487	3.493	3.499	3.505	3.511	3.517	3.523	3.528	3.534	650
660	3.534	3.540	3.546	3.552	3.558	3.564	3.570	3.576	3.582	3.588	3.594	660
670	3.594	3.600	3.606	3.612	3.618	3.624	3.630	3.636	3.642	3.648	3.654	670
680	3.654	3.660	3.666	3.672	3.678	3.684	3.690	3.696	3.702	3.708	3.714	680
690	3.714	3.720	3.726	3.732	3.738	3.744	3.750	3.756	3.761	3.767	3.773	690
700	3.773	3.779	3.785	3.791	3.797	3.803	3.809	3.815	3.821	3.827	3.833	700
710	3.833	3.839	3.845	3.851	3.857	3.862	3.868	3.874	3.880	3.886	3.892	710
720	3.892	3.898	3.904	3.910	3.916	3.922	3.928	3.933	3.939	3.945	3.951	720
730	3.951	3.957	3.963	3.969	3.975	3.981	3.987	3.993	3.998	4.004	4.010	730
740	4.010	4.016	4.022	4.028	4.034	4.040	4.046	4.051	4.057	4.063	4.069	740
750	4.069	4.075	4.081	4.087	4.093	4.098	4.104	4.110	4.116	4.122	4.128	750
760	4.128	4.134	4.140	4.145	4.151	4.157	4.163	4.169	4.175	4.181	4.186	760
770	4.186	4.192	4.198	4.204	4.210	4.216	4.221	4.227	4.233	4.239	4.245	770
780	4.245	4.251	4.257	4.262	4.268	4.274	4.280	4.286	4.291	4.297	4.303	780
790	4.303	4.309	4.315	4.321	4.326	4.332	4.338	4.344	4.350	4.355	4.361	790
800	4.361	4.367	4.373	4.379	4.384	4.390	4.396	4.402	4.408	4.413	4.419	800
810	4.419	4.425	4.431	4.437	4.442	4.448	4.454	4.460	4.465	4.471	4.477	810
820	4.477	4.483	4.489	4.494	4.500	4.506	4.512	4.517	4.523	4.529	4.535	820
830	4.535	4.540	4.546	4.552	4.558	4.563	4.569	4.575	4.581	4.586	4.592	830
840	4.592	4.598	4.604	4.609	4.615	4.621	4.627	4.632	4.638	4.644	4.649	840
850	4.649	4.655	4.661	4.667	4.672	4.678	4.684	4.689	4.695	4.701	4.707	850
860	4.707	4.712	4.718	4.724	4.729	4.735	4.741	4.746	4.752	4.758	4.764	860
870	4.764	4.769	4.775	4.781	4.786	4.792	4.798	4.803	4.809	4.815	4.820	870
880	4.820	4.826	4.832	4.837	4.843	4.849	4.854	4.860	4.866	4.871	4.877	880
890	4.877	4.883	4.888	4.894	4.900	4.905	4.911	4.917	4.922	4.928	4.933	890
温度/℃	0	1	2	3	4	5	6	7	8	9	10	温度/℃

表 7（续）

温度/℃	0	1	2	3	4	5	6	7	8	9	10	温度/℃
电动势/mV												
900	4.933	4.939	4.945	4.950	4.956	4.962	4.967	4.973	4.979	4.984	4.990	900
910	4.990	4.995	5.001	5.007	5.012	5.018	5.024	5.029	5.035	5.040	5.046	910
920	5.046	5.052	5.057	5.063	5.068	5.074	5.080	5.085	5.091	5.096	5.102	920
930	5.102	5.108	5.113	5.119	5.124	5.130	5.135	5.141	5.147	5.152	5.158	930
940	5.158	5.163	5.169	5.174	5.180	5.186	5.191	5.197	5.202	5.208	5.213	940
950	5.213	5.219	5.224	5.230	5.236	5.241	5.247	5.252	5.258	5.263	5.269	950
960	5.269	5.274	5.280	5.285	5.291	5.297	5.302	5.308	5.313	5.319	5.324	960
970	5.324	5.330	5.335	5.341	5.346	5.352	5.357	5.363	5.368	5.374	5.379	970
980	5.379	5.385	5.390	5.396	5.401	5.407	5.412	5.418	5.423	5.429	5.434	980
990	5.434	5.440	5.445	5.451	5.456	5.462	5.467	5.473	5.478	5.484	5.489	990
1 000	5.489	5.495	5.500	5.506	5.511	5.516	5.522	5.527	5.533	5.538	5.544	1 000
1 010	5.544	5.549	5.555	5.560	5.566	5.571	5.577	5.582	5.587	5.593	5.598	1 010
1 020	5.598	5.604	5.609	5.615	5.620	5.626	5.631	5.636	5.642	5.647	5.653	1 020
1 030	5.653	5.658	5.664	5.669	5.674	5.680	5.685	5.691	5.696	5.701	5.707	1 030
1 040	5.707	5.712	5.718	5.723	5.729	5.734	5.739	5.745	5.750	5.756	5.761	1 040
1 050	5.761	5.766	5.772	5.777	5.783	5.788	5.793	5.799	5.804	5.809	5.815	1 050
1 060	5.815	5.820	5.826	5.831	5.836	5.842	5.847	5.852	5.858	5.863	5.869	1 060
1 070	5.869	5.874	5.879	5.885	5.890	5.895	5.901	5.906	5.911	5.917	5.922	1 070
1 080	5.922	5.928	5.933	5.938	5.944	5.949	5.954	5.960	5.965	5.970	5.976	1 080
1 090	5.976	5.981	5.986	5.992	5.997	6.002	6.008	6.013	6.018	6.024	6.029	1 090
1 100	6.029	6.034	6.040	6.045	6.050	6.056	6.061	6.066	6.072	6.077	6.082	1 100
1 110	6.082	6.088	6.093	6.098	6.103	6.109	6.114	6.119	6.125	6.130	6.135	1 110
1 120	6.135	6.141	6.146	6.151	6.156	6.162	6.167	6.172	6.178	6.183	6.188	1 120
1 130	6.188	6.193	6.199	6.204	6.209	6.215	6.220	6.225	6.230	6.236	6.241	1 130
1 140	6.241	6.246	6.252	6.257	6.262	6.267	6.273	6.278	6.283	6.288	6.294	1 140
1 150	6.294	6.299	6.304	6.309	6.315	6.320	6.325	6.330	6.336	6.341	6.346	1 150
1 160	6.346	6.351	6.357	6.362	6.367	6.372	6.378	6.383	6.388	6.393	6.399	1 160
1 170	6.399	6.404	6.409	6.414	6.420	6.425	6.430	6.435	6.441	6.446	6.451	1 170
1 180	6.451	6.456	6.461	6.467	6.472	6.477	6.482	6.488	6.493	6.498	6.503	1 180
1 190	6.503	6.508	6.514	6.519	6.524	6.529	6.535	6.540	6.545	6.550	6.555	1 190
温度/℃	0	1	2	3	4	5	6	7	8	9	10	温度/℃

表 7（续）

温度/℃	0	1	2	3	4	5	6	7	8	9	10	温度/℃
电动势/mV												
1 200	6.555	6.561	6.566	6.571	6.576	6.581	6.587	6.592	6.597	6.602	6.607	1 200
1 210	6.607	6.613	6.618	6.623	6.628	6.633	6.639	6.644	6.649	6.654	6.659	1 210
1 220	6.659	6.664	6.670	6.675	6.680	6.685	6.690	6.696	6.701	6.706	6.711	1 220
1 230	6.711	6.716	6.721	6.727	6.732	6.737	6.742	6.747	6.752	6.758	6.763	1 230
1 240	6.763	6.768	6.773	6.778	6.783	6.789	6.794	6.799	6.804	6.809	6.814	1 240
1 250	6.814	6.820	6.825	6.830	6.835	6.840	6.845	6.851	6.856	6.861	6.866	1 250
1 260	6.866	6.871	6.876	6.881	6.887	6.892	6.897	6.902	6.907	6.912	6.918	1 260
1 270	6.918	6.923	6.928	6.933	6.938	6.943	6.948	6.953	6.959	6.964	6.969	1 270
1 280	6.969	6.974	6.979	6.984	6.989	6.995	7.000	7.005	7.010	7.015	7.020	1 280
1 290	7.020	7.025	7.030	7.036	7.041	7.046	7.051	7.056	7.061	7.066	7.072	1 290
1 300	7.072	7.077	7.082	7.087	7.092	7.097	7.102	7.107	7.112	7.118	7.123	1 300
1 310	7.123	7.128	7.133	7.138	7.143	7.148	7.153	7.159	7.164	7.169	7.174	1 310
1 320	7.174	7.179	7.184	7.189	7.194	7.199	7.205	7.210	7.215	7.220	7.225	1 320
1 330	7.225	7.230	7.235	7.240	7.245	7.250	7.256	7.261	7.266	7.271	7.276	1 330
1 340	7.276	7.281	7.286	7.291	7.296	7.302	7.307	7.312	7.317	7.322	7.327	1 340
1 350	7.327	7.332	7.337	7.342	7.347	7.352	7.358	7.363	7.368	7.373	7.378	1 350
1 360	7.378	7.383	7.388	7.393	7.398	7.403	7.409	7.414	7.419	7.424	7.429	1 360
1 370	7.429	7.434	7.439	7.444	7.449	7.454	7.459	7.465	7.470	7.475	7.480	1 370
1 380	7.480	7.485	7.490	7.495	7.500	7.505	7.510	7.515	7.520	7.526	7.531	1 380
1 390	7.531	7.536	7.541	7.546	7.551	7.556	7.561	7.566	7.571	7.576	7.581	1 390
1 400	7.581	7.587	7.592	7.597	7.602	7.607	7.612	7.617	7.622	7.627	7.632	1 400
1 410	7.632	7.637	7.642	7.648	7.653	7.658	7.663	7.668	7.673	7.678	7.683	1 410
1 420	7.683	7.688	7.693	7.698	7.703	7.709	7.714	7.719	7.724	7.729	7.734	1 420
1 430	7.734	7.739	7.744	7.749	7.754	7.759	7.764	7.769	7.775	7.780	7.785	1 430
1 440	7.785	7.790	7.795	7.800	7.805	7.810	7.815	7.820	7.825	7.830	7.835	1 440
1 450	7.835	7.841	7.846	7.851	7.856	7.861	7.866	7.871	7.876	7.881	7.886	1 450
1 460	7.886	7.891	7.896	7.902	7.907	7.912	7.917	7.922	7.927	7.932	7.937	1 460
1 470	7.937	7.942	7.947	7.952	7.957	7.963	7.968	7.973	7.978	7.983	7.988	1 470
1 480	7.988	7.993	7.998	8.003	8.008	8.013	8.018	8.023	8.029	8.034	8.039	1 480
1 490	8.039	8.044	8.049	8.054	8.059	8.064	8.069	8.074	8.079	8.085	8.090	1 490
温度/℃	0	1	2	3	4	5	6	7	8	9	10	温度/℃

表 7（续）

温度/℃	0	1	2	3	4	5	6	7	8	9	10	温度/℃
	电动势/mV											
1 500	8.090	8.095	8.100	8.105	8.110	8.115	8.120	8.125	8.130	8.135	8.140	1 500
1 510	8.140	8.146	8.151	8.156	8.161	8.166	8.171	8.176	8.181	8.186	8.191	1 510
1 520	8.191	8.196	8.202	8.207	8.212	8.217	8.222	8.227	8.232	8.237	8.242	1 520
1 530	8.242	8.247	8.253	8.258	8.263	8.268	8.273	8.278	8.283	8.288	8.293	1 530
1 540	8.293	8.298	8.304	8.309	8.314	8.319	8.324	8.329	8.334	8.339	8.344	1 540
1 550	8.344	8.349	8.355	8.360	8.365	8.370	8.375	8.380	8.385	8.390	8.395	1 550
1 560	8.395	8.401	8.406	8.411	8.416	8.421	8.426	8.431	8.436	8.441	8.447	1 560
1 570	8.447	8.452	8.457	8.462	8.467	8.472	8.477	8.482	8.487	8.493	8.498	1 570
1 580	8.498	8.503	8.508	8.513	8.518	8.523	8.528	8.534	8.539	8.544	8.549	1 580
1 590	8.549	8.554	8.559	8.564	8.569	8.575	8.580	8.585	8.590	8.595	8.600	1 590
1 600	8.600	8.605	8.610	8.616	8.621	8.626	8.631	8.636	8.641	8.646	8.652	1 600
1 610	8.652	8.657	8.662	8.667	8.672	8.677	8.682	8.688	8.693	8.698	8.703	1 610
1 620	8.703	8.708	8.713	8.718	8.724	8.729	8.734	8.739	8.744	8.749	8.754	1 620
1 630	8.754	8.760	8.765	8.770	8.775	8.780	8.785	8.791	8.796	8.801	8.806	1 630
1 640	8.806	8.811	8.816	8.822	8.827	8.832	8.837	8.842	8.847	8.853	8.858	1 640
1 650	8.858	8.863	8.868	8.873	8.878	8.884	8.889	8.894	8.899	8.904	8.909	1 650
1 660	8.909	8.915	8.920	8.925	8.930	8.935	8.941	8.946	8.951	8.956	8.961	1 660
1 670	8.961	8.967	8.972	8.977	8.982	8.987	8.992	8.998	9.003	9.008	9.013	1 670
1 680	9.013	9.018	9.024	9.029	9.034	9.039	9.044	9.050	9.055	9.060	9.065	1 680
1 690	9.065	9.070	9.076	9.081	9.086	9.091	9.097	9.102	9.107	9.112	9.117	1 690
1 700	9.117	9.123	9.128	9.133	9.138	9.143	9.149	9.154	9.159	9.164	9.170	1 700
1 710	9.170	9.175	9.180	9.185	9.191	9.196	9.201	9.206	9.211	9.217	9.222	1 710
1 720	9.222	9.227	9.232	9.238	9.243	9.248	9.253	9.259	9.264	9.269	9.274	1 720
1 730	9.274	9.280	9.285	9.290	9.295	9.301	9.306	9.311	9.316	9.322	9.327	1 730
1 740	9.327	9.332	9.337	9.343	9.348	9.353	9.358	9.364	9.369	9.374	9.380	1 740
1 750	9.380	9.385	9.390	9.395	9.401	9.406	9.411	9.416	9.422	9.427	9.432	1 750
1 760	9.432	9.438	9.443	9.448	9.453	9.459	9.464	9.469	9.475	9.480	9.485	1 760
1 770	9.485	9.490	9.496	9.501	9.506	9.512	9.517	9.522	9.528	9.533	9.538	1 770
1 780	9.538	9.543	9.549	9.554	9.559	9.565	9.570	9.575	9.581	9.586	9.591	1 780
1 790	9.591	9.597	9.602	9.607	9.613	9.618	9.623	9.629	9.634	9.639	9.645	1 790
温度/℃	0	1	2	3	4	5	6	7	8	9	10	温度/℃

表 7（续）

温度/℃	0	1	2	3	4	5	6	7	8	9	10	温度/℃
电动势/mV												
1 800	9.645	9.650	9.655	9.661	9.666	9.671	9.677	9.682	9.687	9.693	9.698	1 800
1 810	9.698	9.703	9.709	9.714	9.719	9.725	9.730	9.735	9.741	9.746	9.751	1 810
1 820	9.751	9.757	9.762	9.768	9.773	9.778	9.784	9.789	9.794	9.800	9.805	1 820
1 830	9.805	9.810	9.816	9.821	9.827	9.832	9.837	9.843	9.848	9.854	9.859	1 830
1 840	9.859	9.864	9.870	9.875	9.880	9.886	9.891	9.897	9.902	9.907	9.913	1 840
1 850	9.913	9.918	9.924	9.929	9.934	9.940	9.945	9.951	9.956	9.961	9.967	1 850
1 860	9.967	9.972	9.978	9.983	9.989	9.994	9.999	10.005	10.010	10.016	10.021	1 860
1 870	10.021	10.027	10.032	10.037	10.043	10.048	10.054	10.059	10.065	10.070	10.075	1 870
1 880	10.075	10.081	10.086	10.092	10.097	10.103	10.108	10.114	10.119	10.124	10.130	1 880
1 890	10.130	10.135	10.141	10.146	10.152	10.157	10.163	10.168	10.174	10.179	10.185	1 890
1 900	10.185	10.190	10.195	10.201	10.206	10.212	10.217	10.223	10.228	10.234	10.239	1 900
1 910	10.239	10.245	10.250	10.256	10.261	10.267	10.272	10.278	10.283	10.289	10.294	1 910
1 920	10.294	10.300	10.305	10.311	10.316	10.322	10.327	10.333	10.338	10.344	10.349	1 920
1 930	10.349	10.355	10.360	10.366	10.371	10.377	10.382	10.388	10.393	10.399	10.404	1 930
1 940	10.404	10.410	10.416	10.421	10.427	10.432	10.438	10.443	10.449	10.454	10.460	1 940
1 950	10.460	10.465	10.471	10.476	10.482	10.488	10.493	10.499	10.504	10.510	10.515	1 950
1 960	10.515	10.521	10.526	10.532	10.538	10.543	10.549	10.554	10.560	10.565	10.571	1 960
1 970	10.571	10.577	10.582	10.588	10.593	10.599	10.604	10.610	10.616	10.621	10.627	1 970
1 980	10.627	10.632	10.638	10.644	10.649	10.655	10.660	10.666	10.671	10.677	10.683	1 980
1 990	10.683	10.688	10.694	10.700	10.705	10.711	10.716	10.722	10.728	10.733	10.739	1 990
2 000	10.739	10.744	10.750	10.756	10.761	10.767	10.773	10.778	10.784	10.789	10.795	2 000
2 010	10.795	10.801	10.806	10.812	10.818	10.823	10.829	10.834	10.840	10.846	10.851	2 010
2 020	10.851	10.857	10.863	10.868	10.874	10.880	10.885	10.891	10.897	10.902	10.908	2 020
2 030	10.908	10.914	10.919	10.925	10.931	10.936	10.942	10.948	10.953	10.959	10.965	2 030
2 040	10.965	10.970	10.976	10.982	10.987	10.993	10.999	11.004	11.010	11.016	11.021	2 040
2 050	11.021	11.027	11.033	11.039	11.044	11.050	11.056	11.061	11.067	11.073	11.078	2 050
2 060	11.078	11.084	11.090	11.096	11.101	11.107	11.113	11.118	11.124	11.130	11.136	2 060
2 070	11.136	11.141	11.147	11.153	11.158	11.164	11.170	11.176	11.181	11.187	11.193	2 070
2 080	11.193	11.199	11.204	11.210	11.216	11.222	11.227	11.233	11.239	11.244	11.250	2 080
2 090	11.250	11.256	11.262	11.267	11.273	11.279	11.285	11.290	11.296	11.302	11.308	2 090
温度/℃	0	1	2	3	4	5	6	7	8	9	10	温度/℃

表 7（续）

温度/℃	0	1	2	3	4	5	6	7	8	9	10	温度/℃
电动势/mV												
2 100	11.308	11.314	11.319	11.325	11.331	11.337	11.342	11.348	11.354	11.360	11.365	2 100
2 110	11.365											2 110
温度/℃	0	1	2	3	4	5	6	7	8	9	10	温度/℃

计算如上基于 ITS-90 铱铑 40-铱热电偶分度表的公式系数和温度范围

	0 ℃～630.615 ℃		630.615 ℃～2110 ℃
c_0	0.000 000 0	c_0	$-9.683\ 908\ 2\times10^{-2}$
c_1	$3.087\ 001\ 6\times10^{-3}$	c_1	$3.658\ 861\ 5\times10^{-3}$
c_2	$6.964\ 977\ 3\times10^{-6}$	c_2	$5.745\ 518\ 9\times10^{-6}$
c_3	$-7.889\ 050\ 4\times10^{-9}$	c_3	$-6.054\ 794\ 3\times10^{-9}$
c_4	$2.770\ 059\ 1\times10^{-12}$	c_4	$2.723\ 539\ 3\times10^{-12}$
c_5	$2.676\ 241\ 3\times10^{-14}$	c_5	$-5.179\ 703\ 7\times10^{-16}$
c_6	$-1.041\ 804\ 0\times10^{-16}$	c_6	$3.082\ 188\ 6\times10^{-20}$
c_7	$1.527\ 086\ 7\times10^{-19}$		
c_8	$-7.963\ 408\ 2\times10^{-23}$		

表 8 计算温度与热电偶电动势函数关系的多项式系数

$T=b_0+b_1E+b_2E^2+\cdots+b_nE^n$	
钨-钨铼 26	
0 mV～2.055 mV	2.055 mV～38.576 mV
0 ℃～300 ℃	300 ℃～2 315.6 ℃
$b_0=0.000\ 000\ 000\ 0$	$b_0=8.664\ 425\ 199\times10^{1}$
$b_1=6.705\ 960\ 601\ 6\times10^{2}$	$b_1=1.290\ 908\ 123\times10^{2}$
$b_2=-3.280\ 897\ 881\ 9\times10^{3}$	$b_2=-1.586\ 839\ 697\times10^{1}$
$b_3=1.446\ 584\ 572\ 0\times10^{4}$	$b_3=2.131\ 216\ 354$
$b_4=-4.147\ 326\ 942\ 6\times10^{4}$	$b_4=-1.986\ 846\ 344\times10^{-1}$
$b_5=7.721\ 438\ 364\ 9\times10^{4}$	$b_5=1.261\ 591\ 085\times10^{-2}$
$b_6=-9.506\ 396\ 816\ 7\times10^{4}$	$b_6=-5.394\ 483\ 372\times10^{-4}$
$b_7=7.794\ 979\ 300\ 9\times10^{4}$	$b_7=1.523\ 931\ 582\times10^{-5}$
$b_8=-4.206\ 582\ 520\ 9\times10^{4}$	$b_8=-2.719\ 045\ 571\times10^{-7}$
$b_9=1.433\ 767\ 023\ 7\times10^{4}$	$b_9=2.769\ 535\ 582\times10^{-9}$
$b_{10}=-2.796\ 132\ 683\ 0\times10^{3}$	$b_{10}=-1.224\ 060\ 077\times10^{-11}$
$b_{11}=2.376\ 890\ 168\ 3\times10^{2}$	
误差范围：−0.67 ℃～+0.40 ℃	误差范围：−0.17 ℃～+0.26 ℃

表 8（续）

$T=b_0+b_1E+b_2E^2+\cdots+b_nE^n$	
Platinel Ⅱ	
0 mV～55.257 mV	
0 ℃～1 395 ℃	
$b_0=0.000\ 000\ 0$ $b_1=3.320\ 465\ 7\times10^{1}$ $b_2=-1.073\ 521\ 3$ $b_3=6.779\ 240\ 1\times10^{-2}$ $b_4=-2.989\ 931\ 6\times10^{-3}$ $b_5=8.705\ 819\ 8\times10^{-5}$ $b_6=-1.531\ 907\ 4\times10^{-6}$ $b_7=1.472\ 561\ 7\times10^{-8}$ $b_8=-5.901\ 123\ 5\times10^{-11}$	
误差范围：−0.19 ℃～+0.08 ℃	
KP-金铁0.07	
−5.254 mV～0.156 mV	
−268 ℃～7 ℃	
$b_0=0.000\ 000\ 000$ $b_1=4.462\ 487\ 305\times10^{1}$ $b_2=-2.583\ 212\ 436\times10^{-1}$ $b_3=6.182\ 611\ 412$ $b_4=1.623\ 188\ 563\times10^{1}$ $b_5=1.953\ 393\ 681\times10^{1}$ $b_6=1.329\ 766\ 203\times10^{1}$ $b_7=5.535\ 819\ 147$ $b_8=1.437\ 999\ 207$ $b_9=2.275\ 177\ 635\times10^{-1}$ $b_{10}=2.005\ 928\ 422\times10^{-2}$ $b_{11}=7.553\ 148\ 761\times10^{-4}$	
误差范围：−0.09 ℃～+0.19 ℃	
铂钼 5-铂钼0.1	
0 mV～3.974 mV	3.974 mV～46.008 mV
0 ℃～250 ℃	250 ℃～1 600 ℃
$b_0=0.000\ 00$ $b_1=9.265\ 22\times10^{1}$ $b_2=-1.563\ 91\times10^{1}$ $b_3=3.173\ 88$ $b_4=-2.834\ 95\times10^{-1}$	$b_0=2.877\ 08\times10^{1}$ $b_1=6.405\ 77\times10^{1}$ $b_2=-2.583\ 11$ $b_3=1.446\ 17\times10^{-1}$ $b_4=-6.182\ 86\times10^{-3}$ $b_5=1.836\ 97\times10^{-4}$ $b_6=-3.501\ 15\times10^{-6}$ $b_7=3.822\ 00\times10^{-8}$ $b_8=-1.807\ 47\times10^{-10}$
误差范围：−0.31 ℃～+0.15 ℃	误差范围：−0.11 ℃～+0.23 ℃

表 8（续）

$T=b_0+b_1E+b_2E^2+\cdots+b_nE^n$	
铂铑 40-铂铑 20	
0 mV～0.376 mV	0.376 mV～4.968 mV
0 ℃～510 ℃	510 ℃～1 888 ℃
$b_0=0.000\ 000$ $b_1=2.758\ 849\times10^3$ $b_2=-8.243\ 536\times10^3$ $b_3=2.161\ 278\times10^4$ $b_4=-3.476\ 406\times10^4$ $b_5=2.453\ 258\times10^4$	$b_0=1.150\ 186\times10^2$ $b_1=1.452\ 242\times10^3$ $b_2=-1.423\ 688\times10^3$ $b_3=1.160\ 954\times10^3$ $b_4=-6.413\ 599\times10^2$ $b_5=2.359\ 053\times10^2$ $b_6=-5.681\ 722\times10^1$ $b_7=8.596\ 334$ $b_8=-7.404\ 421\times10^{-1}$ $b_9=2.767\ 550\times10^{-2}$
误差范围：−0.03 ℃～+0.23 ℃	误差范围：−0.17 ℃～+0.24 ℃
镍钼 18-镍钴0.8	
−1.732 mV～18.181 mV	18.181 mV～74.104 mV
−50 ℃～400 ℃	400 ℃～1 410 ℃
$b_0=0.000\ 000$ $b_1=2.713\ 472\times10^1$ $b_2=-8.751\ 441\times10^{-1}$ $b_3=6.127\ 531\times10^{-2}$ $b_4=-1.811\ 496\times10^{-3}$ $b_5=-9.832\ 772\times10^{-5}$ $b_6=1.009\ 173\times10^{-5}$ $b_7=-2.181\ 442\times10^{-7}$	$b_0=-1.317\ 372\times10^2$ $b_1=3.768\ 395\times10^1$ $b_2=-6.149\ 443\times10^{-1}$ $b_3=9.658\ 499\times10^{-3}$ $b_4=-8.132\ 876\times10^{-5}$ $b_5=2.966\ 882\times10^{-7}$ $b_6=-8.792\ 234\times10^{-11}$
误差范围：−0.17 ℃～+0.28 ℃	误差范围：−0.13 ℃～+0.19 ℃
铱铑 40-铱	
0 mV～11.365 mV	
0 ℃～2 110 ℃	
$b_0=0.000\ 000\ 000\ 0$ $b_1=3.127\ 832\ 359\ 3\times10^2$ $b_2=-1.469\ 366\ 390\ 0\times10^2$ $b_3=9.914\ 826\ 310\ 3\times10^1$ $b_4=-4.638\ 179\ 460\ 9\times10^1$ $b_5=1.472\ 727\ 779\ 5\times10^1$ $b_6=-3.152\ 936\ 390\ 1$ $b_7=4.543\ 131\ 387\ 7\times10^{-1}$ $b_8=-4.336\ 007\ 457\ 8\times10^{-2}$ $b_9=2.623\ 651\ 654\ 9\times10^{-3}$ $b_{10}=-9.103\ 075\ 333\ 9\times10^{-5}$ $b_{11}=1.378\ 421\ 916\ 1\times10^{-6}$	
误差范围：−0.48 ℃～+0.31 ℃	

附 录 A
（资料性附录）
七种热电偶简介

钨-钨铼 26：难熔金属热电偶，适用于真空和还原性气氛，成本较低，测量温度范围为 0 ℃～2 315 ℃。广泛应用于航空器材和许多高温电子、热电、工业加热和建材项目。

Platinel Ⅱ：贵金属热电偶合金，测量的精度和 K 型热电偶接近，但抗氧化性和稳定性更好，测量温度范围为 0 ℃～1 395 ℃。Platinel Ⅱ中负极是 65%金-35%钯合金，正极是 55%钯、31%铂和 14%金的合金。曾用于涡轮螺桨引擎的高温测量和控制。

KP-金铁 0.07：低温测量用热电偶，通常用在液氧（－183 ℃）或更低温度，测量温度范围为－273 ℃～7 ℃。此类热电偶在材料、工艺、装配和标定方法等方面与常温或高温热电偶有明显的差别。K 型热电偶适合于低温测量是因为较好的灵敏度和更低的热传导性。金铁 0.07 材料在低温状态有更好的灵敏度，作为负极可与 KP 组成热电偶。

铂钼 5-铂钼 0.1：一般铂铑合金不适合在中子放射条件环境中使用，因为铑会缓慢地变为钯，这会导致含铑热电偶标定时的误差。铂钼 5-铂钼 0.1 合金则适合原子反应堆空气冷却含氦环境中的使用。测量温度范围为 0 ℃～1 600 ℃。

铂铑 40-铂铑 20：作为铂铑热电偶合金之一，被推荐用来测试高温，测量温度范围为 0 ℃～1 888 ℃。特别适用于连续测试 1 800 ℃以下温度范围，也可偶尔测试到 1 850 ℃的温度范围。然而当 B 型热电偶能胜任时它很少被使用，因为它更低的电动势输出值和更高的成本。

镍钼 18-镍钴 0.8：此类热电偶主要应用于真空、氢或其他还原性气氛等高温状态下的温度测量和控制，测量温度范围为－50 ℃～1 410 ℃。当被密封于保护管中时，能够在氢或其他还原性气氛的高温状态下提供良好的稳定性。此类热电偶的抗氧化性能一般，因此不推荐在超过 649 ℃的氧化环境下使用。

铱铑 40-铱：适合测量 2 000 ℃以上温度的热电偶合金，通常用于铂铑-铂热电偶不能测量的范围之外。能够在惰性气体或真空环境下测量，但不能在还原性气氛中测量，在氧化气氛环境中只可短时间使用。测量温度范围为 0 ℃～2 110 ℃。

附 录 B
（资料性附录）
本标准与 ASTM E1751:2000 差异及其原因

本标准的 7 种热电偶的技术特征与 ASTM E1751:2000 无差异。表 B.1 给出了本标准与 ASTM E1751:2000 的其他技术差异和编写结构方面的差异及其原因。

表 B.1 本标准与 ASTM E1751:2000 差异及其原因

本标准的编号	差异	原因
标题	删除了“温度-热电动势表”	“分度表”已包含此含义
0	删除了 ASTM E1751:2000 首段中关于标准版本信息说明的部分	作为国家标准为首次发布
1	改写了原 1.1，删除条编号，句式改为 GB/T 1.1 规定的样式	按 GB/T 1.1 规定
1	改写了原 1.2，删除条编号，句式改为 GB/T 1.1 规定的样式；删除了“有关延长导线或补偿导线的内容可查阅 ASTM MNL 12 或向热电偶合金供应商查询。”的表述	按 GB/T 1.1 规定。删除部分非本标准的必要内容
2	增加了 2 规范性引用文件	标准中确实引用了文件
3	改写了原“2 术语”，句式改为 GB/T 1.1 规定的样式；将“ASTM E 344 温度和液体比重测量术语”修改为“GB/T ××××× 温度仪表术语”	按 GB/T 1.1 规定。采用我国相对应国家标准
4	重组了原文的 3 数据来源、5 热电偶类型、6 热电动势-温度初始值的允差，将其中内容移入本标准的 4 分度表信息	按 GB/T 20000.2 的 5.4.2 要求，修改采用国际标准时，应采用重新起草法
4	删除了原“4 意义与用途”，其中包括多家公司名称	非本标准的必要内容
4.1	表 1～表 19 改为表 1～表 8	删除了 11 个有关华氏温度的表格，并删除金-铂热电偶和铂-钯热电偶摄氏温度的表格
4.1	删除了表 2 钨和钨-26%铼合金 32 ℉到 4 200 ℉	我国法定采用国际单位制
4.1	原表 3 Platinel Ⅱ 0 ℃到 1 395 ℃改为表 2	顺位
4.1	删除了表 4 Platinel Ⅱ 32 ℉到 2 543 ℉	我国法定采用国际单位制
4.1	原表 5 KP 和金-0.07%铁合金 −273 ℃到 7 ℃改为表 3	顺位
4.1	删除了原表 6 KP 和金-0.07%铁合金 −459 ℉到 44 ℉	我国法定采用国际单位制
4.1	原表 7 铂-5%钼和铂-0.1%钼合金 0 ℃到 1 600 ℃改为表 4	顺位
4.1	删除了表 8 铂-5%钼和铂-0.1%钼合金 32 ℉到 2 912 ℉	我国法定采用国际单位制

表 B.1（续）

本标准的编号	差异	原因
4.1	原表 9 铂-40%铑和铂-20%铑合金 0 ℃到 1 888 ℃改为表 5	顺位
4.1	删除了表 10 铂-40%铑和铂-20%铑合金 32 ℉到 3 430 ℉	我国法定采用国际单位制
4.1	原表 11 镍-18%钼和镍-0.8%钴合金 −50 ℃到 1 410 ℃改为表 6	顺位
4.1	删除了表 12 镍-18%钼和镍-0.8%钴合金 −58 ℉到 2 570 ℉	我国法定采用国际单位制
4.1	原表 13 铱-40%铑和铱合金 0 ℃到 2 110 ℃改为表 7	顺位
4.1	删除了表 14 铱-40%铑和铱合金 32 ℉到 3 830 ℉	我国法定采用国际单位制
4.1	删除了表 15 金-铂合金 0 ℃到 1 000 ℃和表 16 金铂合金 32 ℉到 1 832 ℉	相关内容将在等同采用 IEC 62460 的国家标准 纯元素热电偶分度表中
4.1	删除了表 17 铂-钯合金 0 ℃到 1 500 ℃和表 18 铂钯合金 32 ℉到 2 732 ℉	相关内容将在等同采用 IEC 62460 的国家标准 纯元素热电偶分度表中
4.1	表 19 计算温度(℃或℉)与热电偶电动势函数关系的多项式系数改为表 8 计算温度(℃)与热电偶电动势函数关系的多项式系数，并在表 10 中删除了全部有关℉的内容和铂金、铂钯合金℃的内容	我国法定采用国际单位制，表号顺位
4.2 4.3	删除了"℉"和"(408.2 ℉到 1 832 ℉)"	我国法定采用国际单位制
4.3	删除了原 7.3.1 目编号，将表 19 改为表 8	条目号的存在使前面的内容成为悬置部分
	删除了原"8　关键词"	非 GB/T 1.1 规定内容
附录 A	增加了附录 A	简要介绍本标准的 7 种热电偶
附录 B	增加了本附录	按 GB/T 20000.2 的 6.1.2 的要求

ICS 31.180
L 30

中华人民共和国国家标准

GB/T 30091—2013

薄膜键盘技术条件

Specifications for membrane key board

2013-12-17 发布　　2014-05-01 实施

中华人民共和国国家质量监督检验检疫总局
中国国家标准化管理委员会　发布

前　言

本标准按照 GB/T 1.1—2009 给出的规则起草。

请注意本文件的某些内容可能涉及专利。本文件的发布机构不承担识别这些专利的责任。

本标准由中国机械工业联合会提出并归口。

本标准起草单位：北京国合海达利电子科技有限公司、沈阳仪表科学研究院、南京意达薄膜开关有限责任公司、国家仪器仪表元器件质量监督检验中心。

本标准主要起草人：林里铭、关杰、徐秋玲、于振毅、吴松山。

薄膜键盘技术条件

1 范围

本标准规定了薄膜键盘的术语和定义、要求、试验方法、检验规则、标志、包装、运输和贮存。

本标准适用于开关功率小于 1W，最大工作电压 42 V(DC)或 25 V(AC)，最大工作电流小于 100 mA的薄膜键盘。线路载体为硬性基板的可参照使用。

2 规范性引用文件

下列文件对于本文件的应用是必不可少的。凡是注日期的引用文件，仅注日期的版本适用于本文件。凡是不注日期的引用文件，其最新版本(包括所有的修改单)适用于本文件。

GB/T 2423.1—2008 电工电子产品环境试验 第2部分:试验方法 试验A:低温

GB/T 2423.2—2008 电工电子产品环境试验 第2部分:试验方法 试验B:高温

GB/T 2423.3—2006 电工电子产品环境试验 第2部分:试验方法 试验Cab:恒定湿热试验

GB/T 2423.22—2012 电工电子产品环境试验 第2部分:试验方法 试验N:温度变化

GB/T 2792—1998 压敏胶粘带 180° 剥离强度试验方法

GB/T 2828.1—2012 计数抽样检验程序 第1部分:按接收质量限(AQL)检索的逐批检验抽样计划

GB/T 2829—2002 周期检验计数抽样程序及表(适用于对过程稳定性的检验)

GB/T 5095.2—1997 电子设备用机电元件 基本试验规程及测量方法 第2部分:一般检查、电连续性和接触电阻测试、绝缘试验和电压应力试验

3 术语和定义

下列术语和定义适用于本文件。

3.1

薄膜开关 membrane switch

由具有一定弹性的绝缘材料和导电材料层组成的一种多层结构平面型非自锁按键开关。

3.2

薄膜键单元(以下简称薄膜键) membrane key unit

薄膜键阵列中的一个电键平面，它包括带有导电图形(开关的触点)的弹性绝缘薄膜和保持一定行程的隔离层的元件。

3.3

薄膜键阵列 membrane key array

二个或二个以上薄膜键的组合，薄膜键阵列通常是间接操作的，如图1所示。

3.4

薄膜面板 membrane panel

一种由弹性薄膜加工成的具有一定功能字符指示的装饰性面板。见图2中的1。

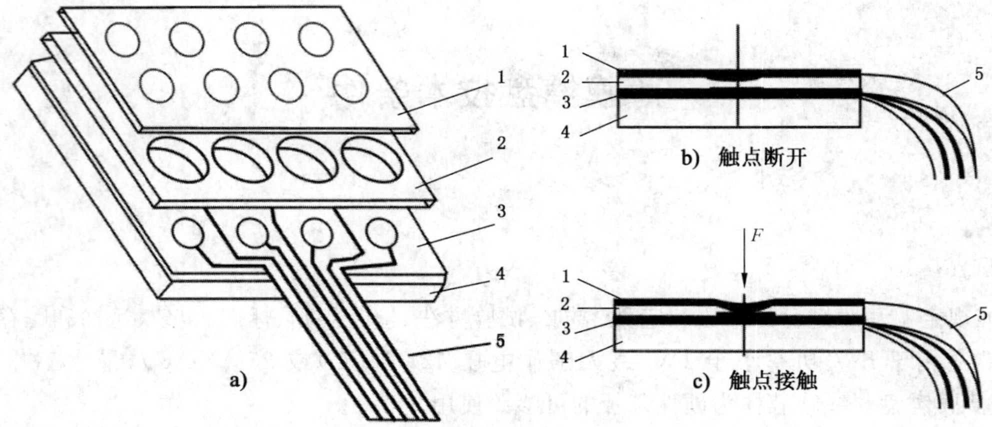

说明：

1——接触薄膜；

2——隔离层；

3——触点载体；

4——衬板；

5——引线带。

图 1　薄膜键阵列

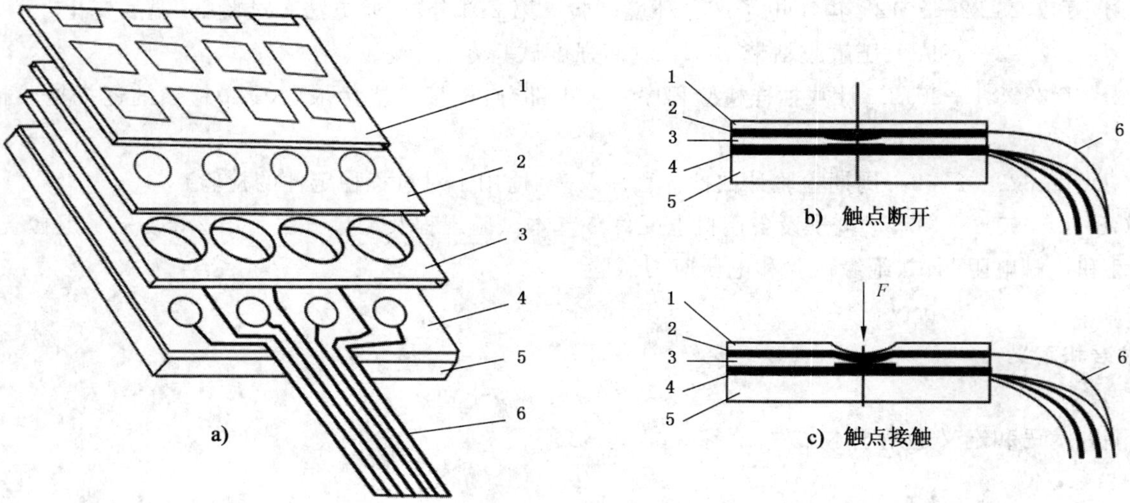

说明：

1——薄膜面板；

2——接触薄膜；

3——隔离层；

4——触点载体；

5——衬板；

6——引线带。

图 2　无压力点薄膜键盘

3.5

薄膜键盘　membrane keyboard

薄膜键阵列和薄膜面板组成的整体。薄膜面板也可以是接触薄膜的组成部分。薄膜键盘通常是直接操作的。

3.6

无压力点(无手感)薄膜键盘 no pressure points membrane keyboard

在操作过程中无手感，结构如图 2 所示，其操作过程特性如图 3 所示。

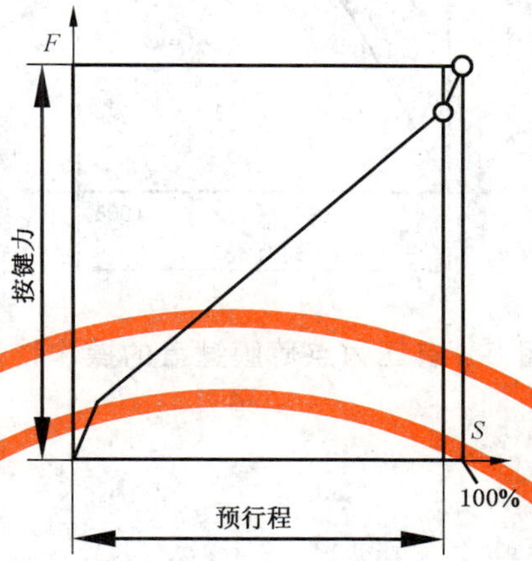

图 3 无压力点薄膜键盘的操作特性

3.7

有压力点(有手感)薄膜键盘 pressure points membrane keyboard

在操作时会感觉到反作用力有突变(压力点)结构如图 4 所示，其操作过程特性如图 5 所示。

说明：

1——薄膜面板；

2——接触薄膜；

3——隔离层；

4——触点载体；

5——衬板；

6——引线带。

图 4 有压力点薄膜键盘

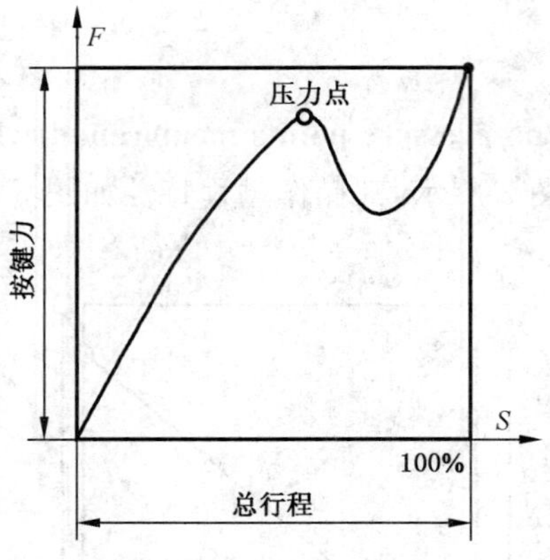

图 5　有压力点薄膜键盘的操作特性

3.8

回线电阻　back-wire resistive

薄膜键阵列上的某个薄膜键的两个触点接通，经过接通的两个触点通向引线带端部的两条引线间的总电阻。

3.9

按键力　button force

使触点可靠地接通时施加给薄膜键盘的操作力。

4　要求

4.1　制造材料

不宜采用对环境造成污染、对人身健康及财产安全造成破坏、损害或其他不良影响的材料，如采用满足欧盟《电气、电子设备中限制使用某些有害物质》指令要求或我国《电子信息产品污染物管理办法》要求的材料。

4.2　外观质量

4.2.1　颜色

薄膜键盘的颜色应满足下列要求：

a）同批产品的颜色应无明显差别，其色差绝对值应小于或等于 0.6；

b）同一规格产品，不同批次，如用户无特殊要求，应以第一批产品颜色为准，色差绝对值应小于或等于 1.2；

c）遮盖力强，用反射光观察，以看不清下面的色彩和结构为准；

d）套色偏差应小于或等于 0.2 mm。

4.2.2　缺陷及等级

缺陷及等级见表 1。

表 1 缺陷及等级

位置	外观 0 级	外观 1 级	外观 2 级	外观 3 级
一般位置缺陷的大小	0.1 mm^2 以下	0.3 mm^2 以下	0.5 mm^2 以下	0.7 mm^2 以下
图标	0.03 mm^2 以下	0.03 mm^2 以下	0.05 mm^2 以下	0.1 mm^2 以下
透明、半透明部位的缺陷大小	透过率＞50％	透过率＞50％	50％≥透过率＞20％	透过率≤20％
	0.03 mm^2 以下	0.03 mm^2 以下	0.05 mm^2 以下	0.1 mm^2 以下
100 mm×100 mm 区域内允许的缺陷数量	允许有 2 个，间隔 70 mm 以上 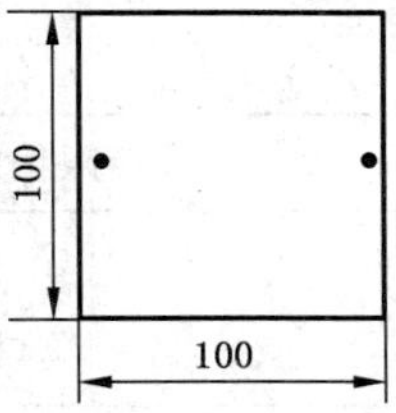 	允许有 2 个，间隔 70 mm 以上 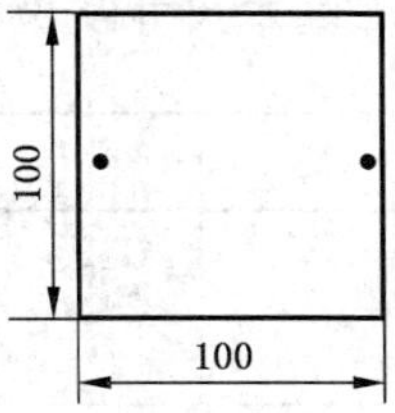 	允许有 3 个，间隔 50 mm 以上 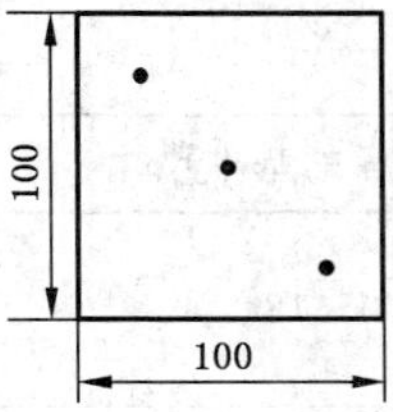 	允许有 4 个，间隔 30 mm 以上 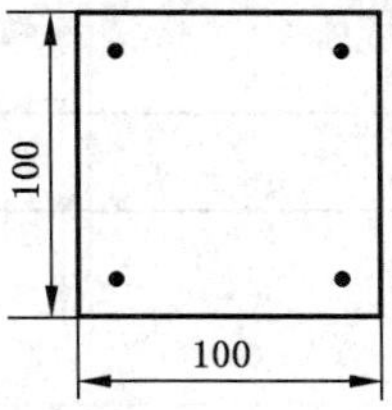
印刷文字的缺陷尺寸	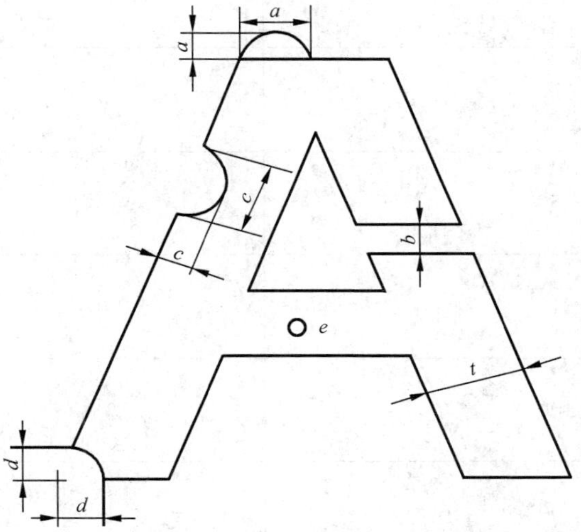 *a*——毛刺；*b*——断线；*c*——边缘缺损；*d*——边角缺损；*e*——针孔、砂眼；*t*——线条宽度			
印刷文字的缺陷尺寸：毛刺、缺损、断线	线条宽度的 1/4 以下	线条宽度的 1/4 以下	线条宽度的 1/3 以下	线条宽度的 1/2 以下
印刷文字的缺陷尺寸：针孔、砂眼	0.03 mm^2 以下	0.03 mm^2 以下	0.05 mm^2 以下	0.1 mm^2 以下
色调色差	$\Delta E=1.2$ 以下；$L^*=\pm1.0$；$a^*/b^*=\pm0.3$			
注：ΔE 表示色差；L^* 表示明度，即颜色深浅；a^* 表示红绿值；a^*/b^* 表示黄蓝值。				

4.2.3 凸起键压痕边缘和色块偏差

压痕边缘和色块之间偏差应小于等于 0.2 mm。

4.2.4 表面整洁度

薄膜键盘的表面整洁度满足下列要求：

a) 表面应整洁，干净无污点；

b) 正、反面观察不应有夹杂物、线毛、印痕。

4.2.5 背胶

薄膜键盘的背胶应满足下列要求：

a) 面膜与背胶间应无气泡、夹杂物，并且平整；

b) 不应缺胶与重胶，透窗不允许进胶，边缘不允许漏胶。

4.3 几何尺寸

4.3.1 外形尺寸

薄膜键盘的外形尺寸及极限偏差应符合表2规定。

表2 基本尺寸及极限偏差

单位为毫米

薄膜键盘的基本尺寸	极限偏差
0～18	0 −0.11
19～80	0 −0.19
81～180	0 −0.25
181～250	0 −0.29
251～315	0 −0.32
316～400	0 −0.36
401～500	0 −0.4
＞500	0 −0.5

4.3.2 平行度及邻边垂直度

矩形薄膜键盘的对边平行度及邻边垂直度应符合表3规定。

表3 基本尺寸及平行度、垂直度允许公差

单位为毫米

薄膜键盘的基本尺寸	平行度、垂直度允许公差
＜150	0.2
150～300	0.3
301～450	0.4
＞450	0.5

4.3.3 引线带与面板边缘垂直度、插针与引线带电线条平行度

引线带与面板边缘垂直度允许公差应小于 0.5 mm，插针与引线带电线条平行度允许公差<0.2 mm。

4.3.4 引线带边缘宽度的允许公差

引线带边缘宽度的允许公差应符合表 4 的规定。

表 4 引线带边缘宽度的允许公差

单位为毫米

<table>
<tr><th>图示</th><th>线间距</th><th>|A−B|尺寸</th></tr>
<tr><td rowspan="2">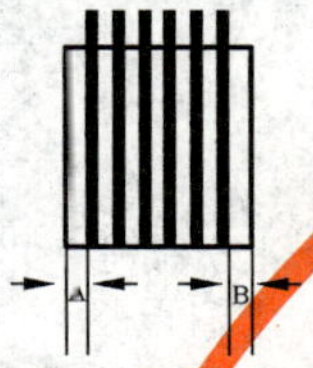</td><td>2.54</td><td>|A−B|≤0.4</td></tr>
<tr><td>1.0～1.27</td><td>|A−B|≤0.15</td></tr>
</table>

4.3.5 立体键高度

立体键目测高度一致，必要时可采用千分表测量，高度差应小于等于 0.15 mm。

4.4 剥离强度

薄膜键盘各粘接层剥离强度应不小于 8 N/25 mm。

4.5 回线电阻

回线电阻值应不大于 100 Ω，当回线总长度超过 150 cm 时，回线电阻值应由生产方与使用方协商确定。

4.6 绝缘电阻

引线带上任意两导线间及跨越断开的触点间的绝缘电阻值应不低于 100 MΩ。在高温和湿热试验后应不低于 20 MΩ。

4.7 按键力

无压力点(无手感)薄膜键盘的按键力的优选范围为 1 N～3 N，必要时可由生产方和使用方协商确定。有压力点(有手感)薄膜键盘的按键力的优选范围为 2 N～5 N。

4.8 最大机械负荷能力

在薄膜键盘开关中心施加 100 N 的操作力，持续 60 s±5 s 后，回线电阻和绝缘电阻应符合 4.5 和 4.6 的规定。

4.9 接触不稳定时间

薄膜键盘开关的触点在接通或断开的瞬间，触点的抖动时间应小于 5 ms。

4.10 耐压

引线带上相邻导线间或跨越断开的触点间应能承受 500 V，50 Hz 的正弦波交流电压，历时 1 min，无击穿、飞弧现象。

引线带上所有导线与金属衬板间应能承受500 V,50 Hz 的正弦波交流电压,历时1 min,无击穿、飞弧现象。

4.11 引线带弯曲

引线带的弯曲半径为2 mm,经±90°反复弯曲50次,引线带上无裂痕,导线不剥离,回线电阻值符合4.5的规定。

4.12 高温

薄膜键盘经受55 ℃±2 ℃的高温试验后,其外观应符合4.2的规定;绝缘电阻值及耐压应符合4.6和4.10的规定。

4.13 低温

薄膜键盘经受−40 ℃±3 ℃的低温试验后,其回线电阻值及按键力,应符合4.5和4.7的规定。

4.14 恒定湿热

薄膜键盘经受温度为40 ℃±2 ℃,相对湿度为90%~96%的恒定湿热试验后,其外观质量、回线电阻值、绝缘电阻值及耐压,应符合4.2、4.5、4.6和4.10的规定。

4.15 温度变化

薄膜键盘经受−40 ℃~+55 ℃的温度循环试验后,其外观质量、回线电阻、绝缘电阻和按键力,应符合4.2、4.5、4.6和4.7的规定。

4.16 短路、断路

一条导线不应有短路、断路现象;按键按下时应导通,未按下时不应导通。

4.17 寿命

无压力点(无手感)薄膜键盘寿命不低于100万次。

有压力点(有手感)薄膜键盘寿命不低于20万次。

寿命试验后,绝缘电阻值及回线电阻值指标下降幅度应不超过10%。

5 试验方法

5.1 一般性要求

5.1.1 一般大气条件

环境温度:15 ℃~35 ℃;

相对湿度:45%~75%;

大气压力:86 kPa~106 kPa。

5.1.2 其他

试验用样品应在一般大气条件下放置24 h后进行。

除有特殊规定外,各项试验均在一般大气条件下进行。

5.2 外观质量

按 GB/T 5095.2—1997 中试验 1a 的规定:目视检查,配合使用色差仪、4 倍放大镜、样板或工具显微镜及功能相当的计量器具进行检测,结果应符合 4.2 的要求。

5.3 几何尺寸

按 GB/T 5095.2—1997 中试验 1b 的规定进行检验,用游标卡尺或精度相当的计量器具进行检查,结果应符合 4.3 的规定。

5.4 剥离强度

按 GB/T 2792—1998 的有关规定检验,结果应符合 4.4 的规定。

5.5 回线电阻

用精度不低于 0.2 级的电阻测量仪器接至薄膜键盘的引线带端部,键盘开关上施加不小于按键力的操作力,记录电阻测量仪器读数,结果应符合 4.5 的要求。

5.6 绝缘电阻

用绝缘电阻测试仪器,测量引线带上任意两导线间及跨越断开的触点间的绝缘电阻,测试电压为 250 V(DC),结果应符合 4.6 的规定。

5.7 按键力

采用图 6 所示的检验冲杆,检验冲杆的冲头用高分子材料制成,硬度为 42 HA～48 HA,直径 d 按表 5 规定。测量仪器用精度为 0.2 级的电阻测量仪器和精度不低于 0.5 级的测力计或相当的测力仪器。

将电阻测量仪器接至薄膜键盘的引线带上,在薄膜键盘上施加操作力,使触点稳定导通,回线电阻符合 4.5 规定时,通过测力计读出按键力,按键力应符合 4.7 的规定。

表 5 检验冲杆直径 d 值

单位为毫米

隔离孔尺寸	直径 d
10～12	6
13～14	8
15～16	10
17～18	12
>18	14
注:隔离孔尺寸系指隔离层上开的通孔尺寸,若是圆形则指其直径;若是矩形则为短边长。	

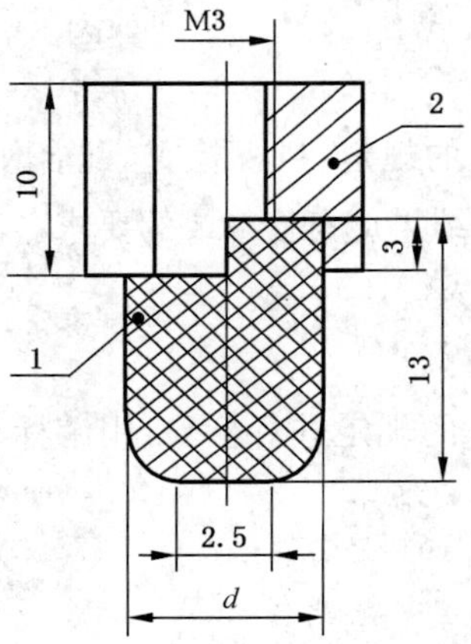

说明：
1——高分子材料；
2——钢。

图 6 检验冲杆

5.8 最大机械负荷能力

用图 6 所示的检验冲杆，缓慢地将 100 N 的力垂直施加到键盘开关的中心，历时 60 s±5 s；去掉负荷后测量回线电阻和绝缘电阻，结果应符合 4.5 和 4.6 要求。

5.9 接触不稳定时间

薄膜键盘施加工作电压 30 V(DC)，调整负载电阻使电流至 1 mA，连续通断 100 次，接触不稳定时间每次均应小于 5 ms。

5.10 耐压

在引线带上相邻导线间或跨越断开的触点间，引线带上所有导线与金属衬板间，分别施加 500 V，50 Hz 的正弦波交流电压，历时 1 min，应无击穿、飞弧现象。

5.11 引线带弯曲

引线带端部吊上质量为 500 g 重物，重物自然下垂，沿曲率半径为 2 mm 向一方弯曲 90°，持续 5 s，然后恢复自然下垂状态，向另一方弯曲 90°，持续 5 s，恢复自然下垂状态，此过程为一周期，循环进行 50 次弯曲，结果应符合 4.11 的要求。

5.12 高温

将薄膜键盘放置在试验箱中，按照 GB/T 2423.2—2008 试验 Bb 的规定进行试验，试验温度 55 ℃±2 ℃，持续保温时间 72 h，试验过程中不通电，不做功能试验。试验后在一般大气条件下恢复 2 h，进行检测，结果应符合 4.12 的要求。

5.13 低温

将薄膜键盘放置在试验箱中，按照 GB/T 2423.1—2008 试验 Ab 的规定进行试验，试验温度 −40 ℃±3 ℃，持续保温时间 72 h，试验过程中不通电，不做功能试验。试验后在一般大气条件下恢复 2 h，进行检测，结果应符合 4.13 的要求。

5.14 恒定湿热

将薄膜键盘放置在试验箱中，按照 GB/T 2423.3—2006 的规定进行试验，试验条件为温度：40 ℃±2 ℃，相对湿度：93%±3%，时间持续 4 d，样品不包装，试验过程中不通电。试验后在一般大气条件下恢复 2 h，进行检测，结果应符合 4.14 的要求。

5.15 温度变化

将薄膜键盘放置在试验箱中，按照 GB/T 2423.22—2012 试验 Na 的规定进行试验，样品处于不包装、不通电的准备使用状态进行试验，经受 −40 ℃～+55 ℃，转换时间不大于 3 min，高、低温的暴露时间均为 30 min 的 5 次温度循环。试验后，在一般大气条件下恢复 2h，进行检测，结果应符合 4.15 的要求。

5.16 短路、断路

5.16.1 短路

用万用表的 MΩ 挡或性能相当的仪器测量。一只表笔接在第一根线上，另一只表笔与其他每根线依次各连接一次，以此类推一直到最后一根线，此过程中如果万用表显示为无穷大（超量限或开路）则合格，如有阻值则不合格。

5.16.2 断路

用万用表的 kΩ 挡或性能相当的仪器测量。两只表笔与薄膜键盘的每个按键的两根线依次连接，给对应连接键施加不小于按键力的操作力，此时万用表显示为无穷大（超量限或开路）则为不合格，如有电阻值则合格。

5.17 寿命

寿命的检验装置如图 7 所示，所用的检验冲杆见图 8。

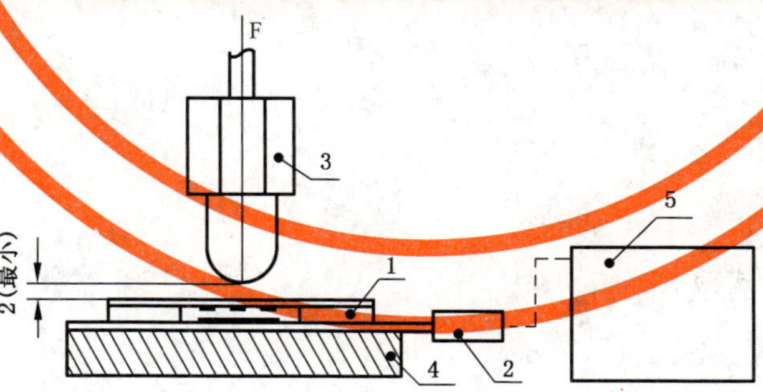

说明：

1——薄膜键盘；

2——引线带；

3——检验冲杆；

4——衬板；

5——显示仪表。

图 7 检验装置

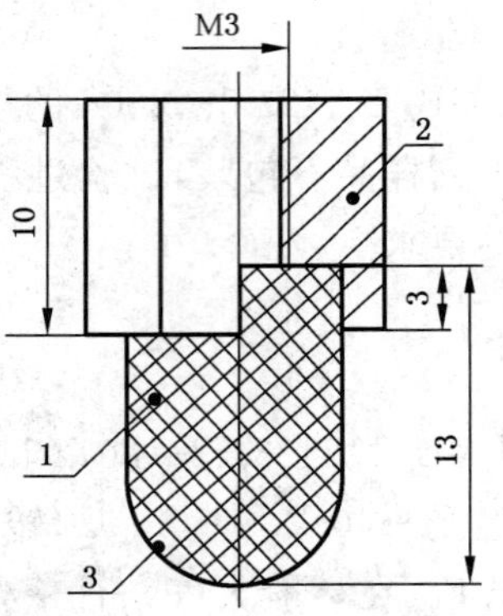

说明：

1——高分子材料；

2——钢；

3——球体。

图 8　检验冲杆

首先将被检样品固定在一块每边都比样品大出至少 25 mm 的硬质平板上，再水平安置到检验装置上，检验冲杆的中心线与被检样品表面呈 90°±5°，与样品上的电键中心的偏差不大于 0.5 mm。按下述检验条件进行：

检验频率：≤4 Hz；

触点接通持续时间：100 ms～250 ms；

检验冲杆运动速度：50 mm/s～150 mm/s；

触点负荷：1 V(DC)，1 mA；

用高分子材料制成的冲头硬度：42 HA～48 HA。

寿命试验允许按供需双方商定的设备和方法进行，结果应符合 4.17 的要求。

6　检验规则

6.1　检验分类

检验分出厂检验和型式检验。

6.2　出厂检验

6.2.1　检验原则

薄膜键盘经质量检验部门检验合格后方可出厂。

6.2.2　出厂检验项目

出厂检验项目按表 6 规定进行。

表 6 出厂检验项目

组别	序号	检验项目	缺陷类别	技术要求章条号	试验方法章条号
Ⅰ	1	短路、断路	A	4.16	5.16
Ⅱ	2	外观质量	B	4.2	5.2
	3	尺寸	B	4.3	5.3
	4	回线电阻	B	4.5	5.5
Ⅲ	5	绝缘电阻	C	4.6	5.6
	6	按键力	C	4.7	5.7
	7	耐压	C	4.10	5.10

6.2.3 抽样方案

Ⅰ组项目100%检测,不合格品不得出厂。Ⅱ组项目,按GB/T 2828.1—2012,优先选用一般检查水平Ⅱ,正常检查一次抽样方案,接收质量限(AQL)优先选用1.0。Ⅲ组项目,在Ⅱ组项目检验合格后,用Ⅱ组抽取的样本进行,判定原则与Ⅱ组相同,检验时,每片样品抽取2个按键进行检测,每片若有一个按键不合格则判定该片该项目不合格。

6.2.4 判定规则

6.2.4.1 单件产品判定

以片为样本单位时:

有一项A类项目不合格,该片产品即判为不合格品。

无A类、C类项目不合格,有两个B类项目不合格,该片产品即判为不合格品。

无A类项目不合格,有一个B类项目不合格,同时有两个C类项目不合格,该片产品即判为不合格品。

无A类、B类项目不合格,有3个C类项目不合格,该片产品即判为不合格品。

6.2.4.2 检验批的判定

在出厂检验批中,按6.2.3的规定,随机抽取 n 个样本进行检验,按选定的AQL值,若不合格品数小于或等于接收判定数Ac,则该批产品合格;若不合格品数大于或等于拒收判定数Re,则该批产品为不合格。

6.3 型式检验

6.3.1 检验原则

型式检验每二年至少进行一次,产品有下列情况之一时应进行型式检验:

a) 新产品的试制定型鉴定;

b) 老产品转厂生产;

c) 正式生产后,如结构、材料、工艺有较大改变,可能影响产品性能时;

d) 出厂检验结果与上次型式检验有较大差异时;

e) 国家质量监督机构提出进行型式检验的要求时。

6.3.2 型式检验项目

型式检验项目如表7所示。

表7 型式检验项目

序号	型式检验项目	缺陷类别	技术要求章条号	试验方法章条号
1	短路、断路	A	4.16	5.16
2	外观质量	B	4.2	5.2
3	尺寸	B	4.3	5.3
4	回线电阻	B	4.5	5.5
5	绝缘电阻	C	4.6	5.6
6	按键力	C	4.7	5.7
7	接触不稳定时间	B	4.9	5.9
8	耐压	C	4.10	5.10
9	引线带弯曲	B	4.11	5.11
10	最大机械负荷能力	B	4.8	5.8
11	剥离强度	C	4.4	5.4
12	寿命	B	4.17	5.17
13	高温	B	4.12	5.12
14	低温	B	4.13	5.13
15	恒定湿热	B	4.14	5.14
16	温度变化	B	4.15	5.15

6.3.3 抽样方案及判定原则

抽取的用于型式检验的样品，每片上的按键数量宜不少于6个。以片为检验样本单位，采用DL=Ⅱ，$n \doteq 5$，RQL=30，Ac=0，Re=1的抽样方案。每片样本上抽取按键样本的抽样方案为：DL=Ⅱ，$n=5$，RQL=30，Ac=0，Re=1，即每片抽取5个按键进行检验，每片上单个项目检验时，若没有不合格键则该片该项目合格，若不合格键数≥1，则该片该项目不合格。

以片为样本单位判定时：

有一项A类项目不合格，该片产品即判为不合格品。

无A类、C类项目不合格，有两个B类项目不合格，该片产品即判为不合格品。

无A类项目不合格，有一个B类项目不合格，同时有两个C类项目不合格，该片产品即判为不合格品。

无A类、B类项目不合格，有3个C类项目不合格，该片产品即判为不合格品。

6.3.4 检验后处理

根据检验结果，按GB/T 2829—2002中5.12规定的原则进行处理。

6.3.5 样品的处理

经型式检验的样品不应作为成品交货。

7 标志、包装、运输和贮存

7.1 标志

薄膜键盘包装上应有制造厂的厂名，包装箱上应有防潮、小心轻放的标志。

7.2 包装

薄膜键盘用柔软材料保护表面，再用防潮材料包装后装盒装箱，并附有使用说明书、合格证及装箱单，包装盒、箱的外表应标明制造厂名或商标、产品名称、数量及出厂日期。

7.3 运输

包装成箱的薄膜键盘，在避免雨(雪)淋的条件下可用任何工具运输。

7.4 贮存

包装成箱的薄膜键盘，应在环境温度－15 ℃～45 ℃，相对湿度不大于80%，周围空气中没有酸性、碱性或其他腐蚀性气体的库房内贮存。

参 考 文 献

［1］ 电气、电子设备中限制使用某些有害物质指令
［2］ 电子信息产品污染物管理办法

ICS 29.130.10
K 43

中华人民共和国国家标准

GB/T 30092—2013

高压组合电器用金属波纹管补偿器

Metal bellows compensator used in high voltage combined electrical appliance

2013-12-17 发布　　2014-05-01 实施

中华人民共和国国家质量监督检验检疫总局
中国国家标准化管理委员会　发布

前　言

本标准按照 GB/T 1.1—2009 给出的规则起草。

本标准由中国机械工业联合会提出。

本标准由中国机械工业联合会归口。

本标准由沈阳仪表科学研究院(沈阳汇博热能设备有限公司)负责起草,南京晨光东螺波纹管有限公司、弗莱希波·泰格金属波纹管有限公司、首都航天波纹管厂、国家仪器仪表元器件质量监督检验中心参加起草。

本标准主要起草人:丁艳萍、徐秋玲、于振毅、陈立苏、刘杰、韩杰、杨知我、刘敏慨、杨彬如、丰艳春。

高压组合电器用金属波纹管补偿器

1 范围

本标准规定了高压组合电器用金属波纹管补偿器(以下简称补偿器)的产品分类、要求、试验方法、检验规则及标志、包装和贮存。

本标准适用于高压组合电器用金属波纹管补偿器。

2 规范性引用文件

下列文件对于本文件的应用是必不可少的。凡是注日期的引用文件,仅注日期的版本适用于本文件。凡是不注日期的引用文件,其最新版本(包括所有的修改单)适用于本文件。

GB/T 1173 铸造铝合金

GB/T 1222 弹簧钢

GB/T 1958—2004 产品几何量技术规范(GPS) 形状和位置公差 检测规定

GB/T 1972—2005 碟形弹簧

GB/T 2829—2002 周期检验计数抽样程序及表(适用于对过程稳定性的检验)

GB/T 3274 碳素结构钢和低合金结构钢热轧厚钢板和钢带

GB/T 3280 不锈钢冷轧钢板和钢带

GB/T 4237 不锈钢热轧钢板和钢带

GB 7674—2008 额定电压 72.5 kV 及以上气体绝缘金属封闭开关设备

GB/T 8163 输送流体用无缝钢管

GB/T 11023—1989 高压开关设备六氟化硫气体密封试验方法

GB/T 14976 流体输送用不锈钢无缝钢管

GB 16749—1997 压力容器波形膨胀节

JB/T 4711—2003 压力容器涂敷与运输包装

JB/T 4730.2—2005 承压设备无损检测 第 2 部分:射线检测

JB/T 4730.5—2005 承压设备无损检测 第 5 部分:渗透检测

3 术语和定义

下列术语和定义适用于本文件。

3.1

波纹管补偿器 bellows compensator

由一个或几个波纹管及结构件组成,用来补偿由于安装或热胀冷缩等原因引起的管道或设备尺寸变化的装置。

3.2

波纹管安装补偿器 bellows installation compensator

用于高压组合电器母线对接、调整安装偏差及补偿基础不均匀沉降。

3.3

翻边式波纹管补偿器　van stoned bellows compensator

法兰松套在波纹管直壁上，波纹管直边段管口外翻，覆盖法兰密封面，当与配套法兰连接时，借助“O”形密封圈实现密封。

3.4

等压铆接工艺　punch riveting technology

把内保护套先套在冲铆模的外面，然后再装好波纹管和法兰，用液压机给冲铆模加压，冲头便在内保护套的端口上沿圆周冲出均匀分布的凹坑，把内保护套、波纹管和法兰三者固接在一起。

3.5

补偿量　compensation capacity

补偿器轴向、横向、角向的位移范围。

3.6

安装允许补偿量　allowable compensation capacity during installation

补偿器安装时，轴向、横向、角向允许的位移范围。

3.7

安装瞬时允许补偿量　short-time allowable compensation capacity during installation

补偿器安装时，轴向、横向、角向瞬时允许的位移范围。

3.8

热伸缩允许补偿量　allowable compensation capacity for thermal extension and compression

用于补偿温度变化，补偿器轴向、横向、角向允许的位移范围。

3.9

等效轴向位移　equivalent axial movement

由补偿器的横向位移、角向位移引起的最大相当轴向位移与补偿器轴向位移的总和。

3.10

循环寿命　fatigue life

波纹管在规定的压力和额定位移条件下往复运动而不破坏的次数。

3.11

压力平衡装置　pressure balanced device

补偿器工作时，为了不对相连设备产生较大的压力推力，设计的一种由碟簧及碟簧筒、拉杆、螺母组成的碟簧组件机构。

4　产品分类

4.1　补偿器的种类及结构形式见表1。

表1　补偿器的种类及结构形式

种类	结构形式	压力平衡装置
波纹管安装补偿器	波纹管与法兰焊接	—
	波纹管与接管、接管与法兰焊接	—
	法兰与波纹管松套(翻边式波纹管补偿器)	—

表 1（续）

种类	结构形式	压力平衡装置
波纹管补偿器	波纹管与法兰焊接	碟簧组件/无压力平衡装置
	波纹管与接管、接管与法兰焊接	碟簧组件/无压力平衡装置
	法兰与波纹管松套(翻边式波纹管补偿器)	碟簧组件/无压力平衡装置
	压力平衡型波纹管补偿器	结构自身力平衡

4.2 补偿器的典型结构见图 1。

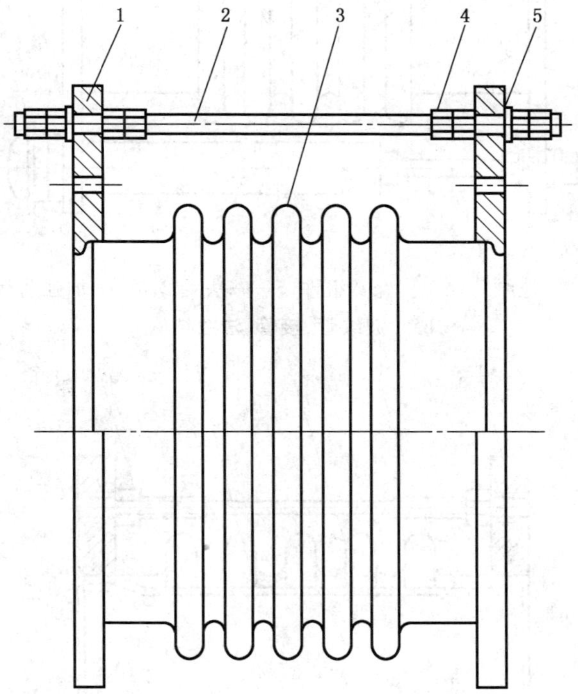

说明：

1——法兰；2——拉杆；3——波纹管；4——螺母；5——垫片。

a） 波纹管、法兰结构

图 1 补偿器典型结构示意图

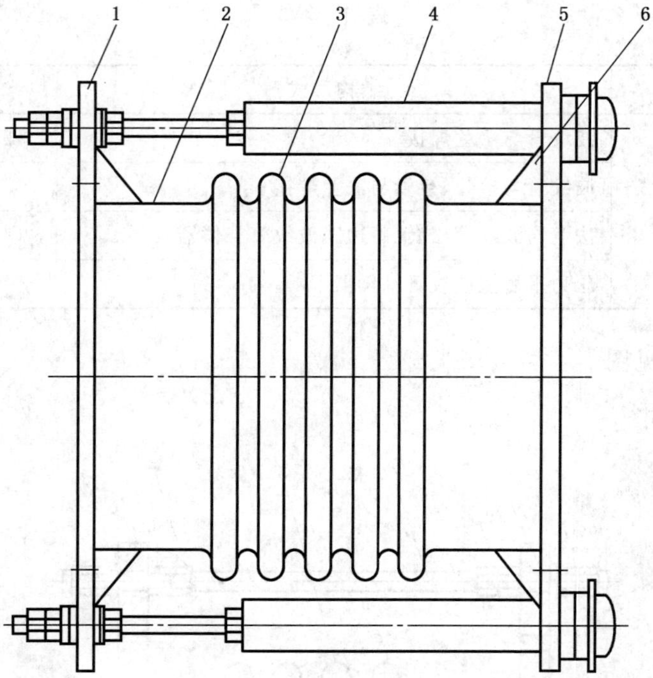

说明：
1——法兰 1；2——接管；3——波纹管；4——碟簧组件；5——法兰 2；6——加强肋板。

b） 波纹管、接管、法兰结构

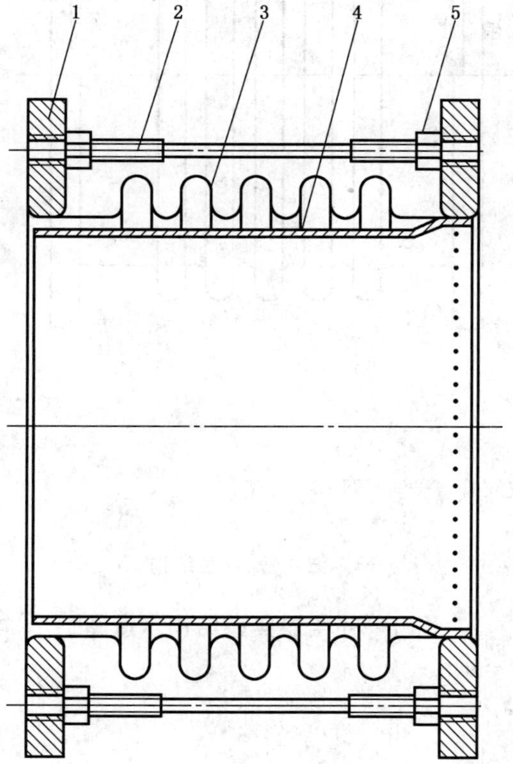

说明：
1——法兰；2——拉杆；3——波纹管；4——内保护套；5——螺母。

c） 翻边结构

图 1（续）

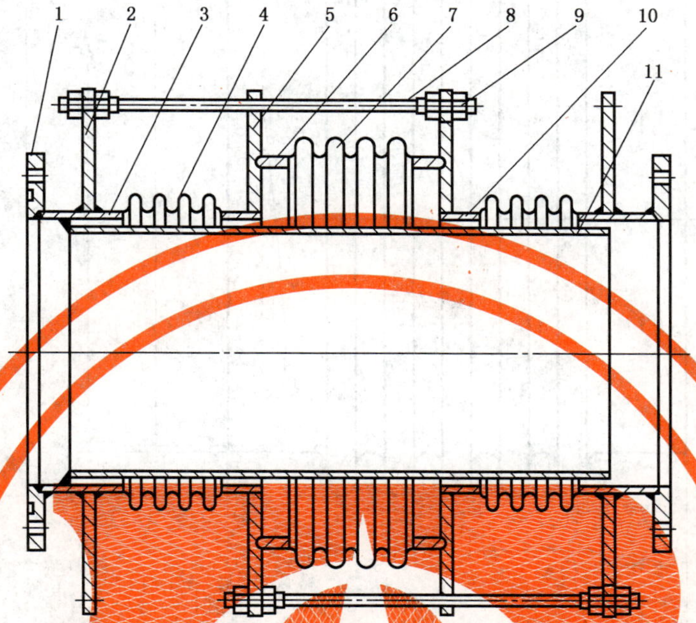

说明：

1——法兰；2、5——端板；3——端接管；4——工作波纹管；6、10——接管；

7——平衡波纹管；8——平衡拉杆；9——螺母；11——内保护套(可选件)。

d） 压力平衡型

图 1（续）

4.3　波纹管、碟簧组件、典型法兰结构见图 2、图 3 和图 4。

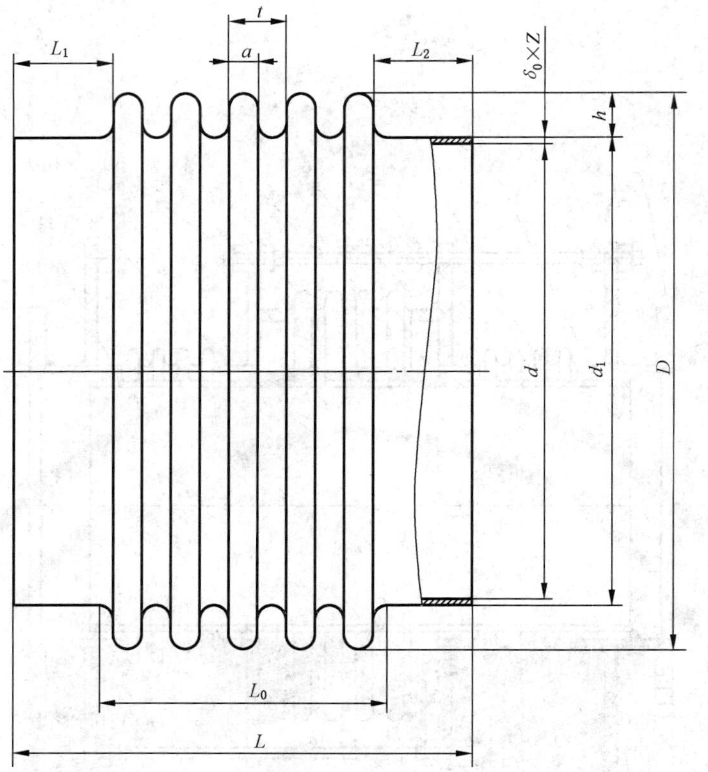

说明：

d——波纹管内径(波纹管端部内配合直径)；

D——波纹管外径；

a——波厚；

t——波距；

δ_0——波纹管单层壁厚；

Z——波纹管层数；

h——波高；

d_1——波纹管端部外配合直径；

L_1、L_2——波纹管端部配合长度；

L_0——波纹管有效长度；

L——波纹管总长。

图 2　波纹管结构示意图

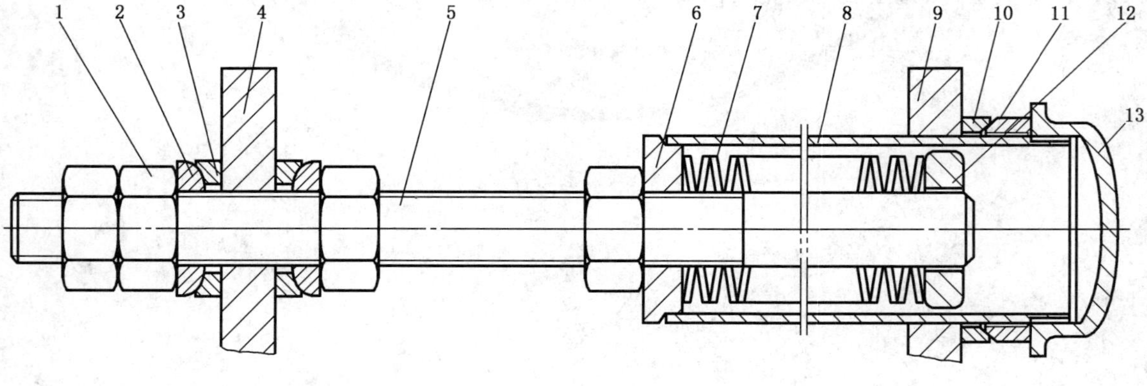

说明：

1——螺母；2——球面垫圈 1；3——锥面垫圈 1；4——法兰 1；5——拉杆；6——筒座；7——碟簧；8——碟簧筒；9——法兰 2；10——锥面垫圈 2；11——球面垫圈 2；12——挡块；13——帽。

图 3　碟簧组件结构示意图

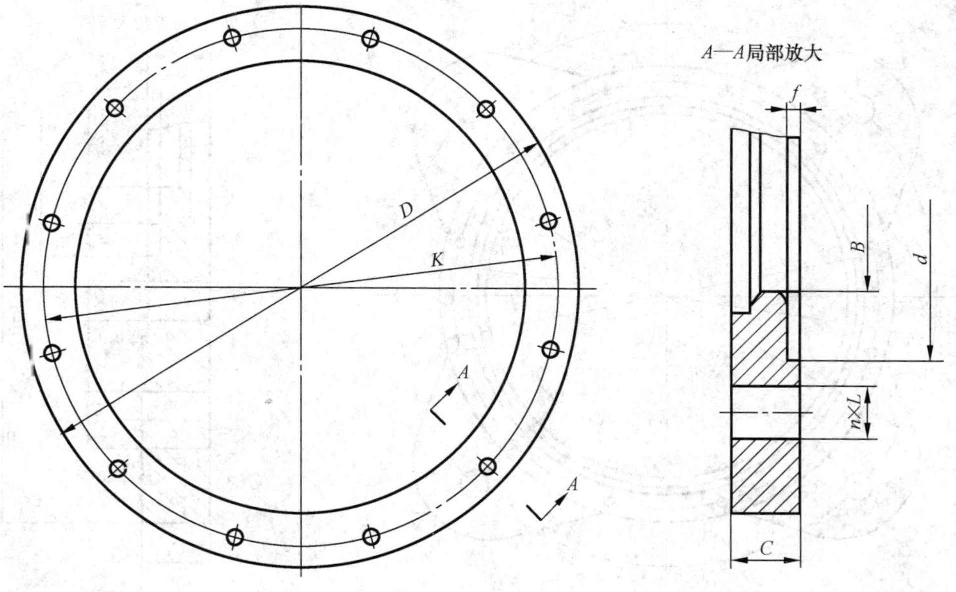

说明：

D——法兰外径；

B——法兰内径；

C——法兰厚度；

K——法兰螺栓孔中心圆直径；

L——法兰螺栓孔直径；

n——螺栓孔个数；

d——法兰密封面外径；

f——法兰密封面高度。

a）　圆形法兰型式

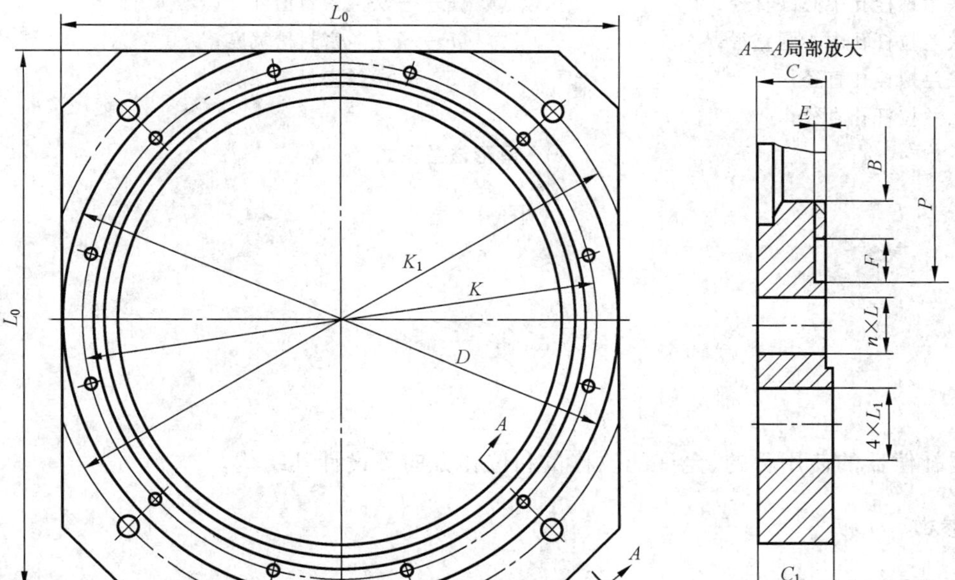

说明：

D——法兰外径；

B——法兰内径；

C——法兰密封面厚度；

C_1——法兰最大厚度；

L_0——方形法兰边长；

K——法兰螺栓孔中心圆直径；

K_1——法兰拉杆孔中心圆直径；

L——法兰螺栓孔直径；

L_1——法兰拉杆孔直径；

n——螺栓孔个数；

P——法兰密封槽外径；

F——法兰密封槽宽度；

E——法兰密封槽深度。

b）　方形法兰型式

图 4　典型法兰结构示意图

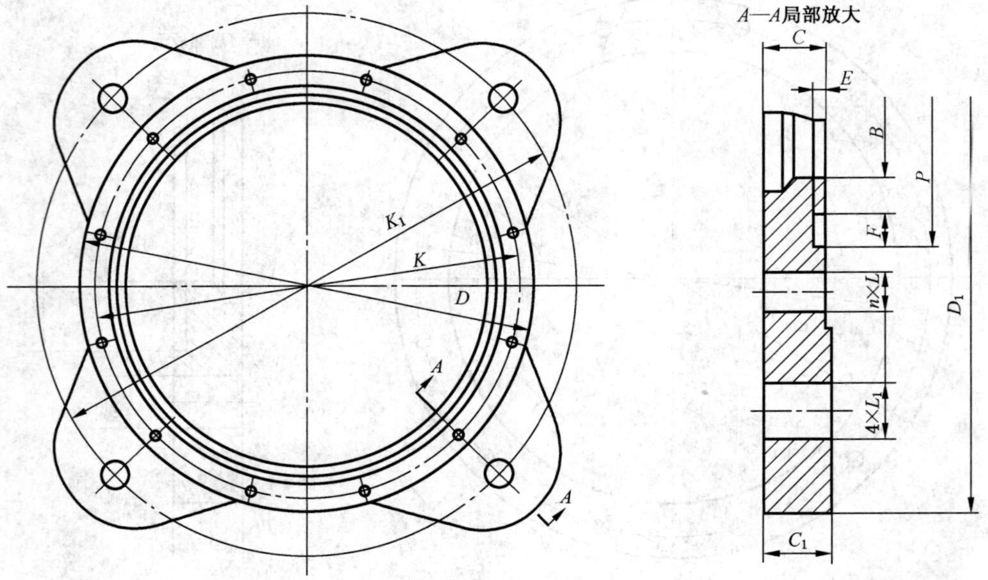

说明：

D——法兰外径；

B——法兰内径；

D_1——耳形法兰最大直径；

K——法兰螺栓孔中心圆直径；

K_1——法兰拉杆孔中心圆直径；

L——法兰螺栓孔直径；

L_1——法兰拉杆孔直径；

C——法兰密封面厚度；

C_1——法兰最大厚度

n——螺栓孔个数；

P——法兰密封槽外径；

F——法兰密封槽宽度；

E——法兰密封槽深度。

c) 耳形法兰型式

图 4（续）

5 要求

5.1 总则

应根据补偿器的使用目的、允许的位移量和位移方向等设计其结构。

5.2 技术参数

5.2.1 温度范围：－50 ℃～＋150 ℃；

5.2.2 介质：六氟化硫气体或其他灭弧、绝缘气体；

5.2.3 循环寿命：安装补偿时循环寿命 10 次；

温度补偿时循环寿命 10 000 次。

5.3 材料

5.3.1 波纹管

波纹管用材料应按工作介质、外部环境和工作温度等工作条件选用。材料的代用应取得原设计单位的书面认可。波纹管常用材料见表 2。

表 2 波纹管常用材料

材料名称	材料牌号	材料标准号
不锈钢	06Cr19Ni10	GB/T 3280
	022Cr19Ni10	
	06Cr17Ni12Mo2	
	022Cr17Ni12Mo2	
	06Cr18Ni11Ti	

5.3.2 接管、法兰及附件

补偿器的接管、法兰用材料，一般应与安装补偿器的设备主体管道、法兰材料相同或相近。翻边结构的法兰可根据相应标准选取。附件(包括拉杆、螺母、支撑块、压力平衡装置等)材料应按工作介质、外部环境和工作温度等工作条件适当选用。常用材料见表 3。

表 3 接管、法兰及附件常用材料

材料名称	材料牌号	材料标准号
不锈钢	06Cr19Ni10	GB/T 3280、GB/T 4237、GB/T 14976
碳素钢	Q235-A(不推荐用于法兰、接管)	GB/T 3274、GB/T 8163
	Q235-B	
	20	
	45(不宜用于焊接结构件)	
弹簧钢	50CrVA	GB/T 1222
铸造铝合金	ZL104	GB/T 1173

5.4 制造

5.4.1 几何尺寸

补偿器波纹管、法兰的几何尺寸、公差应符合表 4 和表 5 要求。碟簧的几何尺寸、公差应符合 GB/T 1972—2005 规定。拉杆、螺母、支撑块等附件的几何尺寸、公差应符合$\pm\frac{1}{2}$IT18。

表 4 波纹管几何尺寸允许公差

序号	尺寸名称	允许公差
1	波纹管内径 d (波纹管端部内配合直径)	H12
2	波纹管波高 h	$\pm\frac{1}{2}$IT17

表 4（续）

序　　号	尺寸名称	允许公差
3	波纹管波距 t	$\pm\frac{1}{2}$IT17
4	波纹管端部外配合直径 d_1	h12
5	波纹管端部配合长度 L_1、L_2	$\pm\frac{1}{2}$IT16
6	波纹管总长度 L	$\pm\frac{1}{2}$IT16

表 5　法兰几何尺寸允许公差

序　　号	尺寸名称	允许公差
1	法兰外径 D	$\pm\frac{1}{2}$IT16
2	法兰内径 B	$\pm\frac{1}{2}$IT13
3	法兰密封面厚度 C	$^{+\mathrm{IT16}}_{0}$
4	法兰最大厚度 C_1	$^{+\mathrm{IT16}}_{0}$
5	方形法兰边长 L_0	$\pm\frac{1}{2}$IT16
6	耳形法兰最大直径 D_1	$\pm\frac{1}{2}$IT16
7	法兰螺栓孔中心圆直径 K	$\pm\frac{1}{2}$IT14
8	法兰拉杆孔中心圆直径 K_1	$\pm\frac{1}{2}$IT14
9	法兰螺栓孔直径 L	±0.5
10	法兰拉杆孔直径 L_1	±0.5
11	法兰密封面外径 d	$\pm\frac{1}{2}$IT13
12	法兰密封面高度 f	$^{+0.1}_{0}$
13	法兰密封槽外径 P	$^{+\mathrm{IT11}}_{0}$
14	法兰密封槽宽度 F	$^{+\mathrm{IT13}}_{0}$
15	法兰密封槽深度 E	$^{+0.1}_{0}$

5.4.2 形状、位置公差

5.4.2.1 波纹管本体在相对轴线成直角的任何断面上的最大内径和最小内径之差不大于公称直径的1%。

5.4.2.2 补偿器两侧法兰端面密封面平面度公差不大于0.2 mm。

5.4.2.3 补偿器两侧法兰相对波纹管的同轴度公差不大于ϕ2 mm。

5.4.2.4 补偿器两侧法兰的螺栓孔的位置度公差不大于ϕ1 mm。

5.4.2.5 补偿器两侧法兰对应的螺栓孔的对穿精度不大于ϕ1.5 mm。

5.4.3 焊接

5.4.3.1 波纹管管坯用钢板卷制时,波纹管本体不应有环向焊接接头,公称直径小于或等于600 mm仅允许有一条纵向焊接接头,公称直径大于600 mm允许有两条纵向焊接接头,两条焊接接头间隔应大于250 mm。接头表面应无裂纹、气孔、咬边和对口错边。管坯壁厚小于或等于1 mm时,着色渗透检测焊接接头缺陷等级应不低于JB/T 4730.5—2005中7.2规定的Ⅰ级。管坯壁厚大于1 mm小于2 mm时,射线检测焊接接头缺陷等级应为GB 16749—1997中附录B规定的合格级。大于或等于2 mm时,射线检测焊接接头缺陷等级应不低于JB/T 4730.2—2005中5.1规定的Ⅰ级。

5.4.3.2 波纹管为多层时,管坯套合时各层管坯间纵向焊接接头位置应沿圆周方向均匀错开。多层波纹管各层间不应有水、油、污物等杂质。多层波纹管直边段端口应采用熔融焊,如氩弧焊或电阻缝焊,使端口各层熔为整体。

5.4.3.3 钢板卷制接管焊接接头,波纹管与接管、波纹管与法兰、接管与法兰之间焊接接头表面应无裂纹、气孔、弧坑。受压接管的焊接接头应进行局部射线检测,检测长度不应小于各条焊接接头长度的20%,且不小于250 mm。射线检测焊接接头缺陷等级应不低于JB/T 4730.2—2005中5.1规定的Ⅱ级。波纹管与接管、波纹管与法兰、接管与法兰间的环向焊接接头着色渗透检测缺陷等级应不低于JB/T 4730.5—2005中7.2规定的Ⅰ级。

5.4.3.4 接管与加强筋板、支撑块等附件之间的焊接接头表面应无裂纹、气孔、弧坑。

5.4.4 等压铆接及铆接力

翻边式波纹管补偿器内保护套与波纹管、铸造铝法兰之间的连接采用等压铆接工艺,铆接力的大小要保证铆接后内保护套不发生松动,同时铸造铝法兰不应胀裂。

5.5 外观

5.5.1 波纹管的内外表面应无视觉可见的、明显能引起应力集中的、对强度、寿命有影响的尖锐压坑、压痕、划伤、裂纹等缺陷,不应有大于单层壁厚负偏差的划伤。轻微模具压痕除外。

5.5.2 波纹管的外观形状应无视觉可见的轴线与波纹环形平面不垂直、波距不均、波纹歪斜等缺陷。

5.5.3 波纹管的内外表面应无视觉可见的锈斑、氧化皮。

5.5.4 波纹管的内外表面应无视觉可见的大片水渍、颜色不均等缺陷。

5.5.5 翻边波纹管翻边处纵向焊接接头应修整光滑。

5.5.6 补偿器焊接接头外表面应修整平滑,不应有毛刺、尖角。

5.5.7 补偿器内表面应光滑过渡,焊接接头修整成圆滑的曲面。

5.5.8 法兰密封面应无损伤,法兰密封面、内表面、外表面的粗糙度应符合设计图样的要求。

5.5.9 补偿器各部位表面应无焊渣及飞溅物。

5.6 涂漆

5.6.1 涂漆环境应干燥、洁净。

5.6.2 涂漆部位要做除油、除锈处理。

5.6.3 涂漆部位应涂漆均匀，不应有气泡、龟裂和剥落等缺陷。

5.6.4 初次使用的漆要做质量对比试验。具体要求由供需双方协商确定。

5.7 铸造铝法兰剪切力

铸造铝法兰在机加工结束后应逐件进行剪切力试验。加压后，法兰表面应无裂纹。其剪切力应符合设计图样或相应的规范要求。

5.8 碟簧组件及补偿力

5.8.1 根据碟簧的材料、结构尺寸、单片碟簧作用力与碟簧变形量的关系、碟簧组件补偿力的大小、碟簧允许的变形量，确定碟簧组件的碟簧片数及碟簧的组合形式。

5.8.2 碟簧组件变形量、碟簧组件补偿力应调整到设计图样要求的数值，并用螺母锁紧。

5.9 轴向刚度

波纹管实际总平均刚度(在总补偿量内)对公称刚度的允许偏差为－50%～＋10%。

5.10 波纹管公称轴向位移(补偿量)

对于要求循环寿命大于200次位移循环的补偿器，其波纹管在达到公称轴向位移值(补偿量)时，其波距最大变形不均匀性应不大于15%。

5.11 压力

5.11.1 耐压力

补偿器在试验压力下，不允许有渗漏、损坏、失稳等异常现象出现。试验压力下的波距相对零压力下波距的最大波距变化率应不大于15%。试验压力为设计压力的1.5倍。

5.11.2 压力应力

常温下由设计压力引起的波纹管内应力、波纹部分周向(切向)应力和直边段应力应不大于波纹管材料常温下的许用应力；波纹部分轴向(经向)应力对于经过退火的波纹管，应不大于波纹管材料标准规定的常温下的屈服极限；对于未经过退火的波纹管，应不大于波纹管材料标准规定的常温下许用应力的3倍。

5.11.3 在位移条件下的耐压力(稳定性)

在产生规定位移(额定带压补偿量)的情况下，补偿器在试验压力下应保证密封性，保证不泄漏、不发生失稳现象，试验压力下的波距相对零压下波距的最大波距变化率应不大于15%。试验压力为设计压力的1.5倍。

5.12 气密性

5.12.1 真空气密性

补偿器应进行真空气密性试验，其极限真空度应小于或等于40 Pa。

5.12.2 六氟化硫气体气密性定性检查

在设计压力下，补偿器不应有漏气现象出现。

5.12.3 六氟化硫气体气密性泄漏率检查

根据 GB/T 11023—1989 中 2.7 的规定及 GB 7674—2008 中 6.11.3 的规定，补偿器抽真空后充六氟化硫气体，使密封容积内压力达到设计压力后，六氟化硫气体相对泄漏率应不大于每年 0.5%。

5.13 循环寿命

5.13.1 安装补偿循环寿命

补偿器在规定的等效轴向位移(由安装允许补偿量或安装瞬时允许补偿量引起的)条件下循环，循环次数由供需双方协商确定时，应在设计图样中加以标注。在规定循环次数内不应有泄漏。

5.13.2 温度补偿循环寿命

补偿器在规定的设计压力、等效轴向位移(由热伸缩允许补偿量引起的)条件下循环，循环次数由供需双方协商确定时，应在设计图样中加以标注。在规定循环次数内不应有泄漏。

若补偿器设计规定有不同工况条件下的循环寿命要求，则应分别按照其规定的压力、位移和位移循环次数进行试验，试验后补偿器不应泄漏。

5.14 爆破压力

补偿器应能承受 3.1 倍的设计压力，并保证密封、不泄漏。

6 试验方法

6.1 几何尺寸

用分度值为 0.02 mm 的卡尺或与其精确度相当的量具、仪器进行检验，原始长度可用钢直尺或钢卷尺进行检验，检验结果应符合 5.4.1 的要求。

6.2 形状、位置公差

6.2.1 波纹管本体在相对轴线成直角的任何断面上的最大内径和最小内径，用分度值为 0.02 mm 的卡尺或与其精确度相当的量具、仪器进行检验，最大内径和最小内径之差应符合 5.4.2.1 的规定。

6.2.2 补偿器两侧法兰端面密封面平面度公差检验按 GB/T 1958—2004 中表 A.3 的方法进行。结果应符合 5.4.2.2 的规定。

6.2.3 补偿器两侧法兰相对波纹管的同轴度公差检验按 GB/T 1958—2004 中表 A.11 的方法进行。结果应符合 5.4.2.3 的规定。

6.2.4 补偿器两侧法兰对应的螺栓孔的位置度公差检验按 GB/T 1958—2004 中表 A.13 的方法进行。结果应符合 5.4 2.4 的规定。

6.2.5 补偿器全部组件组焊后，应借助检验器具检验补偿器两侧法兰对应的螺栓孔的对穿精度，结果应符合 5.4.2.5 的规定。

6.3 焊接

管坯纵向焊接接头、钢板卷制接管焊接接头射线检测方法按 JB/T 4730.2—2005 中第 3 章、第 4 章的规定进行。

管坯纵向焊接接头、波纹管与接管、波纹管与法兰、接管与法兰间的环向焊接接头着色渗透检测方法按 JB/T 4730.5—2005 中第 3 章～第 5 章的规定进行。

接管与加强筋板、支撑块等附件之间的焊接接头用目测法检验。

检验结果应符合5.4.3的规定。

6.4 等压铆接及铆接力

利用铆接设备，用应变片测量铆接时铸造铝法兰各处的应力分布，确定铆接力的大小。铆接后用手触摸及目测检验内保护套与波纹管、铸造铝法兰的连接松紧程度及铸造铝法兰表面质量，结果应符合5.4.4的规定。

6.5 外观

6.5.1 补偿器外观检验在标准照明条件下用目测法检验。检验结果应符合5.5的规定。

6.5.2 法兰密封面损伤用目测法检验，法兰密封面、内表面、外表面的粗糙度用标准粗糙度样块比对检验，结果应符合5.5.8的要求。

6.6 涂漆

6.6.1 涂漆质量用目测法检验。结果应符合5.6.1、5.6.2、5.6.3的规定。

6.6.2 漆质量对比试验方法由供需双方协商确定。结果应符合5.6.4的规定。

6.7 铸造铝法兰剪切力

利用加压设备对法兰施加集中载荷，集中载荷通过一个加压环向法兰内边缘处施加圆周均布压力，图5为加压装置示意图。压力检测仪器显示规定的集中载荷后，保持1 min，卸载取出法兰，目测法兰表面。剪切力的测量误差应不大于1%，检验结果应符合5.7的要求。

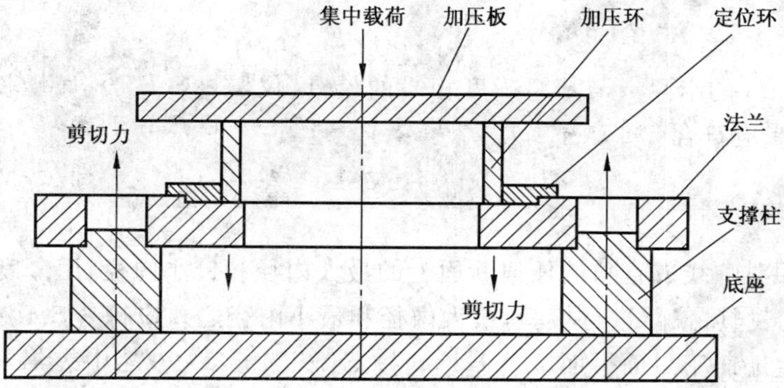

图5 法兰加力示意图

6.8 碟簧组件及补偿力

用拉力机压缩碟簧并用螺母锁紧，碟簧的变形量、碟簧装置补偿力应符合5.8要求。

6.9 轴向刚度

6.9.1 试验设备

专用刚度测试设备或组合式刚度测试装置。

力指示精确度不低于1.0%。

位移测量分度值不低于0.05 mm。

6.9.2 试验方法

将被测补偿器垂直安装在测量平台上，与测量平台、测力机构和位移施加机构分别直接或间接固定好，调整位移施加机构使补偿器达到其图样规定的原始长度，记录此时的力值读数和位移读数；然后对补偿器施加规定的压缩位移，记录力值读数和位移读数；接着对补偿器施加规定的拉伸位移，记录力值读数和位移读数，按式(1)～式(4)计算出压缩刚度、拉伸刚度、总平均刚度和单波刚度。总平均刚度(或单波刚度)测试结果应符合 5.9 的要求。

压缩刚度：

$$K_{Y}=\frac{F_{Y}-F_{0}}{S_{Y}-S_{0}} \qquad \cdots\cdots(1)$$

拉伸刚度：

$$K_{L}=\frac{F_{L}-F_{0}}{S_{L}-S_{0}} \qquad \cdots\cdots(2)$$

总平均刚度：

$$K=\frac{F}{S}=\frac{|F_{L}-F_{Y}|}{|S_{L}-S_{Y}|} \qquad \cdots\cdots(3)$$

单波刚度：

$$K_{i}=N\times K \qquad \cdots\cdots(4)$$

式中：

F_0——原始长度位置时的力值读数，单位为牛(N)；

F_Y——压缩位置时的力值读数，单位为牛(N)；

F_L——拉伸位置时的力值读数，单位为牛(N)；

S_0——原始长度位置时的位移读数，单位为毫米(mm)；

S_Y——压缩位置时的位移读数，单位为毫米(mm)；

S_L——拉伸位置时的位移读数，单位为毫米(mm)；

N——波纹管有效波纹数；

S——总测试位移，单位为毫米(mm)；

F——测试总力幅值，单位为牛(N)；

K——总平均刚度，若加下标，且下标为 Y，表示压缩刚度；下标为 L，表示拉伸刚度；下标为 i，表示单波刚度；单位为牛每毫米(N/mm)。

6.10 波纹管公称轴向位移(补偿量)

6.10.1 试验设备

专用试验设备或组合式试验装置或专用夹具与相应测试仪器的组合。

长度(位移)测量分度值不低于 0.1 mm。

波距变形测量分度值不低于 0.02 mm。

6.10.2 试验方法

将被测补偿器垂直装夹在测试平台上，将其定位在原始长度的位置上，沿圆周方向均分四个位置分别测量各个波的波距，然后对波纹管施加测量力，使其产生位移。当其达到公称位移规定的最大拉伸(伸长)位置时，保持该位置不变，在原测量点上测得各个位置各个波的波距，计算出此时每个波和每个测量位置的波距变形不均匀量和波距变形不均匀百分率；再将波纹管压缩，当其达到公称位移规定的最大压缩位置时，保持该位置不变，在原测量点上测得各个位置各个波的波距，计算出此时每个波和每个测量位置的波距变形不均匀量和波距变形不均匀百分率，取拉伸和压缩位置中的最大波距变形不均匀量，按式(5)和式(6)计算波距最大变形不均匀百分率，波距最大变形不均匀百分率应符合5.10的要求。

$$\tau_{\max}=\frac{\Delta S_{\max}}{\bar{q}}\times 100\% \qquad \cdots\cdots(5)$$

$$\Delta S=(q_{L}-q_{0})_{\max}-(q_{s}-q_{0})_{\min} \qquad \cdots\cdots(6)$$

式中：

$\tau_{\max}$ ——波距最大变形不均匀百分率；

$\Delta S_{\max}$——波距最大变形不均匀量，单位为毫米(mm)；

ΔS ——同一个波各测量位置或同一个测量位置各个波波距变形不均匀量，单位为毫米(mm)；

$\bar{q}$ ——原始长度位置平均波距，单位为毫米(mm)；

q_0 ——原始长度位置波距，单位为毫米(mm)；

q_L ——最大变形位置波距，单位为毫米(mm)；

q_s ——最小变形位置波距，单位为毫米(mm)。

6.11 压力试验

6.11.1 压力试验(耐压力)

6.11.1.1 试验设备

液压泵。压力指示仪表精确度：不低于1.5级。

专用密封夹具。要确保补偿器端口密封，有长度约束机构的，用补偿器自身附件固定试件两端，没有约束机构的，外加约束机构，固定试件两端。

介质：氯离子含量不超过25 mg/L的水。

6.11.1.2 试验方法

将被测补偿器两端密封固定，使补偿器以图样规定的原始长度处于直线状态。加压到设计压力后，再缓慢加压至5.11.1规定的试验压力。检查试样状况，有无渗漏、零件损坏等异常现象出现。

加压前，沿圆周方向均分四个位置分别测量各个波的波距，加压后保持时间不少于10 min，观察判断有无渗漏现象，测量出原各个测量点的波距，按式(7)计算出加压前后最大波距变化率，结果应符合5.11.1的要求。出厂压力试验后，应消除补偿器上的残留水分，以使其表面状态恢复到压力试验前的状态。

$$\tau=\left|\frac{q_{ijY}-q_{ij0}}{q_{ij0}}\right|_{\max}\times 100\% \qquad \cdots\cdots(7)$$

式中：

q_{ij0}——加压前第 i 测量位置第 j 个波的波距，单位为毫米(mm)；

q_{ijY}——加压后第 i 测量位置第 j 个波的波距，单位为毫米(mm)。

6.11.2 压力应力试验

6.11.2.1 试验设备

液压泵。压力指示仪表精确度：不低于1.5级。

静态应变仪，分辨率不低于5 $\mu\varepsilon$。

专用密封夹具。要确保补偿器端口密封，有长度约束机构的，用补偿器自身附件固定试件两端，没有约束机构的，外加约束机构，固定试件两端。

介质：氯离子含量不超过25 mg/L的水。

6.11.2.2 试验方法

采用应变计测试法进行检验。试验时，应变计的贴片位置如图6所示。

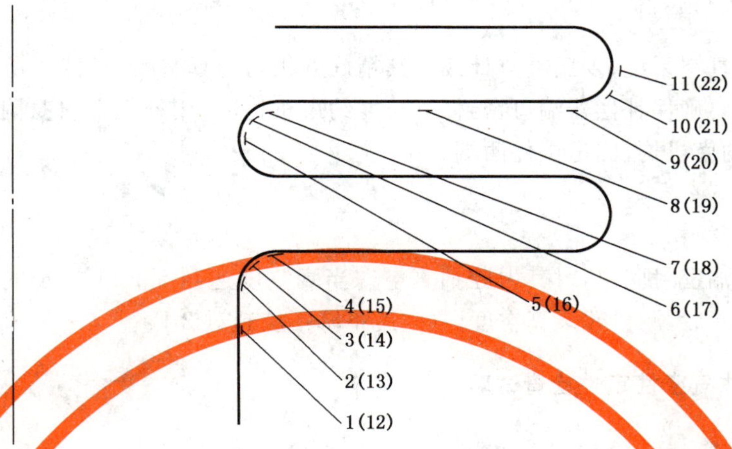

说明：

1路～11路为周向；12路～22路为轴向。

图6 应变计贴片位置图

每个位置分别沿周向(切向)和轴向(经向)进行贴片。对疑似应力集中点的位置，可以增加贴片。

将被测补偿器两端密封固定，使补偿器以图样规定的原始长度处于直线状态。加压前，连接好应变仪和应变计的连线，通电预热，预热时间不少于仪器规定的预热时间，对仪器进行必要的调整(如零点调整等)，读取零压力时的应变读数。加压到设计压力后，读取设计压力下的应变读数。如图样规定有其他的压力应力测试点，则应按照由低压至高压的顺序逐点加压进行试验。

计算由设计压力引起的压力应力，结果应符合5.11.2的要求。

6.11.3 在位移条件下的耐压力(稳定性)

6.11.3.1 试验设备

液压泵。压力指示仪表精确度：不低于1.5级。

专用密封夹具。要确保补偿器端口密封，有长度约束机构的，用补偿器自身附件固定试件两端，没有约束机构的，外加约束机构，固定试件两端。

介质：氯离子含量不超过25 mg/L的水。

6.11.3.2 试验方法

将补偿器安装在夹具内，两端密封固定，加压到设计压力值后，再缓慢加压到5.11.3规定的试验压力。

试验时，将波纹管固定在最大变形位置上进行。加压前，沿圆周方向均分四个位置分别测量各个波的波距，加压至5.11.3规定的试验压力后，保持时间不少于10 min，观察判断有无渗漏现象，测量出原各个测量点的波距，计算出加压前、后最大波距变化率，结果应符合5.11.3的要求。试验时，应在公称位移(带压补偿量)规定的最大拉伸位移位置和最大压缩位移位置分别进行试验。

最大波距变化率的计算方法同6.11.1.2。

6.12 气密性

6.12.1 真空气密性试验

6.12.1.1 试验设备

机械泵或其他的真空系统;麦氏真空计或与其精确度相当的真空测试仪器。

专用密封夹具。要确保补偿器端口密封,有长度约束机构的,用补偿器自身附件固定试件两端,没有约束机构的,外加约束机构,固定试件两端。

6.12.1.2 试验方法

将被测补偿器两端密封固定,对其内腔抽真空。当真空度达到 5.12.1 规定的极限真空度时,将补偿器密封,保持 10 min 后,测量残余真空度,真空度下降不应超过 2 Pa。

6.12.2 六氟化硫气体气密性定性检查试验

6.12.2.1 试验设备

六氟化硫气体充灌回收装置或功能相当的设备。

六氟化硫气体检漏仪或功能、精确度相当的六氟化硫气体检测仪器。

麦氏真空计或精确度相当的真空测试仪器。

专用密封夹具。要确保补偿器端口密封,有长度约束机构的,用补偿器自身附件固定试件两端,没有约束机构的,外加约束机构,固定试件两端。

6.12.2.2 试验方法

将被测补偿器两端密封固定,对其内腔抽真空。当真空度达到 5.12.1 规定的极限真空度时,充入六氟化硫气体至设计压力,将补偿器密封,至少保持 5 min。保压过程结束后,用六氟化硫气体检漏仪检查,应无漏点显示。结果应符合 5.12.2 的要求。

6.12.3 六氟化硫气体气密性泄漏率检查试验

6.12.3.1 试验设备

六氟化硫气体充灌回收装置或功能相当的设备。

六氟化硫气体检漏仪或功能、精确度相当的六氟化硫气体检测仪器。

麦氏真空计或精确度相当的真空测试仪器。

专用密封夹具。要确保补偿器端口密封,有约束长度的,用补偿器自身附件固定试件两端,没有约束机构的,外加约束机构,固定试件两端。

6.12.3.2 试验方法

将被测补偿器两端密封固定,对其内腔抽真空。当真空度达到 5.12.1 规定的极限真空度时,充入六氟化硫气体至设计压力,用六氟化硫气体检漏仪检查,应无漏点显示,记录仪器的读数。然后将补偿器放入密封罩,将密封罩密封,按图样规定的保压时间保压。图样未规定的应保压 24 h,保压过程结束后用六氟化硫气体检漏仪检查密封罩内,应无漏点显示,记录仪器的读数,计算六氟化硫气体泄漏率,结果应符合 5.12.3 的要求。

六氟化硫气体气密性检查试验所用密封结构及密封元件,应按图样或协议要求,图样或协议未规定的由生产方自行规定。

6.13 循环寿命试验

6.13.1 总则

补偿器的循环寿命试验，按安装补偿循环寿命试验和温度补偿循环寿命试验分别进行。全部循环寿命试验进行完后，应按5.12.1和5.12.2的规定进行真空气密性和六氟化硫气体气密性定性检查，结果应无泄漏现象。

6.13.2 试验设备

专用疲劳试验机或组合试验装置，位移控制精确度为±0.1 mm。同时，设备要保证试验轴向位移与补偿器的波纹管轴线同轴。

位移循环速度不高于25 mm/s，确保各波均匀变形。

6.13.3 安装补偿循环寿命试验

将补偿器安装在疲劳试验机上，往复循环位移为公称轴向位移或公称位移等效的轴向位移(由安装允许补偿量或安装瞬时允许补偿量引起)，安装补偿位移循环次数应符合5.13.1的要求。

6.13.4 温度补偿循环寿命试验

将补偿器安装在疲劳试验机上，两端密封，充气压至设计压力，往复位移，位移值为带压工作时对应的公称轴向位移或带压工作时对应公称位移等效的轴向位移。正常位移循环次数应符合5.13.2的要求。试验过程中压力波动应不超过设计压力的±10%。

若补偿器设计规定有不同工况条件下的循环寿命要求，则应分别按照其规定的压力、位移和位移循环次数进行试验，试验按图样或协议规定的顺序进行，图样或协议未规定的按由低压到高压的顺序进行。

6.14 爆破压力试验

6.14.1 试验设备

液压泵。压力指示仪表精确度：不低于1.5级。

专用密封夹具。要确保补偿器端口密封，外加约束机构，固定试件两端。

介质：氯离子含量不超过25 mg/L的水。

6.14.2 试验方法

将被测补偿器两端密封固定，使补偿器以图样规定的原始长度处于直线状态。加压到设计压力后，再以不大于400 kPa/min的速度缓慢加压至5.14规定的爆破试验压力时，保压10 min，试件仍未泄漏爆破，允许不继续加压至试件爆破。

7 检验规则

7.1 检验分类

补偿器的检验分出厂检验和型式检验。检验项目见表6。

表 6 出厂检验、型式检验项目

序号	项目名称	要求	试验方法	出厂检验	型式检验	缺陷类别	试件号		
							1#	2#	管坯
1	外观	5.5	6.5	●	●	C	●	●	—
2	焊接接头	5.4.3	6.3	○	●	B	●	●	●
3	几何尺寸	5.4.1	6.1	●	●	C	●	●	—
4	形状、位置公差	5.4.2	6.2	●	●	C	●	●	—
5	轴向刚度	5.9	6.9	—	●	C	●	●	—
6	补偿量试验	5.10	6.10	—	●	A	●	●	—
7	压力试验	5.11.1	6.11.1	○	●	A	●	●	—
8	压力应力试验	5.11.2	6.11.2	—	●	C	●	●	—
9	稳定性试验	5.11.3	6.11.3	—	●	A	●	●	—
10	真空气密性试验	5.12.1	6.12.1	○	●	A	●	●	—
11	六氟化硫气体气密性定性检查	5.12.2	6.12.2	●	●	A	—	●	—
12	六氟化硫气体气密性泄漏率检查	5.12.3	6.12.3	○	●	A	●	—	—
13	循环寿命试验	5.13	6.13	—	●	A	●	—	—
14	爆破压力试验	5.14	6.14	—	●	B	—	●	—

注 1：●表示必检项目；○表示双方协议检验项目；—表示不检项目。

注 2：型式检验时，在产品制造方允许的条件下，可用经循环寿命而未破坏的产品做爆破试验。

注 3：缺陷类别 A、B、C 定义见 GB/T 2829—2002 中的第 3 章的规定。

7.2 出厂检验

7.2.1 检验原则

产品出厂前，应经质量检验部门对其进行 100%检验。

7.2.2 出厂检验项目和顺序

出厂检验项目及检验顺序见表 6。

7.2.3 判据与检验后处理

检验合格的定为合格品，检验若有不合格项时，可对缺陷进行修复。修复后的补偿器需再次进行检验。再次检验只对上次检验的不合格项进行检验。不合格品不应出厂。

对焊接接头的返修，不允许对成品波纹管纵向焊接接头补焊；补偿器装配焊接接头和接管焊接接头同一部位只允许补焊两次。

7.3 型式检验

7.3.1 检验规定

有下列情况之一时,应进行型式检验:

a) 新产品鉴定或定型投产前;
b) 新型号、新规格投产前;
c) 产品转厂生产时;
d) 正式生产后因结构、材料、工艺有较大改变可能影响产品性能时;
e) 产品停产 18 个月以上,恢复生产时;
f) 合同中有规定时;
g) 正常生产情况下,每隔三年;
h) 产品执行标准发生变动或修订后;
i) 国家质量监督部门提出进行型式检验要求时。

7.3.2 样品数量

型式检验样品数为两件成品,一支管坯。

成品从出厂检验合格的产品中随机抽取。管坯与成品波纹管所用管坯相同,取一单层管坯即可;对于不同单层壁厚组合的多层波纹管,每种壁厚取一支管坯。

7.3.3 型式检验项目和顺序

型式检验项目及检验顺序见表 6。

7.3.4 不合格品判定规则

每个检验项目,若有一件不合格,则该项目不合格。

有两个以下(含两个)C 类项目或一个 B 类项目不合格,判本次型式检验合格,否则判本次型式检验不合格。

7.3.5 产品的交付

经型式检验的样品不能作为成品交货。

8 标志、包装和贮存

8.1 标志

8.1.1 补偿器上应有标识。标识上至少应有产品名称、型号规格、产品编号、制造厂名称和出厂日期。

8.1.2 在每个包装内应附有合格证,合格证上应标志:

a) 制造厂名称或商标;
b) 产品名称、型号规格、产品编号和数量;
c) 检验日期、检验员代号;
d) 执行的标准号;
e) 双方协议中规定的其他资料。

8.2 包装

8.2.1 对碳钢法兰密封面,根据双方协议要求进行防锈处理,法兰密封面加非金属保护垫,保证贮存、运输中不损伤和生锈。

8.2.2 拉杆、螺母要紧固，防止补偿器变形、损坏。

8.2.3 包装箱上应有产品名称、防潮、防雨水、发货单位、收货单位字样或参照 JB/T 4711 中的有关规定。

8.3 贮存

包装成箱的产品应贮存在无腐蚀性气体的干燥和干净环境中。

ICS 25.040.40
N 10

中华人民共和国国家标准

GB/T 30093—2013

自动化控制系统可靠性技术评审程序

Reliability technique review procedure for automation control system

2013-12-17 发布　　2014-05-01 实施

中华人民共和国国家质量监督检验检疫总局
中国国家标准化管理委员会　发布

前 言

本标准按照 GB/T 1.1—2009 给出的规则起草。

请注意本文件的某些内容可能涉及专利。本文件的发布机构不承担识别这些专利的责任。

本标准由中国机械工业联合会提出。

本标准由全国工业过程测量和控制标准化技术委员会(SAC/TC 124)归口。

本标准负责起草单位:重庆工业自动化仪表研究所、重庆前卫仪表有限责任公司。

本标准参加起草单位:上海工业自动化仪表研究院、杭州自动化技术研究院、昆山双桥传感器测控技术有限公司、研祥智能科技股份有限公司、上海自动化仪表股份有限公司、上海威尔泰工业自动化股份有限公司、北京自动化技术研究院、北京远东仪表有限公司、中环天仪股份有限公司、重庆川仪自动化股份有限公司、重庆市科学技术研究院。

本标准主要起草人:贺孝珍、刘兴莉、王文莉、晏朝东。

本标准参加起草人:谢亚莲、卜琰、吕春放、尤彩红、王冰、陈志列、任军民、钮松年、陆孝孟、赵力行、王悦、季锋、黄毅普、孙怀义、刘琴、刘小莉、隆萍。

自动化控制系统可靠性技术评审程序

1 范围

本标准规定了对自动化控制系统(以下简称系统)进行可靠性技术评审的程序和要求。

本标准适用于工业过程测量和控制系统在方案论证阶段、研制阶段、生产阶段和使用阶段的可靠性技术评审。其他系统可参照使用。

2 规范性引用文件

下列文件对于本文件的应用是必不可少的。凡是注日期的引用文件,仅注日期的版本适用于本文件。凡是不注日期的引用文件,其最新版本(包括所有的修改单)适用于本文件。

GB/T 2900.13 电工术语 可信性与服务质量

GB/T 4888 故障树名词术语和符号

GB/T 7826 系统可靠性分析技术 失效模式和效应分析(FMEA)程序

GB/T 7827 可靠性预计程序

GB/T 7828—1987 可靠性设计评审

GB/T 7829 故障树分析程序

GB/T 14394—2008 计算机软件可靠性和可维护性管理

3 术语和定义

GB/T 2900.13 和 GB/T 4888 界定的以及下列术语和定义适用于本文件。

3.1

系统可靠性工作项目 reliability working item of system

系统在各阶段完成的可靠性工作内容并形成可靠性设计可行性分析报告、可靠性技术报告、可靠性试验报告、可靠性保证措施报告和现场运行报告的总称。

3.2

系统可靠性技术报告 reliability technical report of system

系统在各阶段形成的可靠性分析与评价报告,包括对系统进行的可靠性预计、可靠性分配、故障分析、可靠性设计技术应用等内容。它能为系统鉴定或验收提供可靠性评审依据。

3.3

系统可靠性评审 system reliability review

系统在各阶段,组织有关专家按照一定的程序,对系统开展的可靠性工作项目进行评审,给出评审意见和结论,找出系统在可靠性方面的薄弱环节,提出改进建议。

3.4

自动化控制系统 automatic control system

在没有人直接参与的情况下,利用外加的设备或装置,使机器、设备或生产过程的某个工作状态或参数自动地按照预定的规律运行。通常由被控系统及其施控系统、测量元件、相关传感元件和执行机构等组成。

3.5

软件可靠性 software reliability

在规定条件下,在规定的时间内软件不引起系统失效的概率。

4 可靠性评审程序

4.1 申请评审

承接系统研制的项目组,在系统提交评审前向组织评审单位提出可靠性评审申请。在各阶段,参照表A.1提交有关的技术资料及报告。

4.2 设置评审点

根据系统复杂度,可按系统级、分系统级、装置或设备级、部件级分别选择方案论证阶段、研制阶段、生产阶段和使用阶段参照表A.1设置评审点、选择评审项目。

4.3 成立评审组

4.3.1 评审组组成

系统可靠性评审组应由各方面有经验的专家和可靠性工程师组成,也可由国家授权的具有可靠性认证资质的机构承担。具体要求见GB/T 7828—1987的4.2。

4.3.2 评审组任务

评审组的任务如下:

a) 审查系统可靠性要求(包括定性、定量)的合理性;

b) 审查系统可靠性工作项目的实施过程、效果;

c) 对有疑问或分歧的问题提供咨询和改进意见;

d) 给出评审结论,提交可靠性评审报告。

4.4 组织评审

由组织评审单位负责组织可靠性评审组,参照表A.1的内容完成评审任务。系统设计符合要求时,作出评审结论;当系统设计不符合要求时,给出改进建议和意见,系统设计人员应进行改进或补做相应的工作,再次进行评审,直到符合要求。

5 可靠性评审要求

5.1 可靠性要求

系统在合同或研制任务书中应明确规定可靠性的定性和(或)定量要求。

5.1.1 定性要求

对系统的设计、工艺、软件等方面应提出非定量要求。如采用成熟技术、简化设计、模块化、规范化等通用可靠性定性要求及特殊要求。

5.1.2 定量要求

对系统可靠性应提出定量的指标要求。

5.1.3 常用的可靠性特征量

常用的可靠性特征量见表1。

表1 常用的可靠性特征量表

系统级别	使用状况	
	连续或间歇工作 (可修复)	连续或间歇工作 (不可修复)
系统级	$R(t)$[a]、MTBF[b] 或 A[c]	—
分系统 装置或设备	$R(t)$[a]、MTBF[b] 或 A[c]	—
部件	λ[d]	λ[d]

[a] 可靠度。
[b] 平均故障间隔时间。
[c] 可用度。
[d] 失效率。

5.2 可靠性评审内容

可靠性技术评审内容及要求按系统寿命周期的各阶段进行。

5.2.1 方案论证阶段

5.2.1.1 评审内容:

a) 评审系统可靠性定性与定量要求的合理性、可行性,能否满足系统的使用要求;
b) 评审系统可靠性总体技术方案的先进性、经济性、合理性,技术路线的可行性及相应的保证措施;
c) 评审总体方案中采用的可靠性技术措施和可靠性设计统一规定和准则,并对多种方案进行抉择;
d) 评审系统可靠性设计可行性分析报告。

5.2.1.2 评审资料:

a) 系统可靠性总体技术方案;
b) 系统可靠性设计可行性分析报告,具体编写要求见5.5.1。

5.2.2 研制阶段

5.2.2.1 该阶段可根据实际研制过程(即初步设计、详细设计、设计定型等),确定评审次数及要求。

按照系统可靠性技术措施和可靠性设计规定,进行系统设计,对各单元进行可靠性预计和可靠性审查,并改进薄弱环节。评审内容为:

a) 评审系统是否满足合同或研制任务书的可靠性要求;
b) 评审系统故障判据是否符合规定的要求,是否对系统的关键或重要单元进行故障分析,是否找出存在的薄弱环节,是否采取有效的预防改进措施达到改进目的;
c) 评审提高系统可靠性所采取的措施及其效果,如:热设计、电磁兼容设计、降额设计、简化设计、结构设计、冗余设计、故障诊断和维护措施等;

d) 评审是否开展环境试验、可靠性增长试验、可靠性鉴定试验等;试验是在哪一级进行的(部件级、设备级、分系统级、系统级),其结果是否满足要求。

5.2.2.2 评审资料:

a) 系统可靠性技术报告,具体编写要求见 5.5.2;
b) 可靠性试验报告;
c) 故障记录分析表;
d) 纠正措施报告;
e) 改进验收报告。

5.2.2.3 该阶段还可根据实际情况开展以下四方面的评审:

a) 维修性分析
根据系统合同或研制任务书中对维修性设计技术的要求进行分析评审。如:
1) 系统设计中采用了哪些维修性设计技术,效果如何;
2) 对系统的维修性预计能否满足规定指标要求;
3) 系统的维修性验证结果是否达到规定的维修性定性和定量要求等。
b) 安全性分析
分析系统设计中是否有确保系统运行的安全性措施。如:
1) 对危险性因素,系统是否有足够的防护措施;
2) 影响系统安全性的单元失效时,是否采取了预警保护措施;
3) 是否考虑联锁装置、安全开关等;
4) 当系统失效时是否有备份系统切换等。
c) 人机工程
在系统的可靠性设计中应结合参与操作系统的人进行相关的设计,方便操作人员使用系统。如:
1) 在系统中是否提供了便于读数、操作及观察的显示界面和按键等标志标识;
2) 显示器和控制器上宜有适当的标志或标签;
3) 系统中关键控制回路是否有容错的控制方案;
4) 所有开关应有顺序性等。
d) 价值工程
在系统设计中应以较低的费用,确保系统达到可靠性与维修性要求。如:
1) 提高可靠性,降低消耗能源;
2) 在满足技术性能要求的前提下,尽量简化方案及电路设计、结构设计,减少系统部件数量及机械结构零件;
3) 外购设备、器件等是否做到费用合理,如采用标准器件降低费用等。

5.2.3 生产阶段

5.2.3.1 试生产阶段主要评审内容:

a) 评审是否开展可靠性老练和环境应力筛选试验,发现问题后是否进行改进;
b) 评审系统是否进行环境适应性试验、可靠性增长试验或测定试验,发现问题是否进行改进。

5.2.3.2 批量生产阶段主要评审内容:

a) 评审系统出厂前应进行的各种性能、功能测试的结果是否达到合同规定的可靠性要求;
b) 评审系统可靠性指标的验证试验,其结果是否达到合同规定的可靠性要求;
c) 评审对生产各环节实施的质量控制,可靠性保证措施。

5.2.3.3 评审资料:

a) 可靠性试验报告,具体编写要求见 5.5.3;
b) 故障记录表、故障分析表;
c) 生产中出现问题的分析及改进情况、效果报告。

5.2.4 使用阶段

5.2.4.1 评审内容:
a) 系统使用现场可靠性信息的记录、反馈;
b) 系统可靠性评估参数及模型、统计分析方法;
c) 使用中发现的问题是否得到解决;
d) 对改进措施的有效性是否进行跟踪。

5.2.4.2 评审资料:
a) 现场运行报告,具体编写要求见 5.5.5;
b) 现场用户评价意见;
c) 使用中出现问题的记录、分析及改进措施效果报告。

5.3 软件可靠性评审

在软件开发各阶段的可靠性评审见 GB/T 14394—2008。

5.4 可靠性试验评审

提供系统按可靠性定量要求达到可接收的合格证明。
a) 性能、功能试验结果报告;
b) 可靠性试验报告;
c) 现场运行试验报告:现场运行记录、分析、现场用户评价意见书。

5.5 可靠性评审资料编写要点

5.5.1 系统可靠性设计可行性分析报告

5.5.1.1 概述

概述包括以下内容:
a) 任务来源;
b) 任务要点(目的、意义、主要工作内容及其工作进度);
c) 国内外同类系统的可靠性水平(国内生产技术状况和国外同类系统的可靠性水平);
d) 系统设计的可靠性目标值。

5.5.1.2 可靠性预计

采用性能参数法或相似产品法进行粗略预计,内容如下:
a) 系统原理图(包括工作原理及符号说明);
b) 系统可靠性框图;
c) 系统可靠性数学模型;
d) 系统可靠性预计说明;
e) 系统可靠性预计结果。

5.5.1.3 可靠性分配原则

可靠性分配原则如下:

a) 复杂度高的产品，分配较低的可靠性指标；
b) 技术上不成熟的产品，分配较低的可靠性指标；
c) 处于恶劣环境条件下工作的产品，分配较低的可靠性指标；
d) 需要进行长期工作的产品，分配较低的可靠性指标；
e) 重要度高的产品，分配较高的可靠性指标；
f) 可达性差的产品，分配较高的可靠性指标。

5.5.1.4 故障分析

用故障模式及影响分析(简称 FMEA)法或故障树分析(简称 FTA)法找出薄弱环节并进行可靠性分析：

a) FMEA 帮助设计者、决策者从多种方案中选择满足可靠性要求的最佳方案；
b) 早期设计阶段运用 FTA 来判明故障模式，并在设计中进行改进。

5.5.1.5 可靠性保证措施

拟采取的可靠性、维修性设计技术，可靠性保证与管理等措施。

5.5.2 系统可靠性技术报告

5.5.2.1 可靠性预计

采用应力分析法进行详细预计。预计步骤：

a) 绘制系统的逻辑架构图；
b) 绘制系统的可靠性框图：按系统的实际运行情况绘制成串联、并联等框图；
c) 建立系统的可靠性数学模型：根据可靠性框图建立系统以及各级的可靠性数学模型；
d) 分系统的可靠性预计：将部件的可靠性数据代入分系统可靠性数学模型中，求出分系统可靠性预计值；
e) 系统的可靠性预计：将分系统的可靠性数据代入系统可靠性数学模型中，求出系统可靠性预计值。

可靠性预计步骤详见 GB/T 7827。

5.5.2.2 可靠性分配

系统可靠性指标确定后，对分系统及部件逐级分配，以满足系统规定的指标要求；系统必要时或当系统预计值小于目标值时，应对系统可靠性指标进行重新分配。

5.5.2.3 故障分析

采用 FMECA 或 FTA 进行定性或定量故障分析，找出薄弱环节及设计中存在的问题，提出采取的预防及改进措施。

FMECA 分析步骤：

a) 按系统级——分系统级——装置或设备级——部件级，由上至下分解系统；
b) 找出部件的故障模式，并分析对装置或设备故障的影响程度；
c) 找出装置或设备的故障模式，并分析对分系统故障的影响程度；
d) 分析分系统每一种故障模式对系统故障的影响程度；
e) 由故障模式的故障率数据定量计算出危害度，并作 FMECA 分析结论。

FMECA 分析步骤详见 GB/T 7826。

FTA分析步骤：

a) 确定顶事件；

b) 构造系统故障树；

c) 导出系统功能故障发生概率的数学表达式；

d) 故障树分析及结论。

FTA分析步骤详见GB/T 7829。

5.5.2.4 可靠性、维修性设计技术应用分析

可靠性、维修性设计技术应用分析以下内容：

a) 采用的可靠性、维修性技术；

b) 实施效果；

c) 前后水平对比。

5.5.3 可靠性试验报告

可靠性试验主要用来确定产品在预期工作条件下的可靠性特征量，判定产品是否符合设计或合同规定的可靠性指标要求，为提高产品的可靠性提供改进信息。可靠性试验报告包括以下内容：

a) 可靠性试验计划：

   1) 明确试验目的，对系统的可靠性特征量进行验证试验或测定试验；

   2) 选择的试验应力类型、水平；

   3) 确定测试参数、测试周期；

   4) 确定故障判别准则；

   5) 试验样品数、试验截止时间；

   6) 累计时间的计算；

b) 试验操作程序：

   1) 根据试验目的和用途，确定试验性质和要求，选择统计试验方案；

   2) 试验过程中实施的监控及相关参数的测试；

   3) 建立试验信息的收集、记录、统计分析要求；

   4) 对数据进行统计分析和计算，提出最后结论意见。

5.5.4 可靠性保证措施报告

该报告主要包括以下部分：

a) 对系统投入市场后可靠性情报的收集、调查和分析；

b) 进行故障的事前、事后分析；

c) 研发中的可靠性增长目标；

d) 生产过程、外协外购材料、零件的质量保证；

e) 售后服务的保障等。

5.5.5 现场运行报告

现场运行报告是系统从安装、调试开始至现场运行整个寿命期的记录，它提供系统在寿命期间的使用、维修等方面的信息，推荐使用表A.2、表A.3。在填写表A.2和表A.3前，故障判据应由系统研制单位和使用方协商制定，以便对系统的工作状况进行判定、统计。

附 录 A
（资料性附录）
常 用 表 格

表 A.1 ××××[1]可靠性评审表

项目名称		项目编号	
项目承担单位		项目负责人	
使用现场		运行时间	
可靠性要求（定性、定量）			
评审项目	评审点	评审意见	
可靠性设计可行性分析	方案论证阶段		
可靠性设计与分析： 1. 可靠性技术报告； 2. 可靠性设计技术评审： 1） 可靠性分析； 2） 维修性分析； 3） 安全性分析； 4） 人机工程； 5） 价值工程。	研制阶段		
可靠性试验、分析及定性（或定量）评价	生产阶段		
现场使用可靠性数据分析统计	使用阶段		
可靠性目标管理	各阶段		
评审结论			
建议与意见			
评审组签字、单位盖章	评审日期 年 月 日		

1） 可选系统级、分系统级、装置或设备级、部件级。

表 A.2 系统现场工作汇总表

<table>
<tr><td colspan="2">系统名称</td><td colspan="3"></td><td>系统开始使用日期</td><td colspan="3"></td></tr>
<tr><td colspan="2">研制单位</td><td colspan="3"></td><td>系统工作方式</td><td colspan="3">□连续 □间歇</td></tr>
<tr><td colspan="2">使用现场</td><td colspan="3"></td><td>工作环境</td><td colspan="3">□大气压 □温度 □湿度 □尘埃
□盐雾 □腐蚀 □其他</td></tr>
<tr><td rowspan="7">系统运行履历</td><td>序号</td><td>故障发生部位</td><td>故障发生时间</td><td>累计工作时间</td><td>故障原因分析</td><td>维修方式</td><td>维修时间</td><td>记录人</td></tr>
<tr><td></td><td></td><td></td><td></td><td></td><td></td><td></td><td></td></tr>
<tr><td></td><td></td><td></td><td></td><td></td><td></td><td></td><td></td></tr>
<tr><td></td><td></td><td></td><td></td><td></td><td></td><td></td><td></td></tr>
<tr><td></td><td></td><td></td><td></td><td></td><td></td><td></td><td></td></tr>
<tr><td></td><td></td><td></td><td></td><td></td><td></td><td></td><td></td></tr>
<tr><td></td><td></td><td></td><td></td><td></td><td></td><td></td><td></td></tr>
<tr><td colspan="2">项目负责人</td><td colspan="2"></td><td>报告填写人</td><td></td><td>现场用户负责人</td><td colspan="2"></td></tr>
</table>

表 A.3 系统现场故障记录分析表

<table>
<tr><td colspan="2">系统名称</td><td colspan="2"></td><td>系统编号</td><td></td></tr>
<tr><td colspan="2">研制单位</td><td colspan="2"></td><td>使用现场</td><td></td></tr>
<tr><td colspan="2">发现故障时间</td><td colspan="2"></td><td>累计工作时间</td><td></td></tr>
<tr><td colspan="6">故障模式(故障现象):</td></tr>
<tr><td colspan="6">故障原因分析:</td></tr>
<tr><td colspan="2">失效功能单元型号、规格和数量</td><td colspan="4"></td></tr>
<tr><td>维修方式</td><td colspan="5">□替换 □调校 □其他</td></tr>
<tr><td>维修时间</td><td></td><td>重新启用时间</td><td></td><td>维修人</td><td></td></tr>
<tr><td colspan="6">故障判定分析(计算或不计数及其原因):</td></tr>
<tr><td colspan="6">建议措施:</td></tr>
<tr><td colspan="4">填表人:</td><td colspan="2">日期:</td></tr>
</table>

ICS 25.040
N 10

中华人民共和国国家标准

GB/T 30094—2013

工业以太网交换机技术规范

Technical specification for industrial Ethernet switchs

2013-12-17 发布　　2014-05-01 实施

中华人民共和国国家质量监督检验检疫总局
中国国家标准化管理委员会　发布

前言

本标准按照 GB/T 1.1—2009 给出的规则起草。

本标准由中国机械工业联合会提出。

本标准由全国工业过程测量和控制标准化技术委员会(SAC/TC 124)归口。

本标准起草单位:机械工业仪器仪表综合技术经济研究所、北京东土科技股份有限公司、中国科学院沈阳自动化研究所、浙江大学、上海自动化仪表股份有限公司、西南大学、华东电网公司信息中心、北京和利时系统工程有限公司、国家电力调度通信中心、中国石油化工股份有限公司、煤炭科学研究总院重庆研究院、二重集团(德阳)重型装备股份有限公司。

本标准主要起草人:王麟琨、潘长清、刘涛、梅恪、李平、薛百华、谈黎、徐皑冬、冯冬芹、张庆军、张渝、潘勇伟、魏晓东、罗安、辛耀中、严亚勤、周家祥、鲁远祥。

引　言

工业以太网技术在工业现场已获得广泛应用，工业以太网与通用以太网的主要差异体现在：

1）　工业网络的工作环境通常比较恶劣，工业通信设备必须能够在诸如高温、高湿、高海拔、严重的电磁干扰、较差的供电质量等自然和人为环境下，具备正常通信的能力。

2）　通用网络中大部分是随机流量，而工业网络中主要是周期性流量，且大部分流量的发生是可以预测的。

3）　通用网络侧重于网络带宽的充分利用，在某些情况下可以允许时延或数据损失。而工业网络中的通信流量与工业系统的运行和管理相关，一般不允许丢失数据。

4）　工业通信网络必须保证工业现场通信的安全性、实时性、可靠性、稳定性，并具备较强的自愈能力。

5）　通常通用网络为开放性网络，而工业网络一般为专用网络，目前普遍为局域网。

工业以太网交换机是基于以太网技术的工业通信网络的基础交换设备，相比通用以太网交换机，工业以太网交换机在功能方面有差异，而在环境适应性、可靠性、安全性、实时性等方面则具有更高要求。

注 1：工业以太网交换机不必过于关注流量控制的功能，而是在系统设计阶段，通过选择具有足够吞吐量的设备，来保证设备能够满足最大流量时的正常通信；

注 2：工业以太网交换机通常要求支持环型物理拓扑，且正常工作时不形成逻辑环路，而一旦出现链路故障，则能够迅速切换到后备链路；

注 3：对于支持精确时钟功能的工业以太网交换机，宜具备时钟保持功能，在外部时钟源失效时，能够以一定的准确度保持其自身时间信息输出的准确性。

工业以太网交换机技术规范

1 范围

本标准规定了工业以太网交换机的术语、定义、技术要求、测试方法和检验规则。

本标准适用于工作在 GB/T 9387.1—1998 规定的开放系统互连基本参考模型第 1～2 层或第 1～3 层，且物理层符合 IEEE 802.3:2008 规范，数据链路层符合 IEEE 802.1D:2004 和 GB/T 15629.2—2008 规范，网络层符合 IETF IP 协议簇规范的工业以太网交换机。

2 规范性引用文件

下列文件对于本文件的应用是必不可少的。凡是注日期的引用文件，仅注日期的版本适用于本文件。凡是不注日期的引用文件，其最新版本(包括所有的修改单)适用于本文件。

GB/T 2423.1—2008 电工电子产品环境试验 第 2 部分:测试方法 试验 A:低温

GB/T 2423.2—2008 电工电子产品环境试验 第 2 部分:测试方法 试验 B:高温

GB/T 2423.3—2006 电工电子产品环境试验 第 2 部分:测试方法 试验 Cab:恒定湿热试验

GB/T 2423.4—2008 电工电子产品环境试验 第 2 部分:测试方法 试验 Db:交变湿热试验(12 h+12 h 循环)

GB/T 2423.5—1995 电工电子产品环境试验 第 2 部分:测试方法 试验 Ea 和导则:冲击

GB/T 2423.8—1995 电工电子产品环境试验 第 2 部分:测试方法 试验 Ed:自由跌落

GB/T 2423.10—2008 电工电子产品环境试验 第 2 部分:测试方法 试验 Fc:振动(正弦)

GB/T 2423.16—2008 电工电子产品环境试验 第 2 部分:测试方法 试验 J 及导则:长霉

GB/T 2423.18—2012 环境试验 第 2 部分:测试方法 试验 Kb:盐雾，交变(氯化钠溶液)

GB/T 2423.21—2008 电工电子产品环境试验 第 2 部分:测试方法 试验 M:低气压

GB/T 2423.22—2012 环境试验 第 2 部分:测试方法 试验 N:温度变化

GB/T 2423.51—2012 环境试验 第 2 部分:测试方法 试验 Ke:流动混合气体腐蚀试验

GB 2894—2008 安全标志及其使用导则

GB 4208—2008 外壳防护等级(IP 代码)

GB 4793.1—2007 测量、控制和实验室用电气设备的安全要求 第 1 部分:通用要求

GB 4943.1—2011 信息技术设备安全 第 1 部分:通用要求

GB 9254—2008 信息技术设备的无线电骚扰限值和测量方法

GB/T 9387.1—1998 信息技术 开放系统互连 基本参考模型 第 1 部分:基本模型

GB/T 13384—2008 机电产品包装通用技术条件

GB/T 13729—2002 远动终端设备

GB/T 14048.7—2006 低压开关设备和控制设备 第 7-1 部分:辅助器件 铜导体的接线端子排

GB/T 14598.3—2006 电气继电器 第 5 部分:量度继电器和保护装置的绝缘 配合要求和试验

GB/T 15153.1—1998 远动设备及系统 第 2 部分:工作条件 第 1 篇 电源和电磁兼容性

GB/T 15153.2—2000 远动设备及系统 第 2 部分:工作条件 第 2 篇 环境条件(气候、机械和其他非电影响因素)

GB/T 15629.2—2008 信息技术 系统间远程通信和信息交换 局域网和城域网 特定要求

第 2 部分:逻辑链路控制

GB/T 16511—1996　电气和电子测量设备随机文件

GB/T 17214.4—2005　工业过程测量和控制装置工作条件　第 4 部分:腐蚀和侵蚀影响

GB/T 17463—1998　远动设备及系统　第 4 部分:性能要求

GB 17625.1—2012　电磁兼容　限值　谐波电流发射限值(设备每相输入电流≤16 A)

GB 17625.2—2007　电磁兼容　限值　对每相额定电流≤16 A 且无条件接入的设备在公用低压供电系统中产生的电压变化、电压波动和闪烁的限制

GB/T 17626.2—2006　电磁兼容　试验和测量技术　静电放电抗扰度试验

GB/T 17626.3—2006　电磁兼容　试验和测量技术　射频电磁场辐射抗扰度试验

GB/T 17626.4—2008　电磁兼容　试验和测量技术　电快速瞬变脉冲群抗扰度试验

GB/T 17626.5—2008　电磁兼容　试验和测量技术　浪涌(冲击)抗扰度试验

GB/T 17626.6—2008　电磁兼容　试验和测量技术　射频场感应的传导骚扰抗扰度

GB/T 17626.8—2006　电磁兼容　试验和测量技术　工频磁场抗扰度试验

GB/T 17626.10—1998　电磁兼容　试验和测量技术　阻尼振荡磁场抗扰度试验

GB/T 17626.11—2008　电磁兼容　试验和测量技术　电压暂降、短时中断和电压变化的抗扰度试验

GB/T 17626.12—1998　电磁兼容　试验和测量技术　振荡波抗扰度试验

GB/T 17626.13—2006　电磁兼容　试验和测量技术　交流电源端口谐波、谐间波及电网信号的低频抗扰度试验

GB/T 17626.14—2005　电磁兼容　试验和测量技术　电压波动抗扰度试验

GB/T 17626.16—2007　电磁兼容　试验和测量技术　0 Hz～150 kHz 共模传导骚扰抗扰度试验

GB/T 17626.17—2005　电磁兼容　试验和测量技术　直流电源输入端口纹波抗扰度试验

GB/T 17626.28—2006　电磁兼容　试验和测量技术　工频频率变化抗扰度试验

GB/T 17626.29—2006　电磁兼容　试验和测量技术　直流电源输入端口电压暂降、短时中断和电压变化的抗扰度试验

GB/T 18271.1—2000　过程测量和控制装置　通用性能评定方法和程序　第 1 部分:总则

GB/T 18271.3—2000　过程测量和控制装置　通用性能评定方法和程序　第 3 部分:影响量影响的试验

GB/T 21052—2007　信息安全技术　信息系统物理安全技术要求

GB/T 25931—2010　网络测量和控制系统的精确时钟同步协议

IEC 62439-1:2010　工业通信网络　高可靠性自动化网络　第 1 部分:通用概念和计算方法(Industrial communication networks-high availability automation networks—Part 1:General concepts and calculation methods)

IEC 62439-2:2010　工业通信网络　高可靠性自动化网络　第 2 部分:介质冗余协议(MRP)[Industrial communication networks-high availability automation networks—Part 2:Media Redundancy Protocol(MRP)]

IEC 62439-6:2010　工业通信网络　高可靠性自动化网络　第 6 部分:分布式冗余协议(DRP)[Industrial communication networks-high availability automation networks—Part 6:Distributed Redundancy Protocol(DRP)]

IEEE 802.1AB:2009　IEEE 局域网和城域网标准　站与介质访问控制链接发现(Local and metropolitan area networks—Station and Media Access Control Connectivity Discovery)

IEEE 802.1AE:2006　IEEE 局域网和城域网标准　介质访问控制(MAC)安全[Local and metropolitan area networks—Media Access Control(MAC) security]

IEEE 802.1AR:2009 IEEE 局域网和城域网标准 安全设备标识(Local and metropolitan area networks—Secure Device Identity)

IEEE 802.1AX:2008 IEEE 局域网和城域网标准 链路聚合(Local and metropolitan area networks—Link Aggregation)

IEEE 802.1D:2004 IEEE 局域网和城域网标准 介质访问控制(MAC)网桥[Local and metropolitan area networks—Media Access Control(MAC) Bridges]

IEEE 802.1Q:2005 IEEE 局域网和城域网标准 虚拟桥接局域网(Local and metropolitan area networks—Virtual Bridged Local Area Networks)

IEEE 802.1X:2010 IEEE 局域网和城域网标准 基于端口的网络访问控制(Local and metropolitan area networks-port-based Network Access Control)

IEEE 802.3:2008 信息技术 系统间的通信和信息交换 局域网和城域网 特定要求 第3部分:载波检测多址存取 采用冲突检测(CSMA/CD)的存取方法和物理层规范[Information technology—Telecommunications and information exchange between systems—Local and metropolitan area networks—Specific requirements—Part 3:Carrier sense multiple access with Collision Detection(CSMA/CD) Access Method and Physical Layer Specifications]

IETF RFC 2544:1999 网络互连设备基准测试方法(Benchmarking Methodology for Network Interconnect Devices)

3 术语、定义和缩略语

3.1 术语和定义

下列术语和定义适用于本文件。

3.1.1

访问控制列表 access control list

带有访问控制权限的实体表,这些访问权是授予它们访问某一资源的。

[GB/T 9387.2—1995,定义 3.3.2]

3.1.2

地址缓存能力 address caching capacity

每个端口/模块/设备能够缓存的 MAC 地址的数量。

3.1.3

地址学习能力 address learning capability

交换机学习新的 MAC 地址的速率。

3.1.4

可用性 availability

在所要求的外部资源得到满足的情况下,产品在给定的条件下,在给定的时刻或时间间隔内处于能完成要求的功能的状态的能力。

[IEC 60050(191):1990,191-2-5]

3.1.5

边界时钟 boundary clock

边界时钟是在一个域中具有多个精确时间协议(PTP)端口,并维护该域中所用时标的时钟。它可作为时间源,即为主时钟;也可与另一个时钟同步,即为从时钟。

[GB/T 25931—2010,定义 3.1.3]

3.1.6

时钟　clock

参与精确时间协议(PTP)的一个节点,该节点能提供从一个已定义历元开始的时间消逝的测量。

[GB/T 25931—2010,定义 3.1.4]

3.1.7

直通转发　cut-through

在检测到目的地址时,交换机即开始数据过滤或转发过程的转发方式。

3.1.8

端到端透明时钟　end-to-end transparent clock

在从时钟和主时钟之间,支持使用端到端(end-to-end)延时测量机制的透明时钟。

[GB/T 25931—2010,定义 3.1.8]

3.1.9

可信性　dependability

用以描述可用性及其影响因素(可靠性、可维护性和维护保障性)的集合性术语。

[GB/T 2900.13—2008,定义 2.2]

3.1.10

直连路由　direct routing

具有路由功能的以太网交换机获取与其接口直接连接的子网的路由信息,并根据这些信息进行数据包转发的路由方式。

3.1.11

干接点信号　dry contact signal

具有闭合和断开两种状态的信号。

3.1.12

动态路由　dynamic routing

具有路由功能的以太网交换机随时根据收到的路由信息,通过路由选择协议计算、更新路由表并进行数据包转发的路由方式。

3.1.13

以太网交换机　Ethernet switch

以太网交换机是具有多个符合 IEEE 802.3:2008 规范的以太网接口的网络互连设备,按照功能可以分为二层交换机和三层交换机。

注 1:二层交换机工作于 GB/T 9387.1—1998 规定的开放系统互连基本参考模型的第 1～2 层,根据收到的数据包中的 MAC 地址和交换机内部维护的 MAC 地址表决定数据包的出口,并进行数据转发。

注 2:三层交换机,即具有路由功能的以太网交换机,工作于开放系统互连基本参考模型的第 1～3 层,根据收到的数据包中的网络层地址和交换机内部维护的路由表决定输出端口以及下一跳的交换机地址或主机地址,并重写数据包头。

3.1.14

故障　fault

除预防性维修或其他计划的行动或因缺乏外部资源的情况外,产品不能完成要求的功能的状态。

[IEC 60050(191):1990,191-5-1]

3.1.15

故障恢复时间　fault recovery time

从故障事件发生到网络重新恢复通信功能的时间。

[IEC 62439-1:2010,3.1.18]

3.1.16

帧丢失率　frame loss rate

由于资源不足，交换机应转发但未转发的帧所占的百分比。

3.1.17

保持　holdover

一个时钟之前已与另一个时钟（通常为主参考或主时钟）同步/谐振，但目前基于自身内部振荡器自激振荡。当该时钟同步/谐振到其他时钟时，使用所获得的数据调整其内部振荡器的频率。也就是说，只要在准确度要求范围内，时钟就处于保持或保持模式。

［GB/T 25931—2010，定义 3.1.14］

3.1.18

带内管理接口　in-band management interface

既可以作为数据接口用于业务数据收发，又可以作为管理接口的交换机接口。

3.1.19

工业以太网交换机　industrial Ethernet switch

可用于工业现场环境，并满足特定工业应用对实时性、可信性、安全性等相关要求的以太网交换机。

3.1.20

维修性　maintainability(performance)

在给定的条件下，采用规定的程序和资源实施维修时，产品在给定的使用条件下保持或恢复到能完成要求的功能的状态的能力。

［IEC 60050(191):1990，191-2-7］

3.1.21

管理型工业以太网交换机　manageable industrial Ethernet switch

具备管理接口和功能的工业以太网交换机。

3.1.22

管理（功能）　management(function)

管理员与设备通过某种方式进行交互，以监控设备的工作状态或对设备参数进行配置。

3.1.23

管理接口　management interface

工业以太网交换机用于与管理终端进行交互，实现管理功能的接口，包含但不限于串行接口和以太网接口。

3.1.24

主时钟　master clock

在单个精确时间协议（PTP）通信路径情况下，作为时间源的时钟。在该路径上的所有其他时钟都同步到该时钟。

［GB/T 25931—2010，定义 3.1.17］

3.1.25

时延　latency

对于存储转发设备，从输入数据包最后一个比特到达输入端口开始，至输出端口上输出该数据包的第一个比特为止的时间间隔。

对于直通转发设备，从输入数据包第一个比特到达输入端口开始，至输出端口上输出该数据包的第一个比特为止的时间间隔。

3.1.26

时延抖动　latency jitter

时延测量值与平均值的差值。

3.1.27

普通时钟　ordinary clock

在一个域中具有单个精确时间协议(PTP)端口,并维护该域中所用时标的时钟。它可作为时间源,即为主时钟;或与另一个时钟同步,即为从时钟。

[GB/T 25931—2010,定义3.1.22]

3.1.28

带外管理接口　out-band management interface

只能作为管理接口,不能作为业务数据接口的交换机接口。

3.1.29

包转发率　packet transfer rate

交换机单位时间内能够转发的最小长度数据包的数量。

3.1.30

对等透明时钟　peer-to-peer transparent clock

该透明时钟除了提供精确时间协议(PTP)事件传输时间信息外,还提供对连接到接收PTP事件消息端口的链路的传输延时校正。当存在对等透明时钟时,在从时钟和主时钟之间的延时测量使用对等延时测量机制完成。

[GB/T 25931—2010,定义3.1.24]

3.1.31

实时性　real-time

在限定时间内完成指定任务的能力。

3.1.32

冗余域　redundant domain

由若干交换机和缆线组成的数据交换网络,其中部分链路或设备出现可恢复或不可恢复的故障不影响通信功能的实现。

3.1.33

可靠性　reliability

在给定的条件下和在给定的时间间隔内,产品能完成要求的功能能力。

[IEC 60050(191):1990,191-2-6]

3.1.34

路由　routing

具有路由功能的以太网交换机从一个接口接收数据包,根据收到数据包中的网络层地址以及交换机内部维护的路由表决定输出端口以及下一跳地址,并且重写链路层数据包头实现转发数据包的过程。

3.1.35

安全设备标识符　secure device identifier

一个与设备加密绑定的加密设备标识符,包括安全设备标识符密码和安全设备标识符证书。

[IEEE 802.1AR:2009,3]

3.1.36

静态路由　static routing

具有路由功能的以太网交换机根据网络管理员设定的路由信息进行数据包转发的路由方式。

3.1.37

存储转发　store and forward

在过滤或转发处理之前,整个数据包已经完全接收的转发方式。

3.1.38

交换　switching

以太网交换机从一个接口接收数据包，根据数据包的目的 MAC 地址及交换机内部维护的 MAC 地址表决定输出接口并转发到另一个接口的过程。

3.1.39

吞吐量　throughput

交换机在不丢帧情况下所能达到的最大传输速率(单位：bit/s)。

3.1.40

透明时钟　transparent clock

测量精确时间协议(PTP)事件报文通过该设备的时间，并向接收该 PTP 事件报文的时钟提供该信息的设备。

[GB/T 25931—2010，定义 3.1.46]

3.1.41

数据包透传　transparent transfer of packet

交换机不对数据包中的信息进行本地处理，直接转发数据包(主要是指控制数据包，例如，PTP 数据包、RSTP 控制信息数据包)。

3.1.42

非管理型工业以太网交换机　unmanageable industrial Ethernet switch

不具备管理接口和功能的工业以太网交换机。

3.1.43

虚拟局域网　virtual local area network

使用虚拟局域网标识符将活跃网络拓扑中的数据终端设备进行逻辑划分，实现数据流量逻辑隔离的技术。

3.2　缩略语

下列缩略语适用于本文件。

ACL：访问控制列表(Access Control List)

AH：认证头(Authentication Header)

ARP：地址解析协议(Address Resolution Protocol)

ASC：美国标准信息交换码(American Standard Code for Information Interchange)

BC：边界时钟(Boundary Clock)

BGP：边界网关协议(Border Gateway Protocol)

BMC：最佳主时钟(Best Master Clock)

CBC：密码块链(Cipher Block Chaining)

CLI：命令行接口(Command-Line Interface)

DES：数据加密标准(Data Encryption Standard)

DHCP：动态主机配置协议(Dynamic Host Configuration Protocol)

E2E：端到端(End to End)

EAP：扩展认证协议(Extensible Authentication Protocol)

ESP：封装安全载荷(Encapsulating Security Payload)

GARP：通用属性注册协议(Generic Attribute Registration Protocol)

GMRP：GARP 组播注册协议(GARP Multicast Registration Protocol)

GVRP：GARP 虚拟局域网注册协议(GARP VLAN Registration Protocol)

HMAC:散列消息认证码(Hash Message Authentication Code)
HTTP:超文本传输协议(HyperText Transfer Protocol)
HTTPs:超文本传输安全协议(HyperText Transfer Protocol Secure)
LACP:链路聚合控制协议(Link Aggregation Control Protocol)
ICMP:互联网控制消息协议(Internet Control Message Protocol)
IGMP:互联网组管理协议(Internet Group Management Protocol)
IGMP-Snooping:互联网组管理协议监听(Internet Group Management Protocol Snooping)
IKE:互联网密钥交换(Internet Key Exchange)
IPSec:互联网协议安全[Internet Protocol(IP)Security]
IRIG-B:靶场仪器组 B(Inter Range Instrumentation Group B)
LLC:逻辑链路控制(Logical Link Control)
MAC:介质访问控制(Media Access Control)
MACSec:介质访问控制安全[Media Access Control(MAC) Secutity]
MD:消息摘要(Message Digest)
MIB:管理信息库(Management Information Base)
MSTP:多生成树协议(Multiple Spanning Tree Protocol)
MTBF:平均无故障时间(Mean Time Between Failture)
OC:普通时钟(Ordinary Clock)
OSPF:开放最短路径优先(Open Shortest Path First)
P2P:对等(Peer to Peer)
PIM-DMl:密集模式独立组播协议(Protocol Independent Multicast-Density Mode)
PIM-SM:稀疏模式独立组播协议(Protocol Independent Multicast-Sparse Mode)
POE:以太网供电(Power Over Ethernet)
PPS:秒脉冲(Pulse Per Second)
PSE:馈电设备(Power Sourcing Equipment)
PTP:精确时间协议(Precision Time Protocol)
RIP:路由信息协议(Routing Information Protocol)
RMON:远程网络监控(Remote Network Monitoring)
RSTP:快速生成树协议(Rapid Spanning-Tree Protocol)
SHA:安全散列算法(Security Hash Algorithm)
SNMP:简单网络管理协议(Simple Network Management Protocol)
SMTP:简单邮件传输协议(Simple Mail Transfer Protocol)
SSH:安全壳体(Secure Shell)
SSL:安全套接层(Secure Sockets Layer)
TCP:传输控制协议(Transmission Control Protocol)
TLS:传输层安全(Transport Layer Security)
UDP:用户数据报协议(User Datagram Protocol)
VLAN:虚拟局域网(Virtual Local Area Network)
VRRP:虚拟路由冗余协议(Virtual Router Redundancy Protocol)

4 工业环境适应性要求

4.1 概述

本标准规定的工业环境适应性要求包括气候、电磁兼容、绝缘、机械适应性和外部电源。

气候环境包括温度、湿度、大气压力、化学活性物质、生物活性物质等。其中,温度和湿度要求为所有产品必须满足的条件,其余要求为可选条件,应根据实际应用环境由用户和制造厂商协商确定。

电磁兼容、绝缘、机械适应性和外部电源要求为所有产品必须满足的条件,但电磁兼容要求中的抗扰度等级及骚扰限值,外壳防护要求等级以及外部电源所支持的标称电压应根据实际应用环境由用户和制造厂商协商确定。

4.2 气候环境

4.2.1 温度

表1规定了设备工作、贮存和运输温度条件。设备在规定的工作温度范围内工作时,其功能和性能应符合本标准的规定。在规定的温度范围内贮存和运输时,不应发生裂痕、老化或其他损坏;当经受该温度范围后再恢复到工作温度范围时,设备应能正常工作。

应用于温度快速变化场合的设备,在经受不超过5 ℃/min的温度变化时,应能正常工作。

表1 温度条件

设备类型	工作温度/℃		贮存、运输温度/℃	
	低温	高温	低温	高温
Ⅰ	−25	+75	−55	+85
Ⅱ	−40	+85	−55	+95
Ⅹ	特定	特定	特定	特定

注1:Ⅹ是一个开放等级。

注2:工业以太网交换机的实际工作温度不仅受自然环境温度的影响,还受到周围设备热辐射等因素的影响,因此实际工作的温度的上限一般高于自然环境可达的最高温度。

4.2.2 相对湿度

设备在表2规定的相对湿度环境条件下应能正常工作:

表2 相对湿度条件

等级	低相对湿度/%	高相对湿度/%
Ⅰ	4	100
Ⅹ	特定	特定

注:Ⅹ是一个开放等级。

4.2.3 大气压力

大气压力条件见表3。

表3 大气压力条件

等级	低气压/kPa	高气压/kPa
Ⅰ	70	106
Ⅱ	53.5	106
Ⅹ	特定	特定

注:Ⅹ是一个开放等级。

4.2.4 化学活性物质

4.2.4.1 盐雾

工作在包括但不限于沿海、岛屿与多盐雾环境条件下使用的工业以太网交换机，应采用防腐蚀材料和经防腐蚀处理，保证设备在表4规定的环境条件下能长期使用。

表4 盐雾

等级	最大盐雾浓度/(mg/m^3)
Ⅰ	≤5
X	特定
注：X是一个开放等级。	

4.2.4.2 其他化学活性物质条件

其他化学活性物质条件见表5。

表5 化学活性物质条件

等级	依据标准	化学活性物质
Ⅰ	GB/T 17214.4—2005 中表1	工业清洁空气
Ⅱ		中等污染
Ⅲ		严重污染
X		特定
注：X是一个开放等级。		

4.2.5 生物

工作在潮湿多雨地区和霉菌滋生环境下的工业以太网交换机不应发生霉变，并应能正常工作。

4.3 电磁兼容

4.3.1 电磁兼容抗扰度要求

4.3.1.1 静电放电抗扰度

静电放电抗扰度要求见表6。

表6 静电放电抗扰度要求

等级	依据标准	严酷等级
Ⅰ	GB/T 17626.2—2006	3
Ⅱ		4
X		特定
注：X是一个开放等级。		

4.3.1.2 射频电磁场辐射抗扰度

射频电磁场辐射抗扰度要求见表7。

表7 射频电磁场辐射抗扰度要求

等级	依据标准	严酷等级
Ⅰ	GB/T 17626.3—2006	3
Ⅱ		3[a]
Ⅹ		特定
注：Ⅹ是一个开放等级。		
[a] 在数字无线电话射频辐射环境下，严酷等级参见GB/T 17626.3—2006中5.2。		

4.3.1.3 电快速瞬变脉冲群抗扰度

电快速瞬变脉冲群抗扰度要求见表8。

表8 电快速瞬变脉冲群抗扰度要求

等级	依据标准	严酷等级
Ⅰ	GB/T 17626.4—2008	3
Ⅱ		4
Ⅹ		特定
注：Ⅹ是一个开放等级。		

4.3.1.4 浪涌(冲击)抗扰度

信号端口浪涌(冲击)抗扰度要求见表9，直流电源输入端口浪涌(冲击)抗扰度要求见表10，交流电源输入端口浪涌(冲击)抗扰度要求见表11。

表9 信号端口浪涌(冲击)抗扰度要求

等级	依据标准	严酷等级	
Ⅰ	GB/T 17626.5—2008	线—地	2
Ⅱ			3
Ⅲ			4
Ⅹ		特定	
注：Ⅹ是一个开放等级。			

表 10　直流电源输入端口浪涌(冲击)抗扰度要求

等级	依据标准	严酷等级			
Ⅰ	GB/T 17626.5—2008	线—地	3	线—地	2
Ⅱ			4		3
Ⅹ		特定			
注：Ⅹ是一个开放等级。					

表 11　交流电源输入端口浪涌(冲击)抗扰度要求

等级	依据标准	严酷等级			
Ⅰ	GB/T 17626.5—2008	线—地	3	线—地	2
Ⅱ			4		3
Ⅹ		特定			
注：Ⅹ是一个开放等级。					

4.3.1.5　射频场感应的传导骚扰抗扰度

射频场感应的传导骚扰抗扰度要求见表 12。

表 12　射频场感应的传导骚扰抗扰度要求

等级	依据标准	严酷等级
Ⅰ	GB/T 17626.6—2008	2
Ⅱ		3
Ⅹ		特定
注：Ⅹ是一个开放等级。		

4.3.1.6　工频磁场抗扰度

工频磁场抗扰度要求见表 13。

表 13　工频磁场抗扰度要求

等级	依据标准	严酷等级
Ⅰ	GB/T 17626.8—2006	稳定持续磁场:4 短时作用磁场:4
Ⅱ		稳定持续磁场:5 短时作用磁场:5
Ⅹ		特定
注：Ⅹ是一个开放等级。		

4.3.1.7 阻尼振荡磁场抗扰度

阻尼振荡磁场抗扰度要求见表14。

表14 阻尼振荡磁场抗扰度要求

等级	依据标准	严酷等级
Ⅰ	GB/T 17626.10—1998	4
Ⅱ		5
Ⅹ		特定
注：Ⅹ是一个开放等级。		

4.3.1.8 振荡波抗扰度

在高压及中压变电站中使用的工业以太网交换机的振荡波抗扰度要求见表15，在其他场合使用的工业以太网交换机的振荡波抗扰度要求见表16。

表15 阻尼振荡波抗扰度要求

等级	依据标准	严酷等级
Ⅰ	GB/T 17626.12—1998 表2	2
Ⅱ		3
Ⅹ		特定
注：Ⅹ是一个开放等级。		

表16 振荡波抗扰度要求

等级	依据标准	严酷等级
Ⅰ	GB/T 17626.12—1998 表1	3
Ⅱ		4
Ⅹ		特定
注：Ⅹ是一个开放等级。		

4.3.1.9 0 Hz～150 Hz共模传导骚扰抗扰度

0 Hz～150 Hz共模传导骚扰抗扰度见表17。

表17 0 Hz～150 Hz共模传导骚扰抗扰度要求

等级	依据标准	严酷等级
Ⅰ	GB/T 17626.16—2007	3
Ⅱ		4
Ⅹ		特定
注：Ⅹ是一个开放等级。		

4.3.1.10 交流电源输入端口抗扰度

交流电源输入端口电压暂降抗扰度要求见表18，交流电源输入端口短时中断抗扰度见表19，交流电源输入端口电压变化抗扰度见表20。

表 18 交流电源输入端口电压暂降抗扰度要求

等级	依据标准	严酷等级
Ⅰ	GB/T 17626.11—2008	2类
Ⅱ		3类
Ⅹ		特定
注：Ⅹ是一个开放等级。		

表 19 交流电源输入端口短时中断抗扰度要求

等级	参考标准	严酷等级
Ⅰ	GB/T 17626.11—2008	2类
Ⅱ		3类
Ⅹ		特定
注：Ⅹ是一个开放等级。		

表 20 交流电源输入端口电压变化抗扰度要求

等级	依据标准	严 酷 等 级			
		电压试验等级	电压降低所需时间	降低后电压维持时间	电压增加所需时间
Ⅰ	GB/T 17626.11—2008	70%	突变	1周期	25周期
Ⅹ		特定	特定	特定	特定
注：Ⅹ是一个开放等级。					

4.3.1.11 直流电源输入端口抗扰度

直流电源输入端口纹波抗扰度要求见表21，直流电源输入端口电压暂降抗扰度要求见表22，直流电源输入端口短时中断抗扰度见表23，直流电源输入端口电压变化抗扰度见表24。

表 21 直流电源输入端口纹波抗扰度要求

等级	依据标准	严酷等级
Ⅰ	GB/T 17626.17—2005	2
Ⅱ		3
Ⅲ		4
Ⅹ		特定
注：Ⅹ是一个开放等级。		

表 22 直流电源输入端口电压暂降抗扰度要求

等级	依据标准	严酷等级
Ⅰ	GB/T 17626.29—2006	试验等级:40%和 70%U_T;持续时间:1 s
Ⅹ		特定
注:Ⅹ是一个开放等级。		

表 23 直流电源输入端口短时中断抗扰度要求

等级	依据标准	严酷等级
Ⅰ	GB/T 17626.29—2006	试验等级:0%U_T;持续时间:1 s
Ⅹ		特定
注:Ⅹ是一个开放等级。		

表 24 直流电源输入端口电压变化抗扰度要求

等级	依据标准	严酷等级
Ⅰ	GB/T 17626.29—2006	试验等级:80%和 120%U_T;持续时间:10 s
Ⅹ		特定
注:Ⅹ是一个开放等级。		

4.3.2 电磁兼容限值要求

电磁兼容限值要求见表 25。

表 25 电磁兼容限值要求

名称		依据标准	采用限值
谐波电流发射限值		GB 17625.1—2012	A 类设备
电压波动和闪烁限值		GB 17625.2—2007	—
传导骚扰限值	电源端子骚扰	GB 9254—2008	A 级 ITE
	电信端口的共模骚扰	GB 9254—2008	A 级电信端口
辐射骚扰限值		GB 9254—2008	A 级 ITE

4.4 绝缘性能

4.4.1 绝缘电阻

绝缘电阻要求见表 26。

表 26 绝缘电阻要求

名称	依据标准
一般环境绝缘电阻	GB/T 13729—2002 中表 13
湿热环境绝缘电阻	GB/T 13729—2002 中表 14

4.4.2 绝缘耐压

绝缘耐压要求见表 27。

表 27 绝缘耐压要求

名称	依据标准	耐压等级
额定绝缘电压小于 60 V 的回路	GB/T 15153.1—1998	VW2
额定绝缘电压大于 60 V 的回路		VW3
注：高海拔地区空气密度小，同等电压下，空气更容易产生电离现象，使设备的绝缘性能下降。在高海拔地区使用的工业以太网交换机应通过合理的设计，保证其绝缘性能。		

4.4.3 泄漏电流

设备工作时对保护接地端的泄漏电流应不大于 5mA。

4.5 机械适应性

机械适应性要求见表 28。

表 28 机械适应性要求

名称	依据标准	等级
正弦稳态振动	GB/T 15153.2—2000	Cm
冲击		Cm
自由跌落		Cm

4.6 外部电源

一般工业环境供电电源的质量要求见表 29 和表 30。

表 29 一般工业环境交流电源要求

标称电压/V(AC)	频率	标称电压容差	标称频率容差	谐波含量
220	50 Hz	GB/T 15153.1—1998 中表 1	GB/T 15153.1—1998 中表 2	GB/T 15153.1—1998 中表 3

表 30 一般工业环境直流电源要求

标称电压(单台设备支持一种或多种)/V(DC)	标称电压容差	纹波
220	GB/T 15153.1—1998 中表 6	GB/T 15153.1—1998 中表 8
110		
48		
24		
12		

4.7 外壳防护

工业以太网交换机的外壳防护等级由制造厂商和用户协商确定,防护等级宜从表 31 规定的范围内选择。

表 31 外壳防护等级

防尘等级	防水等级	依据标准
IP4X IP5X IP6X	IPX0 IPX1 IPX3 IPX4 IPX5 IPX6 IPX7	GB 4208—2008

5 功能要求

5.1 业务功能

5.1.1 物理层

5.1.1.1 数据传输介质接口

5.1.1.1.1 电接口

工业以太网交换机的 10/100 M 电接口应符合并兼容 IEEE 802.3:2008 规定的 10BASE-T 和 100BASE-TX 规范。

工业以太网交换机的 10/100/1 000 M 电接口应符合并兼容 IEEE 802.3:2008 规定的 10BASE-T、100BASE-TX 和 1000BASE-T 规范。

5.1.1.1.2 光接口

工业以太网交换机的 100 M 光接口应符合 IEEE 802.3:2008 规定的 100BASE-FX 规范。

工业以太网交换机的 1 000 M 光接口应符合 IEEE 802.3:2008 规定的 1000BASE-SX 或 1000BASE-LX 规范,宜兼容 IEEE 802.3:2008 规定的 100BASE-FX 规范。

5.1.1.2 物理层组网

工业以太网交换机应支持基于线型、星型、环型三种基本拓扑结构的物理层组网方式，并支持基于上述基本拓扑的混合拓扑组网方式。

工业以太网交换机宜支持冗余结构的物理组网方式。

5.1.2 数据链路层

5.1.2.1 转发和过滤

工业以太网交换机应支持 GB/T 18236.1—2000 规定的数据包转发和过滤功能。

5.1.2.2 链路层检测

管理型工业以太网交换机应支持 IEEE 802.1AB:2009 规定的 LLDP 协议。

5.1.2.3 生成树

5.1.2.3.1 快速生成树协议

管理型工业以太网交换机宜支持 IEEE802.1D:2004 和 IEC 62439-1:2010 规定的 RSTP 协议，且允许的协议数据包传输通过交换机的数量应不小于 50。

5.1.2.3.2 多生成树协议

管理型工业以太网交换机宜支持 IEEE 802.1Q:2005 规定的 MSTP 协议。

5.1.2.4 虚拟局域网

5.1.2.4.1 虚拟局域网

管理型工业以太网交换机应支持 IEEE 802.1Q:2005 规定的 VLAN 功能。允许的 VLAN 数量应不小于 16。

管理型工业以太网交换机宜支持 VLAN 流量限制功能，使特定 VLAN 上的流量不超过用户的设定值。

5.1.2.4.2 GARP 虚拟局域网注册协议

管理型工业以太网交换机应支持 IEEE 802.1Q:2005 规定的 GVRP 协议。

5.1.2.5 优先级

管理型工业以太网交换机应支持 IEEE 802.1D:2004 规定的流量优先级服务功能。

每个端口应至少支持 4 个优先级队列，队列调度算法至少应支持严格优先级和加权循环优先级算法。

5.1.2.6 组播

5.1.2.6.1 静态组播

管理型工业以太网交换机应支持静态组播功能，应能够通过管理界面手工添加、删除和修改静态组播组表项。允许的组播组数量宜不小于 256。

5.1.2.6.2 动态组播

管理型工业以太网交换机应支持基于 IGMP-Snooping(IETF RFC 4541:2006)的动态组播功能，并兼容 IGMPv1、v2 和 v3 版本。允许的组播组数量宜不小于 256。

5.1.2.6.3 GARP 组播注册协议

管理型工业以太网交换机应支持 IEEE 802.1D:2004 规定的 GMRP 协议。允许的组播组数量宜不小于 256。

5.1.2.7 链路聚合

管理型工业以太网交换机应支持 IEEE 802.1AX:2008 规定的 LACP 协议，实现静态链路聚合和动态链路聚合功能，且至少应支持 4 个链路聚合组。

5.1.2.8 端口镜像

管理型工业以太网交换机宜支持一对多的端口镜像功能。在镜像端口的被镜像流量总和不超过其最大吞吐量的情况下，镜像端口不应丢失数据。

5.1.2.9 逻辑链路控制功能

工业以太网交换机应支持 GB/T 15629.2—2008 规定的 LLC 类型 1 功能。

5.1.3 网络层

5.1.3.1 基本功能

具有路由功能的工业以太网交换机应支持 IPv4 协议(RFC 791)，基于 IP 的子网划分功能(IETF RFC 950:1985)及 IP 广播(IETF RFC 922:1984)功能。

具有路由功能的工业以太网交换机应支持 ARP 协议(IETF RFC 826:1982)。

具有路由功能的工业以太网交换机应支持 ICMPv4 协议(IETF RFC 792:1981)。

具有路由功能的工业以太网交换机应支持 ICMP 路由器发现消息协议(IETF RFC 1256:1991)。

具有路由功能的工业以太网交换机应支持 DHCP 协议(IETF RFC 2131:1997)。

5.1.3.2 路由功能

5.1.3.2.1 直连路由

具有路由功能的工业以太网交换机应支持直连路由功能。

5.1.3.2.2 静态路由

具有路由功能的工业以太网交换机应支持静态路由功能。

5.1.3.2.3 动态路由

——路由信息协议

具有路由功能的工业以太网交换机应支持 RIPv2 协议(IETF RFC 2453:1998)。

——开放式最短路径优先协议

具有路由功能的工业以太网交换机应支持 OSPFv2 协议(IETF RFC 2328:1998)。

——边界网关协议

具有路由功能的工业以太网交换机宜支持 BGP-4 协议(IETF RFC 4271:2006)。

5.1.3.2.4 虚拟路由冗余协议

具有路由功能的工业以太网交换机应支持 VRRP 协议(IETF RFC 3768:2004)。

5.1.3.3 网络层组播

5.1.3.3.1 互联网组管理协议

具有路由功能的工业以太网交换机应支持 IGMP 协议,并兼容 IGMPv1(IETF RFC 1112:1989)、IGMPv2(IETF RFC 2236:1997)和 IGMPv3(IETF RFC 3376:2002)。允许的组播组数量应不小于 256。

5.1.3.3.2 协议独立组播

具有路由功能的工业以太网交换机应支持 PIM-SM 协议(IETF RFC 4601:2006),宜支持 PIM-DM 协议(IETF RFC 3973:2005)。允许的组播组数量应不小于 256。

5.2 接口功能

5.2.1 数据传输介质接口

参见 5.1.1.1。

5.2.2 管理接口

5.2.2.1 带外管理接口

管理型工业以太网交换机应提供至少一个带外管理接口,接口宜为串行接口或/和以太网接口。

5.2.2.2 带内管理接口

管理型工业以太网交换机的数据端口宜能作为带内管理接口使用。

5.2.3 POE 输出接口

工作在需要由以太网接口供电场合的工业以太网交换机应具有 POE 输出接口。

工业以太网交换机的 POE 接口应支持 IEEE 802.3:2008 规定的 PSE 功能,宜支持 IEEE 802.3at:2009 规定的 PSE 功能。

5.2.4 时钟接口

5.2.4.1 时间信息输入接口

可以作为 PTP 主时钟的工业以太网交换机宜具有时间信息输入接口。

注:时间信息输入接口连接的外部时钟源类型包括但不限于授时型 GPS/北斗卫星接收机、IRIG-B 时间统一码信号源或网络时钟源。

5.2.4.2 秒脉冲时钟测试接口

支持 PTP 功能的工业以太网交换机宜具有秒脉冲时钟测试接口。

5.3 安全功能

5.3.1 概述

工业以太网交换机宜支持安全功能。

参照 ISO/IEC 18028-2:2006 对网络安全体系结构的规定，表 32 规定了工业以太网交换机在该体系结构下的安全要求。

表 32 安全要求

安全维	基础设施安全层		
	管理安全面	控制安全面	端用户安全面
访问控制	SSH;TLS/SSL;SNMPv3;802.1X;ACL;权限管理	802.1X;ACL	802.1X;ACL
认证	SSH;TLS/SSL;SNMPv3;802.1X	802.1X;RFC 4822;RFC 5709	802.1X
不可否认	安全日志	安全日志;RFC 2154;RFC 2385	安全日志
数据机密性	802.1X;ACL	802.1X;ACL	802.1X;ACL
通信流安全	SSH;TLS/SSL;SNMPv3;IPSec	MACSec	MACSec;IPSec
数据完整性	SSH;TLS/SSL;SNMPv3;IPSec	MACSec	MACSec;IPSec
可用性	抗攻击	抗攻击	抗攻击;网络风暴抑制
隐私	802.1AR	802.1AR	802.1AR

注：网络信息安全是一个系统工程，在具体应用中应根据工业现场的总体要求，选择和配置工业以太网交换机的安全功能。

5.3.2 安全功能

5.3.2.1 网络风暴抑制

管理型工业以太网交换机应支持网络风暴抑制功能，通过限定每个端口入或/和出方向的已知或/和未知源的单播、组播和广播数据包的流量带宽，抑制非期望的数据流量。

网络风暴抑制的粒度应可由用户设定，最小粒度宜为 64 Kb/s。

5.3.2.2 抗攻击

管理型工业以太网交换机宜能够抵御常见的 ICMP、TCP、UDP、ARP 等方式的攻击。

5.3.2.3 访问控制列表

管理型工业以太网交换机宜支持基于端口的 MAC 地址和 IP 地址的访问控制功能。

工业以太网交换机宜支持终端设备的 IP 地址或 MAC 地址与交换机端口绑定功能，使该端口只为指定 IP/MAC 地址的设备提供服务。

5.3.2.4 数据链路层认证和加密

5.3.2.4.1 基于 IEEE 802.1X 的身份鉴别和认证

管理型工业以太网交换机可支持基于 IEEE 802.1X:2010 的基于端口的网络访问控制协议，实现对每个端口的接入设备进行认证的功能，同时可支持密钥交换功能，为数据流加密提供安全的密钥。

在支持 IEEE 802.1X:2010 协议的系统中使用的工业以太网交换机，在接入局域网时应作为请求者进行认证;系统中经过认证的工业以太网交换机宜为认证者和/或认证服务器提供认证服务。

5.3.2.4.2 基于 IEEE 802.1AE 的数据链路层数据加密

工业以太网交换机可支持基于 IEEE 802.1AE:2006 的 MACSec 协议,对端口数据流进行加/解密。

5.3.2.4.3 基于 IEEE 802.1AR 的安全设备标识

工业以太网交换机可支持基于 IEEE 802.1AR:2009 的安全设备标识协议,在与 IEEE 802.1X:2010 结合使用时,在 EAP-TLS 数据包中使用加密的设备标识符。

5.3.2.5 网络层认证和加密

具有路由功能的工业以太网交换机可支持 IPSec 协议族,包括 AH 协议(IETF RFC 4302:2005)或/和 ESP 协议(IETF RFC 4303:2005),以及 IKEv1(IETF RFC 2409:1998)和 IKEv2(IETF RFC 4306:2005)协议。

认证算法至少应支持 HMAC-MD5(IETF RFC 2104:1997)和 HMAC-SHA1(IETF RFC 2104:1997);加密算法至少应支持 DES-CBC(IETF RFC 1829:1995)和 AES-CBC(IETF RFC 3602:2003)。

5.3.2.6 口令和密码

管理型工业以太网交换机涉及的口令长度应不少于 8 个 ASCII 字符,并且应由数字、字符和特殊符号组成。工业以太网交换机宜提供检查机制,保证每个口令至少是由前述的三类符号中的两类组成。宜支持历史口令检查、口令最长使用时间设置、提醒用户定期更改口令的功能。

5.3.2.7 权限管理

管理型工业以太网交换机宜支持多级权限管理,为不同用户设定不同的访问权限。

5.3.2.8 管理方式

5.3.2.8.1 SNMPv3

管理型工业以太网交换机宜支持基于 SNMPv3(IETF RFC 3410:2002)的管理访问功能。

5.3.2.8.2 SSH

管理型工业以太网交换机宜支持基于 SSH 的管理访问功能,实现加密的 CLI 方式管理。

5.3.2.8.3 HTTPs

管理型工业以太网交换机宜支持基于 TLS/SSL 的 HTTPs 管理访问功能,实现加密的 Web 方式管理。

5.3.2.9 安全日志

管理型工业以太网交换机宜对用户流量提供流量日志,用于安全审计。

日志应记录配置修改等安全相关事件、报警记录发生的安全违章事件,并以一定的方式通知管理员。

5.4 冗余与自愈功能

5.4.1 冗余网络

5.4.1.1 基于端口的冗余网络

管理型工业以太网交换机应支持基于物理层冗余链路的冗余组网功能,网络拓扑宜以单环型或双环型拓扑为基础,并支持环型网络间耦合链路的冗余功能。

管理型工业以太网交换机应确保冗余网络任何时候均不形成逻辑环型链路,且在发生链路故障时能够利用冗余链路实现自愈。宜采用基于 IEC 62439-1:2010、IEC 62439-2:2010 或 IEC 62439-6:2010 的冗余协议实现自愈功能。

管理型工业以太网交换机基于端口的冗余网络支持的冗余域规模(冗余域包含的交换机数量)应不小于 32。

5.4.1.2 基于 VLAN 的冗余网络

管理型工业以太网交换机宜支持基于 VLAN 的冗余网络。

5.4.1.3 虚拟路由冗余协议

参见 5.1.3.2.4。

5.4.2 冗余链路

管理型工业以太网交换机应支持基于链路聚合功能(参见 5.1.2.7)的链路冗余功能。

5.4.3 冗余电源

工业以太网交换机宜支持双电源冗余供电。

支持双电源冗余供电的工业以太网交换机应支持冗余电源间的无缝切换。

5.5 管理功能

5.5.1 管理方式

管理型工业以太网交换机应支持本地和远程两种管理方式中的一种或两种。

管理型工业以太网交换机应支持带内和带外两种管理方式中的一种或两种。

管理型工业以太网交换机应支持 CLI、Web 和 SNMP 三种管理方式中的一种或多种。

CLI 方式应支持 Telnet,宜支持 SSH。

Web 方式应支持 HTTP,宜支持 HTTPs。

SNMP 方式应兼容支持 SNMPv1(IETF RFC 1157:1990)和 SNMPv2(IETF RFC 1902:1996),宜兼容支持 SNMPv3(IETF RFC 3410:2002)。

管理型工业以太网交换机应支持以下 MIB:

——MIB-II(IETF RFC 1213:1991)中的系统、接口、IP、TCP、UDP、ICMP 组;

——接口组 MIB(IETF RFC 2863:2000);

——以太网接口 MIB(IETF RFC 1643:1994);

——网桥 MIB(IETF RFC 4188:2005);

——RMON(IETF RFC 2819:2000);

——交换网络的远程网络监控扩展(IETF RFC 2613:1999)。

具有路由功能的工业以太网交换机还应支持以下 MIB:

——RIPv2 MIB 扩展(IETF RFC 1724:1994);

——OSPFv2 MIB 扩展(IETF RFC 4750:2006);

——BGP-4 MIB 扩展(IETF RFC 4273:2006)。

5.5.2 配置管理

5.5.2.1 配置内容

管理型工业以太网交换机应支持各项业务功能的使能和禁止及进行参数设置。

以下功能应可进行配置管理:组播、生成树、虚拟局域网、端口镜像、优先级、链路聚合、网络风暴抑制、系统时钟、冗余网络、静态路由、虚拟路由、加密和认证、用户权限、访问控制列表。

5.5.2.2 配置上传和下载

管理型工业以太网交换机应支持设备配置的上传和下载。

5.5.3 查询

管理型工业以太网交换机应支持设备状态等信息的查询功能,以下功能应可进行查询:网络拓扑、组播、生成树、虚拟局域网、端口镜像、优先级、链路聚合、网络风暴抑制、系统时钟、冗余网络、静态路由、虚拟路由、加密和认证、用户权限、访问控制列表、资源利用率。

5.5.4 故障管理

5.5.4.1 报警

5.5.4.1.1 本地报警

管理型工业以太网交换机应支持本地报警输出功能,报警内容宜至少包括:电源失电、网络风暴、端口断线、端口连接、冗余网络故障恢复、用户认证次数超限、授权失败、异常流量。

本地报警的干接点信号输出宜包含以上报警内容中的至少一种。

5.5.4.1.2 远程报警

管理型工业以太网交换机宜支持基于 SNMP 或/和 SMTP(IETF RFC 5321:2008)的远程报警功能,用于向后台传送报警信息。

5.5.4.2 故障/异常定位

管理型工业以太网交换机宜支持故障定位功能,可定位故障至少应包括:配置错误、端口故障、网络节点故障、断线故障。

5.5.4.3 容错

管理型工业以太网交换机应具有容错、纠错和隔离错误的能力。当发生错误操作或输入不合理数据时,应能进行信息提示并仍能有效运行。

5.5.5 统计

管理型工业以太网交换机应支持统计功能,统计信息至少应包括:设备资源利用率、带宽利用率、端口转发包数、丢弃包数。

5.5.6 系统日志

管理型工业以太网交换机应支持系统日志生成功能,系统日志的内容至少应包括:正常流量统计、异常流量统计、用户行为、配置改变、网络拓扑改变、报警信息。

5.6 精确网络时间功能

应用于对网络时钟准确度达到亚微秒级场合的管理型工业以太网交换机,宜支持 GB/T 25931—2010 规定的 PTP 协议,并可设置作为 OC、BC、E2E 透明时钟和 P2P 透明时钟。

支持 PTP 功能的工业以太网交换机应支持 BMC 算法。

支持 PTP 功能的工业以太网交换机应支持 IEEE 802.3:2008 和 UDP 两种 PTP 数据包的实现方式，并应支持 PTP 数据包的透传功能。

支持 PTP 功能的工业以太网交换机宜支持时钟保持功能，在所有外部时钟源失效时，能够利用本地时钟，在一段时间内保持时间信息的准确度。

6 性能要求

6.1 可信性指标

可信性指标应符合表 33 的规定。

表 33 可信性指标

项目	依据标准	等级/指标
可靠性	—	MTBF≥43 800 h
可用性	GB/T 17463—1998	A3
维修性		M4
修复时间		RT4
启动电流		S1

6.2 实时转发性能

6.2.1 单机性能

二层工业以太网交换机的单机实时转发性能应符合表 34 的规定，三层工业以太网交换机的单机实时转发性能应符合表 35 的规定。

表 34 二层工业以太网交换机单机实时转发性能指标

项目		指标
地址缓存能力		≥4 K
地址学习能力		≥1 000 帧/s
丢包率		=0
单机时延(全双工)		≤10 μs
单机时延抖动(测试数据帧长:64 字节)		≤1 μs
吞吐量	全双工	=端口最大速率×端口数量×2
	半双工	=端口最大速率×端口数量

表 35 三层工业以太网交换机单机实时转发性能指标

项目	指标
地址缓存能力	≥4 K
地址学习能力	≥1 000 帧/s
丢包率	=0

表 35（续）

项目		指标
单机时延(全双工)		≤10 μs
单机时延抖动(测试数据帧长:64 字节)		≤1 μs
包转发率	全双工	$=\sum_{端口数量}$（端口速率×0.001 488 095)×2
	半双工	$=\sum_{端口数量}$（端口速率×0.001 488 095)
路由表容量		≥8 K

6.2.2 组网性能

组网性能应符合表 36 的规定。

表 36 组网性能指标

项目	指标	备注
网络时延	≤[10n+链路时延+测试数据包传输时间×(n−1)](μs)	—
网络时延抖动	≤n(μs)	—
丢包率	=0	流量不超过吞吐量
注：n 为网络中最长数据链路经过的交换机数量。		

6.3 接口性能

6.3.1 数据接口

工业以太网交换机的数据接口性能指标至少应符合 IEEE 802.3:2008 的规定。

注：随着光传输技术的发展，目前单段(光接口之间仅存在光纤连接，无光放大器等中间设备)光通道的最大传输距离已大大超过 IEEE 802.3:2008 规定的 5km，例如采用单模光纤的单段光通道的最大传输距离可超过 100 km，但目前尚无公认的标准对此进行规范。本标准在此不作规定，具体指标可由制造厂商与用户协商确定。推荐参考 GB/T 20185—2006 中速率等级为 1、16 和 64 的光接口参数进行规定。

6.3.2 POE 接口

工业以太网交换机的 POE 接口的性能应符合 IEEE 802.3:2008 clause33 的规定，宜符合 IEEE 802.3at:2009 的规定。

6.4 网络自愈性能

冗余网络自愈性能应符合表 37 的规定。

表 37 冗余网络自愈性能指标

等级	冗余恢复时间上限	备注
Ⅰ	2 s	最长单链路上交换机数量≤50
Ⅱ	500 ms	
Ⅲ	100 ms	
Ⅳ	50 ms	
Ⅹ	特定	
注：Ⅹ是一个开放等级。		

6.5 精确网络时钟性能

6.5.1 单机时钟传输准确度

具有 PTP 功能的工业以太网交换机的单机时钟传输准确度应符合表 38 的规定。

表 38 单机时钟传输准确度

等级	时钟传输误差上限
Ⅰ	±1 μs
Ⅱ	±100 ns
Ⅲ	±50 ns
Ⅹ	特定
注：Ⅹ是一个开放等级。	

6.5.2 时钟保持性能

具有时钟保持功能的工业以太网交换机，针对不同的应用需求，其时钟保持性能应符合表 39，或表 40，或表 41 的规定。

表 39 单机 5 s 时钟保持准确度

等级	时钟保持误差上限(恒温)
Ⅰ	±1 μs/5 s
Ⅱ	±100 ns/5 s
Ⅹ	特定
注：Ⅹ是一个开放等级。	

表 40 单机 1 h 时钟保持准确度

等级	时钟保持误差上限(恒温)
Ⅰ	±2 μs/1 h
Ⅱ	±200 ns/1 h
Ⅹ	特定
注：Ⅹ是一个开放等级。	

表 41 单机 1 d 时钟保持准确度

等级	时钟保持误差上限(恒温)
Ⅰ	±50 μs/1 d
Ⅱ	±1 s/1 d
Ⅹ	特定
注：Ⅹ是一个开放等级。	

6.5.3 组网时钟传输准确度

具有 PTP 功能的工业以太网交换机的组网时钟传输准确度应符合表 42 的规定。

表 42 组网时钟传输准确度

<table>
<tr><th>等级</th><th>时钟传输误差上限</th><th>备注</th></tr>
<tr><td>Ⅰ</td><td>±1 μs</td><td rowspan="3">主时钟与从时钟之间交换机数量≤16;主时钟的误差≤0.2 μs</td></tr>
<tr><td>Ⅱ</td><td>±100 ns</td></tr>
<tr><td>Ⅹ</td><td>特定</td></tr>
<tr><td colspan="3">注：Ⅹ是一个开放等级。</td></tr>
</table>

7 其他要求

7.1 电源

7.1.1 接线方式

工业以太网交换机宜采用端子式接线方式,且具有防掉线机构。

7.1.2 电源线

电源线应符合 GB 4793.1—2007 中 6.10.1 的要求。

7.1.3 保护装置

防电击保护的结构应符合 GB 4793.1—2007 中 6.9 的要求。

7.2 接地

7.2.1 保护接地

保护接地应符合 GB 4943.1—2011 中 2.6.1 的要求。

7.2.2 功能接地

功能接地应符合 GB 4943.1—2011 中 2.6.2 的要求。

7.2.3 接地端子与导体

工业以太网交换机应具有保护接地端子或接地螺丝。

保护接地导体和保护连接导体应符合 GB 4943.1—2011 中 2.6.3 的要求。

7.3 接线装置

接线端子应符合 GB/T 14048.7—2006 的要求。
接线螺丝应符合 GB 4943.1—2011 中 2.6.5.7 的要求。

7.4 基本指示灯

工业以太网交换机宜具有下列指示灯：
——电源灯；
——系统运行灯；
——连接状态指示灯；
——数据传输指示灯；
——故障灯。

7.5 散热方式

工业以太网交换机的散热宜采用无风扇方式。

7.6 标志、标记和外观

7.6.1 标志

工业以太网交换机的标志应符合 GB 4793.1—2007 中 5.1～5.3 的要求，此外还应包括以下内容：
——硬件序列号或版本号、软件版本号、日期或类似表述；
——唯一的 MAC 地址；
——默认 IP 地址。
工业以太网交换机的安全标志应符合 GB 2894—2008 的规定。

7.6.2 标记和外观

工业以太网交换机的标记和外观应符合 GB/T 21052—2007 中 7.1.2 的要求。

7.7 随机文件

随机文件应符合表 43 的规定。

表 43 随机文件要求

随机文件名称	依据标准
操作说明书	GB/T 16511—1996 中第 5 章
装箱单	GB/T 16511—1996 中 4.1.2
产品合格证	—

7.8 包装

生产厂商应根据用户的要求或设备运输和贮存的实际情况，按照 GB/T 13384—2008 的要求确定包装方式、防护包装方法及包装的技术要求。

应根据包装件本身特定和要求，以及实际流通环境条件，适当选做 GB/T 4857 中有关项目的试验，以及 GB/T 5048—1999 和 GB/T 4879—1999 有关项目的试验。

7.9 贮存

设备的有效贮存期为 3 年，在本标准规定的贮存期内和贮存条件下，设备功能和性能应符合本标准的规定，且无锈蚀和发霉现象。

8 测试方法

8.1 概述

本章针对第 4 章～第 6 章的技术要求规定测试方法。

本标准不涉及关于协议的测试，仅涉及单机功能、性能和组网的测试方法。

本标准未详述的测试方法可参见 YD/T 1098—2009、YD/T 1141—2007、YD/T 1156—2009、YD/T 1251.2—2003、YD/T 1260—2003、YD/T 1287—2003、YD/T 1439—2006、YD/T 1467—2006、YD/T 1521—2006、YD/T 1628—2007、YD/T 1630—2007 等的相关内容。

8.2 测试条件和配置

8.2.1 测试条件

工业以太网交换机的测试条件应符合 GB 4793.1—2007 中 4.3 和 GB/T 18271.1—2000 中第 6 章规定的环境条件和设备状态要求。

8.2.2 性能评价判据

工业以太网交换机的性能评价判据见表 44。

表 44 性能评价判据

性能评价判据	说明
A	符合本标准规定的功能、性能要求
B	试验期间，设备出现暂时的性能下降或功能丧失（如误码率、丢包率较大或通信中断），但设备可以自我恢复。试验后设备工作正常
C	试验期间，设备出现暂时的性能下降或功能丧失，需要人为介入或通过系统复位才能恢复

8.2.3 测试配置

测试配置 1 见图 1，用于单机测试，将被测设备部分或所有端口与网络测试仪连接。

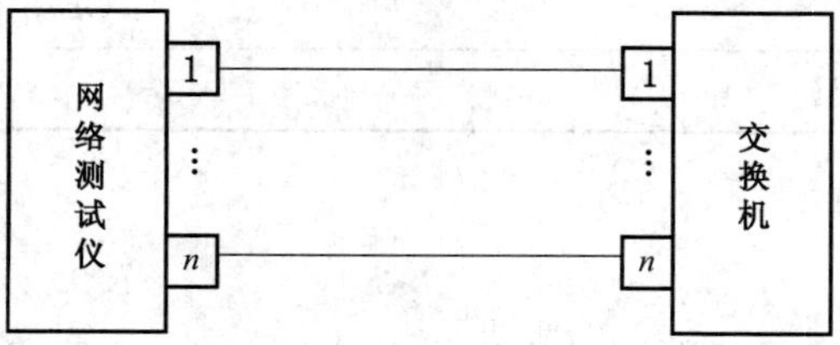

图 1 测试配置 1

测试配置 2 见图 2,用于组网测试。将被测设备组成模拟应用环境的被测网络,被测网络的相关端口与网络测试仪连接。

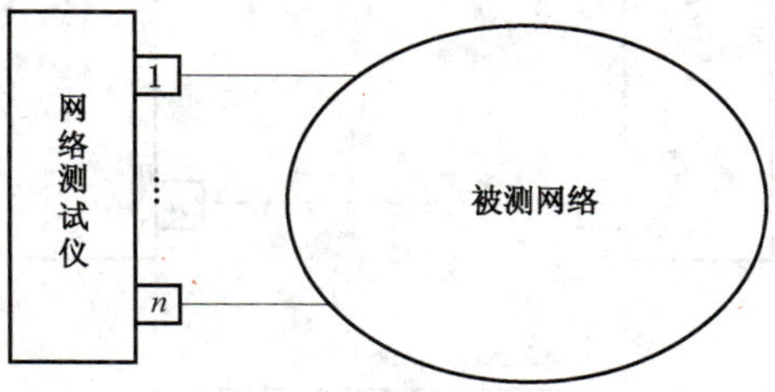

图 2 测试配置 2

测试配置 3 见图 3,用于管理功能的组网测试。将被测设备组成模拟应用环境的被测网络,被测网络的相关端口分别与网络测试仪、管理终端、用户终端、认证服务器连接。

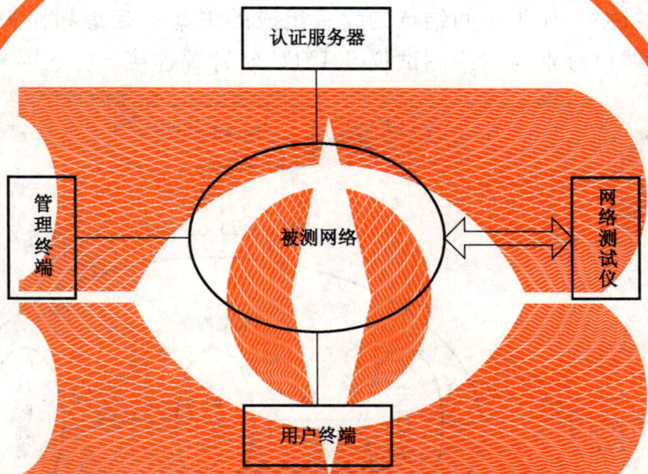

图 3 测试配置 3

测试配置 4 见图 4,用于加密功能的组网测试。将被测设备组成模拟应用环境的被测网络,被测网络的相关端口分别与网络测试仪及认证服务器连接。

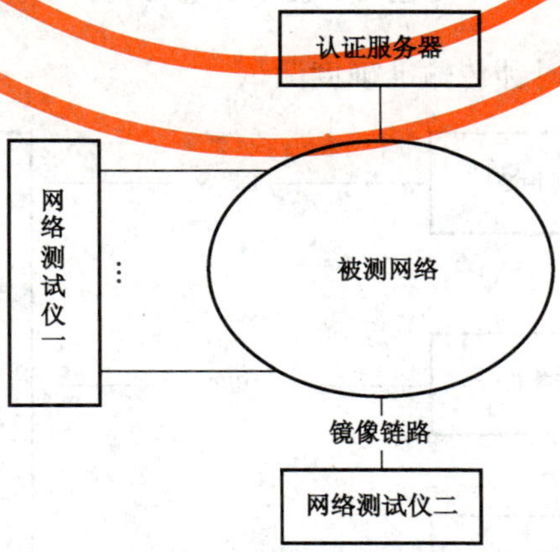

图 4 测试配置 4

测试配置 5 见图 5,用于链路聚合功能测试,两台被测设备之间的链路组成聚合链路。

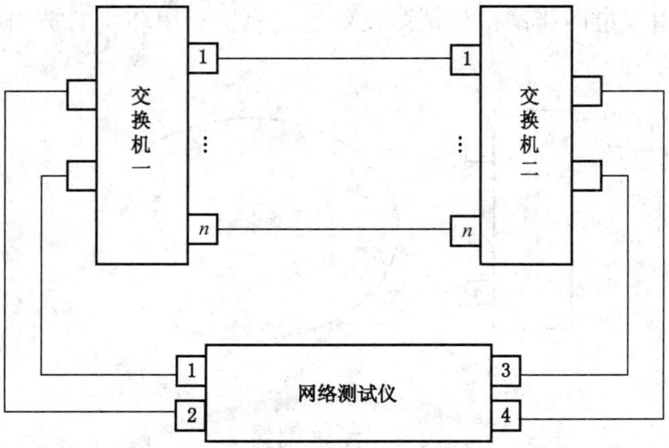

图 5 测试配置 5

测试配置 6 见图 6,用于 PTP 功能测试。将被测设备组成模拟应用环境的被测网络,且包含作为主时钟的设备组成的主时钟集,作为中间结点的设备组成的中间结点集和作为从时钟的设备组成的从时钟集,被测网络的相关端口分别与网络测试仪及 UTC 时钟源连接。

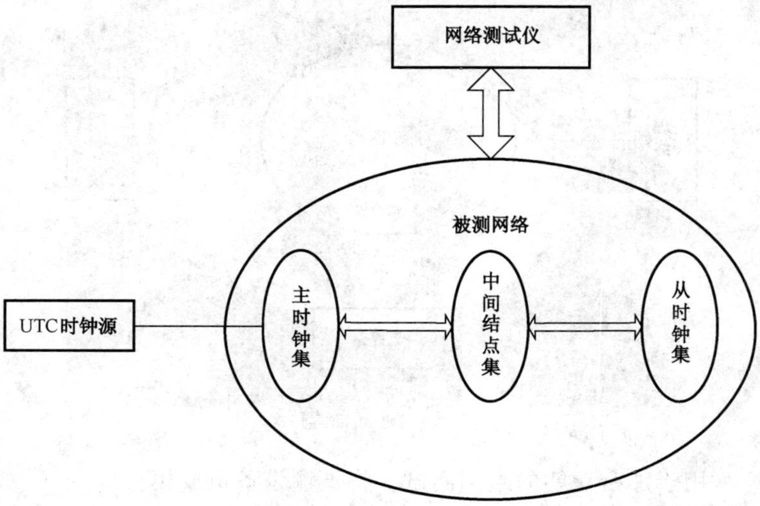

图 6 测试配置 6

测试配置 7 见图 7,用于单机时钟传输准确度测试。

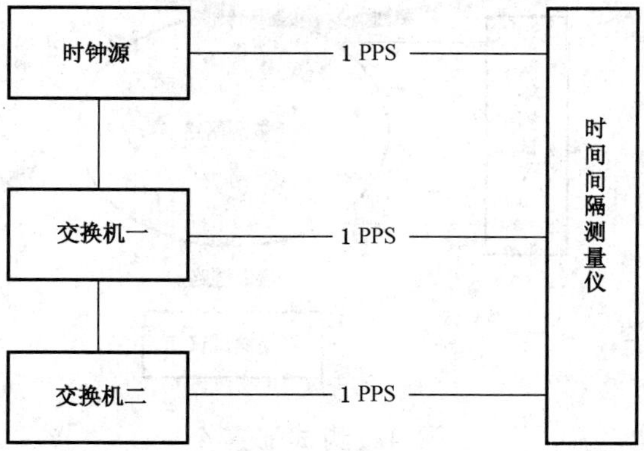

图 7 测试配置 7

测试配置 8 见图 8,用于单机时钟保持准确度测试。

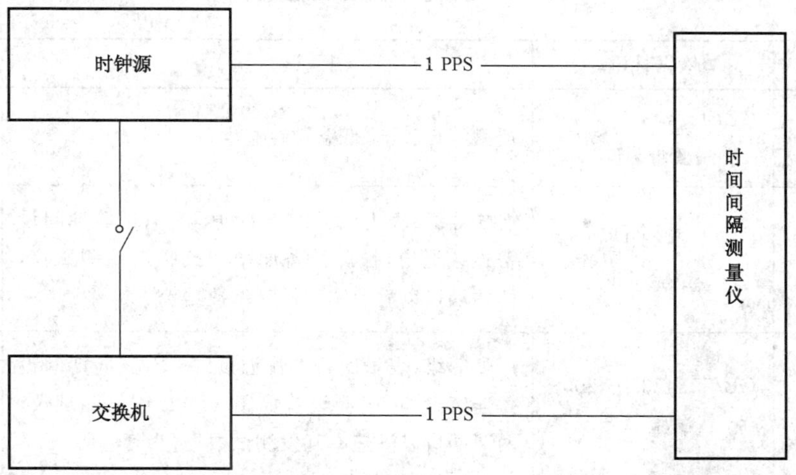

图 8　测试配置 8

测试配置 9 见图 9,用于组网时钟传输准确度测试。

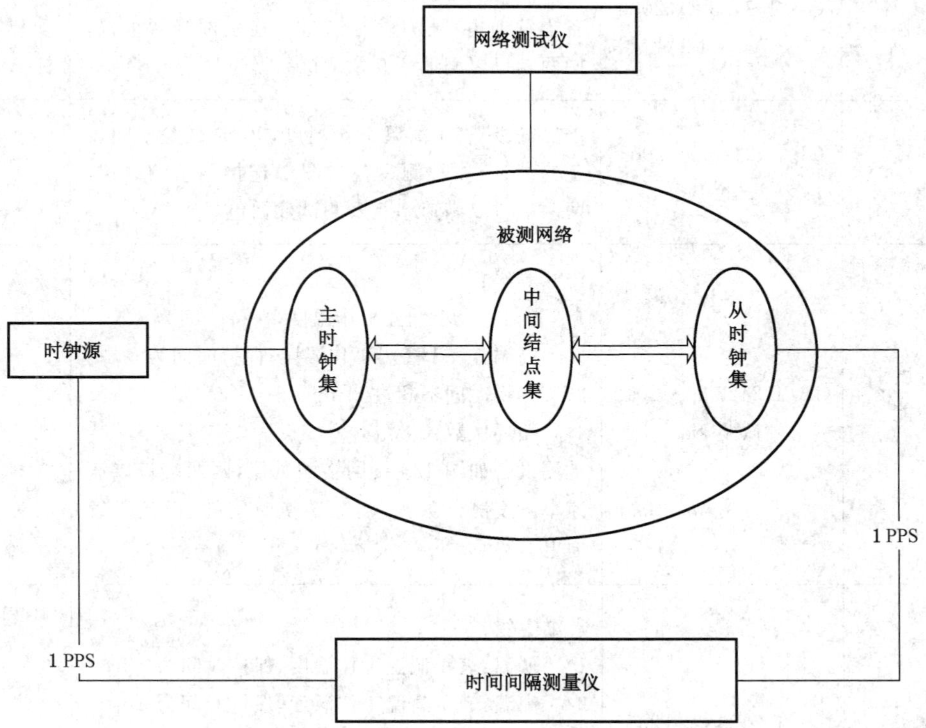

图 9　测试配置 9

8.3　环境适应性测试

8.3.1　气候环境

8.3.1.1　温度

温度环境适应性测试方法见表 45。

表 45 温度环境适应性测试

测试内容	依据标准	测 试 说 明	预 期 结 果
低温环境贮存	GB/T 2423.1—2008 试验 Ab	严酷等级：表 1 低温贮存温度，96 h	恢复到工作温度后满足指标 A
低温环境启动性能	GB/T 2423.1—2008 试验 Ad	严酷等级：表 1 低温工作温度，96 h；试验期间设备连续通电，被测设备如图 1 连接网络测试仪，两两端口以满速率互发测试数据包	设备能够一次启动成功并满足指标 A
低温环境连续工作性能	GB/T 2423.1—2008 试验 Ae	严酷等级：表 1 低温工作温度，96 h；试验期间设备连续通电，被测设备如图 1 连接网络测试仪，两两端口以满速率互发测试数据包	A
高温环境贮存	GB/T 2423.2—2008 试验 Bb	严酷等级：表 1 高温贮存温度，96 h	恢复到工作温度后满足指标 A
高温环境启动性能	GB/T 2423.2—2008 试验 Bd	严酷等级：表 1 高温工作温度，96 h；试验期间设备连续通电，被测设备如图 1 连接网络测试仪，两两端口以满速率互发测试数据包	设备能够一次启动成功并满足指标 A
高温环境连续工作性能	GB/T 2423.2—2008 试验 Be	严酷等级：表 1 高温工作温度，96 h；试验期间设备连续通电，被测设备如图 1 连接网络测试仪，两两端口以满速率互发测试数据包	A
经受环境温度迅速变化性能	GB/T 2423.22—2012 试验 Na	严酷等级： 1) 低温：表 1 低温工作温度；保持时间为 3 h； 2) 高温：表 1 高温工作温度；保持时间为 3 h； 3) 转换时间不超过 3 min； 4) 循环次数：5 次。 被测设备如图 1 连接网络测试仪，两两端口以满速率互发测试数据包，除转换时间外，设备连续通电	A
耐环境温度变化性能	GB/T 2423.22—2012 试验 Nb	严酷等级： 1) 低温：表 1 低温工作温度，保持时间为 3 h； 2) 高温：表 1 高温工作温度，保持时间为 3 h； 3) 温度变化速率：5 ℃/min±1 ℃/min； 4) 循环次数：2 次。 试验期间设备连续通电，被测设备如图 1 连接网络测试仪，两两端口以满速率互发测试数据包	A

8.3.1.2 湿度

湿度环境适应性测试方法见表 46。

表 46　湿度环境适应性测试

测试内容	依据标准	测　试　说　明	预期结果
恒定湿热	GB/T 2423.3—2006	严酷等级： 1)　环境温度：40 ℃±2 ℃； 2)　环境相对湿度：(93±3)%RH； 3)　试验持续时间：4 d。 试验期间设备连续通电，被测设备如图 1 连接网络测试仪，两两端口以满速率互发测试数据包	A
交变湿热	GB/T 2423.4—2008	严酷等级： 1)　高温：55 ℃； 2)　循环次数：6 次； 3)　温度降低方法：方法 2。 试验期间设备连续通电，被测设备如图 1 连接网络测试仪，两两端口以满速率互发测试数据包	A

8.3.1.3　低气压

低气压环境适应性测试方法见表 47。

表 47　低气压环境适应性测试

测试内容	依据标准	测　试　说　明	预期结果
低气压	GB/T 2423.21—2008	试验持续时间：16 h。 试验期间设备连续通电，被测设备如图 1 连接网络测试仪，两两端口以满速率互发测试数据包	A

8.3.1.4　化学活性物质

化学活性物质测试方法见表 48。

表 48　化学活性物质测试

测试内容	依据标准	测　试　说　明	预期结果
盐雾	GB/T 2423.18—2012	严酷等级：(1)	A
流动混合气体	GB/T 2423.51—2012	试验持续时间：14 d； 试验方法：方法 1、方法 3。 试验期间设备连续通电，被测设备如图 1 连接网络测试仪，两两端口以满速率互发测试数据包	A

8.3.1.5 外壳防护

外壳防护性能测试方法见表49。

表49 外壳防护性能测试

测试内容	依据标准	测 试 说 明	预期结果
防尘	GB 4208—2008	根据设备手册给出的IP代码第一位特征数字和GB 4208—2008中第13章的要求选定试验条件	符合GB 4208—2008中第13章规定的接受条件
防水	GB 4208—2008	根据设备手册给出的IP代码第二位特征数字和GB 4208—2008中第14章的要求选定试验条件	符合GB 4208—2008中第14章规定的接受条件

8.3.1.6 生物

长霉环境测试见表50。

表50 长霉测试

测试内容	依据标准	测 试 说 明	预期结果
长霉	GB/T 2423.16—2008	严酷等级:方法1;28 d	长霉程度等级:0

8.3.2 电磁兼容

8.3.2.1 测试配置

如图1所示,交换机任意两端口与网络测试仪连接,并以满速率互发测试数据包。

8.3.2.2 测试部位编号

测试部位编号见表51。

表51 测试部位编号

编 号	测 试 部 位
P1	电源输入端口
P2	以太网电端口
P3	带外管理端口
P4	功能接地端口
P5	POE输出端口
P6	外壳/整机

8.3.2.3 电磁兼容抗扰度测试

电磁兼容抗扰度测试见表 52。

表 52 电磁兼容抗扰度测试

测试内容	依据标准	接受条件	测试部位	备　注
静电放电抗扰度	GB/T 17626.2—2006	A	P1～P5	
射频电磁场辐射抗扰度	GB/T 17626.3—2006	A	P6	
电快速瞬变脉冲群抗扰度[a]	GB/T 17626.4—2008	A	P1～P5	
浪涌(冲击)抗扰度	GB/T 17626.5—2008	A	P1～P5	
射频场感应的传导骚扰抗扰度	GB/T 17626.6—2008	A	P1～P5	
工频磁场抗扰度	GB/T 17626.8—2006	A	P6	
阻尼振荡磁场抗扰度	GB/T 17626.10—1998	A	P6	试验频率:100 kHz 和 1 MHz
交流电源电压暂降抗扰度		B	P1	适用于交流供电设备
交流电源短时中断抗扰度	GB/T 17626.11—2008	C	P1	适用于交流供电设备
交流电源电压变化抗扰度		A	P1	适用于交流供电设备
振荡波抗扰度	GB/T 17626.12—1998	A	P1～P5	—
0 Hz～150 Hz 共模传导骚扰抗扰度	GB/T 17626.16—2007	A	P1～P5	—
直流电源电压暂降抗扰度		A	P1	适用于直流供电设备
直流电源短时中断抗扰度	GB/T 17626.29—2006	B	P1	适用于直流供电设备
直流电源电压变化抗扰度		A	P1	适用于直流供电设备

[a] 在电快速瞬变脉冲群抗扰度测试中,为保护网络测试仪,应在靠近网络测试仪的线缆上采取 2 级去耦措施。浪涌(冲击)抗扰度测试时,可不使用网络测试仪,通过其他方式搭建测试环境,如通过两台电脑建立连接。

8.3.2.4 电磁兼容骚扰限值测试

工业以太网交换机应低于 4.3.2 中规定的电磁兼容骚扰限值。

8.3.3 绝缘性能

8.3.3.1 绝缘电阻

绝缘电阻测试方法见表 53。

表 53　绝缘电阻测试

测试内容	依据标准	测　试　说　明	预期结果
一般环境 绝缘电阻	GB/T 14598.3—2006 中 6.2.2 GB 4943.1—2011 中 2.9.2	试验部位：外壳端口可触及的导电部件	1)　独立电路与地(或与地有良好接触的金属框架)之间的绝缘电阻不小于 20 MΩ； 2)　各独立电路之间的绝缘电阻不小于 20 MΩ
湿热环境 绝缘电阻	GB/T 14598.3—2006 中 6.2.2 GB 4943.1—2011 中 2.9.2	试验参数：环境温度：40 ℃±2 ℃； 环境相对湿度：(93±3)%； 试验持续时间：48 h； 在试验结束前 2 h 内，测量各导电回路对外露非带电导电部位及外壳之间、电气上无联系的各回路之间的绝缘电阻	绝缘电阻阻值不小于 1.5 MΩ
泄漏电流	—	串接 1.5 kΩ 电阻的电流表与设备接地导体串联	<5 mA

8.3.3.2　绝缘耐压

绝缘耐压测试方法见表 54。

表 54　绝缘耐压测试

测试内容	依据标准	测　试　说　明	预期结果
介质强度	GB/T 14598.3—2006 中 6.1.4.4	试验部位与试验电压： 以太网(电)接口与地之间：500 V； 直流电源输入回路与地之间：2 kV； 报警节点输出回路与地之间：2 kV	设备无击穿、闪络及元器件损坏
抗冲击电压	GB/T 14598.3—2006 中 6.1.3.4	试验部位：各导电回路与地(或与地有良好接触的金属框架)之间； 试验电压：额定绝缘电压大于 60 V 的回路：5 kV； 额定绝缘电压小于 60 V 的回路：2 kV	设备可出现闪络，但不出现绝缘击穿或损坏

8.3.4　机械适应性

机械适应性测试方法见表 55。

表 55　机械适应性测试

测试内容	依据标准	测试部位	预期结果
正弦稳态振动	GB/T 2423.10—2008	整机	试验期间设备无损坏；试验后：A
冲击	GB/T 2423.5—1995		
自由跌落	GB/T 2423.8—1995		

8.3.5　电源

8.3.5.1　交流电源

交流电源测试方法见表 56。

表 56　交流电源测试

测试内容	依据标准	测　试　说　明	预期结果
交流电源谐波、谐间波及电网信号的低频抗扰度	GB/T 17626.13—2006	试验等级根据设备说明书的限值设定	A
交流电源电压波动抗扰度	GB/T 17626.14—2005		A
工频频率变化抗扰度	GB/T 17626.28—2006		A
交流电源电压和频率偏移	GB/T 18271.3—2000 中 12.1	电压选择标称值和设备说明书规定的电源电压范围的上限和下限共 3 种； 频率选择标称值和设备说明书规定的电源频率范围的上限和下限共 3 种； 每个电压与每个频率组合，共形成 9 组测量，每组试验时间：1 h	A

8.3.5.2　直流电源

直流电源测试方法见表 57。

表 57　直流电源测试

测试内容	依据标准	测　试　说　明	预期结果
直流电源纹波	GB/T 17626.17—2005	试验等级根据设备说明书的限值设定	A
直流电源电压偏移	GB/T 18271.3—2000 中 12.1	电压公称值和设备说明书规定的电源电压范围的上限和下限共 3 种情况各 1 h	A
直流电源反向保护	GB/T 18271.3—2000 中 12.7		试验期间，交换机无损坏；试验后：A

8.4 功能测试

8.4.1 业务功能

8.4.1.1 LLDP

LLDP 功能测试方法见表 58。

表 58 LLDP 功能测试

测试项目	LLDP 功能
测试步骤	1) 交换机连接多台不同类型的设备，查看 LLDP 表； 2) 依次断开交换机各端口的连接，查看 LLDP 表
预期结果	1) 步骤 1)显示邻接设备 IP 地址、端口等信息正确； 2) 步骤 2)断开连接之后，立即删除该端口对应 LLDP 表项

8.4.1.2 生成树

8.4.1.2.1 RSTP

RSTP 功能测试方法见表 59。

表 59 RSTP 功能测试

测试项目	RSTP 建立与恢复
测试配置	图 2
测试步骤	1) 如图连接设备，且使被测网络存在一个物理环路； 2) 配置并启用被测网络的 RSTP 功能； 3) 网络测试仪端口 1 向网络测试仪端口 2 发送测试数据包； 4) 观察被测网络逻辑拓扑，并验证网络测试仪两端口间只有一条链路可用； 5) 断开正在使用的一条链路
预期结果	1) 步骤 4)被测网络不存在逻辑环路； 2) 步骤 5)另一条链路恢复使用

8.4.1.2.2 MSTP

MSTP 功能测试方法见表 60。

表 60 MSTP 功能测试

测试项目	MSTP 建立与恢复
测试配置	图 2
测试步骤	1) 如图连接设备，且使被测网络存在多个物理环路； 2) 配置并启用被测网络的 MSTP 功能； 3) 网络测试仪端口 1 向端口 2 发送流量； 4) 观察被测网络逻辑拓扑，并验证网络测试仪两端口间只有一条链路可用
预期结果	步骤 4)被测网络不存在逻辑环路

8.4.1.3 VLAN

VLAN 功能测试方法见表 61。

表 61 VLAN 功能测试

测试项目	VLAN 隔离功能
测试配置	图 2
测试步骤	1) 为被测网络配置若干个 VLAN,网络测试仪端口分别属于不同 VLAN; 2) 网络测试仪发送广播测试数据包
预期结果	不同 VLAN 不能收到其他 VLAN 的流量

8.4.1.4 优先级

优先级功能测试方法见表 62。

表 62 优先级功能测试

测试项目	优先级
测试配置	图 2
测试步骤	1) 配置并启用被测网络的优先级功能,采用严格优先级调度策略; 2) 网络测试仪端口 1 构造不同优先级的单播测试数据包向网络测试仪端口 2 发送; 3) 被测网络采用加权循环优先级调度策略; 4) 重复步骤 2)
预期结果	1) 步骤 2)被测网络按照队列的严格优先级来分配带宽; 2) 步骤 4)被测网络按照队列权重比例来分配带宽

8.4.1.5 数据链路层组播

8.4.1.5.1 静态组播

静态组播功能测试方法见表 63。

表 63 静态组播功能测试

测试项目	静态组播
测试配置	图 2
测试步骤	1) 被测网络采用静态组播策略,配置被测网络的组播组; 2) 网络测试仪的一个端口向网络测试仪端口 2 发送组播测试数据包
预期结果	组播组成员所在端口能够收到组播包,非组播组成员所在端口未收到组播包

8.4.1.5.2 动态组播

动态组播功能测试方法见表 64。

表 64 动态组播功能测试

测试项目	动态组播
测试配置	图 2
测试步骤	1） 设置被测网络采用 IGMP-Snooping 动态组管理方式； 2） 网络测试仪端口 1 加入一个组播组，并发送组播测试数据包； 3） 网络测试仪端口 1 模拟离开该组播组，观察被测网络的组播表项； 4） 网络测试仪端口 1 加入多个组播组，并发送所有组播组的测试数据包； 5） 网络测试仪端口 1～n 加入同一组播组，网络测试仪发送组播测试数据包； 6） 网络测试仪端口 1～n 加入不同的组播组，网络测试仪发送组播测试数据包； 7） 设置被测网络采用 GMRP 动态组管理方式，重复步骤 2)～6)
预期结果	组播组成员所在端口能够收到组播包，非组播组成员所在端口未收到组播包；交换机组播表项能够被及时更新

8.4.1.6 路由功能

8.4.1.6.1 静态路由

静态路由功能测试方法见表 65。

表 65 静态路由功能测试

测试项目	静态路由功能测试
测试配置	图 2
测试步骤	1） 设置网络测试仪端口和被测网络 IP 地址和子网信息，使网络测试仪所有端口与被测网络处于同一子网； 2） 设置网络测试仪端口的静态路由信息； 3） 网络测试仪端口间相互发送测试数据包
预期结果	网络测试仪端口能够收到其他端口发送的测试数据包

8.4.1.6.2 动态路由

动态路由功能测试方法见表 66。

表 66 动态路由功能测试

测试项目	动态路由功能测试
测试配置	图 2
测试步骤	1） 如图连接设备，且使被测网络中存在冗余链路； 2） 设置网络测试仪端口和被测网络 IP 地址和子网信息，使网络测试仪所有端口与被测网络处于同一子网； 3） 被测网络中的交换机开启 RIPv2 动态路由协议； 4） 查看路由表； 5） 网络测试仪端口间相互发送测试数据包； 6） 断开活跃拓扑中的一条链路，查看路由表； 7） 网络测试仪间相互发送测试数据包； 8） 被测网络中的交换机开启 OSPFv2 动态路由协议，重复步骤 4)～7)

表 66（续）

预期结果	1） 步骤 4)路由表项正确； 2） 步骤 6)与断开的连线相关的路由表项已删除，重新建立动态路由表项； 3） 步骤 5)、步骤 7)网络测试仪端口能够收到其他端口发送的测试数据包

8.4.1.6.3 **VRRP**

VRRP 功能测试方法见表 67。

表 67 **VRRP 功能测试**

测试项目	虚拟路由功能测试
测试配置	图 2
测试步骤	1） 如图连接设备，且使被测网络中存在冗余链路； 2） 设置网络测试仪端口和被测网络 IP 地址和子网信息，使网络测试仪所有端口与被测网络处于同一子网； 3） 设置被测网络的网络层虚接口参数； 4） 设置被测网络 VRRP 协议相关的参数； 5） 网络测试仪端口间相互发送测试数据包； 6） 断开被测网络活跃拓扑中的一条链路； 7） 网络测试仪端口间相互发送测试数据包； 8） 恢复被断开的链路； 9） 网络测试仪端口间相互发送测试数据包
预期结果	1） 步骤 5)，网络测试仪端口收到其他端口发送的测试数据包； 2） 步骤 7)，链路断开后，接收的测试数据流中断；VRRP 切换完成后接收测试数据流恢复； 3） 步骤 9)，链路恢复期间，接收的测试数据流中断；VRRP 切换完成后接收测试数据流恢复

8.4.1.6.4 **网络层组播**

网络层组播功能测试方法见表 68 和表 69。

表 68 **IGMP 功能测试**

测试项目	IGMP 功能
测试配置	图 2
测试步骤	1） 设置网络测试仪端口和被测网络 IP 地址和子网信息，被测网络中的交换机开启 IGMPv1； 2） 网络测试仪所有端口 1～n 动态加入一个组播组； 3） 观察被测网络中交换机的组播组列表； 4） 网络测试仪所有端口退出该组播组； 5） 观察被测网络中交换机的组播组列表； 6） 被测网络中的交换机开启 IGMPv2，重复步骤 2)～步骤 5)； 7） 被测网络中的交换机开启 IGMPv3，重复步骤 2)～步骤 5)
预期结果	1） 步骤 3)组播组列表内容正确； 2） 步骤 5)组播组列表中相关表项被删除

表 69 PIM-SM/PIM-DM 功能测试

测试项目	PIM-SM/ PIM-DM 功能
测试配置	图 2
测试步骤	1) 设置网络测试仪端口和被测网络 IP 地址和子网信息，被测网络中的交换机开启 PIM-SM/ PIM-DM； 2) 网络测试仪端口 1～n 动态加入一个组播组； 3) 网络测试仪端口 1 发送组播测试包； 4) 网络测试仪端口 2～n 退出该组播组； 5) 网络测试仪端口 1 发送组播测试包
预期结果	1) 步骤 3)网络测试仪收到组播包； 2) 步骤 5)网络测试仪未收到组播包

8.4.2 接口功能

8.4.2.1 管理接口

管理接口功能测试方法见表 70。

表 70 管理接口功能测试

测试项目	管理接口功能
测试步骤	1) 网管工作站通过管理接口连接交换机； 2) 管理员在网管工作站上进行各项管理功能操作
预期结果	能够进行正常的管理操作

8.4.2.2 POE 输出接口

POE 输出接口功能测试方法见表 71。

表 71 POE 输出接口功能测试

测试项目	POE 输出接口功能
测试步骤	1) 交换机使能 POE 功能； 2) 分别采用符合 IEEE 802.3:2008 第 33 章和 IEEE 802.3at:2009 规定的 0～4 级用电设备通过 POE 接口连接交换机
预期结果	所有级别的用电设备均能够正常工作

8.4.2.3 时钟接口

8.4.2.3.1 时间信息输入接口

时间信息输入接口功能测试方法见表 72。

表 72 时间信息输入接口功能测试

测试项目	时间信息输入接口功能
测试仪表	时间信息输入设备
测试步骤	1） 交换机时间信息输入接口连接时间信息输入设备； 2） 交换机使能 PTP 功能； 3） 交换机接收时间信息
预期结果	交换机能够收到时间信息

8.4.2.3.2 精确时钟测试接口

精确时钟测试接口功能测试方法见表 73。

表 73 时钟测试接口功能测试

测试项目	精确时钟测试接口功能
测试仪表	示波器
测试步骤	1） 交换机使能 PTP 功能； 2） 用示波器测量精确时钟测试接口输出的秒脉冲信号
预期结果	秒脉冲信号输出准确

8.4.3 安全功能

8.4.3.1 接入认证

接入认证功能测试方法见表 74。

表 74 接入认证功能测试

测试项目	802.1X 接入认证功能
测试配置	图 3
测试步骤	1） 配置被测网络中交换机的 802.1X 参数； 2） 配置与用户终端连接的交换机采用本地认证； 3） 用户通过受控端口进行认证； 4） 用户与网络测试仪互发测试数据包； 5） 用户离线； 6） 配置交换机采用外部认证服务器进行远程认证； 7） 重复步骤 3)～步骤 4)
预期结果	1） 步骤 1)能够实现用户增删和用户信息的查询功能； 2） 步骤 3)能够实现用户接入认证功能； 3） 步骤 4)端口通过认证后，收发数据包功能正常；端口未通过认证，双向受控端口禁止发送和接收数据包，单向受控端口能接收数据包； 4） 能够记录用户认证成功和失败的信息

8.4.3.2 加密

加密功能测试方法见表75。

表75 加密功能测试

测试项目	加密功能
测试配置	图4
测试步骤	1) 如图连接设备； 2) 配置被测网络中交换机和网络测试仪一的加密参数； 3) 网络测试仪端口间互发测试数据包； 4) 网络测试仪二通过镜像链路捕获被测网络中用于正常数据通信的链路上的测试数据包
预期结果	网络测试仪一端口间测试数据包收发正常；数据包能够被正确地加密

8.4.3.3 ACL

ACL功能测试方法见表76。

表76 ACL功能测试

测试项目	ACL功能
测试配置	图3
测试步骤	1) 配置交换机访问控制列表，采用基于MAC地址的访问控制方式； 2) 网络测试仪端口1构造MAC地址不同的测试包向网络测试仪端口2发送； 3) 配置交换机访问控制列表，采用基于IP地址的访问控制方式； 4) 网络测试仪端口1构造IP地址不同的测试包向网络测试仪端口2发送
预期结果	1) 步骤2)只能够收到访问控制列表表项中允许通过的数据； 2) 步骤4)只能够收到访问控制列表表项中允许通过的数据

8.4.3.3.1 抗攻击

抗攻击功能测试方法见表77。

表77 抗攻击功能测试

测试项目	抗攻击功能
测试配置	图2
测试步骤	1) 网络测试仪端口1向网络测试仪端口2稳定发送数据包； 2) 网络测试仪端口3以变源的Ping of Death、Ping Flood、Smurf等常见ICMP攻击方式，向交换机管理地址发送数据包； 3) 网络测试仪端口3以变源的Land、Teardrop、TCP(SYN/PSH/ACK)Flood等常见的TCP攻击方式，向交换机管理地址发送数据包； 4) 网络测试仪端口3以变源的UDP Flood等常见的UDP攻击方式，向交换机管理地址发送数据包； 网络测试仪端口3以变源的ARP Flood等常见的ARP攻击方式，向交换机管理地址发送数据包
预期结果	过量的攻击数据包被丢弃，端口1、2间数据转发不受影响。

8.4.3.3.2 网络风暴抑制

网络风暴抑制功能测试方法见表 78。

表 78 网络风暴抑制功能测试

测试项目	网络风暴抑制功能
测试配置	图 2
测试步骤	1) 设定交换机网络风暴抑制门限,使能交换机的网络风暴抑制功能; 2) 网络测试仪端口 2～n 以不同流量向交换机发送广播包,网络测试仪端口 1 捕获广播包
预期结果	发送的流量不大于网络风暴抑制门限时,捕获到所有广播包;发送的流量大于网络风暴抑制门限时,捕获的广播包流量等于门限值

8.4.4 自愈功能

8.4.4.1 冗余网络

8.4.4.1.1 单环冗余网络

单环冗余网络功能测试方法见表 79。

表 79 单环冗余网络功能测试

测试项目	单环冗余网络功能
测试配置	图 2
测试步骤	1) 如图连接设备,使被测网络为单环冗余网络; 2) 使能单环冗余网络功能; 3) 网络测试仪发送流量; 4) 验证只有一条链路可用; 5) 断开所使用的线路
预期结果	1) 步骤 4)只有一条链路可用; 2) 步骤 5)另一条链路恢复使用

8.4.4.1.2 双环冗余网络

双环冗余网络功能测试方法见表 80。

表 80 双环冗余网络功能测试

测试项目	双环冗余网络功能
测试配置	图 2
测试步骤	1) 如图连接设备,使被测网络为双环冗余网络; 2) 使能双环冗余网络功能; 3) 网络测试仪发送流量; 4) 验证只有一条链路可用; 5) 断开一台交换机
预期结果	1) 步骤 4)只有一条链路可用; 2) 步骤 5)另一条链路恢复使用

8.4.4.1.3 环间耦合冗余

环间耦合冗余功能测试方法见表81。

表81 环间耦合冗余功能测试

测试项目	环间耦合冗余功能
测试配置	图2
测试步骤	1) 如图连接设备,使被测网络包含2个以上环路,且网络测试仪端口1、2分别连接不同的环路; 2) 使能环间耦合冗余功能; 3) 网络测试仪端口1向端口2发送测试数据包; 4) 验证2条环间耦合链路中只有1条可用; 5) 断开所使用的环间耦合线路
预期结果	1) 步骤4)只有一条链路可用; 2) 步骤5)另一条链路恢复使用

8.4.4.1.4 基于VLAN的冗余网络

基于VLAN的冗余网功能测试方法见表82。

表82 基于VLAN的冗余网络功能测试

测试项目	基于VLAN冗余网络功能
测试配置	图2
测试步骤	1) 配置被测网络的VLAN,使与网络测试仪端口1、2相关的交换机端口属于同一VLAN,且该VLAN相关的交换机端口间包含冗余物理链路; 2) 网络测试仪端口1向端口2发送带该VLAN标记的测试包; 3) 断开该VLAN一条正在工作的链路
预期结果	步骤3)另一条链路恢复使用

8.4.4.1.5 虚拟路由冗余

参见8.4.1.6.3。

8.4.4.2 链路聚合

链路聚合功能测试方法见表83。

表 83 链路聚合功能测试

测试项目	链路聚合功能
测试配置	图 5
测试步骤	1) 如图连接设备； 2) 交换机开启静态链路聚合功能，配置交换机一和交换机二的端口 1～n 分别加入聚合组 1； 3) 网络测试仪端口 1、2 向网络测试仪端口 3、4 以端口最大速率发送测试包，网络测试仪端口 3、4 捕获数据； 4) 交换机开启动态链路聚合功能，配置交换机端口 1～n 分别加入聚合组 1，网络测试仪端口 1、2 向网络测试仪端口 3、4 以端口最大速率发送测试包； 5) 依次断开交换机一端口 1～n 的链路； 6) 网络测试仪端口 3、4 捕获数据
预期结果	步骤 3)、6)网络测试仪端口 2 能够捕获网络测试仪端口 1 构造的全部数据

8.4.4.3 冗余电源

冗余电源功能测试方法见表 84。

表 84 冗余电源功能测试

测试项目	双电源备份功能
测试步骤	1) 交换机双电源均正常供电 2) 电源 A 正常供电，电源 B 断开； 3) 电源 B 正常供电，电源 A 断开
预期结果	试验期间，通信不中断，不出现数据丢失

8.4.5 **PTP**

PTP 功能测试方法见表 85。

表 85 **PTP** 功能测试

测试项目	PTP 功能
测试配置	图 6
测试步骤	1) 配置主时钟集中的交换机作为 PTP 普通时钟(主时钟)，从时钟集中的交换机为 PTP 普通时钟(从时钟)； 2) 配置中间结点集中的交换机为边界时钟； 3) 监视被测网络 PTP 包流量； 4) 断开当前正在使用的主时钟，监视交换机选择新的最佳主时钟； 5) 配置中间结点集中的交换机为 P2P 透明时钟，重复步骤 3)～步骤 4)； 6) 配置中间结点集中的交换机为 E2E 透明时钟，重复步骤 3)～步骤 4)； 7) 配置中间结点集中的交换机为 PTP 数据包透传模式，重复步骤 3)～步骤 4)
预期结果	交换机能够正确收发 PTP 数据包；交换机能够从多个时钟源中选取期望的最佳主时钟；当前时钟源失效时，能够从其他时钟源中选取期望的最佳主时钟
测试说明	可利用交换机的端口镜像功能将有 PTP 流量的链路导向网络测试仪进行分析

8.5 性能测试

8.5.1 可信性

8.5.1.1 MTBF

MTBF 测试方法见表 86。

表 86 MTBF 测试

测试项目	MTBF
测试方法	见附录 C
预期结果	符合 6.1 对 MTBF 的规定

8.5.1.2 启动电流

启动电流测试方法见表 87。

表 87 启动电流测试

测试项目	启动电流
测试仪表	带录波功能的示波器
测试步骤	1) 交换机电源接口连接示波器； 2) 交换机加电，示波器记录启动电流波形
预期结果	符合 6.1 对启动电流的规定

8.5.2 转发性能

8.5.2.1 单机测试

8.5.2.1.1 单机吞吐量

单机吞吐量测试方法见表 88。

表 88 单机吞吐量测试

测试项目	单机吞吐量
测试仪表	网络测试仪
测试步骤	按照 IETF RFC 2544:1999 规定的方法进行吞吐量测试
预期结果	吞吐量不小于设备标称吞吐量

8.5.2.1.2 单机包转发率

单机包转发率测试方法见表 89。

表 89　单机包转发率测试

测试项目	单机包转发率
测试配置	图 1
测试步骤	1)　交换机两两端口同时以最大负荷，按最小帧长度互相发送数据； 2)　记录包转发率
预期结果	符合 6.2.1 对包转发率的规定
测试说明	测试时间：30 s。 测试用数据最小帧长度为 64 字节，最小帧间隔为 12 字节，可计算得到单端口单向的包转发率为端口速率 * 0.001 488 095。交换机的包转发率为端口包转发率之和

8.5.2.1.3　**单机地址缓存能力**

单机地址缓存能力测试方法见表 90。

表 90　单机地址缓存能力测试

测试项目	单机地址缓存能力
测试配置	图 1
测试步骤	1)　将交换机三个端口与网络测试仪连接，分别为端口 1(测试端口)、端口 2(学习端口)、端口 3(监视端口)； 2)　网络测试仪端口 1 向端口 2 发送带有不同 MAC 地址的数据包，端口 2 接收数据包； 3)　增大端口 1 向端口 2 发送带有不同 MAC 地址的数据包(每个 MAC 地址至少 2 个数据包)，直到端口 3 接收到 MAC 地址重复的广播数据包
预期结果	若端口 1 共发送的数据包共带有 n 个 MAC 地址，端口 3 共收到 m 个 MAC 地址重复的广播数据包，则端口的地址缓存能力为 $n-m$
测试说明	从步骤 1)～步骤 3)不应超过 MAC 地址老化时间

8.5.2.1.4　**单机地址学习能力**

单机地址学习能力测试方法见表 91。

表 91　单机地址学习能力测试

测试项目	单机地址学习能力
测试配置	图 1
测试步骤	1)　清空端口 2 的 MAC 地址表； 2)　网络测试仪端口 1 向端口 2 发送带有不同 MAC 地址的数据包，端口 2 接收数据包； 3)　记录端口 2 MAC 地址表存储的 MAC 地址数量
预期结果	地址学习能力符合 6.2.1 的规定
测试说明	1)　测试次数：10； 2)　每次测试时间 1 s，被测端口以满流量发送最小帧长测试数据包； 3)　被测端口的 MAC 地址老化时间大于测试时间； 4)　端口的地址学习能力的值为记录 MAC 地址数

8.5.2.1.5 单机时延

单机时延测试方法见表 92。

表 92 单机时延测试

测试项目	单机时延
测试仪表	网络测试仪
测试步骤	按照 IETF RFC 2544:1999 规定的方法进行时延测试
预期结果	时延小于 10 μs
测试说明	测试时间 120 s,被测端口以满流量发送数据包

8.5.2.1.6 单机时延抖动

单机时延抖动测试方法见表 93。

表 93 单机时延抖动测试

测试项目	单机时延抖动
测试仪表	网络测试仪
测试步骤	1) 按照 8.5.2.1.5 的方法进行时延测试,并记录每个被测数据包的时延; 2) 计算时延抖动
预期结果	时延抖动小于 1 μs

8.5.2.1.7 单机帧丢失率

单机帧丢失率测试方法见表 94。

表 94 单机帧丢失率测试

测试项目	单机帧丢失率
测试配置	图 1
测试步骤	1) 如图将交换机任意两端口与网络测试仪连接; 2) 按照 IETF RFC 2544:1999 规定的方法进行帧丢失率测试
预期结果	帧丢失率为 0

8.5.2.2 组网测试

8.5.2.2.1 网络时延

网络时延测试方法见表 95。

表 95 网络时延测试

测试项目	网络时延
测试配置	图 2
测试步骤	1） 将被测网络中通过交换机数量最多的链路的两端口与网络测试仪连接； 2） 按照 IETF RFC 2544:1999 规定的方法测量网络时延
预期结果	系统时延不大于链路上交换机单机最大时延之和(忽略电缆延迟)

8.5.2.2.2 网络时延抖动

网络时延抖动测试方法见表 96。

表 96 网络时延抖动测试

测试项目	网络时延抖动
测试配置	图 2
测试步骤	1） 将被测网络中通过交换机数量最多的链路的两端口与网络测试仪连接； 2） 按照 8.5.2.2.1 的方法进行网络时延测试，并记录每个被测数据包的时延； 3） 计算时延抖动
预期结果	网络时延抖动不大于链路上交换机单机最大时延抖动之和

8.5.2.2.3 网络帧丢失率

网络帧丢失率测试方法见表 97。

表 97 网络帧丢失率测试

测试项目	网络帧丢失率
测试配置	图 2
测试步骤	1） 将被测网络中通过交换机数量最多的链路的两端口与网络测试仪连接； 2） 按照 IETF RFC 2544:1999 规定的方法进行网络帧丢失率测试
预期结果	帧丢失率为 0

8.5.3 冗余网络恢复性能

冗余网络恢复性能测试方法见表 98。

表 98 冗余网络恢复性能测试

测试项目	冗余网络恢复性能
测试配置	图 2

表 98（续）

测试步骤	1) 如图构成 50 个节点的单环/双环网络； 2) 启用冗余网络功能； 3) 网络测试仪端口 1 向端口 2 以恒定速率发送测试数据包； 4) 验证环路中的两条链路中只有一条链路可用； 5) 验证协议流程； 6) 依次断开正在使用的交换机的 1 个环路端口； 7) 计算环网恢复时间
预期结果	故障恢复时间符合设备技术说明书的要求
测试说明	环网恢复时间计算方法：环网恢复时间 $=\frac{\text{丢失数据包数}}{\text{总发送数据包数}}\times$ 测试时间

8.5.4 PTP 性能

8.5.4.1 单机时钟传输准确度

单机时钟传输准确度测试方法见表 99。

表 99 单机时钟传输准确度测试

测试项目	单机时钟传输准确度
测试配置	图 7
测试步骤	1) 设置交换机一分别作为普通时钟(主时钟)和边界时钟，使用时间间隔测量仪测量时钟源和交换机一的输出的 1PPS 秒脉冲信号的时间差，测量交换机作为普通时钟和边界时钟的单级传输准确度； 2) 设置交换机一作为普通时钟(主时钟)，交换机二作为 P2P 透明时钟、E2E 透明时钟，使用时间间隔测量仪比较交换机一和交换机二输出的 1PPS 秒脉冲信号的时间差，测量交换机作为透明时钟的单级传输准确度
预期结果	单机时钟传输准确度符合设备技术说明书的要求
测试说明	测试时间：1 h

8.5.4.2 单机时钟保持准确度

单机时钟保持准确度测试方法见表 100。

表 100 单机时钟保持准确度测试

测试项目	单机时钟保持准确度
测试配置	图 8
测试步骤	1) 设置交换机分别作为普通时钟(主时钟)和边界时钟，时钟源向交换机稳定输出时间信息，时间不小于 1 d(或设备技术说明书规定的锁定跟踪时间)； 2) 断开时钟源与交换机之间的链路； 3) 使用时间间隔测量仪测量时钟源和交换机的输出的 1PPS 秒脉冲信号的时间差
预期结果	单机时钟保持准确度符合设备技术说明书的要求
测试说明	步骤 3)测试时间根据 6.5.2 的性能要求确定

8.5.4.3 组网时钟传输准确度

组网时钟传输准确度测试方法见表101。

表101 组网时钟传输准确度测试

测试项目	组网时钟传输准确度
测试配置	图9
测试步骤	1) 配置被测网络中交换机的PTP参数； 2) 使用时间间隔测量仪测量时钟源和从时钟集中作为从时钟的交换机输出的1PPS秒脉冲信号的时间差，测量组网时钟传输准确度。 3) 网络测试仪发送测试流量，重复步骤2)，测试网络流量对PTP时钟传输准确度的影响
预期结果	1) 步骤2)组网时钟传输准确度符合设备技术说明书的要求； 2) 步骤3)时钟传输准确度不受网络流量的影响
测试说明	测试时间：步骤2)和步骤3)各1 h

9 检验规则

9.1 型式检验

下列情况应进行型式检验：

——新产品定型时；

——技术、工艺或使用材料有重大改变时；

——出厂检验结果与上次型式检验有较大差异时；

——批量生产的交换机每4年进行一次型式检验；

——停产后再生产时；

——合同规定时。

型式检验的样品数量宜为每批产品数量的10%，但最多不超过20台。

型式检验中发现故障时，应在查明故障原因并排除故障后，另抽取样品检验。再次检验中如又出现故障的，本次型式检验判断产品为不合格。

型式检验的项目见表102。

表102 型式检验项目

要求	项目	测试方法	非管理型二层交换机	管理型二层交换机	管理型三层交换机
4.2.1	温度	8.3.1.1	√	√	√
4.2.2	相对湿度	8.3.1.2	√	√	√
4.2.3	大气压力	8.3.1.3	*	*	*
4.2.4	化学活性物质	8.3.1.4	*	*	*
4.2.4	生物	8.3.1.6	*	*	*
4.3	电磁兼容	8.3.2	√	√	√
4.4	绝缘性能	8.3.3	√	√	√
4.5	机械适应性	0	√	√	√

表 102(续)

要求	项　目	测 试 方 法	非管理型 二层交换机	管理型 二层交换机	管理型 三层交换机
4.6	外部电源	8.3.5	√	√	√
4.6	外壳防护	8.3.1.5	*	*	*
5.1.1.1	数据传输介质接口	YD/T 1141—2007 中 5.1	√	√	√
5.1.1.2	组网	8.4.1	*	√	√
5.1.2.1	转发和过滤	YD/T 1141—2007 中 5.4	√	√	√
5.1.2.2	LLDP	8.4.1.1	—	√	√
5.1.2.3	生成树	8.4.1.2	—	√	√
5.1.2.4	VLAN	0	—	√	√
5.1.2.5	优先级	0	—	√	√
5.1.2.6	数据链路层组播	0	—	√	√
5.1.2.7	链路聚合	YD/T 1141—2007 中 5.4	—	*	*
5.1.2.8	端口镜像	YD/T 1141—2007 中 5.4	—	*	*
5.1.3.1	网络层基本功能	YD/T 1287—2003	—	—	√
5.1.3.2	路由	8.4.1.6	—	—	√
5.1.3.3	网络层组播	8.4.1.6.4	—	—	√
5.2.1	数据传输介质接口	YD/T 1141—2007 中 5.1	√	√	√
5.2.2	管理接口	8.4.2.1		√	√
5.2.3	POE 输出接口	0	*	*	*
5.2.4	时钟接口	8.4.2.3	—	*	*
5.3.2.1	网络风暴抑制	8.4.3.3.2	—	√	√
5.3.2.2	抗攻击	8.4.3.3.1	—	*	*
5.3.2.3	访问控制列表	8.4.3.3	—	*	*
5.3.2.4	数据链路层 认证和加密	8.4.3.1 8.4.3.2	*	*	*
5.3.2.5	网络层认证和加密	YD/T 1467—2006	—	—	*
5.3.2.6	口令	YD/T 1628—2007 YD/T 1630—2007	—	*	*
5.3.2.7	权限管理		—	*	*
5.3.2.8.1	SNMPv3		—	*	*
5.3.2.8.2	SSH		—	*	*
5.3.2.8.3	HTTPs		—	*	*
5.3.2.9	安全日志		—	*	*
5.4.1	冗余网络	8.4.4.1	—	√	√
5.4.2	冗余链路	8.4.4.2	—	√	√
5.4.3	冗余电源	8.4.4.3	*	*	*

表 102（续）

要求	项　目	测　试　方　法	非管理型二层交换机	管理型二层交换机	管理型三层交换机
5.5	管理	YD/T 1098—2009 第 16 章 YD/T 1156—2009 第 13 章 YD/T 1287—2003 中 8.15、8.16	—	√	√
5.6	精确网络时间功能	8.4.5	—	*	*
6.1	可信性	8.5.1	√	√	√
6.2.1	单机实时转发性能	8.5.2.1	√	√	√
6.2.2	组网实时转发性能	8.5.2.2	√	√	√
6.3	接口性能	YD/T 1141—2007 中 5.1	√	√	√
6.4	冗余网络恢复性能	8.5.3	—	√	√
6.5	精确网络时间性能	0	—	*	*
7	其他要求	目测检查	√	√	√
	整机功耗	—	√	√	√
	连续通电	—	√	√	√
注：“√”为必须测试项目；“ * ”为可选测试项目；“—”为不涉及的测试项目。					

9.2　出厂检验(工厂验收检验)

出厂检验项目至少应包括：数据传输介质接口、吞吐量/包转发率、指示灯和外观、随机文件。

出厂检验率应为 100%，出厂检验项目应全部合格。

附　录　A
（资料性附录）
测试仪表要求

A.1　网络测试仪功能要求

本标准涉及网络测试仪的功能应符合以下要求：

——应具备网络协议分析功能，能对网络中的协议数据包进行识别、解析和流量统计；

——应具备LLDP功能，能发现网络节点和网络拓扑，生成网络节点列表，表项包含节点的MAC地址、IP地址、端口信息等；

——应具备产生指定内容和长度的数据流量的功能；

——应具备IETF RFC 2544：1999网络性能测试功能，至少包括吞吐量、时延和帧丢失率测试；

——应具备Ping和TraceRoute测试功能；

——应具备从网络设备上获取SNMP数据的功能；

——应具备测试结果分析和输出功能。

A.2　网络测试仪性能要求

本标准涉及网络测试仪的性能应符合以下要求：

——应支持10/100/1 000 M以太网接口上的满线速流量产生功能，流量帧长应可设置；

——时间标签准确度应优于1 μs。

A.3　时间间隔测量仪性能要求

本标准涉及时间间隔测量仪的测量准确度应优于10 ns。

附 录 B
（资料性附录）
典型组网模型

B.1 单环型拓扑

单环型拓扑参考模型见图 B.1。

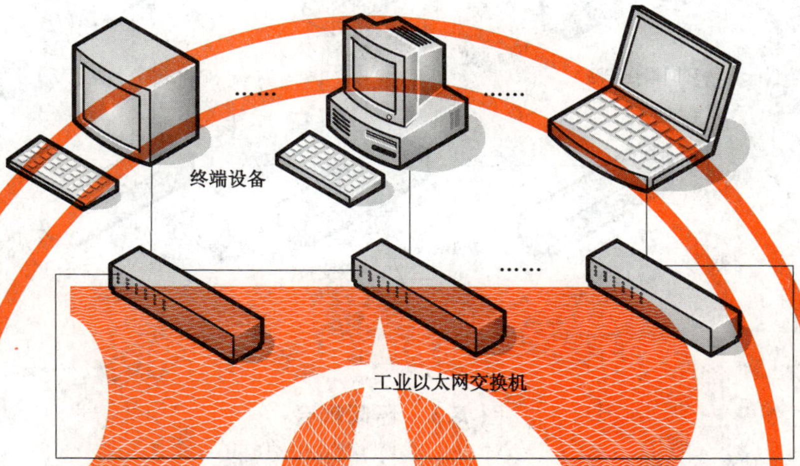

图 B.1 单环型拓扑

B.2 双环型拓扑

双环型拓扑参考模型见图 B.2。

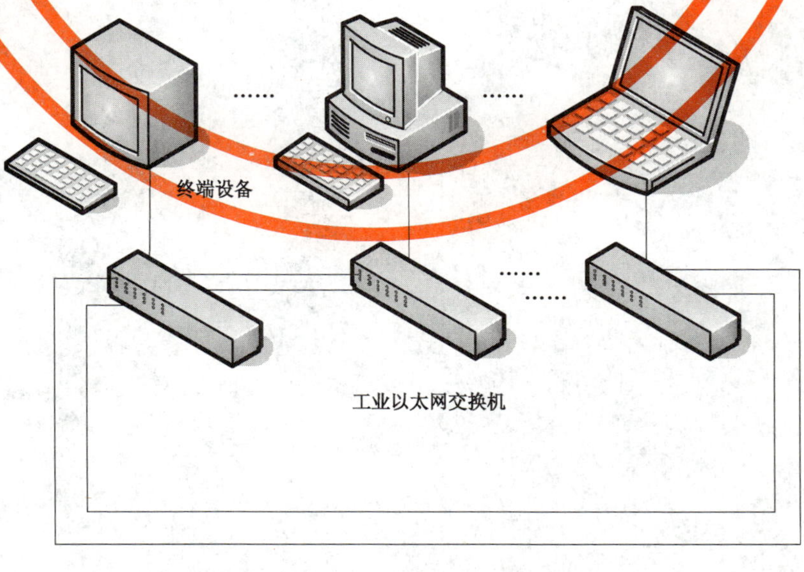

图 B.2 双环型拓扑

B.3 环间耦合

环间耦合参考模型见图 B.3。

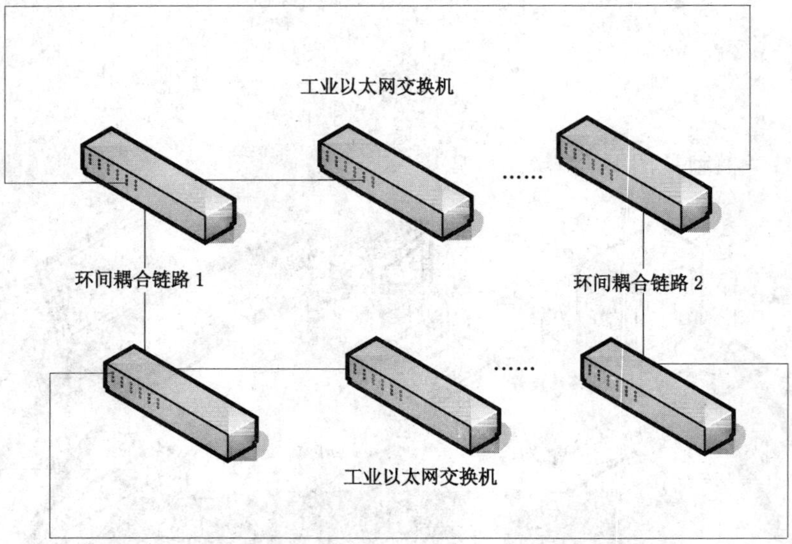

图 B.3 环间耦合

附　录　C
（资料性附录）
可靠性验证试验

C.1　分布假设

经验表明工业以太网交换机出现故障的时间服从指数分布。若有必要，可参照 GB/T 5080.6—1986 规定的方法进行验证。

C.2　试验方案

试验方案相关内容见表 C.1。

表 C.1　试验方案相关内容

项　　目	方　　法
实施试验的类型	实验室试验
试验样本抽取方法	随机抽取
试验方式	定时截尾试验
失效判据	出现丢包、错包
替换方式	替换
推荐的试验条件	如图 2 所示，交换机所有端口与网络测试仪连接，交换机两两端口以满速率互发测试数据包
预防性维护	—

C.3　试验周期设计示例

一个可靠性试验试验周期示例见图 C.1。

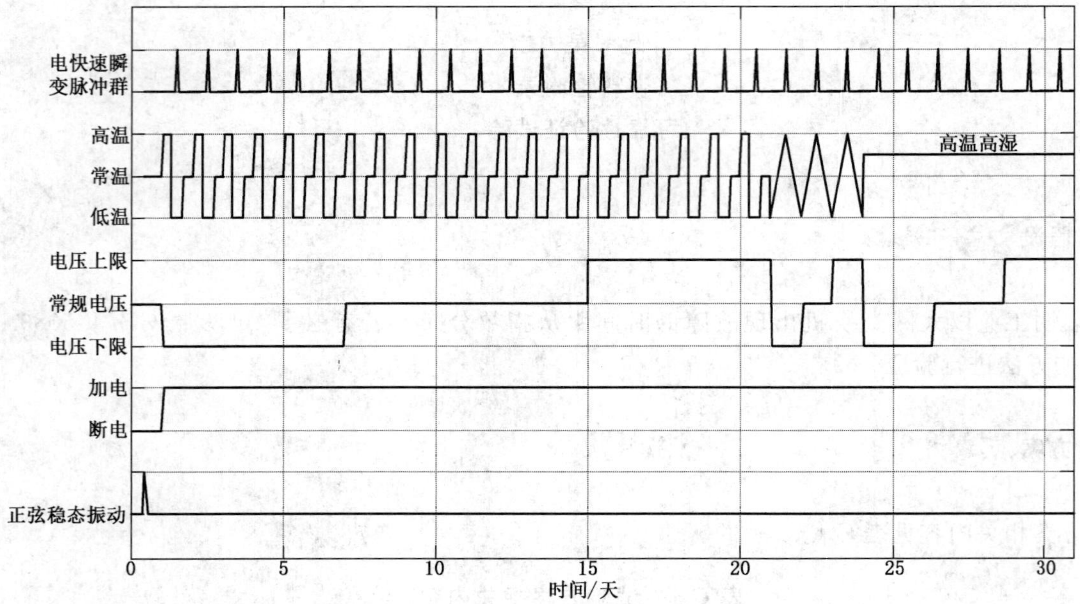

图 C.1 可靠性试验试验周期示例

C.4 试验前的准备

受试设备的测试、调制、校准和老化，参照 GB/T 5080.1—1986 中 7.1 和 10.1 的规定。

C.5 测试点

试验期间，网络测试仪与被测设备连接，不间断地进行测试。

C.6 MTBF/MTTF 计算方法

参照 IEC 60605—4:2001 规定的计算方法对 MTBF/MTTF 进行估计。

参 考 文 献

[1] GB/T 2900.13—2008 电工术语 可信性与服务质量

[2] GB/T 4796—2008 电工电子产品环境条件分类 第1部分:环境参数及其严酷程度

[3] GB/T 4797.1—2005 电工电子产品自然环境条件 温度和湿度

[4] GB/T 4797.2—2005 电工电子产品自然环境条件 第2部分:海拔与气压、水深与水压

[5] GB/T 4797.5—2008 电工电子产品自然环境条件 降水和风

[6] GB/T 4797.6—1995 电工电子产品自然环境条件 尘、沙、盐雾

[7] GB/T 4798.1—2005 电工电子产品应用环境条件 第1部分:贮存

[8] GB/T 4798.2—2008 电工电子产品应用环境条件 第2部分:运输

[9] GB/T 4798.3—2007 电工电子产品应用环境条件 第3部分:有气候防护场所固定使用

[10] GB/T 4798.4—2007 电工电子产品应用环境条件 第4部分:无气候防护场所固定使用

[11] GB/T 4857(所有部分) 包装 运输包装件基本试验

[12] GB/T 4879—1999 防锈包装

[13] GB/T 5048—1999 防潮包装

[14] GB/T 5080.1—2012 可靠性试验 第1部分:试验条件和统计检验原理

[15] GB/T 5080.2—2012 可靠性试验 第2部分:试验周期设计

[16] GB/T 5080.5—1985 设备可靠性试验 成功率的验证试验方案

[17] GB/T 5080.6—1996 设备可靠性试验 恒定失效率假设的有效性检验

[18] GB/T 5080.7—1986 设备可靠性试验 恒定失效率假设下的失效率与平均无故障时间的验证试验方案

[19] GB/T 5271.1—2000 信息技术 词汇 第1部分:基本术语

[20] GB/T 5271.25—2000 信息技术 词汇 第25部分:局域网

[21] GB/T 9387.2—1995 信息处理技术 开放系统互连 基本参考模型 第2部分:安全体系结构

[22] GB/T 9387.3—2008 信息技术 开放系统互连 基本参考模型 第3部分:命名与编址

[23] GB/T 9387.4—1996 信息处理技术 开放系统互连 基本参考模型 第4部分:管理框架

[24] GB/T 14048.1—2012 低压开关设备和控制设备 第1部分:总则

[25] GB/T 15515—2008 光功率计技术条件

[26] GB/T 16927.1—2011 高压电试验技术 第1部分:一般定义及试验要求

[27] GB/T 17178.1—1997 信息技术 开放系统互连 一致性测试方法和框架 第1部分:基本概念

[28] GB/T 17178.2—2010 信息技术 开放系统互连 一致性测试方法和框架 第2部分:抽象测试套规范

[29] GB/T 17178.4—2010 信息技术 开放系统互连 一致性测试方法和框架 第4部分:测试实现

[30] GB/T 17178.6—2010 信息技术 开放系统互连 一致性测试方法和框架 第6部分:协议轮廓测试规范

[31] GB/T 17618—1998 信息技术设备抗扰度限值和测量方法

[32] GB/T 17799.2—2003 电磁兼容 通用标准 工业环境中的抗扰度试验

[33] GB 17799.4—2012 电磁兼容 通用标准 工业环境中的发射

[34] GB/T 17901.1—1999 信息技术 安全技术 密钥管理 第1部分:框架

[35] GB/T 17967—2000 信息技术 开放系统互连 基本参考模型 OSI服务定义约定

[36] GB/T 18236.1—2000 信息技术 系统间远程通信和信息交换 局域网和城域网 公共规范 第1部分:媒体访问控制(MAC)服务定义

[37] GB/T 18268.1—2010 测量、控制和实验室用的电设备 电磁兼容性要求 第1部分:通用要求

[38] GB/T 18272.1—2000 工业过程测量和控制 系统评估中系统特性的评定 第1部分:总则和方法学

[39] GB/T 18336.2—2008 信息技术 安全技术 信息技术安全性评估准则 第2部分:安全功能要求

[40] GB/T 20185—2006 同步数字体系设备和系统的光接口技术要求

[41] GB/T 20271—2006 信息安全技术 信息系统通用安全技术要求

[42] GB/Z 15629.1—2000 信息技术 系统间远程通信和信息交换 局域网和城域网 特定要求 第1部分:局域网标准综述

[43] YD/T 1098—2009 路由器设备测试方法 边缘路由器

[44] YD/T 1099—2005 以太网交换机技术要求

[45] YD/T 1141—2005 以太网交换机测试方法

[46] YD/T 1156—2009 路由器设备测试方法 核心路由器

[47] YD/T 1251.2—2003 路由协议一致性测试方法

[48] YD/T 1255—2003 具有路由功能的以太网交换机技术要求

[49] YD/T 1260—2003 基于端口的虚拟局域网(VLAN)技术要求和测试方法

[50] YD/T 1287—2003 具有路由功能的以太网交换机测试方法

[51] YD/T 1402—2009 IP网间互联总体技术要求

[52] YD/T 1439—2006 路由器设备安全测试方法 高端路由器(基于IPv4)

[53] YD/T 1466—2006 IP安全协议(IPSec)技术要求

[54] YD/T 1467—2006 IP安全协议(IPSec)测试方法

[55] YD/T 1521—2006 路由协议互操作性测试方法

[56] YD/T 1616—2007 IP组播业务技术要求

[57] YD/T 1627—2007 以太网交换机设备安全技术要求

[58] YD/T 1628—2007 以太网交换机设备安全测试方法

[59] YD/T 1629—2007 具有路由功能的以太网交换机设备安全技术要求

[60] YD/T 1630—2007 具有路由功能的以太网交换机设备安全测试方法

[61] ISO/IEC TR 11802-1:1997 Information technology—Telecommunicationsand information exchange between systems—Local and metropolitan area networks—Technical reports and guidelines—Part 1:The structrue and coding of logical link control addresses in local arar networks

[62] ISO/IEC TR 11802-2:2002 Information technology—Telecommunicationsand information exchange between systems—Local and metropolitan area networks—Technical reports and guidelines—Part 2:The standard group MAC addresses

[63] ISO/IEC 15802-2:1995 Information technology—Telecommucications and informantion exchange between systems—Local and metropolitan area networks—Common specifications—Part 2:LAN/MAN management

[64] ISO/IEC 18028-1:2006 Information technology—Security techniques—IT network security—Part 1:Network security management

[65] ISO/IEC 18028-2:2006 Information technology—Security techniques—IT network security—Part 2:Network security architecture

[66] IEC 60605-4:2001 Equipment reliability testing—Part 4:Statistical procedures for exponential distribution—Point estimates,confidence intervals,prediction intervals and tolerance intervals

[67] IEC 61784-1:2007 Industrial communication networks—Profiles—Part 1:Fieldbus profiles

[68] IEC 61784-2:2007 Industrial communication networks—Profiles—Part 2:Additional fieldbus profiles for real-time networks based on ISO/IEC 8802-3

[69] IEEE 802:2001 IEEE standard for local and metropolitan area networds:Overview and architecture

[70] IEEE 802.1ap:2008 IEEE Standard for Local and Metropolitan Area Networks:Virtual BridgedLocal Area Networks Amendment 8:Management Information Base(MIB) Definitions for VLAN Bridges

[71] IEEE 802.3at:2009 IEEE Standard for Local and Metropolitan Area Networks:Virtual BridgedLocal Area Networks—Specific requirements—Part 3:Data terminal equipment(DTE) power via the media dependent interface(MDI) enhancements

[72] IEEE C37.238:2011 IEEE standard profile for use of IEEE 1588 precision time protocol in power system applications

[73] IETF RFC 791:1981 Internet Protocol

[74] IETF RFC 792:1981 Internet Control Message Protocol

[75] IETF RFC 826:1982 Ethernet Address Resolution Protocol

[76] IETF RFC 922:1984 Broasting Internet Datagrams in the Presence of Subnets

[77] IETF RFC 950:1985 Internet Standard Subnetting Procedure

[78] IETF RFC 1112:1989 Host extensions for IP multicasting

[79] IETF RFC 1155(May 1990) Structure and Identification of Management Information for TCP/IP-based internets

[80] IETF RFC 1156(May 1990) Management Information Base for Network Management of TCP/IP-based Internets

[81] IETF RFC 1157:1990 Simple Network Management Protocol(SNMP)

[82] IETF RFC 1212(March 1991) Concise MIB Definitions

[83] IETF RFC 1213:1991 Management Information Base for Network Management of TCP/IP-based internets:MIB-II

[84] IETF RFC 1215(March 1991) A Convention for Defining Traps for Use with the SNMP

[85] IETF RFC 1242(July 1991) Benchmarking Terminology for Network Interconnection Devices

[86] IETF RFC 1256:1991 ICMP Router Discovery Messages

[87] IETF RFC 1633(June 1994) Integrated Services in the Internet Architecture:an Overview

[88] IETF RFC 1643:1994 Definitions of Managed Objects for the Ethernet-like Interface Types

[89] IETF RFC 1724:1994 RIP Version 2 MIB Extension

[90] IETF RFC 1812(June 1995) Requirements for IP Version 4 Routers

[91] IETF RFC 1829:1995 The ESP DES-CBC Transform

[92] IETF RFC 1901(January 1996) Introduction to Community-based SNMP v2

[93] IETF RFC 1902:1996 Structure of Management Information for Version 2 of the Simple

Network Management Protocol(SNMPv2)

[94] IETF RFC 1903(January 1996) Textual Conventions for Version 2 of the Simple Network Management Protocol(SNMPv2)

[95] IETF RFC 1904(January 1996) Conformance Statements for Version 2 of the Simple Network Management Protocol(SNMPv2)

[96] IETF RFC 1905(January 1996) Protocol Operations for Version 2 of the Simple Network Management Protocol(SNMPv2)

[97] IETF RFC 1906(January 1996) Transport Mappings for Version 2 of the Simple Network Management Protocol(SNMPv2)

[98] IETF RFC 1907(January 1996) Management Information Base for Version 2 of the Simple Network Management Protocol(SNMPv2)

[99] IETF RFC 1918(February 1996) Address Allocation for Private Internets

[100] IETF RFC 1931(April 1996) Dynamic RARP Extensions for Automatic Network Address Acquisition

[101] IETF RFC 2104:1997 HMAC:Keyed-Hashing for Message Authentication

[102] IETF RFC 2131:1997 Dynamic Host Configuration Protocol

[103] IETF RFC 2154:1997 OSPF with Digital Signatures

[104] IETF RFC 2206(September 1997) RSVP Management Informantion Base

[105] IETF RFC 2210(September 1997) The Use of RSVP with IETF Integrated Services

[106] IETF RFC 2236:1997 Internet Group Management Protocol,Version2

[107] IETF RFC 2236(October 2002) Internet group management protocol,Version 3

[108] IETF RFC 2285(February 1998) Benchmarking Terminology for LAN Switching Devices

[109] IETF RFC 2328(April 1998) OSPF Version 2

[110] IETF RFC 2338(April 1998) Virtual Router Redundancy Protocol

[111] IETF RFC 2409:1998 The Internet Key Exchange(IKE)

[112] IETF RFC 2453:1998 RIP Version 2

[113] IETF RFC 2475(December 1998) An Architecture for Differentiated Services

[114] IETF RFC 2576(January 1996) Coexistence between Version 1 and Version 2 of the Internet-Standard Network Management Framework

[115] IETF RFC 2613:1999 Remote Network Monitoring MIB Extensions for Switched Networks Version 1.0

[116] IETF RFC 2644(August 1999) Changing the Default for Directed Broadcasts in Routers

[117] IETF RFC 2661(August 1999) Layer Two Tunneling Protocol "L2TP"

[118] IETF RFC 2819:2000 Remote Network Monitoring Management Information Base

[119] IETF RFC 2863:2000 The Interfaces Group MIB

[120] IETF RFC 2889(August 2000) Benchmarking Methodology for LAN Switching Devices

[121] IETF RFC 3330(September 2002) Special-Use IPv4 Addresses

[122] IETF RFC 3376:2002 Internet Group Management Protocol,Version 3

[123] IETF RFC 3396(November 2002) Encoding Long Options in the Dynamic Host Configuration Protocol(DHCPv4)

[124] IETF RFC 3410(December 2002) Introduction and Applicability Statements for the Internet-Standard Management Framework

[125] IETF RFC 3411(December 2002) An Architecture for Describing Simple Network Management Protocol(SNMP) Management Frameworks

[126] IETF RFC 3412(December 2002) Message Processing and Dispatching for the Simple Network Management Protocol(SNMP)

[127] IETF RFC 3413(December 2002) Simple Network Management Protocol(SNMP) Applications

[128] IETF RFC 3414(December 2002) User-Based Security Model(USM) for Version 3 of the Simple Network Management Protocol(SNMPv3)

[129] IETF RFC 3415(December 2002) View-based Access Control Model(VCAM) for the Simple Network Management Protocol(SNMP)

[130] IETF RFC 3416(December 2002) Version 2 of the Protocol Operations for the Simple Network Management Protocol(SNMP)

[131] IETF RFC 3417(December 2002) Transport Mappings for the Simple Network Management Protocol(SNMP)

[132] IETF RFC 3584(August 2003) Coexistence between Version 1,Version 2,and Version 3 of the Internet-standard Network Management Framework

[133] IETF RFC 3584(June 2004) The Advanced Encryption Standard(AES) Cipher Algorithm in the SNMP User-based Security Model

[134] IETF RFC 3602:2003 The AES-CBC Cipher Algorithm and Its Use with IPsec

[135] IETF RFC 3638(September 2003) Applicability Statement for Reclassification of RFC 1643 to Historic Status

[136] IETF RFC 3768:2004 Virtual Router Redundancy Protocol(VRRP)

[137] IETF RFC 3973:2005 Protocol Independent Multicast-Dense Mode(PIM-DM):Protocol Specification(Revised)

[138] IETF RFC 4188(September 2005) Definitions of Managed Objects for Bridges

[139] IETF RFC 4271:2006 A Border Gateway Protocol 4(BGP-4)

[140] IETF RFC 4273:2006 Definitions of Managed Objects for BGP-4

[141] IETF RFC 4302:2005 IP Authentication Header

[142] IETF RFC 4303:2005 IP Encapsulating Security Payload(ESP)

[143] IETF RFC 4306:2005 Internet Key Exchange(IKEv2) Protocol

[144] IETF RFC 4318(December 2005) Definitions of Managed Objects for Bridges with Rapid Spanning Tree Protocol

[145] IETF RFC 4361(February 2006) Node-specific Client Identifiers for Dynamic Host Configuration Protocol Version Four(DHCPv4)

[146] IETF RFC 4363(January 2006) Definitions of Managed Objects for Bridges with Traffic Classes,Multicast Filtering,and Virtual LAN Extensions

[147] IETF RFC 4541:2006 Considerations for Internet Group Management Protocol(IGMP) and Multicast Listener Discovery(MLD) Snooping Switches

[148] IETF RFC 4601:2006 Protocol Independent Multicast-Sparse Mode(PIM-SM):Protocol Specification(Revised)

[149] IETF RFC 4632(August 2006) Classless Inter-domain Routing(CIDR):The Internet address assignment and aggregation plan

[150] IETF RFC 4750:2006 OSPF Version 2 Management Information Base

[151] IETF RFC 5059(January 2008) Bootstrap Router(BSR) Mechanism for Protocol Independent Multicast(PIM)

[152] IETF RFC 5227(July 2008) IPv4 Address Conflict Detection

[153] IETF RFC 5321(October 2008) Simple mail transfer protocol

[154] IETF RFC 5798(April 2004) Virtual Router Redundancy Protocol(VRRP) Version 3 for IPv4 and IPv6

[155] IETF RFC 5494(April 2009) IANA Allocation Guidelines for the Address Resolution Protocol(ARP)

ICS 35.240.50
J 07

中华人民共和国国家标准

GB/T 30095—2013

网络化制造环境中业务互操作协议与模型

Networked manufacturing environment business interoperability protocol and model

2013-12-17 发布 2014-05-01 实施

中华人民共和国国家质量监督检验检疫总局
中国国家标准化管理委员会 发布

前　言

本标准按照 GB/T 1.1—2009 给出的规则起草。

本标准由中国机械工业联合会提出。

本标准由全国自动化系统与集成标准化技术委员会(SAC/TC 159)归口。

本标准起草单位:北京机械工业自动化研究所、上海交通大学。

本标准主要起草人:孙洁香、奚立峰、高雪芹。

引　言

在信息化时代，企业越来越多的依靠管理信息系统实现运营。面对五花八门的系统交互，企业首先要解决信息交换问题。开发专用接口或统一数据格式成为人们常用的办法。但是在互联网上，这些办法似乎颇受束缚。因此，定制信息交换标准的需求应运而生。

随着20世纪90年代Internet的逐步成熟和完善，尤其是HTML和Web技术的出现，基于Internet的电子商务技术得到飞速发展。1998年，国际标准化组织W3C推出可扩展置标语言(XML)，进一步丰富了信息交换技术，XML为EDI提供了基于Internet的解决方案，它将业务规则从业务信息中分离出来，保留业务信息原有的结构和内容在各应用系统间进行存储和处理。XML的灵活性在为各企业制定信息交换规则提供便利的同时，也带来了企业间各种不同交换规则间相互转换的麻烦。

为提高信息交换的效率、借鉴EDI标准规范的经验，有关公司、行业协会和国际标准化组织相继推出了一些基于XML的电子商务标准框架。这些标准框架的目标都是要通过Internet实现企业间高效、可互操作的信息交换和信息处理，其中比较典型的标准规范有OBI、IOTP、eCo框架、BizTalk、RosettaNet、cXML、xCBL等。

这些新兴的事实标准向传统标准发起了有力挑战。协调、交流和合作则成为促进全球电子商务标准发展的必然。2000年，UN/CEFACT和OASIS两个分别代表着传统标准和新兴标准的制定组织共同在全球范围内发起了基于XML的电子商务标准框架(即ebXML标准)的研制工作，该项工作得到了全世界百余企业的支持和参与。2001年5月第一批ebXML相关标准规范正式发布，ebXML是全球基于XML的电子商务信息交换框架，它向全球各贸易参与方提供一种可互操作的、安全稳定的电子商务信息交换模式。ebXML是一系列构成电子商务模型框架的技术规范的统称，通过这些技术规范来构建一个全球电子化市场，在这个市场内不分地域和规模的各类企业能够通过交换基于XML的电子业务信息开展彼此间的业务。ebXML力图建立一种基于开放式标准的电子商务理论框架，为电子商务实施提供理论指导。

ebXML是一项庞大复杂的工程项目，它的最终实现还需要大量的基础性标准和相关产品的支持。Web服务是指由服务提供方发布的完成某些特别商务需求的在线应用服务，其他公司或应用软件能够通过Internet来访问并使用这项在线服务。Web服务的目标是将软件转化为一种通过Web订阅使用的服务。在Web服务模式下，软件将运行于服务提供者所在的主机、而非服务请求者所在的主机。Web服务模式的核心是能够实现简便的、基于XML的在线信息交换。

2000年，微软、IBM、Sun、Oracle及其他有关厂商纷纷摈弃了各自不同的技术标准，共同选定了SOAP、WSDL和UDDI三种基于XML的相关标准作为Web服务的底层架构技术。另外，在W3C联盟及OASIS等业内标准组织的协助下，微软、IBM等公司还计划进一步合作，共同制定对全球Web服务市场发展至关重要的诸如安全与可靠性等方面的Web服务标准。作为当今Internet技术发展的潮流，Web服务必将对推动电子商务发展产生积极作用。

本标准吸收ebXML建模的基本思想，采用Web服务的体系结构作为服务提供者和服务请求者交互信息的基础结构，利用各种行业标准作为基础数据，形成网络化制造环境下信息交换的协议和模型。

网络化制造环境中业务互操作协议与模型

1 范围

本标准规定了面向网络化制造中业务互操作的协议和模型，主要包括业务事务处理中互操作的概念、信息交换的协议以及为业务事项处理提供功能服务的体系结构、各部分的功能和所遵循的标准。

本标准适用于我国网络化制造中异构分布平台间的业务互操作和信息交换。

2 术语和定义

下列术语和定义适用于本文件。

2.1

业务过程　business process

让业务合作者通过统一的模型方法学来获取明确的业务场景细节的一种机制。

2.2

业务事务处理　business transaction processing

在两个业务合作伙伴之间进行业务信息(和信号)的交换，而这些交换必须建立在双方所达成一致的格式、顺序以及时间长短的规则之上的。

2.3

业务协作　business cooperation

在业务合作者之间展开的一系列的业务事务。每位合作者在协作中扮演一个或多个角色。

2.4

业务文档流　business document flow

一个业务事务就是请求方与提供方之间的信息(以文档的形式)交流。

2.5

协同　collaboration

对多个业务事务之间、二元协作中的子协作的先后顺序以及转换关系进行描述。

3 业务事务处理中的互操作

以两个参与者之间的一次业务过程的业务事务处理(交互)中的互操作的应用为准来规定其中的信息交换和协议的应用。如图1所示。其中：

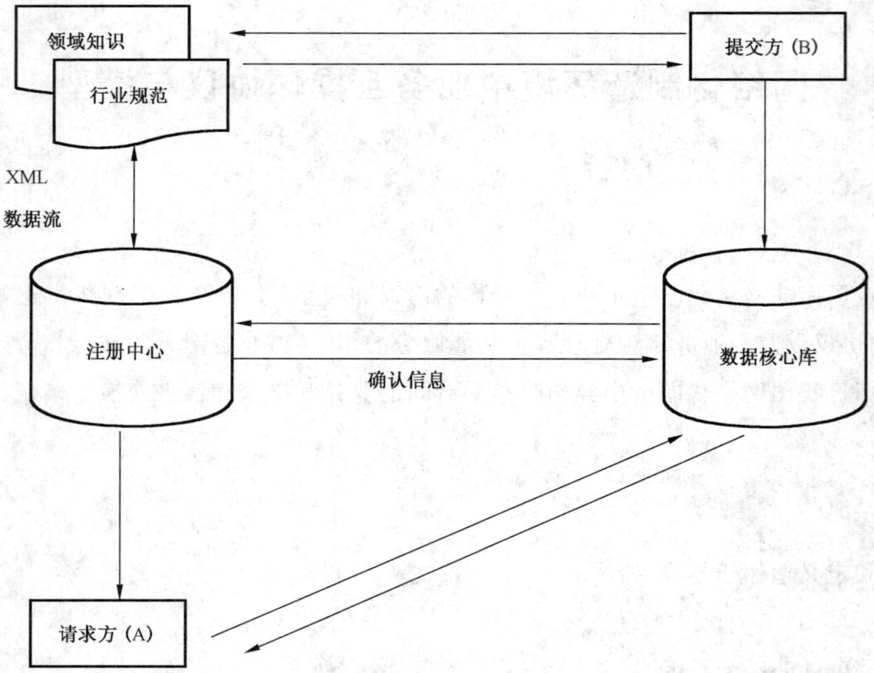

图 1　参与者进行业务交换的过程

第一步，参与者提交方通过 Internet 发现“业务服务”(Business Service)注册中心(Registry)是可用的；

第二步，决定创建和部署它自己的“业务服务”；

第三步，提交方将自己的业务服务的规范化的描述(Business Service Profile)提交到“业务服务”的注册中心。在得到所提交信息的一致性的确认后，提交方将收到一份确认信息；

第四步，参与者请求方在“业务服务”注册中心查到提交方提供的业务服务符合自己的需要；

第五步，请求方根据提交方所提供的地址信息、接口需求信息(所需要的输入和输出信息)、安全需求信息、传输协议信息，直接对 A 所提供的服务进行调用；

第六步，提交方接收这个调用后在本地执行服务、按接口描述与请求方交换业务信息，即 A 与 B 进行业务事务处理(交互)。

上述过程中所包含的各项概念和实现的机制如下：

a)　“业务服务”的标准化的描述；
b)　注册中心提供的服务机制，即“业务服务”的注册、发现和获取机制；
c)　业务事务处理中所交互的业务信息的标准化的描述；
d)　业务事务处理中所执行的业务流程的标准化的描述；
e)　消息服务框架，它为交易双方提供互操作性强、安全、可靠的消息交换的机制；
f)　标准的参考本体和词典(信息模型)系统，保证业务信息的语义一致性。

4　业务事务处理的模型

应使用基于 UML 的 UN/CEFACT 建模方法(UMM)，采用描述事务处理的业务操作图：

a)　业务操作视图(Business Operational View，BOV)，它应由两方面组成：
    1)　业务事务处理(交互)中交换的数据及相关的语义；
    2)　业务事务处理(交互)的架构，它包括：

——操作的惯例；
——协议与步骤；
——相互的义务与需求。

b) 功能服务视图(Functional Service View,FSV),它应为业务事务处理(交互)提供支持,提供一种参考模型,为业务事务处理(交互)的实现提供服务。它应该包括：
  1) 注册、发现、部署和运行时的能力；
  2) 用户接口；
  3) 数据传输基础架构的接口；
  4) 不同组织间的XML词汇表的互操作协议。

5 业务操作视图

5.1 业务过程规范化描述的核心

业务过程包含四要素：业务协作、业务事务处理、业务文档流、协同。一个或多个业务合作者通过扮演一定的角色参加到业务协作中,进行业务事务处理,或在一组事务处理排列成一定顺序、进行业务协同、交换业务文档流、互操作,见图2。

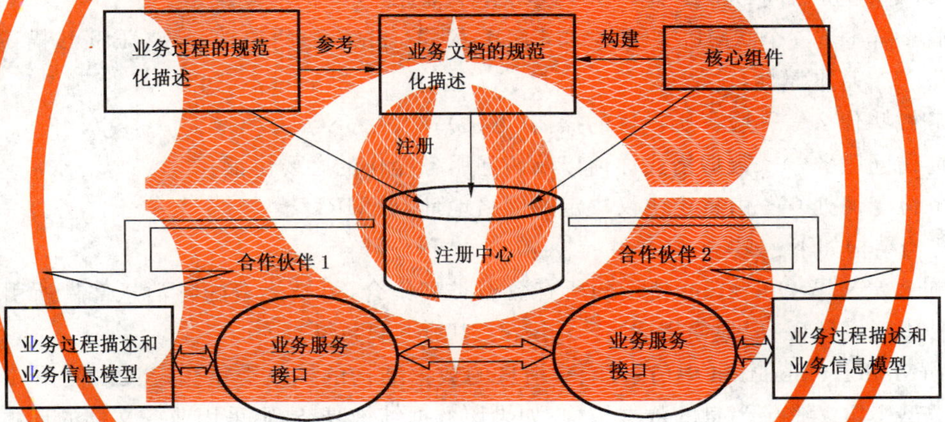

图2 业务合作者通过业务服务接口互操作

a) 业务协作

业务协作,是指在业务合作者之间展开的一系列的业务事务。每位合作者在协作中扮演一个或多个角色。协作可分为二元协作和多元协作。二元协作指在两个角色之间发生的协作;多元协作指在两个以上角色之间发生的协作,但是多元协作应由多个二元协作组合而成。

b) 业务事务处理

业务事务是指在两个业务合作者(请求方和提供方)之间的一个原子性的工作单元。它应通过请求方调用提供方提交的"业务服务"、实现业务合作者的互操作、信息交流而完成的。

c) 业务文档流

一个业务事务就是请求方与提供方之间的信息(以文档形式)交流。请求文档一定存在,而响应文档的取舍取决于业务事务的语义。

业务文档是由具体的业务所决定的,以领域知识的形式、作为核心组件用规范化描述定义后存储在注册中心。也就是说具体一个业务事务中所交换的文档是核心组件的实例。换句话说,注册了的业务服务所提供的业务文档都是标准化的。这就保证了任何一个信息接口都是符合领域知识/行业规范一致性的。

d) 协同

协同应采用以下几个概念:起始状态、完成状态、活动、同步、活动的转换、转换时的保障。如果采用UML工具,则可以用UML活动图表示。

业务过程规范化描述模式有两种独立的表达方式:UML表达方式与XML表达方式。

统一建模语言(UML)表达方式仅仅是一个UML类图,它不能直接用来创建业务过程规范化描述,它是一个自完备的方法,因此任何创建业务过程规范化描述的方法学和元模型必须最大限度的支持这些元素和内在联系。

XML表达方式为基于XML的业务过程规范化描述实例提供了规范化描述方法,XML表达方式包含DTD和W3C Schema两种,它们实际上与UML表达方式是同构的。

这两个版本之间具有明确的映射关系。

5.2 业务服务的规范化描述

业务服务定义语言(Business Services Definition Language,BSDL)参照描述Web服务的WSDL语言,是一个建议性标准,用于描述业务服务。BSDL定义了一套基于XML的语法。它用一种和具体语言无关的抽象方式定义了给定业务服务收发的有关操作和消息。BSDL保持协议中立,但它内建了绑定SOAP的支持,从而同SOAP建立了不可分割的联系。

BSDL服务描述是一个XML文档,它与BSDL模式(schema)的定义一致。BSDL描述说明的是业务服务的以下三个基本属性:

a) 服务做些什么——服务所提供的操作(方法);
b) 如何访问服务——数据格式详情以及访问服务操作的必要协议;
c) 服务位于何处——由特定协议决定的网络地址,如URL。

BSDL文档结构如下:

a) Types,定义了Operation使用的所有数据类型集合,可被元素的各消息部件所引用。它使用某种类型系统(一般地使用XML Schema中的类型系统);
b) InforModel,Operation中请求/响应消息的数据结构的抽象类型化定义。使用Types所定义的类型来定义整个消息的数据结构;如果该数据结构复杂,则采用业务文档的形式给出要交换的信息元模型。当采用业务文档时,需要给出业务文档模板的ID号;
c) OperationSet,某个访问入口点所支持的所有Operation的抽象集合。也是服务提供的方法的集合。OperationSet与InforModel和type的细节相结合描述了业务服务是什么。
d) Binding,描述了如何将Operations元素转变为具体表示的细节。具体表示就是指特定的数据格式和协议的结合;特定端口类型的具体协议和数据格式规范的绑定。Binding描述了如何使用业务服务;
e) PortAddress,描述了业务服务的访问地址。

BSDL将业务服务定义为服务访问点或Operation的集合。在BSDL中,由于服务访问点(PortAddress)和信息模型(InforModel)的抽象定义已从具体的服务部署或数据格式绑定中分离出来,因此可以对抽象定义进行再次使用:InforModel,指对交换数据的抽象描述;OperationSet,指操作的抽象集合。用于特定端口类型的具体协议和数据格式规范构成了可以再次使用的绑定(Building)。将服务访问地址与可再次使用的绑定相关联,可以定义一个Operation,而Operation的集合则定义为服务。

5.3 业务过程的规范化描述

业务过程是由一个或多个原子的业务事务处理组成的。这些业务事务处理的排列顺序和协作由过程规范化描述语言描述,参见BPEL4WS(Business Process Execution Language for Web Service)标准的内容。

可执行流程的实现语言BPEL4WS可将一组现有的服务整合起来，从而定义一个新的Web服务。与其他任何Web服务一样，整合服务的接口也被描述为WSDL portType的集合。整合(称为流程)指明了服务接口与整合的总体执行的配合情况。

使用Web Service技术进行业务整合和过去使用其他面向函数和方法的技术进行整合类似，在进行初始设计旳时候主要考虑不同的技术应用之间，系统不同模块之间消息及数据传递的需求；根据具体需求设置相应的接口，描述接口特性；针对不同应用的平台选择相应的Web Service组件，进行相应设置以实现不同应用的接口。

业务流程的正常运行很大程度上依赖于其计算模型的建立，它是可以被计算机特性所理解的流程的抽象表达模型。

6 功能服务的基础架构

6.1 功能服务视图

6.1.1 概述

如图3所示，注册中心中存储了业务过程及相关的业务信息模型、核心组件以及协作协议的规范。业务过程和业务信息模型以XML的语法形式存储在注册中心。基于XML的业务信息应该表达成能够按照一致性方法学的原则，通过自顶向下的方法发现直到原子层的数据。

基础架构是分布的，这样可以最小化单点的失败。

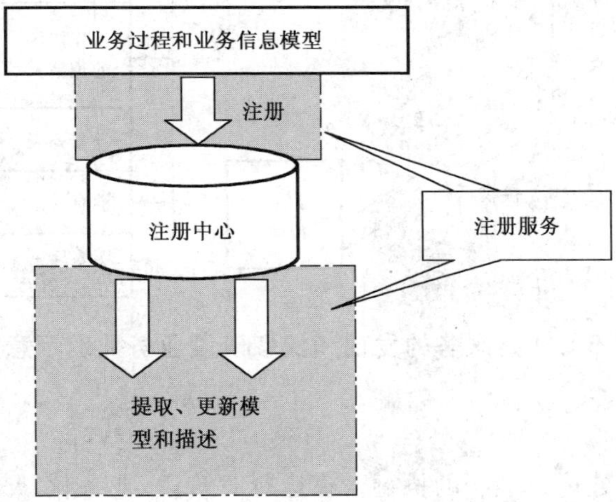

图3 功能服务视图

6.1.2 注册阶段

注册阶段专门处理在基础架构上创建一个业务应用。一个希望参与交易的业务伙伴应该首先获得标准的规格说明书的副本。业务伙伴在研究了这些标准后，下载核心库和业务库。业务伙伴也可以请求其他业务伙伴的业务过程信息(存储在他们的业务规范化的描述中)来进行分析和研究。另外，业务伙伴还可以通过利用第三方的应用方案来实现自己的业务服务。当然，业务伙伴也可以向注册中心直接提交自己的业务过程信息。

图4描述了注册中心和一个业务伙伴之间的一个基本的交互。

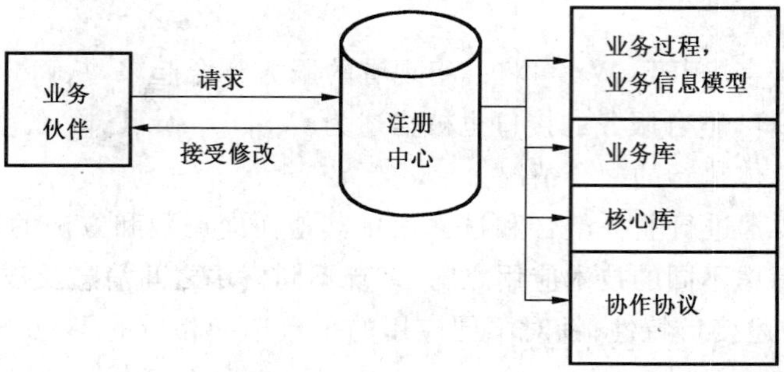

图 4 功能服务的实现阶段基本交互示意图

6.1.3 发现和提取阶段

发现和提取阶段包括发现相关资源的各方面信息。一个完成了注册阶段(建立了业务服务接口)的业务伙伴可以开始进入发现和提取过程(见图 5)。一个可能的发现方法是请求另一个业务伙伴的协作协议规范。业务服务接口支持对核心库和业务库的更新请求，以及对(新的或更新过的)业务过程和信息元模型的请求。在这个阶段中，业务伙伴发现那些被其他伙伴请求的业务信息的意义。

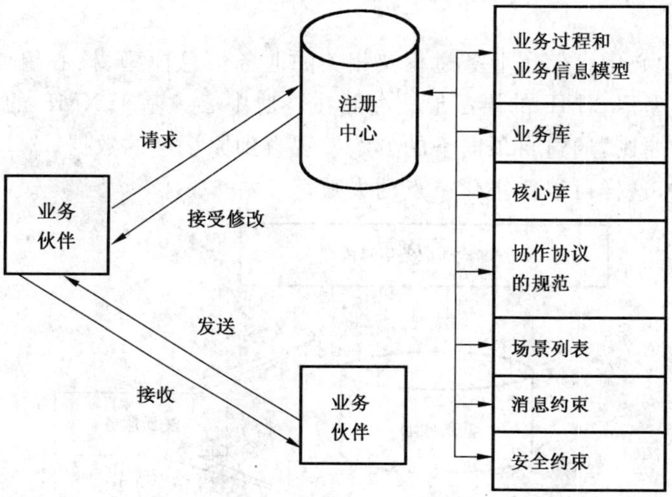

图 5 功能服务的发现和提取阶段业务处理示意图

6.1.4 运行时阶段

运行时阶段指业务事务处理(交互)的执行。在运行时阶段，业务伙伴之间利用消息服务机制实现消息交换，见图 6。

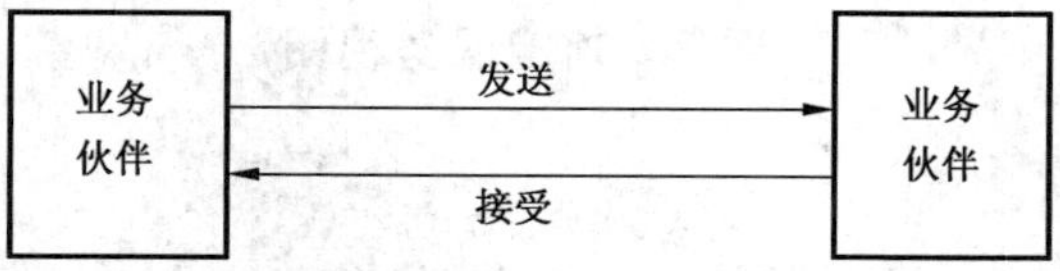

图 6 功能服务的运行时阶段交互执行示意图

注：运行时阶段不访问注册中心。如果在运行期有必要调用到注册中心，应该认为回到了发现和提取阶段。

6.2 注册服务

6.2.1 概述

注册中心能够提供一系列的服务，从而实现成不同的业务伙伴之间的信息共享。注册中心提供一个接口，通过该接口访问注册项的元数据。换句话说，访问注册中心是通过注册中心服务所提供的接口(API)来实现的。

下面将设定一个场景来说明业务伙伴双方是如何利用注册服务来进行 B2B 的交易的。

a) 服务提供方提交业务服务文档

服务提供方需要提交一个符合标准格式的业务文档(各种业务的标准格式文件以及字典作为“本体”，存储在注册中心。服务提供方必须通过“标准化”的过程，保证所提交的文档符合标准)。这个过程可以通过注册方的生命周期管理服务来完成。

b) 服务请求方发现服务提供方

服务请求方根据需求，利用分类纲要，通过注册浏览的界面发现合适的服务提供方，比如请求服务方可以寻找机械加工领域，当发现了服务提供方的业务描述文档后，决定与服务提供方达成业务伙伴关系。

c) 建立协作关系，进行业务事务处理(交互)

服务请求方审查自己需求的信息是否与服务提供方的接口信息匹配，包括信息的结构和语义，如果有必要，需要按照注册中心提供的标准进行转换。一旦双方需要交换的信息格式达成一致，双方就可以通过业务事务处理(交互)了。

客户注册既可以在本地进行，也可以通过 web 浏览器远程登录注册。不同的客户扮演不同的角色(参见表 1)，其关系如图 7 所示。注册服务可以通过各种方式实现，既可以通过公共网站也可以通过私人网站，这些网站由 ASP 或者 VPN 提供。

表 1　客户及对应角色

注册客户(Registry Client)	包括已注册用户、注册访客。
已注册用户(Registered User)	与注册认证机构 Registration Authority 相关，并且必须得到注册认证机构的认可。
注册访客(Registry Guest)	与注册认证机构不相关，并且也不必得到注册认证机构的认可。不能改变注册内容(但可以读一些注册对象 Registry Objects)
已注册读者(Registry Reader)	已注册用户中只具有“读”权限的用户。
服务提交方(Submitting Organization)	已注册用户中控制已被认可的注册对象生命期的用户。

注 1：注册认证机构(Registration Authority)拥有注册对象(Registry Objects)。

注 2：注册访客(Registry Guest)与已注册读者(Registry Reader)不同。

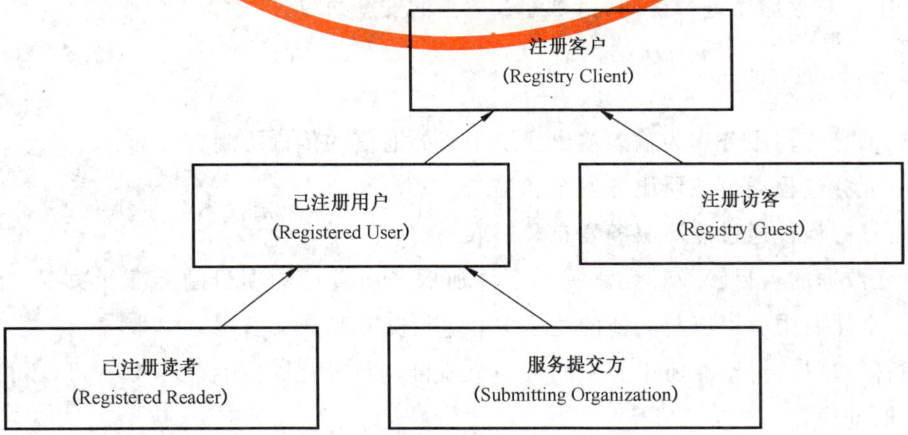

图 7　注册服务角色的关系

6.2.2 注册功能描述

注册项(Registry Item)是指存储在注册中心的对象。每一个具体的注册项在注册中心是以注册对象的实例(比如,一个 XML 文档,或者 DTD 文档)描述的。

注册条目(Registry Entry)为存储项提供部分元数据的对象。

一个注册中心能够在语法上支持用 XML 来表示注册项目。

每一个由提交方已定义的、一定粒度注册的项目,都必须具有唯一的标识符(UID),全局唯一标识符(UUIDs)可以用来确保注册项相互区别,以便于进行注册查询。当对一个唯一标识的项目进行上下文查询时,会返回 0(表示没有结果)或者一个正数(表示查询成功)。如果出现有两个或者多个正数结果显示时,错误消息就应该反馈给注册权威机构(标识符应该是唯一的)。注册访问时的查询语法,是独立于物理实现的时候所依托的系统的。注册项及其元数据也可以用基于 URI 引用的 XML 来标注,通过 HTTP 可以直接访问。

一个注册项是一个联合很多信息的结构体,包含标识名称、描述信息、管理状态、访问状态、它的一致性和稳定性描述,以及根据预先定义好的分类体系进行的分类,还要标识出该项目的提交方和责任方。已注册的业务过程和业务信息模型可以通过不同的分类体系架构来储存。

注册服务接口是为访问注册中心而服务的。注册服务接口作为一个平台(比如一个 web 浏览器)提供用户与注册中心之间的交互。

注册服务接口不依赖于底层的网络传输协议(比如基于 TCP/IP 的 HTTP/SMTP)的形式。在消息传送的 payload 域中可以包含关于如何与注册接口交互的详细说明。

注册中心支持的过程也包括:

——在注册端和注册客户端之间的专用的协同协议;

——对于具体的业务过程,注册端和客户端之间交换的一些业务消息;

——支持业务消息和相关的查询及响应的接口的机制;

——多个注册中心之间交互所需要的专用的协同协议;

——分布的注册中心之间交互的一些过程;

——一些错误响应以及补救措施的实施条件。

用户应基于已有的注册分类体系,对内容进行浏览和遍历。

注册服务包括:对注册项及其元数据的创建、修改、删除等操作。

通过注册中心对存储库进行访问时,要配置适当的安全协议。

6.2.3 注册服务接口

消息传输:消息传输服务作为输入输出注册中心的通信的传输机制。

业务过程:业务过程通过注册服务发布和提取。

核心构件:核心构件通过注册服务发布和提取。

任何带有元数据的项目:XML 元素提供了注册服务所管理的项目的标准元数据。因为注册是分布式的,那么一个注册中心可以与其他的注册中心进行交互和交叉引用。

生命周期管理接口:对于注册中心里的每一个项目,会经历从开始提交,被认可,不再认可,移出这样一个生命周期过程。

详细过程参见图 8。

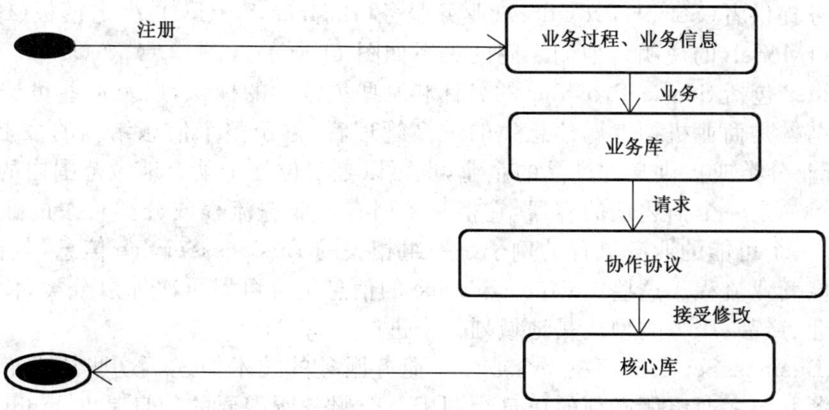

图 8 功能服务的实现阶段

每一个注册对象都有一个唯一的身份标识(ID)。这个 ID 必须是全局唯一的标识符,必须遵循 URN 的格式。注册处就会产生一个无效 ID 错误信息,客户也可以有选择地提供这个 ID。如果提供的这个 ID 遵循 URN 的格式,那么注册处就默认客户想要使用这个 ID 来指定他所提交的服务,这个时候,注册处就会使用这个 ID 作为注册对象的标识。注册处发现用户提供的这个 ID 并不是全球唯一的时候,注册处就会产生一个无效 ID 错误信息。

对于每一个提交的服务,注册服务都会创建一个事务类型的日志文件,对提交服务进行跟踪记录。

提交对象的请求是原子性的,或者全部成功或者全部失败。如果失败的情况出现,相应的错误处理机制将会产生应用。

查询管理服务接口:注册服务提供两种查询方式:过滤查询和 SQL 查询。对于每一个注册实现,过滤查询机制是必须被支持的,而 SQL 查询则是可选的。

注册服务对用户查询提供以下几种结果:

——对象标识:返回注册对象的标识符;

——注册对象:返回注册对象的 XML 元素的集合,所有的关于注册对象的属性(包括它的 ID)都被返回;

——注册入口:返回需要的关于注册对象的一些元数据。

提取的内容的传输接口:所有提取的内容是作为传送消息的 payload 进行传送的。一个取出内容应答的消息中可能包含好几个存储项目作为 payload,这时候,为了标识出消息中的每一个 payload,就必须使用它的 ID 来标识,将该 ID 作为消息头区域中内容 ID 的值填入,由此来区分不同的注册项。

6.3 注册信息模型

6.3.1 注册对象

注册信息模型参见图 9 所示,它为注册中心提供了一个较高层次的框架结构,参照 UDDI 规范:

a) 定义了注册中心中的对象类型;

b) 定义了注册中心中的对象之间的关系。

用户在向注册中心进行注册时,使用信息模型来决定在注册执行时应包含哪些类,这些类应包含哪些属性和方法.也可以使用信息模型来决定注册执行时需要使用哪种数据库模式。具体来说,注册对象模型包括三个部分:

——第 1 部分:包括了服务提供者的地址、联系方法和已知的标识;

——第 2 部分:包括了基于标准分类法的服务提供者的行业类别;

——第 3 部分:包括了关于该服务的技术信息,其形式可能是一些指向文件或是 URL 的指针,而这些文件或 URL 是为服务发现机制服务的,绑定信息和服务调用规范的说明信息。

注册中心提供相同的 Web 服务接口供外部的公司或个人使用注册中心的 Publish Web 服务向注册中心发送信息,并使用注册中心的 Inquire Web 服务搜索注册中心。

注册中心使用的核心信息模型由 XML Schema 定义。UDDI XML Schema 定义了四种主要信息类型，它们是：服务提供者（ServiceProvider）、业务服务（BusinessService）、绑定模板（BindingTemplate）和服务调用规范（tModel）的说明。他们之间的关系如图 11 所示。

ServiceProvider 包括 ServiceProvider 的名称和一些关键性的标识，以及那些可选的分类信息和联络方法等。这个结构是商业机构专属信息集的最高管理者，位于整个信息结构的最上层。ServiceProvider 属于某个行业分类或提供某种产品的企业，也可以是定位处于某个地域范围内的企业。

BusinessService 是一个描述性的容器，它将一系列有关业务流程或分类目录的业务服务的描述组合到一起。其中，一个可能的业务流程的例子是一组相关的 BusinessService 信息，包括采购服务、运输服务和其他的高层商业流程。这些 BusinessService 的信息集合可以再次加以分类，使应用服务的描述可以按不同的行业、产品、服务类型或是地域划分来进行。

对于每一个 BusinessService，存在一个或多个业务服务的技术描述。这些技术描述包括应用程序连接远程业务服务并与之通讯所必须的信息。调用一个服务所需要的信息是在 bindingTemplate 中定义的，除了要知道业务服务所在的地址 URL 之外，还要知道一些具体的信息，通过对 tModel 的引用，访问服务所需要的关键的调用规范信息，它包括服务名称，发布服务的组织以及指向这些规范本身的 URL 指针。通过 URL 可以获得业务服务，知道交互信息的具体格式，使用的协议，需要采用的安全机制，调用返回的响应格式等，这样，通过业务服务可以将两个系统集成起来。

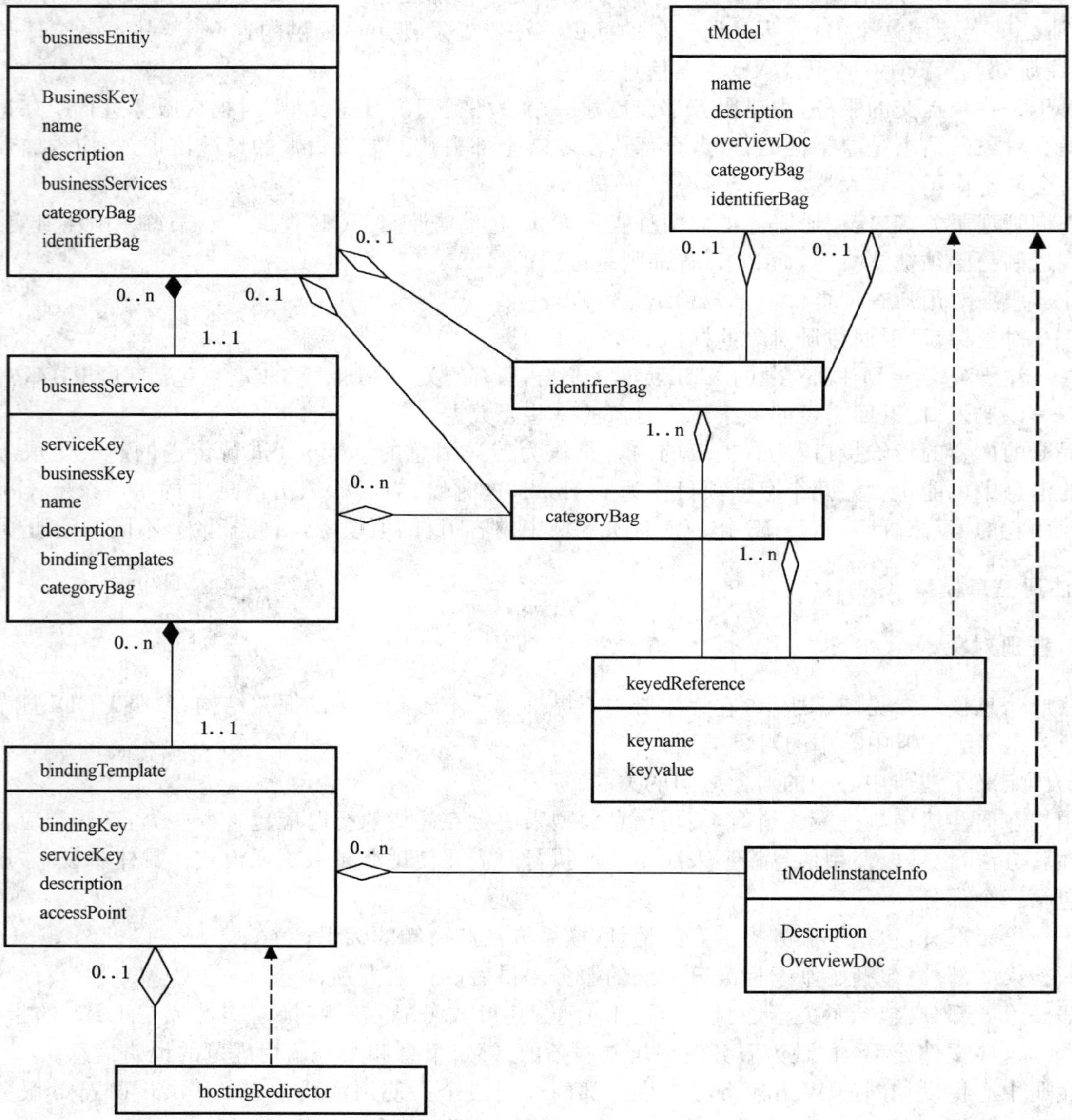

图 9　注册信息模型

6.3.2 事件跟踪模型

注册中心中支持事件跟踪能力的信息模型元素是 Class AuditableEvent。它是 RegistryObject 类的子类,AuditableEvent 实例对引起 RegistryObject 实例变化的事件进行长期的记录。每个 RegistryObject 实例与若干个 AuditableEvent 实例相关联,它们共同完成对该 RegistryObject 的事件跟踪。事件跟踪通常是客户端请求发起的。

注:只读的请求不会产生事件跟踪(因为这类请求不会引起 RegistryObject 对象的变化)。

6.3.3 信息模型的安全视图

信息模型的安全视图如图 10 所示。图中:

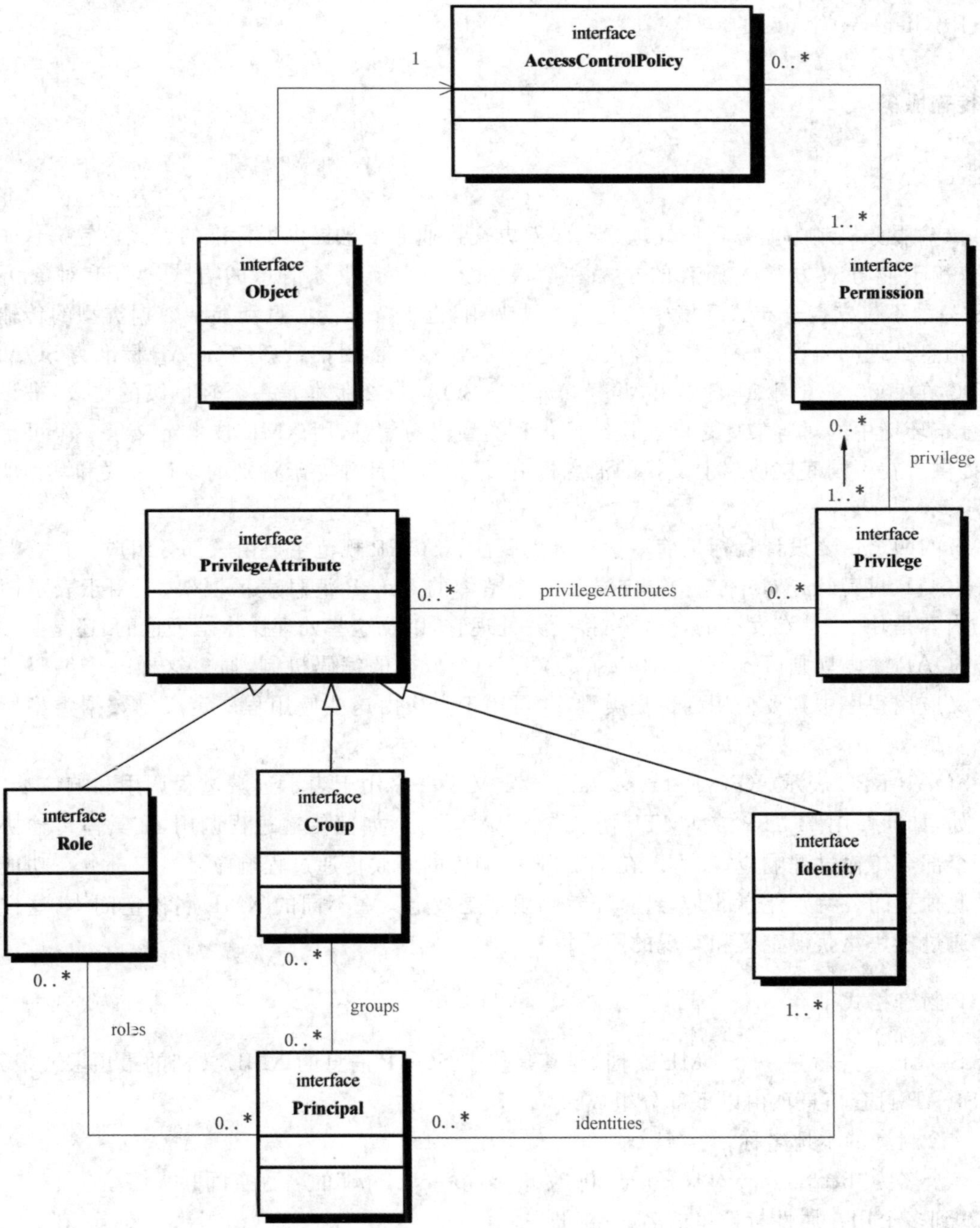

图 10 信息模型的安全视图

a) AccessControlPolicy 定义了一系列规则来管理对 RegistryObject 中方法的访问;
b) Permission 用来授权对注册中心中 RegistryObjects 的访问,它是在 AccessControlPolicy 对象内部被定义的;
c) Privilege 对应 0 个或多个 PrivilegeAttribute. PrivilegeAttribute 可以是 Group,Role 或 Identity;
d) Role 是 PrivilegeAttribute 的子类,例如,医院里有护士、医生、管理人员等角色。不同的角色有不同的责权;
e) Group 是 PrivilegeAttribute 的子类。它是拥有不同角色的用户的集合;
f) Identity 是 PrivilegeAttribute 的子类。用来标识人、组织、软件等;
g) Principal 是安全领域的专业术语,它既包括人又包括软件系统。Principal 实例是拥有一些 PrivilegeAttribute 的实体。

7 消息传输服务

7.1 概述

消息传输服务机制为业务事务处理(交互)双方交换业务信息提供了标准的方式。它提供了一种可靠的、不依赖于业务双方私人拥有的技术和解决方案的交换业务信息的方式。简单对象访问协议 SOAP,是一种不仅支持分布式环境中的远程方法调用,也支持丰富信息和复杂数据类型的传输以及任意负载的消息处理的协议。SOAP 已经成为 W3C 的推荐标准,目前最新的 SOAP 标准为 SOAP 1.2 版本,由 W3C 在 2003 年 6 月 24 日推出,共分 3 部分。SOAP 1.2 版本是一个轻量级的协议,被设计用来在分散、分布环境中的对等实体之间交换结构化和类型化的信息,用 XML 技术定义了一个可扩展的消息框架,提供可在不同底层协议上交换的消息构造,框架被设计独立于特别的设计模式和其他明确语义的执行。

SOAP 的两个主要设计目标是简单性和可扩展性。SOAP 规范主要由三部分组成:

——SOAP 封套(Envelop)它构造定义了一个整体的 SOAP 消息表示框架,可用于表示消息中的内容是什么,是谁发送的,谁应当接受并处理它,以及这些处理操作是可选的、还是必须的等。
——SOAP 编码规则(Encoding Rules)定义了一个数据的编码机制,通过这样一个编码机制来定义应用程序中需要使用的数据类型,并可用于交换由这些应用程序定义的数据类型所衍生的实例。
——SOAP RPC 表示(RPC Representation)定义了一个用于表示远端过程调用和响应的约定,例如,如何使用 HTTP 或 SMTP 协议与 SOAP 绑定,如何传输过程调用,在具体传输协议的哪个部分传输过程响应,如可以在 HTTP 的响应的时候传递过程响应。这三部分在功能上是彼此独立的。特别注意的是,封套和编码规则是被定义在不同的 XML 名称空间中,这样有利于通过模块化获得定义和实现的简明性。

7.2 SOAP 封套格式

一个 SOAP 消息就是一个 XML 文档,封套是代表 SOAP 消息的 XML 文档的最顶层或根元素(见图 11)。SOAP 封套信息项由以下部分组成:

a) 一个封套的本地名称;
b) 一个名为"http://www.w3.org/2003/05/soap-envelope"的名称空间;
c) 0 到多个用在属性特性里的名称空间;
d) 一个或两个元素按以下顺序排列作为它的子元素:
   1) 一个可选的报头(Header)元素信息项;

2） 一个强制的主体(Body)元素信息项；

3） 一个可容纳任意附带信息(payload)的信息项。

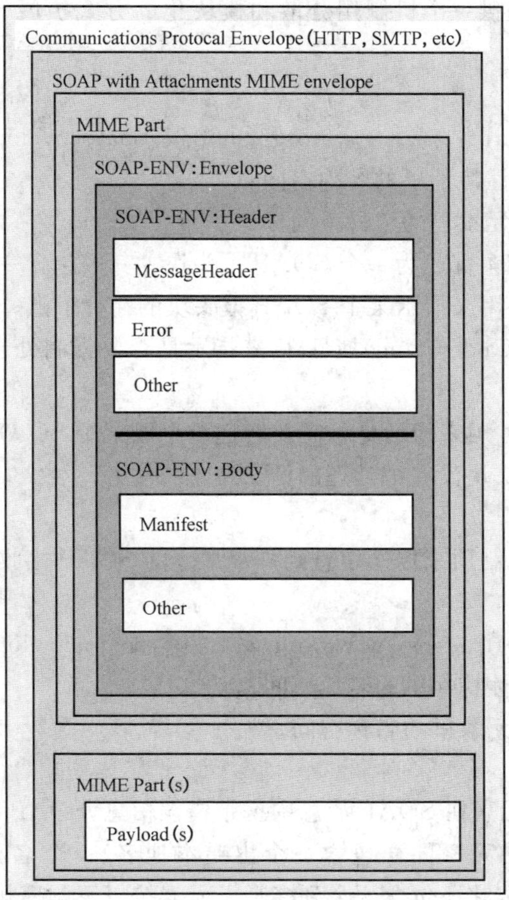

图 11　消息结构

下面是一个包含报头和主体的 SOAP 报文，报头和主体都包含自定义的子元素：

```
<env:Envelope xmlns:env = "http://www.w3.org/2003/05/soap-envelope">
 <env:Header>
  <n:alertcontrol xmlns:n = "http://example.org/alertcontrol">
   <n:priority>1</n:priority>
   <n:expires>2001-06-22T14:00:00-05:00</n:expires>
  </n:alertcontrol>
 </env:Header>
 <env:Body>
  <m:alert xmlns:m = "http://example.org/alert">
   <m:msg>Pick up Mary at school at 2pm</m:msg>
  </m:alert>
 </env:Body>
</env:Envelope>
```

SOAP 具有编码形式(encodingStyle)属性，用来表明 SOAP 消息部分序列化的编码规则，编码形式属性包括一个编码形式的本地名和一个名为“http://www.w3.org/2003/05/soap-envelop”的名称空间,形如"xs:任意的 URI",它的值指出了一套序列化规则可以用来反序列化 SOAP 消息。

a) SOAP 报头元素

SOAP 报头元素信息项提供一个机制用分散和模块化的方式扩展 SOAP 消息。报头元素信息项包含:

1) 一个报头的本地名;
2) 一个名称空间"http://www.w3.org/2003/05/soap-envelope";
3) 0 到多个用在属性特性里的名称空间;
4) 0 到多个用在子元素里的名称空间。

SOAP 报头里的每个子元素都成为一个 SOAP 报头块。其中包含一些属性:

1) 角色(role)属性 用来指示某个 SOAP 报头块的目标节点;
2) 必须理解(mustUnderstand)属性 用来指示是否要强制处理一个 SOAP 报头块或者只是可选的;
3) 转送(relay)属性 用来指示是否需要转送一个以某个 SOAP 接收者为目标的 SOAP 报头块,假如这个报头块没有被处理的话。

b) SOAP 主体元素

SOAP 主体提供了一个机制用来传送信息到一个最终的 SOAP 接收者,它包含:

1) 一个主体本地名;
2) 一个名称空间"http://www.w3.org/2003/05/soap-envelope";
3) 0 到多个用在属性特性里的名称空间;
4) 0 到多个用在子元素里的名称空间。

c) SOAP 出错元素

SOAP 提供出错(Fault)元素在 SOAP 消息中携带错误信息,SOAP 信息的接收者可以根据这些错误信息来进行出错处理。出错元素同样包含一个出错本地名、一个名称空间"http://www.w3.org/2003/05/soap-envelope",此外,它还包含两个到多个子元素按以下顺序排列:

1) 一个必需的代码(Code)元素 包含一个必须的值(Value)元素,其值为 SOAP 定义的一小套出错代码,这些出错代码覆盖了高级别的 SOAP 错误;一个子代码(Subcode)元素,子代码元素的形式和代码元素一样。
2) 一个必需的原因(Reason)元素 提供可以让人阅读的出错解释。
3) 一个可选的节点(Node)元素 用来提供信息确定 SOAP 消息路径上哪个节点发生出错。
4) 一个可选的角色(Role)元素 用来标识在发生错误节点进行操作的角色。
5) 一个可选的详情(Detail)元素 用来携带与 SOAP 主体相关的专用出错信息。

7.3 SOAP 编码

SOAP 编码提供遵从 SOAP 数据模型中描述的数据模型编码数据实例的方法,编码用来在 SOAP 报头块和(或)SOAP 主体中传输数据。SOAP 编码格式基于一个简单的类型系统,该类型系统具有程序语言,数据库和半结构化数据等类型系统的共同特性。该系统中,一个类型可以是一个简单的(标量的)类型,也可以是由多个类型组合而成的复合类型,复合类型中的每个类型可以是简单类型也可以是复杂类型。SOAP 定义了类型化对象的序列化规则。它分两个层次:首先,给出一个符号上一致化的由该类型系统描述的模式,构造一个 XML 语法层的模式。然后,给定一个类型系统的 Schema 和与这个 Schema 一致的特定的值,就构造了一个 XML 文档实例。SOAP 中定义的元素和属性的名称空间为"http://schemas.xmlsoap.org/soap/encoding/"。在 SOAP 中定义了 11 条编码规则和 9 条序列化规则。

SOAP 规范只定义了非常有限的编码规则,用户可以按需要扩展该基本定义。SOAP 采用了

"XML Schema Part 2:Datatypes"规范"Built-in datatypes"节中的所有类型作为简单类型,包括值和取值范围。如:int, float, negativeInteger, String 等。此外,关于复合类型,SOAP 定义了与下列常在程序语言中出现的结构性模式对应的类型:

——结构:一个"struct"是一个复合值,它的成员值的唯一区别是 accessor 名称,任意两个 accessor 名称都不相同;

——数组:一个"array"是一个复合值,它的成员值的唯一区别是序数位置。

并且,SOAP 允许结构和数组之外的其他数据的序列化,如 Directed-Labeled-Graph Data Model 之类的数据中,单个节点有许多不同的 accessor,有些不止出现一次。SOAP 序列化规则不要求底层的数据模型在 accessor 之间区分次序,但如果有这样的次序的话,这些 accessor 必须按照这个顺序编码。

7.4 SOAP RPC 表示

SOAP 设计的目标之一就是使信息交换变得容易,从而方便的映射到常用程序语言的方法和过程调用的定义和唤起。出于这一目的,SOAP 规范定义了统一的形式表示 PRC 的请求和响应,但是并没有定义实际的到任何程序语言的映射,表示是完全平台独立的。SOAP RPC 表示没有断言任何 SOAP 协议绑定。假如 SOAP 绑定到 HTTP,则 RPC 唤起自然映射到一个 HTTP 请求,而 RPC 响应则映射到一个 HTTP 响应。要唤起一个 RPC,应需要下面的信息:

——SOAP 目标节点的地址;

——一个过程或方法名;

——需要传送给过程或消息的变量的标识和值,表示 Web 资源的变量必须要与表示数据和控制信息的变量区别开来;

——绑定的特征所需要的特性值,例如 HTTP 绑定所需的"GET"和"POST";

——可选的报头数据。

7.5 消息传输安全机制

除了 SOAP 自身支持的安全性外,消息服务还应具备的安全功能包括:

——鉴定;

——证明(身份的确定);

——授权(控制存取);

——保密(加密);

——完整性(数字签名);

——日志。

附 录 A
（资料性附录）
SOAP 文档样例

SOAP 是一种 XML 格式的文档。下面是一个 SOAP 文档的样例：

```
//定义部分
<? xml version = "1.0"?>
<definitions name = "StockQuote"

targetNamespace = "http://example.com/stockquote.wsdl"
        xmlns:tns = "http://example.com/stockquote.wsdl"
        xmlns:xsd1 = "http://example.com/stockquote.xsd"
        xmlns:soap = "http://schemas.xmlsoap.org/wsdl/soap/"
        xmlns = "http://schemas.xmlsoap.org/wsdl/">

//信息模型中的类型

   <types>
     <schema targetNamespace = "http://example.com/stockquote.xsd"
           xmlns = "http://www.w3.org/2000/10/XMLSchema">
        <element name = "TradePriceRequest">
           <complexType>
              <all>
                 <element name = "tickerSymbol" type = "string"/>
              </all>
           </complexType>
        </element>
        <element name = "TradePrice">
           <complexType>
              <all>
                 <element name = "price" type = "float"/>
              </all>
           </complexType>
        </element>
     </schema>
  </types>

//信息模型部分

   <message name = "GetLastTradePriceInput">
```

```
        〈part name = "body" element = "xsd1:TradePriceRequest"/〉
    〈/message〉

    〈message name = "GetLastTradePriceOutput"〉
        〈part name = "body" element = "xsd1:TradePrice"/〉
    〈/message〉

//方法以及输入输出信息部分

    〈portType name = "StockQuotePortType"〉
        〈operation name = "GetLastTradePrice"〉
            〈input message = "tns:GetLastTradePriceInput"/〉
            〈output message = "tns:GetLastTradePriceOutput"/〉
        〈/operation〉
    〈/portType〉

//把操作、输入输出绑定到 SOAP

    〈binding name = "StockQuoteSoapBinding" type = "tns:StockQuotePortType"〉
        〈soap:binding style = "document" transport = "http://schemas.xmlsoap.org/soap/ht-
tp"/〉
        〈operation name = "GetLastTradePrice"〉
            〈soap:operation soapAction = "http://example.com/GetLastTradePrice"/〉
            〈input〉
                〈soap:body use = "literal"/〉
            〈/input〉
            〈output〉
                〈soap:body use = "literal"/〉
            〈/output〉
        〈/operation〉
    〈/binding〉

//端口的访问地址
    〈service name = "StockQuoteService"〉
        〈documentation〉My first service〈/documentation〉
        〈port name = "StockQuotePort" binding = "tns:StockQuoteBinding"〉
            〈soap:address location = "http://example.com/stockquote"/〉
        〈/port〉
    〈/service〉

    〈/definitions〉
```

ICS 01.080.20
N 61

GB

中华人民共和国国家标准

GB/T 30096—2013

实验室仪器和设备常用文字符号

Major letter symbols for laboratory instrument and equipment

2013-12-17 发布　　　　2014-05-01 实施

中华人民共和国国家质量监督检验检疫总局
中国国家标准化管理委员会　发布

前　言

本标准按照 GB/T 1.1—2009 给出的规则起草。

本标准由中国机械工业联合会提出。

本标准由全国实验室仪器和设备标准化技术委员会(SAC/TC 526)归口。

本标准起草单位:衡阳衡仪电气有限公司、机械工业仪器仪表综合技术经济研究所、杭州雪中炭恒温技术有限公司、上海精科天美科学仪器有限公司、湖南平凡科技有限公司、沈阳仪表科学研究院、工业和信息化部电子五所、长沙开元仪器股份有限公司。

本标准主要起草人:刘湘衡、金丽辉、徐月明、董莉、陈运峰、姚希华、徐秋玲、郑术力、文胜。

实验室仪器和设备常用文字符号

1 范围

本标准规定了实验室仪器和设备领域常用文字符号的表示规则，并给出了常用文字符号的名称、符号、含义和应用范围。

本标准适用于与实验室仪器和设备有关的技术领域。

2 规范性引用文件

下列文件对于本文件的应用是必不可少的。凡是注日期的引用文件，仅注日期的版本适用于本文件。凡是不注日期的引用文件，其最新版本(包括所有的修改单)适用于本文件。

GB/T 2625 过程检测和控制流程图用图形符号和文字代号

GB 3100 国际单位制及其应用

GB 3101 有关量、单位和符号的一般原则

GB 3102.1 空间和时间的量和单位

GB 3102.2 周期及其有关现象的量和单位

GB 3102.3 力学的量和单位

GB 3102.4 热学的量和单位

GB 3102.5 电学和磁学的量和单位

GB 3102.6 光及有关电磁辐射的量和单位

GB 3102.7 声学的量和单位

GB 3102.8 物理化学和分子物理学的量和单位

GB 3102.9 原子物理学和核物理学的量和单位

GB 3102.10 核反应和电离辐射的量和单位

GB 3102.12 特征数

GB 3102.13 固体物理学的量和单位

GB/T 3431.2 半导体集成电路文字符号 引出端功能符号

GB/T 4270 技术文件用热工图形符号与文字代号

GB/T 11499 半导体分立器件文字符号

GB/T 16464 半导体器件 集成电路 第1部分:总则

GB/T 17573 半导体器件 分立器件和集成电路 第1部分:总则

GB/T 23111 非自动衡器

JB/T 2626 电力系统继电器、保护及自动化装置常用电气技术的文字符号

IEC 60027(所有部分) 电工技术用文字符号(Letter symbols to be used in electrical technology)

3 术语和定义

下列术语和定义适用于本文件。

3.1

符号 symbol

表达一定事物或概念，具有简化特征的视觉形象。

[GB/T 15565.1—2008，定义 2.3]

3.2

文字符号 letter symbol

文字代号

用字母、数字、汉字等或它们的组合来表达一定事物或概念的符号。

[GB/T 20001.2—2001，定义 3.3]

4 表示规则

4.1 物理量的符号

4.1.1 物理量的符号通常由单个拉丁字母或希腊字母构成，有时带有下标或其他说明性标记。无论文本的其他部分使用何种字体，物理量的符号都应使用斜体印刷。

4.1.2 所使用的物理量的符号应符合 GB 3101 的规定，并在 GB 3102.1～3102.10、GB 3102.12、GB 3102.13 和 IEC 60027 中选用。为方便使用，表 1 给出了实验室仪器和设备行业常用的物理量的符号。

4.1.3 在大多数情况下，对一个量仅给出一个符号，当给出两个或更多的符号而未作特别说明时，它们具有相同的地位。在圆括弧中给出的符号为备选符号，在特定的上下文中，当主符号已用于表示不同的量时，可使用备选符号。

4.1.4 当在给定的文件中，不同的量有着相同的字母符号时，可对物理量的符号添加下标。如对不同的量、不同的应用、不同的值感兴趣时，可在下标中加以区别。

4.1.5 在不引起混乱的前提下大写字母符号可作为小写字母符号的变形符号，例如，长度的主符号是 l，自感应的主符号是 L，但也能分别用于两个长度或两个自感应。如果同时出现长度和自感应，则只可长度用 l，自感应用 L，如需要区分，应采用下标。又如用于时间相关量的文字符号，常用大写字母表示平均值，小写字母表示瞬时值。

表 1 常用物理量的文字符号

编号	名称	符号	定义	说明
1-001	长度 length	l，L		长度是国际量制中的基本量之一
1-002	宽度 breadth	b，B		
1-003	高度 height	h，H		
1-004	厚度 thickness	d，δ		
1-005	半径 radius	r，R		拉丁字母
1-006	直径 diameter	d，D		

表 1（续）

编号	名称	符号	定义	说明
1-007	程长 length of path	s		
1-008	距离 distance	d,r		拉丁字母
1-009	位置矢量 position vector	$\boldsymbol{r}$		拉丁字母
1-010	位移 displacement	$\Delta\boldsymbol{r}$		拉丁字母
1-011	面积 area	$A,(S)$		
1-012	体积 volume	V		
1-013	角，平面角 angle，plane angle	α	$\alpha=s/r$ 式中：s 为圆的两条半径之间圆弧的长度；r 为圆的半径	也可用其他符号 β、γ、θ、φ 等
1-014	立体角 solid angle	Ω	$\Omega=A/r^2$ 式中：A 为以顶点为球心的圆锥体的球面面积；r 为球体的半径	
1-015	时间，持续时间 time，duration	T		时间是国际量制中的基本量之一
1-016	速度 velocity，speed	$\boldsymbol{v}$	$\boldsymbol{v}=\mathrm{d}\boldsymbol{r}/\mathrm{d}t$ 式中：$\boldsymbol{r}$ 为位置矢量；t 为时间	拉丁字母
1-017	波的传播速度 speed of propagation of waves	c		
1-018	加速度 acceleration	$\boldsymbol{a}$	$\boldsymbol{a}=\mathrm{d}\boldsymbol{v}/\mathrm{d}t$ 式中：$\boldsymbol{v}$ 为速度；t 为时间	拉丁字母
1-019	自由落体加速度 acceleration due to gravity	g		标准自由落体加速度： $g_n=9.806\ 65\ \mathrm{m/s^2}$
1-020	角速度 angular velocity	ω	$\omega=\mathrm{d}\varphi/\mathrm{d}t$ 式中：φ 为平面角；t 为时间	
1-021	角加速度 angular acceleration	α	$\alpha=\mathrm{d}\omega/\mathrm{d}t$ 式中：ω 为角速度；t 为时间	希腊字母
1-022	周期 period	T	一个循环的时间	
1-023	时间常数 time constant	$\tau,(T)$		这里的时间常数适用于指数变量。还有其他的时间常数

表 1（续）

编号	名称	符号	定义	说明
1-024	转 rotation	N	$N=\varphi/2\pi$ 式中：φ 为平面角	N 等于旋转体的转数或线圈的圈数（不一定为整数）
1-025	频率 frequency	f,ν	$f=1/T$ 式中：T 为周期	希腊字母
1-026	旋转频率 rotational frequency	n	$n=\mathrm{d}N/\mathrm{d}t$ 式中：N 为转；t 为时间	$n=\omega/2\pi$ 式中：ω 为角速度
1-027	角频率 angular frequency	ω	$\omega=2\pi\times f$ 式中：f 为频率	
1-028	波长 wavelength	λ	在正弦波传播方向上，同一时刻相位相差 2π 的两相邻点间的距离	
1-029	场[量]级 level of a field quantity	L_F	$L_F = 20\lg\frac{F}{F_0}$ 式中：F 和 F_0 分别为相同种类的两个场量；F_0 为基准量	
1-030	功率[量]级 level of a power quantity	L_P	$L_P = 10\lg\frac{P}{P_0}$ 式中：P 和 P_0 分别为相同种类的两个功率量；P_0 为基准量	
1-031	阻尼系数 damping coefficient	δ	$\delta=1/\tau$ 式中：τ 为指数变量的时间常数	量 $\tau=1/\delta$ 为振幅的时间常数（驰豫时间）
1-032	对数减缩 logarithmic decrement	Λ	$\Lambda=\delta\times T$ 式中：δ 为阻尼系数；T 为周期	
1-033	衰减系数 attenuation coefficient	α		希腊字母
1-034	质量 mass	m		质量是国际量制中的基本量之一
1-035	体积质量，密度 volumic mass，density	ρ	$\rho=\mathrm{d}m/\mathrm{d}V$ 式中：m 为质量；V 为体积	希腊字母
1-036	线质量，线密度 lineic mass，linear density	ρ_l	$\rho_l=\mathrm{d}m/\mathrm{d}l$ 式中：m 为质量；l 为长度	希腊字母
1-037	面质量，面密度 areic mass，surface density	ρ_A	$\rho_A=\mathrm{d}m/\mathrm{d}A$ 式中：m 为质量；A 为长度	希腊字母
1-038	转动惯量 moment inertia	I,J	物体对于一个轴的转动惯量，是它的各质量元与它们到该轴的距离的二次方之积的积分	

表 1（续）

编号	名称	符号	定义	说明
1-039	动量 momentum	p	对质点，$p=mv$ 式中：m 为质量；v 为速度	
1-040	力 force	F	作用于物体上的合力等于物体动量的变化率	
1-041	重量 weight	F_g，Q	物体在特定参考系中的重量为使该物体在此参考系中获得其加速度等于当地自由落体加速度时的力	
1-042	力矩 moment of force	M	$M=r\times F$ 式中：r 为位置矢量；F 为力	
1-043	转矩 torque	T	$T=M\cdot e_Q$ 式中：M 为力矩；e_Q 为 Q 轴方向上的单位矢量	
1-044	压强 pressure	p	$p=\mathrm{d}F/\mathrm{d}A$ 式中：$\mathrm{d}F$ 为垂直于面积元表面的力的分量	
1-045	正应力 normal stress	σ		
1-046	切应力 shear stress	τ		
1-047	线应变 linear strain	ε	$\varepsilon=\Delta l/l_0$ 式中：l_0 为指定参考状态下的长度；Δl 为长度增量	
1-048	切应变 shear strain	γ	$\gamma=\Delta x/d$ 式中：Δx 是厚度为 d 的薄层上表面对下表面的平行位移	希腊字母
1-049	体应变 volume strain	θ	$\theta=\Delta V/V_0$ 式中：V_0 为指定参考状态下的体积；ΔV 为体积增量	
1-050	泊松比 Poisson ratio	μ，(ν)	$\mu=\Delta\delta/\Delta l$ 式中：$\Delta\delta$ 为横向收缩量；Δl 为伸长量	希腊字母
1-051	弹性模量 modulus of elasticity	E	$E=\sigma/\varepsilon$ 式中：σ 为正应力；ε 为线应变	也称为杨氏模量
1-052	动摩擦因数 dynamic friction factor	μ，(f)	滑动物体的摩擦力与法向力之比	也称为摩擦系数 希腊字母
1-053	静摩擦因数 static friction factor	μ_s，(f_s)	静止物体的摩擦力与法向力之比	希腊字母

表 1（续）

编号	名称	符号	定义	说明
1-054	[动力]粘度 [dynamic] viscosity	η		
1-055	运动粘度 kinetic viscosity	ν	$\nu=\eta/\rho$ 式中：η 为黏度；ρ 为密度	希腊字母
1-056	功 work	A,W	$W=\int F\cdot \mathrm{d}r$	
1-057	机械能 mechanical energy	E,W	所有各种形式的能	
1-058	功率 Power	P	能的输送速率	
1-059	效率 efficiency	η	输出功率与输入功率之比	
1-060	热力学温度 thermodynamic temperature	$T,(\Theta)$		热力学温度是国际量制中的基本量之一
1-061	摄氏温度 Celsius temperature	t,θ	$t=T/T_0$ 式中：T 为热力学温度；$T_0=273.15\ \mathrm{K}$	
1-062	热、热量 heat,quantity of heat	Q		
1-063	热流量 heat flow rate	Φ	单位时间内通过一个面的热量	
1-064	温度系数 temperature coefficient	α		希腊字母
1-065	热导率 thermal conductivity	λ	面积热流量除以温度梯度	
1-066	传热系数 coefficient of heat transfer	K	面积热流量除以温度差	
1-067	热容 heat capacity	C	$C=\mathrm{d}Q/\mathrm{d}T$ 式中：Q 为热量；T 为热力学温度	
1-068	露点温度 dew point temperature	T_d	空气中的水蒸汽达到饱和时的温度	
1-069	电流 electric current	I,i		电流是国际量制中的基本量之一
1-070	电荷 electric charge	Q,q	$\mathrm{d}Q=I\mathrm{d}t$ 式中：I 为电流；t 为时间	
1-071	电极化强度 electric polarization	P		

表 1（续）

编号	名称	符号	定义	说明
1-072	电流密度,面积电流 electric current density,areic electric current	J	$J=\rho\times v$ 式中:ρ 为电荷密度;v 为速度	
1-073	电场强度 electric field strength	E	$E=F/q$ 式中:F 为力;q 为电荷	
1-074	电位 electric potential	V		
1-075	电位差 potential difference	V_{ab}	$V_{ab}=V_a-V_b$ 式中:V_a 和 V_b 分别为 a 点和 b 点的电位	
1-076	电压 voltage	U,U_{ab}	在电路理论中,$U_{ab}=V_a-V_b$ 式中:V_a 和 V_b 分别为 a 点和 b 点的电位	
1-077	电通密度 electric flux density	D	$D=\varepsilon_0 E+P$ 式中:ε_0 为电常数;E 为电场强度;P 为电极化强度	
1-078	电容 capacitance	C	$C=Q/U$ 式中:Q 为电荷;U 为电压	
1-079	电常数,真空介电常数 electric constant, permittivity of vacuum	ε_0		$\varepsilon_0=8.854\ 188\times10^{-12}$ F/M
1-080	介电常数 permittivity	ε	$\varepsilon=D/E$ 式中:D 为电通密度;E 为电场强度	
1-081	相对介电常数 relative of vacuum	ε_r	$\varepsilon_r=\varepsilon/\varepsilon_0$ 式中:ε 为介电常数;ε_0 为电常数	
1-082	电通量 electric flux	Ψ		
1-083	磁通[量]密度 magnetic flux density	B		
1-084	磁通[量] magnetic flux	Φ		
1-085	磁场强度 magnetic field strength	H		
1-086	磁常数,真空磁导率 magnetic constant, permeability of vacuum	μ_0	$\mu_0=4\pi\times10^{-7}$ H/m	$\mu_0\approx1.256\ 673\times10^{-6}$ H/m 希腊字母

表 1（续）

编号	名称	符号	定义	说明
1-087	磁导率 permeability	μ	$B=\mu\times H$ 式中：B 为磁通密度；H 为磁场强度	希腊字母
1-088	相对磁导率 relative permeability	μ_r	$\mu_r=\mu/\mu_0$ 式中：μ 为磁导率；μ_0 为磁常数	希腊字母
1-089	矫顽[磁]力 coercivity	$H_{c,B}$		
1-090	源电压 source voltage	U_s	没有电流经过时电压源两端间的电压	
1-091	绕组的匝数 number of turns in a winding	N		
1-092	相数 number of phase	m		
1-093	磁阻 reluctance	R_m		
1-094	电感，自感 inductance，self inductance	L，L_m		
1-095	互感 mutual inductance	L_{mn}		
1-096	电阻率 resistivity	ρ		希腊字母
1-097	电阻 resistance	R		
1-098	电导 conductance	G		
1-099	相[位]差 phase difference	φ		
1-100	阻抗 impedance	Z		
1-101	电抗 reactance	X		
1-102	电纳 susceptance	B		
1-103	品质因数 quality factor	Q		
1-104	损耗因数 loss factor	d	$d=1/Q$ 式中：Q 为品质因数	

表 1（续）

编号	名称	符号	定义	说明
1-105	损耗角 loss angle	δ	$\delta = \arctan d$ 式中：d 为损失因数	
1-106	有功功率 active power	P		
1-107	视在功率 apparent power	S		
1-108	无功功率 reactive power	Q		
1-109	功率因数 power factor	λ		
1-110	[有功]电能 active energy	W		
1-111	辐[射]能 radiant energy	Q,W	以辐射形式发射、传播或接收的能量	
1-112	辐[射]功率，辐[射]通量 radiant power，radiant energy flux	Φ,P	$\Phi = \mathrm{d}Q/\mathrm{d}t$ 式中：$\mathrm{d}Q$ 为在时间间隔 $\mathrm{d}t$ 内发射、传播或接收的辐能	
1-113	辐[射]强度 radiant intensity	I		
1-114	辐[射]亮度 radiance	L		
1-115	辐[射]出[射]度 radiant	M		
1-116	辐[射]照度 irradiance	E	照射到表面一点处的面元上的辐射能通量除以该面元的面积	
1-117	光通量 luminous flux	Φ_v	发光强度为 I 的光源在立体角 $\mathrm{d}\Omega$ 内的光通量	
1-118	光能，光量 luminous energy quantity of light	Q_v	光通量对时间积分	
1-119	发光强度 luminous intensity	I_v		发光强度是国际量制中的基本量之一
1-120	[光]照度 illuminance	E_v	照射到表面一点处的面元上的光通量除以该面元的面积	
1-121	[光]亮度 luminance	L_v	表面一点处的面元在给定方向上的发光强度除以该面元在垂直于给定方向的平面上的正投影面积	

表 1（续）

编号	名称	符号	定义	说明
1-122	光出射度 luminous exitance	M_v	离开表面一点处的面元的光能量除以该面元的面积	
1-123	曝光量 luminous exposure	H_v		
1-124	对数频程 logarithmic frequency interval	G	$G=\mathrm{lb}(f_2/f_1)$ 式中：f_1 和 f_2 为两个纯音的频率	
1-125	静压 static pressure	p_s	没有声波时媒质中的压力	拉丁字母
1-126	声压 sound pressure	p	有声波时媒质中的瞬时总压力与静压之差	拉丁字母
1-127	声质点位移 sound particle displacement	δ		
1-128	声质点速度 sound particle velocity	v, u		拉丁字母
1-129	声质点加速度 sound particle acceleration	a		拉丁字母
1-130	声速 velocity of sound	c	声波在媒质中的传播速度 $c=\lambda\times f$	
1-131	声能密度 sound energy density	w	某一给定体积中的平均除以该体积	
1-132	声功率 sound power	P, P_a	声波辐射、传输或接收的功率	
1-133	声强 sound intensity	i	$i=p\cdot v$ 式中：p 为声压；v 为声质点速度	
1-134	时间平均声强 time-averaged sound intensity	I	$I=\frac{1}{t_2-t_1}\int_{t_1}^{t_2} i(t)\mathrm{d}t$ 式中：t_1 和 t_2 为积分的起始和结束时间；i 为声强	
1-135	声暴露 sound exposure	E	$E=\int_{t_1}^{t_2} p^2\mathrm{d}t$ 式中：t_1 和 t_2 为积分的起始和结束时间；p 为声压	
1-136	噪声剂量 noise dose	D_L	声暴露与法定限度的百分比	
1-137	声阻抗 acoustic impedance	Z_a	某表面上的声压和体积流量的复数比	

表 1（续）

编号	名称	符号	定义	说明
1-138	声阻 acoustic resistance	R_a	声阻抗的实数部分	
1-139	声抗 acoustic reactance	X_a	声阻抗的虚数部分	
1-140	声质量 acoustic mass	M_a	惯性声抗除以角频率，与媒质的动能有关	
1-141	声劲 acoustic stiffness	S_a	容性声抗除以角频率，与媒质或其边界的位能有关	
1-142	声顺 acoustic compliance	C_a	声劲的倒数	
1-143	级 level	L	给定量与同类基准量之比的对数	
1-144	声压谱密度级 sound pressure spectrum density level	L_{PS}	声压在某一频率下的谱密度与基准谱密度之比的以 10 为底的对数	
1-145	声压级 sound pressure level	L_p	$L_p = 20\lg(p/p_0)$ 式中：p 为声压；空气声中的基准声压 $p_0 = 20\ \mu\text{Pa}$	单位为分贝(dB)
1-146	频带声压级 band sound pressure level	L_{pf}	在规定频带内声压的级	
1-147	A 声级，A 计权声压级 A-weighting sound pressure level	L_A，L_{pA}	用 A 频率计权测得的声压级	以其他频率计权如 C、Z 时，分别称为 C 声级和 Z 声级，符号相应为 L_C、L_Z 或 L_{pC}、L_{pZ}
1-148	F 时间计权 A 声级 F time-weighting and A-weighting sound pressure level	L_{AF}	用 F 时间计权测得的 A 声级	用 S 时间计权测得的 A 声级称为 S 时间计权 A 声级计，符号为 L_{AS}
1-149	时间平均声压级 time-average sound pressure level	L_T	在指定的时间间隔上以标准的频率计权得到的均方根声压与基准声压之比的以 10 为底的对数的 20 倍	
1-150	等效连续声级 equivalent continuous sound level	L_{eq}		定义与时间平均声级相同
1-151	累计百分数声级 percentile level	L_N	测量时间内超过 $N\%$ 时间的 A 声级	
1-152	声强级 sound intensity level	L_I	$L_I = 20\lg(I/I_0)$ 式中：I 为声强；基准声强 $I_0 = 1\ \text{pW/m}^2$	单位为分贝(dB)

表 1（续）

编号	名称	符号	定义	说明
1-153	声功率级 sound power level	L_W	$L_W = 10\lg(P/P_0)$ 式中：P 为声功率；基准声功率 P_0 =1 pW	单位为分贝(dB)
1-154	A 计权声功率级 A-weighting sound power level	L_{WA}	用 A 频率计权测得的声功率级	
1-155	声暴露级 sound exposure level	L_E	$L_E = 10\lg(E/E_0)$ 式中：E 为声暴露；参考值 E_0 = 400 $\mu P^2 \cdot s$	
1-156	损耗因数 dissipation factor	δ	损耗声功率与入射声功率之比	
1-157	反射因数 reflection factor	γ	反射声功率与入射声功率之比	希腊字母
1-158	透射因数 transmission factor	τ	透射声功率与入射声功率之比	
1-159	吸收因数 absorption factor	α	吸收声功率与入射声功率之比	希腊字母
1-160	隔声量 sound reduction index	R	$R = 10\lg(1/\tau)$ 式中：τ 为透射因数	
1-161	吸声量 equivalent absorption area of a surface or object	A	吸收因数乘以材料的表面积，又称等效吸声面积	
1-162	衰变率 decay rate	K	一些声学量的级对时间的相对减低率	通常用 dB/s 为单位
1-163	混响时间 reverberation	T_n	在一房间中，当声音达到稳定状态后停止声源，其平均声能密度自原始值衰减至 $10^{-n/10}$（即 n dB）所需的时间	
1-164	响度级 loudness level	L_N	$L_N = 20\lg(p/p_0)_{1\ kHz}$ 式中：p 为在正常测听条件下，正常听者判断一个声音与 1 kHz 纯音等响的有效声压，p_0 为基准声压等于 20 μPa	响度级不是纯物理量，而是主观评价量
1-165	响度 loudness	N	正常听者判断一个声音比响度级为 40 phon 的参考声音强的倍数	响度不是纯物理量，而是主观评价量
1-166	感觉噪声级 perceived noise level	L_{PN}	$L_{PN} = 20\lg(p_f/p_0)_{1\ kHz}$ 式中：p_f 为听者判断为具有相等噪度的来自正前方中心频率为 1 kHz 的倍频带噪声的声压级	感觉噪声级不是纯物理量，而是主观评价量

表 1（续）

编号	名称	符号	定义	说明
1-167	噪度 noiseness	N_n	与人们主观判断噪声的“吵闹”程度成比例的数值量	噪度不是纯物理量，而是主观评价量
1-168	指向性因数 directivity factor	R_θ	在声源某一辐射方向(或主轴)上远处一点上某频率的声压平方，与通过该点和声源同心球面上同一频率的声压平方的平均值的比值	
1-169	指向性指数 directivity index	D_I	$D_\mathrm{I} = \lg R_\theta$ 式中：R_θ 为指向性因数	

4.2 单位的符号

4.2.1 物理量的单位符号由一个或多个拉丁字母或希腊字母组成，除源自人名的单位名称其符号的第一个字母大写外，一般都为小写字母。无论文本的其他部分使用何种字体，单位符号都应使用正体印刷。

4.2.2 应采用 GB 3100 和 GB 3102 各部分规定的单位符号，并按 GB 3101 的要求使用。

4.2.3 单位符号没有复数形式，单位符号上不应附加任何其他标记或符号。附加信息应由量的符号携带，而不应由单位的值或符号携带。

示例：写作 $U_{\max} = 500\ \mathrm{V}$，而不是 $U = 500\ \mathrm{V_{max}}$。

4.2.4 在通讯和声学领域中，有关级的参考值和计权的符号等附加信息宜以括号或下标的形式标在量的符号之后。

示例 1：L_I(re 1 A)＝－10 Np 或 $L_{I/1\ \mathrm{A}}$＝－10 Np 或 $L_{I/\mathrm{A}}$＝－10 Np；

L_P(re 1 W)＝6 dB 或 $L_{P/1\ \mathrm{W}}$＝6 dB 或 $L_{P/\mathrm{W}}$＝6 dB；

L_E(re 1 μV/m)＝5 Np 或 $L_{E/1\ \mu\mathrm{V/m}}$＝5 Np；

L_p(re 20 μPa)＝15 dB 或 $L_{P/20\ \mu\mathrm{Pa}}$＝15 dB；

L_A(re 20 μPa)＝60 dB 或 L_A＝60 dB。

如果在括号中的“re”之后的或在下标中的斜线分隔符之后的参考量的数值等于 1，则该“1”可省略。

示例 2：L_P(re W)＝6 dB 或 $L_{P/\mathrm{W}}$＝6 dB。

实际上，在单位符号之后空一格，再在括号中给出如参考值或计权符号一类附加信息，这样的简明形式是经常使用的。

示例 3：－10 Np(1 A)；

6 dB(1 W)；

5 Np(1 μV/m)；

15 dB(20 μPa)；

60 dB(A)。

宜避免在单位符号之后，不空格直接给出参考值或计权符号一类附加信息。

示例 4：－10 Np(1 A)；

6 dB(1 W)或 6 dBW；

5 Np(1 μV/m)或 5 Npμ；

15 dB(20 μPa)；

60 dB(A)或 60 dBA。

4.3 电气系统的文字符号

4.3.1 根据用途或任务，实验室仪器和设备的电气系统中的电气设备、装置和元器件分为16个主类，每个主类的文字符号由单个大写的拉丁字母构成，见表2。

4.3.2 为对电气系统中的电气设备、装置和元器件进行更详细的说明，可以规定子类。子类的文字符号也由单个的拉丁字母构成。除文字符号为B的主类外，对项目任务基于电能的子类，其文字符号应为拉丁字母A、B、C、D或E，对项目任务基于信息和信号的子类，其文字符号应为拉丁字母F、G、H、J或K。电气系统中常用项目的文字符号见表2。

示例1：如果用文字符号B还不足以表示温度传感器的预定用途时，可表示为BT。

示例2：为细分能量存储装置和信息存储装置，可将电容器表示为CA，将硬盘表示为CF。

表2 电气系统常用文字符号

编号	名 称	符 号	说 明
2-001	多用途或多任务装置 multi-purpose device	A	
2-002	触屏 touch panel	AF	
2-003	电量与非电量转换器，传感器 electric and non-electric converter，transducer	B	
2-004	保护装置 protection device	BB	保护继电器、过载继电器、布彻霍尔兹继电器
2-005	密度传感器 density transducer	BD	
2-006	电气元器件 electrical unit	BE	电流互感器、电压互感器、测量变送器、测量电阻、测量继电器、测量变压器
2-007	流量传感器 flow transducer	BF	测量孔、差压传感器、流量计、气表、水表
2-008	长度测量传感器 length measurement transducer	BG	运动传感器、位置开关、接近开关、接近传感器、长度传感器、振幅传感器
2-009	计时器 time counter	BK	时钟、定时器
2-010	高程传感器 height transducer	BL	海拔高度传感器、回声深度探测器、声呐
2-011	湿度传感器 humidity transducer	BM	湿度计、湿量传感器
2-012	压力传感器 pressure transducer	BP	压力计、真空度计
2-013	材料性质传感器 material property transducer	BQ	X射线器件、pH计、浓度计，气体探测器、酸度计
2-014	辐射探测器 radiation detector	BR	光电池、火焰探测器、烟雾探测器

表 2（续）

编号	名 称	符 号	说 明
2-015	速度传感器 velocity transducer	BS	振动传感器、加速度计、转速计，测速发电机
2-016	温度传感器 temperature transducer	BT	温度敏感器、温度计
2-017	多变量传感器 multiple variables transducer	BU	
2-018	粘度传感器 viscosity transducer	BV	
2-019	质量传感器 mass transducer	BW	重力传感器
2-020	其他传感器 other transducer	BX	传声器、摄像机、扬声器
2-021	计数器 counter	BZ	切换循环检验器、事件计数器
2-022	能量与信息的存储装置 storage device of energy or information	C	
2-023	电能的电容存储装置 capacitive storage device of electric energy	CA	电容器
2-024	电能的感应存储装置 inductive storage device of electric energy	CB	线圈、超导体
2-025	电能的化学存储装置 chemical storage device of electric energy	CC	缓冲电池组、蓄电池
2-026	信息存贮装置 storage device of information	CF	RAM、ROM、事件记录器、硬盘、磁带记录仪、电压记录器、数据采集器
2-027	提供辐射能或热能的装置 device for providing radiant or thermal energy	E	
2-028	用电能产生用于照明目的的电磁辐射装置 device of generation of electromagnetic radiation for lighting purposes using electrical energy	EA	照明灯、白炽灯、萤光管、紫外灯、LED 灯、发光设备
2-029	电能制热器件 device of generation of thermal energy (heat) by conversion electrical energy	EB	电热丝、电热棒、电煮器、电炉、红外加热元件
2-030	电能制冷器件 device of generation of thermal energy (cold) by conversion electrical energy	EC	制冷单元、电冰箱、冷冻器、压缩冷冻机
2-031	其他电磁辐射装置 device of generation of other electromagnetic radiation	EF	激光器、微波发射器、辐射器

表 2（续）

编号	名　称	符 号	说　明
2-032	保护装置 protecting device	F	
2-033	熔断器 fuse	FA	保险丝
2-034	微型断路器 miniature circuit-breaker	FB	微型断路器、电涌保护器、热过载脱扣器
2-035	避雷器 arrester	FC	
2-036	漏电保护器 residual current operated protective device	FD	剩余电流断路器
2-037	电源和参考源 power supply and reference source	G	
2-038	利用机械能产生电能的装置 device of initiation of an electrical energy flow by mechanical energy	GA	发电机、直流发电机、电动发电机组
2-039	利用化学能产生电能的装置 device of initiation of an electrical energy flow by chemical energy	GB	燃料电池、蓄电池、干电池
2-040	利用光能产生电能的装置 device of initiation of an electrical energy flow using light	GC	太阳能电池
2-041	产生作为信息载体的信号的装置 device of generation of signals as information carrier	GF	信号发生器、信号转换器
2-042	处理信号或信息的器件 device of processing signals or information	K	
2-043	处理电信号和电子信号的器件 device of generation electrical and electronic signals	KF	继电器、晶体管、二进制元件、控制器、输入/输出模块、接收机、发射器、光耦器、数字集成电路、模拟集成电路、A/D 转换器、微处理器、延迟元件、滤波器、程序控制器
2-044	处理光信号和声信号的器件 device for processing optical and acoustical signals	KG	
2-045	处理液体信号和气体信号的装置 device for processing fluid and pneumatic signals	KH	气门组件、导向阀、阀位控制器
2-046	处理机械信号的装置 device for processing mechanical signals	KJ	
2-047	处理各种输入/输出信息载体的装置 device of processing various input/output information carriers	KK	电-液转换器、电动导向阀

表 2（续）

编号	名 称	符 号	说 明
2-048	驱动装置 device of providing mechanical energy for driving purposes	M	
2-049	电动机驱动装置 device driving by motor	MA	电动机、同步电动机、异步电动机、直线电动机、直流电动机
2-050	电磁驱动装置 device of electromagnetic driving	MB	电磁铁、电磁制动器、电磁离合器、电磁阀、电动阀、电磁吸盘、励磁线圈
2-051	信息表述装置 presentation device of information	P	
2-052	信息表述(永久性的)装置 presentation device of information(permanent)	PF	打印机、录音机、绘图仪、记录仪表
2-053	信息表述(非永久性的)装置 presentation device of information (non-permanent)	PG	指示仪表、监视器、光信号装置、音响信号装置、示波器、显示器
2-054	电能回路的开关装置 switch device in electrical energy circuit	Q	
2-055	电能回路的通断和变换装置 device of switch and variation of electrical energy circuit	QA	断路器、接触器、功率晶体管、闸流晶体管、电动机启动器
2-056	电能回路的隔离装置 isolation device of electrical energy circuit	QB	隔离开关、安全断路器、负载断路开关
2-057	电能回路的接地装置 earthing device of electrical energy circuit	QC	接地开关
2-058	电能回路的旁路装置 by-pass device of electrical energy circuit	QD	旁路断路器
2-059	限制或稳定能量流或信号的器件 device of restricting or stabilization flow of energy or information	R	
2-060	限制能量流的器件 device of restricting flow of energy	RA	电阻器、电位器、电感器、电抗线圈、二极管
2-061	稳定信号的装置 device of stabilization of signal	RF	滤波器、均衡器
2-062	将手动操作转换为特定信号的器件 device of conversion of manual operation to a specific signal	S	
2-063	手动操作到电信号的转换器件 conversion device of manual operation to electrical signals	SF	开关、光笔、键盘、控制开关、按钮开关、选择开关、定点调节器、鼠标

表 2（续）

编号	名　称	符号	说　明
2-064	手动操作到电磁、光或声信号的转换器件 conversion device of manual operation to electromagnetic, optical and acoustical signals	SG	无线鼠标
2-065	手动操作到机械信号的转换器件 conversion device of manual operation to mechanical signals	SH	手轮
2-066	手动操作到液压或气动信号的转换器件 conversion device of manual operation to fluid or pneumatic signals	SJ	
2-067	保持能量性质或信息内容不变的转换装置 conversion device of maintaining the kind of energy or the content of information	T	
2-068	维持性质和形态的电能转换装置 device of conversion of electrical energy while retaining the energy type and energy form	TA	变压器、DC/DC 变换器、频率变换器、调压器
2-069	保持性质不变但改变形式的电能转换装置 device of conversion of electrical energy while retaining the energy type and changing energy form	TB	整流器、逆变器、调制解调器
2-070	保持信息内容的信号转换装置 device of conversion of maintaining the content of information	TF	放大器、隔离转换器、电气传感器、脉冲放大器、衰耗器、天线、电话机
2-071	支持件和支撑件 holder and supporter	U	
2-072	电能设备的支持件和支撑件 holder and supporter of electrical energy equipment	UA	支柱绝缘子、支撑结构
2-073	电缆和导体的支持件和支撑件 holder and supporter of electrical energy cable and conductor	UB	门形架、绝缘子、电缆桥架、线槽、保护管、电缆托盘
2-074	电能设备的外护物 enclosure of electrical energy equipment	UC	外罩、封装
2-075	仪控和通讯项目的支持件、支撑件和外护物 holder, supporter and enclosure of I&C and communication object	UF	印制电路板、传感器架、子架
2-076	仪控和通讯线缆和导线的支持件、支撑件和外护物 holder, supporter and enclosure of I&C and communication cable and conductor	UG	线缆桥架、保护管

表 2（续）

编号	名　称	符号	说　明
2-077	仪控设备的外护物 enclosure of I&C equipment	UH	机柜
2-078	导引或输送能量或信号的装置 device of conducting or routing energy or signals	W	
2-079	配电元件(≥1 kV) element of distribution of electrical energy ≥1 kV	WA	不小于 1 kV 的母线
2-080	输电元件(≥1 kV) element of transporting of electrical energy ≥1 kV	WB	不小于 1 kV 的线缆、导体，不小于 1 kV 的套管
2-081	配电元件(<1 kV) element of distribution of electrical energy <1 kV	WC	小于 1 kV 的母线
2-082	输电元件(<1 kV) element of transporting electrical energy <1 kV	WD	小于 1 kV 的线缆、导体，小于 1 kV 的套管
2-083	导通至地电位或参考电位的元件 element of conducting ground potential or reference potential	WE	
2-084	电气或电子信号的分配装置 device of distribution of electrical or electronic signal	WF	数据总线
2-085	电气或电子信号的传输装置 device of transporting electrical or electronic signal	WG	控制电缆、测量电缆、数据线
2-086	光信号的传输和排列装置 device of transporting and routing optical signal	WH	玻璃纤维线缆、光缆
2-087	连接器(≥1 kV) connector(≥1 kV)	XB	端子、电缆密封端、接线盒、插座、插头、端子板
2-088	连接器(<1 kV) connector(<1 kV)	XD	端子、电缆密封端、接线盒、插座、插头、端子板
2-089	导通至地电位或参考电位的连接器 connector for conducting ground potential or reference potential	XE	接地端子、屏蔽接地端子
2-090	电信号连接器 connector for connecting electrical signal	XG	信号分配器、插头连接器、连接元件、测试插孔、连接片
2-091	光信号连接器 connector for connecting optical signal	XH	光连接器

4.3.3　在按表 2 对电气系统中的电气设备、装置和元器件分类时，应遵循以下原则：

——主要考虑其用途，而不必考虑是如何实现的；

——在多于一种用途时，应考虑主要用途或任务；

——仅在不能确定主要用途或任务时，才应采用 A 类。

示例1:某元器件的用途是加热,按照表2,该元器件显然属于E类。实现加热可使用电阻器,而电阻器又可根据其用途“限流”按R类分类。但是在此过程中,该元器件的用途是产生热,因而应采用E类,而不是R类。

示例2:某噪声数据采集器储存以后使用的测得值,同时提供一种可见形式的输出。如果认为储存是主要用途,则该项目属于C类,如果认为测得值的读数是主要用途,则该项目属于P类。

示例3:环境试验箱上的触摸屏用作人工信息输入的手段,同时又用作显示信息的装置,可以认为这两种用途是同等重要的,因此可以选用A类。

4.3.4 必要时,还可用辅助文字符号进一步表示电气设备、装置、元器件及电路的功能、状态和特性。辅助文字符号由一至三个拉丁字母构成。辅助文字符号跟在主类或子类的文字符号后面,中间空半格。实验室仪器和设备的电气系统中常用的辅助文字见表3。表1中的量的符号和表5中的下标和缩略语也可用作电气系统的辅助文字符号。

4.3.5 有关继电器和保护装置的文字符号见JB/T 2626。

4.3.6 有关半导体器件的文字符号见GB/T 3431.2、GB/T 11499、GB/T 16464和GB/T 17573。

表3 电气系统常用辅助文字符号

编号	名 称	符号	说 明
3-001	交流 alternating current	AC	
3-002	加速 accelerating	Acc	
3-003	激活 activate	Act	
3-004	附加 additional	Add	
3-005	可调 adjustable	Adj	
3-006	告警 alarm	Alm	
3-007	模拟 analog	An	
3-008	异步 asynchronous	Asy	
3-009	自动 automatic	Aut	
3-010	辅助 auxiliary	Aux	
3-011	自动调零 auto-zero adjustment	AZ	
3-012	电池 battery	Bat	
3-013	二十进制编码 binary coded decimal	BCD	

表 3（续）

编号	名　称	符 号	说　明
3-014	二进制 binary	Bin	
3-015	黑 black	BK	
3-016	蓝 blue	BL	
3-017	制动 braking	Brk	
3-018	缓冲 buffer	Buf	
3-019	总线 bus	Bus	
3-020	向后 backward	BW	
3-021	控制 control	C	
3-022	取消 cancel	Can	
3-023	断路器 circuit breaker	CB	
3-024	代码 code	Cd	
3-025	光盘 compact disc	CD	
3-026	频道 channel	Ch	
3-027	充电器 charger	Cha	
3-028	校验 check	Chk	
3-029	时钟 clock	Clk	
3-030	修正 correction	Cor	
3-031	中央处理单元 central processing unit	CPU	

表 3（续）

编号	名　称	符号	说　明
3-032	电流互感器 current transformer	CT	
3-033	顺时针 clockwise	CW	
3-034	逆时针 counter clockwise	CCW	
3-035	延时(延迟) delay	D	
3-036	数字 digital	D	
3-037	直流 direct current	DC	
3-038	十进制 decimal	Dec	
3-039	减 decrease	Decr	
3-040	检测 detect	Det	
3-041	删除 delete	Dlt	
3-042	差动 differential	Dif	
3-043	接地 earthing	E	
3-044	紧急 emergency	Emg	
3-045	快速 fast	F	
3-046	功能等电位连接 functional equal potential bonding	FB	
3-047	功能接地 functional earthing	FE	
3-048	触发器 flip-flop	FF	
3-049	故障 fault	Flt	

表 3（续）

编号	名　称	符 号	说　明
3-050	向前 forward	FW	
3-051	绿 green	GN	
3-052	高 high	H	
3-053	十六进制 hexadecimal	Hex	
3-054	保持 hold	Hld	
3-055	输入 input	In	
3-056	输入/输出 input/output	I/O	
3-057	接口 interface	I-F	
3-058	阻抗 impedance	Imp	
3-059	指示 indication	Ind	
3-060	增 increase	Incr	
3-061	感应 induction	Ind	
3-062	低 low	L	
3-063	交流电源第 1 相线 phase 1 line of AC power supply	L1	
3-064	交流电源第 2 相线 phase 2 line of AC power supply	L2	
3-065	交流电源第 3 相线 phase 3 line of AC power supply	L3	
3-066	直流电源正极 positive pole of DC power supply	L+	
3-067	直流电源负极 negative pole of DC power supply	L−	

表 3（续）

编号	名　称	符 号	说　明
3-068	局域网 local area network	LAN	
3-069	闭锁 latching	Lch	
3-070	负载 load	Ld	
3-071	发光二极管 light emitting diode	LED	
3-072	左 left	Lft	
3-073	测量信号 measuring signal	M	
3-074	手动 manual	Man	
3-075	最大 maximum	Max	
3-076	存储器 memory	Mem	
3-077	最小 minimum	Min	
3-078	电动机 motor	Mot	
3-079	中性 neutral	N	
3-080	无噪声(防干扰)接地 noiseless earthing	NE	
3-081	八进制 octal	Oct	
3-082	关断 off	Off	
3-083	接通 on	On	
3-084	输出 output	Out	
3-085	过载 overload	OV	

表 3（续）

编号	名　称	符 号	说　明
3-086	保护 protection	P	
3-087	保护接地 protective earthing	PE	
3-088	保护接地中性导体 PEN conductor	PEN	
3-089	保护接地中间导体 PEM conductor	PEM	
3-090	保护接地线导体 PEL conductor	PEL	
3-091	不接地保护 protective unearthing	PU	
3-092	红 red	RD	
3-093	记录 recording	Rcd	
3-094	参考 reference	Ref	
3-095	复位 reset	Res	
3-096	重启 restart	Rst	
3-097	备用的 reserve	Rsv	
3-098	右 right	Rt	
3-099	运转 run	Run	
3-100	接收 receive	Rx	
3-101	信号 signal	S	
3-102	置位 setting	Set	
3-103	起动 start	Str	

表 3（续）

编号	名　称	符 号	说　明
3-104	步进 stepping	Ste	
3-105	停止 stop	Stp	
3-106	同步 synchronizing	Syn	
3-107	减 subtract	Sub	
3-108	无噪声(防干扰)接地 noiseless earthing	TE	
3-109	测试 test	Tst	
3-110	类型 type	Typ	
3-111	欠量程 under range	U/R	
3-112	有效 valid	Vld	
3-113	电压互感器 voltage transformer	VT	
3-114	白 white	WH	
3-115	发送 transmit	Xmt	
3-116	黄 yellow	YE	
3-117	调零 zero adjustment	ZA	
3-118	零 zero	Zer	

4.4　其他部件、器件和装置的文字符号

4.4.1　实验室仪器和设备常用的其他部件、器件和装置的文字符号，以其英文名称的词头、前两个字母、前两音节的首字母、常用缩略语或约定成俗的习惯写法构成。最多不应超过四个字母。

4.4.2　实验室仪器和设备及其部件、器件、装置等的功能、状态和特性用辅助文字符号表示。辅助文字符号由拉丁字母构成。辅助文字符号可单独使用，也可与其他部件、器件和装置的文字符号联用。

4.4.3 其他部件、器件和装置的文字符号及辅助文字符号一般为大写，无论文本的其他部分使用何种字体，都应使用正体印刷。

4.4.4 过程检测和控制流程图用文字符号见 GB/T 2625。

4.4.5 热工领域用文字符号见 GB/T 4270。

4.4.6 天平行业用文字符号见 GB/T 23111。

4.5 与仪表特性和测量相关的文字符号

4.5.1 有关仪器仪表特性与测量的文字符号由一个或多个拉丁字母或希腊字母组成，也可使用缩略语。有关仪器仪表特性和测量的符号可加注下标，以区分不同的量、不同的条件等情形。

物理量的符号和代表数字的符号用斜体印刷，其他符号用正体印刷。

4.5.2 常用的仪器仪表特性和测量的文字符号见表 4。

表 4 与仪表特性和测量相关的文字符号

编号	名称	符号	定义	说明
4-001	测得值 measured value	x	代表测量结果的量值	
4-002	传感器的灵敏度 sensitivity of a transducer	T_{yx},S_x,M_y	测量系统的示值变化除以相应的被测量值变化所得的商	y 表示输出量；x 表示输入量。有时，S 用于发射，M 用于接收
4-003	灵敏度级 sensitivity level	L_S,L_M		
4-004	插入损失 insertion loss	D	在插入换能器、仪器前输送到系统插入点处的声功率和插入后输送到该点处的声功率级之差	
4-005	分辨力 resolution	d	引起相应示值产生可觉察到变化的被测量的最小变化	
4-006	失真 distortion	d		
4-007	存贮容量 storage capacity	M		
4-008	传递速率 transfer rate	r		拉丁字母
4-009	调制速率 modulation rate	r_m	单一信号元素最短持续时间的倒数	拉丁字母
4-010	通信量强度 traffic intensity	A		
4-011	信息量 information content	$I(X)$		
4-012	偏移 bias	b	由于测量仪器计量特性的变化引起的示值在一段时间内的连续或增量变化	

表 4（续）

编号	名称	符号	定义	说明
4-013	漂移 drift	b	由于测量仪器计量特性的变化引起的示值在一段时间内的连续或增量变化	
4-014	变差 variation	v	当影响量依次呈现两个不同的量值时，给定被测量的示值差或实物量具提供的量值差	拉丁字母
4-015	重复性 repeatability	r	在一组重复性测量条件下的测量精密度	拉丁字母
4-016	复现性 reproducibility	R	在复现性测量条件下的测量精密度	
4-017	稳定性 stability	S	测量仪器保持其计量特性随时间恒定的能力	
4-018	最大允许误差 maximum permissible errors	MPE	对给定的测量、测量仪器或测量系统，由规范或规程所允许的，相对于已知参考量值的测量误差的极限值	
4-019	最大允许误差的绝对值 absolute value of maximum permissible errors	MPEV	对给定的测量、测量仪器或测量系统，由规范或规程所允许的，相对于已知参考量值的测量误差的极限值	
4-020	误差 error	e		
4-021	基本误差，固有误差 intrinsic error	e_{in}	在参考条件下确定的测量仪器或测量系统的误差	
4-022	引用误差 fiducially error	γ	测量仪器或测量系统的误差除以仪器的特定值	希腊字母
4-023	绝对误差 absolute error	Δ	测得的量值减去参考量值	
4-024	相对误差 relative error	δ	绝对误差除以参考量值	
4-025	极差 range	R	测量列中的最大测得值与最小值之差	
4-026	残差 residual	v	响应变量的观测值与相应的基于假定模型的预测值之差	拉丁字母
4-027	实验标准偏差 experimental standard deviation	s	对同一被测量作 n 次测量，表征测量结果分散性的量	
4-028	测量不确定度 measurement uncertainty	u	根据所用到的信息，表征赋予被测量量值分散性的非负参数	
4-029	合成标准测量不确定度 combined standard measurement uncertainty	u_{c}	由在一个测量模型中各输入量的标准测量不确定度获得的输出量的标准测量不确定度	

表 4（续）

编号	名称	符号	定义	说明
4-030	扩展测量不确定度 expanded uncertainty	U	合成标准不确定度与一个大于1的数字因子的乘积	
4-031	包含概率 coverage probability	p	在规定的包含区间内包含被测量的一组值的概率	
4-032	包含因子 coverage factor	k	为获得扩展不确定度，对合成标准不确定度所乘的大于1的数	
4-033	自由度 degrees of freedom	ν	在方差计算中，和的项数减去对和的限制数	希腊字母
4-034	灵敏系数 sensitivity coefficient	c_i		
4-035	相关系数 correlation coefficient	ρ	两个变量之间相互依赖性的度量	希腊字母
4-036	极差系数 coefficient of range	d_n		
4-037	残差系数 residual error coefficient	c_n		
4-038	修正值 correction	C	用代数方法与未修正测量结果相加，以补偿其系统误差的值	
4-039	修正因子 correction factor	cf	为补偿测量系统误差而对未修正测量结果所乘的数值因子	
4-040	波特 Baud	Bd		调制速率的单位
4-041	比特 bit	bit		存贮容量的单位
4-042	八位字节 octet	o		存贮容量的单位 拉丁字母
4-043	字节 byte	B		存贮容量的单位
4-044	厄兰 Erlang	E		通信量强度的单位
4-045	香农 Shannon	Sh		信息量的单位
4-046	哈特莱 Hartley	Hart		信息量的单位
4-047	信息量自然单位 natural unit	nat		信息量的单位

4.6 下标和缩略语

4.6.1 当在给定的文件中，不同的量可能会有着相同的字母符号，或是对一个量有不同的应用，或是要表示同一个量的不同的值，此时，可采用下标予以区分。

4.6.2 下标可以是：

a) 数字。数字下标常用于区分顺序、重要程度和参考，数字 0 常用表示基本的、初始的和参考条件；

示例 1：i_1、i_2、i_3——某电流的基波、二次谐波和三次谐波分量，或导体 1、2、3 中的电流，或某一导体中三个不同时刻的电流；

R_{50} ——温度为 50 ℃时的电阻，或频率为 50 Hz 时的电阻；

U_{90} ——概率为 90%时的打火电压。

b) 数学符号和记号；

示例 2：i_∞——时间无穷大时的电流。

c) 字母序列。字母序列用于区分相同物理量的顺序，大写字母和小写字母都可使用，优先使用小写字母；

示例 3：Q_a、Q_b、Q_c——三个不同的电荷。

d) 参考字母。参考字母用于表明特定的场所、特定的时间点、特定的仪器或仪器部件、特定的程序、特定的物质、特定的领域(电、机等)；

示例 4：E_B ——表示点 B 的电场强度；

s_{EF} ——表示点 E 和点 F 的程长；

A_{KLM}——表示角为 K、L 和 M 的三角形的面积；

I_u ——表示 u 相电流。

e) 物理量或单位的符号；

示例 5：C_p ——恒定压力 p 下的热容量；

δ_C ——电容 C 的损耗角；

$W_{3\,h}$ ——电池放电 3 h 的电能容量。

f) 化学元素符号；

示例 6：ρ_{Cu}——铜的电阻率。

g) 缩略语。英文专有名称和拉丁语、希腊语以及其他外语系中通用的科学技术词汇的缩略语适于用作下标；

示例 7：T_C ——居里温度；

P_{el} ——电功率；

p_{cr} ——临界压力；

v_i ——初始速度；

T_{ext}——外部热力学温度；

R_{eq} ——等效电阻。

h) 其他符号。为区分不同类型的值(例如瞬时值、方均根值、峰值、最大值、平均值)时，可在基本符号上使用其他一些符号。

示例 8：

音调符号： $\hat{X}$；

代字号： $\tilde{X}$；

撇号： X'；

双撇号： X''；

圆括号： (X)；

方括号： $[X]$；

花括号：　$\{X\}$；

角括号：　$\langle X \rangle$；

上划线：　$\overline{X}$；

下划线：　$\underline{X}$；

星号：　X^*；

箭头号：　$\vec{X}$；

加号、正号：X_+；

减号、负号：X_-；

点号：　$\dot{X}$；

双点号：　$\ddot{X}$。

4.6.3　宜尽可能避免使用多重下标。在使用多重下标时，下标中的各个部分应写在同一水平线上。例如，磁阻(R_{m})的温度系数(α)也宜写成简化形式 $\alpha_{R_{\mathrm{m}}}$。

为清晰起见，对多重下标的不同部分，可：

——用空格隔开；

——用逗号分隔；

——将某一部分放于圆括号内；

——采用不同类型的下标。

示例：

$R_{\mathrm{m\,max}}$——磁阻的最大值；

$Z_{12,13}$——阻抗矩阵中第12行第13列的元素；

$i_{4(2)}$——导体4中电流二次谐波的瞬时值；

$J_{3\mathrm{y}}$——电流密度 J 的三次谐波的 y 分量；

$J_{\mathrm{y}3}$——电流密度 J 的 y 分量的三次谐波。

4.6.4　除非下标是不言而喻的，都应说明其含义。

在许多情况下，下标的含义都可能是不明确的，例如下标 i(罗马正体)可表示初始的、感应的或固有的。此时宜使用较长的下标以避免含糊，例如，用 ini 表示初始的，ind 表示感应的，intr 表示固有的。

4.6.5　用作下标的缩略语一般由单词的第一个字母或前面若干个字母构成，此时，除专有名称外，一般应使用小写字母。

用作下标的缩略语也可由词组中各单词的首字母组成，此时一般应使用大写字母。

在有些情形下也可既使用大写字母也使用小写字母，以表示不同的意义，例如，在确定的上下文中，大写字母下标用于量的总值，而小写字母下标用于其分量；或者，大写字母下标表示外部量，而小写字母下标表示内部量。

4.6.6　按下列原则印刷下标：

——表示物理量符号的下标用斜体；

——用作下标的数字用正体，但表示数的字母符号用斜体；

——其他下标均用正体。

示例1：

正体下标：

C_{g}　(g：空气)；

g_{n}　(n：标称的)；

μ_{r}　(r：相对的)；

x_{e}　(e：电的)；

$T_{1/2}$　(1/2：一半)。

示例2：

斜体下标：

C_p （p:压力）；
L_W （W:功率）；
g_{ik} （i,k:顺序号）；
p_x （x:x 坐标数）；
I_λ （λ:波长）。

4.6.7 表 5 推荐了可用于实验室仪器和设备文字符号的下标和缩略语。它们也可用作实验室仪器和设备常用部件、器件和装置的辅助文字符号，以表示其状态、功能和特性。

表 5 推荐的下标和缩略语

编号	名 称	符 号	说 明
5-001	化学的 chemical	ch	
5-002	电气的 electric	e,el	
5-003	高能的 energetic	e,en	
5-004	磁的 magnetic	m,mag	
5-005	机械的 mechanical	m,mec	
5-006	热学的 thermal	th,therm	
5-007	光,可视的 luminous,visual	v,vis	
5-008	光学的 optical	opt	
5-009	声学的 acoustical	a,ac	
5-010	辐射 radiation	r,rd	
5-011	方均根值 root-mean-square value	eff,rms	
5-012	峰值 peak value	mm	
5-013	峰-峰值 peak to peak value	pp	
5-014	最大值 maximum	m,max	
5-015	平均值 average (arithmetic mean value)	av	

表 5（续）

编号	名　称	符 号	说　明
5-016	最小值 minimum	min	
5-017	瞬时值 instantaneous	i,inst	
5-018	中值 median	med	
5-019	本地 local	l	拉丁字母
5-020	绝对 absolute	a,abs	
5-021	相对 relative	r,rel	
5-022	参考,基准 reference	ref	
5-023	误差 error	e,er	
5-024	最大允许误差,误差限 maximum permissible errors,limit of error	mpe	
5-025	偏差 deviation	d,dev	
5-026	修正 correction	c,cor	
5-027	可变量 varying	v,var	
5-028	脉冲 pulse	p,pul	
5-029	正弦的 sinusoidal	sin	
5-030	静止的 resting,quiescent	q,qu	
5-031	瞬态的 transient	t,trt	
5-032	交流 alternating	～,a,alt	
5-033	直流 direct	—,0	数字零,而不是字母“O”

表 5（续）

编号	名　称	符 号	说　明
5-034	基波分量 fundamental component	1	数字 1
5-035	二次谐波 second harmonic component	2	
5-036	零序分量 zero sequence component	0,h	数字零,而不是字母“O”
5-037	正序分量 positive sequence component	1,p	数字 1
5-038	负序分量 negative sequence component	2,n	
5-039	谐振 resonance	r,rsn	
5-040	信号 signal	s,sig	
5-041	失真 distortion	d,dist	
5-042	噪声 noise	n	
5-043	调制 modulation	mod	
5-044	解调 demodulation	dem	
5-045	附加的 additional	a,ad	
5-046	剩余的 residual	r,rsd	
5-047	结果的 resulting	r,rsl	
5-048	总计 total	t,tot	
5-049	求和 sum	Σ,sum	
5-050	差 difference	Δ,d,dif	
5-051	微分的 differential	d	

表 5（续）

编号	名　称	符 号	说　明
5-052	等效的 equivalent	e，eq	
5-053	同步的 synchronous	s，syn	
5-054	异步的 asynchronous	a，asyn	
5-055	时间 time	t	
5-056	同时的 simultaneous	sim	
5-057	连续的 successive	suc	
5-058	低于 lower，low	i，inf	
5-059	高于 upper，high	s，sup	
5-060	自 self	p，prop	
5-061	互 mutual	m，mut	
5-062	感应 induced	i，ind	
5-063	直接的 direct	d，dir	
5-064	间接的 indirect	ind，indir	
5-065	轴向的 axial	a，ax	
5-066	径向的 radial	r，rad	
5-067	切线的 tangential	t，tan	
5-068	纵向的 longitudinal	l，long	拉丁字母
5-069	横向的 transverse	t，trv	

表 5（续）

编号	名 称	符 号	说 明
5-070	正交 quadrature	q，qua	
5-071	平行于 parallel	//，p，par	
5-072	垂直于 perpendicular，normal	⊥，n，perp	
5-073	球形的 spherical	s，sph	
5-074	半球形的 hemispherical	h，hsph	
5-075	周围的，环境的 ambient	a，amb	
5-076	外部的 external	e，ext	
5-077	本地的 local	l，loc	拉丁字母
5-078	内在的 internal	i，int	
5-079	定子 stator	s，str	
5-080	转子 rotor	r，rot	
5-081	磁路中的气隙或其他 air-gap or other in a magnetic circuit	δ	
5-082	理想值 ideal	i，id	
5-083	标称值 nominal	n，nom	
5-084	额定值 rated	r，rat	
5-085	极限值 limiting	l，lim	拉丁字母
5-086	惯例值 usual	u，us	
5-087	标准化值 standardized	s，std	

表 5（续）

编号	名 称	符 号	说 明
5-088	理论值 theoretical	th,theor	
5-089	真值 real (true)	r,re	
5-090	测得值 measured	m,mes	
5-091	经验值 experimental	exp	
5-092	计算值 calculated	c,calc	
5-093	特征值 characteristic	0,c,ch,char	数字零,而不是字母“O”
5-094	初始值 initial	0,i,ini	数字零,而不是字母“O”
5-095	终值 final	f,fin	
5-096	时值 time	t	
5-097	无穷大 at infinity	∞	
5-098	固定条件,定态 stationary condition,steady state	s,st,stat	
5-099	原始值 original	or	
5-100	临界值 critical	c,cr,crit	
5-101	本征值 intrinsic	i,intr	
5-102	空白的 vacuum	v,vac	
5-103	散布的 diffuse	d,dfu	
5-104	有用的 useful	u,ut	
5-105	损耗 loss,dissipation	d,diss	

表 5（续）

编号	名 称	符 号	说 明
5-106	有效的 effective	e,ef	
5-107	静态的 static	s,st,stat	
5-108	动态的 dynamic	d,dyn	
5-109	算术平均 arithmetic mean	am	
5-110	加权算术平均 weighted arithmetic mean	wam	
5-111	输入 in,input	1,in,i	数字 1
5-112	输出 out,output	out,ex,o	字母“O”而不是数字零
5-113	初级的,一次的 primary	1,p,prim	数字 1
5-114	次级的,二次的 secondary	2,s,sec	
5-115	第三的 tertiary	3,ter	
5-116	短路 short circuit	k,sc	
5-117	开路 open circuit	o,oc	字母“O”而不是数字零
5-118	串联 series	s,ser	
5-119	分流,并联 shunt,parallel	p,par	
5-120	负载 load	L	
5-121	源 source	s	
5-122	导线 line conductors	L_i	$i=1,2,3,\cdots,n$
5-123	绕组 windings	W_i	$i=1,2,3,\cdots,n$

表 5（续）

编号	名　称	符 号	说　明
5-124	中性导体 neutral conductor	N	
5-125	保护导体 protective conductor	PE	
5-126	保护接地中性导体 PEN conductor	PEN	
5-127	接地线 earth wire	Q	如接地线多于一根，使用 Q_1，Q_2，…，Q_n
5-128	导线束 bundle conductor	B	
5-129	网络 network	N	
5-130	护套或屏蔽 sheath or shielding	S	
5-131	发电机 generator	G	
5-132	电动机 motor	M	
5-133	变压器 transformer	T	
5-134	电流互感器 current transformer	CT	
5-135	电压互感器 voltage transformer	VT	
5-136	整流器 rectifier	RF	
5-137	地 earth	E	
5-138	中性线 neutral conductor	N	
5-139	参考地 reference earth	RE	
5-140	正极、阳极 anode	+，a	
5-141	负极、阴极 cathode	－，k	

表 5（续）

编号	名 称	符 号	说 明
5-142	控制极 gate	g,ga	
5-143	基极 base	b	
5-144	集电极 collector	c	
5-145	发射极 emitter	e	
5-146	栅极 grid	g,gr	
5-147	源极 source	s	
5-148	漏极 drain	d	
5-149	加热器、灯丝 heater,filament	f	

参 考 文 献

[1] GB 3102.1—1993 空间和时间的量和单位
[2] GB 3102.2—1993 周期及有关现象的量和单位
[3] GB 3102.3—1993 力学的量和单位
[4] GB 3102.4—1993 热学的量和单位
[5] GB 3102.5—1993 电学和磁学的量和单位
[6] GB 3102.6—1993 光及有关电磁辐射的量和单位
[7] GB 3102.7—1993 声学的量和单位
[8] GB/T 7159—1987 电气技术中的文字符号制订通则
[9] GB/T 3358.3—2009 统计学词汇及符号 第3部分:实验设计
[10] GB/T 13983—1992 仪器仪表基本术语
[11] GB/T 15565.1—2008 图形符号 术语 第1部分:通用
[12] GB/T 16679—2009 工业系统、装置与设备以及工业产品 信号代号
[13] GB/T 20001.2—2001 标准编写规则 第2部分:符号
[14] GB/T 20939—2007 技术产品及技术产品文件结构原则 字母代码 按项目用途和任务划分的主类和子类
[15] JB/T 9353.2—1999 分析仪器常用文字符号
[16] JJF 1001—2011 通用计量术语及定义
[17] JJF 1059—1999 测量不确定度的评定与表示
[18] JJF 1094—2002 测量仪器特性评定
[19] ISO 80000-3:2007 Quantities and units Part 3:Space and time
[20] ISO 80000-4:2006 Quantities and units Part 4:Mechanics
[21] ISO 80000-5:2007 Quantities and units Part 5:Thermodynamics
[22] ISO 80000-6:2008 Quantities and units Part 6:Electromagnetism
[23] ISO 80000-7:2008 Quantities and units Part 7:Light
[24] ISO 80000-8:2007 Quantities and units Part 8:Acoustics
[25] IEC 60027-1:1992 Letter symbols to be used in electrical technology Part 1:General
Amendment 1:1997
Amendment 2:2005
[26] IEC 60027-2:2005 Letter symbols to be used in electrical technology Part 2:Telecommu-nications and electronics
[27] IEC 60027-3:2002 Letter symbols to be used in electrical technology Part 3:Logarithmic and related quantities,and their units

索　引

汉语拼音索引

符号名称　　符号编号

B

八进制 …… 3-081
八位字节 …… 4-042
白 …… 3-114
半径 …… 1-005
半球形的 …… 5-074
包含概率 …… 4-031
包含因子 …… 4-032
保持 …… 3-054
保持能量性质或信息内容不变的转换装置 …… 2-067
保持信息内容的信号转换装置 …… 2-070
保持性质不变但改变形式的电能转换装置 …… 2-069
保护 …… 3-086
保护导体 …… 5-125
保护接地 …… 3-087
保护接地线导体 …… 3-090
保护接地中间导体 …… 3-089
保护接地中性导体 …… 3-088,5-126
保护装置 …… 2-004,2-032
备用的 …… 3-097
本地 …… 5-019
本地的 …… 5-077
本征值 …… 5-101
比特 …… 4-041
闭锁 …… 3-069
避雷器 …… 2-035
变差 …… 4-014
变压器 …… 5-133
标称值 …… 5-083
标准化值 …… 5-087
并联 …… 5-119
波长 …… 1-028
波的传播速度 …… 1-017
波特 …… 4-040
泊松比 …… 1-050
不接地保护 …… 3-091

步进 …… 3-104

C

材料性质传感器 …… 2-013
参考 …… 3-094,5-022
参考地 …… 5-139
残差 …… 4-026
残差系数 …… 4-037
测得值 …… 4-001,5-090
测量不确定度 …… 4-028
测量信号 …… 3-073
测试 …… 3-109
插入损失 …… 4-004
差 …… 5-050
差动 …… 3-042
产生作为信息载体的信号的装置 …… 2-041
长度 …… 1-001
长度测量传感器 …… 2-008
场[量]级 …… 1-029
程长 …… 1-007
持续时间 …… 1-015
充电器 …… 3-027
初级的 …… 5-113
初始值 …… 5-094
处理电信号和电子信号的器件 …… 2-043
处理各种输入/输出信息载体的装置 …… 2-047
处理光信号和声信号的器件 …… 2-044
处理机械信号的装置 …… 2-046
处理信号或信息的器件 …… 2-042
处理液体信号和气体信号的装置 …… 2-045
触发器 …… 3-048
触屏 …… 2-002
传递速率 …… 4-008
传感器 …… 2-003
传感器的灵敏度 …… 4-002
传热系数 …… 1-066
串联 …… 5-118
垂直于 …… 5-072
磁常数 …… 1-086
磁场强度 …… 1-085
磁导率 …… 1-087
磁的 …… 5-004
磁路中的气隙或其他 …… 5-081

磁通[量] …… 1-084
磁通[量]密度 …… 1-083
磁阻 …… 1-093
次级的 …… 5-114
存储器 …… 3-076
存贮容量 …… 4-007

D

代码 …… 3-024
弹性模量 …… 1-051
导通至地电位或参考电位的连接器 …… 2-089
导通至地电位或参考电位的元件 …… 2-083
导线 …… 5-122
导线束 …… 5-128
导引或输送能量或信号的装置 …… 2-078
灯丝 …… 5-149
等效的 …… 5-052
等效连续声级 …… 1-150
低 …… 3-062
低于 …… 5-058
地 …… 5-137
第三的 …… 5-115
电常数 …… 1-079
电场强度 …… 1-073
电池 …… 3-012
电磁驱动装置 …… 2-050
电导 …… 1-098
电动机 …… 3-078,5-132
电动机驱动装置 …… 2-049
电感 …… 1-094
电荷 …… 1-070
电极化强度 …… 1-071
电抗 …… 1-101
电缆和导体的支持件和支撑件 …… 2-073
电量与非电量转换器 …… 2-003
电流 …… 1-069
电流互感器 …… 3-032,5-134
电流密度 …… 1-072
电纳 …… 1-102
电能的电容存储装置 …… 2-023
电能的感应存储装置 …… 2-024
电能的化学存储装置 …… 2-025
电能回路的隔离装置 …… 2-056

电能回路的接地装置 …… 2-057
电能回路的开关装置 …… 2-054
电能回路的旁路装置 …… 2-058
电能回路的通断和变换装置 …… 2-055
电能设备的外护物 …… 2-074
电能设备的支持件和支撑件 …… 2-072
电能制冷器件 …… 2-030
电能制热器件 …… 2-029
电气的 …… 5-002
电气或电子信号的传输装置 …… 2-085
电气或电子信号的分配装置 …… 2-084
电气元器件 …… 2-006
电容 …… 1-078
电通量 …… 1-082
电通密度 …… 1-077
电位 …… 1-074
电位差 …… 1-075
电信号连接器 …… 2-090
电压 …… 1-076
电压互感器 …… 3-113,5-135
电源和参考源 …… 2-037
电阻 …… 1-097
电阻率 …… 1-096
调零 …… 3-117
调制 …… 5-043
调制速率 …… 4-009
定态 …… 5-098
定子 …… 5-079
[动力]粘度 …… 1-054
动量 …… 1-039
动摩擦因数 …… 1-052
动态的 …… 5-108
短路 …… 5-116
断路器 …… 3-023
对数减缩 …… 1-032
对数频程 …… 1-124
多变量传感器 …… 2-017
多用途或多任务装置 …… 2-001

E

额定值 …… 5-084
厄兰 …… 4-044
二次的 …… 5-114

二次谐波 …… 5-035
二进制 …… 3-014
二-十进制编码 …… 3-013

F

发电机 …… 5-131
发光二极管 …… 3-071
发光强度 …… 1-119
发射极 …… 5-145
发送 …… 3-115
反射因数 …… 1-157
方均根值 …… 5-011
分辨力 …… 4-005
分流 …… 5-119
峰-峰值 …… 5-013
峰值 …… 5-012
辐[射]出[射]度 …… 1-115
辐[射]功率 …… 1-112
辐[射]亮度 …… 1-114
辐[射]能 …… 1-111
辐[射]强度 …… 1-113
辐[射]通量 …… 1-112
辐[射]照度 …… 1-116
辐射 …… 5-010
辐射探测器 …… 2-014
辅助 …… 3-010
负极 …… 5-141
负序分量 …… 5-038
负载 …… 3-070,5-120
附加 …… 3-004
附加的 …… 5-045
复位 …… 3-095
复现性 …… 4-016

G

感觉噪声级 …… 1-166
感应 …… 3-061,5-062
高 …… 3-052
高程传感器 …… 2-010
高度 …… 1-003
高能的 …… 5-003
高于 …… 5-059
告警 …… 3-006

隔声量 ………… 1-160
功 ………… 1-056
功率 ………… 1-058
功率[量]级 ………… 1-030
功率因数 ………… 1-109
功能等电位连接 ………… 3-046
功能接地 ………… 3-047
固定条件 ………… 5-098
固有误差 ………… 4-021
故障 ………… 3-049
关断 ………… 3-082
惯例值 ………… 5-086
光 ………… 5-007
光出射度 ………… 1-122
光量 ………… 1-118
[光]亮度 ………… 1-121
光能 ………… 1-118
光盘 ………… 3-025
光通量 ………… 1-117
光信号的传输和排列装置 ………… 2-086
光信号连接器 ………… 2-091
光学的 ………… 5-008
[光]照度 ………… 1-120
过载 ………… 3-085

H

哈特莱 ………… 4-046
合成标准测量不确定度 ………… 4-029
黑 ………… 3-015
横向的 ………… 5-069
红 ………… 3-092
厚度 ………… 1-004
互 ………… 5-061
互感 ………… 1-095
护套或屏蔽 ………… 5-130
化学的 ………… 5-001
环境的 ………… 5-075
缓冲 ………… 3-018
黄 ………… 3-116
混响时间 ………… 1-163

J

机械的 ………… 5-005

机械能 …… 1-057
基本误差 …… 4-021
基波分量 …… 5-034
基极 …… 5-143
基准 …… 5-022
激活 …… 3-003
级 …… 1-143
极差 …… 4-025
极差系数 …… 4-036
极限值 …… 5-085
集电极 …… 5-144
计时器 …… 2-009
计数器 …… 2-021
计算值 …… 5-092
记录 …… 3-093
加权算术平均 …… 5-110
加热器 …… 5-149
加速 …… 3-002
加速度 …… 1-018
间接的 …… 5-064
减 …… 3-039,3-107
检测 …… 3-040
将手动操作转换为特定信号的器件 …… 2-062
交流 …… 3-001,5-032
交流电源第 1 相线 …… 3-063
交流电源第 2 相线 …… 3-064
交流电源第 3 相线 …… 3-065
角 …… 1-013
角加速度 …… 1-021
角频率 …… 1-027
角速度 …… 1-020
矫顽[磁]力 …… 1-089
接地 …… 3-043
接地线 …… 5-127
接口 …… 3-057
接收 …… 3-100
接通 …… 3-083
结果的 …… 5-047
解调 …… 5-044
介电常数 …… 1-080
紧急 …… 3-044
经验值 …… 5-091
径向的 …… 5-066

静摩擦因数……………………………………………………………………………………… 1-053
静态的……………………………………………………………………………………………… 5-107
静压………………………………………………………………………………………………… 1-125
静止的……………………………………………………………………………………………… 5-030
局域网……………………………………………………………………………………………… 3-068
距离………………………………………………………………………………………………… 1-008
绝对………………………………………………………………………………………………… 5-020
绝对误差…………………………………………………………………………………………… 4-023

K

开路………………………………………………………………………………………………… 5-117
可变量……………………………………………………………………………………………… 5-027
可调………………………………………………………………………………………………… 3-005
可视的……………………………………………………………………………………………… 5-007
空白的……………………………………………………………………………………………… 5-102
控制………………………………………………………………………………………………… 3-021
控制极……………………………………………………………………………………………… 5-142
快速………………………………………………………………………………………………… 3-045
宽度………………………………………………………………………………………………… 1-002
扩展测量不确定度………………………………………………………………………………… 4-030

L

蓝…………………………………………………………………………………………………… 3-016
类型………………………………………………………………………………………………… 3-110
累计百分数声级…………………………………………………………………………………… 1-151
理论值……………………………………………………………………………………………… 5-088
理想值……………………………………………………………………………………………… 5-082
力…………………………………………………………………………………………………… 1-040
力矩………………………………………………………………………………………………… 1-042
立体角……………………………………………………………………………………………… 1-014
利用光能产生电能的装置………………………………………………………………………… 2-040
利用化学能产生电能的装置……………………………………………………………………… 2-039
利用机械能产生电能的装置……………………………………………………………………… 2-038
连接器(＜1 kV)…………………………………………………………………………………… 2-088
连接器(≥1 kV)…………………………………………………………………………………… 2-087
连续的……………………………………………………………………………………………… 5-057
临界值……………………………………………………………………………………………… 5-100
灵敏度级…………………………………………………………………………………………… 4-003
灵敏系数…………………………………………………………………………………………… 4-034
零…………………………………………………………………………………………………… 3-118
零序分量…………………………………………………………………………………………… 5-036
流量传感器………………………………………………………………………………………… 2-007
漏电保护器………………………………………………………………………………………… 2-036

漏极……………………………………………………………………… 5-148
露点温度…………………………………………………………………… 1-068
绿…………………………………………………………………………… 3-051

M

脉冲……………………………………………………………………… 5-028
密度……………………………………………………………………… 1-035
密度传感器………………………………………………………………… 2-005
面积……………………………………………………………………… 1-011
面积电流…………………………………………………………………… 1-072
面密度……………………………………………………………………… 1-037
面质量……………………………………………………………………… 1-037
模拟……………………………………………………………………… 3-007

N

内在的……………………………………………………………………… 5-078
能量与信息的存储装置…………………………………………………… 2-022
逆时针……………………………………………………………………… 3-034
粘度传感器………………………………………………………………… 2-018

P

配电元件(<1 kV)……………………………………………………… 2-081
配电元件(≥1 kV)……………………………………………………… 2-079
偏差……………………………………………………………………… 5-025
偏移……………………………………………………………………… 4-012
漂移……………………………………………………………………… 4-013
频带声压级………………………………………………………………… 1-146
频道……………………………………………………………………… 3-026
频率……………………………………………………………………… 1-025
品质因数…………………………………………………………………… 1-103
平均值……………………………………………………………………… 5-015
平面角……………………………………………………………………… 1-013
平行于……………………………………………………………………… 5-071
曝光量……………………………………………………………………… 1-123

Q

其他传感器………………………………………………………………… 2-020
其他电磁辐射装置………………………………………………………… 2-031
起动……………………………………………………………………… 3-103
欠量程……………………………………………………………………… 3-111
切线的……………………………………………………………………… 5-067
切应变……………………………………………………………………… 1-048
切应力……………………………………………………………………… 1-046

求和 …… 5-049
球形的 …… 5-073
驱动装置 …… 2-048
取消 …… 3-022

R

绕组 …… 5-123
绕组的匝数 …… 1-091
热 …… 1-062
热导率 …… 1-065
热力学温度 …… 1-060
热量 …… 1-062
热流量 …… 1-063
热容 …… 1-067
热学的 …… 5-006
熔断器 …… 2-033

S

散布的 …… 5-103
删除 …… 3-041
摄氏温度 …… 1-061
声暴露 …… 1-135
声暴露级 …… 1-155
声功率 …… 1-132
声功率级 …… 1-153
声劲 …… 1-141
声抗 …… 1-139
声能密度 …… 1-131
声强 …… 1-133
声强级 …… 1-152
声顺 …… 1-142
声速 …… 1-130
声学的 …… 5-009
声压 …… 1-126
声压级 …… 1-145
声压谱密度级 …… 1-144
声质点加速度 …… 1-129
声质点速度 …… 1-128
声质点位移 …… 1-127
声质量 …… 1-140
声阻 …… 1-138
声阻抗 …… 1-137
剩余的 …… 5-046

失真 …… 4-006,5-041
湿度传感器 …… 2-011
十进制 …… 3-038
十六进制 …… 3-053
时间 …… 1-015,5-055
时间常数 …… 1-023
时间平均声强 …… 1-134
时间平均声压级 …… 1-149
时值 …… 5-096
时钟 …… 3-029
实验标准偏差 …… 4-027
视在功率 …… 1-107
手动 …… 3-074
手动操作到电磁、光或声信号的转换器件 …… 2-064
手动操作到电信号的转换器件 …… 2-063
手动操作到机械信号的转换器件 …… 2-065
手动操作到液压或气动信号的转换器件 …… 2-066
输出 …… 3-084,5-112
输电元件(<1 kV) …… 2-082
输电元件(≥1 kV) …… 2-080
输入 …… 3-055,5-111
输入/输出 …… 3-056
数字 …… 3-036
衰变率 …… 1-162
衰减系数 …… 1-033
顺时针 …… 3-033
瞬时值 …… 5-017
瞬态的 …… 5-031
速度 …… 1-016
速度传感器 …… 2-015
算术平均 …… 5-109
损耗 …… 5-105
损耗角 …… 1-105
损耗因数 …… 1-104,1-156

T

特征值 …… 5-093
提供辐射能或热能的装置 …… 2-027
体积 …… 1-012
体积质量 …… 1-035
体应变 …… 1-049
停止 …… 3-105
通信量强度 …… 4-010

同步 …… 3-106
同步的 …… 5-053
同时的 …… 5-056
透射因数 …… 1-158

W

外部的 …… 5-076
网络 …… 5-129
微分的 …… 5-051
微型断路器 …… 2-034
维持性质和形态的电能转换装置 …… 2-068
位移 …… 1-010
位置矢量 …… 1-009
温度传感器 …… 2-016
温度系数 …… 1-064
稳定信号的装置 …… 2-061
稳定性 …… 4-017
无功功率 …… 1-108
无穷大 …… 5-097
无噪声(防干扰)接地 …… 3-080,3-108
误差 …… 4-020,5-023
误差限 …… 5-024

X

吸声量 …… 1-161
吸收因数 …… 1-159
线密度 …… 1-036
线应变 …… 1-047
线质量 …… 1-036
限制或稳定能量流或信号的器件 …… 2-059
限制能量流的器件 …… 2-060
相[位]差 …… 1-099
相对 …… 5-021
相对磁导率 …… 1-088
相对介电常数 …… 1-081
相对误差 …… 4-024
相关系数 …… 4-035
相数 …… 1-092
香农 …… 4-045
响度 …… 1-165
响度级 …… 1-164
向后 …… 3-020
向前 …… 3-050

效率 …… 1-059
校验 …… 3-028
谐振 …… 5-039
信号 …… 3-101,5-040
信息表述(非永久性的)装置 …… 2-053
信息表述(永久性的)装置 …… 2-052
信息表述装置 …… 2-051
信息存贮装置 …… 2-026
信息量 …… 4-011
信息量自然单位 …… 4-047
修正 …… 3-030,5-026
修正因子 …… 4-039
修正值 …… 4-038
旋转频率 …… 1-026

Y

压力传感器 …… 2-012
压强 …… 1-044
延时(延迟) …… 3-035
阳极 …… 5-140
一次的 …… 5-113
仪控和通讯线缆和导线的支持件、支撑件和外护物 …… 2-076
仪控和通讯项目的支持件、支撑件和外护物 …… 2-075
仪控设备的外护物 …… 2-077
异步 …… 3-008
异步的 …… 5-054
阴极 …… 5-141
引用误差 …… 4-022
用电能产生用于照明目的的电磁辐射装置 …… 2-028
[有功]电能 …… 1-110
有功功率 …… 1-106
有效 …… 3-112
有效的 …… 5-106
有用的 …… 5-104
右 …… 3-098
原始值 …… 5-099
源 …… 5-121
源电压 …… 1-090
源极 …… 5-147
运动粘度 …… 1-055
运转 …… 3-099

Z

噪度 …… 1-167

噪声 …… 5-042
噪声剂量 …… 1-136
增 …… 3-060
栅极 …… 5-146
真空磁导率 …… 1-086
真空介电常数 …… 1-079
真值 …… 5-089
整流器 …… 5-136
正极 …… 5-140
正交 …… 5-070
正弦的 …… 5-029
正序分量 …… 5-037
正应力 …… 1-045
支持件和支撑件 …… 2-071
直接的 …… 5-063
直径 …… 1-006
直流 …… 3-037,5-033
直流电源负极 …… 3-067
直流电源正极 …… 3-066
指示 …… 3-059
指向性因数 …… 1-168
指向性指数 …… 1-169
制动 …… 3-017
质量 …… 1-034
质量传感器 …… 2-019
置位 …… 3-102
中性 …… 3-079
中性导体 …… 5-124
中性线 …… 5-138
中央处理单元 …… 3-031
中值 …… 5-018
终值 …… 5-095
重复性 …… 4-015
重量 …… 1-041
重启 …… 3-096
周期 …… 1-022
周围的 …… 5-075
轴向的 …… 5-065
转 …… 1-024
转动惯量 …… 1-038
转矩 …… 1-043
转子 …… 5-080
字节 …… 4-043

自 …… 5-060
自动 …… 3-009
自动调零 …… 3-011
自感 …… 1-094
自由度 …… 4-033
自由落体加速度 …… 1-019
总计 …… 5-048
总线 …… 3-019
纵向的 …… 5-068
阻抗 …… 1-100,3-058
阻尼系数 …… 1-031
最大 …… 3-075
最大允许误差 …… 4-018,5-024
最大允许误差的绝对值 …… 4-019
最大值 …… 5-014
最小 …… 3-077
最小值 …… 5-016
左 …… 3-072

其他

A 计权声功率级 …… 1-154
A 计权声压级 …… 1-147
A 声级 …… 1-147
F 时间计权 A 声级 …… 1-148

英文对应词索引

英文对应词 符号编号

A

absolute …… 5-020
absolute error …… 4-023
absolute value of maximum permissible errors …… 4-019
absorption factor …… 1-159
accelerating …… 3-002
acceleration …… 1-018
acceleration due to gravity …… 1-019
acoustic compliance …… 1-142
acoustic impedance …… 1-137
acoustic mass …… 1-140
acoustic reactance …… 1-139
acoustic resistance …… 1-138
acoustic stiffness …… 1-141

acoustical 5-009
activate 3-003
active energy 1-110
active power 1-106
additional 3-004,5-045
adjustable 3-005
air-gap or other in a magnetic circuit 5-081
alarm 3-006
alternating 5-032
alternating current 3-001
ambient 5-075
ambient 5-075
analog 3-007
angle 1-013
angular acceleration 1-021
angular frequency 1-027
angular velocity 1-020
anode 5-140
apparent power 1-107
area 1-011
areic electric current 1-072
areic mass 1-037
arithmetic mean 5-109
arrester 2-035
asynchronous 3-008,5-054
at infinity 5-097
attenuation coefficient 1-033
automatic 3-009
auto-zero adjustment 3-011
auxiliary 3-010
average (arithmetic mean value) 5-015
A-weighting sound power level 1-154
A-weighting sound pressure level 1-147
axial 5-065

B

backward 3-020
band sound pressure level 1-146
base 5-143
battery 3-012
Baud 4-040
bias 4-012
binary 3-014

binary coded decimal ······ 3-013
bit ······ 4-041
black ······ 3-015
blue ······ 3-016
braking ······ 3-017
breadth ······ 1-002
buffer ······ 3-018
bundle conductor ······ 5-128
bus ······ 3-019
by-pass device of electrical energy circuit ······ 2-058
byte ······ 4-043

C

calculated ······ 5-092
cancel ······ 3-022
capacitance ······ 1-078
capacitive storage device of electric energy ······ 2-023
cathode ······ 5-141
Celsius temperature ······ 1-061
central processing unit ······ 3-031
channel ······ 3-026
characteristic ······ 5-093
charger ······ 3-027
check ······ 3-028
chemical ······ 5-001
chemical storage device of electric energy ······ 2-025
circuit breaker ······ 3-023
clock ······ 3-029
clockwise ······ 3-033
code ······ 3-024
coefficient of heat transfer ······ 1-066
coefficient of range ······ 4-036
coercivity ······ 1-089
collector ······ 5-144
combined standard measurement uncertainty ······ 4-029
compact disc ······ 3-025
conductance ······ 1-098
connector for conducting ground potential or reference potential ······ 2-089
connector for connecting electrical signal ······ 2-090
connector for connecting optical signal ······ 2-091
connector(<1 kV) ······ 2-088
connector(≥1 kV) ······ 2-087
control ······ 3-021

conversion device of maintaining the kind of energy or the content of information ······ 2-067
conversion device of manual operation to electrical signals ······ 2-063
conversion device of manual operation to electromagnetic, optical and acoustical signals ······ 2-064
conversion device of manual operation to fluid or pneumatic signals ······ 2-066
conversion device of manual operation to mechanical signals ······ 2-065
correction ······ 3-030, 4-038, 5-026
correction factor ······ 4-039
correlation coefficient ······ 4-035
counter ······ 2-021
counter clockwise ······ 3-034
coverage factor ······ 4-032
coverage probability ······ 4-031
critical ······ 5-100
current transformer ······ 3-032, 5-134

D

damping coefficient ······ 1-031
decay rate ······ 1-162
decimal ······ 3-038
decrease ······ 3-039
degrees of freedom ······ 4-033
delay ······ 3-035
delete ······ 3-041
demodulation ······ 5-044
density ······ 1-035
density transducer ······ 2-005
detect ······ 3-040
deviation ······ 5-025
device driving by motor ······ 2-049
device for processing fluid and pneumatic signals ······ 2-045
device for processing mechanical signals ······ 2-046
device for processing optical and acoustical signals ······ 2-044
device for providing radiant or thermal energy ······ 2-027
device of conducting or routing energy or signals ······ 2-078
device of conversion of electrical energy while retaining the energy type and energy form ······ 2-068
device of conversion of electrical energy while retaining the energy type and changing energy form ······ 2-069
device of conversion of maintaining the content of information ······ 2-070
device of conversion of manual operation to a specific signal ······ 2-062
device of distribution of electrical or electronic signal ······ 2-084
device of electromagnetic driving ······ 2-050
device of generation electrical and electronic signals ······ 2-043

device of generation of electromagnetic radiation for lighting purposes using electrical energy 2-028
device of generation of other electromagnetic radiation 2-031
device of generation of signals as information carrier 2-041
device of generation of thermal energy (cold) by conversion electrical energy 2-030
device of generation of thermal energy (heat) by conversion electrical energy 2-029
device of initiation of an electrical energy flow by chemical energy 2-039
device of initiation of an electrical energy flow by mechanical energy 2-038
device of initiation of an electrical energy flow using light 2-040
device of processing signals or information 2-042
device of processing various input/output information carriers 2-047
device of providing mechanical energy for driving purposes 2-048
device of restricting flow of energy 2-060
device of restricting or stabilization flow of energy or information 2-059
device of stabilization of signal 2-061
device of switch and variation of electrical energy circuit 2-055
device of transporting and routing optical signal 2-086
device of transporting electrical or electronic signal 2-085
dew point temperature 1-068
diameter 1-006
difference 5-050
differential 3-042,5-051
diffuse 5-103
digital 3-036
direct 5-033,5-063
direct current 3-037
directivity factor 1-168
directivity index 1-169
displacement 1-010
dissipation 5-105
dissipation factor 1-156
distance 1-008
distortion 4-006,5-041
drain 5-148
drift 4-013
duration 1-015
dynamic 5-108
dynamic friction factor 1-052
[dynamic] viscosity 1-054

E

earth 5-137
earth wire 5-127

earthing ………… 3-043
earthing device of electrical energy circuit ………… 2-057
effective ………… 5-106
efficiency ………… 1-059
electric ………… 5-002
electric and non-electric converter ………… 2-003
electric charge ………… 1-070
electric constant ………… 1-079
electric current ………… 1-069
electric current density ………… 1-072
electric field strength ………… 1-073
electric flux ………… 1-082
electric flux density ………… 1-077
electric polarization ………… 1-071
electric potential ………… 1-074
electrical unit ………… 2-006
element of conducting ground potential or reference potential ………… 2-083
element of distribution of electrical energy < 1 kV ………… 2-081
element of distribution of electrical energy ≥1 kV ………… 2-079
element of transporting electrical energy <1 kV ………… 2-082
element of transporting of electrical energy ≥1 kV ………… 2-080
emergency ………… 3-044
emitter ………… 5-145
enclosure of electrical energy equipment ………… 2-074
enclosure of I&C equipment ………… 2-077
energetic ………… 5-003
equivalent ………… 5-052
equivalent absorption area of a surface or object ………… 1-161
equivalent continuous sound level ………… 1-150
Erlang ………… 4-044
error ………… 4-020,5-023
expanded uncertainty ………… 4-030
experimental ………… 5-091
experimental standard deviation ………… 4-027
external ………… 5-076

F

F time-weighting and A-weighting sound pressure level ………… 1-148
fast ………… 3-045
fault ………… 3-049
fiducially error ………… 4-022
filament ………… 5-149
final ………… 5-095

flip-flop ······ 3-048
flow transducer ······ 2-007
force ······ 1-040
forward ······ 3-050
frequency ······ 1-025
functional earthing ······ 3-047
functional equal potential bonding ······ 3-046
fundamental component ······ 5-034
fuse ······ 2-033

G

gate ······ 5-142
generator ······ 5-131
green ······ 3-051
grid ······ 5-146

H

Hartley ······ 4-046
heat ······ 1-062
heat capacity ······ 1-067
heat flow rate ······ 1-063
heater ······ 5-149
height ······ 1-003
height transducer ······ 2-010
hemispherical ······ 5-074
hexadecimal ······ 3-053
high ······ 3-052, 5-059
hold ······ 3-054
holder and supporter ······ 2-071
holder and supporter of electrical energy cable and conductor ······ 2-073
holder and supporter of electrical energy equipment ······ 2-072
holder, supporter and enclosure of I&C and communication cable and conductor ······ 2-076
holder, supporter and enclosure of I&C and communication object ······ 2-075
humidity transducer ······ 2-011

I

ideal ······ 5-082
illuminance ······ 1-120
impedance ······ 1-100, 3-058
in ······ 5-111
increase ······ 3-060
indication ······ 3-059
indirect ······ 5-064

induced ········· 5-062
inductance ········· 1-094
induction ········· 3-061
inductive storage device of electric energy ········· 2-024
information content ········· 4-011
initial ········· 5-094
input ········· 3-055,5-111
input/output ········· 3-056
insertion loss ········· 4-004
instantaneous ········· 5-017
interface ········· 3-057
internal ········· 5-078
intrinsic ········· 5-101
intrinsic error ········· 4-021
irradiance ········· 1-116
isolation device of electrical energy circuit ········· 2-056

K

kinetic viscosity ········· 1-055

L

latching ········· 3-069
left ········· 3-072
length ········· 1-001
length measurement transducer ········· 2-008
length of path ········· 1-007
level ········· 1-143
level of a field quantity ········· 1-029
level of a power quantity ········· 1-030
light emitting diode ········· 3-071
limit of error ········· 5-024
limiting ········· 5-085
line conductors ········· 5-122
linear density ········· 1-036
linear strain ········· 1-047
lineic mass ········· 1-036
load ········· 3-070,5-120
local ········· 5-019,5-077
local area network ········· 3-068
logarithmic decrement ········· 1-032
logarithmic frequency interval ········· 1-124
longitudinal ········· 5-068
loss ········· 5-105

loss angle ········ 1-105
loss factor ········ 1-104
loudness ········ 1-165
loudness level ········ 1-164
low ········ 3-062,5-058
lower ········ 5-058
luminance ········ 1-121
luminous energy ········ 1-118
luminous exitance ········ 1-122
luminous exposure ········ 1-123
luminous flux ········ 1-117
luminous intensity ········ 1-119
luminous,visual ········ 5-007

M

magnetic ········ 5-004
magnetic constant ········ 1-086
magnetic field strength ········ 1-085
magnetic flux ········ 1-084
magnetic flux density ········ 1-083
manual ········ 3-074
mass ········ 1-034
mass transducer ········ 2-019
material property transducer ········ 2-013
maximum ········ 3-075,5-014
maximum permissible error ········ 5-024
maximum permissible errors ········ 4-018
measured ········ 5-090
measured value ········ 4-001
measurement uncertainty ········ 4-028
measuring signal ········ 3-073
mechanical ········ 5-005
mechanical energy ········ 1-057
median ········ 5-018
memory ········ 3-076
miniature circuit-breaker ········ 2-034
minimum ········ 3-077,5-016
modulation ········ 5-043
modulation rate ········ 4-009
modulus of elasticity ········ 1-051
moment inertia ········ 1-038
moment of force ········ 1-042
momentum ········ 1-039

motor ········· 3-078,5-132
multiple variables transducer ········· 2-017
multi-purpose device ········· 2-001
mutual ········· 5-061
mutual inductance ········· 1-095

N

natural unit ········· 4-047
negative pole of DC power supply ········· 3-067
negative sequence component ········· 5-038
network ········· 5-129
neutral ········· 3-079
neutral conductor ········· 5-124,5-138
noise ········· 5-042
noise dose ········· 1-136
noiseless earthing ········· 3-080,3-108
noiseness ········· 1-167
nominal ········· 5-083
normal stress ········· 1-045
number of phase ········· 1-092
number of turns in a winding ········· 1-091

O

octal ········· 3-081
octet ········· 4-042
off ········· 3-082
on ········· 3-083
open circuit ········· 5-117
optical ········· 5-008
original ········· 5-099
other transducer ········· 2-020
out ········· 5-112
output ········· 3-084,5-112
overload ········· 3-085

P

parallel ········· 5-071,5-119
peak to peak value ········· 5-013
peak value ········· 5-012
PEL conductor ········· 3-090
PEM conductor ········· 3-089
PEN conductor ········· 3-088,5-126
perceived noise level ········· 1-166

percentile level ······ 1-151
period ······ 1-022
permeability ······ 1-087
permeability of vacuum ······ 1-086
permittivity ······ 1-080
permittivity of vacuum ······ 1-079
perpendicular, normal ······ 5-072
phase 1 line of AC power supply ······ 3-063
phase 2 line of AC power supply ······ 3-064
phase 3 line of AC power supply ······ 3-065
phase difference ······ 1-099
plane angle ······ 1-013
Poisson ratio ······ 1-050
position vector ······ 1-009
positive pole of DC power supply ······ 3-066
positive sequence component ······ 5-037
potential difference ······ 1-075
power ······ 1-058
power factor ······ 1-109
power supply and reference source ······ 2-037
presentation device of information ······ 2-051
presentation device of information(non-permanent) ······ 2-053
presentation device of information(permanent) ······ 2-052
pressure ······ 1-044
pressure transducer ······ 2-012
primary ······ 5-113
protecting device ······ 2-032
protection ······ 3-086
protection device ······ 2-004
protective conductor ······ 5-125
protective earthing ······ 3-087
protective unearthing ······ 3-091
pulse ······ 5-028

Q

quadrature ······ 5-070
quality factor ······ 1-103
quantity of heat ······ 1-062
quantity of light ······ 1-118

R

radial ······ 5-066
radiance ······ 1-114

radiant 1-115
radiant energy 1-111
radiant energy flux 1-112
radiant intensity 1-113
radiant power 1-112
radiation 5-010
radiation detector 2-014
radius 1-005
range 4-025
rated 5-084
reactance 1-101
reactive power 1-108
real (true) 5-089
receive 3-100
recording 3-093
rectifier 5-136
red 3-092
reference 3-094,5-022
reference earth 5-139
reflection factor 1-157
relative 5-021
relative error 4-024
relative of vacuum 1-081
relative permeability 1-088
reluctance 1-093
repeatability 4-015
reproducibility 4-016
reserve 3-097
reset 3-095
residual 4-026,5-046
residual current operated protective device 2-036
residual error coefficient 4-037
resistance 1-097
resistivity 1-096
resolution 4-005
resonance 5-039
restart 3-096
resting,quiescent 5-030
resulting 5-047
reverberation 1-163
right 3-098
root-mean-square value 5-011
rotation 1-024

rotational frequency ························ 1-026
rotor ························ 5-080
run ························ 3-099

S

second harmonic component ························ 5-035
secondary ························ 5-114
self ························ 5-060
self inductance ························ 1-094
sensitivity coefficient ························ 4-034
sensitivity level ························ 4-003
sensitivity of a transducer ························ 4-002
series ························ 5-118
setting ························ 3-102
Shannon ························ 4-045
shear strain ························ 1-048
shear stress ························ 1-046
sheath or shielding ························ 5-130
short circuit ························ 5-116
shunt ························ 5-119
signal ························ 3-101,5-040
simultaneous ························ 5-056
sinusoidal ························ 5-029
solid angle ························ 1-014
sound energy density ························ 1-131
sound exposure ························ 1-135
sound exposure level ························ 1-155
sound intensity ························ 1-133
sound intensity level ························ 1-152
sound particle acceleration ························ 1-129
sound particle displacement ························ 1-127
sound particle velocity ························ 1-128
sound power ························ 1-132
sound power level ························ 1-153
sound pressure ························ 1-126
sound pressure level ························ 1-145
sound pressure spectrum density level ························ 1-144
sound reduction index ························ 1-160
source ························ 5-121,5-147
source voltage ························ 1-090
speed ························ 1-016
speed of propagation of waves ························ 1-017
spherical ························ 5-073

stability …… 4-017
standardized …… 5-087
start …… 3-103
static …… 5-107
static friction factor …… 1-053
static pressure …… 1-125
stationary condition …… 5-098
stator …… 5-079
steady state …… 5-098
stepping …… 3-104
stop …… 3-105
storage capacity …… 4-007
storage device of energy or information …… 2-022
storage device of information …… 2-026
subtract …… 3-107
successive …… 5-057
sum …… 5-049
surface density …… 1-037
susceptance …… 1-102
switch device in electrical energy circuit …… 2-054
synchronizing …… 3-106
synchronous …… 5-053

T

tangential …… 5-067
temperature coefficient …… 1-064
temperature transducer …… 2-016
tertiary …… 5-115
test …… 3-109
theoretical …… 5-088
thermal …… 5-006
thermal conductivity …… 1-065
thermodynamic temperature …… 1-060
thickness …… 1-004
time …… 1-015,5-055,5-096
time constant …… 1-023
time counter …… 2-009
time-averaged sound intensity …… 1-134
time-average sound pressure level …… 1-149
torque …… 1-043
total …… 5-048

touch panel ………… 2-002
traffic intensity ………… 4-010
transducer ………… 2-003
transfer rate ………… 4-008
transformer ………… 5-133
transient ………… 5-031
transmission factor ………… 1-158
transmit ………… 3-115
transverse ………… 5-069
type ………… 3-110

U

under range ………… 3-111
upper ………… 5-059
useful ………… 5-104
usual ………… 5-086

V

vacuum ………… 5-102
valid ………… 3-112
variation ………… 4-014
varying ………… 5-027
velocity ………… 1-016
velocity of sound ………… 1-130
velocity transducer ………… 2-015
viscosity transducer ………… 2-018
visual ………… 5-007
voltage ………… 1-076
voltage transformer ………… 3-113,5-135
volume ………… 1-012
volume strain ………… 1-049
volumic mass ………… 1-035

W

wavelength ………… 1-028
weight ………… 1-041
weighted arithmetic mean ………… 5-110
white ………… 3-114
windings ………… 5-123
work ………… 1-056

Y

yellow ··· 3-116

Z

zero ·· 3-118
zero adjustment ·· 3-117
zero sequence component ··· 5-036

ICS 71.040.01
N 53

中华人民共和国国家标准

GB/T 30097—2013

炉前铁液热分析仪

Thermal analyzer for molten cast iron

2013-12-17 发布　　　　2014-05-01 实施

中华人民共和国国家质量监督检验检疫总局
中国国家标准化管理委员会　发布

前　言

本标准按照 GB/T 1.1—2009 给出的规则起草。

本标准由中国机械工业联合会提出。

本标准由全国工业过程测量和控制标准化技术委员会(SAC/TC 124)归口。

标准起草单位:天津汇丰探测装备有限公司、北京清华大学机械工程系、北京机电院高技术股份有限公司、合肥工大双发信息系统技术有限公司、山东浩信信德精密机械有限公司、北京纳克分析仪器有限公司。

本标准主要起草人:马建华、李言祥、陈大伟、赵泽时、凌骥生、李继萍、林政德、王蓬。

炉前铁液热分析仪

1 范围

本标准规定了炉前铁液热分析仪的术语和定义、分类、要求、试验方法、检验规则、标志、包装、运输和贮存等。

本标准适用于通过测量铁液的凝固温度、过冷度、放热量等特征参数，在线测量铁液冶金状态的炉前铁液热分析仪(简称为热分析仪)。

2 规范性引用文件

下列文件对于本文件的应用是必不可少的。凡是注日期的引用文件，仅注日期的版本适用于本文件。凡是不注日期的引用文件，其最新版本(包括所有的修改单)适用于本文件。

GB/T 191—2008 包装储运图示标志

GB/T 2829—2002 周期检验计数抽样程序及表(适用于对过程稳定性的检验)

GB/T 2881—2008 工业硅

GB 4208—2008 外壳防护等级(IP代码)

GB 4793.1—2007 测量、控制和实验室用电气设备的安全要求 第1部分:通用要求

GB/T 5611—1998 铸造术语

GB/T 9971—2004 原料纯铁

GB/T 11606—2007 分析仪器环境试验方法

GB/T 13384—2008 机电产品包装通用技术条件

GB/T 17626.5—2008 电磁兼容 试验和测量技术 浪涌(冲击)抗扰度试验

JB/T 6214—1992 仪器仪表可靠性验证试验及测定试验(指数分布)导则

YB/T 192—2001 炼钢用增碳剂

3 术语和定义

GB/T 5611—1998 界定的以及下列术语和定义适用于本文件。

3.1

炉前铁液热分析仪 thermal analyzer for molten cast iron

通过测量铁液的凝固温度、过冷度、放热量等特征参数，在线测量铁液冶金状态的分析仪。

3.1.1

炉前铁液成分热分析仪 thermal analyzer for the element of molten cast iron

铁液成分热分析仪具有白口初晶温度、白口共晶温度、活性碳当量、活性碳含量、活性硅含量的测量、显示和输出功能。

3.1.2

炉前铁液品质热分析仪 thermal analyzer for the quality of molten cast iron

铁液品质热分析仪具有凝固温度曲线、初晶温度、共晶过冷温度、共晶再辉温度、过冷度等相变特征温度值的测量、显示、存储和输出功能。

3.2

样杯　test-cup

由容积、热容量、导热率一致的杯壳和高灵敏度、高精度热电偶组成样杯，用于测量浇入铁液的凝固温度。其中添加有强制铁液白口化材料、使铁液的凝固物中无石墨的样杯为白口化样杯。

3.3

杯座　test-cup holder

杯座包含金属支架、样杯插座、补偿导线和连接热分析仪的补偿插头，用于固定样杯、连接样杯的热电偶和热分析仪的温度测量回路。样杯插座、补偿导线和补偿插头中的正、负极材料，采用与热电偶相同精度的材料制成。

3.4

相变温度　phase transformation temperature

能引起物相变化的温度，即：合金从一种组织形态转变成另一种组织形态的特定温度。

3.5

凝固组织　solidification microstructure

指铁液凝固形成的金相组织，是判定铁液质量的重要参数之一。通过热分析预测铁液的凝固组织，为铁液品质的在线调整提供重要依据。

3.6

活性碳当量　activated carbon equivalent

铁液中所有成分对初晶温度影响的总和，用铁碳两元合金中初晶温度相同的碳含量表示。

3.7

活性碳含量　activated carbon content

铁液中所有成分对凝固组织起有效碳作用的总和，用铁碳硅三元合金中初晶温度、共晶温度相同的碳含量表示。

3.8

活性硅含量　activated silicon content

铁液中所有成分对凝固组织起有效硅作用的总和，用铁碳硅三元合金中初晶温度、共晶温度相同的硅含量表示。

3.9

重复测量误差　repeated measurement error

连续三次，间隔不超过 1 min，重复测量同一铁液的测量结果误差。

4　分类

4.1　按热分析仪功能

热分析仪按功能可分为：

a)　炉前铁液成分热分析仪(具有 5.3.1 功能的热分析仪)；

b)　炉前铁液品质热分析仪(具有 5.3.1、5.3.2 和部分 5.3.3 可选功能的热分析仪)。

4.2　按热分析仪准确度

热分析仪按准确度可分为：

a)　Ⅰ级：0 ℃～1 350 ℃范围内，温度误差在±0.3 ℃以内；

b)　Ⅱ级：0 ℃～1 350 ℃范围内，温度误差在±0.5 ℃以内；

c)　Ⅲ级：0 ℃～1 350 ℃范围内，温度误差在±1.0 ℃以内。

5 要求

5.1 工作条件

热分析仪正常工作条件下如下：

a) 环境温度：0 ℃～50 ℃；

b) 相对湿度：≤85％；

c) 供电电源：220 V±22 V，频率：50 Hz±2.5 Hz；

d) 接地电阻：≤4 Ω。

5.2 外观

热分析仪的外观应满足如下要求：

a) 热分析仪的外壳及显示屏应洁净，无污物、掉漆和锈蚀现象；

b) 热分析仪的内、外标志无破损、倾斜或遗漏，并牢固可靠；

c) 所有开关、插接件、紧固件应安装牢固，各种调节件灵活，功能正常；

d) 热分析仪的外接部件应采用防呆接口、能方便的拆装和可靠的连接。

5.3 功能要求

5.3.1 铁液成分热分析仪主要功能

铁液成分热分析仪具有凝固温度曲线、白口初晶温度、白口共晶温度、活性碳当量、活性碳含量、活性硅含量的测量、显示，经 USB 或 RS-232 接口输出测量结果和过程参数的功能。

5.3.2 铁液品质热分析仪主要功能

铁液品质热分析仪具有凝固温度曲线、初晶温度、共晶过冷温度、共晶再辉温度、过冷度等相变特征温度值的测量、显示、存储，经 USB 或 RS-232 接口输出过程参数和测量结果的基本功能。

5.3.3 铁液品质热分析仪可选功能

铁液品质热分析仪可以具有以下一项或多项可选功能：铁液冶金状态测评、铸铁牌号、球化率、蠕化率、抗拉强度、布氏硬度、缩孔概率、缩松概率、碳化物含量、伸长率等测量、显示、存储，经 USB 或 RS-232 接口输出过程参数和测量结果的可选功能。

5.4 技术性能

5.4.1 铁液成分热分析仪主要的技术指标见表 1。

表 1 主要技术性能指标

准确度等级	温度测量分辨率 (d) ℃	温度测量误差 (Δmax) ℃	活性碳当量测量误差 %	活性碳含量测量误差 %	活性硅含量测量误差 %
Ⅰ级	0.1	±0.3	0.04	0.02	0.04
Ⅱ级	0.5	±0.5	0.06	0.03	0.06
Ⅲ级	1	±1	0.1	0.05	0.1

5.4.2 铁液品质热分析仪可选功能的技术指标是：每个测量项目在声明的应用范围、测量条件和测量精度内，相关系数应达到 0.9 以上。

5.5 环境温度影响误差

热分析仪在 0 ℃～50 ℃环境温度范围内，温度测量误差应符合 5.4.1 要求。

5.6 安全要求

5.6.1 标志

应符合 GB 4793.1—2007 中 5.1.2 的有关规定。

5.6.2 防电击要求

5.6.2.1 接触电流

热分析仪的接触电流应不大于 3.5 mA。

5.6.2.2 保护连接阻抗

热分析仪的保护连接阻抗不大于 0.1 Ω。

5.6.2.3 介电强度

热分析仪的电源输入端 L、N 和保护接地之间应能承受交流 1 500 V 的电压，不得出现击穿或飞弧现象。

5.7 电磁兼容性要求

热分析仪电源的输入端口应能经受±2 000 V 的浪涌(冲击)电压，试验结果的评价应符合 GB/T 17626.5—2008 第 9 章 b)的要求。

5.8 可靠性

热分析仪的平均无故障时间(MTBF)不小于 10 000 h。

5.9 密封性

热分析仪防护等级为 IP50。

5.10 成套性

成套热分析仪至少包括主机、杯座和样杯等。

5.11 运输、运输贮存

热分析仪在运输包装状态下，包括低温贮存、高温贮存、跌落、碰撞、交变湿热，按 GB/T 11606—2007 表 1 中运输、运输贮存的要求进行试验，其中高温 55 ℃；低温－20 ℃；交变湿热：相对湿度 95%、温度 55 ℃；倾斜跌落高度 250 mm，碰撞 1 000 次。试验后，包装箱不应有较大变形和损伤，受试热分析仪不应有变形松脱、涂覆层剥落等机械损伤；将热分析仪置于正常工作条件下进行检验，应符合 5.4～5.7 的要求。

6 试验方法

6.1 试验条件

热分析仪的试验条件与设备要求：

a) 在5.1所规定的工作条件下进行；

b) 热分析仪在试验前应按使用说明书要求的预热时间提前开机；

c) 温度校准器；

d) 温度试验箱；

e) 铁碳两元亚共晶铁液(制备方法见附录A)；

f) 铁碳硅三元亚共晶铁液(制备方法见附录B)；

g) 接触电流测试仪；

h) 耐电压测试仪；

i) 接地电阻测试仪。

6.2 外观

目测和手动检查。

6.3 功能试验方法

6.3.1 铁液成分热分析仪主要功能试验方法

用温度校准器向热分析仪的温度信号输入端输入模拟凝固温度信号，检验热分析仪具凝固温度曲线、白口初晶温度、白口共晶温度、活性碳当量、活性碳含量、活性硅含量的测量、显示，经USB或RS-232接口输出测量结果和过程参数的功能。

6.3.2 铁液品质热分析仪主要功能试验方法

用温度校准器向热分析仪的温度信号输入端输入模拟凝固温度信号，检验热分析仪具有凝固温度曲线，初晶温度、共晶过冷温度、共晶再辉温度、过冷度等相变特征温度值的测量、显示、存储，经USB或RS-232接口输出过程参数和测量结果的主要功能。

6.3.3 可选功能的试验方法

用温度校准器向热分析仪的温度信号输入端输入符合声明测量条件的模拟凝固温度信号，检验铁液品质热分析仪是否具有：铁液冶金状态测评、铸铁牌号、球化率、蠕化率、抗拉强度、布氏硬度、缩孔概率、缩松概率、碳化物含量、伸长率等测量、显示、存储，经USB或RS-232接口输出过程参数和测量结果的可选功能。

6.4 技术性能

6.4.1 温度测量分辨率的试验

用温度校准器向热分析仪的信号输入端输入温度信号，观测、记录热分析仪可稳定分辨的温度最小间隔的差值。在全部量程范围内的仪表显示中，取差值的最大值。

6.4.2 温度测量误差的试验

6.4.2.1 将温度校准器输出端与连接热分析仪的杯座输入点连接。待热分析仪开机预热到温度平衡状态、温度校准器开机预热到温度平衡状态后，方可输入温度信号进行温度测量误差的试验。

6.4.2.2 分别记录温度校准器输出 1 100 ℃和 1 200 ℃时热分析仪的显示温度值，与 1 100 ℃和 1 200 ℃进行比较获取温度测量误差值，取最大的误差值。

6.4.3 活性碳当量测量误差的试验

向连接热分析仪的白口化样杯中浇入(温度在初晶温度加 50 ℃至初晶温度加 100 ℃之间)铁碳两元亚共晶合金液，记录热分析仪测量的活性碳当量值。对同一样块测量其含碳量，与热分析仪测量的活性碳当量值比较获取活性碳当量测量误差。重复测量三次取测量误差中的最大值。

6.4.4 活性碳含量测量误差的试验

向连接热分析仪的白口化样杯中浇入(温度在初晶温度加 50 ℃至初晶温度加 100 ℃之间)铁碳硅三元亚共晶合金液，记录热分析仪测量的活性碳含量值。对同一样块测量其含碳量，与热分析仪测量的活性碳含量值比较获取活性碳含量测量误差。重复测量三次取测量误差中的最大值。

6.4.5 活性硅含量测量误差的试验

向连接热分析仪的白口化样杯中浇入(温度在初晶温度加 50 ℃至初晶温度加 100 ℃之间)铁碳硅三元亚共晶合金液，记录热分析仪测量的活性硅含量值。对同一样块测量其含硅量，与热分析仪测量的活性硅含量值比较获取活性硅含量测量误差。重复测量三次取测量误差中的最大值。

6.4.6 可选功能技术指标的试验

分析可选功能的测量项目时，向样杯中浇入符合应用范围和测量条件的被测铁液，热分析仪能够显示和输出的测量结果符合声明的测量精度，统计 30 次随机测量结果，按式(1)计算相关系数。

$$r=\frac{\sum XY-\frac{\sum X\sum Y}{N}}{\sqrt{\left(\sum X^2-\frac{(\sum X)^2}{N}\right)\left(\sum Y^2-\frac{(\sum Y)^2}{N}\right)}} \quad \cdots\cdots(1)$$

式中：

r ——相关系数；

X ——测量项目声明的参比测量方法的测量结果，$X=(x_1,x_2,x_3,\cdots,x_i)$；

Y ——热分析仪显示和输出的测量结果，$Y=(y_1,y_2,y_3,\cdots,y_i)$；

i ——样本容量，$i=1,2,3,\cdots,N$。

6.5 环境温度影响试验

环境温度影响量按 GB/T 11606—2007 中第 4 章、第 5 章对应的试验方法进行。

6.6 安全要求

6.6.1 标志

按 GB 4793.1—2007 中 5.1.2 的有关规定进行目视检查。

6.6.2 防电击试验

6.6.2.1 接触电流

按 GB 4793.1—2007 附录 A 测定。

6.6.2.2 保护连接阻抗

按 GB 4793.1—2007 中 6.5.1.3 测定。

6.6.2.3 介电强度

按 GB 4793.1—2007 中 6.8.4 测定。

6.7 电磁兼容性要求

浪涌电压按 GB/T 17626.5—2008 中 8.2 测定方法进行。

6.8 可靠性

可靠性试验按 JB/T 6214—1992 测定。

6.9 密封性

防护等级按 GB 4208—2008 测定。

6.10 成套性

按照成套文件规定目测检查。

6.11 运输、运输贮存试验

按照 GB/T 11606—2007 中第 8 章、第 15 章、第 16 章、第 17 章和第 18 章对应的方法进行试验。

7 检验规则

7.1 出厂检验

7.1.1 每台热分析仪应经检验部门检验合格后方能出厂，并附有产品合格证书。

7.1.2 热分析仪出厂检验项目应按表 2 的要求进行。

7.2 型式检验

7.2.1 有下列情况之一，应按表 2 要求的检验项目进行型式检验。

a) 新产品试制时；

b) 热分析仪在正常生产后，产品在设计、工艺、材料有较大改变时；

c) 出厂检验结果与上次型式检验有较大差异时；

d) 热分析仪正常生产后，应两年进行一次检验；

e) 长期停产，恢复生产时；

f) 国家质量监督机构提出进行型式检验的要求时。

7.2.2 型式检验的样品应从出厂检验合格的产品中随机抽取。

7.2.3 型式检验立按 GB/T 2829—2002 的规定进行，采用一次抽样、装置的检验项目、不合格质量水平(RQL)、判别水平(DL)按表 2 规定进行。批质量以每百单位产品的不合格数表示。

7.2.4 若型式检验不合格，应停产整顿，热分析仪停止出厂，待问题解决、型式检验合格后方可恢复出厂检验。

7.2.5 型式检验合格且出厂检验合格的入库批次，若库存超过 12 个月时应重新进行出厂检验。

表 2 仪器检验项目表

序号	不合格分类	检验项目及对应章条			不合格质量水平(RQL)	判别水平(DL)	抽样方案		检验分类	
		项目	要求章条	试验方法章条			样品量(n)	判定数组(A_c,R_e)	出厂检验	型式检验
1	A	标志	5.6.1	6.6.1	30	Ⅰ	3	(0,1)	●	●
2		接触电流	5.6.2.1	6.6.2.1					●	●
3		保护连接阻抗	5.6.2.2	6.6.2.2					●	●
4		介电强度	5.6.2.3	6.6.2.3					●	●
5		温度测量分辨率	5.4.1	6.4.1					●	●
6		温度测量误差	5.4.1	6.4.2					●	●
7	B	成分热分析仪主要功能	5.3.1	6.3.1	65			(1,2)	●	●
8		品质热分析仪主要功能	5.3.2	6.3.2					●	●
9		品质热分析仪可选功能	5.3.3	6.3.3					●	●
10		活性碳当量测量误差	5.4.1	6.4.3					—	●
11		活性碳含量测量误差	5.4.1	6.4.4					—	●
12		活性硅含量测量误差	5.4.1	6.4.5					—	●
13		可选功能的技术指标	5.4.2	6.4.6					—	●
14		环境温度影响	5.5	6.5					—	●
15		电磁兼容性	5.7	6.7					—	●
16		可靠性	5.8	6.8					—	●
17		密封性	5.9	6.9					—	●
18		运输、运输贮存	5.11	6.11					○	●
19	C	外观	5.2	6.2	100			(2,3)	●	●
20		成套性	5.10	6.10					●	●

注：○表示需要时检验的项目；●表示应进行检验的项目；—表示不进行检验的项目；RQL 表示不合格质量水平；DL 表示判别水平；n 表示样本数量；A_c 表示合格判定数；R_e 表示不合格判定数。

8 标志、包装、运输和贮存

8.1 标志

8.1.1 热分析仪的标志

热分析仪在适当的明显位置固定铭牌，其上应有如下标志：

a) 制造厂名称、地址；

b) 热分析仪名称、规格型号；

c) 制造日期及出厂编号；
d) 必须标志的技术参数；
e) 有关法律法规规定的其他信息。

8.1.2 包装箱的标志

热分析仪包装箱的标志应清晰、牢固，内容如下：

a) 制造厂名称、地址、网址；
b) 热分析仪名称、型号规格；
c) 制造日期及出厂编号；
d) 质量，单位为 kg；外形尺寸：长×宽×高，单位为 mm×mm×mm；
e) 包装储运图示标志"易碎物品""怕雨""向上"等应符合 GB/T 191—2008 规定。

8.2 包装

8.2.1 热分析仪包装应执行 GB/T 13384—2008。

8.2.2 随机文件包括：

a) 装箱单；
b) 产品合格证；
c) 使用说明书；
d) 备件清单等。

8.3 运输

热分析仪在包装完整的情况下，可用一般交通工具运输。运输过程中应按印刷的包装储运标志要求进行运输作业，防止雨淋、翻倒、曝晒及剧烈冲击。

8.4 贮存

热分析仪贮存的温度为 −20 ℃～50 ℃ 和相对湿度不大于 90% 的室内，室内无酸、碱及腐蚀性气体，必要时可在产品标准中特殊规定。

附 录 A
（规范性附录）
铁碳两元亚共晶铁液的制备

A.1 目的

要求配置的铁碳两元亚共晶铁液中除残余锰(Mn)含量不大于0.07%，其他各成分的残余含量不大于0.05%；保证铁碳两元亚共晶铁液不生成碳化铁(Fe_3C)以外的碳化物，使铁碳两元亚共晶铁液中的碳含量完全呈活性状态。

A.2 原料

制备用原料如下：

a) 纯铁应符合GB/T 9971—2004中YT3牌号标准；

b) 炼钢用增碳剂应符合YB/T 192—2001中优级标准。

A.3 熔制设备

安装有氧化铝坩埚的中频感应电炉。

A.4 熔制方法

将原料纯铁熔融至1 520 ℃～1 550 ℃，加入炼钢用增碳剂至含碳量达到2.10%～4.00%之间，待增碳剂完全消融10 min后即可使用。每次试验需重新配置铁碳两元亚共晶铁液。

A.5 检查方法

用耐火纤维样勺取铁碳两元亚共晶铁液浇入白口化样杯，以凝固温度值不发生过冷，具有白口化初晶温度平台和白口化共晶温度平台特征，即为合格的铁碳两元亚共晶铁液。

附 录 B
（规范性附录）
铁碳硅三元亚共晶铁液的制备

B.1 目的

要求配置的铁碳硅三元亚共晶铁液中，除残余锰(Mn)含量不大于0.07%外，其他各成分的残余含量不大于0.05%，保证铁碳硅三元亚共晶铁液中的硅以原子的形态存在，且不生成碳化铁(Fe_3C)以外的碳化物，使铁碳硅三元亚共晶铁液中的碳含量和硅含量完全呈活性状态。

B.2 原料

制备用原料如下：

a) 纯铁应符合 GB/T 9971—2004 中 YT3 牌号标准规定；
b) 炼钢用增碳剂应符合 YB/T 192—2001 中优级标准规定；
c) 工业硅应符合 GB/T 2881—2008 中 Si-311 牌号标准规定。

B.3 熔制设备

安装有氧化铝坩埚的中频感应电炉。

B.4 熔制方法

将纯铁熔融至1 520 ℃～1 550 ℃，首先加入炼钢用增碳剂至含碳量达到2.1%～3.6%之间，再加入工业硅至含硅量达到1.00%～2.00%之间。待增碳剂、工业硅完全消融10 min后即可使用。每次试验需重新配置铁碳两元亚共晶铁液。

B.5 检查方法

用耐火纤维样勺取铁碳硅三元亚共晶铁液浇入白口化样杯，以凝固温度值不发生过冷，具有白口化初晶温度平台和白口化共晶温度平台特征，即为合格的铁碳硅三元亚共晶铁液。

ICS 71.120.10
N 61

中华人民共和国国家标准

GB/T 30098—2013

实验室用磁力驱动反应釜

Laboratory magnetic driven autoclave

2013-12-17 发布　　　　2014-05-01 实施

中华人民共和国国家质量监督检验检疫总局
中国国家标准化管理委员会　发布

前　言

本标准按照 GB/T 1.1—2009 给出的规则起草。

本标准由中国机械工业联合会提出。

本标准由全国实验室仪器和设备标准化技术委员会(SAC/TC 526)归口。

本标准负责起草单位:威海化工机械有限公司、威海汇鑫化工机械有限公司。

本标准参加起草单位:中国仪器仪表行业协会实验室仪器分会、山东省特检院威海分院、机械工业仪器仪表综合技术经济研究所、烟台科立化工设备有限公司、威海鑫泰化工机械有限公司、烟台松岭化工设备有限公司、大连通达反应釜厂。

本标准主要起草人:马文启、王天昭、王家龙、袁建明、金丽辉、李纲民、李恩端、马殿清、王培根、甄继夏、王玉敏、蔡玮玮、邓爱群、李本范。

实验室用磁力驱动反应釜

1 范围

本标准规定了实验室用磁力驱动反应釜的术语和定义、产品结构、基本参数、要求、试验方法、检验规则、标志、包装、运输及贮存。

本标准适用于容积不大于 24 L、设计压力不大于 35 MPa、设计温度范围按材料允许的使用温度确定的实验室用磁力驱动反应釜(以下简称实验釜)。

本标准适用于碳钢、低合金钢、不锈钢以及钛及钛合金、镍及镍合金、锆、钽等有色金属制造的实验釜。

本标准不适用于非金属材料制造的实验釜、直接用火焰加热的实验釜及操作过程中可能产生压力剧增,反应速度达到爆轰的实验釜。

2 规范性引用文件

下列文件对于本文件的应用是必不可少的。凡是注日期的引用文件,仅注日期的版本适用于本文件。凡是不注日期的引用文件,其最新版本(包括所有的修改单)适用于本文件。

GB 150.2—2011 压力容器 第2部分:材料

JB/T 4711 压力容器涂敷与运输包装

TSG R0004—2009 固定式压力容器安全技术监察规程

3 术语和定义

下列术语和定义适用于本文件。

3.1

反应釜 autoclave

由承压容器、加热冷却装置以及搅拌传动系统等组成,能够在一定温度和压力下完成化学反应的装置。

3.2

实验室用反应釜 laboratory autoclave

容积不大于 24 L 的反应釜。

3.3

磁力驱动反应釜 magnetic driven autoclave

通过磁力耦合器实现搅拌的反应釜。

3.4

釜体 autoclave body

用于盛装化学介质,并可承受温度、压力的容器。

3.5

釜盖 autoclave cover

与釜体敞开端连接的承压件。

3.6

主螺柱　main bolt

连接釜体与釜盖的螺柱。

3.7

主螺母　main nut

主螺柱用的螺母。

3.8

磁力耦合器　magnetic coupler

利用磁性材料的相互耦合作用来传递力矩的装置。

注：它由内、外磁体(盘)、隔离罩、轴及轴承支架等组成，外磁体旋转时通过磁力可同步带动内磁体旋转。

3.9

搅拌转子　agitating rotor

在搅拌轴上安装一定数量的搅拌器，由磁力驱动装置驱动，使釜内物料产生搅拌作用的组合部件。

3.10

磁盘　magnetic disc

由若干 N 极和 S 极扇形磁块，按平面形式交错排列而成的磁性组合体。

注：磁盘有内、外之分，位于隔离罩外部与动力联接的称为外磁盘，位于隔离罩内部与搅拌轴联接的称为内磁盘。

3.11

磁体　magnetic ring

由若干 N、S 极瓦形磁块相互交错组合成磁环，然后由一个或多个磁环纵向同极叠加而成的柱形磁性体。

注：磁体有内、外之分，位于隔离罩外部与动力联接的称为外磁体，位于隔离罩内部与搅拌轴联接的称为内磁体。

3.12

隔离罩　isolation case

用于封闭釜内压力，由非导磁性材料制作的圆筒形受压构件。

注：其位于内、外磁体之间，并与磁体(或磁盘)有一定的间隙。

3.13

磁力矩　magnetic torque

磁力耦合传动器的内、外磁体发生相对位移时所产生的最大扭转力矩。

4　产品结构

4.1　实验釜的基本结构

实验釜主要由承压釜体(承压容器)、釜盖、加热装置、冷却装置、搅拌装置、磁力传动装置以及安全附件、阀门等组成，见图 1。

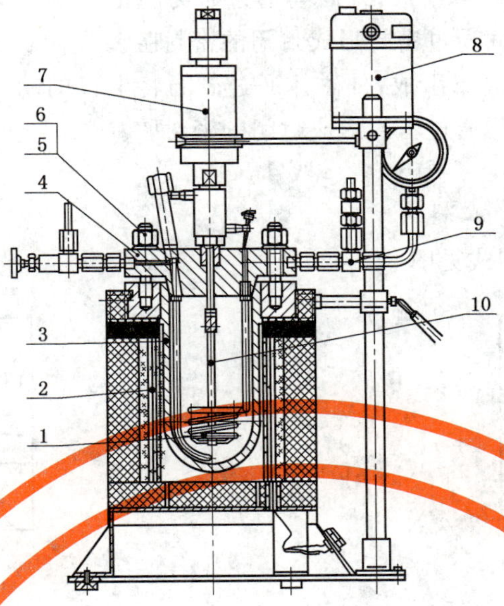

说明：

1——冷却装置；
2——加热装置；
3——釜体；
4——釜盖；
5——主螺柱；
6——主螺母；
7——磁力耦合器；
8——电机；
9——安全附件；
10——搅拌转子。

图 1　实验釜的基本结构图

4.2　磁力耦合器的结构

4.2.1　磁力耦合器有端面型和圆环形两种结构型式，见图 2。

a)　端面型　　　　b)　圆环形

说明：

1——外磁盘；
2——隔离罩；
3——内磁盘；
4——内磁体；
5——隔离罩；
6——外磁体。

图 2　磁力耦合器的结构图

4.2.2 端面型由内、外磁盘及隔离罩组成，外磁盘通过磁力将电机的动力传递给隔离罩内的内磁盘形成同步旋转，隔离罩与反应釜之间通过密封形成封闭的密封腔。

4.2.3 圆环形由内、外磁体及隔离罩组成，外磁体通过磁力将电机的动力传递给隔离罩内的内磁体形成同步旋转，隔离罩与反应釜之间通过密封形成封闭的密封腔。

4.3 密封结构

4.3.1 釜体与釜盖的基本密封型式见图 3。

a)　　b)

c)　　d)

图 3　釜体与釜盖的基本密封型式

4.3.2 图 3 a)、图 3 b)为无垫片的球面或锥面密封结构，其适用范围：设计压力≤35 MPa，设计温度≤700 ℃。

4.3.3 图 3 c)为平垫密封结构，其适用范围：设计压力≤16 MPa，设计温度≤300 ℃。

4.3.4 图 3 d)为卡箍自紧密封结构，其适用范围：设计压力≤35 MPa，设计温度≤200 ℃。

4.3.5 宜采用无垫片的球面或锥面密封结构。

5 基本参数

5.1 环境条件

使用环境条件如下：

a) 温度为 0 ℃～40 ℃；

b) 相对湿度不大于 85%；

c) 大气压为 80 kPa～106 kPa；

d) 周围无易燃、易爆、腐蚀性气体及导电尘埃。

5.2 供电条件

5.2.1 额定电压为交流 220 V，允许偏离额定值的范围为－15%～＋10%。

5.2.2 额定频率为 50 Hz，允许偏离额定值的范围为－2%～＋2%。

5.3 技术参数

5.3.1 实验釜设计压力等级优先采用以下系列：2.5 MPa、7.5 MPa、12.5 MPa、17.5 MPa、22.5 MPa、30 MPa和 35 MPa，也可按用户要求选定。

5.3.2 实验釜容积系列分为：0.1 L、0.25 L、0.5 L、1 L、2 L、3 L、5 L、10 L、15 L、20 L 和 24 L。

5.3.3 实验釜调速范围及加热功率见表 1。

表 1 实验釜的技术参数

容积/L	调速范围/(r/min)	加热功率/kW
0.1～0.5	0～1 000	0.5～3
1～3	0～1 000	1～3
5～10	0～750	4～6
15～24	0～600	6～9

6 要求

6.1 外观及结构

6.1.1 金属镀层及化学处理表面应光泽均匀，不应有露底、起层、起泡、斑痕或明显的划痕。

6.1.2 油漆层表面应光洁、平整、色泽均匀，不应有起皱、蜕皮和显见的划痕、流挂等缺陷。

6.1.3 外露不锈钢的表面应进行精抛光或亚光处理，其粗糙度 Ra 不大于 0.4 μm。

6.1.4 所有紧固件均应牢固可靠，不应松动。

6.1.5 带有升降装置的实验釜，升降装置应操作灵活，升降自如，不应有阻滞、卡死等现象。吊杆的设计应具备空中自锁功能，吊杆与釜体之间应设置防止晃动的支架。

6.1.6 釜盖外圆上应设置 2～3 个手柄，用于搬运、吊盖以及防止紧固螺栓时釜体旋转、滑移。

6.1.7 磁力密封传动装置垂直安装于釜盖的中心位置，与釜盖间的密封宜采用无垫片线密封或法兰连接的垫片密封。

6.1.8 磁力耦合器组装后应旋转灵活，无阻滞、卡死等现象。

6.1.9 实验釜应设置釜内测温点 1 个，若采用夹套导热油加热，应设置釜内、夹套 2 个测温点。测温装置插入液下深度应不小于釜体总深度的 1/2。

6.1.10 应有超压泄放装置。

6.1.11 磁力密封装置的内转子上应设置测速装置。

6.2 耐水压

6.2.1 耐水压试验的压力值按式(1)计算。

$$p_T = 1.25 p \frac{[\sigma]}{[\sigma]^t} \qquad \cdots\cdots(1)$$

式中：

p_T ——耐水压试验压力，单位为兆帕(MPa)；

1.25 ——耐压试验压力系数；

p ——压力容器的设计压力(对于在用压力容器一般为最高工作压力，或压力容器铭牌上规定的最大允许工作压力)，单位为兆帕(MPa)；

[σ] ——试验温度下材料的许用应力,单位为兆帕(MPa);

[σ]ᵗ ——设计温度下材料的许用应力,单位为兆帕(MPa)。

6.2.2 材料许用应力值按 GB 150.2—2011 选取。

6.2.3 试压泵加压到规定值,釜体各连接部位应无渗漏、无可见变形,试验过程中应无异常的声响。

6.3 气密性

实验釜充入氮气进行气密性试验,试验压力为设计压力。保持 20 min,各连接部位应无泄漏。

6.4 加热装置

6.4.1 实验釜的加热方式主要有以下几种形式:

a) 远红外电加热,其适用范围:设计温度不大于 700 ℃;

b) 夹套导热油电加热,其适用范围:设计温度不大于 350 ℃;

c) 夹套导热油循环加热,其适用范围:设计温度不大于 350 ℃。

6.4.2 控温精度高或有防爆要求时,宜用夹套导热油电加热及夹套导热油循环加热。

6.4.3 加热炉的接线端子应采用防水型接线盒。

6.4.4 采用夹套导热油加热的实验釜,夹套顶部应设置排气口。

6.4.5 壳体与电源端子间的冷态绝缘电阻不应小于 0.5 MΩ。

6.4.6 炉壳筒身部位的表面平均温度不应超过 60 ℃。

6.5 搅拌装置

6.5.1 磁力耦合器输出轴端的径向摆动量不应大于 0.1 mm。

6.5.2 磁力耦合器的磁力矩设计见表 2。

表 2 磁力矩

容积/L	磁力矩/(N·m)
0.1～0.5	≥1
1～3	≥2
5 ～10	≥10
10～24	≥15

6.5.3 搅拌器与搅拌轴组装后,手动盘车,其径向摆动量不应大于 0.2 mm。

6.6 受压元件

釜体、釜盖、法兰、主螺柱、主螺母等主要受压元件所用的材料,进厂时应做材料标记,并配备材质证明书和合格证明标志,其材质性能应符合 TSG R0004—2009 要求,制造过程中应进行材料标记移植。

6.7 整机运行

整机连续运行后,不应泄漏,内外磁体不应脱转。

7 试验方法

7.1 试验条件

试验条件应符合 5.1 和 5.2 的规定。

7.2 主要试验仪器和设备

7.2.1 试压泵

压力范围的上限值不小于试验压力。

7.2.2 表面温度计

表面温度计的测量范围为 0 ℃～100 ℃，其分辨力应优于 0.5 ℃，最大允许误差不应超过±0.5 ℃。

7.3 外观检查

用表面粗糙比较样块测试表面粗糙度，如有异议，使用粗糙度测试仪进行测试；其他用目视和手动方法检查。其结果应符合 6.1 的规定。

7.4 耐水压试验

釜体内充满水，将空气排净。试压泵缓慢加压到试验压力，保持 20 min。降压至设计压力，保持 30 min。在釜体各连接部位涂上肥皂液或其他检漏液，检查有无渗漏，结果应符合 6.2 的规定。

7.5 气密性试验

釜体内注入氮气使压力缓慢上升到设计压力，保持 20 min。在釜体各连接部位涂上肥皂液或其他检漏液，检查有无渗漏，结果应符合 6.3 的规定。

7.6 加热装置试验

7.6.1 目视检查，结果应符合 6.4.3 和 6.4.4 的规定。

7.6.2 用工作电压为 500 V、准确度为 10 级的绝缘电阻测试仪测量电炉电源端子对壳体冷态绝缘电阻，结果应符合 6.4.5 的规定。

7.6.3 在炉壳的外表面上沿纵向分别取上、中、下三点，然后沿环向间隔 120°再分别按上、中、下位置各取三点，设置九个测温点。用表面温度计测量各点温度，结果应符合 6.4.6 的规定。

7.7 搅拌装置试验

7.7.1 用百分表测量磁力耦合器输出轴端的径向摆动量，结果应符合 6.5.1 的规定。

7.7.2 用转矩转速测量仪测量不同转速的转矩，结果应符合 6.5.2 的规定。

7.7.3 搅拌器与搅拌轴组装后，手动盘车，用百分表测量搅拌轴下端的径向摆动量，结果应符合 6.5.3 的规定。

7.8 受压元件试验

目视检查材质证明书和合格证明标志，制造单位应对其材料及材料质量证明书的真实性和一致性负责，必要时应进行复验，其结果应符合 6.6 的规定。

7.9 整机运行试验

7.9.1 每台实验釜按总图要求完成总装后，应以水介质代料进行升温、升压运转试验。

7.9.2 运转试验前应先将釜内注入不大于 2/3 容积的水介质，注入氮气，同时接通加热装置，使压力及温度缓慢升至工作压力及工作温度，转速由 50 r/min 逐级升至反应釜的设计转速。各级转数下分别运行 30 min，出厂检验时连续运转不少于 8 h，型式检验时连续运转不少于 72 h。

7.9.3　运转试验完成后应将釜内压力缓慢降至常压，然后立即将注入的水放净，并用空气将剩余的水渍吹除干净。

7.9.4　试验应在高压试验室或备有防护设备的安全场所进行，应装上安全装置。

7.9.5　试验过程中不应敲击反应釜，不应拧动紧固件，然后观察有无泄漏，结果应符合 6.7 的规定。

8　检验规则

8.1　检验分类

实验釜检验分为出厂检验和型式检验。

8.2　检验项目

出厂检验和型式检验的项目、要求及试验方法的条款号见表 3。

表 3

序号	检验项目	技术要求章条号	试验方法章条号	型式检验	出厂检验
1	外观及结构	6.1	7.3	●	●
2	耐水压	6.2	7.4	●	●
3	气密性	6.3	7.5	●	●
4	加热装置	6.4	7.6	●	●
5	搅拌装置	6.5	7.7	●	●
6	受压元件	6.6	7.8	●	●
7	整机运行	6.7	7.9	●	●
注：符号“●”表示应检验的项目。					

8.3　出厂检验

实验釜由制造厂质量检验部门逐台检验，合格后允许出厂，并附有产品合格证明文件。

8.4　型式检验

8.4.1　通则

在下列情况之一时，进行型式检验：

a)　新产品或老产品转厂生产的试制定型鉴定；

b)　正常生产后，若结构、材料、工艺有较大改变，可能影响产品性能时；

c)　批量生产时，每两年进行一次的检验；

d)　产品停产两年及以上，恢复生产时；

e)　出厂检验结果与上次型式检验有较大差异时；

f)　国家质量监督机构提出要求时。

8.4.2 抽样方案

采用二次抽样方案。批量不超过 100 台,随机抽取 2 台;批量在 100 台以上,随机抽取 3 台。

8.4.3 抽样结果的判定

第一次抽样的样本全部合格,则该批产品判为合格;如有不合格项目(总项不超过两个,同时这两个项次只限于两台产品的不同项次),应再抽取二倍于第一次抽样品数复检不合格项目,如复检合格,则判定该批产品合格,如仍有不合格项,则判定该批产品不合格。

被判为该批不合格的产品,应逐台返修,重新进行型式检验。

9 标志、包装、运输及贮存

9.1 标志

9.1.1 每台实验釜应在其明显位置设置永久性产品铭牌。

9.1.2 产品铭牌上的项目至少包括以下内容:

a) 产品名称;
b) 产品类别;
c) 制造单位名称;
d) 制造单位许可证编号和许可级别;
e) 设计温度;
f) 设计压力;
g) 耐压试验压力;
h) 产品编号;
i) 制造日期;
j) 容积。

9.2 包装

9.2.1 涂敷与运输包装

实验釜的涂敷与运输包装应符合 JB/T 4711 的要求。

9.2.2 随机文件

实验釜出厂时应包括下列技术文件:

a) 产品质量证明书;
b) 产品合格证书;
c) 产品使用说明书;
d) 产品竣工图;
e) 装箱清单。

9.3 运输

实验釜在包装完整的条件下,允许用一般交通工具运输。在运输过程中应防止剧烈振动、雨淋与曝晒。

9.4 贮存

实验釜应贮存于温度为－5 ℃～＋40 ℃，相对湿度不大于85％的通风库房中。库房中不应有腐蚀性气体和腐蚀性化学药品存在。

ICS 71.040.10
N 61

中华人民共和国国家标准

GB/T 30099—2013

实验室离心机通用技术条件

General specifications for laboratory centrifuge

2013-12-17 发布 2014-05-01 实施

中华人民共和国国家质量监督检验检疫总局
中国国家标准化管理委员会 发布

前　言

本标准按照 GB/T 1.1—2009 给出的规则起草。

本标准由中国机械工业联合会提出。

本标准由全国实验室仪器和设备标准化技术委员会(SAC/TC 526)归口。

本标准起草单位:上海安亭科学仪器厂、湖南平凡科技有限公司、湖南赫西仪器装备有限公司、上海市离心机械研究所有限公司、机械工业仪器仪表综合技术经济研究所、中国仪器仪表学会实验室仪器分会、湖南湘仪实验室仪器开发有限公司、北京京立离心机有限公司、长沙英泰仪器有限公司、长沙迈佳森仪器设备有限公司、衡阳衡仪电气有限公司、湖南省计量检测研究院、长沙湘平科技发展有限公司、珠海黑马医学仪器有限公司、北京市医疗器械检验所。

本标准主要起草人:沈亚明、姚希华、寻继勇、赵清荣、金丽辉、廉振荣、武育荣、何素冬、谢荣生、蔡荦、刘湘衡、熊知明、熊一凡、陈祖仁、沈利良、张科峰、崔燕飞、朱坤元、廖晓曼。

实验室离心机通用技术条件

1 范围

本标准规定了实验室离心机的术语和定义、分类、使用条件、要求、试验方法、检验规则、标志、包装、运输及贮存。

本标准适用于额定最高转速不大于 30 000 r/min 的实验室离心机(以下简称离心机)。

2 规范性引用文件

下列文件对于本文件的应用是必不可少的。凡是注日期的引用文件,仅注日期的版本适用于本文件。凡是不注日期的引用文件,其最新版本(包括所有的修改单)适用于本文件。

GB/T 191—2008 包装储运图示标志

GB/T 2829—2002 周期检验计数抽样程序及表(适用于对过程稳定性的检验)

GB/T 3768 声学 声压法测定噪声源声功率级 反射面上方采用包络测量表面的简易法

GB 4793.1—2007 测量、控制和实验室用电气设备的安全要求 第1部分:通用要求

GB 4793.7—2008 测量、控制和实验室用电气设备的安全要求 第7部分:实验室用离心机的特殊要求

GB/T 14710 医用电器环境要求及试验方法

3 术语和定义

下列术语和定义适用于本文件。

3.1

实验室离心机 laboratory centrifuge

可对样品材料施加离心作用的实验室用仪器。

3.2

台式离心机 bench-top centrifuge

结构紧凑、转头容量小,置于实验台(桌)面操作使用的离心机。

3.3

立式离心机 floor type centrifuge

结构紧凑、转头容量大,置于地面操作使用的离心机。

3.4

低速离心机 low speed centrifuge

额定最高转速小于 10 000 r/min 的离心机。

3.5

高速离心机 high speed centrifuge

额定最高转速大于或等于 10 000 r/min 小于或等于 30 000 r/min 的离心机。

3.6

超速离心机 super speed centrifuge

额定最高转速大于 30 000 r/min 的离心机。

3.7

低速冷冻离心机　low speed refrigerated centrifuge

带制冷系统的低速离心机。

3.8

高速冷冻离心机　high speed refrigerated centrifuge

带制冷系统的高速离心机。

4　产品分类

4.1　离心机按结构分为台式离心机和立式离心机。

4.2　离心机按转速分为低速离心机、高速离心机和超速离心机。

4.3　离心机按功能分为冷冻离心机和非冷冻离心机。

5　使用条件

5.1　环境条件

离心机应在以下环境条件下使用：

a）室内；

b）温度为 5 ℃～35 ℃；

c）相对湿度不大于 80%；

d）大气压强为 86 kPa～106 kPa；

e）无阳光直接照射或其他热源直接辐射；

f）污染等级 2 级，周围无导电尘埃、爆炸性气体、高浓度粉尘或腐蚀性物质存在；

g）周围无强烈振动和气流存在。

5.2　供电条件

为离心机供电的电源应符合以下条件：

a）额定电压交流 220 V 或 380 V，允许偏离额定值的范围为－10%～＋10%；

b）额定频率 50 Hz，允许偏离额定值的范围为±2%。

6　要求

6.1　外观

6.1.1　离心机表面应平整，文字和标识应清晰。

6.1.2　离心机的涂镀层应色泽均匀，无露底、脱皮、起泡、毛刺、斑痕及明显的划痕。

6.2　旋转组件重量偏差

离心管(瓶)、离心杯、橡胶衬垫等每组标称重量应相等，实际重量的偏差不应大于±2 g。

6.3　转速相对偏差

离心机在额定电压、最高转速对应最大载荷下，低速离心机转速最大相对偏差为±2.5%，高速离心机转速最大相对偏差为±1%。

6.4 转速稳定性

离心机在额定电压、最高转速对应最大载荷下，转速的不稳定度不应大于1%。

6.5 噪声

6.5.1 离心机在额定电压、最高转速对应最大载荷下发射的噪声，在操作者(或观察者)位置和距离离心机表面1 m处的A计权发射声压级 L_{pA} 不应大于70 dB(基准声压为20 μPa)。如果超过，制造商应在其技术文件中规定使用设备的责任部门应采取的防护措施。

6.5.2 离心机发射噪声的A计权声功率级 L_{WA}(基准声功率为1 pW)宜在制造商技术文件中规定。

6.6 温升

非冷冻离心机在额定电压、最高转速对应最大载荷下，运转15 min后，离心管(瓶)内试液温升不应大于12 ℃。

6.7 升、降速时间

离心机的升、降速时间见表1。

表 1

类别	升速时间/min		降速时间/min	
低速离心机	容量<3 000 mL时，≤3	容量≥3 000 mL时，≤6	容量<3 000 mL时，≤5	容量≥3 000 mL时，≤8
高速离心机	≤5		≤7	

6.8 制冷

6.8.1 通则

6.8的各条只适用于带制冷系统的离心机。

6.8.2 制冷时间

在5.1规定的条件下，离心机不预冷时，在最高转速和对应最大载荷下，离心腔内温度从25 ℃降到4 ℃的时间不应大于20 min。

6.8.3 温度偏差

环境温度在20 ℃±5 ℃时，当离心腔温度控制范围在0 ℃～15 ℃时，温度偏差不应大于±2 ℃。

6.9 安全

6.9.1 漏电流

应符合GB 4793.1—2007中6.3.1、6.3.2的规定。

6.9.2 介电强度

应符合GB 4793.1—2007中6.8的规定。

6.9.3 插头连接设备的保护连接阻抗

应符合 GB 4793.1—2007 中 6.5.1.3 的规定。

6.9.4 不平衡保护

高速离心机、高速冷冻离心机、容量大于 3 000 mL 的低速离心机及容量大于 3 000 mL 的低速冷冻离心机应具有不平衡保护功能。当达到一定不平衡量时(不平衡量由生产商在技术文件中自行规定),应自动停机。

6.9.5 门盖自锁

离心机应有门盖自锁功能。门盖打开时,离心机不能启动;合上门盖,离心机运转时,门盖不能被打开;遇停电状态时,应有紧急开锁装置并只有使用专用工具才能打开门盖。

6.10 环境适应性

在离心机包装完好条件下,按 GB/T 14710 的规定进行环境试验。试验结束后打开包装进行测试,其结果应符合 6.3~6.9 的规定。

7 试验方法

7.1 主要试验仪器及设备

主要试验仪器设备的名称和要求如下:

a) 天平,检定分度值为 1 g;
b) 测速仪,准确度为 0.1%;
c) 点温计,最大允许误差为±0.5 ℃;
d) 电子秒表,最大允许误差为±1 s;
e) 2 级声级计。

7.2 试验条件

离心机的试验条件应满足下列要求:

a) 环境温度为 20 ℃±5 ℃;
b) 相对湿度不大于 80%;
c) 交流供电电源:额定电压为 220 V 或 380 V,允差±1%;额定频率为 50 Hz,允差±1%;谐波失真小于 5%;
d) 无阳光直接照射或其他热源直接辐射;
e) 污染等级 2 级,周围无导电尘埃、爆炸性气体、高浓度粉尘或腐蚀性物质存在;
f) 周围无强烈振动和气流存在。

7.3 外观检查

目视检查,其结果应符合 6.1 的要求。

7.4 旋转组件重量偏差试验

用天平对组件进行测量,其结果应符合 6.2 的要求。

7.5 转速相对偏差试验

将装至满载转头的离心机调至最高额定转速，稳定 5 min。用测速仪测量离心机的转速，每隔 1 min 测 1 次，共测量 5 次，按式(1)计算每一次的转速相对偏差，其结果应符合 6.3 的要求。

$$\delta_{n_i}=\frac{n_i-n_{\max}}{n_{\max}}\times 100\% \qquad \cdots\cdots(1)$$

式中：

δ_{n_i} ——第 i 次转速相对偏差，(%)；

n_i ——第 i 次转速的测得值，单位为转每分钟(r/min)；

$n_{\max}$——最高额定转速，单位为转每分钟(r/min)；

i ——测量序数，取值为 1、2、3、4、5。

7.6 转速稳定性试验

将装至满载转头的离心机调至最高转速，稳定 5 min，用测速仪测量转速，每隔 1 min 测 1 次，共测量 5 次，计算 5 次转速的算术平均值，按式(2)计算每一次的转速不稳定度，取最大值，其结果应符合 6.4 的要求。

$$\delta_{s_i}=\frac{|n_i-\bar{n}|}{\bar{n}}\times 100\% \qquad \cdots\cdots(2)$$

式中：

δ_{s_i}——第 i 次不稳定度，(%)；

$\bar{n}$ ——转速平均值，单位为转每分钟(r/min)；

n_i ——第 i 次转速实测值，单位为转每分钟(r/min)；

i ——测量序数，取值为 1、2、3、4、5。

7.7 噪声试验

7.7.1 离心机发射噪声 A 计权声压级的测量方法如下：

a) 将离心机放置在坚硬的反射面(如地板或台面)上，并按制造者规定的方式固定。墙壁或任何其他反射体与离心机表面之间的距离不应小于 3 m；

b) 应在离心机外表面前、后、左、右各 1 m，地面上方高度为 1.55 m±0.075 m 处的四个位置上测量，声级计的传声器应正对离心机；

c) 启动离心机前，在 b)所述四个位置上测量并记录背景噪声 A 计权声压级的示值；

d) 将离心机设置为产生最大噪声的工况，启动离心机，待达到设定转速 1 min 后，在 b)所述四个位置上测量并记录离心机发射噪声的 A 计权声压级；

e) 每个位置测得的离心机发射噪声 A 计权声压级的示值与背景噪声的 A 计权声压级的差值，如小于 3 dB，则测量结果无效；如大于 10 dB，则无需修正(背景噪声修正值 $K_1=0$)；如在 3 dB 至 10 dB 之间时，则应按式(3)计算各测量位置的背景噪声修正值：

$$K_1=-10\lg(1-10^{-0.1\Delta L}) \qquad \cdots\cdots(3)$$

式中：

K_1——背景噪声修正值，单位为分贝(dB)；

ΔL——发射噪声示值与背景噪声 A 计权声压级的差值，单位为分贝(dB)。

f) 将在各测量位置测得的发射噪声 A 计权声压级的示值减去相应的背景噪声修正值，即可得到离心机发射噪声的 A 计权声压级，其结果应符合 6.5.1 的要求。

7.7.2 离心机发射噪声的 A 计权声功率级应按 GB/T 3768 规定的方法测量，其结果应符合 6.5.2

的要求。

7.8 温升试验

将试液放入离心管(瓶)内,用点温计测量试液的温度,离心机在最高转速下运转 15 min,停机后,在 1 min 之内再次用点温计测量试液的温度,计算两次测量值之差,其结果应符合 6.6 的要求。

7.9 升、降速时间试验

7.9.1 装上能升至该机最高转速的被测满载转头。

7.9.2 预选离心机最高转速。

7.9.3 启动离心机,测量转头从零升至最高转速时所需的时间,其结果应符合表 1 的规定。

7.9.4 当离心机的转头在最高转速时,按下停止键,测量转头从最高转速降至零所需的时间,其结果应符合表 1 的要求。

7.10 制冷试验

7.10.1 制冷时间试验

装上能升至最高转速的满载转头,设置最高转速,温度设置为 20 ℃。启动离心机及制冷系统,当达到设置最高转速、温度时并稳定 10 min 后,将温度设置为 0 ℃,同时计时,计算显示温度降到 4 ℃的时间,其结果应符合 6.8.2 的要求。

7.10.2 温度偏差试验

先用点温计与离心腔内的感温元件分别在 5 ℃、10 ℃和 15 ℃进行校准。将装有满载转头的离心机调至最高转速,分别设置离心腔温度为 5 ℃、10 ℃和 15 ℃。在每个设置条件下,当温度显示读数分别达到设置值,稳定 5 min 后开始读数,连续读取点温计最高和最低数据各 5 次,计算每档 10 个温度值中最大值和最小值与设置值的差,结果应符合 6.8.3 的要求。

7.11 安全试验

7.11.1 漏电流试验

按 GB 4793.1—2007 中 6.3 的规定进行试验。

7.11.2 介电强度试验

按 GB 4793.1—2007 中 6.8 的规定进行试验。

7.11.3 插头连接设备的保护连接阻抗试验

按 GB 4793.1—2007 中 6.5.1.3 的规定进行试验。

7.11.4 不平衡保护试验

模拟不平衡,检测不平衡装置是否有效,结果应符合 6.9.4 的要求。

7.11.5 门盖自锁试验

打开离心机门盖,启动离心机,检查电机是否运转;合上门盖,启动离心机后,检查门盖是否能够打开。断开电源,使用专用工具,检查紧急开锁装置能否开锁。结果应符合 6.9.5 的要求。

7.12 环境适应性试验

环境可靠性试验按 GB/T 14710 的规定进行，其结果应符合 6.10 的要求。

8 检验规则

8.1 检验分类

离心机的检验分为：

a) 出厂检验；

b) 定型检验；

c) 周期检验。

8.2 检验项目

出厂检验、定型检验和周期检验的项目、要求及试验方法的条款号见表 2。

表 2

序号	检验项目	要求的条款号	试验方法的条款号	出厂检验	定型检验	周期检验
1	外观	6.1	7.3	●	●	●
2	旋转组件重量偏差	6.2	7.4	●	●	●
3	转速相对偏差	6.3	7.5	●	●	●
4	转速稳定性	6.4	7.6	—	●	●
5	噪声	6.5	7.7	●	●	●
6	温升	6.6	7.8	●	●	●
7	升、降速时间	6.7	7.9	—	●	●
8	制冷时间	6.8.2	7.10.1	—	●	●
9	温度偏差	6.8.3	7.10.2	●	●	●
10	安全	6.9	7.11	●	●[a]	●
11	环境适应性	6.10	7.12	—	●	—
注：符号“●”表示应检验的项目；符号“—”表示不必检验的项目。						
[a] 定型检验应符合 GB 4793.1—2007 及 GB 4793.7—2008 的规定。						

8.3 出厂检验

出厂检验由制造商质量检验部门进行逐台检验，对检验合格的离心机应出具质量合格证明文件。

8.4 定型检验

8.4.1 具有以下情形之一，应进行定型检验：

a) 新产品设计定型或生产定型时；

b) 老产品转厂生产时；

c) 产品的设计结构、工艺、材料有较大变动且有可能影响产品性能时；

d) 国家质量监督机构要求时。

8.4.2 离心机定型检验的样本为1台，检验项目见表2，所有项目应符合第6章的要求。

8.4.3 定型检验可由制造厂质量检验部门执行，也可委托质量检验技术机构执行，应出具定型检验报告。

8.4.4 经定型检验合格的离心机应整修，更换寿命终了或接近终了的零部件，并重新进行出厂检验。检验合格后签发产品合格证，方能出厂。

8.5 周期检验

8.5.1 通则

产品有下列情况之一时，应进行周期检验：

a) 正常生产时，每两年进行至少一次的检验；

b) 产品停产一年后，恢复生产时；

c) 出厂检验结果与上次周期检验有重大差异时；

d) 国家质量监督机构要求时。

8.5.2 抽样方案及判定规则

8.5.2.1 周期检验采用GB/T 2829—2002中判别水平Ⅰ的一次抽样方案。

8.5.2.2 周期检验项目的不合格分类、不合格质量水平(RQL)、判别水平(DL)及判定数组(Ac ,Re)见表3。

表 3

顺序	不合格分类	检验项目及条款		不合格质量水平(RQL)	判别水平(DL)	抽样方案	
		项目	条款			样本量 n	判定数组(Ac,Re)
1	A	旋转组件重量偏差	6.2	30	Ⅰ	3	(0,1)
2		转速相对偏差	6.3				
3		转速稳定性	6.4				
4		噪声	6.5				
5		温升	6.6				
6		升、降速时间	6.7				
7		制冷	6.8				
8		安全	6.9				
9	B	外观	6.1	65			(1,2)

8.5.2.3 周期检验按GB/T 2829—2002的规定进行合格或不合格判断，其中批质量以每百单位产品不合格数表示。

8.5.3 样本抽取

周期检验的样本应在出厂检验合格品中随机抽取。

8.5.4 周期检验后的处置

8.5.4.1 周期检验不合格，应分析原因，找出问题并落实措施，重新进行周期检验。若再次周期检验不合格，则应停产整顿，产品停止出厂检验，待解决问题，周期检验合格后，方可恢复出厂检验。

8.5.4.2 若周期检验合格，经出厂检验合格的批可以作为合格品出厂或入库。

9 标志

9.1 铭牌

9.1.1 离心机的铭牌，字迹应清晰耐久，固定牢靠。

9.1.2 离心机的铭牌上应有下列内容：

a) 制造单位名称；
b) 产品名称、型号；
c) 电源额定电压、额定频率；
d) 额定输入功率；
e) 产品编号；
f) 制造日期；
g) 最高转速；
h) 最大容量。

9.2 其他

机体应设有明显的接地标志。

10 包装、运输及贮存

10.1 包装

10.1.1 包装箱的标志应符合 GB/T 191—2008 的规定。

10.1.2 包装箱应牢固可靠。

10.1.3 包装箱应防雨淋、防潮气聚集。

10.1.4 离心机的附件及技术文件应紧固在包装箱内，随同离心机提供的主要文件资料包括：

a) 产品合格证明书；
b) 产品使用说明书；
c) 保修单；
d) 装箱清单。

10.2 运输

离心机在包装完整的条件下，允许用一般交通工具运输。在运输过程中应防止剧烈振动、雨淋与曝晒。

10.3 贮存

10.3.1 包装完备的离心机应贮存在温度 0 ℃～40 ℃，相对湿度不大于 80%，通风良好、无腐蚀性气体及化学药品的库房内。

10.3.2 贮存时间超过一年，出厂前应重新进行出厂检验，合格后方能出厂。

ICS 91.100.01
Q 04

GB

中华人民共和国国家标准

GB/T 30100—2013

建筑墙板试验方法

Test methods for building wallboard

2013-12-31 发布 2014-09-01 实施

中华人民共和国国家质量监督检验检疫总局
中国国家标准化管理委员会 发布

前　言

本标准按照 GB/T 1.1—2009 给出的规则起草。

本标准由中国建筑材料联合会提出。

本标准由全国墙体屋面及道路用建筑材料标准化技术委员会(SAC/TC 285)归口。

本标准负责起草单位:广州市建筑材料工业研究所有限公司、江苏山水环境建设集团股份有限公司、中国建材检验认证集团西安有限公司。

本标准参加起草单位:上海新宇墙体材料有限公司、甘肃土木工程科学研究院、贵州省建材产品质量监督检验院。

本标准主要起草人:朱迎、杨展、邵珊、张静、侯文虎、陈军、洪波、夏莉娜、蒋德勇、林玲、周炫。

建筑墙板试验方法

1 范围

本标准规定了建筑墙板外观质量、尺寸偏差、面密度、含水率、吸水率、相对含水率、抗压强度、软化系数、抗冻性、碳化系数、抗折强度、抗弯荷载、抗冲击性、吊挂力、抗拉拔、干燥收缩、泛霜、抗返卤性、抗渗透性和不透水性试验方法。

本标准适用于工业与民用建筑用建筑墙板。

2 规范性引用文件

下列文件对于本文件的应用是必不可少的。凡是注日期的引用文件，仅注日期的版本适用于本文件。凡是不注日期的引用文件，其最新版本(包括所有的修改单)适用于本文件。

GB/T 17671 水泥胶砂强度检验方法(ISO 法)

GB/T 18968 墙体材料术语

GB/T 25183 砌墙砖抗压强度试验用净浆材料

3 术语和定义

GB/T 18968 界定的术语和定义适用于本文件。

4 试验环境及试验条件

除特别标明外，试验均在常温常湿环境条件下进行，所有受检墙板都应达到产品规定的养护龄期。

5 外观质量及尺寸偏差

5.1 量具

5.1.1 钢直尺：精度 0.5 mm。

5.1.2 钢卷尺：精度 1 mm。

5.1.3 游标卡尺：精度 0.02 mm。

5.1.4 塞尺：精度 0.01 mm。

5.1.5 靠尺：量程 2 m。

5.1.6 读数显微镜：精度 0.01 mm。

5.1.7 内外卡钳。

5.2 外观质量检测

对受测板，视距 0.5 m 左右，目测有无外露增强纤维、贯通裂纹、泛霜；用钢直尺测量板面裂缝长度、蜂窝气孔、缺棱掉角数据，读数精确至 1 mm；用读数显微镜测量裂缝宽度，读数精确至 0.1 mm，并记录数量。

5.3 尺寸偏差检测

5.3.1 长度

用钢卷尺检测,读数精确至1 mm,测量3处,如图1所示。取3处测量数据的最大值和最小值为检测结果。

——板边两处:靠近两板边100 mm处,平行于该板边;

——板中一处:过两板端中点。

单位为毫米

图1 长度测量位置

5.3.2 宽度

用钢卷尺检测,读数精确至1 mm,测量3处,如图2所示。取3处测量数据的最大值和最小值为检测结果。

——板端两处:靠近两板端100 mm处,平行于该板端;

——板中一处:过两板端中点。

单位为毫米

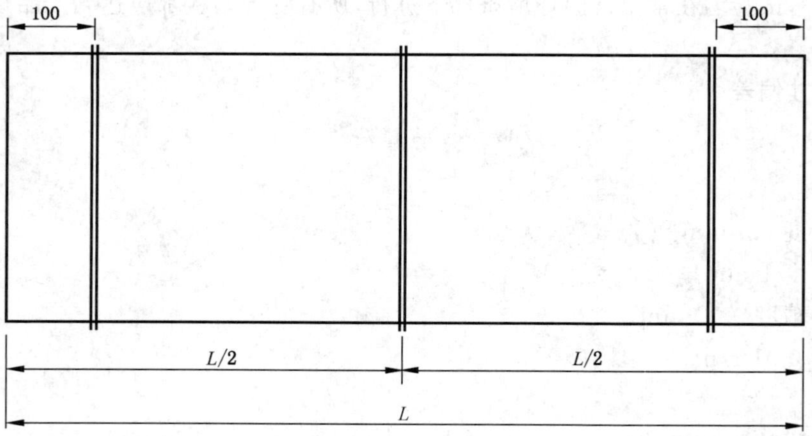

图2 宽度测量位置

5.3.3 厚度

厚度大于25 mm的厚板,在各距板两端100 mm处,两边100 mm及横向中线处布置测点;厚度小于或等于25 mm的薄板,在各距板两端20 mm处,两边20 mm及横向中线处布置测点,如图3所示共测量6处。厚板用钢直尺、外卡钳和游标卡尺配合测量,薄板直接用游标卡尺测量,读数精确至

0.02 mm，记录数据，取6处测量数据的最大值和最小值为检验结果，修约至0.1 mm。

单位为毫米

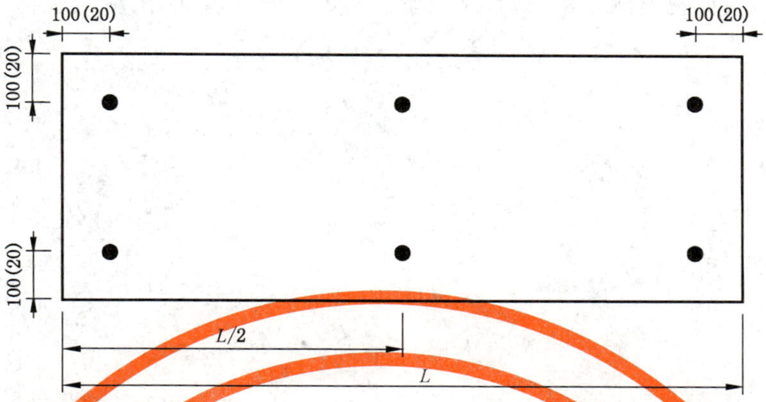

图3 厚度测量位置

5.3.4 壁厚

在受检空心板端部用钢直尺测3处，分别测量板的上下壁厚及孔间壁厚的最薄处，读数精确至0.5 mm，如目测空心板中间的上下壁厚有明显差别，可沿板宽截开测其壁厚，取其最小值为检验结果，修约至1 mm。

5.3.5 板面平整度

受检板两面各测量3处，共6处。第一处：使靠尺中点靠近板面中心，靠尺尺身重合于板面的一条对角线；第二处和第三处：靠尺位置关于板面中心对称，靠尺一端位于板面另一条对角线端点，靠尺另一端交于对边板边中心，如图4所示，条板另一面测量位置与图示位置关于条板中心对称。用2 m靠尺和楔型塞尺测量。记录每处靠尺与板面最大间隙的读数，读数精确至0.1 mm。取6处测量数据的最大值为检验结果，修约至0.5 mm。

单位为毫米

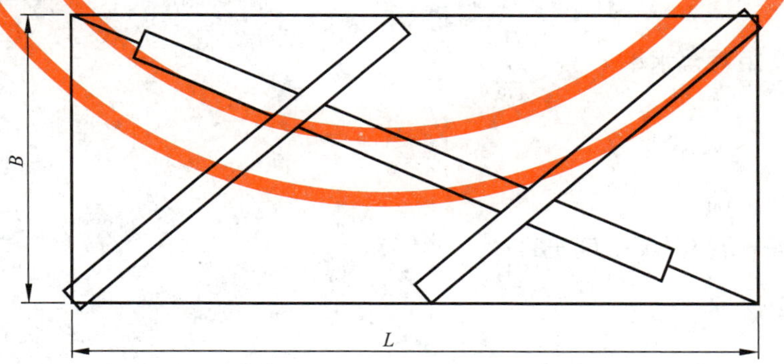

图4 板面平整度测量位置

5.3.6 对角线差

用钢卷尺测量墙板上的两条对角线的长度，取两个测量数据的差值为检测结果，结果修约至1 mm。

5.3.7 侧向弯曲

通过板边端点沿板面拉直测线，用钢直尺测量板两侧的侧向弯曲处，取最大值为检测结果，修约至0.5 mm。

6 面密度

6.1 仪器设备

6.1.1 台秤：精度 0.05 kg。
6.1.2 钢卷尺：精度 1 mm。

6.2 试验状态调节

将墙板在常温常湿环境条件下放置 3 d 之后再进行面密度试验。

6.3 试验步骤

6.3.1 取 3 块墙板为一组样本进行试验，用台秤称取试验墙板质量 m，读数精确至 0.05 kg。
6.3.2 按照 5.3 的规定测量墙板的长度和宽度，结果以平均值表示，修约至 1 mm。

6.4 结果计算

6.4.1 每块墙板试件的面密度按式(1)计算，修约至 0.1 kg/m^2。

$$\rho=\frac{m}{L\times B} \tag{1}$$

式中：
ρ ——试件的面密度，单位为千克每平方米(kg/m^2)；
m ——试件的质量，单位为千克(kg)；
L ——试件的长度尺寸，单位为米(m)；
B ——试件的宽度尺寸，单位为米(m)。

6.4.2 墙板的面密度以 3 块墙板试件面密度的算术平均值表示，修约至 1 kg/m^2。

7 含水率、吸水率及相对含水率

7.1 仪器设备

7.1.1 电子称：精度 0.001 kg。
7.1.2 电热鼓风干燥箱：控温灵敏度±1 ℃。
7.1.3 水箱或水池。

7.2 试件制取

取 3 块墙板，在距墙板板端不小于 25 mm 的中间位置，分别沿墙板板长方向截取试件一件，共 3 件为一组样本，试件宽度为 100 mm，长度与墙板宽度尺寸相同(如果板宽≤800 mm，则试件切取长度为板宽；如果板宽＞800 mm，则试件切取长度为 600 mm)、厚度与墙板厚度尺寸相同。将墙板在常温常湿环境条件下放置 3 d 之后再进行试验。

7.3 试验步骤

7.3.1 试件取样后立即称取其取样质量 m_1，精确至 0.01 kg。

7.3.2 将试件送入电热鼓风干燥箱内干燥 24 h，干燥温度见表 1。此后每隔 2 h 称量一次，直至前后两次称量值之差不超过后一次称量值的 0.2%为止。

表 1 不同材料墙板干燥温度

单位为摄氏度

墙板种类	水泥、混凝土类墙板	石膏墙板	复合墙板
干燥温度	105±5	40±2	60±2

7.3.3 试件冷却至室温，立即称量其绝干质量 m_0，精确至 0.01 kg。

7.3.4 将试件放在 10 ℃以上的水中。试件用支架悬置，不与水池底部和侧壁紧贴，试件上表面距水面不小于 30 mm，24 h 后取出试件，用湿毛巾吸去试件表面附着水分，称量试件饱水质量 m_2，精确至 0.01 kg。

7.4 结果计算

7.4.1 每个试件的含水率按式(2)计算，修约至 0.1%。

$$W_1 = \frac{m_1 - m_0}{m_0} \times 100 \quad \cdots\cdots(2)$$

式中：

W_1——试件的含水率，%；

m_1——试件的取样质量，单位为千克(kg)；

m_0——试件的绝干质量，单位为千克(kg)。

墙板的含水率$\overline{W}_1$以 3 个试件含水率的算术平均值表示，修约至 0.1%。

7.4.2 每个试件的吸水率按式(3)计算，修约至 0.1%。

$$W_2 = \frac{m_2 - m_0}{m_0} \times 100 \quad \cdots\cdots(3)$$

式中：

W_2——试件的吸水率，%；

m_2——试件的饱水质量，单位为千克(kg)；

m_0——试件的绝干质量，单位为千克(kg)。

墙板的吸水率 $\overline{W}_2$ 以 3 个试件吸水率的算术平均值表示，精确至 0.1%。

7.4.3 墙板的相对含水率按式(4)计算表示，修约至 0.1%。

$$W_3 = \frac{\overline{W}_1}{\overline{W}_2} \times 100 \quad \cdots\cdots(4)$$

式中：

W_3——墙板的相对含水率，%；

$\overline{W}_1$——墙板的含水率，%；

$\overline{W}_2$——墙板的吸水率，%。

8 抗压强度、软化系数、抗冻性、碳化系数

8.1 仪器设备和试剂

8.1.1 仪器设备

8.1.1.1 万能试验机：精度Ⅰ级。

8.1.1.2 钢直尺:精度 0.5 mm。

8.1.1.3 低温试验箱或冷库,温度可降至−20 ℃以下。

8.1.1.4 电子称:精度 0.001 kg。

8.1.1.5 水箱或水池。

8.1.1.6 碳化箱:下部设有进气孔,上部设有排气孔,且有湿度观察装置,盖门须严密。

8.1.1.7 二氧化碳钢瓶。

8.1.1.8 气体分析仪。

8.1.1.9 温湿度仪,流量计。

8.1.2 试剂

8.1.2.1 二氧化碳气体:浓度大于 80%(质量分数)。

8.1.2.2 质量分数 1%酚酞溶液:用浓度为 70%(质量分数)的乙醇配置。

8.2 试件制取

取 3 块墙板,在距墙板板端不小于 25 mm 的中间位置,分别沿墙板板宽方向依次截取厚度为试件厚度尺寸、长度为 100 mm、宽度为 100 mm 的单元体试件各 6 块(对于空心墙板,长度包括一个完整孔及两条完整孔间肋的单元体试件),其中抗压强度、软化系数、抗冻性分别任取其中 3 块试件,共 9 块试件;碳化系数取 8 块试件,其中 5 块用于碳化深度检查,3 块用于碳化试验。

8.3 抗压强度

8.3.1 取 3 块试件进行抗压强度试验,采用 GB/T 25183 规定的净浆材料处理试件的上表面和下表面,使之成为相互平行且与试件孔洞圆柱轴线垂直的平面,并用水平尺调至水平。

8.3.2 制成的抹面试样应置于不低于 10 ℃的不通风室内养护不少于 4 h 再进行试验。

8.3.3 用钢直尺分别测量每个试件受压面的长、宽方向中间位置尺寸各两个,分别取其平均值,修约至 1 mm。

8.3.4 将试件置于试验机承压板上,使试件的轴线与试验机压板的压力中心重合,以 0.05 MPa/s～0.10 MPa/s 的速度加荷,直至试件破坏。记录最大破坏荷载 P。

8.4 软化系数

8.4.1 另取 3 块试件进行软化系数试验,将试件泡入 20 ℃±2 ℃的水中,试件用支架悬置,不与水池底部和侧壁紧贴,试件上表面距水面不小于 30 mm,48 h 后取出,在支架上滴水 1 min,表面用拧干的湿毛巾抹干。

8.4.2 按 8.3 规定的方法进行抗压强度试验。

8.5 抗冻性

8.5.1 取 3 块试件进行抗冻性试验,分别检查 3 块试件的外表面,如有裂纹、缺棱等缺陷,在缺陷处涂上油漆,注明编号,静置待干。

8.5.2 将 3 个冻融试件放入 10 ℃～25 ℃水池或水箱中,水面高于试件 30 mm 以上,试件间隔不小于 30 mm。浸泡 48 h 后取出试件,在支架上滴水 1 min,表面用拧干的湿毛巾抹干,立即称量试件饱和面干状态的质量 m_3,精确至 1 g。

8.5.3 将冻融试件放入预先降至−15 ℃的低温试验箱内,试样之间、试样与低温试验箱侧壁之间的距离不应小于 30 mm。待低温试验箱温度重新降到−15 ℃开始计时,并在−15 ℃～−20 ℃范围内保持

4 h,然后取出试样,再放入 10 ℃～25 ℃的水池或水箱中融化 2 h,水面高于试件 30 mm 以上,试件间隔不小于 30 mm,如此为一个冻融循环。

8.5.4 冻融循环结束后,取出试件,检查试件的破坏情况,如开裂、剥落等,做好记录。

8.5.5 按 8.5.2 方法称量试件冻融后饱和面干状态的质量 m_4。

8.5.6 冻融试件静置 24 h 后,按照 8.3 规定的方法进抗压强度试验。

8.6 碳化系数

8.6.1 试验环境条件

8.6.1.1 湿度

碳化过程的相对湿度控制在 90%以下。

8.6.1.2 二氧化碳浓度

8.6.1.2.1 二氧化碳浓度的测定

二氧化碳浓度采用气体分析仪测定,第一、二天每隔 2 h 测定一次,以后每隔 4 h 测定一次,精确至 1%(质量分数)。并根据测得的二氧化碳,随时调节其流量。

8.6.1.2.2 二氧化碳浓度的调节和控制

如图 5 所示,装配人工碳化装置,调节二氧化碳钢瓶的针形阀,控制流量使二氧化碳浓度达 60%(质量分数)以上。

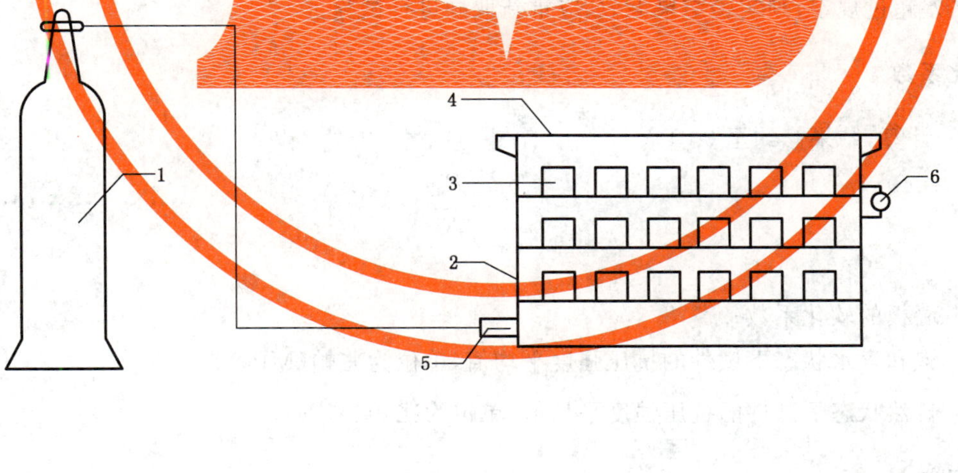

说明:

1——二氧化碳钢瓶;

2——碳化箱;

3——试件;

4——箱盖;

5——进气口;

6——接气体分析仪。

图 5 人工碳化装置示意图

8.6.2 试验步骤

8.6.2.1 将用于碳化试验的8块试件在室内放置7 d，然后放入碳化箱内进行碳化，试件间隔不得小于20 mm。

8.6.2.2 从第十天开始，每5 d将用于碳化深度检测试件取出1块劈开，用1%酚酞乙醇溶液检查碳化程度，当试样中心不显红色时，则认为试件已经全部碳化。

8.6.2.3 将已经全部碳化或进行碳化28 d后仍未完全碳化的3个试件于室内放置24 h～36 h后，按8.3的规定进行抗压强度试验。

8.7 结果计算

8.7.1 抗压强度

8.7.1.1 每个试件的抗压强度按式(5)计算，修约至0.1 MPa。

$$R = \frac{P}{L \times B} \quad \cdots\cdots(5)$$

式中：

R——试件的抗压强度，单位为兆帕(MPa)；

P——破坏荷载，单位为牛顿(N)；

L——试件受压面的长度，单位为毫米(mm)；

B——试件受压面的宽度，单位为毫米(mm)。

8.7.1.2 墙板抗压强度的试验结果为其自然状态下的抗压强度，以3块试件抗压强度的算术平均值计算和评定，结果修约至0.1 MPa。如果其中一个试件的抗压强度与3个试件抗压强度平均值之差超过平均值的20%，则抗压强度值按另两个试件的抗压强度的算术平均值计算；如果有两个试件与抗压强度平均值之差超过规定，则实验结果无效，应重新取样进行试验。

8.7.2 软化系数

按式(6)计算，结果修约至0.01。

$$I = \frac{\overline{R}_1}{\overline{R}} \quad \cdots\cdots(6)$$

式中：

I ——墙板的软化系数；

$\overline{R}_1$——饱和含水状态下试件的抗压强度平均值，单位为兆帕(MPa)；

$\overline{R}$ ——自然状态下试件的抗压强度平均值，单位为兆帕(MPa)。

8.7.3 抗冻性

8.7.3.1 记录3个冻融试件的外观检查结果。

8.7.3.2 每个试件质量损失率按式(7)计算，修约至0.1%。

$$K_m = \frac{m_3 - m_4}{m_3} \times 100 \quad \cdots\cdots(7)$$

式中：

K_m——试件的质量损失率，%；

m_3 ——试件冻融前的质量，单位为千克(kg)；

m_4——试件冻融后的质量，单位为千克(kg)。

墙板的质量损失率以3个试件的质量损失率平均值表示，结果修约至0.1%。

8.7.3.3 抗压强度损失率按式(8)计算，修约至0.1%。

$$K_R = \frac{\overline{R} - \overline{R}_2}{\overline{R}} \times 100 \qquad \cdots\cdots(8)$$

式中：

K_R——墙板的强度损失率，%；

$\overline{R}_2$——冻融试件的抗压强度平均值，单位为兆帕(MPa)；

$\overline{R}$——自然状态下试件的抗压强度平均值，单位为兆帕(MPa)。

8.7.3.4 抗冻性试验结果以试件冻融后的外观质量、质量损失率以及强度损失率表示。

8.7.4 碳化系数

按式(9)计算，结果修约至0.01。

$$K_c = \frac{\overline{R}_c}{\overline{R}} \qquad \cdots\cdots(9)$$

式中：

K_c——墙板的碳化系数；

$\overline{R}_c$——碳化后试件的抗压强度平均值，单位为兆帕(MPa)；

$\overline{R}$——自然状态下试件的抗压强度平均值，单位为兆帕(MPa)。

9 抗折强度

9.1 试验设备

9.1.1 抗折试验机：精度Ⅰ级。

9.1.2 钢直尺：精度0.5 mm。

9.1.3 游标卡尺：精度0.02 mm。

9.2 试件制取

厚度小于等于25 mm的薄板进行此项试验。取两块整板，在每块板距板边不小于25 mm的中间部分对称位置截取两块250 mm×250 mm×板厚的试件，共4个试件。

9.3 试验步骤

9.3.1 试验前均将试件置于常温常湿环境条件下3 d之后再进行试验。

9.3.2 试件正面朝上置于支座上，支座及压杆为直径20 mm～30 mm的金属杆，使平板中心线与加荷杆中心线重合，下支座跨距为215 mm，如图6所示。

9.3.3 控制加荷速度为20 N/s±5 N/s，读取破坏荷载，测量断裂处试件宽度及两端点的厚度。然后将试件重新拼合，在垂直方向上再做第二次抗折，再测量断裂处试件宽度及两端点的厚度。试件宽度和试件厚度分别用钢直尺和游标卡尺测量，试件宽度修约至1 mm，试件厚度修约至0.1 mm。

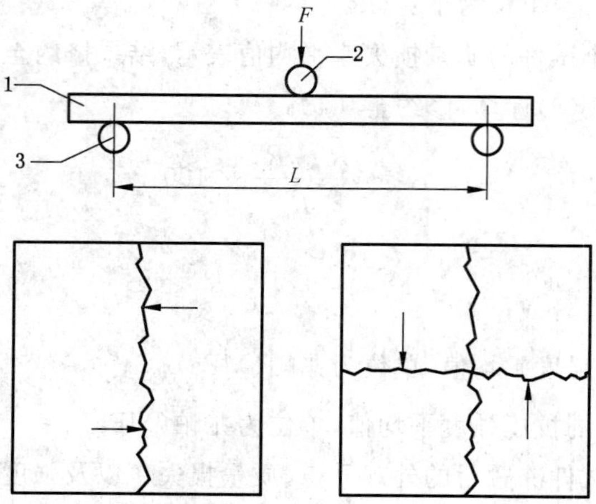

说明：

1——试件；

2——压杆；

3——支座。

图 6 抗折试验示意图

9.4 结果计算

9.4.1 每个试件单向的抗折强度按式(10)计算，结果修约至 0.01 MPa。

$$S = \frac{3pL}{2be^2} \qquad \cdots\cdots (10)$$

式中：

S ——试件的抗折强度，单位为兆帕(MPa)；

p ——试件的破坏荷载，单位为牛(N)；

L ——试件的支距，单位为毫米(mm)；

b ——试件断面宽度，单位为毫米(mm)；

e ——试件断面厚度，单位为毫米(mm)，二次测量结果的算术平均值。

试件的抗折强度为两个方向试验结果的算术平均值，结果修约至 0.01 MPa。

9.4.2 墙板的抗折强度以 4 个试件的平均值表示，结果修约至 0.1 MPa。

10 抗弯荷载

10.1 仪器设备

10.1.1 加压装置：量程不小于 10 kN，精度 0.1 kN。

10.1.2 钢卷尺：精度 1 mm。

10.1.3 百分表：精度 0.01 mm。

10.1.4 试验架。

10.2 均布荷载试验

10.2.1 试验墙板的长度尺寸应不小于 2 m。

10.2.2 试验取整块墙板，墙板长 L_0，将墙板试件放在支座长度大于板宽的两个平行支座上，支座的间距调整至 $L(L_0-100)$mm，两端伸出长度相同。

10.2.3 荷载通过分配梁以及压轴均匀施加于试验墙板上，当需要测试挠度时，可在墙板上安装 4 个百分表，试验装置示意图见图 7。

单位为毫米

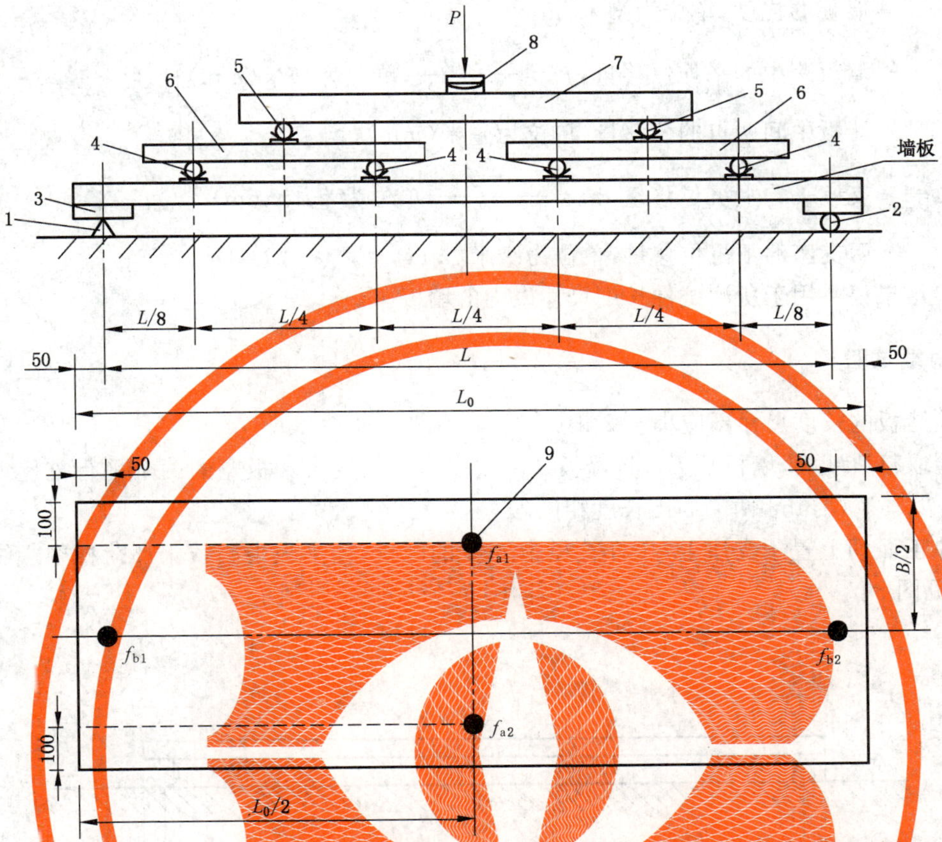

说明：

1——固定铰支座；

2——滚动铰支座（ϕ60 钢柱）；

3——承压板（100×板宽）；

4——压轴（ϕ34×3×600 无缝钢管，配 60×600 三角肋板）；

5——压轴（ϕ34×3×600 无缝钢管，配 60×600 三角肋板）；

6——分配梁（120×80×3 矩形钢管）；

7——分配梁（50×80×4 矩形钢管）；

8——球铰座（ϕ80×20）；

9——百分表 f_{a1}、f_{a2}、f_{b1}、f_{b2}。

图 7 均布荷载抗弯承载试验试验装置示意图

10.2.4 空载静置 2 min，记录百分表初始读数，精确至 0.01 mm。采用分级施加荷载法，均匀施加荷载 P(N)于试件，每级荷载为试件重量 W(N)的 30%。分配梁、压轴等装置的总重量 W_P(N)，第一级荷载为 $P_1=(0.3W-W_P)$N，第二级荷载为 $P_2=(0.3W)$N……

10.2.5 每级加荷完成后，静置 2 min，直至加荷至墙板产品标准规定的抗弯荷载，静置 5 min。若此时试件仍未破坏，可继续施加荷载，按同样的分级加荷方式直至试件破坏，记录此时的最大破坏荷载 P_{max}，墙板的最大均布破坏荷载即为($P_{max}+W_P$)N。每级加荷完成静置后记录百分表的读数，精确至0.01 mm。

10.2.6 挠度按式(11)计算,结果修约至 0.01 mm。

$$a = f_a - f_b \quad \cdots\cdots(11)$$

式中:

a ——墙板的挠度,单位为毫米(mm);

f_a ——墙板跨中的平均位移量,$f_a = \frac{f_{a1} + f_{a2}}{2}$,单位为毫米(mm);

f_{a1}、f_{a2} ——墙板中间两点的位移量,单位为毫米(mm);

f_b ——支座平均下沉位移量,$f_b = \frac{f_{b1} + f_{b2}}{2}$,单位为毫米(mm);

f_{b1}、f_{b2} ——两支座的下沉位移量,单位为毫米(mm)。

10.2.7 试验结果仅适用于所测试件长度尺寸以内的墙板。

10.3 集中荷载试验

10.3.1 试验墙板的长度尺寸不应小于 2 m。

10.3.2 试验取整块墙板,墙板长 L_0,将墙板试件放在支座长度大于板宽的两个平行支座上,支座的间距调整至 $L(L_0-100)$mm,两端伸出长度相同。

10.3.3 试件正面朝上置于支座上,压杆直径为 $\phi 34$ 的圆钢,使平板中心线于加荷杆中心线重合,试验装置示意图见图 8。

单位为毫米

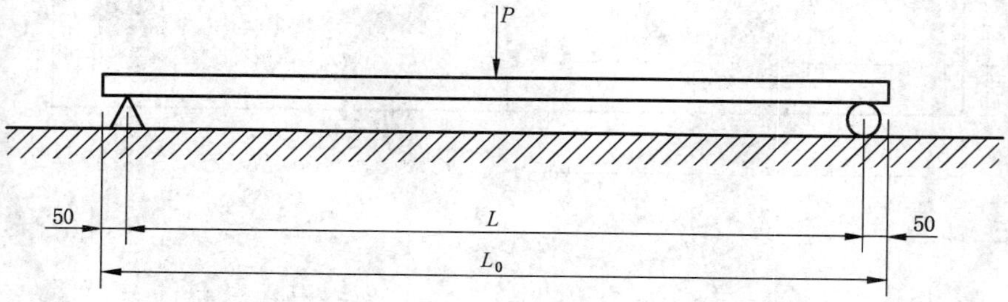

图 8 集中荷载抗弯承载试验试验装置示意图

10.3.4 集中荷载试验的加载程序、分级荷载量、每级荷载的加载时间与均布荷载试验相同,按同样的分级加荷方式直至试件破坏,记录最大破坏荷载,即为墙板的最大集中破坏荷载。

10.3.5 试验结果仅适用于所测试件长度尺寸以内的墙板。

11 抗冲击性

11.1 试验设备

11.1.1 冲击球:钢球质量 500 g±5 g。

11.1.2 试验用砂:符合 GB/T 17671 中规定的中国 ISO 标准砂。

11.1.3 钢直尺:精度 1 mm。

11.1.4 落球法抗冲击试验架。

11.1.5 砂袋法抗冲击试验架。

11.1.6 标准砂袋:重 30 kg。

11.1.7 吊绳:直径 10 mm 左右。

11.2 落球法抗冲击试验

11.2.1 试样制取

厚度小于或等于 25 mm 的薄板进行此项试验。取两块整板,在每块板距板边不小于 25 mm 的中间部分对称位置截取两块 500 mm×400 mm×板厚的试件,共 4 个试件。

11.2.2 试验步骤

11.2.2.1 在抗冲击性试验仪的底盘内均匀铺满砂,用刮尺刮平,抗冲击试验仪底盘的长宽尺寸大于试件尺寸 100 mm 以上,砂层高度为 100 mm,如图 9 所示。

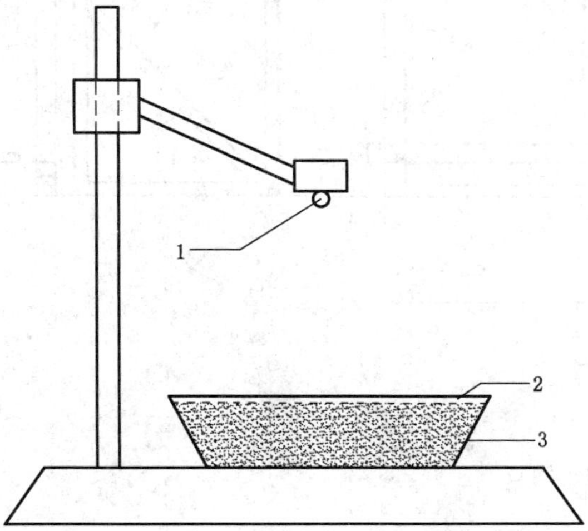

说明:
1——钢球;
2——试件;
3——砂。

图 9 落球法冲击试验图

11.2.2.2 将试件正面朝上放置在砂表面,轻轻按压试样,确保试样背面与砂紧密接触。
11.2.2.3 使钢球从指定高度自由落在试件的中心点上,不同厚度试件的落球冲击高度见表 2。记录试件背面裂纹情况,以 4 个试件最严重情况作为试验结果。

表 2 落球冲击高度

单位为毫米

试样厚度	5	6	8	9	10	12	14	>14
落球高度 h	250	300	450	650	800	1 000	1 200	1 400

11.3 砂袋法抗冲击试验

11.3.1 厚度大于 25 mm 的墙板进行此项试验,试验墙板的长度尺寸不应小于 2 m。
11.3.2 取 3 块墙板为一组样板,按图 10 所示组装并固定,上下钢管中心间距为板长减去 100 mm,即 $(L-100)$mm。板缝用与板材材质相符的专用砂浆粘结,板与板之间挤紧,接缝处用玻璃纤维布搭接,并用砂浆压实、刮平。
11.3.3 24 h 后将装有 30 kg 重、粒径 2 mm 以下细砂的标准砂袋(见图 11)用直径 10 mm 左右的绳子固定在其中心距板面 100 mm 的钢环上,使砂袋垂悬状态时的重心位于 $L/2$ 高度处。
11.3.4 以绳长为半径沿圆弧将砂袋在与板面垂直的平面内拉开,使重心提高 500 mm(标尺测量),然后自由摆动下落，冲击设定位置，反复5次。

11.3.5　目测板面有无贯通裂缝，记录试验结果。

11.3.6　试验结果仅适用于所测试件长度尺寸以内的墙板。

单位为毫米

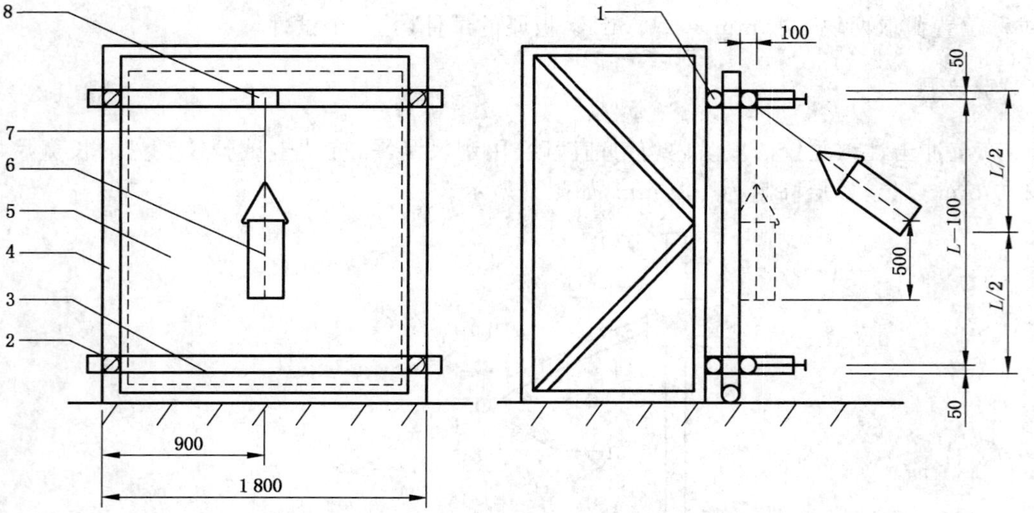

说明：

1——钢管（ϕ50 mm）；

2——横梁紧固装置；

3——固定横梁（10[#] 热轧等边角钢）；

4——固定架；

5——墙板拼装的隔墙试件；

6——标准砂袋；

7——吊绳（直径10 mm左右）；

8——吊环。

图10　砂袋法抗冲击试验图

单位为毫米

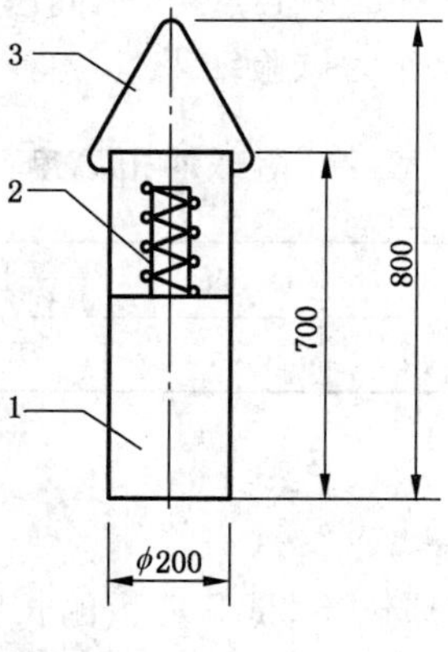

说明：

1——帆布；

2——注砂口；

3——砂袋吊带（厚6 mm、宽40 mm、长70 mm）。

图11　标准砂袋

12 吊挂力

12.1 仪器和工具

12.1.1 锚固件：一般指锚固螺栓或锚钉，由墙板生产厂家推荐或产品标准规定。如无要求，可使用 M6 膨胀螺栓或其他锚固件。

12.1.2 不锈钢垫板 A、B：厚度为 1 mm±0.2 mm，如图 12、图 13 所示。

单位为毫米

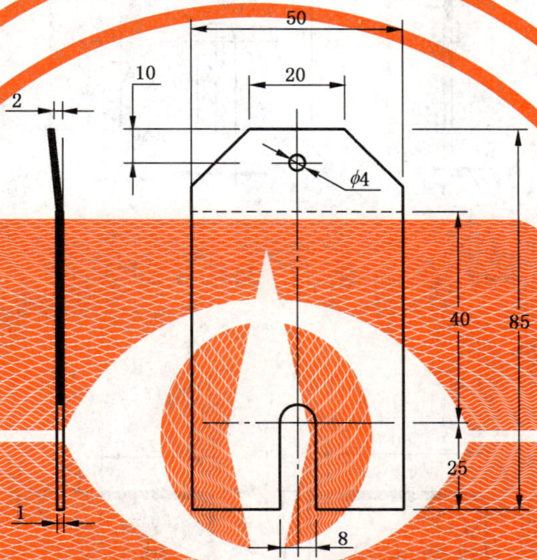

图 12 垫板 A

12.1.3 钢质吊挂件：厚度不小于 3 mm，表面光滑平整，如图 14 所示。

12.1.4 位移测量装置：精度不小于 0.1 mm，可安装于吊挂件上或通过划线方式，测量吊挂件相对于墙板表面的位移。

12.1.5 加荷装置：可采用重物加载，或其他加载方式，但在加载时不应对锚固点产生冲击和振动。

12.2 试验步骤

12.2.1 试验墙板的长度尺寸不应小于 2 m。

12.2.2 取整块墙板垂直固定，采用合适的锚固件将垫板 A、B 及吊挂件安装于墙板中高 1 500 mm 处，垫板 A、B 放置于吊挂件与墙板中间，吊挂试验示意图见图 15（对于空心墙板，所使用锚固件应安装于墙板最薄处）。

单位为毫米

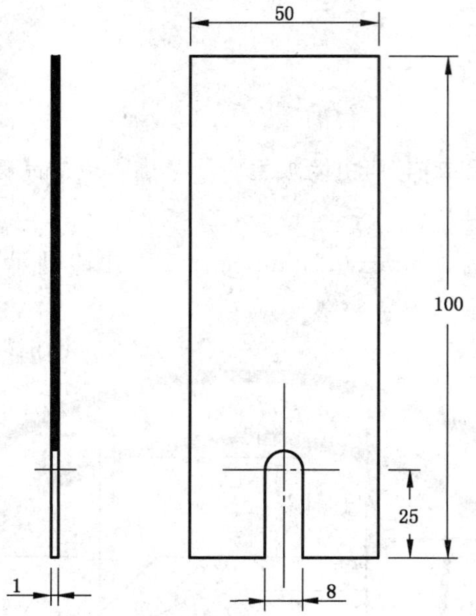

图 13 垫板 B

单位为毫米

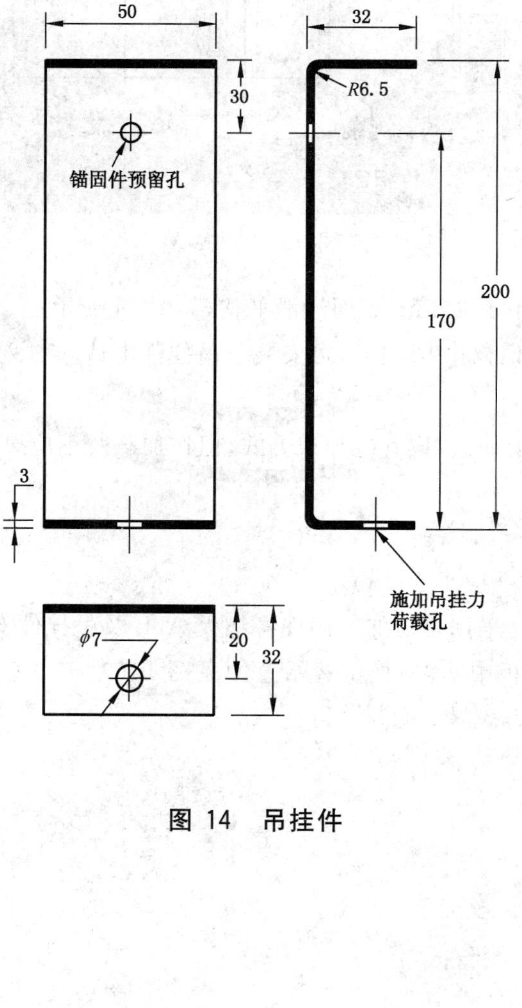

图 14 吊挂件

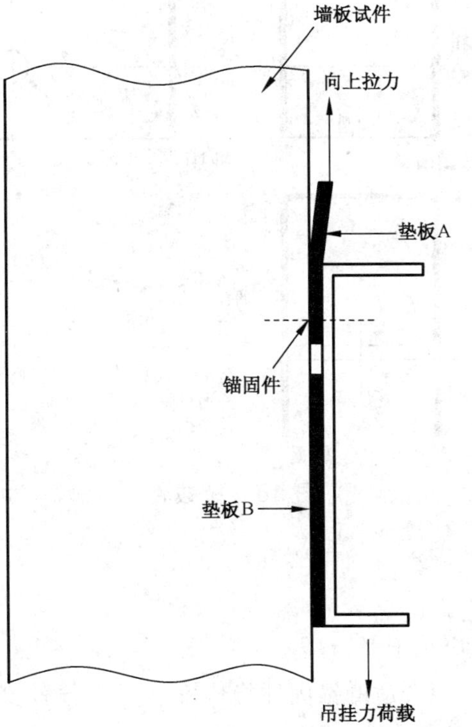

图 15　吊挂试验示意图

12.2.3　对垫板 A 施加向上拉力荷载 20 N±1 N。

12.2.4　记录位移测量装置初始读数或在墙板上标明吊挂件的初始位置。

12.2.5　对吊挂件施加平行于墙板的吊挂力荷载，在不少于 10 s 的时间里由 0 逐渐加至 250 N±7.5 N。

12.2.6　吊挂力荷载在 250 N 持荷 1 min，记录期间墙板的任何变化。

12.2.7　卸去吊挂荷载，观察垫板 A、B 是否松动脱落，测量吊挂件的位移是否超过 2 mm，并记录试验结果。

13　抗拉拔

13.1　仪器和工具

13.1.1　锚固件：一般指锚固螺栓或锚钉，由墙板生产厂家推荐或产品标准规定。如无要求，可使用 M6 膨胀螺栓或其他锚固件。

13.1.2　不锈钢垫板 A：厚度为 1 mm±0.2 mm，如图 12 所示。

13.1.3　钢质拉拔件：厚度不小于 3 mm，表面光滑平整，如图 16 所示。

13.1.4　加荷装置：可采用重物加载，或其他加载方式，但在加载时不应对锚固点产生冲击和振动。

单位为毫米

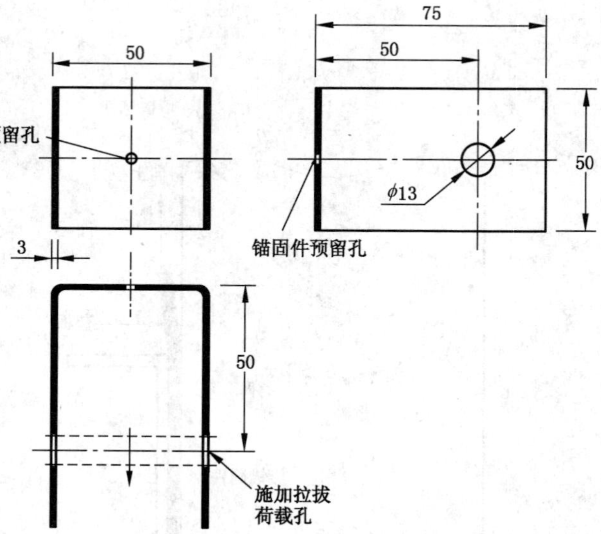

图 16 拉拔件

13.2 试验步骤

13.2.1 试验墙板的长度尺寸不应小于 2 m。

13.2.2 取整块墙板垂直固定，采用合适的锚固件将垫板 A 及拉拔件安装于墙板中高 1 500 mm 处，垫板 A 放置于拉拔件与墙板中间，拉拔试验示意图见图 17（对于空心墙板，所使用锚固件应安装于墙板最薄处）。

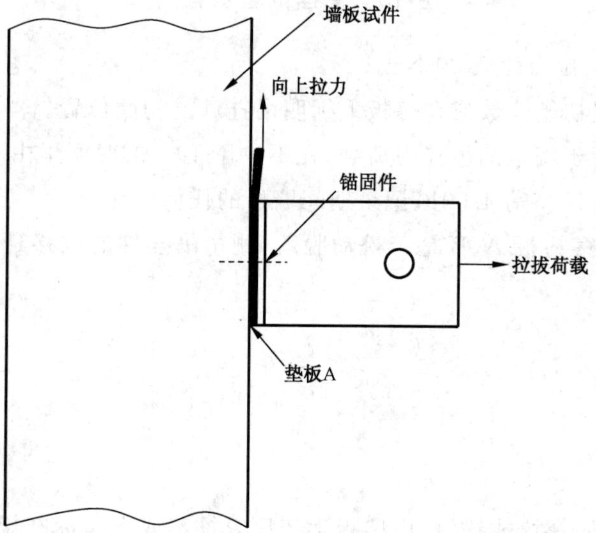

图 17 拉拔试验示意图

13.2.3 对垫板 A 施加向上拉力荷载 20 N±1 N。

13.2.4 对拉拔件施加垂直于墙板的拉拔力荷载，在不少于 10 s 的时间里由 0 逐渐加至 100 N±3 N。

13.2.5 拉拔力荷载在 100 N 持荷 1 min，记录期间墙板的任何变化。

13.2.6 卸去拉拔荷载，观察垫板 A 是否松动脱落，并记录试验结果。

14 干燥收缩

14.1 仪器设备

14.1.1 调温调湿箱：温度范围 0 ℃～100 ℃，相对湿度范围 20%～98%。

14.1.2 千分尺：精度 0.01 mm。

14.1.3 配有百分表的比长仪（立式或卧式）：精度 0.01 mm。

14.2 试件制取

14.2.1 取 3 块墙板，在距墙板板端不小于 25 mm 的中间位置，分别沿板长方向截取高度为 100 mm、长度为板宽（如果板宽≤800 mm，则试件切取长度为板宽；如果板宽＞800 mm，则试件切取长度为 600 mm）、厚度为板厚的试件各一个，共截取 3 个试件，分别测量干燥收缩值。试件表面不应有可见裂纹、气孔、蜂窝等缺陷。

14.2.2 采用千分尺测量两个收缩头的长度 η_1 和 η_2，精确至 0.01 mm。在每个试件两个端面中心各钻一个直径 8 mm～10 mm、深度 14 mm～16 mm 的孔洞（如试件端面为凹槽，可做切平处理，之后钻孔），在孔洞内灌入水玻璃调合的水泥浆或其他刚性胶粘剂，然后在孔洞内埋置如图 18 所示的收缩头，使每个收缩头的中心线均与试件的中心线重合，且使收缩头露出试件外的那部分测头的长度均在 4 mm～6 mm 之间。

单位为毫米

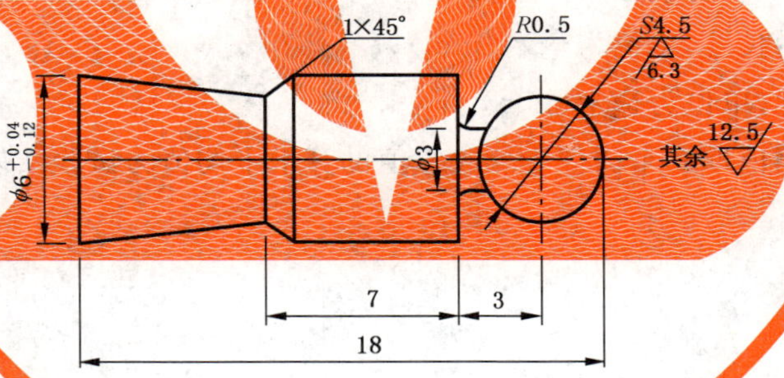

图 18 收缩头

14.2.3 试件制备好放置 1 d 后，检查测头是否安装牢固，否则重装。

14.3 试验步骤

14.3.1 标准试验法

14.3.1.1 将制备好的试件浸没在 20 ℃±2 ℃的水中，水面高出试件 30 mm，浸泡 72 h。

14.3.1.2 将试件从水中取出，用拧干的湿布抹去表面水分，并将收缩测头擦干净，立刻采用千分尺/比长仪或者其他精度不低于 0.01 mm 的测量仪器测定初始长度 L_1（含收缩头），精确至 0.01 mm。

14.3.1.3 将试件放入温度为 20 ℃±1 ℃、相对湿度为(43±2)%的调温调湿箱中。每天将试件取出，在 20 ℃±1 ℃的房间内测量长度一次，直至达到干缩平衡，即连续 3 d 内任意 2 d 的测长读数波动值小于0.01 mm，最后测量试件干燥后的长度 L_2，精确至 0.01 mm。

14.3.2 快速试验法

14.3.2.1 将制备好的试件浸没在 20 ℃±2 ℃的水中，水面高出试件 20 mm，浸泡 72 h。

14.3.2.2 将试件从水中取出，用拧干的湿布抹去表面水分，并将收缩测头擦干净，立刻采用千分尺/比长仪或者其他精度不低于 0.01 mm 的测量仪器测定初始长度 L_1(含收缩头)，精确至 0.01 mm。

14.3.2.3 将试件置于调温调湿箱内，控制箱内温度为 50 ℃±1 ℃，相对湿度为(30±2)%(当箱内湿度至 35%左右时，放入盛有氯化钙饱和溶液的瓷盘，用以调节箱内湿度；如果湿度不易下降时，用无水氯化钙调节)。

14.3.2.4 试验前两天每 4 h 从箱内取出试件测量长度一次，以后每天测量一次。当试件取出后应立即放入无吸湿剂的干燥器中，在温度为 20 ℃±2 ℃的房间内冷却 3 h 后进行测试。

14.3.2.5 按 14.3.2.2、14.3.2.3 所述步骤反复进行干燥、冷却和测试，直至达到干缩平衡，即连续 3 d 内任意 2 d 的测长读数波动值小于 0.01 mm，最后测量试件干燥后的长度 L_2，精确至 0.01 mm。

14.3.3 结果计算

14.3.3.1 试件干燥收缩值按式(12)计算：

$$S=\frac{L_1-L_2}{L_1-(\eta_1+\eta_2)}\times 1\ 000 \qquad \cdots\cdots(12)$$

式中：

S ——试件干燥收缩值，单位为毫米每米(mm/m)；

L_1 ——试件初始长度(含收缩头)，单位为毫米(mm)；

L_2 ——试件干燥后长度，单位为毫米(mm)；

η_1、η_2——收缩头长度，单位为毫米(mm)。

14.3.3.2 墙板的干燥收缩值取 3 个试件干燥收缩值的算术平均值为试验结果，修约至 0.01 mm/m。

15 泛霜、抗返卤性

15.1 试验设备

15.1.1 干燥箱：控温灵敏度±1 ℃。

15.1.2 调温调湿箱：温度范围 0 ℃～100 ℃，相对湿度范围 20%～98%。

15.1.3 耐磨耐腐蚀的浅盘：容水深度为 25 mm～35 mm。

15.1.4 能盖住浅盘的透明材料，在其中间部位开有大于试样宽度、长度尺寸 5 mm～10 mm 的方形孔。

15.2 试件制备

取 3 块墙板，在每块板距板边不小于 25 mm 的中间处截取 250 mm×250 mm×样品原厚的试件各一个，3 个试件为一组。

15.3 试验步骤

15.3.1 泛霜试验

15.3.1.1 清理试样表面，然后将试件在 60 ℃±5 ℃的干燥箱中烘 24 h，取出冷却至常温。

15.3.1.2 将试样正面(非切割面)朝上分别置于浅盘中，往浅盘中注入蒸馏水，水面高度不应低于

20 mm。用透明材料覆盖在浅盘上,并将试样暴露在外面,记录时间(如果墙板试件厚度较薄,无法暴露在外面,可在试件下方垫吸水海绵加高)。

15.3.1.3 试件浸在盘中的时间为 7 d,试验开始 2 d 内经常加水以保持盘内水面高度,以后则保持浸在水中即可。试验过程要求环境温度为 16 ℃～32 ℃,相对湿度为 35%～60%。

15.3.1.4 试验 7 d 后取出试样,在同样的环境条件下放置 4 d。然后在 60 ℃±5 ℃的干燥箱中干燥至恒重,取出冷却至常温,记录干燥后的泛霜程度。

15.3.1.5 泛霜程度划分为以下 4 种。

无泛霜:试样表面的盐析几乎看不见。

轻微泛霜:试样表面出现一层细小明显的霜膜,但试样表面仍然清晰。

中等泛霜:试样部分表面或棱角出现明显霜层。

严重泛霜:试样表面出现掉屑或脱皮的现象。

15.3.2 抗返卤性试验

15.3.2.1 调节调温调湿箱,使其温度为 30 ℃～35 ℃,相对湿度大于或等于 90%。

15.3.2.2 将 3 个试件放置调温调湿箱中,24 h 后取出。

15.3.2.3 观察试件表面有无水珠或返潮。

16 抗渗透性、不透水性

16.1 试验仪器

16.1.1 透明玻璃管:内径 35 mm,长度 300 mm。

16.1.2 钢直尺:精度 1 mm。

16.1.3 抗渗透性、不透水性试验装置:如图 19 所示。

单位为毫米

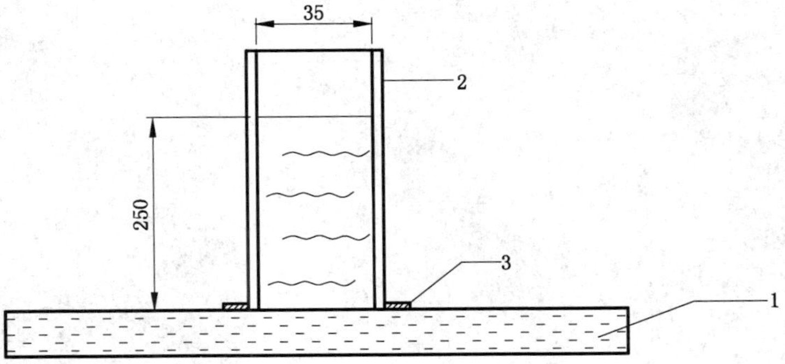

说明:

1——试件;

2——玻璃管;

3——周边处密封材料(可以是蜡,或是其他密封材料)。

图 19 抗渗透性、不透水试验装置图

16.2 试样制取

取 3 块墙板，在每块板距板边不小于 25 mm 的中间处截取 250 mm×250 mm×样品原厚的试件，3 个试件为一组。

16.3 试验步骤

16.3.1 将试件在温度为 10 ℃～30 ℃、相对湿度不小于 50％通风良好的环境下，存放不少于 24 h 后进行试验。

16.3.2 选用不渗水的材料将试件与透明玻璃管的间隙密封好。对于空心墙板，透明玻璃管应位于墙板试件孔洞上方。

16.3.3 将水注入玻璃管，注水高度为 250 mm，静置。

16.3.4 抗渗透性试验结果以静置 2 h 后玻璃管内水位下降高度表示，精确至 1 mm。

16.3.5 不透水性试验结果为静置 24 h 观察受检试件的背面有无湿痕或者水滴形成。

17 试验报告

至少包括如下项目：

a） 受检单位及产品名称；

b） 标准编号、检测项目；

c） 试件编号、规格尺寸及数量；

d） 检测环境；

e） 所用的主要仪器设备；

f） 检测结果：每项性能试验的单个值和每组的算术平均值；

g） 检测单位、检测人、报告审核人、日期及其他。

ICS 59.060
W 52

中华人民共和国国家标准

GB/T 30101—2013

聚乙烯醇水溶短纤维

Polyvinyl alcohol water-soluble staple fiber

2013-12-17 发布 2014-11-01 实施

中华人民共和国国家质量监督检验检疫总局
中国国家标准化管理委员会 发布

前　言

本标准按照 GB/T 1.1—2009 给出的规则起草。

本标准的附录 A、附录 B 为资料性附录。

本标准由中国纺织工业协会提出。

本部分由全国纺织品标准化技术委员会基础分会(SAC/TC 209/SC 1)归口。

本标准起草单位:中国石化集团四川维尼纶厂、湖南省湘维有限公司。

本标准主要起草人:严红、蒲利均、唐松乔、李彬、赵昭汉、卢家云。

聚乙烯醇水溶短纤维

1 范围

本标准规定了聚乙烯醇水溶短纤维的术语定义、分类和标识、要求、试验方法、检验规则、标志、包装、运输和贮存。

本标准适用于以聚乙烯醇为原料，经加工而成的名义线密度为1.00 dtex～3.00 dtex的聚乙烯醇水溶短纤维，其他规格的产品可参照使用。

2 规范性引用文件

下列文件对于本文件的应用是必不可少的。凡是注日期的引用文件，仅注日期的版本适用于本文件。凡是不注日期的引用文件，其最新版本(包括所有的修改单)适用于本文件。

GB/T 3291.1 纺织 纺织材料性能和试验术语 第1部分:纤维和纱线

GB/T 3291.3 纺织 纺织材料性能和试验术语 第3部分:通用

GB/T 4146.1 纺织品 化学纤维 第1部分:属名

GB/T 6503 化学纤维 回潮率试验方法

GB/T 6529 纺织品 调湿和试验用标准大气

GB/T 6682 分析实验室用水规格和实验方法

GB/T 8170 数值修约规则与极限数值的表示和判定

GB/T 14334 化学纤维 短纤维取样方法

GB/T 14335 化学纤维 短纤维线密度试验方法

GB/T 14336 化学纤维 短纤维长度试验方法

GB/T 14337 化学纤维 短纤维拉伸性能试验方法

GB/T 14338 化学纤维 短纤维卷曲性能试验方法

GB/T 14339 化学纤维 短纤维疵点试验方法

3 术语和定义

GB/T 3291.1、GB/T 3291.3、GB/T 4146.1界定的以及下列的术语和定义适用于本文件。

3.1

生产批 product lot

指原料、化工料、辅料、工艺条件、产品规格相同、连续生产的产品批。

3.2

检验批 test lot

在一定的时间段内，为检验连续生产过程中产品质量的稳定性设置的批号。

3.3

溶断温度 water-breaking temperature

纤维束在规定负荷下，在水中受热完全断裂时的最低温度。

3.4

热水不溶物　insoluble substances

在规定的试验条件下，纤维在热水中未溶解的部分。

4 分类和标识

4.1 分类

聚乙烯醇水溶短纤维按溶断温度范围进行分类。

示例 1：S-8；

示例 2：S-9；

“8”代表溶断温度在 76 ℃～85 ℃；“9”代表溶断温度在 86 ℃～95 ℃。

4.2 标识

聚乙烯醇水溶短纤维的标识由下列部分组成：

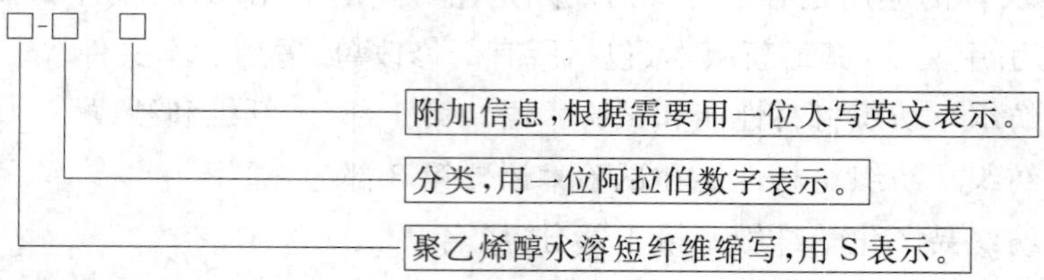

示例：85 ℃聚乙烯醇水溶短纤维标识为 S-8。

5 要求

5.1 产品分等

产品等级分为优等品、一等品、合格品三个等级，低于合格品的为等外品。

5.2 性能项目和指标值

聚乙烯醇水溶短纤维的性能项目和指标值见表 1。

表 1　聚乙烯醇水溶短纤维要求

项　　目	指　　标					
	S-8			S-9		
	优等品	一等品	合格品	优等品	一等品	合格品
线密度偏差率/%	±6.0	±7.0	±8.0	±5.0	±5.0	±6.0
长度偏差率/%	±6.0	±7.0	±8.0	±5.0	±5.0	±6.0
溶断温度/℃	76～85			86～95		
断裂强度/(cN/dtex)　≥	3.8			4.5		
断裂伸长率/%	$M\pm3$	$M\pm4$	$M\pm5$	$M\pm3$	$M\pm4$	$M\pm5$
卷曲数/(个/25 mm)　≥	3.5					
热水不溶物/%　≤	0.05	0.06	0.08	0.04	0.05	0.06

表 1（续）

项　目	指　标					
	S-8			S-9		
	优等品	一等品	合格品	优等品	一等品	合格品
疵点/(mg/100 g)　≤	—	—	—	10.0	15.0	20.0
注1：本表中的“%”为质量分数。 2：线密度偏差以名义线密度为计算依据。 3：*M* 值由供需双方协商确定，确定后不得任意变更。						

6　试验方法

6.1　试验通则

除非另有说明，在分析中仅使用确认为分析纯的试剂和符合 GB/T 6682 的三级水。调湿和试验用标准大气按 GB/T 6529 规定执行。

6.2　取样

取样按 GB/T 14334 规定执行。

6.3　线密度试验

按 GB/T 14335 规定执行。

6.4　长度试验

按 GB/T 14336 规定执行。

6.5　断裂强度、断裂伸长率试验

按 GB/T 14337 规定执行。

6.6　卷曲数试验

按 GB/T 14338 规定执行。

6.7　热水不溶物试验

按附录 A 规定执行。

6.8　溶断温度试验

按附录 B 规定执行。

6.9　疵点试验

按 GB/T 14339 规定执行。

6.10　回潮率试验

按 GB/T 6503 规定执行。

7 检验规则

7.1 出厂检验

7.1.1 检验项目

表1所规定的项目为出厂检验项目，试验方法按本标准第六章规定执行。

7.1.2 组批规定

同一规格的产品原则上以同样机台每班或每天连续生产量组成一个检验批。如需另行组批，应在取样前确定。

7.1.3 取样规定

各性能项目取样按 GB/T 14334 规定的取样方法执行。

7.1.4 综合评定

各性能项目的测定值或计算值按 GB/T 8170 中修约值比较法与表1规定性能项目指标的极限数值比较，评定每项等级。最终以检验批中性能项目中最低项的等级定为该产品的等级。

7.2 复验规则

7.2.1 批产品到收货方时应及时检查批号、规格、件数与货单(或外包装标识)是否相符。如因运输、保管等原因影响品质时，应查明责任，由责任方负责。

7.2.2 收货方如对产品质量有异议时，原则上可在货到一个月内向生产厂提请复验，也可与生产厂协商提请第三方复验。

7.2.3 检验项目：同 7.1.1 规定。

7.2.4 组批规定：按原生产批组批。

7.2.5 取样规定：性能项目试验按 GB/T 14334 规定采用包装件取样方法，抽样检验。

7.2.6 复验评定。

7.2.6.1 按 7.1.4 评定，高于或等于原等级则判为符合，低于原等级则判为不符合。

7.2.6.2 复验时公定质量差异不超过1%时，发货质量不需修正，超过1%时，由供需双方协商处理。

7.2.7 公定质量计算。

复验时按 GB/T 14334 规定称取和计算批产品包装件的净质量，并按式(1)计算公定质量：

$$m = m_1 \times \frac{1 + R_0}{1 + R} \qquad \cdots\cdots(1)$$

式中：

m_1——批产品包装件净质量，单位为千克(kg)；

m ——批产品包装件公定质量，单位为千克(kg)；

R_0——聚乙烯醇水溶短纤维的公定回潮率，其值为5%；

R ——实测回潮率，%。

8 标志

8.1 包装件应以醒目的颜色标明产品的名称、规格、等级。

8.2 生产者的识别标志：如商标、生产企业名称、批号、包号、净重或毛重、执行标准号、生产日期、详细地址等。

8.3 包装上应有防潮、小心轻放等标志。

9 包装、运输和贮存

9.1 包装

9.1.1 包装材料及包装质量应保证纤维不受损伤。包装完整,纤维不裸露,并用包装带捆扎实。

9.1.2 不同规格、批号、等级的产品应分别包装。

9.1.3 每包质量(净重或毛重)与规定质量的差异应不超过±0.5%,如用户另有要求,可不受此限。

9.1.4 每批产品应附质量检验单。

9.2 运输

运输中应采取防潮、防雨、防晒、防污损等措施,不应损坏外包装。

9.3 贮存

包装件按托堆放,贮存在干燥、清洁、通风的仓库内。

附 录 A
（资料性附录）
热水不溶物试验方法

A.1 范围

本方法适用于聚乙烯醇水溶短纤维热水不溶物的测定。

A.2 原理

纤维试样溶于水中，在规定温度条件下恒温 5 min，过滤；不溶物恒重、称量。不溶物的质量与试样的质量之比所得的百分数，表示纤维的热水不溶物含量。

A.3 仪器和工具

——温度计：100 ℃，最小分度值 0.1 ℃。
——加热装置：可调节升温速度。
——分析天平：最小分度值 0.1 mg。
——烘箱：能保持 105 ℃±2 ℃。
——烧杯：2 000 mL。
——府绸：或相当材质。
——溶剂抽滤器（或其他过滤装置）：2 500 mL。
——真空泵。

A.4 试样制备

A.4.1 按 GB/T 14334 规定取样，进行适度开纤。
A.4.2 称取纤维试样 10 g，精确到 0.01 g。

A.5 试验步骤

A.5.1 将府绸放在抽滤装置上，安装好抽滤装置，用 1 000 mL 热水（S-8 为 85 ℃，S-9 为 95 ℃）冲洗，抽滤，取下府绸，放入 105 ℃±2 ℃的烘箱中烘至恒重，冷却，称量，精确至 0.1 mg。
A.5.2 将上述处理后的府绸放在过滤装置上，安装好抽滤装置备用。
A.5.3 在 2 000 mL 烧杯中加入 1 000 mL 水，置于加热装置上加热，当水温升至规定温度（S-8 为 40 ℃，S-9 为 50 ℃）时，将制备好的试样放入烧杯中，搅拌并继续加热，升温速度控制为 1 ℃/min。
A.5.4 当温度升至规定温度（S-8 为 85 ℃，S-9 为 95 ℃）时，恒温 5 min。
A.5.5 将 300 mL 热水（S-8 为 85 ℃，S-9 为 95 ℃）倒入过滤装置中，抽滤，同时趁热将试液（A.5.4）倒入过滤装置中。抽滤完后迅速用 1 000 mL 热水（S-8 为 85 ℃，S-9 为 95 ℃）冲洗，抽滤。
A.5.6 取下府绸，放入 105 ℃±2 ℃的烘箱中烘至恒重，冷却，称量，精确至 0.1 mg。

A.6 结果计算

热水不溶物以质量分数 w 计，数值以百分数(%)表示，按式(A.1)计算：

$$w=\frac{m_2-m_1}{m}\times 100 \qquad \cdots\cdots(A.1)$$

式中：

w ——热水不溶物的数值，%；

m_2——府绸和热水不溶物的质量，单位为克(g)；

m_1——府绸的质量，单位为克(g)；

m ——纤维试样的质量，单位为克(g)。

以两次平行试验结果的算术平均值作为测定结果，结果修约至小数点后两位。

附　录　B
（资料性附录）
溶断温度试验方法

B.1　范围

本方法适用于聚乙烯醇水溶短纤维溶断温度的测定。

B.2　原理

纤维束在 0.002 cN/dtex 铅锤负荷下，置于水中加热至纤维束断裂铅锤下落，记录铅锤下落时的温度，表示纤维的溶断温度。

B.3　试剂和材料

警告：使用本附录规定的试剂，要仔细阅读物质安全资料表（MSDS）。

——无水乙醇。

——甘油。

B.4　仪器和工具

——铅锤：以名义线密度按 0.002 cN/dtex 确定质量。

——刻度板：最小分度值 1 mm，材质为玻璃或陶瓷。

——加热装置：可调节升温速度。

——温度计：100 ℃，最小分度值 0.1 ℃。

——耐压玻璃管：能容纳温度计和刻度板。

——砂浴。

——铁架台。

B.5　试样制备

B.5.1　按 GB/T 14334 规定取样。

B.5.2　从试样中任取少许纤维，整理后梳理整齐。

B.6　试验步骤

B.6.1　从梳理后的纤维中任取 25 根纤维，用无水乙醇润湿，合成一束。在纤维束的一端夹上铅锤，绑在刻度板上，铅锤上边线与刻度板的下端基准线对齐，纤维束的上端绑结线与刻度板的下端基准线之间的距离为 20 mm。

B.6.2　将刻度板固定在温度计上，铅锤与温度计水银球水平正对，放入盛有 2/3 体积水（水应预先煮沸、冷却，除去空气）的耐压玻璃管中，将其挂在铁架台支架上，确保其处于悬垂状态。将玻璃管放在盛有甘油并置于砂浴加热的烧杯中，用铁架台固定玻璃管。

注：玻璃管不能接触烧杯，同时确保纤维束处于甘油液面之下。

B.6.3 当水温升到规定温度（S-8 为 40 ℃，S-9 为 50 ℃）后，升温速度控制为 1 ℃/min，观察纤维的收缩情况。当纤维束断裂铅锤下落时，记录温度。做 5 次平行试验。

B.7 结果计算

溶断温度以 t 计，数值以摄氏度（℃）表示，按式（B.1）计算：

$$t=\frac{\sum t_i}{n} \qquad \cdots\cdots\cdots\cdots (B.1)$$

式中：

t ——溶断温度，单位为摄氏度（℃）；

t_i ——单次测试的溶断温度，单位为摄氏度（℃）；

n ——测试次数。

以 5 次平行试验结果的算术平均值为测定结果，结果修约至整数。

ICS 83.080.01
G 31

中华人民共和国国家标准

GB/T 30102—2013/ISO 15270:2008

塑料　塑料废弃物的回收和再循环指南

Plastics—Guidelines for the recovery and recycling of plastics waste

(ISO 15270:2008,IDT)

2013-12-17 发布　　　　2014-11-01 实施

中华人民共和国国家质量监督检验检疫总局
中国国家标准化管理委员会　发布

前　言

本标准按照 GB/T 1.1—2009 给出的规则起草。

本标准使用翻译法等同采用 ISO 15270:2008《塑料　塑料废弃物的回收和再循环指南》。

与本标准中规范性引用的国际文件有一致性对应关系的我国文件如下：

——GB/T 24021—2001　环境管理　环境标志和声明　自我环境声明（Ⅱ型环境标志）(ISO 14021:2001,IDT)

本标准由中国轻工业联合会提出。

本标准由全国塑料制品标准化技术委员会(SAC/TC 48)归口。

本标准起草单位：中蓝晨光化工研究院有限公司、博罗县东成塑胶制品有限公司、珠海远康企业有限公司、增城市博大塑料五金有限公司、广州合成材料研究院有限公司、本松工程塑料(杭州)有限公司。

本标准主要起草人：曹先军、赵平、叶青、谢振平、李琼联、杨育农、端木恒瑜。

引　　言

本标准的制定为塑料工业所有相关方在以下方面的发展提供了帮助：

——塑料回收和再循环的全球可持续基础构架；

——回收塑料材料及其制品的可持续市场。

在产品生命周期中，为了减少塑料废弃物的量以及支持可持续发展的目标，应优先考虑：

——减少材料和能源的使用；

——塑料原料的使用最优化。

塑料制品有益再利用和塑料回收加工利用，是可持续发展的重要组成。

根据不同的策略，对于从“前消费品资源”和“使用寿命结束的制品”中得到的塑料废弃物选择不同的管理方法和处理过程。这些策略应当包括可回收方式的初步分析。通常来说，塑料回收技术能够分成两类：

a) 材料回收（机械再循环、化学或给料再循环以及生物或有机再循环）；

b) 能量回收（采用塑料废弃物或衍生燃料作为初始矿物燃料能源的代替品生成热能、蒸汽或电能）。

由于最优回收方式依赖许多环境因素，所以应依据塑料废弃物的类型和组成，采用生命周期分析来决定哪一个回收方式更有利于环境及其可持续性。对于废旧混合塑料，能量回收和某些给料再循环处理常常是最佳选择。此外，可以利用含生命周期循环策略的多层次框架来管理塑料废弃物，从而使得废弃物的体积和对环境潜在的负面影响（如 ISO 17422 所描述）得到预防和最小化。应特别关注塑料废弃物中可能存在的限用物质。

注 1：若需要回收特殊单体或其他给料，有必要进行有效的分类收集。对于所有的塑料回收方式，特别是机械回收，需对操作过程进行适当的监控。监控程序需建立特定指南，以及包括有回收塑料的可追溯性和一致性评估规则的规范。

注 2：无论哪一特定的立法机构或塑料回收和再循环的监管部门使用本标准，本标准都为其提供了有价值的资源。为了促进这一标准在不同的国家和区域立法机构以及不同的法规环境中的采用，重点强调以下几点：

a) 在固体废弃物处理的规划中，“塑料回收和再循环”通常使用基于固体废弃物管理概念中的术语、技术、经济和框架。因此，这些概念用于定义上面提到的立法和法规环境。

b) 基于资源综合管理（参见附录 B）和可持续发展的理念，可采用比固体废弃物处理模式更具广阔前景的塑料回收和再循环方法。资源综合管理比固体废弃物管理更注重系统的广泛性。它应用生命周期循环分析，从而更好地理解资源平衡以及资源管理政策方针所包含的生态效益。在这一方法中，用综合观点观察能源和材料资源的管理。可持续发展的概念，同样也采用生命周期循环来思考废弃物和资源管理，由于可持续发展的概念要求考虑可持续发展所谓的三个支柱，即经济利益、经济增长和社会进步，因此可持续发展比资源综合管理更全面广泛。

注 3：虽然塑料回收和再循环是一个相对新兴的工业领域，但是为了提供可适用于一个或多个市场区域的法令和规章制度，国家和地方政府需要多做努力。本标准的使用者应当意识到这样的法令和规章制度的存在。为了保证全球相应的利益，需尽力避免出现一个法令或规章制度与另一个法令或规章制度的术语和定义不一致。本标准包含的术语和定义，不排除其他的解释。一个典型的例子就是材料在回收前是否必须定义为废弃物的问题。在这个问题上没有得到普遍的认同，本标准尝试能够同时兼容术语“废弃物”在现在和将来可能出现的定义和解释。

塑料 塑料废弃物的回收和再循环指南

1 范围

本标准为塑料废弃物回收(包括再循环)标准和规范的制订提供了指南。本标准为前消费品和后消费品(如附录A中所示图表)的塑料废弃物回收提供了多种方式。本标准建立了在回收处理过程的所有步骤中都应考虑的质量要求,并且为材料标准、测试标准和产品规范提供通用建议。因此,在本标准中出现的处理阶段、要求、建议和术语具有普遍适用性。

2 规范性引用文件

下列文件对于本文件的应用是必不可少的。凡是注日期的引用文件,仅注日期的版本适用于本文件。凡是不注日期的引用文件,其最新版本(包括所有的修改单)适用于本文件。

GB/T 2035—2008 塑料术语及其定义(ISO 472:1999,IDT)

ISO 14021 环境管理 环境标志和声明 自我环境声明(Ⅱ型环境标志)(Environmental labels and declarations—Self-declared environmental claims(Type Ⅱ environmental labelling)

ISO 17422 塑料 环境方面 标准中环境方面的一般指南(Plastics—Environmental aspects—General guidelines for their inclusion in standards)

ASTM D 7209 废弃物减少、资源回收和聚合物材料及制品再循环的标准指南(Standard guide for waste reduction,resource recovery,and use of recycled polymeric materials and products)

3 术语和定义

GB/T 2035—2008 界定的以及下列术语和定义适用于本文件,为了便于使用,以下重复列出了GB/T 2035—2008 中的某些术语和定义。

3.1

团聚 agglomerate

经切碎和/或造粒后以颗粒形式黏附在一起的塑料材料。

3.2

打包 baling

为便于操作、储存和运输,将塑料废弃物压实和成捆的过程。

3.3

批次 batch

是被当作一个独立单元的材料的量,并且具有独有标识。

注:批次是基础的加工术语。

3.4

生物降解 biodegradation

由生物活性引起,特别是酶作用下,而导致材料的化学结构产生显著变化的降解。

[GB/T 19811—2005 中,定义 3.3]

3.5

生物再循环　biological recycling

在可控条件下采用微生物对可生物降解塑料废弃物进行有氧(堆肥)或厌氧(消化)处理,从而在有氧条件下生成稳定的残余有机物、二氧化碳和水,或在无氧条件下生成稳定的残余有机物、甲烷、二氧化碳和水。

3.6

收集　collection

将塑料废弃物从其来源地转移到回收处的物流过程。

3.7

混合塑料　commingled plastics

不同种类塑料组成的材料或制品的混合物。

注:其同义词为混杂塑料。

3.8

污染物　contaminant

不期望出现的物质或材料。

注:在这里不应使用污染物的贬性同义词——杂质。

3.9

转化设备　converter

能够将塑料原材料加工为可以使用的半成品或成品的专用设备。

3.10

解聚反应　depolymerization

聚合物转变成单体或相对分子质量较低的聚合物的化学逆反应。

[GB/T 2035—2008 中,定义 2.270]

3.11

能量回收　energy recovery

通过直接可控燃烧产生有用能量。

注:能够生成热水、蒸汽和/或电力的固体废弃物焚烧炉是能量回收的常用形式。

3.12

环境因素　environmental aspect

一个组织的活动、产品或服务中能与环境发生相互影响的要素。

[GB/T 24001—2004 中,定义 3.6]

3.13

环境影响　environmental impact

全部或部分的由组织的环境因素给环境造成的有害或有益的变化。

[GB/T 24001—2004 中,定义 3.7]

3.14

给料再循环　feedstock recycling

通过裂解、气化或解聚反应,除开能量回收和焚烧,使得塑料废弃物的化学结构发生改变,从而生成新的单体或原材料。

注:给料再循环和化学再循环为同义词。

3.15

片料　flake

片状碎料。

注:碎料的形状依赖于加工所采用的塑料和加工方式。

3.16

毛碎料　fluff

细丝状碎料。

注：术语“毛碎料”的一般用法也包括在耐用商品的商业再循环(如汽车生产)中粉碎机里所产生的残余碎料。

3.17

均质化　homogenizing

使塑料材料的某一组分和/或性能在整个材料中的均匀度得到提高的过程。

[EN 14899:2005]

3.18

填埋场　landfill

在控制或管制条件下，废弃物堆积在地面上或埋入地下的处理点。

3.19

批　lot

在假设一致条件下，生产或制造的某些商品确定的量。

[GB/T 2035—2008 中，定义 2.569]

注：批是一个基础的商业术语。

3.20

材料回收　material recovery

包括机械再循环、给料(化学)再循环和有机再循环的材料加工操作，但不包括能量回收。

3.21

机械再循环　mechanical recycling

将塑料废弃物转化成二次原材料或产品的加工过程，在这一过程中材料的化学结构没有发生显著变化。

注：塑料二次原材料是再生料的同义词。

3.22

微粒化　micronizing

将塑料材料破碎成细粉的过程。

3.23

有机再循环　organic recycling

在有氧或厌氧的条件下，可生物降解的塑料废弃物的可控微生物处理。

注：同义术语为“生物再循环”。

3.24

后消费品　post-consumer

描述性术语，已经实现了其定目标或不能再使用(包括从流通链中返回的材料)的由终端用户产生的材料。

注：有时候也使用同义术语“使用后”。

3.25

前消费品　pre-consumer

描述性术语，从制造过程中产生的材料。

注 1：这一术语不包括再利用的材料，如在给定加工过程中产生的，并在同一加工过程中能够回收的再加工料、碎料。

注 2：有时候使用同义术语“后工业材料”。

3.26

洗机料　purge material

为了清洗加工设备，如一种聚合物变换成另一种聚合物，或聚合物的颜色或等级发生变更时，通过塑料加工设备的过渡料。

3.27

回收材料　recovered material

从固体废弃物中分离、转移或移出的，用于再循环或代替原材料的塑料材料。

注：见 GB/T 24021—2001。

3.28

回收　recovery

为了最初目的或其他目的而进行的塑料废弃材料的处理过程，包括能量回收。

3.29

再生料　recyclate

塑料废弃物再循环而产生的塑料材料。

注 1：塑料二次原材料和回收料是再生料的同义词。

注 2：若塑料材料经过处理，在产品加工过程中可代替原材料，便失去了废弃物的特性。

3.30

再循环　recycling

为了最初目的或其他目的而进行的塑料废弃材料的加工，不包括能量回收。

3.31

碎料　regrind

在切碎和/或造粒过程中形成的散粒状回收塑料。

注：术语“碎料”常用于描述塑料加工过程或内部再利用所形成的零碎的塑料材料，也可用于描述填充到回收塑料中的塑料粉末。

3.32

再利用　re-use

以最初的形式多次使用制品。

注：由于再次利用的制品还没有被丢弃，再利用不成为回收方式。

3.33

切碎　shredding

塑料废弃物被碎裂成任意尺寸或形状的不规则碎片的任何机械加工过程。

注：切碎通常意味着对那些不适用于脆性材料的碾碎方法的材料进行的剪切，如在粉碎机中粉碎。

3.34

废弃物　waste

拥有者丢弃或想要丢弃或被要求丢弃的任何材料或物品。

4　来源

4.1　概要

回收塑料材料具有各种各样的来源，包括以下几个：

4.2　材料的前消费品来源

4.2.1　塑料生产商

——不合格材料。

4.2.2 塑料加工

——加工过程中的洗机料和废料；
——废品、报废零件和半成品。

4.2.3 其他

——由塑料制成或含有塑料成分的工业和商业产品，包括包装和容器。

4.3 材料的后消费品来源

4.3.1 一次性用品

——个人物品；
——包装薄膜和容器。

注：这类一次性用品可能会由市政系统分类收集或规定的消费者奖励制度来回收，比如对容器收取一定的现金押金，或由个人、盈利性组织来收集。

4.3.2 耐用品

——家庭用具；
——电器设备；
——运输设备；
——建筑产品；
——工业用设备。

注：使用寿命结束的产品，如电器设备或汽车，可由消费者返回给专门回收处。同样的，在建筑物拆除操作期间，应当将塑料材料和制品分离并回收。

5 回收

5.1 概要

适宜的回收方式的选择依赖于很多影响因素，如：塑料废弃物的质量、数量和适用性，现有技术和设备的适用性和能力，相关回收目标中要求的材料或能量含量。相关的选择依据包括相应的费用、适用方式的竞争性和对环境的影响(见附录A)。应重点考虑为回收材料或能量寻找市场。

注：回收的概念和定义在不断地发展。回收的基本原则在于从输入(废弃物)转化为输出(产品)。根据一致性标准准则，当二次材料、燃料或产品制造完成，或能源生成时，认为回收过程完成。具有特殊性能的塑料再生料(二次原材料)作为产品，并且当其制成和成为可用的商品时，或产生能量时(见附录A和附录B)，可认为回收过程完成。

5.2 材料回收

5.2.1 概要

塑料废弃物的材料回收有三个不同的再循环方式：机械再循环、给料或化学再循环、生物或有机再循环。

5.2.2 机械再循环

5.2.2.1 操作步骤

机械再循环方式通常包括下列操作单元，一些操作单元可能同时进行，这些操作单元是再生料的制备和生产过程的组成部分：

对于塑料：收集——→鉴别——→分类——→破碎——→洗涤——→干燥——→分离——→团聚——→挤出/共混——→切粒

对于增强塑料：收集——→鉴别——→分类——→破碎——→洗涤——→分离

注1：在实际应用中，很多共混料使用再生料的片料，因此最后一步切粒通常是可以省略的。

注2：如果粉碎后的塑料废弃物所制得的二次原材料是作为水泥或灰浆的骨料使用，操作单元的顺序应为：收集——→鉴别——→分类——→破碎——→产品

注3：当塑料废弃物能在分类操作中按类型归类时，则无需在洗涤和干燥操作后进行分离操作。

用于机械再循环的塑料废弃物可能会以收集时的块状形式或增加附加值、等级分类后来出售。这些商业上可使用的塑料废弃物的可能形式和组成的多样性突出了包含这些材料的一致性标准的至关重要性。作为一般规则，建议塑料材料及其制品的制造商和用户提供机械回收料所必需的热稳定性、反应活性和其他说明材料安全的数据或其他适当的文件。

5.2.2.2 预处理

根据再生料的预期用途和废弃物的特性，可使用预处理尽可能地去除回收到的材料和产品中的污染物，以及优化它们的运输、加工和其他下游操作的处理特性。对于由相似级别或相似类型材料组成的非均质塑料废弃物材料，材料的鉴别、分类和分离步骤是必不可少的，如家用包装或使用寿命结束的电器和电子设备专用分类中心。在任何情况下，与其他废弃物共混(混合)前应预先开展这些预选操作步骤。在某些情况下，特别是对于后消费品来源，为达到这一目标会要求使用自动化分离和分类单元操作。在没有自动程序控制时，废弃物各组分来源的准确鉴别将是至关重要的。

注：为了提高塑料制品和塑料零件的回收效率，希望在设计时考虑简化拆分、材料易于鉴别、尽量减少塑料类型的多样性。这些准则可能成为将来发展和实施资源回收技术的一种因素。

5.2.2.2.1 鉴别

如红外分析和微量元素示踪技术等许多在线分析方法，可用于塑料和相应添加剂特定类型的鉴别，因此能够进行有效的分离。

注：某些情况下，在加工过程的任何步骤中，包括后消费品阶段、在收集设施的手工或机械分类期间、耐用品拆分期间，被铸模或印刷在塑料部件或产品上塑料类型的鉴别码(见参考文献中的GB/T 1844.1、GB/T 1844.2、GB/T 1844.3、GB/T 1844.4 和 ISO 11469)可以成为分离的一种手段。另外，常常用其他方法来鉴别特殊类型塑料，例如根据部件的几何形状、或根据材料的冲击噪音、或根据燃烧气味和铜电线腐蚀测试程序。

5.2.2.2.2 分离和分类

在所有的材料回收过程中通常都要求对塑料进行分离和分类，可以采用手动或自动的对塑料进行分类。鉴别方法和分类越有效和精确，得到的回收材料的制品质量就越好。在特殊环境下，为确保操作更简单，可采用碾压和打包一类的压实工艺，或破碎和撕裂一类的使得体积减小的工艺。

鉴于人工分类会增加一些工作场所的环境问题，如化学的或微生物的，因此并不推荐。由于重复工作和模式化行为带来的人体工程学问题也是个风险。若无法避免人工分类，工作场所在设计上应尽量将问题最小化。

注1：为了让材料再次用于生产过程，通常按照塑料的类型对前消费品制品进行分类。由于后消费品材料通常混合有其他废弃材料，其回收处理较前消费品材料的回收复杂。

注2：一些后消费品材料可能是由相同基础塑料组成，但这些基础塑料中含有部分不同性能的材料，如具有不同熔体流动速率、密度或颜色的高密聚乙烯瓶。这些可能使得下一个再生步骤的产物具有独特的、可控的物理特性。在某些情况下，在实际中或商业上再生料不可能达到预期的分离和净化程度，从而使得含有再生料组分的产物仅仅应用于要求不高的情况，如某些混杂料。再生料特性的标准是评估是否符合市场要求的有效

工具。

注 3：增强塑料的回收在某些情况下可能不需要从增强纤维材料中分离聚合物基料(如用于水泥制造的原材料)。

当在这一预备操作阶段中有效的分离达不到再生料要求的部分性能时，则应当在下一个再生步骤中进行适当的准备。

5.2.2.3 再生料的生产过程

塑料回收料的商业生产是由很多操作单元组成的，包括材料的分离、通过洗涤或其他方法有效去除污染物、适当的干燥、处理、组批、储存、包装和运输。另外，若需要，有必要采用其他的操作方法，如破碎、进一步分类、均质化、挤出、切粒、微粒子化或溶液溶解。

再生料通常为绒毛状、片状、碎片、粒料或粉末状的团聚体或碎料。为了提高再生料后续使用价值，也可加入改性剂或稳定剂。

注：在这些预备步骤中应考虑并适当处理被分离的污染物，如混入废水中的污染物。

5.2.3 给料或化学再循环

众所周知，在石化工业领域，使用多种工艺可将某些塑料转换成它们的基本单体的化学组成或转换成相应的碳氢链段。然后，这些化学物质能够用于聚合反应的原料或其他化学加工过程中。

注 1：解聚反应已经得到了证实，如从后消费品包装来源中得到的聚对苯二甲酸乙二醇酯(PET)，经收集混合 PET 塑料瓶，进行分类，随后进行解聚反应，生成的单体作为聚合反应的原料，然后制成如瓶子和纤维一类的制品。对于一些丙烯酸聚合物，如甲基丙烯酸甲酯，通过解聚反应生成的单体也能为商业聚合过程提供原料。

注 2：合适的塑料废弃物，以及它们衍生的碳氢链段，已在炉窑中当作还原剂使用，并且还能用于金属冶炼。

5.2.4 生物或有机再循环

在对特定类型的塑料废弃物进行有机再循环或生物再循环的处理过程中，生物降解是切实可行的方式。在收集和分离非生物降解的污染物后，将对这些塑料进行有氧或无氧分解处理。当符合生物降解能力的标准要求时，如 ASTM D 6400、ASTM D 6868 或 EN 13432(见参考文献)，通常不需分离能够进行生物降解的污染物，如塑料上的食物或蔬菜残渣。然而，在机械再循环中，它们若在一般塑料操作温度下热降解和分解，那么就会成为污染物。

5.3 能量回收

和在本标准里讨论的其他回收方式一样，能量回收是一个切实可行的方式。当然，对于能量回收来说，塑料废弃物的直接燃烧或混合燃烧也是能量回收的一个方式，如市政固体废弃物焚烧处理应满足管理规定对辐射和粉尘的要求。

注：由于大多数塑料废弃物本质上是碳氢化合物，其固有热值很高。因此，若能够充分考虑对如燃烧副产物一类因素的控制，回收塑料作为燃料的最终应用是十分有效的。这一点已经在工业加工中和蒸汽生成系统、热电式发电，还有在石灰、水泥和金属矿物熔炉中得到了成功应用。

6 质量要求

6.1 概要

选择任意一个可行的再循环方式都应满足以下几点要求：

a) 将对环境的负面影响降到最低；

b) 优先验证商业可行性；

c) 为收集和质量控制建立一个可行的体系。

注：可能需要在以 ISO 9000 和 ISO 14000 为基础的相应标准上建立针对目标市场的溯源系统。若有必要，也应满足 ISO 14021 关于环境自我声明条款。

6.2 污染物

再生料中的污染物实质上可能是聚合物（例如，含有不同的聚合物或含有同类聚合物的不同等级和混合物）或非聚合物（例如，在原始聚合物中的各类添加剂，如 GB/T 1844.2—2008、GB/T 1844.3—2008 或 GB/T 1844.4—2008 中定义，见参考文献）。偶尔的污染物，如标签、密封条、金属插入物、灰尘和塑料容器或包装的残余物，也可能没有定义。

注：在材料塑料分类命名标准中总结了关于合成物、添加剂、着色剂、填料或增强材料的相关信息。

污染物超标可能降低再生料的质量，使其降到不可使用范围，产生如物理性能变差、不相容和无法接受的气味等问题。

可按一些方法将污染物的含量减到最低，包含以下几点：

a） 对材料和制品进行清晰的鉴别和有效的分类；

b） 在收集、分离和分类阶段小心操作；

c） 有效的分离和洗涤加工处理；

d） 适当地应用熔融过滤或其他过滤系统。

注：在某些情况下，为了确保遵守工业健康和安全的要求，有必要在回收过程中增加对污染物（如浮灰中的污染物）的特殊处理。

6.3 视觉审美效果

在大多数情况下，假设采用了严格控制和良好制造规范，当处理来自前消费品的工业材料再生料时，视觉审美性能，如颜色、透明度和清洁度将不会是个难题。

但当回收料来自后消费品时，视觉审美效果通常是一个主要难题，特别是当回收材料或产品由不同来源和用途的各种容器和一次性用具组成时。因此，即使完成有效的分离操作，如何按颜色或其他特征对各种废弃物进行有效分类可能仍是个难题。

6.4 再生料的性能

塑料再生料的性能可能受到之前各种使用环境及其他因素的影响，如存在污染物、在回收和加工中发生的化学或结构改变。

使用合适的分类技术、使污染物含量最低化以及实施合适的回收操作都有利于降低对再生料性能的负面影响。可以通过符合预期要求的适合的试验进行监控。

通过加入改性剂，包括新料，可以提高塑料再生料的某些性能。根据相关地方法律要求，应在材料说明书和材料安全数据表中列出所使用的复合添加剂。

6.5 合格判据

特定使用的再生料的合格判据应由使用要求或供应商和用户之间的协议确定。合格判据可包括以下一些信息：

a） 适当的识别标志，包括聚合物的批号；

b） 关于添加剂、填料、增强材料和组成的数据，例如，污染物的种类和浓度、再生料和聚合物的含量；

c） 力学性能、物理性能和化学性能，以及包装要求。

注：所用再生料的基本性能应满足使用要求。为了促进和发展回收塑料的使用，这一要求是十分重要的。

7 材料标准和产品规范

塑料材料标准(包括再生料标准)和产品规范随时都应以性能标准为基础,不应以规定材料来源的设计标准(见 ASTM D 7209)为基础。若再生料满足或超过最终使用时的和最低的材料性能指标规定,塑料材料与制品的规范和标准不应禁止用再生料替代新料。通常,不应降低塑料材料标准和产品规范以适应再生料的使用。另外,为了保证再生料的来源、历程和质量稳定性,需要有一个适当的和公开的溯源系统。

当 ISO/TC 61 中任意一个关于再生料的材料标准和产品规范需要制定或修订时,应以 ISO 17422 为参考。

附 录 A
（资料性附录）
一些塑料回收方式的示意图

一些塑料回收方式的示意图见图 A.1。

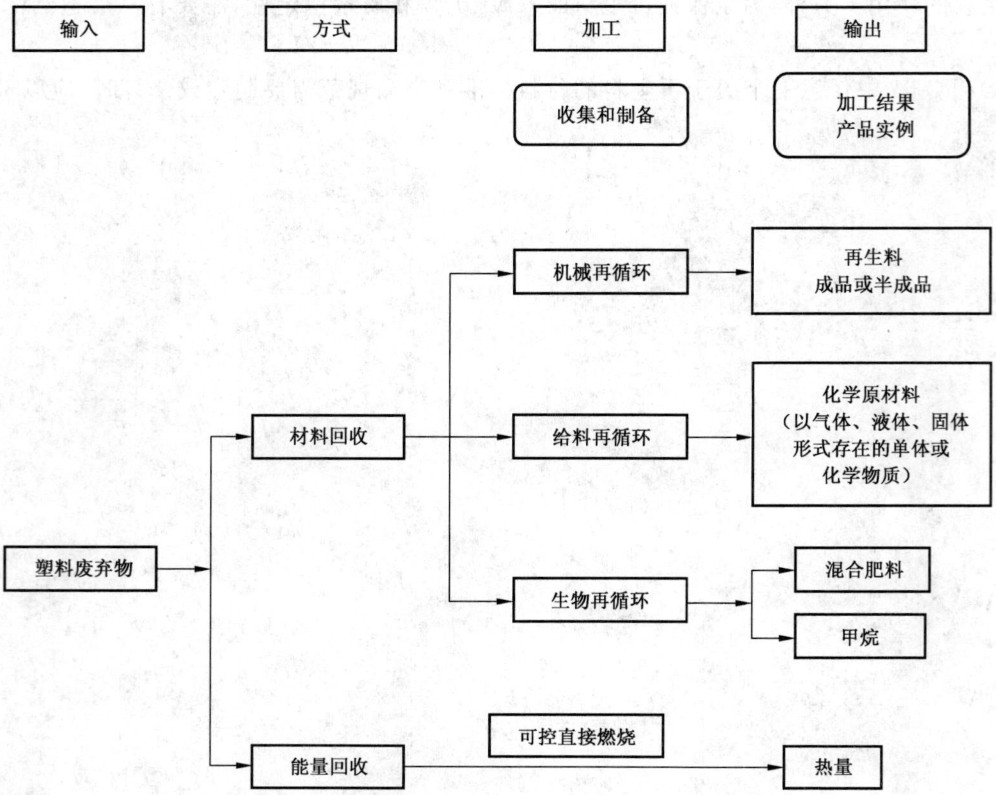

图 A.1 一些塑料回收方式的示意图

附 录 B
（资料性附录）
塑料回收和能源综合管理

塑料回收和能源综合管理示意图见图 B.1。

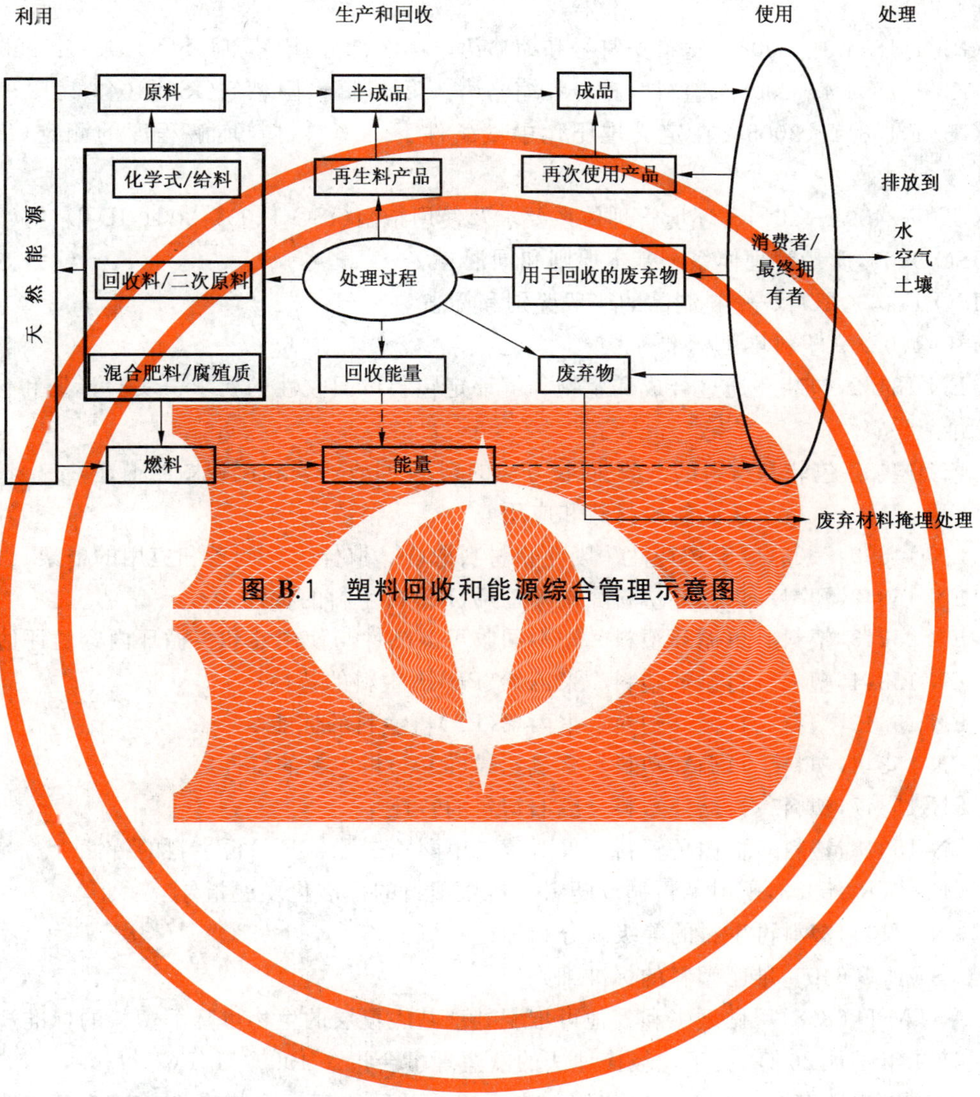

图 B.1 塑料回收和能源综合管理示意图

参 考 文 献

[1] GB/T 1844.1—2008 塑料 符号和缩略语 第1部分:基础聚合物及其特征性能(ISO 1043-1:2001,IDT)

[2] GB/T 1844.2—2008 塑料 符号和缩略语 第2部分:填充及增强材料(ISO 1043-2:2000,IDT)

[3] GB/T 1844.3—2008 塑料 符号和缩略语 第3部分:增塑剂(ISO 1043-3:1996,IDT)

[4] GB/T 1844.4—2008 塑料 符号和缩略语 第4部分:阻燃剂(ISO 1043-4:1998,IDT)

[5] GB/T 19811—2005 在定义堆肥化中试条件下 塑料材料崩解程度的测定(ISO 16929:2002,IDT)

[6] GB/T 24001—2004 环境管理体系要求及使用指南(ISO 14001:2004,IDT)

[7] ISO 9000,质量管理体系—基本原则和词汇

[8] ISO 11469,塑料—塑料制品的一般鉴别和标志

[9] ISO 17088 塑料堆肥标准

[10] EN 13432,包装—通过合成和生物降解评定包装可回收性的要求—实验计划和包装最终验收的评定标准

[11] EN 13437 包装和材料的回收-回收方法的判定-回收过程和流程图的描述

[12] CWA 14243,后消费品轮胎材料和应用

[13] EN 14899:2005,废弃物特性 废弃物材料取样 取样工厂制备和应用的框架

[14] EN 15342,塑料 再循环塑料 聚苯乙烯(PS)再生料的特性

[15] EN 15343,塑料 再循环塑料 塑料回收可追溯性与使用性和再循环内容的评估

[16] EN 15344,塑料 再循环塑料 聚乙烯(PE)再生料的特性

[17] EN 15345,塑料 再循环塑料 聚丙烯(PP)再生料的性能

[18] EN 15346,塑料 再循环塑料 聚氯乙烯(PVC)再生料的特性

[19] EN 15347,塑料 再循环塑料 废旧塑料的特性

[20] EN 15348,塑料 再循环塑料 聚对苯二甲酸乙二酯(PET)再生料的特性

[21] CEN/TR 15353,塑料 再循环塑料 再生塑料的标准化发展指导

[22] EN 17134,塑料再生料的等级划分和标记 概要

[23] ASTM D 6400,堆肥塑料的标准细则

[24] ASTM D 6868,用做纸张和其他可堆肥处理基底覆层的生物可降解塑料的标准规范

[25] 1999年4月26日,关于垃圾掩埋法的欧盟理事会指令1999/31/EC

[26] 2000年9月18日,关于不能使用的交通工具的欧盟理事会指令2000/53/EC(能量回收的定义)

[27] 1975年7月15日,关于废弃物的欧盟理事会指令75/442/EC

ICS 97.130.20
J 73

中华人民共和国国家标准

GB/T 30103.1—2013

冷库热工性能试验方法 第1部分:温度和湿度检测

Methods of testing for thermal performance on cold store—
Part 1: Temperature and humidity testing

2013-12-17 发布 2014-11-01 实施

中华人民共和国国家质量监督检验检疫总局
中国国家标准化管理委员会 发布

前　言

GB/T 30103《冷库热工性能试验方法》分为以下3个部分：

——第1部分：温度和湿度检测；

——第2部分：风速检测；

——第3部分：围护结构热流量检测。

本部分为GB/T 30103的第1部分。

本部分由中华人民共和国商务部提出。

本部分由全国制冷标准化技术委员会(SAC/TC 119)归口。

本部分起草单位：国内贸易工程设计研究院、洛阳隆华传热科技股份有限公司、常州晶雪冷冻设备有限公司、浙江盾安冷链系统有限公司、北京市警盾京西厨房设备有限公司、上海海洋大学、天津商业大学、集美大学、哈尔滨商业大学、烟台冰轮集团有限公司、大连冷冻机股份有限公司、上虞市春晖风冷设备有限公司、济南一诺振华防腐保温工程有限公司、北京华能共发低温科技有限责任公司、保定欣达制冷空调工程有限公司、北京二商集团有限责任公司、北京华商冰山制冷空调成套设备有限公司、全国商业冷藏科技情报站、国家商用制冷设备质量监督检验中心。

本部分主要起草人：刘小朋、万锦康、肖杨、徐庆磊、史建斌、张建一、郭皓、张力、曹阳、唐俊杰、申江、刘岩、贾富忠、倪黎敏、焦玉学、李文江、干苗根、顾众、仇子军、史玉成、李进栋。

冷库热工性能试验方法
第1部分:温度和湿度检测

1 范围

GB/T 30103 的本部分规定了各种类型冷库主要性能参数温度和湿度的检测方法。

本部分适用于各型冷库的所有冷间及制冷系统中温度和湿度分布、表面温度、环境温度、制冷剂温度、冷风机入出口温度和湿度的测定。

2 规范性引用文件

下列文件对于本文件的应用是必不可少的。凡是注日期的引用文件,仅注日期的版本适用于本文件。凡是不注日期的引用文件,其最新版本(包括所有的修改单)适用于本文件。

GB/T 11605—2005 温度测量方法

GB 50072 冷库设计规范

SB/T 10795 强制通风与自然对流空气冷却器的试验方法(ANSI/ASHRAE 25-2001(RA2006), IDT)

ANSI/ASHRAE 41.1—1986(RA2006) 温度测量的标准方法(Standard method for temperature measurement)

3 术语和定义

下列术语和定义适用于本文件。

3.1

干球温度 dry-bulb temperature

选用准确度合适的温度计对单一气体或混合气体的温度进行测量,并经过辐射修正后的指示值。

3.2

湿球温度 wet-bulb temperature

温度计的感温包裹有水浸湿棉芯,并有一定流速的空气吹过棉芯,水分汽化所吸收的热量与空气提供的热量达到平衡时,该温度计所指示的温度。

3.3

相对湿度 relative humidity

湿空气中水蒸气分压力与相同温度下水的饱和压力之比。用RH(%)表示。

3.4

库内(冷间)温度 temperature of cold storage room

按6.1.1规定的各测量点上测得的铜质圆柱4.1f)内的温度。

3.5

库内(冷间)平均温度 average temperature of cold storage room

$t_c(\tau)$

同一时刻冷间各点温度的算术平均值。

3.6

库内(冷间)工作温度　running temperature of cold storage room

t_{cm}

按6.1.1测量温度期间,不同时刻库内(冷间)平均温度$t_c(\tau)$的算术平均值。

3.7

库内(冷间)平均温度波动值　average temperature fluctuation of cold storage room

Δt_{c1},Δt_{c2}

按6.1.1测量温度期间,不同时刻库内(冷间)平均温度$t_c(\tau)$的最大值$t_{c\,max}$及最小值$t_{c\,min}$与库内(冷间)工作温度t_{cm}的差值。

3.8

库内(冷间)温度差值　temperature difference of cold storage room

$\Delta t_c(\tau)$

按6.1.1测量温度期间,同一时刻不同测点上的冷库温度$t_c(i)$差值的最大值。

即:

$$\Delta t_c(\tau)=\{t_c(i,\tau)\}_{max}-\{t_c(i,\tau)\}_{min} \quad \cdots\cdots(1)$$

式中:

τ——时间;

i——测点编号。

3.9

库内(冷间)温度不均匀性　temperature nonuniformity of cold storage room

$\Delta t_{c\,max}$

按6.1.1测量温度期间,不同时刻冷库温度差值$\Delta t_c(\tau)$的最大值,

即:

$$\Delta t_{c\,max}=\{\Delta t_c(\tau)\}_{max} \quad \cdots\cdots(2)$$

3.10

库内(冷间)平均温差　average temperature difference of cold storage room

Δt_m

按6.1.1测量温度期间,各测点(i个测点)温度的总平均值的最高值与最低值的差值。

3.11

制冷机组工作时间系数　relative running time

在规定的环境条件和库内(冷间)温度条件下,在规定的时间内,机组运行时间与机组运行和停机时间之和的比值,即:

$$R=\frac{d}{D} \quad \cdots\cdots(3)$$

式中:

R——机组工作时间系数;

d——在规定的时间内,机组运行时间,单位为分或秒(min或s);

D——上述规定时间内,机组运行和停机时间之和,单位为分或秒(min或s)。

3.12

空气冷却器　air cooler

以空气为中间介质,制冷空间与制冷剂进行热交换的换热器,是由热交换器等设备组成的装置。

3.13

强制循环式空气冷却器(冷风机)　forced circulation-type air cooler

靠机械装置使空气循环的空气冷却器。

4 仪表

4.1 在测试温度时，宜采用下列一种或几种仪表：

a) 热电偶；

b) 铂电阻温度计；

c) 热敏电阻温度计；

d) 干湿表；

e) 其他便于远传且满足测量精度的温度测量仪表。

f) 库内(冷间)空气温度测量时采用热电偶，或者采用同等精度其他测温装置时，感温部分应放置在铜质圆柱中心内。圆柱的质量为 25 g，直径和高度均约为 15.2 mm。

4.2 在测试湿度时，宜采用下列一种或几种仪表：

a) 电子湿度传感器；

b) 通风干湿表；

c) 其他便于远传且满足测量精度的湿度测量仪表。

4.3 温度测量仪表的要求可按照 ANSI/ASHRAE 41.1-1986(RA2006)中 4.3 的规定，湿度测量仪表的要求可按照 GB/T 11605—2005 的规定。温度和湿度测量仪表试验允差见表 1。

5 温度测量

5.1 使用玻璃温度计等非远置传感器应避免人体热量干扰。

5.2 温度测量应避免线路较长时，测量传输的干扰和温差。

5.3 用于库内(冷间)温度测量的传感器精度应满足以下要求：

a) 热电偶、热电阻等单点式测温传感器 ±0.5 ℃；

b) 红外测温仪(表面温度) ±1 ℃；

c) 红外热成像仪 ±2 ℃。

5.4 其他温度测量的传感器精度要求见表 1。

表 1 温度、湿度测量仪表试验允差和精度要求

测量项目	仪表分辨率	仪表准确度	推荐的测量操作时的单个读数允差(全部观察范围)[a]	推荐的试验工况允差(试验工况平均值与规定的试验工况的差)[b]	通常的测量范围
空气干球温度	±0.1 ℃	±0.3 ℃	±1 ℃	±0.5 ℃	−30 ℃～60 ℃
空气湿球温度	±0.1 ℃	±0.2 ℃	±0.5 ℃	±0.3 ℃	−30 ℃～32 ℃
相对湿度 RH	±0.1%	±3%	±7%	±3%	20%～100%
水或非挥发性制冷剂温度	±0.1 ℃	±0.2 ℃	±0.5 ℃	±0.3 ℃	−1 ℃～43 ℃
挥发性制冷剂温度	±0.1 ℃	±0.2 ℃	±0.5 ℃	±0.3 ℃	−34 ℃～121 ℃

[a] 这是对单个读数规定的推荐允差，此单个读数是在试验持续时间内用来求平均值的一系列读数的一个；

[b] 推荐的各个试验工况平均值的允差范围。

6 温度和湿度的测量方法

6.1 库内(冷间)空气温度的测量

6.1.1 库内(冷间)空气温度场检测测点分布按下列方式进行布置：

a) 顶部测点至装载线,底部测点离地 50 mm～100 mm,水平或垂直端部测点距墙面 50 mm～100 mm；

b) 每一测量线上测点数量应为,每一水平方向最少 3 点,每一垂直方向最少 3 点；

c) 如库内(冷间)温度场分布均匀(经红外设备等初测,温差≤2 ℃),可减少测点布置,但某一水平或垂直方向不应少于 3 点,并能代表库内(冷间)最高温度点、平均温度点和最低温度点。

6.1.2 对于大中型冷库,受仪表测点数和检测工作量及堆货等限制,可适当拉开间距,将库内(冷间)空间划分为若干个立方体或长方体,测量各点温度,用以掌握库内(冷间)温度分布或求出平均温度。

6.1.3 对冷库空库平均温度也可根据 SB/T 10795—2012 中 7.2.8 在库体六个面的 8 个角布置 8 个测点,各测点离壁体(或装载线)50 mm～100 mm,如图 1 以 8 个测量值求取平均值代表库内(冷间)平均温度。

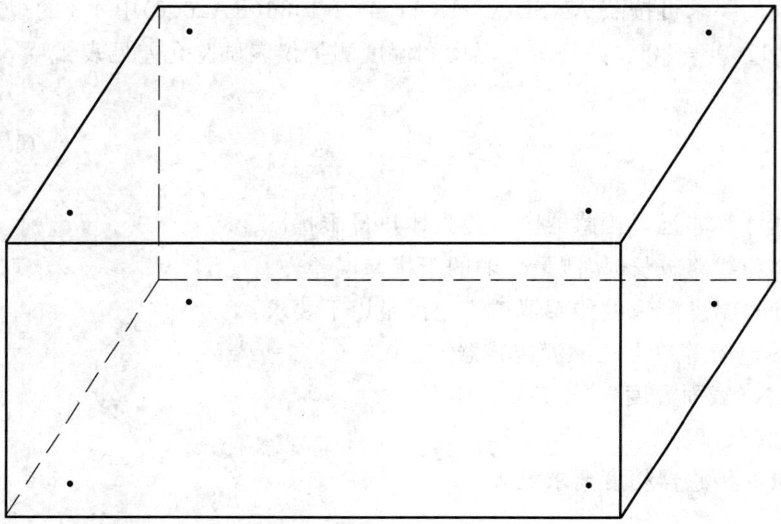

图 1 测点布置示意图

6.1.4 冷风机进出风温度的测量应通过采样器采集或直接多点测量。多点测量时,每侧测点数最少 3 点。冷风机温度测量可分为吸风式冷风机和吹风式冷风机,测点布置如下：

a) 吸风式冷风机

冷风机入口测点在距蒸发器外侧 100 mm 处的截面上均布;冷风机出口测点在距风机叶片外侧 100 mm 处的截面上,在轴心范围外,沿叶片长度方向均布,或插入外风道中心测量。根据需要布置温度测点,所布置测点对于平均值应具有代表性。

b) 吹风式冷风机

冷风机入口测点在距风机叶片外侧 100 mm 处的截面上,在轴心范围外,沿叶片长度方向均布;冷风机出口测点在距蒸发器外侧 100 mm 处的截面上均布,或插入外风道中心测量。根据需要布置温度测点,所布置测点对于平均值应具有代表性。

6.1.5 温度数据采集记录间隔应不大于 20 min,总时长不低于 36 h。宜采用连续自动记录方式,采取首尾温度最接近,最具有代表性的连续 24 h 数据,计算下列数据：

a) 库内(冷间)平均温度

$$t_c(\tau)=\frac{\sum_{i=1}^{n}t(i,\tau)}{n} \quad \cdots\cdots(4)$$

式中：

τ ——时刻；

n ——布置在库内(冷间)温度测点总数。

b) 库内(冷间)工作温度

$$t_{cm}=\frac{\sum_{\tau=1}^{N}t_c(\tau)}{N} \quad \cdots\cdots(5)$$

式中：

τ ——时刻；

N——在 6.1.1 规定的试验时间内按一定时间间隔和顺序进行测量的总次数。

c) 库内(冷间)平均温度波动值

$$\Delta t_{c1}=t_{c\,max}-t_{cm} \quad \cdots\cdots(6)$$

$$\Delta t_{c2}=t_{cm}-t_{c\,min} \quad \cdots\cdots(7)$$

d) 库内(冷间)温度不均匀性

$$\Delta t_{c\,max}=[\Delta t_c(\tau)]_{max} \quad \cdots\cdots(8)$$

e) 库内(冷间)平均温差

$$\Delta t_m=\left[\frac{\sum_{\tau=1}^{N}t(i,\tau)}{N}\right]_{max}-\left[\frac{\sum_{\tau=1}^{N}t(i,\tau)}{N}\right]_{min} \quad \cdots\cdots(9)$$

式中：

$t(i,\tau)$——库内(冷间)温度；

τ ——时刻；

i ——布置在库内(冷间)内温度测点；

N ——在 6.1.1 测量温度期间按一定时间间隔和顺序进行测量的总次数。

计算冷风机进出风多个温度测点的温度算术平均值。

根据冷风机进出风多个温度测点的温度算术平均值之差计算出冷风机进出风温差。

对于库内(冷间)某一温度分布的计算，可根据需要选取某一截面或部分测点数据，某一时段数据进行计算。

冷库有效装载区域内的温度和货品温度的测量数据和计算结果应能满足设计要求和货品储藏的要求。

6.1.6 大中型冷库环境温度也可采用上述测量温度点布置的方法，根据经验选择其温度值，相当于平均温度的特定代表点来表示。

6.2 表面温度的测量

6.2.1 表面温度测量范围包括围护结构顶板、墙面、地坪表面温度。

6.2.2 测点布置，根据需要确定测点数量，库外各表面至少一个测点。

6.2.3 被测表面平整光洁。

6.2.4 为了避免气流干扰，需将热电偶插入被测表面下一定深度。安装热电偶时，在壁面凿开 5 mm 直径小孔，然后用黄油填满，把热电偶弯成 90°角插入，其余部分用胶带粘结于表面(参见 6.2.6)。

6.2.5 在表面难以凿孔时也可将热电偶用胶带粘贴于经清洁处理后的表面上，然后覆盖一块不小于

100 mm×100 mm 大小的接近于面层导热系数的薄膜。

6.2.6 为了减少热电偶本身传导的损失，应把一部分(约 50 倍热电偶直径)热电偶导线与等温表面接触。

6.3 挥发性制冷剂温度的测量

6.3.1 制冷剂测焓值法对比试验计算制冷剂焓差时，温度检测允许误差±0.3 ℃。

6.3.2 确定制冷剂的温度时，热电偶元件安装应采用将感温元件直接插入制冷剂，或者插入套管再将套管插入制冷剂流的方法，并可按下述推荐方法减少带温度套管时的测温误差：

a) 套管选用导热系数小的材料；

b) 增加套管长度，减少套管直径及壁厚；

c) 增强套管与被测制冷剂对流换热，如用轻质油(如硅油)充满套管内，以获得良好的热接触；

d) 套管外露部分保温。

6.3.3 在现场测试确定管道内制冷剂温度，感温元件不能插入管道时，或在非关键性部位测量时，可用胶布把热电偶与金属表面粘牢，或焊接在管道外表面，为了减少表面与环境之间温度差的误差(约有10%误差)，取 30 mm～50 mm 的热电偶导线与金属管壁紧密接触后，用长约 150 mm 或每侧 5 倍于管路直径(取大值)的隔热保温材料包扎好。如果热电偶在测量点处于电学上的接地，应采取措施消除测量点和测量仪表之间电位差引起的误差。

6.3.4 对制冷系统供液或回气道上的用热电偶粘贴于管壁方法测量制冷剂温度时，在管壁上、下方或相对平均分布的位置至少布置 2 个热电偶，取他们的平均温度代表制冷剂温度。

6.3.5 画出现场测点布置图，并标出位置编号，记录各种情况温度检测数据。

6.4 相对湿度测量

6.4.1 库内(冷间)空气相对湿度测量

库内(冷间)空气湿度测点宜选取库内(冷间)中点或根据需要布置。

6.4.2 冷风机进出风相对湿度测量

通过采样器采集或直接单点测量。单点测量时：

a) 对于吸风式冷风机

冷风机入口测点在距蒸发器中间外侧 100 mm 处，冷风机出口测点在距风机叶片长度中间外侧 100 mm 处，或插入外风道中心测量。

b) 对于吹风式冷风机

冷风机入口测点在距风机叶片长度中间外侧 100 mm 处，冷风机出口测点在距蒸发器中间外侧 100 mm 处，或插入外风道中心测量。

6.4.3 湿度测量传感器类型

空气温度在 0 ℃以上，可采用通风干湿表或电子湿度测量传感器，空气温度在 0 ℃以下宜使用电子湿度测量传感器，不宜使用干湿球法。

6.4.4 湿度测量传感器误差

湿度测量传感器误差≤3%RH。

6.4.5 数据记录

数据采集记录间隔应≤20 min，总时长不低于 36 h。

宜采用连续自动记录方式。

7 报告

7.1 被测冷库的基本情况

应包括：

a) 冷库概况，如类别、库容、围护结构、运行状况、年度耗电量等；

b) 冷库制冷系统的流程图及技术特征；

c) 主要设备清单及技术参数。

7.2 对于冷库的每一温区（冷间）

监测报告至少应包括以下内容：

a) 库温及储存货物的名称和质量，对于多温库应当分别加以说明；

b) 测点的布置图；

c) 计算过程与计算结果；

d) 原始数据应以附件或图表的形式作为报告的有效组成部分；

e) 进行测试误差分析的结果；

f) 测试、计算方案的说明，保证在出现复测需要时可以根据报告中的说明进行复测；

g) 应给出是否符合 GB 50072 要求的说明；

h) 根据客户要求给出是否符合设备额定值和特定要求的说明；

i) 当测试过程存在本标准未加规定的、且影响测试、计算和最终结果的因素时，应在监测报告中详细加以说明。

7.3 仪器仪表

检测仪器仪表名称、型号、编号及校准有效期。

ICS 97.130.20
J 73

中华人民共和国国家标准

GB/T 30103.2—2013

冷库热工性能试验方法 第2部分:风速检测

Methods of testing for thermal performance on cold store—Part 2:Air velocity testing

2013-12-17 发布

2014-11-01 实施

中华人民共和国国家质量监督检验检疫总局
中国国家标准化管理委员会 发布

前　言

GB/T 30103《冷库热工性能试验方法》分为以下3个部分：

——第1部分：温度和湿度检测；

——第2部分：风速检测；

——第3部分：围护结构热流量检测。

本部分为GB/T 30103的第2部分。

本部分由中华人民共和国商务部提出。

本部分由全国制冷标准化技术委员会(SAC/TC 119)归口。

本部分起草单位：国内贸易工程设计研究院、烟台冰轮集团有限公司、大连亿斯德制冷设备有限公司、上虞市春晖风冷设备有限公司、常州晶雪冷冻设备有限公司、上海海洋大学、浙江盾安冷链系统有限公司、大连冷冻机股份有限公司、天津商业大学、集美大学、哈尔滨商业大学、上虞专用制冷设备有限公司、济南一诺振华防腐保温工程有限公司、济南神华制冷设备有限公司、保定欣达制冷空调工程有限公司、北京二商集团有限责任公司、北京华商冰山制冷空调成套设备有限公司、全国商业冷藏科技情报站、国家商用制冷设备质量监督检验中心、洛阳隆华传热科技股份有限公司。

本部分主要起草人：刘小朋、万锦康、肖杨、徐庆磊、王光艳、张建一、焦玉学、蔡振义、郭皓、张力、曹阳、唐俊杰、申江、贾富忠、倪黎敏、李文江、干苗根、赵荣华、顾众、仇子军、尚勇、刘岩。

冷库热工性能试验方法
第2部分:风速检测

1 范围

GB/T 30103的本部分规定了各种类型冷库主要热工性能的风速参数检测方法。

本部分适用于各种类型冷库的所有冷间内有关风速分布的测定。

2 规范性引用文件

下列文件对于本文件的应用是必不可少的。凡是注日期的引用文件,仅注日期的版本适用于本文件。凡是不注日期的引用文件,其最新版本(包括所有的修改单)适用于本文件。

GB/T 6999 环境试验用相对湿度查算表

GB 50072 冷库设计规范

GB/T 30103.1 冷库热工性能试验方法 第1部分:温度和湿度检测

3 术语和定义

下列术语和定义适用于本文件。

3.1

冷风机射程 air cooler range

在水平方向上,冷风机出风风速衰减至0.5 m/s时,距冷风机出风口的水平距离(单位:m)。

4 仪表

4.1 风速测量仪表

在测量风速时,宜采用下列一种或几种仪表:

a) 可用于低温测量的热电式风速计,范围0.05 m/s~30 m/s。测量误差±(读数5%±0.05 m/s);

b) 毕托管;

c) 其他可用于低温测量的风速测量仪表和传感器,测量误差应不超过±10%。

4.2 长度测量仪表

钢卷尺和钢直尺,测量误差应不超过±1 mm。

5 测量方法

5.1 总则

风速测量应在按照GB/T 30103.1《冷库热工性能试验方法 第1部分:温度和湿度检测》进行温度和湿度检测的同时进行,冷风机的产冷量可参照附录A所述的计算方法进行计算。

5.2　操作步骤

5.2.1　记录三点风速(大、中、小)随时间的数据,取风速平均值,并根据测量仪表提供的校正数据(曲线)进行修正。

5.2.2　应分别记录除霜前后的风速及除霜起止时间。

5.2.3　测量冷风机进风口和出风口面积。

5.2.4　冷风机进出风风速应采取多点测量,分别记录,求平均风速。冷风机进出风风速的测点位置应对风量的计算具有代表性,使进出风风量之差不大于10%。

5.3　冻结间冻结对象周围风速

5.3.1　冻结物迎风面和背风面垂直方向每面各设置四个矩形,前后两面共设置八个矩形,一般按0.5 m×0.5 m设一矩形,在每个矩形的中心点外侧水平方向50 mm处布置风速测量点,如图1所示。

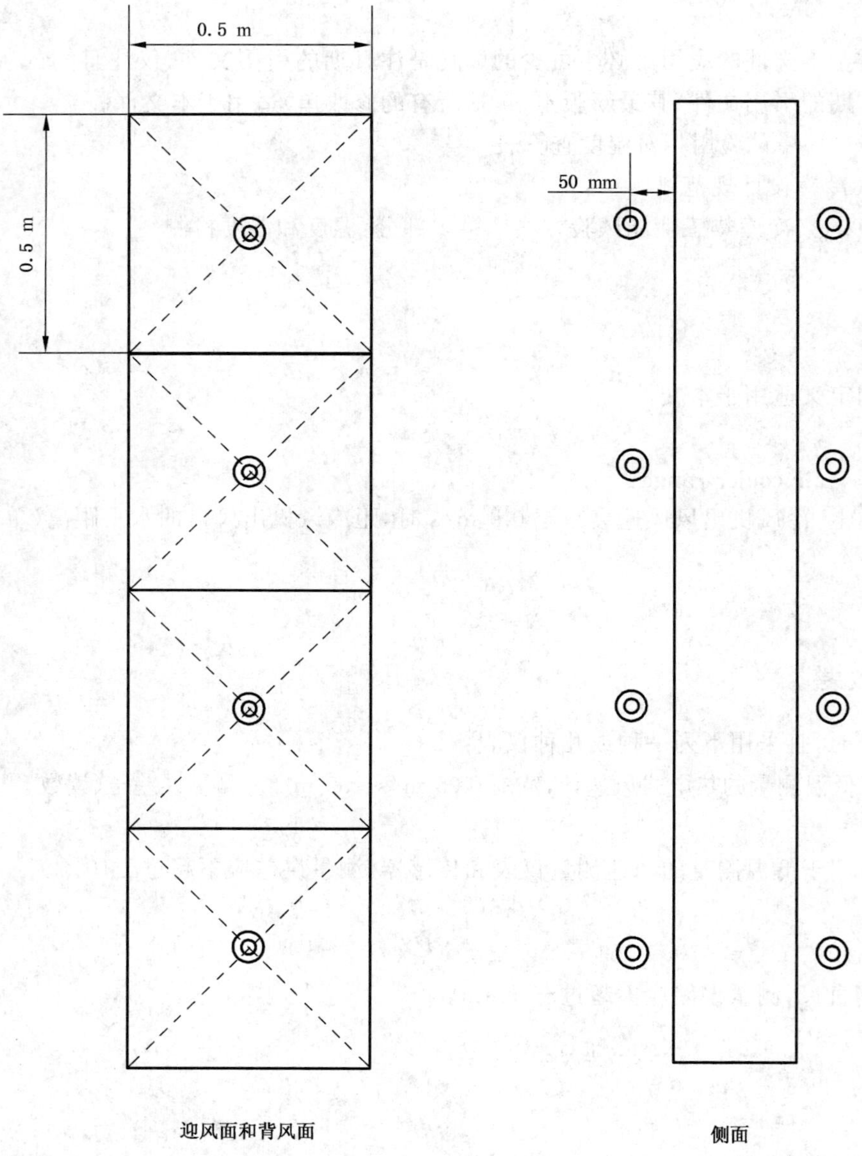

注:图中◎表示风速测量点位置

图1　冻结物测点布置图

5.3.2 测量时，探头送至测点处，测量者应沿截面方向远离测点以免影响风速分布。

5.3.3 每个测点测量风速不少于 3 次，计算算术平均值。

5.3.4 冻结物相距 2 m 为一段，可选取 3～4 个有代表性的测量段，求出各段冻结物间平均风速。

5.4 冻结盘间食品表面风速

5.4.1 食品盘置于吊笼或推车上时，测点矩形由吊笼或推车大小决定，水平方向并列两个矩形，垂直方向三个矩形，一般按 0.5 m～1 m 设一矩形，在每个矩形的中心点外侧水平方向 50 mm 处布置风速测量点，迎风面和背风面每面各设置 6 个测点，前后两面共 12 个测点。如图 2 所示。

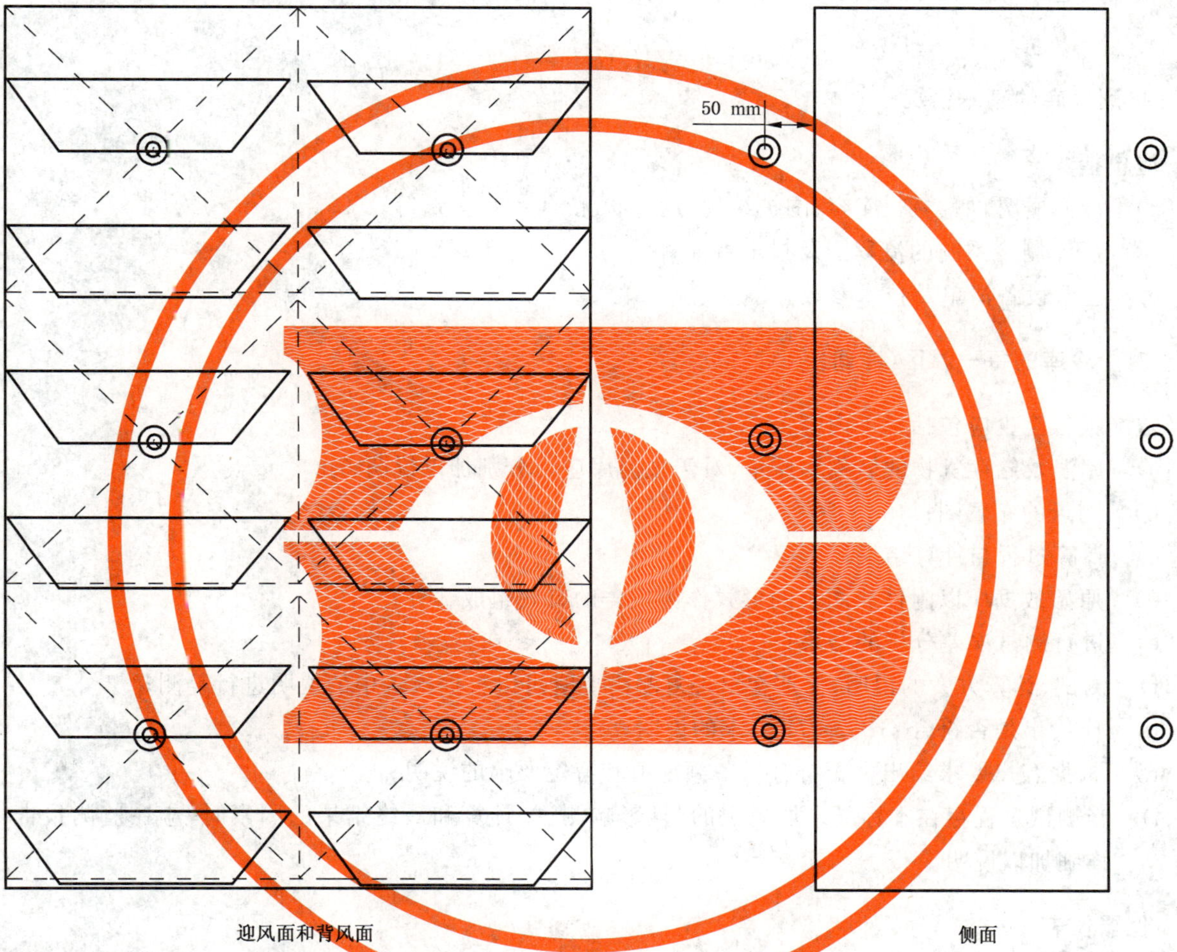

注：图中◎表示风速测量点位置

图 2 冻结盘测点布置图

5.4.2 选 3～4 部吊笼或推车为一个测量段，求出平均值。

5.4.3 测量方法同 5.3.2，5.3.3。

5.5 冷藏间平均风速

5.5.1 排管直冷库和冷风机停机时，空气以自然循环为宜，不宜大于 0.3 m/s。

5.5.2 使用冷风机的冷库，冷风机工作时，冷风机射程应满足设计要求和制造商的标识值，冷风机在冷藏间的射程应能到达有效货物装载区域的 0.5 m 范围内(风速应不小于 0.5 m/s)，速冻间和其他冷间应不低于设计要求。

5.5.3 冷藏间空间设一立方体，尺寸为 2 m×2 m×2 m，划分若干测点，求出各测点风速平均值。

5.5.4 测量方法同5.3.2,5.3.3。

5.5.5 测量风速需画出现场测点布置图,并标出截面序号。测试报告数据需按照测量仪表提供的风速校正曲线进行修正。

6 报告

6.1 总则

报告应包括试验编号;试验冷库编号,环境条件;试验日期、时间,地点;试验检测人员、审核人员签名。

6.2 被测冷库的基本情况

应包括:

a) 冷库概况,如类别、库容、围护结构、运行状况、年度耗电量等;

b) 冷库制冷系统的流程图及技术特征;

c) 主要设备清单及技术参数。

6.3 对于冷库的每一温区(冷间)

监测报告至少应包括以下内容:

a) 库温及储存货物的名称和质量,对于多温库应当分别加以说明;

b) 测点的布置图;

c) 计算过程与计算结果;

d) 原始数据应以附件或图表的形式作为报告的有效组成部分;

e) 进行测试误差分析的结果;

f) 测试、计算方案的说明,保证在出现复测需要时可以根据报告中的说明进行复测;

g) 应给出是否符合GB 50072要求的说明;

h) 根据客户要求给出是否符合设备额定值和特定要求的说明;

i) 当测试过程存在本标准未加规定的、且影响测试、计算和最终结果的因素时,应在监测报告中详细加以说明。

6.4 仪器仪表

检测仪器仪表名称、型号、编号及校准有效期。

6.5 数据记录和计算

宜采用连续自动记录方式。

根据冷风机进出风风速的多点数值计算算术平均值。

根据冷风机进出风截面积和进出风风速的乘积计算风量。

绘制库内风速-距离(风速场)曲线。如图3所示。

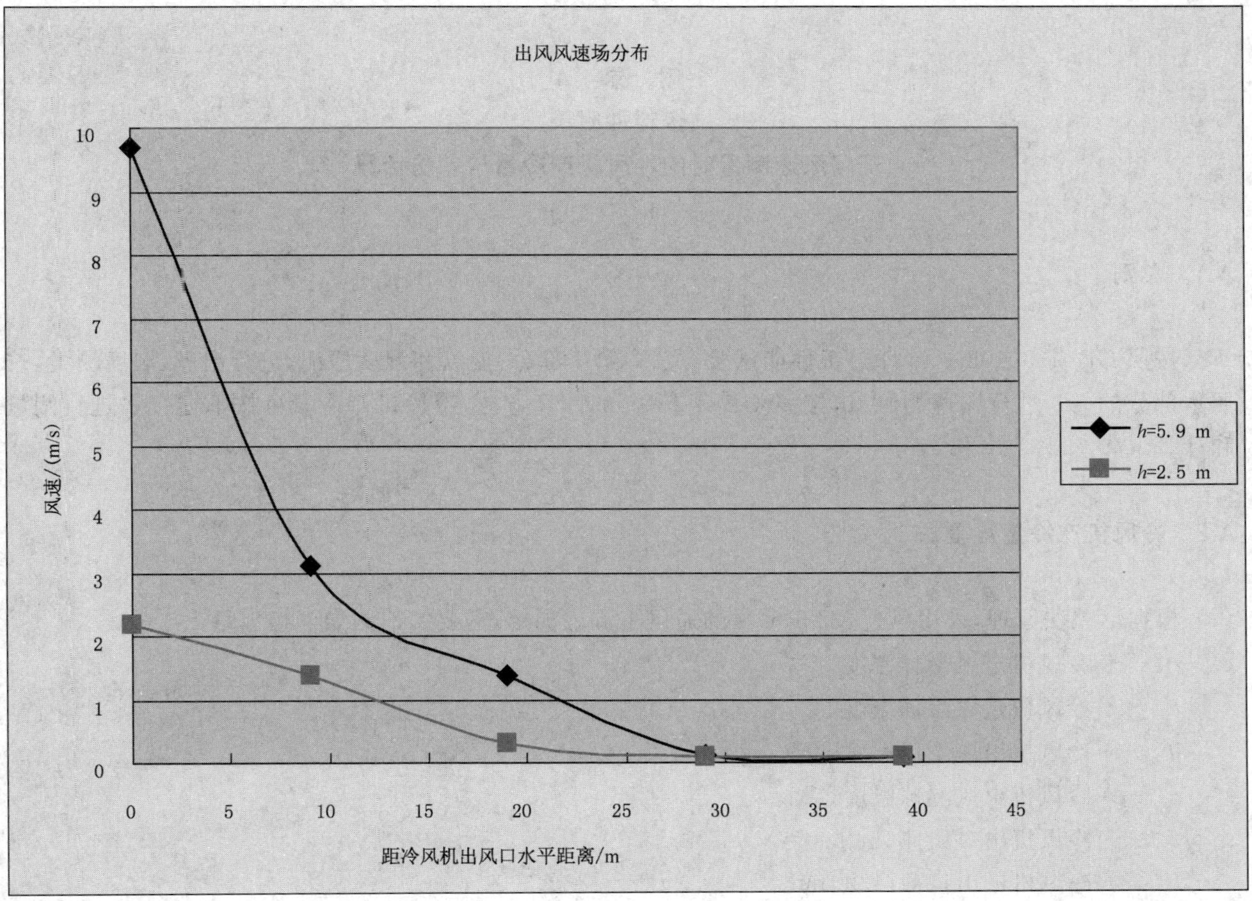

h——距离地面高度。

图3 风速-距离曲线图

附 录 A
（资料性附录）
现场风速测量时的冷风机产冷量焓差法计算

A.1 总则

按照GB/T 30103.1《冷库热工性能试验方法 第1部分：温度和湿度检测》进行温度、湿度测量，按照本部分的5.2进行风速的测量，按照GB/T 6999的计算方法，冷风机产冷量可按下述方法进行测量和计算。

A.2 冷风机产冷量焓差法

根据焓差法原理，采用风速≥2.5 m/s的通风干湿表测定，需要实地测如下物理量：

t_i ——冷风机进风干球温度，℃；

t_i' ——冷风机进风湿球温度，℃；

T_0——冷风机出风干球温度，℃；

t_0' ——冷风机出风湿球温度，℃；

v ——冷风机出口风速，m/s；

F ——冷风机进出口截面积，m^2。

A.2.1 计算冷风机进出口空气蒸汽的分压力

纯水平液面饱和水汽压：

$$p_{(wt)}(t)=\sum_{k=0}^{8}a_k t^k \qquad -50<t\leqslant 50\ ℃ \qquad \text{hPa} \quad \cdots\cdots(A.1)$$

式中：

$a_0=6.106\ 955$

$a_1=0.443\ 762\ 2$

$a_2=0.014\ 292\ 79$

$a_3=2.646\ 411\times 10^{-4}$

$a_4=3.025\ 26\times 10^{-6}$

$a_5=2.071\ 136\times 10^{-8}$

$a_6=6.555\ 133\times 10^{-11}$

$a_7=-9.928\ 02\times 10^{-14}$

$a_8=-1.127\ 503\times 10^{-15}$

纯水平冰面饱和水汽压：

$$p_{(ic)}(t)=\sum_{k=0}^{7}b_k t^k \qquad -80\ ℃<t\leqslant 0\ ℃ \qquad \text{hPa} \quad \cdots\cdots(A.2)$$

式中：

$b_0=6.106\ 359$

$b_1=0.502\ 874\ 5$

$b_2=1.884\ 537\times10^{-2}$

$b_3=4.216\ 597\times10^{-4}$

$b_4=6.182\ 228\times10^{-6}$

$b_5=6.059\ 692\times10^{-8}$

$b_6=3.751\ 970\times10^{-10}$

$b_7=1.145\ 325\times10^{-12}$

湿球温度所对应的纯水饱和水汽压：

$$p'_{b}=\begin{cases}p_{(wt)}(t') & \text{纯水平液面饱和水汽压}\\ p_{(c)}(t') & \text{纯水平冰面饱和水汽压}\end{cases} \qquad \cdots\cdots(A.3)$$

干球温度对应的空气饱和水蒸气分压力：

$$p_{b}=p_{(wt)}(t)\ \text{hPa} \qquad \cdots\cdots(A.4)$$

式中：

t'——湿球温度，单位为摄氏度(℃)；

t ——干球温度，单位为摄氏度(℃)。

A.2.2 空气相对湿度

$$RH=\frac{p_s}{p_b}=\frac{p'_b-p\cdot A\cdot(t-t')}{p_b}\times100\% \qquad \cdots\cdots(A.5)$$

式中：

p ——当地大气压力，单位为百帕斯卡(hPa)；

A ——为干湿表系数，℃$^{-1}$。在湿球球部(柱状)通风速度为3.5 m/s

$$A=\begin{cases}0.662\times10^{-3} & \text{湿球未结冰}\\ 0.584\times10^{-3} & \text{湿球结冰}\end{cases}$$

p_s ——空气中水蒸气分压力，单位为百帕斯卡(hPa)；

p_b ——空气中水蒸气饱和分压力，单位为百帕斯卡(hPa)。

空气中水蒸气分压力

$$p_s=RH\cdot p_b\quad \text{hPa} \qquad \cdots\cdots(A.6)$$

A.2.3 空气的含湿量

$$d=622\frac{p_s}{p-p_s}\quad \text{g/kg 干空气} \qquad \cdots\cdots(A.7)$$

式中：

p——当地大气压力，单位为百帕斯卡(hPa)。

A.2.4 空气的焓

$$I=1.01t+(2\ 500+1.84\ t)d\quad \text{kJ/kg 干空气} \qquad \cdots\cdots(A.8)$$

式中：

t ——空气温度，单位为摄氏度(℃)。

这样(A.1)至(A.8)式构成了函数 $I=f(t,t')$ 分别用 (t_i,t'_i) 和 (t_0,t'_0)，这两组干湿球温度代替 $(t,$

t')，得到：

冷风机进风空气的焓：$I_i=f(t_i,t'_i)$；

冷风机出风空气的焓：$I_0=f(t_0,t'_0)$。

A.2.5 空气的密度

$$\rho=\frac{0.003\ 48(p-\mathrm{RH}\cdot p_b)}{T}\quad \mathrm{kg/m^3} \qquad \cdots\cdots(\mathrm{A.9})$$

式中：

T ——冷风机进/出口空气温度，K。

A.2.6 冷风机的风量

$$q_v=F\cdot v\cdot 3\ 600\ \mathrm{m^3/h} \qquad \cdots\cdots(\mathrm{A.10})$$

式中：

q_v ——冷风机风量，单位为立方米每小时(m^3/h)；

F ——冷风机进/出口的总面积，单位为平方米(m^2)；

v ——冷风机进/出口风速；单位为米每秒(m/s)。

A.2.7 冷风机产冷量

$$Q=q_v\cdot\rho\cdot(I_i-I_0)/3\ 600\ \mathrm{kW} \qquad \cdots\cdots(\mathrm{A.11})$$

A.3 采用湿敏电容测量的计算方法

上述计算方法对于采用通风干湿表时，在空调系统和高温冷库等0 ℃以上的制冷系统中应用效果较好。但在低温冷库等0 ℃以下的地方应用时，由于湿球结冰，对精度影响较大。

在低温冷库中应采用精度较高的电子低温湿度敏感元件测量湿度，提高低温下的测量精度，这时的测定量为：

t_i，t_0，v(意义同前)

$\mathrm{RH_i}$——冷风机进风空气相对湿度；

$\mathrm{RH_0}$——冷风机出风空气相对湿度。

计算步骤省去式(A.3)和式(A.5)，通过式(A.1)算出 p_b，其余计算类同。

由湿敏电容测得的相对湿度一般按照湿球不结冰(过冷水)的情况进行相关计算，所以上述所有公式中，在温度低于零度时，计算公式均按湿球不结冰处理。

ICS 97.130.20
J 73

中华人民共和国国家标准

GB/T 30103.3—2013

冷库热工性能试验方法
第3部分:围护结构热流量检测

**Methods of testing for thermal performance on cold store—
Part 3:Heat flux testing for envelop enclosure**

2013-12-17 发布　　2014-11-01 实施

中华人民共和国国家质量监督检验检疫总局
中国国家标准化管理委员会　发布

前　言

GB/T 30103《冷库热工性能试验方法》分为以下3个部分：

——第1部分：温度和湿度检测；

——第2部分：风速检测；

——第3部分：围护结构热流量检测。

本部分为GB/T 30103的第3部分。

本部分由中华人民共和国商务部提出。

本部分由全国制冷标准化技术委员会(SAC/TC 119)归口。

本部分起草单位：国内贸易工程设计研究院、常州晶雪冷冻设备有限公司、烟台冰轮集团有限公司、浙江盾安冷链系统有限公司、大连冷冻机股份有限公司、上海海洋大学、欧文斯科宁(中国)投资有限公司、天津商业大学、集美大学、哈尔滨商业大学、上虞市春晖风冷设备有限公司、济南一诺振华防腐保温工程有限公司、蓬莱市保温防腐工程有限公司、北京华都茂华聚氨酯制品有限公司、北京朝阳新兴制冷设备厂、保定欣达制冷空调工程有限公司、北京二商集团有限责任公司、北京华商冰山制冷空调成套设备有限公司、全国商业冷藏科技情报站、国家商用制冷设备质量监督检验中心。

本部分主要起草人：刘小朋、肖杨、万锦康、孙国良、徐庆磊、张建一、焦玉学、郭皓、张力、曹阳、唐俊杰、申江、贾富忠、倪黎敏、李文江、干苗根、赵荣华、顾众、仇子军、王聪慧、王室元、唐大明、沈忠炎。

冷库热工性能试验方法
第3部分：围护结构热流量检测

1 范围

GB/T 30103的本部分规定了土建冷库及装配式冷库保温性能中围护结构热流量和传热系数的检测方法。

本部分适用于各种类型新旧冷库冷间隔热性能和对能耗影响的计算。

2 规范性引用文件

下列文件对于本文件的应用是必不可少的。凡是注日期的引用文件，仅注日期的版本适用于本文件。凡是不注日期的引用文件，其最新版本（包括所有的修改单）适用于本文件。

GB/T 3399 塑料导热系数试验方法 护热平板法

GB/T 10294 绝热材料稳态热阻及有关特性的测定 防护热板法（GB/T 10294—2008，ISO 8302：1992，IDT）

GB/T 10295 绝热材料稳态热阻及有关特性的测定 热流计法（GB/T 10295—2008，ISO 8301：1991，IDT）

GB/T 10297 非金属固体材料导热系数的测定 热线法

GB/T 10801.1 绝热用模塑聚苯乙烯泡沫塑料

GB/T 10801.2 绝热用挤塑聚苯乙烯泡沫塑料（XPS）

GB/T 15912.1 制冷机组及供制冷系统节能测试 第1部分：冷库

GB/T 20219 喷涂硬质聚氨酯泡沫塑料（GB/T 20219—2006，ISO 8873：1987，IDT）

GB/T 21558 建筑绝热用硬质聚氨酯泡沫塑料

GB 50072 冷库设计规范

GB/T 30103.1 冷库热工性能试验方法 第1部分：温度和湿度检测

GB/T 30103.2 冷库热工性能试验方法 第2部分：风速检测

SBJ 17 室外装配冷库设计规范

3 术语和定义

下列术语和定义适用于本文件。

3.1

单位面积热流量 heat flux

从一个温度较高的物体或环境，向另一个温度较低的物体或环境，在单位时间、单位面积里传输的热量。又称热流密度，用 q 表示，单位：W/m^2。

3.2

围护结构 envelop enclosure

围合建筑空间四周的墙体、顶板、地坪、门等及构成冷库空间，抵御环境不利影响的构件（也包括某些配件）。具有保温、隔热、防水、防潮、耐火、耐久等性能。其特点是，在冷库的内外壁面之间，采用具有较高热阻的材料构成的隔热体。

3.3

冻结间　freezing room

对产品进行冻结加工的房间。

3.4

冷藏间　cold storage room

用于贮存经冷却或冻结加工产品的房间。具有适合货品固有特性的温、湿度环境,能最大限度地延长食品贮藏期限的冷间。冷藏间分为冷却物冷藏间、冻结物冷藏间及多种用途冷藏间等。

3.5

直接电能消耗量　direct electrical energy consumption

DEC

电气部件的能量消耗,单位:kW/h。

3.6

制冷电能消耗　refrigeration electrical energy consumption

REC

常规制冷系统所必须的能量消耗,单位:kW/h。

3.7

总能量消耗　total energy consumption

TEC

制冷电能消耗(REC)和直接电能消耗(DEC)的总和。

4　试验方法

4.1　总则

测试冷库围护结构传热量可采用本部分所述试验方法。对于土建冷库结果应符合 GB 50072 的规定,对于室外装配冷库结果应符合 SBJ 17 的规定,如表 1 所示。由于冷库能耗与围护结构的热流量密切关联,在进行围护结构热流量测量的同时,可参照附录 A 进行冷库能耗的测量和计算,对围护结构热流量的情况进行验证。

表 1　围护结构的单位面积热流量设计值　　单位为瓦每平米

围护结构类型	冷间外墙、屋面或顶棚	冷间隔墙
设计温差下的单位面积热流量	≤11(7～11)	≤12(10～12)

4.2　热平衡法(分新库与旧库两种情况)

4.2.1　新库试验

4.2.1.1　试验原理

本试验方法基于一维稳态传热原理。在新库无制冷的条件下,在冷库内设置电加热装置,调节库内电加热装置的耗电量,稳定库内外环境温度,库内、外温差为 20 ℃以上,通过库体隔热板之间的传热达到稳定状态。在此稳定状态下,测量库内外空气温度和输入到库内的功率等参数,计算出冷库库体的热流量。

4.2.1.2　试验条件

试验应满足以下要求:

a)　库内外温度差应大于 20 ℃;

b) 库内应装风扇以搅动空气，使温度分布均匀；

c) 库内电加热装置应均匀地辐射热量；

d) 数据采集期间，冷库应密闭，所有通风孔应堵塞，防止空气流通。

4.2.1.3 仪器和设备

试验应配备以下的仪器和设备：

a) 电热元件、风扇和调压器；

b) 电压表、电流表、功率表或电能表，精度±1%；

c) 用于库内温度测量的传感器应符合 GB/T 30103.1《冷库热工性能试验方法 第1部分：温度和湿度检测》的要求，精度±0.5 ℃；

d) 时间测量仪表，精度±0.1%。

4.2.1.4 试验步骤

应按以下试验步骤进行试验：

a) 试验按图1所示，温度测量传感器的位置和数量按图2所示；

b) 建立需要的试验温度，当达到稳定状态后30 min开始试验。其间，电源电压波动不超过±3%；

c) 试验周期：达到试验条件后，至少每隔15 min读取和记录一次仪表读数。稳定环境条件下(库内外平均温度波动值小于±0.5 ℃)试验应至少持续6 h。自然环境条件下试验应至少持续48 h；且应有稳定的天气条件及稳定的周期性温度变化，冷库库内不同制冷周期平均温度(库内工作温度)的差值不大于2 ℃，库外24 h不同周期平均温度的差值不大于3 ℃，应在库外风速相近的情况下进行测量。

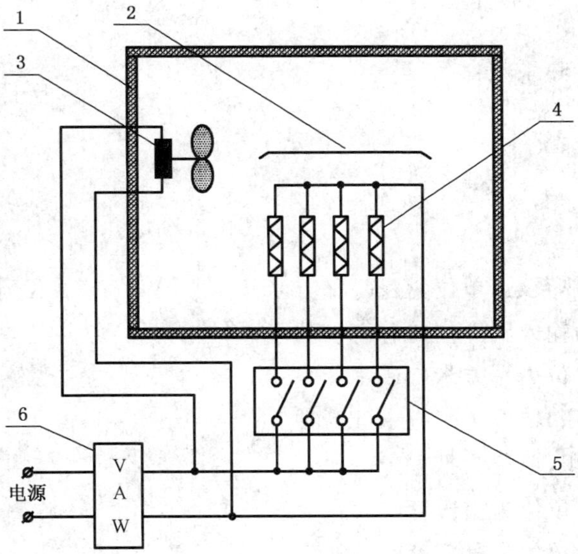

1——冷库；
2——防辐射屏；
3——风扇；
4——电加热器；
5——开关；
6——电参数表。

图1 热平衡法温度传感器布置图

单位为毫米

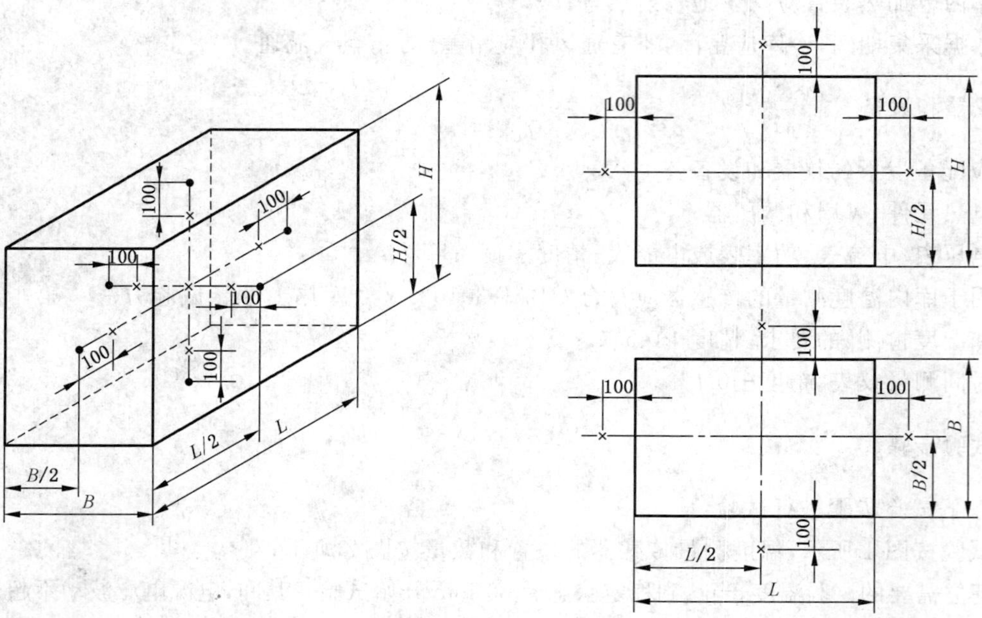

注1：×为测点位置；

注2：当冷库 $L>10$ m 时，需在库内增加 5 个测点，库外增加 3 个测点，位于 $L/3$ 等距分布的横断面内。

图 2　热平衡法温度测点布置图

4.2.1.5　**计算**

每次读数按下式计算传热系数：

$$K_i=\frac{Q}{A(T_{a2}-T_{a1})} \qquad \cdots\cdots(1)$$

$$A=\sqrt{(A_1\cdot A_2)} \qquad \cdots\cdots(2)$$

式中：

K_i ——每次试验的传热系数，单位为瓦每平方米开尔文[W/(m²·K)]；

Q ——为热流量，即为输入到库内的总有功功率，单位为瓦(W)；

A ——为传热面积，单位为平方米(m²)；

A_1 ——库体外表面面积，单位为平方米(m²)；

A_2 ——库体内表面面积，单位为平方米(m²)；

T_{a1}——库外平均温度，单位为摄氏度(℃)；

T_{a2}——库内平均温度，单位为摄氏度(℃)。

试验结果应按下式确定：

$$K=\frac{\sum_{i=1}^{n}K_i}{n} \qquad \cdots\cdots(3)$$

式中：

n ——为试验中总的读数次数，对于自然环境条件下试验，应取 24 h 左右一个完整周期的数据。

K——为传热系数，单位为瓦每平方米开尔文[W/(m²·K)]。

除图 2 所示方法外，温度测点布置也可采用如下方法：视库房大小把空间划分为若干个立方体，一般划分为 8 个或 16 个立方体，在各立方体中心布一测点，外侧气温测点离壁面距离为 150 mm，每个面均匀布 4～6 个测点。

4.2.2 旧库试验

4.2.2.1 试验原理

4.2.2.1.1 将空库升温，参照新库的测量方法测试传热系数。

4.2.2.1.2 只能在低温下测试时，制冷系统的制冷量 Q_s 的测试宜采用空气侧和制冷剂侧两种方法同时测量。在旧库且为空库条件下，在库房内均匀布置若干电加热装置，调节发热量使库内空气温度维持在规定的低温下（如－18 ℃±1 ℃或更低）。由已知该工况下制冷量 Q_s 及其他冷耗 Q_5 按式(4)，计算出围护结构传热量 Q_1。

4.2.2.2 试验条件

试验应满足以下要求：

a) 库内温度，测量精度±0.5 ℃；

b) 蒸发器进/出口温度，测量精度±0.3 ℃；

c) 制冷剂压力，测量精度±1%；

d) 制冷剂流量，测量精度±3%；

e) 其他条件同 4.2.1.2。

4.2.2.3 仪器和设备

同 4.2.1.3。

4.2.2.4 试验步骤

同 4.2.1.4。

4.2.2.5 计算

每组中计算四次原始数据，按公式(4)和公式(6)算出一个平均值，四组平均值再求出平均值为试验结果值。

$$Q_1 = Q_s - Q_2 - Q_5 \qquad (4)$$

式中：

Q_s ——制冷系统的制冷量，可按照 GB/T 30103.2《冷库热工性能试验方法　第 2 部分：风速检测》中附录 A 中冷风机的产冷量计算方法计算，单位为瓦(W)；

Q_1 ——围护结构热流量，单位为瓦(W)；

Q_2 ——工况平衡时电加热装置热流量，单位为瓦(W)；

Q_5 ——其他冷耗、照明等其他发热设备的的热流量，单位为瓦(W)。

试验结果应按下式确定

$$Q_i = \frac{\sum_{j=1}^{4} Q_j}{4} \qquad (5)$$

式中：

j ——为每组试验中的读数次数；

Q_i ——为每组 4 次试验的组平均围护结构热流量，单位为瓦(W)。

$$Q_1 = \frac{\sum_{j=1}^{4} Q_i}{4} \quad \cdots\cdots\cdots\cdots(6)$$

4.3 热流计法

热流计法不宜用于评价整体库房的传热系数，通常用于黏贴热流计板处的局部单位面积热流量的测量。

4.3.1 试验原理

将一组串联的热电偶堆组成的热流计感应元件粘贴在冷库的内表面上，当有热流通过感应元件时，其两表面间存在温差，热电偶堆因此产生热电势，由此测出热流量。热流计是由几百对或上千对铜-康铜热电偶串联而成的薄板，其本身热阻较小，而冷库围护结构热阻较大，把热流计敷贴在围护结构表面上，不会影响热量的传递。

4.3.2 试验条件

试验条件应满足以下要求：

a) 库内外温差应大于 20 ℃；

b) 在测试周期之内严禁开启库门进出货物，试验期间应防止人员走动和冷风机启动时对测量的扰动。

4.3.3 仪器和设备

试验所用仪器和设备应满足以下要求：

a) 热流计板，精度±5%；

b) 温度传感器，精度±0.5 ℃；

c) 电压仪表，精度 0.5 级。

4.3.4 试验步骤

应按以下步骤进行试验：

a) 选点

在需要测量的冷库壁面布置测点，或每个壁面至少布 4 个测点，壁面要求平整光洁。

b) 敷板

在壁面上涂上一层薄黄油，在热流计元件贴面上均匀涂一层黄油，在贴板中心处及对应的外壁处各放置一支热电偶，空气中也放一支热电偶，然后紧密敷贴在壁面上不得留有空隙。

c) 接线

热流计板接线、内外壁面电偶及空气中热电偶接线与显示仪表的连接按图 3 进行。

d) 试验周期

贴板后稳定一段时间(6 h～10 h)，达到试验条件后，至少每隔 30 min 读取和记录一次仪表读数，在稳定环境条件下(库内外平均温度波动值小于±0.5 ℃)，试验应至少持续 6 h，自然环境条件下试验应至少持续 48 h，且应有稳定的天气条件及稳定的周期性温度变化，冷库库内不同制冷周期平均温度(库内工作温度)的差值不大于 2 ℃，库外 24 h 不同周期平均温度的差值不大于 3 ℃，应在库外风速相近的情况下进行测量。

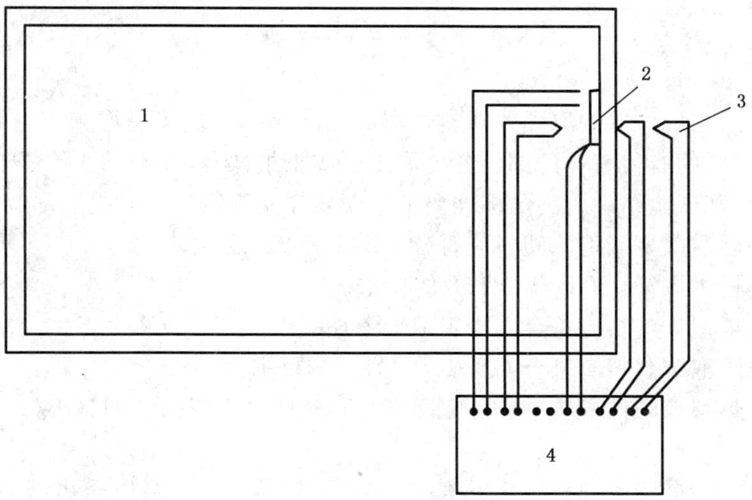

1——冷库；
2——热流计；
3——热电偶二支壁温、二支气温；
4——数字电压表。

图 3 热流量测量接线图

4.3.5 数据记录及处理

试验应记录以下数据：

a) 冷库外壁温度，单位：℃；
b) 库外空气温度，单位：℃；
c) 冷库内壁温度，单位：℃；
d) 库内空气温度，单位：℃；
e) 热流计温差电势值，单位：mV；
f) 热流计常数 c，单位：W/(m² · mV)；
g) 试验期间机房运行情况；
h) 压缩机开机、停机时间；
i) 库房供液和停止供液时间、温度、库房开、停风机时间；
j) 通过围护结构的热流量，对于读取电压值的热流计按式(7)计算单位面积热流量的值；

$$q = c \cdot \Delta E \qquad \cdots\cdots(7)$$

式中：

q ——单位面积围护结构热流量，单位为瓦每平方米(W/m^2)；
c ——热流计常数，单位为瓦每平方米毫伏[$W/(m^2 \cdot mV)$]；
ΔE——热流计温差热电势读数，单位为毫伏(mV)。

k) 记录试验周期内的各组数据，对于自然环境条件下试验，应取 24 h±1 h 一个较完整的周期性数据(开始与结束时的环境温度尽量一致)，进行整理。热流计位置号需按现场画出贴板位置和编排。按式(8)计算出测试周期内冷库围护结构平均单位面积热流量。

$$q = \frac{\sum_{i=1}^{n} q_i}{n} \qquad \cdots\cdots(8)$$

式中：

n——围护结构单位面积热流量读取次数。

宜采用连续自动记录方式。

4.4 现场取样法

在冷库围护结构适当的位置提取隔热材料样本或在冷库施工现场提取施工材料样本，进行试验室测试，应至少在 2 个不同的有代表性的部位各提取 1 个或 1 组样本，样本尺寸等要求应符合相关材料的国家标准和行业标准，其试验结果应满足标准要求。现场样品提取后应对提取部位修复。

对于现场喷涂的硬质聚氨酯泡沫塑料应符合 GB/T 20219 的要求。

对于硬质聚氨酯样本应符合 GB/T 21558 的要求。

对于模塑聚苯乙烯泡沫塑料应符合 GB/T 10801.1 的要求。

对于挤塑聚苯乙烯泡沫塑料应符合 GB/T 10801.2 的要求。

测量绝热材料导热系数的试验方法，可按照 GB/T 3399、GB/T 10294、GB/T 10295、GB/T 10297 进行。

导热系数的测量可选择其中一种试验方法进行测量，其样品应符合所采用试验方法所对应的标准要求。

根据样品试验室测试结果和冷库现场测量的尺寸及温度参数等推算冷库热流量。

$$Q=\frac{\lambda}{\delta}A\Delta t \qquad \cdots\cdots(9)$$

式中：

Q ——冷库围护结构热流量，单位为瓦(W)；

λ ——通过取样测得的围护结构隔热材料的导热系数，单位为瓦每米摄氏度[W/(m·℃)]；

δ ——围护结构隔热材料的厚度，单位为米(m)；

A ——冷库围护结构面积，单位为平方米(m^2)；

Δt ——冷库围护结构内外壁面温差，单位为摄氏度(℃)。

4.5 制冷量现场测试——热流量换算法

4.5.1 制冷剂流量焓差法

根据制冷原理，在适当的位置测量制冷系统的制冷剂流量、供液温度和压力、回气温度和压力，按照焓差法计算出所对应的制冷系统的制冷量 Q_s，并以此推算该制冷系统所对应的冷库冷间的围护结构热流量 Q_1 可按下式计算：

$$Q_1=Q_s-(Q_2+Q_3+Q_4+Q_5) \qquad \cdots\cdots(10)$$

式中：

Q_s ——制冷系统的制冷量(也可按照 GB/T 30103.2《冷库热工性能试验方法　第 2 部分：风速检测》中附录 A 中冷风机的产冷量计算方法计算)，单位为瓦(W)；

Q_1 ——冷间围护结构热流量，单位为瓦(W)；

Q_2 ——冷间内货物热流量，单位为瓦(W)；

Q_3 ——冷间通风换气热流量，单位为瓦(W)；

Q_4 ——冷间内电动机运转热流量，单位为瓦(W)；

Q_5 ——冷间操作热流量，单位为瓦(W)；但对冷却间及冻结间则不计算该热流量；包括照明热流量；库门开启热流量；操作人员热流量。

注：冷间内货物的呼吸热 Q_2 可查阅 GB/T 15912.1。在现场测试时，不进行通风换气及操作，关闭照明，则 Q_3 和 Q_5 可取值为零。

在冷库测试现场，可在制冷管道上串接安装质量流量计或安装耐低温的超声波流量计。

使用超声波流量计时，应注意供冷管道壁厚、管道材质和制冷剂热物性参数的获取。宜使用测厚仪测量冷库现场制冷管道壁厚，根据设计资料选择确定的管道材质，制冷剂的热物性参数可查阅制冷剂热物性表。

采用本测试方法的测试周期不小于 48 h，冷库库内不同制冷周期平均温度（库内工作温度）的差值不大于 2 ℃，库外 24 h 不同周期平均温度的差值不大于 3 ℃。

4.5.2 压缩机负荷焓差法

根据制冷原理，在适当的位置测量单个压缩机独立系统的排气温度和压力、吸气温度和压力，根据压缩机负荷，查阅压缩机手册图表得出该压缩机系统所对应的冷库间室的产冷量 Q_s。可按公式(10)进行计算。

采用本测试方法的测试周期不小于 48 h，冷库库内不同制冷周期平均温度（库内工作温度）的差值不大于 2 ℃，库外 24 h 不同周期平均温度的差值不大于 3 ℃。

5 报告

5.1 总则

报告应包括试验编号；试验冷库编号，环境条件；试验日期、时间，地点；试验检测人员、审核人员签名。

5.2 被测冷库的基本情况

应包括：

a) 冷库概况，如类别、库容、围护结构、运行状况、年度耗电量等；

b) 冷库制冷系统的流程图及技术特征；

c) 主要设备清单及技术参数。

5.3 对于冷库的每一温区（冷间）

监测报告至少应包括以下内容：

a) 库温及储存货物的名称和质量，对于多温库应当分别加以说明；

b) 测点的布置图；

c) 计算过程与计算结果；

d) 原始数据应以附件或图表的形式作为报告的有效组成部分；

e) 进行测试误差分析的结果；

f) 测试、计算方案的说明，保证在出现复测需要时可以根据报告中的说明进行复测；

g) 应给出是否符合 GB 50072 要求的说明；

h) 根据客户要求给出是否符合设备额定值和特定要求的说明；

i) 当测试过程存在本标准未加规定的、且影响测试、计算和最终结果的因素时，应在监测报告中详细加以说明。

5.4 仪器仪表

检测仪器仪表名称、型号、编号及校准有效期。

5.5 试验结果和结论

试验结果数值对照围护结构传热量设计值，作出符合规范或不符合规范的结论。如有异议，以热平衡法作为仲裁依据。

附 录 A
（资料性附录）
冷库围护结构热流量测试时的冷库能耗测量和计算方法

A.1 总则

在进行冷库围护结构热流量测试以及制冷量测试的同时，可进行冷库总能耗和各用能设备能耗的测量，并计算能耗系数。能耗测量时，有关能耗测量的仪器设备要求同本部分4.2.1.3。采用本计算方法的测试周期不小于48 h。

A.2 冷库日耗电量

耗电量通过以下方法获得。

a) 通过读取电表读数获得直接电能消耗DEC；

b) 通过下列经验公式折算24 h制冷电能消耗REC：

$$REC=\sum_{i=0}^{24\,h}\left[\Phi(i)\cdot\frac{T_c-T_{run}(i)}{0.34\times T_{run}(i)}\right] \quad\cdots\cdots\cdots\cdots(A.1)$$

或当蒸发温度变化较小时，

$$REC=Q_s\times\frac{T_c-T_{mrun}}{0.34\times T_{mrun}} \quad\cdots\cdots\cdots\cdots(A.2)$$

式中：

REC ——24 h制冷电能消耗，单位为千瓦小时每24小时(kW·h/24 h)；

$\Phi(i)$ ——单位时间间隔的制冷量，单位为千瓦小时(kW·h)；

$T_{run}(i)$——瞬时蒸发温度，单位为开尔文(K)；

T_{mrun} ——平均蒸发温度，单位为开尔文(K)；

T_c ——冷凝温度，单位为开尔文(K)(取恒定冷凝温度为308.15 K=35 ℃，但计算时温度单位用K)；

Q_s ——24 h总制冷量，单位为千瓦小时每24小时(kW·h/24 h)。

c) 冷库24 h总能量消耗，TEC，单位为千瓦小时每24小时(kW·h/24 h)

$$TEC=DEC+REC \quad\cdots\cdots\cdots\cdots(A.3)$$

A.3 冷库能耗系数

能耗系数可用每吨位日耗电量和每立方米日耗电量两种方法表示。

A.3.1 冷库每吨位日耗电量表示法

A.3.1.1 冷库的计算吨位

$$G=\frac{\sum V_1\rho_s\eta}{1\,000} \quad\cdots\cdots\cdots\cdots(A.4)$$

式中：

G ——冷库的计算吨位，单位为吨(t)；

V_1——冷间的公称容积,单位为立方米(m^3);

η ——冷间的容积利用系数;

ρ_s——食品的计算密度为千克每立方米(kg/m^3)。

A.3.1.2 每吨位日耗电量表示法

$$\frac{TEC}{G}=\frac{\sum_{i=1}^{N_{max}}TEC_i}{G}\quad kW\cdot h/(t\cdot 24\ h) \qquad \cdots\cdots(A.5)$$

式中:

N_{max}——冷库的冷间数。

G ——冷库吨位,单位为吨(t)。

A.3.2 每立方米日耗电量表示法

$$\frac{\sum_{i=1}^{N_{max}}TEC_i}{\sum_{i=1}^{N_{max}}V_i}\quad kW\cdot h/(m^3\cdot 24\ h) \qquad \cdots\cdots(A.6)$$

式中:

V——冷库容积,单位为立方米(m^3)。